信号与系统全程学习指导与习题精解

（高教第三版）

合订本

主 编 贾永兴 王 勇 朱 莹 王 渊

东南大学出版社

·南京·

图书在版编目(CIP)数据

信号与系统全程学习指导与习题精解/贾永兴等主编. —南京:东南大学出版社,2013.4
ISBN 978-7-5641-4177-6

Ⅰ.①信… Ⅱ.①贾… Ⅲ.①信号与系统—高等学校—教学参考资料 Ⅳ.①TN911.6

中国版本图书馆 CIP 数据核字(2013)第 073515 号

信号与系统全程学习指导与习题精解(高教第三版·合订本)

主　　编	贾永兴　王　勇　朱　莹　王　渊	**责任编辑**	刘　坚　戴季东
电　　话	(025)83793329/83362442(传真)	**电子邮件**	liu-jian@seu.edu.cn
出版发行	东南大学出版社	**出 版 人**	江建中
社　　址	南京市四牌楼2号	**邮　　编**	210096
销售电话	(025)83793191/83792174/83792214/83794121/83794174/57711295(传真)		
网　　址	www.seupress.com	**电子邮件**	press@seupress.com
经　　销	全国各地新华书店	**印　　刷**	南京新洲印刷有限公司
开　　本	718mm×1005mm　1/16	**印　　张**	16.75　**字　数**　460千
版　　次	2013年4月第1版第1次印刷		
书　　号	ISBN 978-7-5641-4177-6		
定　　价	25.00元		

前　言

《信号与系统》课程是通信工程、信息工程、电子工程等电子信息类专业一门重要的专业基础课。通过本课程的学习，使学生掌握信号与系统理论的基本概念、基本理论、基本规律和基本方法，培养学生的科学方法和思维能力，提高学生分析问题和解决问题的能力、自学的能力、总结归纳能力，为今后从事信息化的工作奠定必要的理论和实践基础。

本书在内容组织上与郑君里老师编写的《信号与系统》（第三版）相配套，根据大多数院校的教学内容，给出了第一 ～ 第八章和第十二章的学习指导和习题精解。针对《信号与系统》所涉及的内容多、方法多、知识点多的现象，本书立足教材，对每章的重点和难点进行了归纳、提炼和概括，指导学生系统地将所学知识进行梳理，为理解和掌握信号与系统理论、方法打下坚实的基础。为解决学生在学习过程中将理论应用到实践中所遇到的困难，本书对《信号与系统》教材中的习题给出了详细的解答。针对每道习题，首先给出解题思路，理清概念，阐明逻辑推理，点明解题技巧，注重引导学生主动思考，培养学生科学的思维方法。然后给出完整步骤，附图齐全，使学生熟悉解题过程，培养细致规范的解题习惯。为了方便学生对每章节知识掌握情况进行自测，本书在每章最后增加了阶段测试题，并给出了解答。对相关专业的学生来说，本书是一本有益实用的自学参考资料。

参与本书编写工作的是解放军理工大学理学院的贾永兴、王勇、朱莹、王渊四位老师，其中贾永兴老师负责编写前三章，王勇老师负责编写第四章和第五章，王渊老师负责编写第六章和第七章，朱莹老师负责编写第八章和第十二章。

由于编者水平有限，书中不足与错误在所难免，恳请广大读者批评指正。

编　者

目　录

第一章　绪　论

第二章　连续时间系统的时域分析

第三章　傅里叶变换

第四章　拉普拉斯变换、连续时间系统的 s 域分析

第五章　傅里叶变换应用于通信系统——滤波、调制与抽样

第六章　信号的矢量空间分析

第七章　离散时间系统的时域分析

第八章　z 变换、离散时间系统的 z 域分析

第十二章　系统的状态变量分析

附录

第一章　绪　论

知识点归纳

一、信号及其分类

1. 信号的定义

信号是指带有时间信号(或其他自变量)而变换的物理量。

2. 信号的常用描述方式

表达式、波形图。

3. 信号的分类

信号可以从不同的角度进行分类:

(1) 确定性信号和随机信号

确定性信号:对自变量的每一个取值,信号都有确定的函数值。也称为规则信号。

随机信号:对指定的自变量值,信号取值不能确定,只知道取某个值的概率。

(2) 周期信号与非周期信号

周期信号:按一定时间间隔重复,且无始无终的信号。

其表达式可以写为:$f(t)=f(t\pm nT)$,其中 $n=0,1,2\cdots\cdots$,满足此关系式最小 T 值称为信号的周期。

注意:如果若干周期信号的周期具有公倍数,则它们迭加后仍为周期信号,迭加信号的周期是所有周期的最小公倍数。

非周期信号:不满足以上关系式的信号。

(3) 连续时间信号与离散时间信号

连续时间信号:在所讨论的时间内,除有限个间断点外,都能给出确定函数值的信号。

离散时间信号:只在某些离散的时间点上有信号值,在其他时间上信号没定义。

(4) 一维信号和多维信号

一维信号:信号可表示为一个自变量的函数。

多维信号:信号需要用多个自变量来表示。

二、典型信号

1. 指数信号

定义:$f(t)=k\mathrm{e}^{at}$,a 为实数,k 为常数。

2. 正弦信号

定义:$f(t)=k\sin(\omega t+\theta)$,其中 k 为振幅,ω 为角频率,θ 为初相位。

3. 复指数信号

定义:$f(t)=k\mathrm{e}^{st}$,其中 $s=\sigma\pm \mathrm{j}\omega$,为复数。

4. 抽样信号

定义:$\mathrm{Sa}(t)=\dfrac{\sin t}{t}$

5. 钟形信号

定义:$f(t)=E\mathrm{e}^{-\left(\frac{t}{\tau}\right)^2}$

三、信号的运算

1. 信号的基本运算

(1) 信号相加：$f(t)=f_1(t)+f_2(t)$

(2) 信号相乘：$f(t)=f_1(t)\times f_2(t)$

(3) 信号时移：$f(t+t_0)$为信号 $f(t)$的时移。

当 $t_0>0$ 时，$f(t+t_0)$为 $f(t)$左移；$t_0<0$ 时，$f(t+t_0)$为 $f(t)$右移。

(4) 信号反褶：$f(-t)$，其波形为 $f(t)$以 $t=0$ 为轴反褶过来。

(5) 信号尺度变换：$f(at)$，$(a>0)$。

$a>1$ 时，$f(at)$将 $f(t)$的波形压缩；$0<a<1$ 时，$f(at)$将 $f(t)$的波形扩展。

(6) 信号微分：$\frac{\mathrm{d}}{\mathrm{d}t}f(t)$，即 $f(t)$对 t 取导数。

(7) 信号积分：$\int_{-\infty}^{t} f(\tau)\mathrm{d}\tau$，即 $f(t)$对 t 取积分。

2. 信号的复合运算

在信号的运算过程中，经常存在对信号进行多种运算的结合。

① 时延、反褶和尺度变换的综合运用

已知 $f(t)$的波形，求 $f(at+b)$的波形，可能要将时延、反褶和尺度变换结合应用。

例如对于 $f(4-3t)$，因为 $4-3t=-3\left(t-\frac{4}{3}\right)$，可以按照如下次序分步进行：

$$f(t)\to f(-t)\to f(-3t)\to f\left[-3\left(t-\frac{4}{3}\right)\right]$$

即先做反褶得到 $f(-t)$，再尺度变换，对波形压缩为原来的$\frac{1}{3}$，得到 $f(-3t)$，最后对波形右移$\frac{4}{3}$，得到$f\left[-3\left(t-\frac{4}{3}\right)\right]$，即得到 $f(4-3t)$的波形。

运算次序可以调整，例如按照尺寸变换→反褶→时延的次序。注意所有的运算都是针对时间变量 t 来进行的。

② 微分和积分运算的综合运用

对信号进行微分和积分运算时，要注意信号 $f(t)$ 微分再积分之后，不一定还是 $f(t)$，即$\int_{-\infty}^{t}\frac{\mathrm{d}f(\tau)}{\mathrm{d}\tau}\mathrm{d}\tau$ 不一定等于 $f(t)$。

四、奇异信号

1. 单位斜变信号

定义：$R(t)=\begin{cases}0 & t<0\\ t & t\geqslant 0\end{cases}$

2. 单位阶跃信号

定义：$u(t)=\begin{cases}1 & t>0\\ 0 & t<0\end{cases}$

注：在 $t=0$ 跳变点，函数值未定义。

阶跃信号一个重要的用处是描述其他信号的存在范围。例如单位斜变信号就可用阶跃信号表示为 $tu(t)$。

3. 单位冲激信号

(1) 定义

$$\begin{cases}\delta(t)=\begin{cases}\infty & t=0\\ 0 & t\neq 0\end{cases}\\ \int_{-\infty}^{\infty}\delta(t)\mathrm{d}t=1\end{cases}$$

(2) 性质

① 偶函数：$\delta(t)=\delta(-t)$

② 筛选性：$\delta(t-t_0)f(t)=f(t_0)\delta(t-t_0)$

筛选特性是冲激函数的一个重要特性，在后面的学习中用到。

③ 尺度变换：$\delta(at)=\frac{1}{|a|}\delta(t)$

④ 与单位阶跃函数的关系：

$$\frac{\mathrm{d}u(t)}{\mathrm{d}t}=\delta(t),\int_{-\infty}^{t}\delta(t)\mathrm{d}t=u(t)$$

4. 冲激偶信号

定义：$\frac{\mathrm{d}\delta(t)}{\mathrm{d}t}$

五、信号的分解

1. 直流分量和交流分量的叠加

$$f(t)=f_{\mathrm{D}}(t)+f_{\mathrm{A}}(t)$$

直流分量 $f_{\mathrm{D}}(t)$即信号的平均值，从原信号中去掉直流分量即为交流分量 $f_{\mathrm{A}}(t)$。

2. 偶分量和奇分量的叠加

$$f(t)=f_{\mathrm{e}}(t)+f_{\mathrm{o}}(t)$$

其中$f_{\mathrm{e}}(t)=\frac{1}{2}[f(t)+f(-t)]=f_{\mathrm{e}}(-t)$，称为偶分量

$f_{\mathrm{o}}(t)=\frac{1}{2}[f(t)-f(-t)]=-f_{\mathrm{o}}(t)$，称为奇分量

3. 脉冲分量的叠加

(1) 冲激信号叠加

$$f(t)=\int_{-\infty}^{\infty}f(\tau)\delta(t-\tau)\mathrm{d}\tau$$

即将信号分解为无穷多个不同时刻、不同强度的冲激信号的叠加。

(2) 阶跃信号的叠加

$$f(t)=f(0)u(t)+\int_{0}^{\infty}\frac{\mathrm{d}f(t_1)}{\mathrm{d}t_1}u(t-t_1)\mathrm{d}t_1$$

即将有始信号分解为无穷多个不同时刻、不同幅度的阶跃信号的叠加。

4. 实分量和虚分量

$f(t)=f_{\mathrm{r}}(t)+\mathrm{j}f_{\mathrm{i}}(t)$，其中 $f_{\mathrm{r}}(t)$为信号 $f(t)$的实部，$f_{\mathrm{i}}(t)$为信号 $f(t)$的虚部。

六、系统的模型和分类、特性

1. 系统的模型

(1) 建立系统模型的方法：输入-输出描述法和状态变量描述法。

(2) 系统模型的表示：数学表达式和方框图。

2. 系统的分类

(1) 连续时间系统和离散时间系统

连续时间系统：激励和响应均为连续时间信号的系统。

离散时间系统：激励和响应均为离散时间信号的系统。

(2) 即时系统和动态系统

即时系统：系统在任意时刻的响应仅取决于该时刻的激励。

动态系统：系统在任意时刻的响应不仅与该时刻的激励有关，还与该时刻以前的激励有关。

(3) 线性系统与非线性系统

线性系统：具有线性特性的系统。

非线性系统：不具有线性特性的系统。

(4) 时变系统与时不变系统

时不变系统：系统参数不随时间变化的系统。

时变系统：系统参数随时间变化的系统。

(5) 因果系统与非因果系统

因果系统:任意时刻系统的响应仅与该时刻以及该时刻以前的激励有关,而与该时刻以后的激励无关。

非因果系统:响应出现在激励之前;或相应的出现是“无起因的”!

(6) 可逆系统与不可逆系统

可逆系统:系统在不同的激励作用下产生不同的响应。

不可逆系统:系统在不同的激励作用下产生了相同的响应。

3. 线性时不变系统的特性

(1) 线性

线性系统是同时具有叠加性和均匀性的系统。

(2) 时不变特性

若 $e(t)\to r(t)$,则 $e(t-t_0)\to r(t-t_0)$

即在相同初始状态下,系统的响应与激励加入的时刻无关!

(3) 微积分特性

若 $e(t)\to r(t)$,则$\frac{\mathrm{d}e(t)}{\mathrm{d}t}\to\frac{\mathrm{d}r(t)}{\mathrm{d}t}$,$\int_0^t e(\tau)\mathrm{d}\tau\to\int_0^t r(\tau)\mathrm{d}\tau$

4. 线性时不变系统的判断

线性和时不变特性的判断,关键是清楚什么是激励,什么是响应,系统的作用是什么。

(1) 线性的判断

例如,系统为 $r(t)=e(t)\cos t$,判断是否为线性系统。

从系统表达式中可以看出,$e(t)$为激励,$r(t)$为响应,系统的作用是对激励乘以 $\cos t$。

设 $e_1(t)\to r_1(t)=e_1(t)\cos t$,$e_2(t)\to r_2(t)=e_2(t)\cos t$

$e_1(t)+e_2(t)\to r(t)=[e_1(t)+e_2(t)]\cos t=r_1(t)+r_2(r)$,满足叠加性

$ke_1(t)\to r(t)=ke(t)\cos t=kr_1(t)$,满足均匀性

所以该系统为线性系统。

(2) 时不变的判断

例如,系统为 $r(t)=te(t)$,判断是否为时不变。

从系统表示式中可以看出系统的作用是对激励乘以 t。

$e(t-t_0)\to r(t)=te(t-t_0)\neq r(t-t_0)=te(t-t_0)$,所以该系统为时变系统。

习题解答

【1-1】 分别判断题图 1-1 所示各波形是连续时间信号还是离散时间信号,若是离散时间信号是否为数字信号?

【解题思路】 连续时间信号和离散时间信号的判断,主要通过自变量时间的定义域来分析,而数字信号是一种特殊的离散时间信号,从幅度定义域来判断。

【解】

(a) 连续时间信号

(b) 连续时间信号

(c) 离散时间信号、数字信号

(d) 离散时间信号

(e) 离散时间信号、数字信号

(f) 离散时间信号、数字信号

【1-2】 分别判断下列各函数式属于何种信号。(重复习题 1-1 所问。)

(1) $\mathrm{e}^{-at}\sin(\omega t)$

(2) e^{-nT}

(3) $\cos(n\pi)$

(4) $\sin(n\omega_0)$(ω_0 为任意值)

(5) $\left(\frac{1}{2}\right)^n$

以上各式中 n 为正整数。

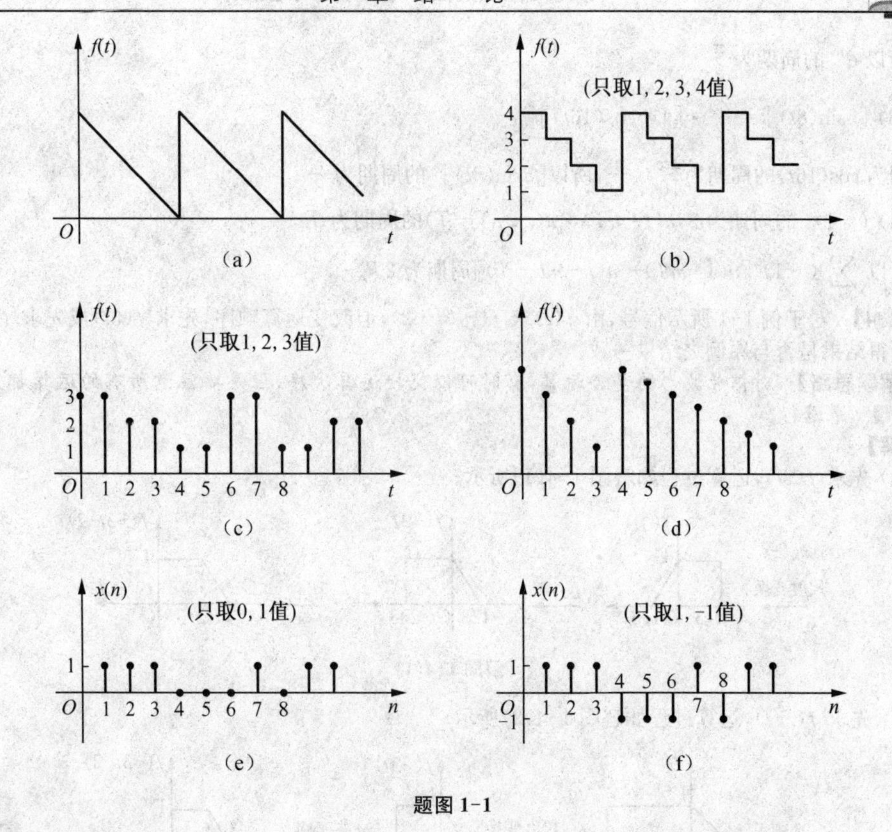

题图 1-1

【解题思路】 从概念出发，思路同题 1-1。

【解】

(1) 连续时间信号

(2) 离散时间信号

(3) 离散时间信号、数字信号

(4) 离散时间信号

(5) 离散时间信号

【1-3】 分别求下列各周期信号的周期 T。

(1) $\cos(10t)-\cos(30t)$

(2) e^{j10t}

(3) $[5\sin(8t)]^2$

(4) $\sum\limits_{n=0}^{\infty}(-1)^n[u(t-nT)-u(t-nT-T)]$($n$ 为正整数)

【解题思路】 两个周期信号的周期如存在最小公倍数，叠加之后信号的周期为所有周期的最小公倍数。

【解】

(1) $\cos(10t)$的周期 $T_1=\frac{2\pi}{10}=\frac{\pi}{5}$

$\cos(30t)$的周期 $T_2=\frac{2\pi}{30}=\frac{\pi}{15}$

$\cos(10t)-\cos(30t)$的周期为 T_1 和 T_2 的最小公倍数，所以为$\frac{\pi}{5}$。

(2) $e^{j10t}=\cos(10t)+j\sin(10t)$

$\cos(10t)$和 $\sin(10t)$的周期均为$\frac{2\pi}{10}=\frac{\pi}{5}$

所以 e^{j10t} 的周期为$\frac{\pi}{5}$

(3) $[5\sin(8t)]^2=\frac{25}{2}\cdot[1-\cos(16t)]$

因为 $\cos(16t)$的周期为$\frac{2\pi}{16}=\frac{\pi}{8}$，所以$[5\sin(8t)]^2$ 的周期为$\frac{\pi}{8}$

(4) $(-1)^n$ 的周期为 2，$u(t-nT)-u(t-nT-T)$的周期为 T

所以 $\sum_{n=0}^{\infty}(-1)^n[u(1-nT)-u(t-nT-T)]$周期为 $2T$。

【1-4】 对于例 1-1 所示信号，由 $f(t)$求 $f(-3t-2)$，但改变运算顺序，先求 $f(3t)$或先求 $f(-t)$，讨论所得结果是否与原例之结果一致。

【解题思路】 对信号波形的复合运算，有时可以交换运算次序，但是要注意所有的运算都是针对时间变量 t 来进行。

【解】

(1) 先求 $f(3t)$，运算过程如解图 1-4(1)所示。

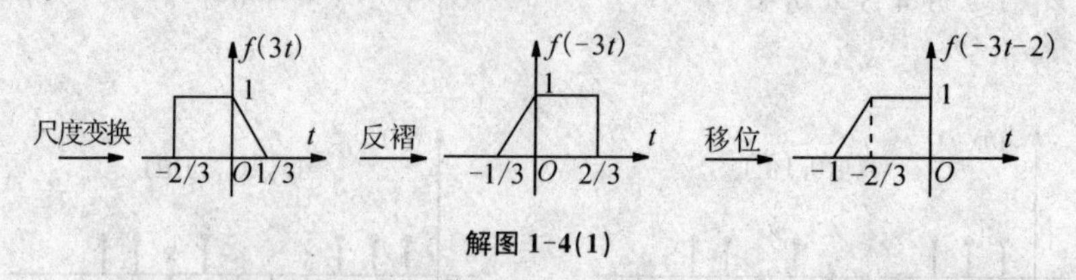

解图 1-4(1)

(2) 先求 $f(-t)$，运算过程如解图 1-4(2)所示。

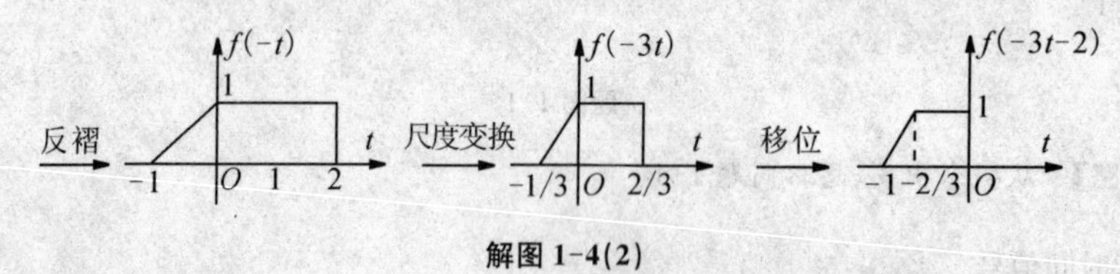

解图 1-4(2)

【1-5】 已知 $f(t)$，为求 $f(t_0-at)$应按下列哪种运算求得正确结果(式中 t_0，a 都为正值)？

(1) $f(-at)$左移 t_0

(2) $f(at)$右移 t_0

(3) $f(at)$左移$\frac{t_0}{a}$

(4) $f(-at)$右移$\frac{t_0}{a}$

【解题思路】 对信号波形的复合运算，交换运算次序时要注意所有的运算都是针对时间变量 t 来进行，尤其尺度变换后的移位。

【解】

(1) $f(-at)$左移 t_0 的运算结果表达式为 $f[-a(t+t_0)]=f(-at-at_0)$

(2) $f(at)$右移 t_0 的运算结果表达式为 $f[a(t-t_0)]=f(at-at_0)$

(3) $f(-at)$左移$\frac{t_0}{a}$的运算结果表达式为 $f[-a(t+\frac{t_0}{a})]=f(-at-t_0)$

(4) $f(-at)$右移$\frac{t_0}{a}$的运算结果表达式为 $f[-a\left(t-\frac{t_0}{a}\right)]=f(-at+t_0)=f(t_0-at)$

所以正确答案是(4)

【1-6】 绘出下列各信号的波形。

(1) $\left[1+\frac{1}{2}\sin(\Omega t)\right]\sin(8\Omega t)$

(2) $[1+\sin(\Omega t)]\sin(8\Omega t)$

【解题思路】 波形相加和相乘是同一时刻信号幅值的相加和相乘。当一个低频信号和高频信号相乘时,运算结果通常是以低频信号为幅度包络的高频信号。

【解】

(1) $\left[1+\frac{1}{2}\sin(\Omega t)\right]$和 $f(t)$的波形如解图 1-6(1)所示。

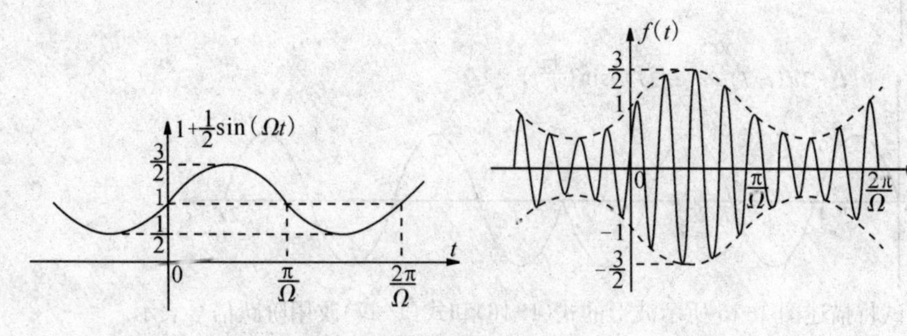

解图 1-6(1)

(2) $[1+\sin(\Omega t)]$和 $f(t)$的波形如解图 1-6(2)所示。

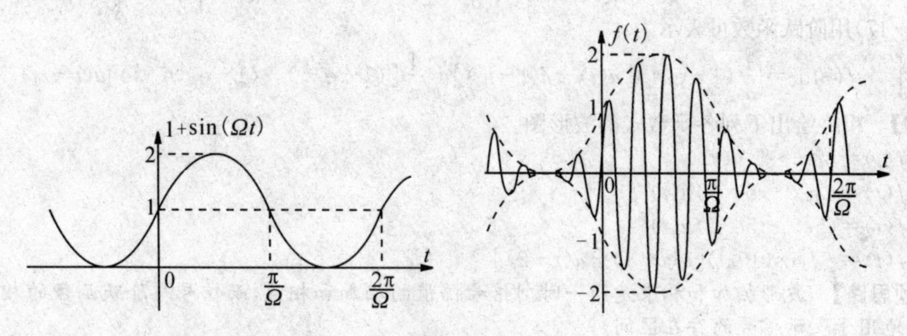

解图 1-6(2)

【1-7】 绘出下列各信号的波形。

(1) $[u(t)-u(t-T)]\sin\left(\frac{4\pi}{T}t\right)$

(2) $[u(t)-2u(t-T)+u(t-2T)]\sin\left(\frac{4\pi}{T}t\right)$

【解题思路】 信号与阶跃函数的相乘通常可以方便地用于表示信号的存在区间。

【解】

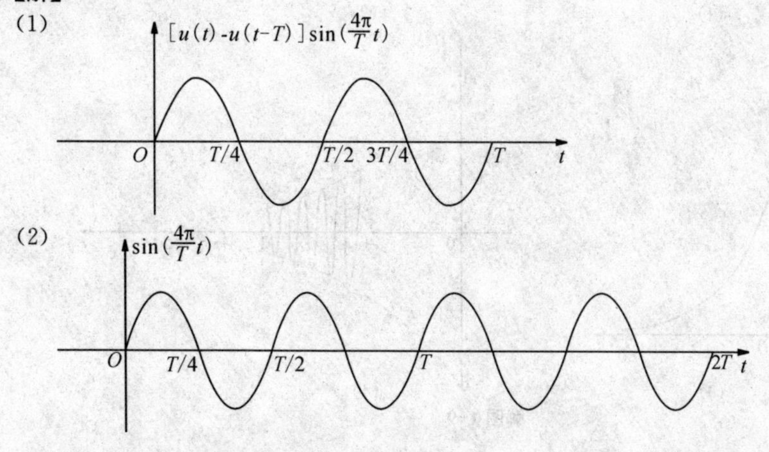

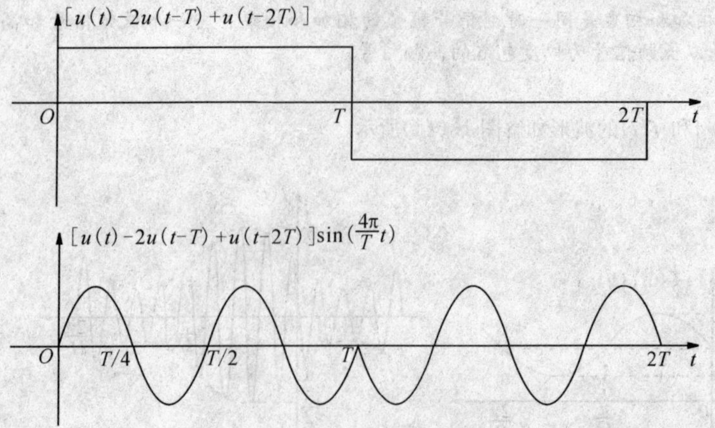

【1-8】 试将描述图 1-15 所示波形的式(1-16)和式(1-17)改用阶跃信号表示。

【解题思路】 阶跃函数通常用于表示信号的存在区间,可以简化分段函数的描述。

【解】 式(1-16)用阶跃函数可表示为:

$$f(t)=\mathrm{e}^{-\alpha t}[u(t)-u(t-t_0)]+[\mathrm{e}^{-\alpha t}-\mathrm{e}^{-\alpha(t-t_0)}]u(t-t_0)$$

式(1-17)用阶跃函数可表示为:

$$\int_{-\infty}^{t} f(\tau)\mathrm{d}\tau=\frac{1}{\alpha}(1-\mathrm{e}^{-\alpha t})[u(t)-u(t-t_0)]+\frac{1}{\alpha}[(1-\mathrm{e}^{-\alpha t})-(1-\mathrm{e}^{-\alpha(t-t_0)})]u(t-t_0)$$

【1-9】 粗略绘出下列各函数式的波形图。

(1) $f(t)=(2-\mathrm{e}^{-t})u(t)$

(2) $f(t)=(3\mathrm{e}^{-t}+6\mathrm{e}^{-2t})u(t)$

(3) $f(t)=(5\mathrm{e}^{-t}-5\mathrm{e}^{-3t})u(t)$

(4) $f(t)=\mathrm{e}^{-t}\cos(10\pi t)[u(t-1)-u(t-2)]$

【解题思路】 波形相加和相乘是同一时刻信号幅值的相加和相乘,而信号与阶跃函数的相乘通常可以方便地用于表示信号的存在区间。

【解】 $f(t)$的波形如解图 1-9(1)~(4)所示。

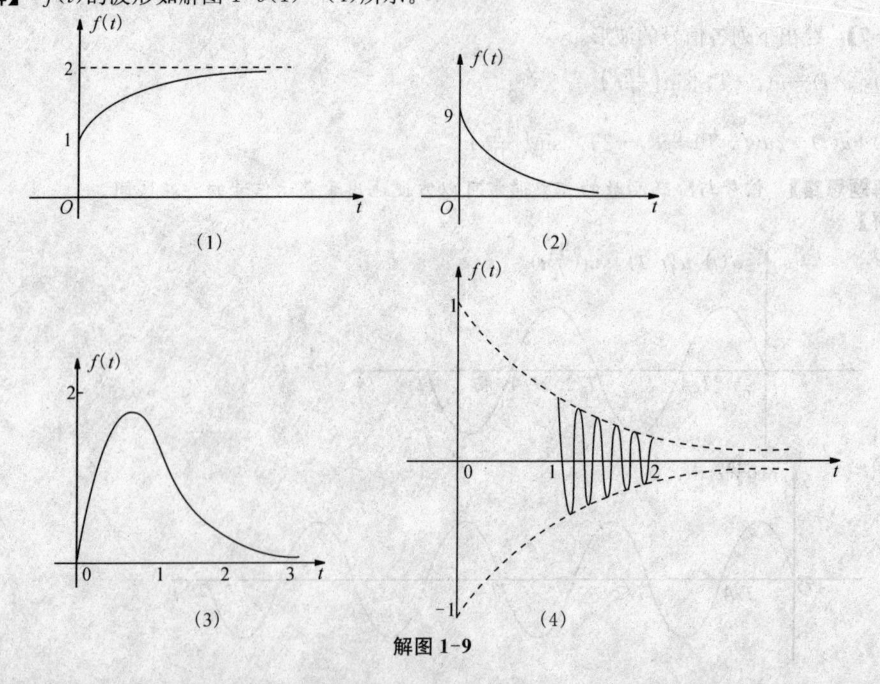

解图 1-9

【1-10】 写出题图 1-10(a)、(b)、(c)所示各波形的函数式。

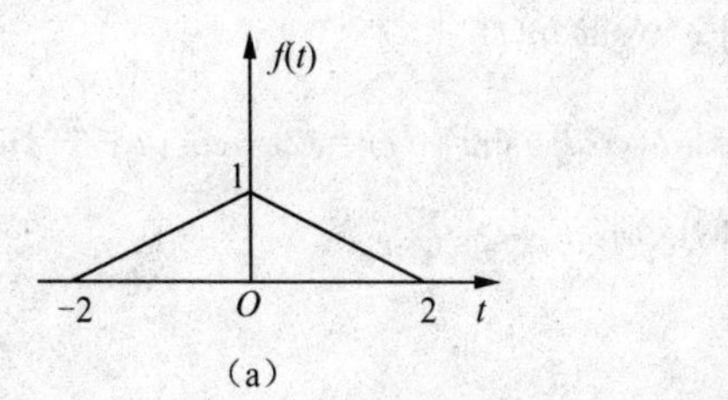

(a)

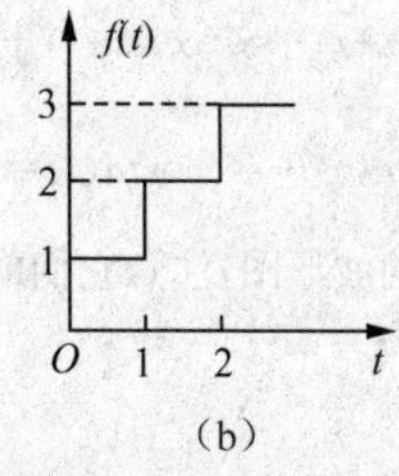

(b)

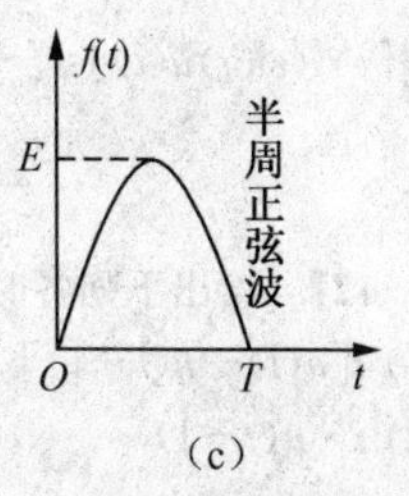

(c)

题图 1-10

【解题思路】 根据波形写表达式，要将波形各段的数学表达式和存在范围相结合来描述。

【解】

(a) $f(t)=\left(1+\dfrac{1}{2}t\right)[u(t+2)-u(t)]+\left(1-\dfrac{1}{2}t\right)[u(t)-u(t-2)]$

(b) $f(t)=u(t)+u(t-1)+u(t-2)$

(c) $f(t)=E\sin\left(\dfrac{\pi}{T}t\right)[u(t)-u(t-T)]$

【1-11】 绘出下列各时间函数的波形图。

(1) $te^{-t}u(t)$　　(2) $e^{-(t-1)}[u(t-1)-u(t-2)]$

(3) $[1+\cos(\pi t)][u(t)-u(t-2)]$　　(4) $u(t)-2u(t-1)+u(t-2)$

(5) $\dfrac{\sin[a(t-t_0)]}{a(t-t_0)}$　　(6) $\dfrac{d}{dt}[e^{-t}(\sin t)u(t)]$

【解题思路】 根据数学表达式画波形，要将波形和存在范围相结合，同时要注意常用信号的移位、求异等运算，可简化表达式再画波形。

【解】 $f(t)$的波形如解图 1-11(1)～(6)所示。

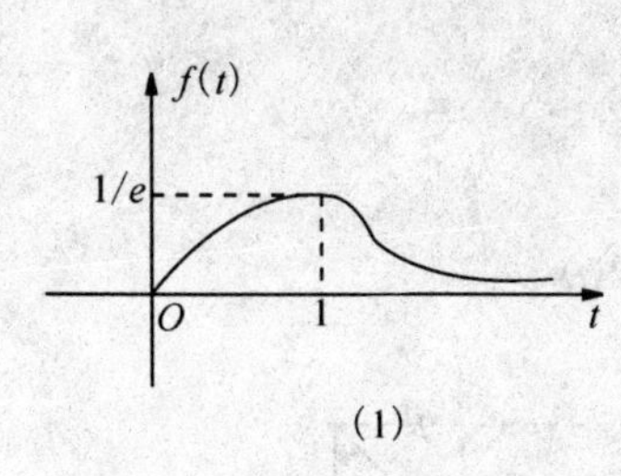

(1)

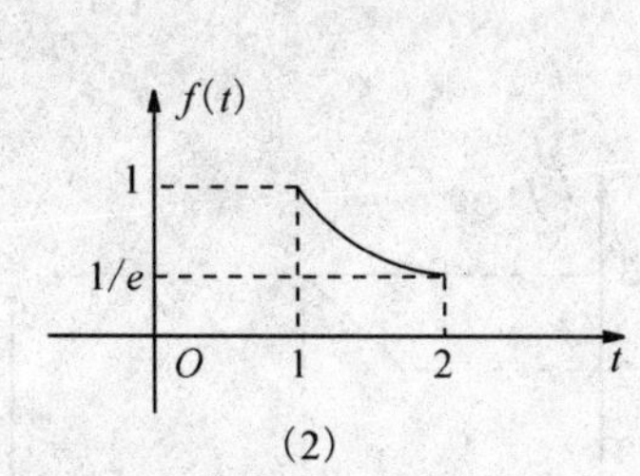

(2)

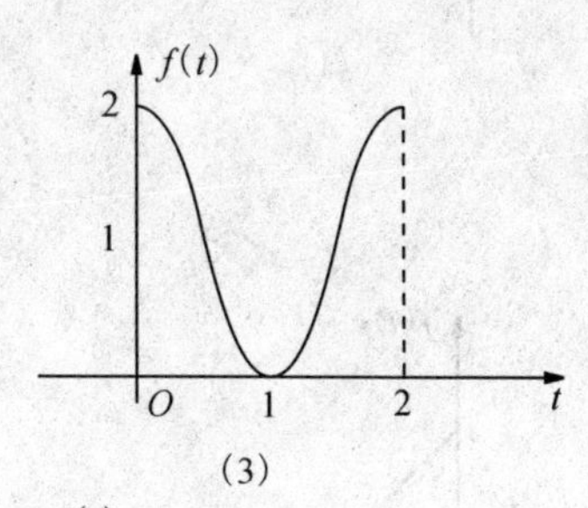

(3)

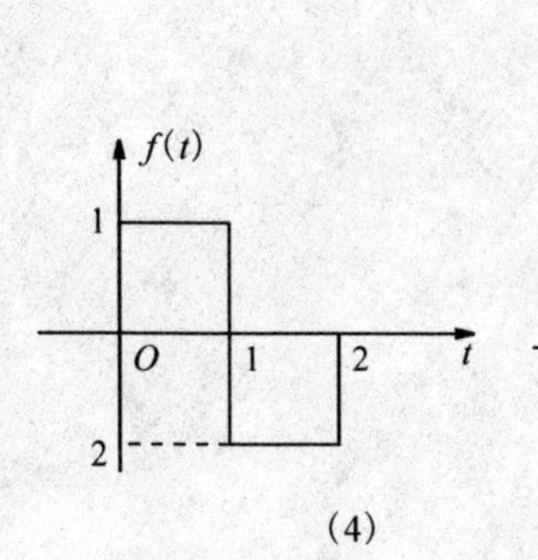

(4)

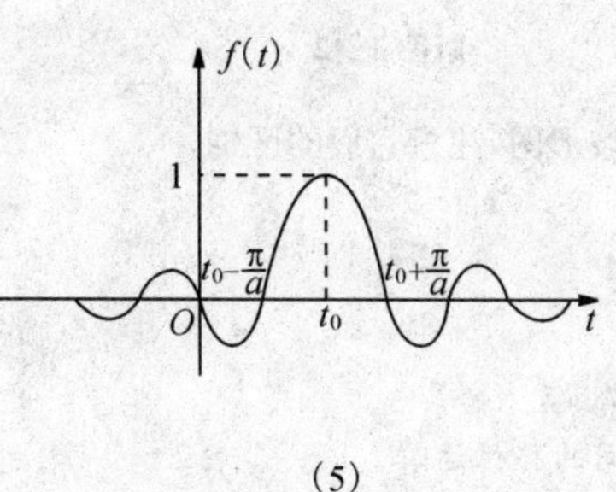

(5)

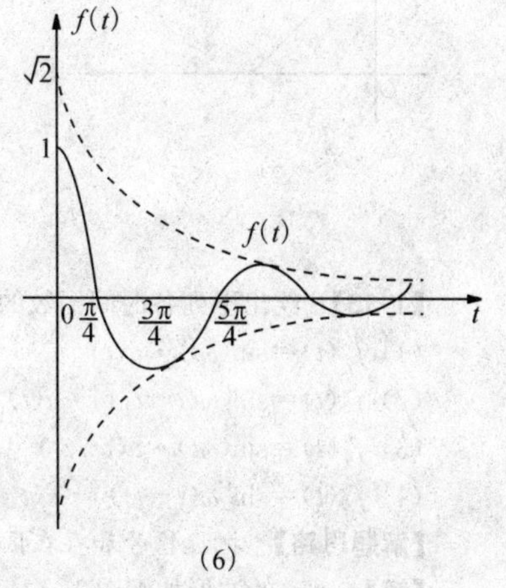

(6)

解图 1-11

其中(6) 可先将表达式简化，再画波形，即

$$\frac{d}{dt}[e^{-t}(\sin t)u(t)] = -e^{-t}(\sin t)u(t) + e^{-t}\cos t u(t) + e^{-t}(\sin t)\delta(t)$$

$$= -e^{-t}(\sin t)u(t) + e^{-t}\cos t u(t) = e^{-t}(\cos t - \sin t)u(t) = \sqrt{2}e^{-t}\cos\left(t+\frac{\pi}{4}\right)u(t)$$

【1-12】 绘出下列各时间函数的波形图，注意它们的区别。

(1) $t[u(t)-u(t-1)]$

(2) $t \cdot u(t-1)$

(3) $t[u(t)-u(t-1)]+u(t-1)$

(4) $(t-1)u(t-1)$

(5) $-(t-1)[u(t)-u(t-1)]$

(6) $t[u(t-2)-u(t-3)]$

(7) $(t-2)[u(t-2)-u(t-3)]$

【解题思路】 把握阶跃函数表示信号的存在区间，以及信号的移位运算。

【解】 $f(t)$的波形如解图 1-12(1)～(7)所示。

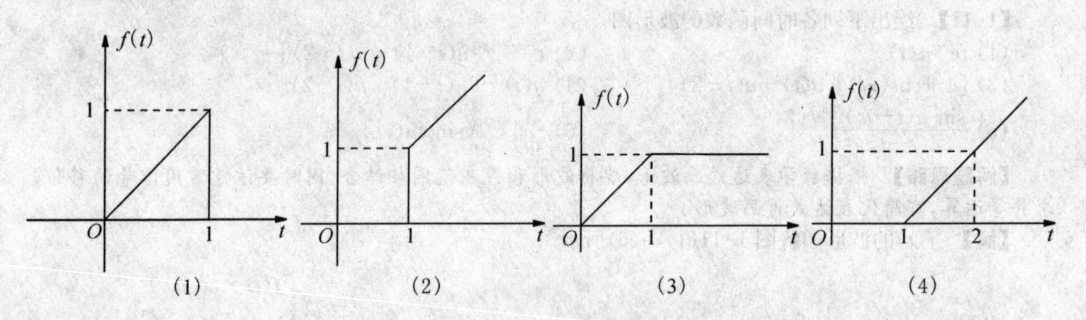

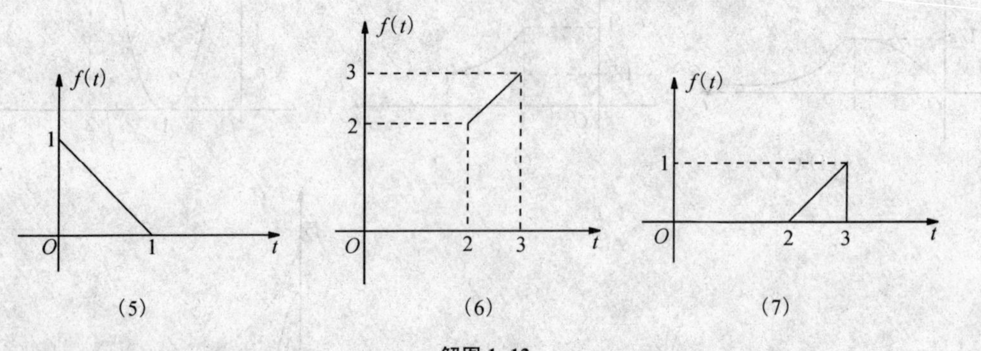

解图 1-12

【1-13】 绘出下列各时间函数的波形图，注意它们的区别。

(1) $f_1(t)=\sin(\omega t)\cdot u(t)$

(2) $f_2(t)=\sin[\omega(t-t_0)]\cdot u(t)$

(3) $f_3(t)=\sin(\omega t)\cdot u(t-t_0)$

(4) $f_4(t)=\sin[\omega(t-t_0)]\cdot u(t-t_0)$

【解题思路】 把握信号和存在区间的移位运算。

【解】 $f(t)$的波形如解图 1-13(1)～(4)所示。

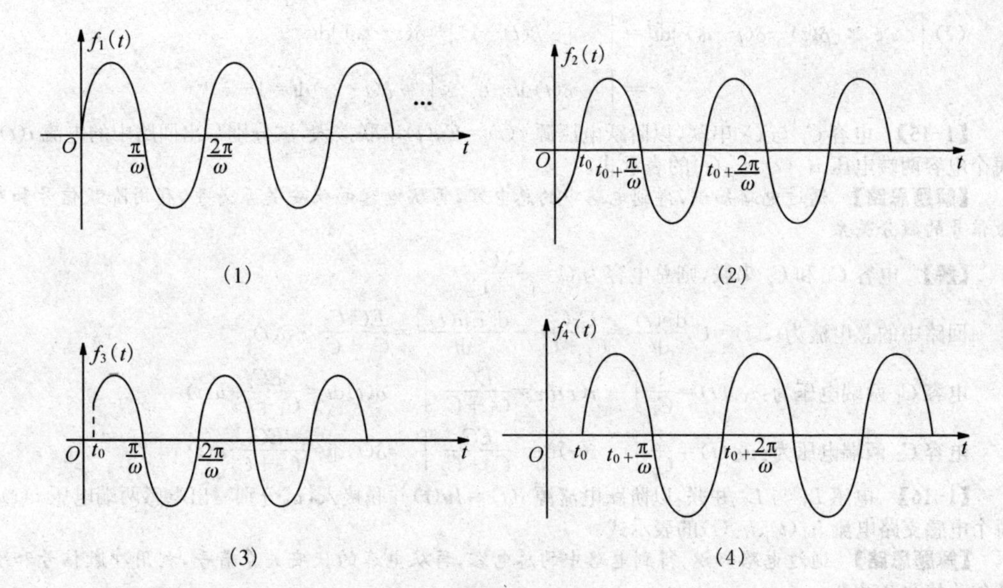

解图 1-13

【1-14】 应用冲激信号的抽样特性,求下列表示式的函数值。

(1) $\int_{-\infty}^{\infty} f(t-t_0)\delta(t)\mathrm{d}t$

(2) $\int_{-\infty}^{\infty} f(t_0-t)\delta(t)\mathrm{d}t$

(3) $\int_{-\infty}^{\infty} \delta(t-t_0)u\left(t-\frac{t_0}{2}\right)\mathrm{d}t$

(4) $\int_{-\infty}^{\infty} \delta(t-t_0)u(t-2t_0)\mathrm{d}t$

(5) $\int_{-\infty}^{\infty} (\mathrm{e}^{-t}+t)\delta(t+2)\mathrm{d}t$

(6) $\int_{-\infty}^{\infty} (t+\sin t)\delta\left(t-\frac{\pi}{6}\right)\mathrm{d}t$

(7) $\int_{-\infty}^{\infty} \mathrm{e}^{-\mathrm{j}\omega t}[\delta(t)-\delta(t-t_0)]\mathrm{d}t$

【解题思路】 从单位冲激信号的筛选(抽样)特性着手,利用

$$f(t)\delta(t)=f(0)\delta(t),\ f(t)\delta(t-t_0)=f(t-t_0)\delta(t-t_0)$$

【解】

(1) $\int_{-\infty}^{\infty} f(t-t_0)\delta(t)\mathrm{d}t=\int_{-\infty}^{\infty} f(0-t_0)\delta(t)\mathrm{d}t=f(-t_0)\int_{-\infty}^{\infty}\delta(t)\mathrm{d}t=f(-t_0)$

(2) $\int_{-\infty}^{\infty} f(t_0-t)\delta(t)\mathrm{d}t=\int_{-\infty}^{\infty} f(t_0)\delta(t)\mathrm{d}t=f(t_0)\int_{-\infty}^{\infty}\delta(t)\mathrm{d}t=f(t_0)$

(3) $\int_{-\infty}^{\infty} \delta(t-t_0)u\left(t-\frac{t_0}{2}\right)\mathrm{d}t=\int_{-\infty}^{\infty} \delta(t-t_0)u\left(t_0-\frac{t_0}{2}\right)\mathrm{d}t=u\left(\frac{t_0}{2}\right)\int_{-\infty}^{\infty}\delta(t-t_0)\mathrm{d}t=u\left(\frac{t_0}{2}\right)$

(4) $\int_{-\infty}^{\infty} \delta(t-t_0)u(t-2t_0)\mathrm{d}t=\int_{-\infty}^{\infty} \delta(t-t_0)u(t_0-2t_0)\mathrm{d}t=u(-t_0)\int_{-\infty}^{\infty}\delta(t-t_0)\mathrm{d}t=u(-t_0)$

(5) $\int_{-\infty}^{\infty} (\mathrm{e}^{-t}+t)\delta(t+2)\mathrm{d}t=\int_{-\infty}^{\infty} (\mathrm{e}^{2}-2)\delta(t+2)\mathrm{d}t=(\mathrm{e}^{2}-2)\int_{-\infty}^{\infty}\delta(t+2)\mathrm{d}t=\mathrm{e}^{2}-2$

(6) $\int_{-\infty}^{\infty} (t+\sin t)\delta\left(t-\frac{\pi}{6}\right)\mathrm{d}t=\int_{-\infty}^{\infty}\left(\frac{\pi}{6}+\sin\frac{\pi}{6}\right)\delta\left(t-\frac{\pi}{6}\right)\mathrm{d}t=\left(\frac{\pi}{6}+\frac{1}{2}\right)\int_{-\infty}^{\infty}\delta\left(t-\frac{\pi}{6}\right)\mathrm{d}t$

$=\frac{\pi}{6}+\frac{1}{2}$

(7) $\int_{-\infty}^{\infty} e^{-j\omega t}[\delta(t)-\delta(t-t_0)]dt = \int_{-\infty}^{\infty} [e^1\delta(t)-e^{-j\omega t_0}\delta(t-t_0)]dt$

$$= \int_{-\infty}^{\infty} \delta(t)dt - e^{-j\omega t_0}\int_{-\infty}^{\infty} \delta(t-t_0)dt = 1-e^{-j\omega t_0}$$

【1-15】 电容 C_1 与 C_2 串联，以阶跃电压源 $v(t)=Eu(t)$ 串联接入，试分别写出回路中的电流 $i(t)$、每个电容两端电压 $v_{C1}(t)$、$v_{C2}(t)$ 的表示式。

【解题思路】 通过电路知识，得到电路中的总电容，再从电容的伏安关系着手，利用阶跃信号和冲激信号的微分关系。

【解】 电容 C_1 和 C_2 串联，则总电容为 $C=\frac{C_1C_2}{C_1+C_2}$

回路中的总电流为：$i(t)=C\frac{dv(t)}{dt}=\frac{C_1C_2}{C_1+C_2}\cdot\frac{d[Eu(t)]}{dt}=\frac{EC_1C_2}{C_1+C_2}\cdot\delta(t)$

电容 C_1 两端电压为：$v_{C1}(t)=\frac{1}{C_1}\int_{-\infty}^{t} i(\tau)d\tau=\frac{EC_2}{C_1+C_2}\int_{-\infty}^{t}\delta(t)dt=\frac{EC_2}{C_1+C_2}u(t)$

电容 C_2 两端电压为：$v_{C2}(t)=\frac{1}{C_2}\int_{-\infty}^{t} i(\tau)d\tau=\frac{EC_1}{C_1+C_2}\int_{-\infty}^{t}\delta(t)dt=\frac{EC_1}{C_1+C_2}u(t)$

【1-16】 电感 L_1 与 L_2 并联，以阶跃电流源 $i(t)=Iu(t)$ 并联接入，试分别写出电感两端电压 $v(t)$、每个电感支路电流 $i_{L1}(t)$、$i_{L2}(t)$ 的表示式。

【解题思路】 通过电路知识，得到电路中的总电容，再从电容的伏安关系着手，利用冲激信号和阶跃信号的积分关系。

【解】 电感 L_1 和 L_2 串联，则总电感为 $L=\frac{L_1L_2}{L_1+L_2}$

回路中的总电压为：$v(t)=L\frac{di(t)}{dt}=\frac{L_1L_2}{L_2+L_2}\cdot\frac{d[Iu(t)]}{dt}=\frac{IL_1L_2}{L_1+L_2}\cdot\delta(t)$

流过电感 L_1 的电流为：$i_{L1}(t)=\frac{1}{L_1}\int_{-\infty}^{t} i(\tau)d\tau=\frac{IL_2}{L_1+L_2}\int_{-\infty}^{t}\delta(t)dt=\frac{IL_2}{L_1+L_2}u(t)$

流过电感 L_2 的电流为：$i_{L2}(t)=\frac{1}{L_2}\int_{-\infty}^{t} i(\tau)d\tau=\frac{IL_1}{L_1+L_2}\int_{-\infty}^{t}\delta(t)dt=\frac{IL_1}{L_1+L_2}u(t)$

【1-17】 分别指出下列各波形的直流分量等于多少。

(1) 全波整流 $f(t)=|\sin(\omega t)|$

(2) $f(t)=\sin^2(\omega t)$

(3) $f(t)=\cos(\omega t)+\sin(\omega t)$

(4) 升余弦 $f(t)=K[1+\cos(\omega t)]$

【解题思路】 从直流信号的定义着手。

【解】

(1) 直流 $f_D=\frac{1}{T}\int_{-\frac{T}{2}}^{\frac{T}{2}}|\sin(\omega t)|dt=\frac{2}{T}\int_0^{\frac{T}{2}}\sin(\omega t)dt=-\frac{2}{\omega T}\cos(\omega t)\Big|_0^{\frac{T}{2}}$

$$=-\frac{2}{2\pi}[\cos(\pi)-1]=\frac{2}{\pi} \qquad (\text{代入 } T=\frac{2\pi}{\omega})$$

(2) $f(t)=\sin^2\omega t=\frac{1}{2}[1-\cos(2\omega t)]$

由于 $\cos(2\omega t)$ 在一个周期的平均值为 0，所以信号 $f(t)$ 直流分量为 $\frac{1}{2}$。

(3) $\cos\omega t$ 和 $\sin\omega t$ 在一个周期内的平均值均为 0，所以 $f(t)=\cos(\omega t)+\sin(\omega t)$ 的直流分量为 0。

(4) $f(t)=K[1+\cos(\omega t)]$

$\cos(\omega t)$ 在一个周期的平均值为 0，所以信号 $f(t)$ 直流分量为 K。

【1-18】 粗略绘出题图 1-18 所示各波形的偶分量和奇分量。

【解题思路】 先画出 $f(t)$ 和 $f(-t)$ 的波形，再从偶分量和奇分量的定义着手。

【解】

(a) $f(t)$、$f(-t)$、偶分量 $f_e(t)$、奇分量 $f_o(t)$ 的波形如解图 1-18a(1)～(4)所示。

(b) $f(t)$、$f(-t)$、偶分量 $f_e(t)$ 的波形如解图 1-18b(1)～(3)所示，奇分量为 0。

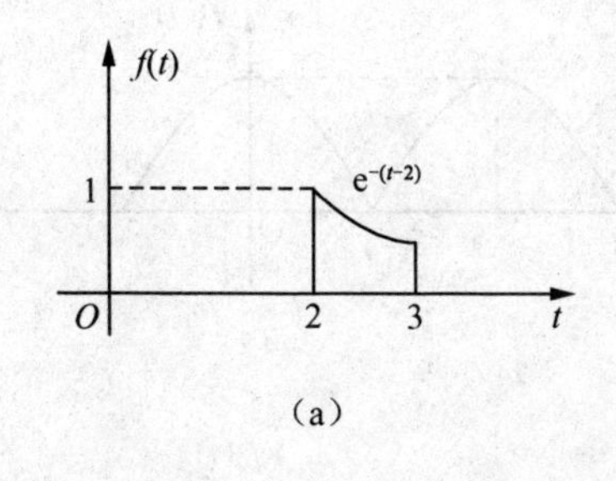

(a)

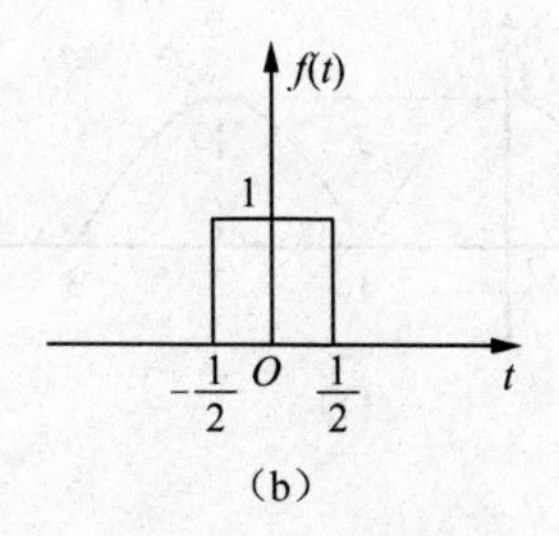

(b)

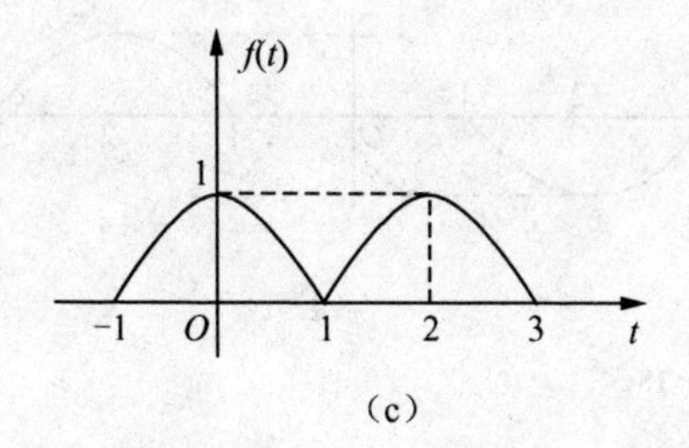

(c)

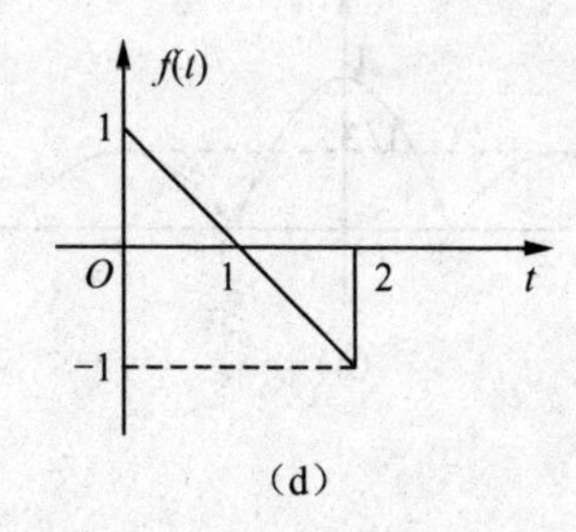

(d)

题图 1-18

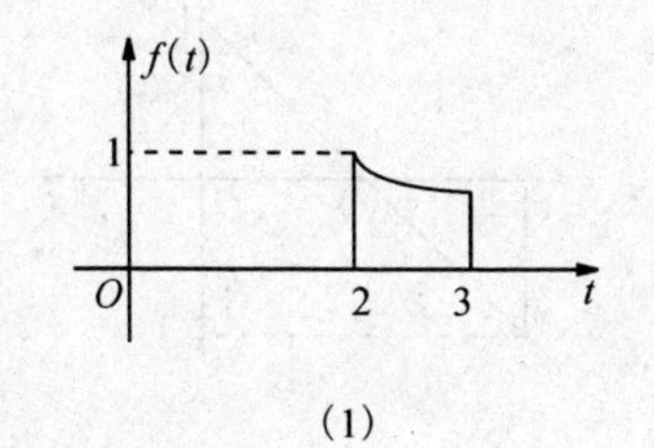

(1)

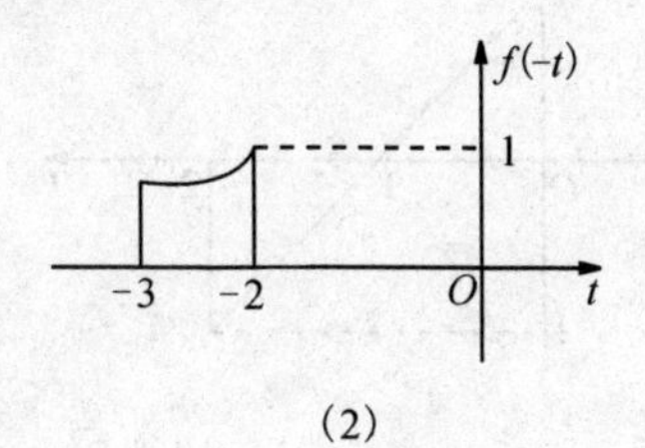

(2)

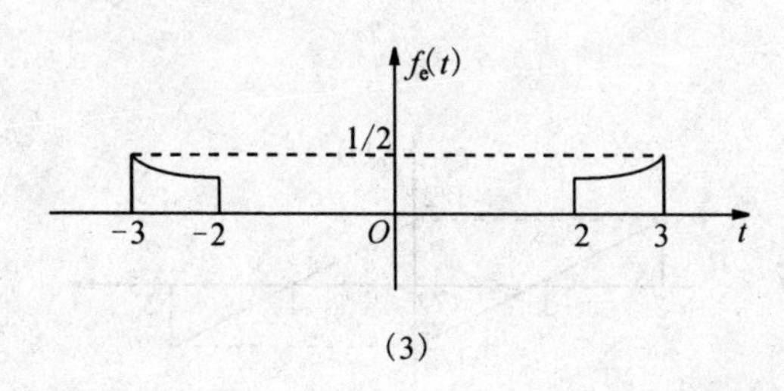

(3)

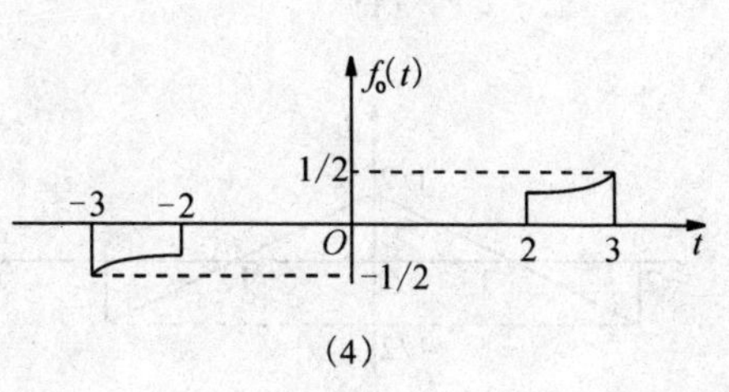

(4)

解图 1-18a

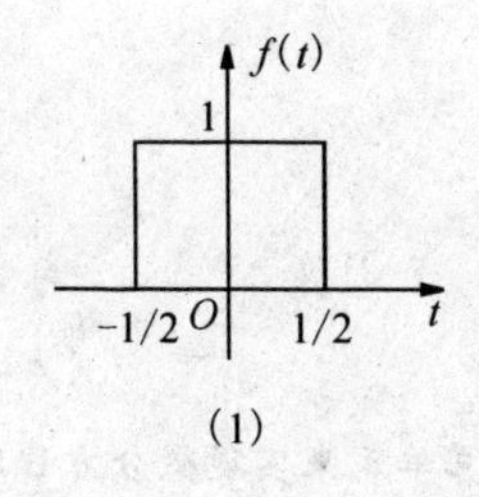

(1)

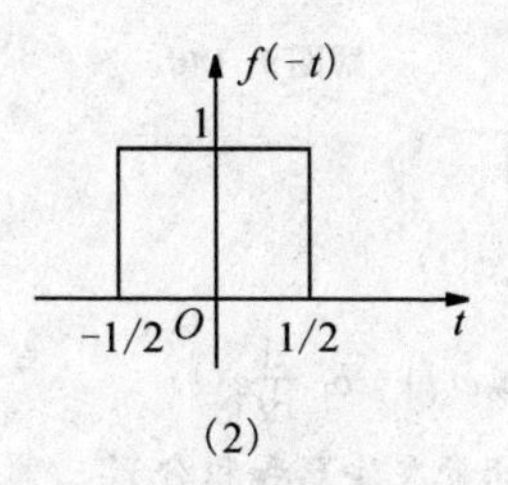

(2)

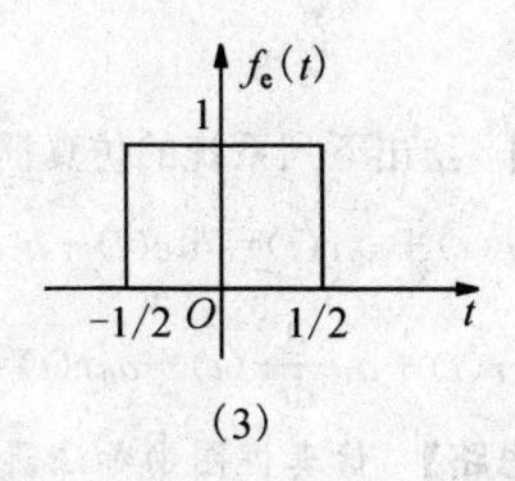

(3)

解图 1-18b

(c) $f(t)$、$f(-t)$、偶分量 $f_e(t)$、奇分量 $f_o(t)$的波形如解图 1-18c(1)～(4)所示。

(d) $f(t)$、$f(-t)$、偶分量 $f_e(t)$、奇分量 $f_o(t)$的波形如解图 1-18d(1)～(4)所示。

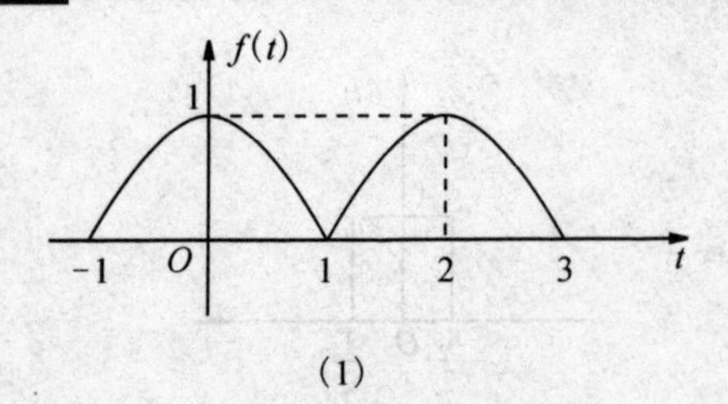

(1)

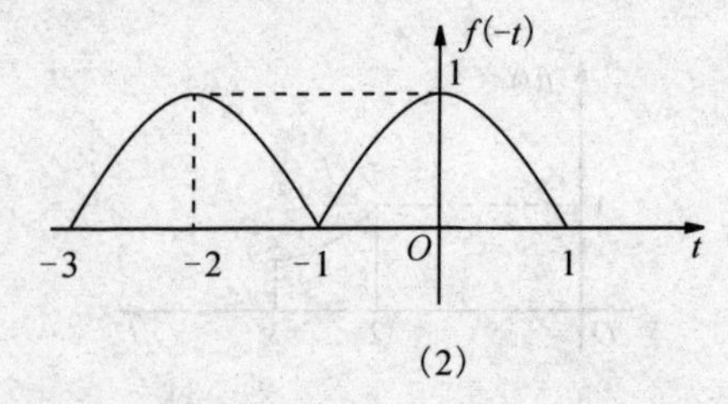

(2)

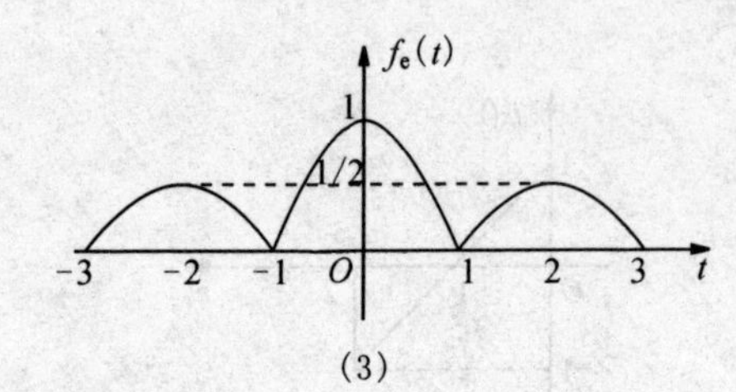

(3)

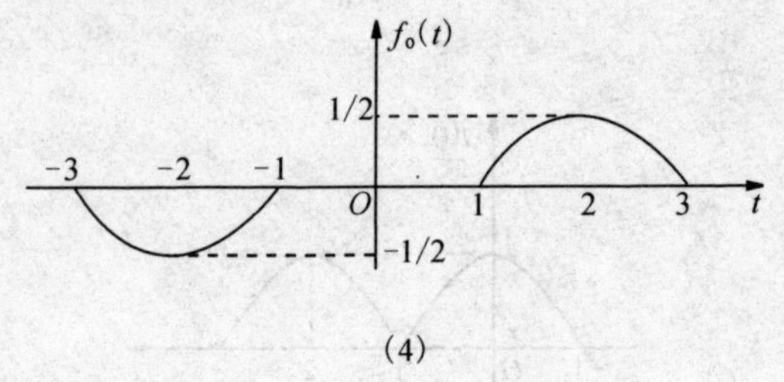

(4)

解图 1-18c

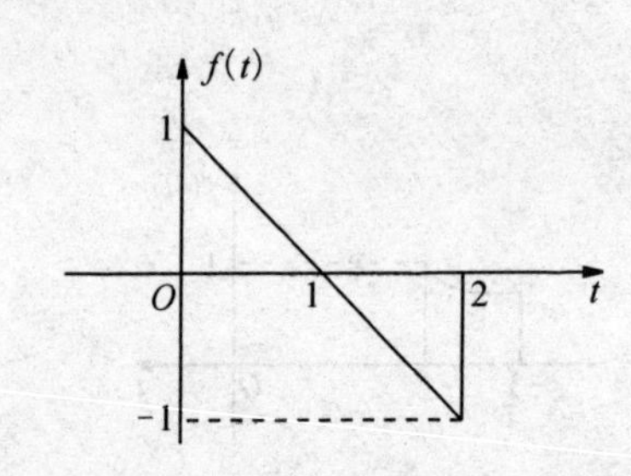

(1)

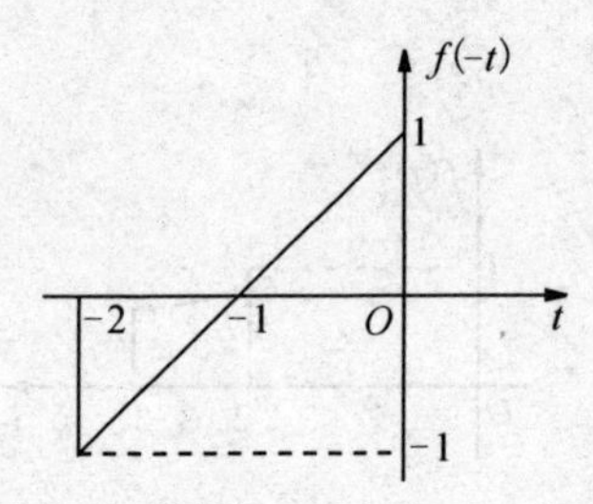

(2)

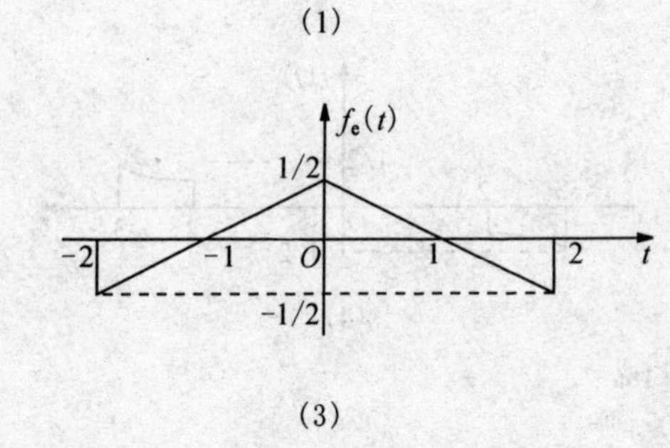

(3)

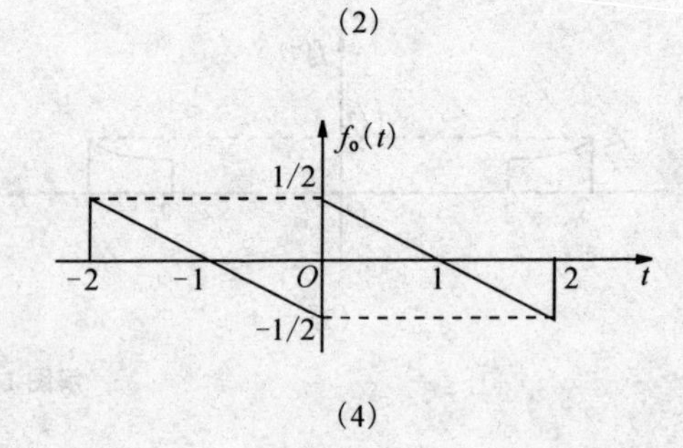

(4)

解图 1-18d

【1-19】 绘出下列系统的仿真框图。

(1) $\frac{\mathrm{d}}{\mathrm{d}t}r(t)+a_0 r(t)=b_0 e(t)+b_1\frac{\mathrm{d}}{\mathrm{d}t}e(t)$

(2) $\frac{\mathrm{d}^2}{\mathrm{d}t^2}r(t)+a_1\frac{\mathrm{d}}{\mathrm{d}t}r(t)+a_0 r(t)=b_0 e(t)+b_1\frac{\mathrm{d}}{\mathrm{d}t}e(t)$

【解题思路】 仿真框图由加法器、标量乘法器和积分器三种运算单元来实现微分方程所描述的系统。所以可对微分方程两端积分，将微分形式方程改写为积分形式，再利用基本运算单位来实现。

【解】

(1) $\frac{\mathrm{d}}{\mathrm{d}t}r(t)=-a_0 r(t)+b_0 e(t)+b_1\frac{\mathrm{d}}{\mathrm{d}t}e(t)$

$$r(t)=-\int_{-\infty}^{t} a_0 r(\tau)\mathrm{d}\tau+\int_{-\infty}^{t} b_0 e(\tau)\mathrm{d}\tau+b_1 e(t)$$

仿真框图如解图 1-19(1)所示。

(2) $\frac{\mathrm{d}r(t)}{\mathrm{d}t^2}=-a_1\frac{\mathrm{d}r(t)}{\mathrm{d}t}-a_0 r(t)+b_0 e(t)+b_1\frac{\mathrm{d}e(t)}{\mathrm{d}t}$

$$r(t)=-a_1\int_{-\infty}^{t} r(\tau)\mathrm{d}\tau-a_0\int_{-\infty}^{t}\int_{-\infty}^{\tau} r(x)\mathrm{d}x\mathrm{d}\tau+b_0\int_{-\infty}^{t}\int_{-\infty}^{\tau} e(x)\mathrm{d}x\mathrm{d}\tau+b_1\int_{-\infty}^{t} e(x)\mathrm{d}x$$

仿真框图如解图 1-19(2)所示。

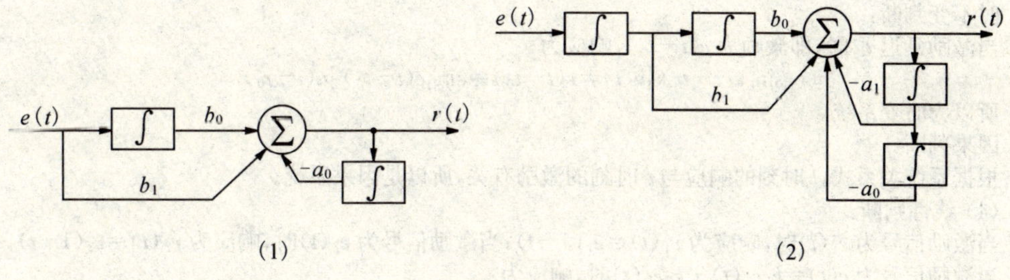

解图 1-19

【1-20】 判断下列系统是否为线性的、时不变的、因果的。

(1) $r(t)=\frac{\mathrm{d}e(t)}{\mathrm{d}t}$　　(2) $r(t)=e(t)u(t)$

(3) $r(t)=\sin[e(t)]u(t)$　　(4) $r(t)=e(1-t)$

(5) $r(t)=e(2t)$　　(6) $r(t)=e^2(t)$

(7) $r(t)=\int_{-\infty}^{t} e(\tau)\mathrm{d}\tau$　　(8) $r(t)=\int_{-\infty}^{5t} e(\tau)\mathrm{d}\tau$

【解题思路】 系统线性的判断要看系统是否满足叠加性和均匀性，时不变的判断要看激励延时 t_0 响应是否也延时 t_0，而因果的判断要看系统的响应是否仅与该时刻以及该时刻以前的激励有关。

【解】

(1) 线性判断：

当激励信号为 $e_1(t)$时，响应为 $r_1(t)=\frac{\mathrm{d}e_1(t)}{\mathrm{d}t}$；当激励信号为 $e_2(t)$时，响应为 $r_2(t)=\frac{\mathrm{d}e_2(t)}{\mathrm{d}t}$；

当激励信号为 $e(t)=k_1e_1(t)+k_2e_2(t)$时，响应为

$$r(t)=\frac{\mathrm{d}[k_1e_1(t)+k_2e_2(t)]}{\mathrm{d}t}=k_1\frac{\mathrm{d}e_1(t)}{\mathrm{d}t}+k_2\frac{\mathrm{d}e_2(t)}{\mathrm{d}t}=k_1r_1(t)+k_2r_2(t)$$

所以为线性系统。

时不变判断：

当激励延迟 t_0 时，即激励为 $e(t-t_0)$，响应为$\frac{\mathrm{d}e(t-t_0)}{\mathrm{d}t}=\frac{\mathrm{d}e(t-t_0)}{\mathrm{d}(t-t_0)}=r(t-t_0)$

所以为时不变系统。

因果判断：

根据系统关系式，t 时刻的响应与 t 时刻的激励有关，所以是因果系统。

(2) 线性判断：

当激励信号为 $e_1(t)$时，响应为 $r_1(t)=e_1(t)u(t)$

当激励信号为 $e_2(t)$时，响应为 $r_2(t)=e_2(t)u(t)$

当激励信号为 $e(t)=k_1e_1(t)+k_2e_2(t)$时，响应为

$$r(t)=[k_1e_1(t)+k_2e_2(t)]u(t)=k_1e_1(t)u(t)+k_2e_2(t)u(t)=k_1r_1(t)+k_2r_2(t)$$

所以为线性系统。

时不变判断：

当激励延迟 t_0 时，即激励为 $e(t-t_0)$，响应为 $e(t-t_0)u(t)\neq r(t-t_0)=e(t-t_0)u(t-t_0)$

所以为时变系统。

因果判断：

根据系统关系式，t 时刻的响应与 t 时刻的激励有关，所以是因果系统。

(3) 线性判断：

当激励信号为 $e_1(t)$时，响应为 $r_1(t)=\sin[e_1(t)]u(t)$

当激励信号为 $e_2(t)$时，响应为 $r_2(t)=\sin[e_2(t)]u(t)$

当激励信号为 $e(t)=k_1e_1(t)+k_2e_2(t)$时，响应为

$$r(t)=\sin[k_1e_1(t)+k_2e_2(t)]u(t)\neq k_1r_1(t)+k_2r_2(t)=k_1\sin[e_1(t)]u(t)+k_2\sin[e_2(t)]u(t)$$

所以为非线性系统。

时不变判断：

当激励延迟 t_0 时，即激励为 $e(t-t_0)$，响应为

$$\sin[e(t-t_0)]u(t)\neq r(t-t_0)=\sin[e(t-t_0)]u(t-t_0)$$

所以为时变系统。

因果判断：

根据系统关系式，t 时刻的响应与 t 时刻的激励有关，所以是因果系统。

(4) 线性判断：

当激励信号为 $e_1(t)$时，响应为 $r_1(t)=e_1(1-t)$；当激励信号为 $e_2(t)$时，响应为 $r_2(t)=e_2(1-t)$。

当激励信号为 $e(t)=k_1e_1(t)+k_2e_2(t)$时，响应为

$$r(t)=e(1-t)=k_1e_1(1-t)+k_2e_2(1-t)=k_1r_1(t)+k_2r_2(t)$$

所以为线性系统。

时不变判断：

当激励延迟 t_0 时，即激励为 $e(t-t_0)$，响应为 $e(1-t-t_0)\neq r(t-t_0)=e(1-t+t_0)$，所以为时变系统。

因果判断：

根据系统关系式，可知 $r(0)=e(1)$，即 $t=0$ 时刻的响应与 $t=1$ 时刻的激励有关，所以是非因果系统。

(5) 线性判断：

当激励信号为 $e_1(t)$时，响应为 $r_1(t)=e_1(2t)$；当激励信号为 $e_2(t)$时，响应为 $r_2(t)=e_2(2t)$。

当激励信号为 $e(t)=k_1e_1(t)+k_2e_2(t)$时，响应为

$$r(t)=e(2t)=k_1e_1(2t)+k_2e_2(2t)=k_1r_1(t)+k_2r_2(t)$$

所以为线性系统。

时不变判断：

当激励延迟 t_0 时，即激励为 $e(t-t_0)$，响应为 $e(2t-t_0)\neq r(t-t_0)=e(2t-2t_0)$，所以为时变系统。

因果判断：

根据系统关系式，可知 $r(1)=e(2)$，即 $t=1$ 时刻的响应与 $t=2$ 时刻的激励有关，所以是非因果系统。

(6) 线性判断：

当激励信号为 $e_1(t)$时，响应为 $r_1(t)=e_1^2(t)$；当激励信号为 $e_2(t)$时，响应为 $r_2(t)=e_2^2(2t)$

当激励信号为 $e(t)=k_1e_1(t)+k_2e_2(t)$时，响应为

$$r(t)=e^2(t)=[k_1e_1(t)+k_2e_2(t)]^2=k_1^2e_1^2(t)+k_2^2e_2^2(t)+2k_1k_2e_1(t)e_2(t)$$
$$\neq k_1r_1(t)+k_2r_2(t)=k_1e_1^2(t)+k_2e_2^2(t)$$

所以为非线性系统。

时不变判断：

当激励延迟 t_0 时，即激励为 $e(t-t_0)$，响应为 $e^2(t-t_0)=r(t-t_0)=e^2(t-t_0)$，所以为时不变系统。

因果判断：

根据系统关系式可知，即 $t=t_0$ 时刻的响应只与该时刻的激励有关，所以为因果系统。

(7) 线性判断：

当激励信号为 $e_1(t)$时，响应为 $r_1(t)=\int_{-\infty}^{t}e_1(\tau)\mathrm{d}\tau$；当激励信号为 $e_2(t)$时，响应为 $r_2(t)=\int_{-\infty}^{t}e_2(\tau)\mathrm{d}\tau$。

当激励信号为$e(t)=k_1e_1(t)+k_2e_2(t)$时，响应为

$$\begin{aligned}r(t)&=\int_{-\infty}^{t}[k_1e_1(\tau)+k_2e_2(\tau)]\mathrm{d}\tau=k_1\int_{-\infty}^{t}e_1(\tau)\mathrm{d}\tau+k_2\int_{-\infty}^{t}e_2(\tau)\mathrm{d}\tau\\&=k_1r_1(t)+k_2r_2(t)\end{aligned}$$

所以为线性系统。

时不变判断：

当激励延迟t_0时，即激励为$e(t-t_0)$，响应为

$$\int_{-\infty}^{t}e(\tau-t_0)\mathrm{d}\tau=\int_{-\infty}^{t-t_0}e(\tau)\mathrm{d}\tau=\int_{-\infty}^{t-t_0}e(\tau)\mathrm{d}\tau=r(t-t_0)$$

所以为时不变系统。

因果判断：

根据系统关系式可知，即t_0时刻的响应与$(-\infty,t_0)$之间的激励有关，即只与该时刻以及该时刻之前的激励有关，所以为因果系统。

(8) 线性判断：

当激励信号为$e_1(t)$时，响应为$r_1(t)=\int_{-\infty}^{3t}e_1(\tau)\mathrm{d}\tau$；

当激励信号为$e_2(t)$时，响应为$r_2(t)=\int_{-\infty}^{3t}e_2(\tau)\mathrm{d}\tau$。

当激励信号为$e(t)=k_1e_1(t)+k_2e_2(t)$时，响应为

$$\begin{aligned}r(t)&=\int_{-\infty}^{3t}[k_1e_1(\tau)+k_2e_2(\tau)]\mathrm{d}\tau=k_1\int_{-\infty}^{3t}e_1(\tau)\mathrm{d}\tau+k_2\int_{-\infty}^{3t}e_2(\tau)\mathrm{d}\tau\\&=k_1r_1(t)+k_2r_2(t)\end{aligned}$$

所以为线性系统。

时不变判断：

当激励延迟t_0时，即激励为$e(t-t_0)$，响应为

$$\int_{-\infty}^{3t}e(\tau-t_0)\mathrm{d}\tau=\int_{-\infty}^{3t-t_0}e(\tau)\mathrm{d}\tau\neq\int_{-\infty}^{3(t-t_0)}e(\tau)\mathrm{d}\tau=r(t-t_0)$$

所以为时变系统。

因果判断：

根据系统关系式可知，$r(t_0)=\int_{-\infty}^{3t_0}e_1(\tau)\mathrm{d}\tau$，即$t_0$时刻的响应与$(-\infty,3t_0)$之间的激励有关，所以为非因果系统。

【1-21】 判断下列系统是否是可逆的。若可逆，给出它的逆系统；若不可逆，指出使该系统产生相同输出的两个输入信号。

(1) $r(t)=e(t-5)$

(2) $r(t)=\frac{\mathrm{d}}{\mathrm{d}t}e(t)$

(3) $r(t)=\int_{-\infty}^{t}e(\tau)\mathrm{d}\tau$

(4) $r(t)=e(2t)$

【解题思路】 判断系统是否可逆，主要是看系统在不同的激励作用下是否产生不同的响应。若系统在不同的激励作用下产生不同的响应，则为可逆系统，否则为不可逆系统。

【解】

(1) 系统可逆，其逆系统为$r(t)=e(t+5)$。

(2) 系统不可逆，设$e_1(t)=e(t)+C_1$，设$e_2(t)=e(t)+C_2$，其中C_1和C_2为常数，

则$r(t)=\frac{\mathrm{d}e(t)}{\mathrm{d}t}=\frac{\mathrm{d}e_1(t)}{\mathrm{d}t}=\frac{\mathrm{d}e_2(t)}{\mathrm{d}t}$。

即不同的激励产生了相同的输出，所以系统不可逆。

(3) 系统可逆，其逆系统为$r(t)=\frac{\mathrm{d}e(t)}{\mathrm{d}t}$。

(4) 系统可逆，其逆系统为$r(t)=e\left(\frac{t}{2}\right)$。

【1-22】 若输入信号为 $\cos(\omega_0 t)$，为使输出信号中分别包含以下频率成分：

(1) $\cos(2\omega_0 t)$

(2) $\cos(3\omega_0 t)$

(3) 直流

请你分别设计相应的系统(尽可能简单)满足此要求，给出系统输出与输入的约束关系式。讨论这三种要求有何共同性，相应的系统有何共同性。

【解题思路】 根据输出信号的要求，直接写出反映系统特性的关系式。

【解】 设系统为 $r(t)=e(2t)$，则当输入信号 $e(t)=\cos(\omega_0 t)$ 时，$r(t)=\cos(2\omega_0 t)$，系统的输出包含 $\cos(2\omega_0 t)$ 的频率分量。

(1) 设系统为 $r(t)=e(3t)$，则当输入信号 $e(t)=\cos(\omega_0 t)$ 时，$r(t)=\cos(3\omega_0 t)$，系统的输出包含 $\cos(3\omega_0 t)$ 的频率分量。

(2) 设系统为 $r(t)=e(t)+C$，其中 C 为非零的常数，则系统的输出包含直流。

这三种要求的共性是，信号通过系统输出时，产生新的频率分量。系统的共性是，能够输入信号的频率或增加新的频率成分。

【1-23】 有一线性时不变系统，当激励 $e_1(t)=u(t)$ 时，响应 $r_1(t)=e^{-\alpha t}u(t)$，试求当激励 $e_2(t)=\delta(t)$ 时，响应 $r_2(t)$ 的表示式。(假定起始时刻系统无储能。)

【解题思路】 利用线性时不变系统的微分特性。当起始状态为零时，激励的导数产生的响应是原响应的导数。

【解】 由题意可知 $e_2(t)=\dfrac{de_1(t)}{dt}$

由于系统是线性时不变系统，所以具有微分特性。当系统无储能时，

$$r_2(t)=\frac{dr_1(t)}{dt}=[e^{-\alpha t}u(t)]'=-\alpha e^{-\alpha t}u(t)+e^{-\alpha t}\delta(t)$$

【1-24】 证明 δ 函数的尺度运算特性满足 $\delta(at)=\dfrac{1}{|a|}\delta(t)$。(提示：利用图 1-28，当以 t 为自变量时脉冲底宽为 τ，而改以 at 为自变量时底宽变成 $\dfrac{\tau}{a}$，借此关系以及偶函数特性即可求出以上结果。)

【解题思路】 冲激函数可由矩形脉冲(门函数)脉宽取极限导出，再利用波形尺度变换的特点即可证明。

【解】 因为冲激产生可看作为宽度为 τ，高度为 $\dfrac{1}{\tau}$ 的矩形脉冲在面积不变的情况下，脉冲宽度 τ 趋近于零而得到的，即

$$\delta(t)=\lim_{\tau\to 0}\frac{1}{\tau}\left[u\left(t+\frac{\tau}{2}\right)-u\left(t-\frac{\tau}{2}\right)\right]$$

$\delta(at)$ 可看做为对 $\delta(t)$ 信号做尺度变换。

(1) 当 $a>0$，此时脉冲宽度变为 $\dfrac{\tau}{a}$，而高度为 $\dfrac{1}{\tau}$，保持不变，此时该矩形面积变为原来的 $\dfrac{1}{a}$，可得 $\delta(at)=\dfrac{1}{a}\delta(t)$。

(2) 当 $a<0$ 时，由于 $\delta(t)$ 为偶函数，$\delta(at)$ 也为偶函数，$\delta(at)=\delta(-at)$。同上，可得 $\delta(at)=\dfrac{1}{-a}\delta(t)$。

综合(1)、(2)可得 $\delta(at)=\dfrac{1}{|a|}\delta(t)$。

阶段测试题

一、选择题

1. 由 $\delta(t)$ 的性质容易看出，$\int_{-\infty}^{\infty}\sin(t)\delta\left(2t-\frac{\pi}{2}\right)dt=$(　　)。

A. $\dfrac{\sqrt{2}}{2}$　　B. $\dfrac{\sqrt{2}}{4}$　　C. $-\dfrac{\sqrt{2}}{2}$　　D. $-\dfrac{\sqrt{2}}{4}$

2. 关于系统 $f(t)=x\left(\frac{t}{2}\right)$，下列哪种说法是正确的（　　）。

A. 线性时不变　　B. 线性时变　　C. 非线性时变　　D. 非线性时不变

3. 已知信号 $f(t)$的波形如图 1-1 所示，则 $f'(t)$的波形为（　　）。

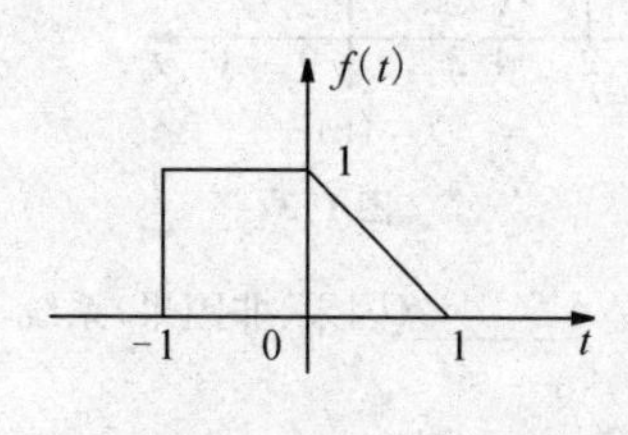

图 1-1

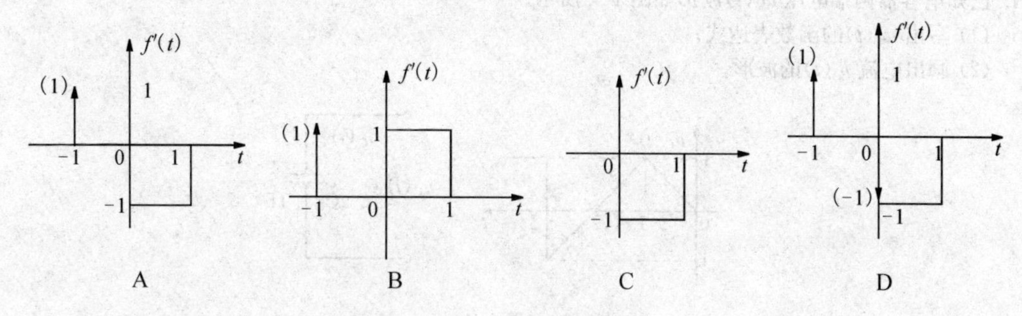

4. 已知 $f(t)$的波形如图 1-2 所示，则 $f(t)=f(1-2t)$的波形为（　　）。

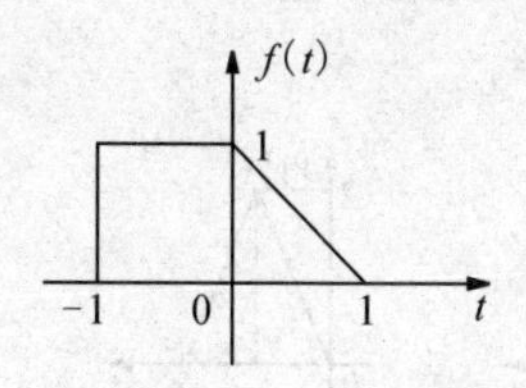

图 1-2

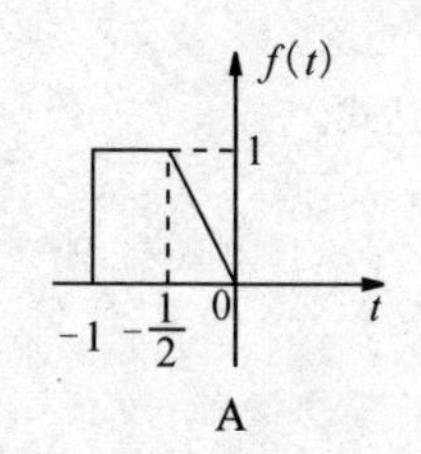
A

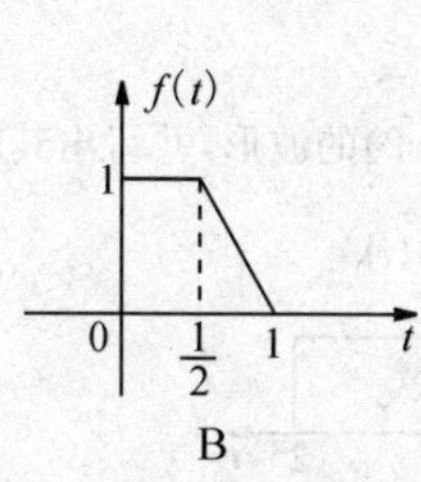
B

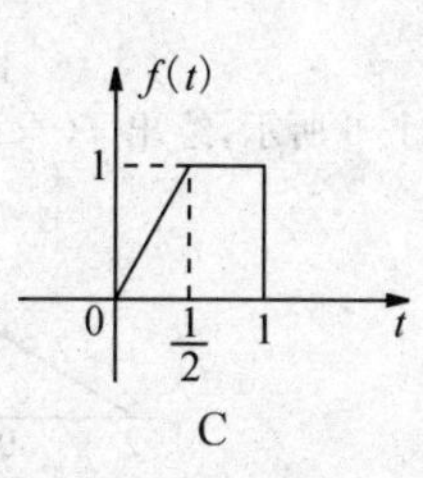
C

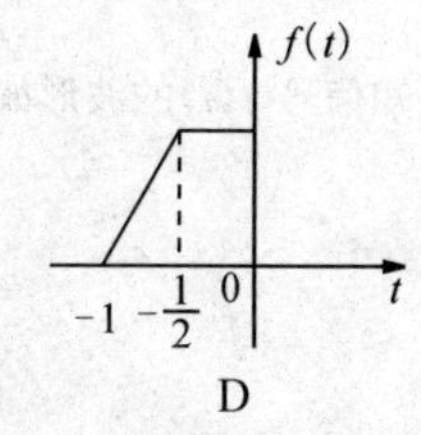
D

5. $\frac{\mathrm{d}}{\mathrm{d}t}[\cos t u(t)]=$（　　）。

A. $-\sin t u(t)+\delta(t)$　　B. $-\sin t$　　C. $\delta(t)$　　D. $\cos t$

二、填空题

1. $(1-\cos t)\delta\left(1-\frac{\pi}{2}\right)=$________。

2. $y(t)=tf(1)$ 是________（线性、非线性）________（时变、时不变）系统。

3. 一起始储能为零的系统，当输入为 $u(t)$时，系统响应为 $e^{-3t}u(t)$，则当输入为 $\delta(t)$时，系统的响应为________。

4. 下图 1-3 中，a 表示信号 $f(t)$，则 b 可用 f 表示为________，c 可用 f 表示为________。

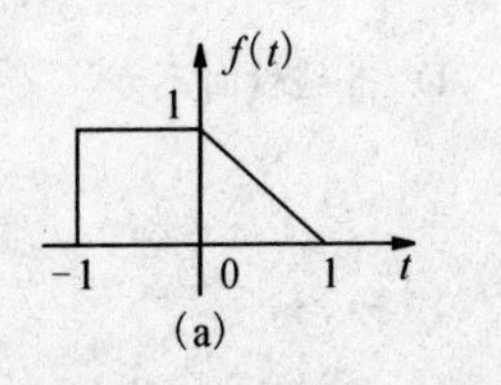

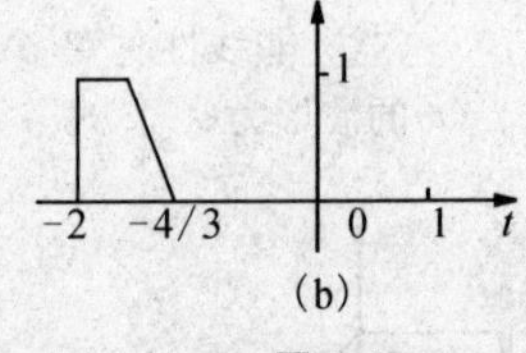

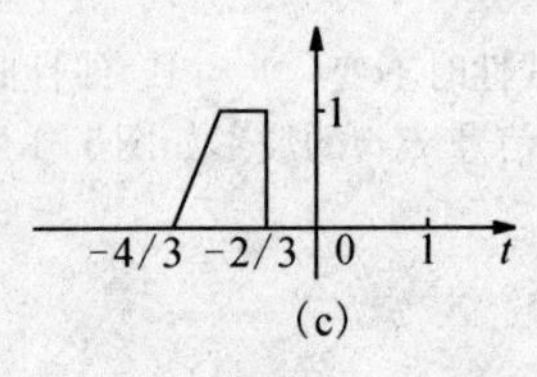

图 1-3

5. $r(t)=e(t)+e(t-2)$代表的系统是________（因果、非因果）系统，$r(t)=e(t)+e(t+2)$代表的系统是________（因果、非因果）系统。

三、计算及画图

1. 已知电容器两端电压 $u_C(t)$波形如图 1-4 所示。

（1）写出 $u_C(t)$的函数表达式；

（2）画出电流 $i_C(t)$的波形。

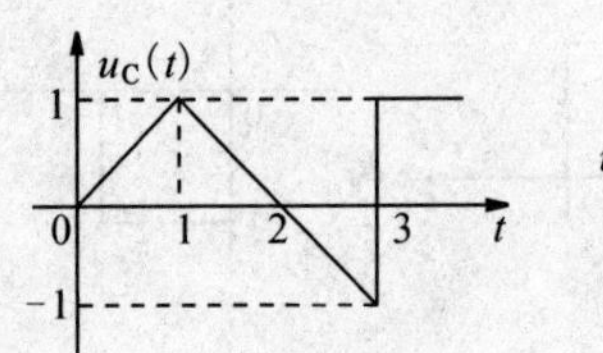

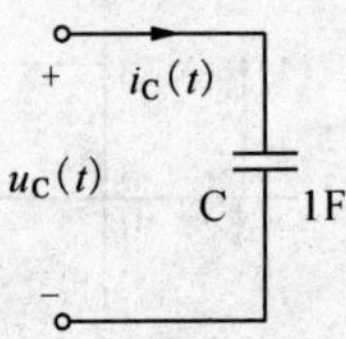

图 1-4

2. 已知一线性时不变系统对图 1-5a 的激励产生图 1-5b 的响应，写出该系统在图 1-5c 激励下产生的响应 $y_2(t)$的表达式，并画出波形。

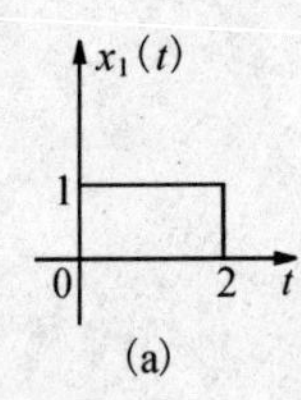

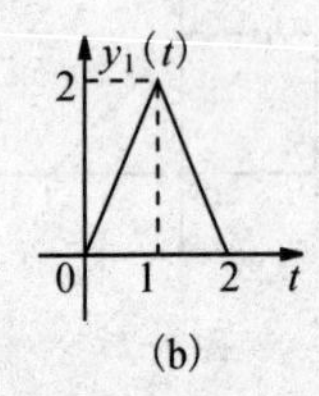

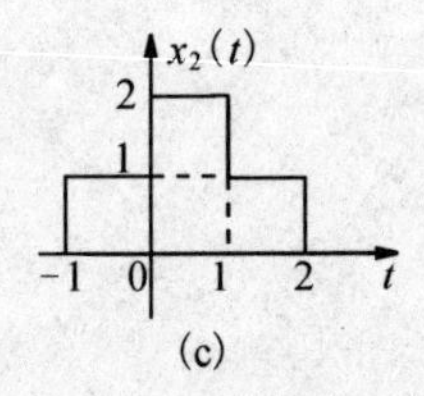

图 1-5

3. 已知信号 $f(t)$的波形如图 1-6 所示，绘出 $f(-2t+2)$的波形，并写出其表达式。

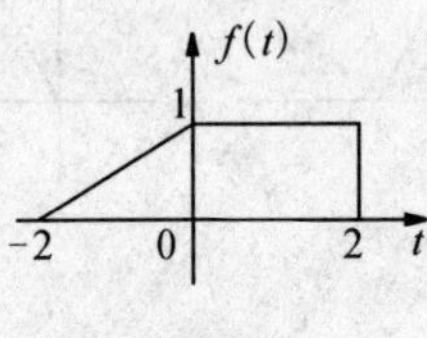

图 1-6

4. 已知信号 $f(t)$如图 1-7 所示，

（1）写出 $f(t)$的表达式；

（2）分别画出 $f_1(t)=\int_{-\infty}^{t} f(t)\mathrm{d}t$，$f_2(t)=\frac{\mathrm{d}}{\mathrm{d}t}[f(t-3)]$的波形；

（3）计算$\int_0^2 f_1(t)\cdot f_2(t)\mathrm{d}t$。

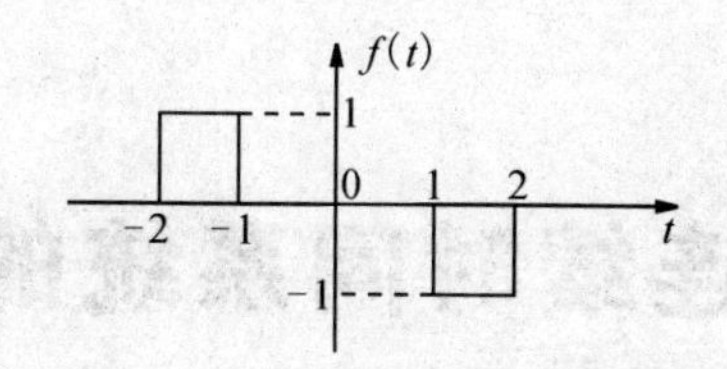

图 1-7

5. 系统如图 1-8 所示，设激励为 $e(t)$，响应为 $r(t)$。写出系统的微分方程。

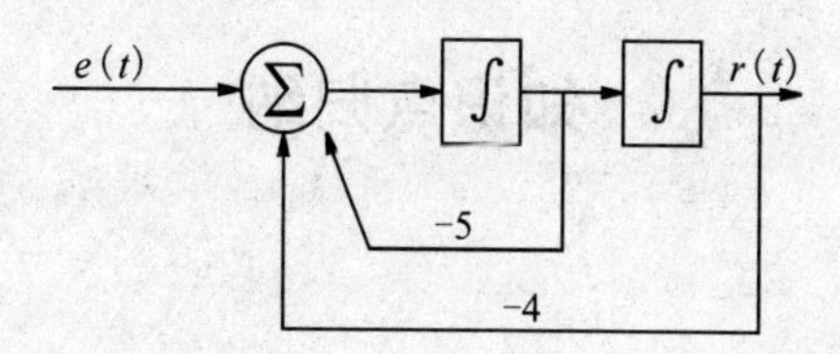

图 1-8

6. 设 $e(t)$ 为输入，$r(t)$ 为输出，判断下列系统的是否为线性时不变性系统。

(1) $r(t)=|e(t)|$

(2) $\dfrac{d^2 r(t)}{dt^2}+3\dfrac{dr(t)}{dt}+5=e(t)$

(3) $r(t)=e(t)\cdot\cos t$

7. 已知 $f(1-2t)$ 如图 1-9 所示，画出 $f(t)$ 的波形。

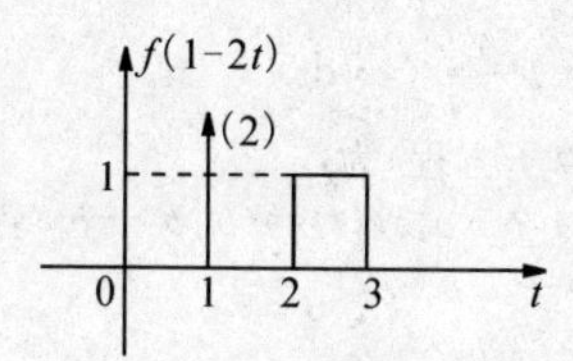

图 1-9

第二章　连续时间系统的时域分析

知识点归纳

一、系统模型的表示

1. 微分方程表示

描述线性时不变系统激励 $e(t)$ 和响应 $r(t)$ 关系的方程是常系数线性微分方程，即：

$$a_n \frac{d^n r(t)}{dt^n}+a_{n-1}\frac{d^{n-1}r(t)}{dt^{n-1}}+\cdots+a_1\frac{dr(t)}{dt}+a_0 r(t)$$
$$=b_m \frac{d^m r(t)}{dt^m}+b_{m-1}\frac{d^{m-1}r(t)}{dt^{m-1}}+\cdots+b_1\frac{dr(t)}{dt}+b_0 r(t)$$

微分方程的建立，可根据求解的具体实际问题抽象而得。

2. 算子表示

(1) 算子符号和算子方程

微分算子 $p=\frac{d}{dt}$　　　积分算子 $p=\int_{-\infty}^{t}\cdot d\tau$

n 阶线性微分方程用算子表示(算子方程)为：

$$(a_n p^n+a_{n-1}p^{n-1}+\cdots+a_1 p+a_0)r(t)=(b_m p^m+b_{m-1}p^{m-1}+\cdots+b_1 p+b_0)e(t)$$

令　$D(p)=a_n p^n+a_{n-1}p^{n-1}+\cdots+a_1 p+a_0$

　　$N(p)=b_m p^m+b_{m-1}p^{m-1}+\cdots+b_1 p+b_0$

算子方程可以简写为：$D(p)r(t)=N(p)e(t)$

(2) 算子运算规则

①算子多项式可以进行因式分解。

②算子方程左右两端的算子符号因子不能随便消去。

$$D(p)x=D(p)y,\text{不能推出 } x=y$$

③算子的乘除顺序不可随意颠倒，即 $p\cdot\frac{1}{p}x\neq\frac{1}{p}px$

(3) 转移算子：$H(p)=\frac{N(p)}{D(p)}$

二、系统响应的分解和系统状态

1. 自由响应和强迫响应

从求解微分方程着手，系统的全响应(完全解)可分解为自由响应(齐次解)和强迫响应(特解)。

2. 零输入响应和零状态响应

从响应产生的物理背景着手，全响应可分解为仅有初始储能产生的零输入响应和仅有激励产生的零状态响应。

3. 暂态响应和稳态响应

从响应存在的时间范围着手，全响应可分解为 $t\to\infty$ 趋于零的暂停响应和 $t\to\infty$ 仍保留的稳态响应。

4. 系统状态

通常把激励加入系统的时刻认为是 $t=0$，待求系统响应区间为 $t>0$，所以把系统在 0_- 时刻的状态成为起始状态，把系统在 0_+ 时刻的状态称为初始状态。由于激励的加入，系统状态可能发生跳变，即 0_- 状态和 0_+ 状态可能不一致。

求解系统在 $t>0$ 区间的响应时，初始条件应该使用 0_+ 状态。如果系统状态没有跳变，有时也可以使用 0_- 状态。

三、用经典法求解系统响应

经典法是利用高等数学的方法，在给定激励信号函数形式和系统初始状态的条件下，通过齐次解和特解来求解微分方程。

1. 齐次解

系统微分方程所对应的齐次方程的通解，也称为自由响应。

求解方法：根据特征方程，找出特征根(也称为系统的自然频谱)，即可写出自由响应的形式。

2. 特解

非齐次微分方程对应的特解，也称为强迫响应。

求解方法：根据微分方程等式右边的激励项形式设定特解的形式，代入原方程即可求出特解。

3. 完全解(全响应)

系统全响应＝自由响应＋强迫响应。根据齐次解形式和特解，获得完全解的形式，再根据初始条件求出齐次解的系数，即获得系统的全响应。

四、卷积

1. 定义

$$f(t)=f_1(t)*f_2(t)=\int_{-\infty}^{+\infty}f_1(\tau)f_2(t-\tau)\mathrm{d}\tau=\int_{-\infty}^{+\infty}f_1(t-\tau)f_2(\tau)\mathrm{d}\tau$$

2. 卷积的性质

(1) $f(t)=f(t)*\delta(t)$

(2) 互换律：$f_1(t)*f_2(t)=f_2(t)*f_1(t)$

(3) 分配律：$f_1(t)*[f_2(t)+f_3(t)]=f_1(t)*f_2(t)+f_1(t)*f_3(t)$

(4) 结合律：$f_1(t)*[f_2(t)*f_3(t)]=[f_1(t)*f_2(t)]*f_3(t)$

(5) 卷积后的微分：$\frac{\mathrm{d}}{\mathrm{d}t}[f_1(t)*f_2(t)]=f_1(t)*\frac{\mathrm{d}f_2(t)}{\mathrm{d}t}=\frac{\mathrm{d}f_1(t)}{\mathrm{d}t}*f_2(t)$

(6) 卷积后的积分：$\int_{-\infty}^{t}[f_1(t)*f_2(t)]\mathrm{d}\tau=f_1(t)*\int_{-\infty}^{t}f_2(\tau)\mathrm{d}\tau=\left[\int_{-\infty}^{t}f_1(\tau)\mathrm{d}\tau\right]*f_2(t)$

(7) 时延后的卷积：

若 $f(t)=f_1(t)*f_2(t)$，则

$$\begin{aligned}f(t-t_1-t_2)&=f_1(t-t_1)*f_2(t-t_2)=f_1(t-t_2)*f_2(t-t_1)\\&=f_1(t)*f_2(t-t_1-t_2)=f_1(t-t_1-t_2)*f_2(t)\end{aligned}$$

易得：$f(t)*\delta(t-t_1)=f(t-t_1)$

(8) 卷积的微积分性

$$\begin{aligned}f_1(t)*f_2(t)&=\frac{\mathrm{d}f_1(t)}{\mathrm{d}t}*\int_{-\infty}^{t}f_2(\tau)\mathrm{d}\tau=\int_{-\infty}^{t}f_1(\tau)\mathrm{d}\tau*\frac{\mathrm{d}f_2(t)}{\mathrm{d}t}\\&=f_1^{(-1)}(t)*f_2(t)'=f'_1(t)*f_2^{(-1)}(t)\end{aligned}$$

$$f_1^{(i)}(t)*f_2^{(j)}(t)=f_1^{(i-k)}(t)*f_2^{(j+k)}(t)$$

$$易得：f(t)*\varepsilon(t)=\int_{-\infty}^{t}f(\tau)\mathrm{d}\tau*\delta(t)$$

3. 卷积的计算

计算两个信号 $f_1(t)$和 $f_2(t)$为两个时间函数，它们的卷积可以如下计算：

(1) 利用定义式

根据卷积的定义式，对其中一个函数表达式中 t 用 τ 代替，另一个函数表达式中 t 用 $t-\tau$ 代替，再相乘积分。

(2) 图解法

具体步骤如下：

①$f_1(t)\to f_1(\tau)$，函数图形不变，仅 $t\to\tau$

②折叠：$f_2(t)\to f_2(\tau)\to f_2(-\tau)$

③对 $f_2(-\tau)$移位，$t<0$ 左移，$t>0$ 右移，得到 $f_2(t-\tau)$

④将折叠移位后的图形 $f_2(t-\tau)$和 $f_1(\tau)$相乘

⑤求 $f_2(t-\tau)$和 $f_1(\tau)$相乘后其非零值区的积分。

(3) 利用卷积的性质

利用卷积的微积分性质，将其中一个函数求导，来获得简单的表达式(通常为 $\delta(t)$或其时移的形式)，同时对另一个函数积分，再利用 $\delta(t)$函数卷积的性质来计算它们的卷积。

五、用双零法求解系统响应

从物理背景出发，系统的响应可看作由系统储能产生的响应和由激励产生的响应之和。

1. 零输入响应的求解

求解方法：由于激励为零，所以零输入响应是求解齐次方程，获得零输入响应的形式，代入系统的零输入初始条件，求得特定系数，即获得零输入响应。

2. 零状态响应的求解——卷积积分法

(1) 冲激响应 $h(t)$

系统冲激响应 $h(t)$是冲激信号 $\delta(t)$作用下系统的零状态响应。

$h(t)$的求法：冲激函数匹配法和利用传输算子。

(2) 阶跃响应 $g(t)$

系统阶跃响应 $g(t)$是阶跃信号 $u(t)$作用下系统的零状态响应。

阶跃响应与冲激响应互为微积分关系，即

$$g(t)=\int_{-\infty}^{t} h(\tau)\mathrm{d}\tau,h(t)=\frac{\mathrm{d}g(t)}{\mathrm{d}t}$$

(3) 零状态响应

系统零状态响应为冲激响应和激励的卷积，即 $r_{zs}(t)=h(t)*e(t)$

3. 完全响应

系统全响应＝零输入响应＋零状态响应。

习题解答

【2-1】 对题图 2-1 所示电路图分别列写求电压 $v_o(t)$的微分方程表示。

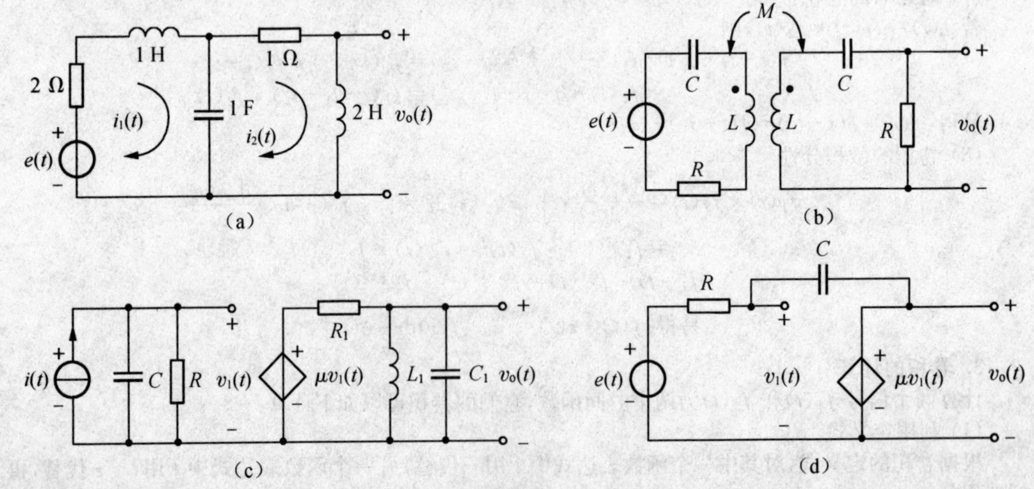

题图 2-1

【解题思路】 利用元件的伏安关系和电路中的KVL和KCL定律，即可列出电压$v_o(t)$和激励之间的关系式，由于电路中包含动态元件，所得关系式是微分方程形式。

【解】

(a) 电容C两端的电压为：$\int_{-\infty}^{t}[i_1(t)-i_2(t)]\mathrm{d}\tau=v_o(t)+i_2(t)$

所以可列方程

$$\begin{cases} i_1(t)-i_2(t)=\dfrac{\mathrm{d}v_o(t)}{\mathrm{d}t}+\dfrac{\mathrm{d}i_2(t)}{\mathrm{d}t} & (1) \\ 2i_1(t)+\dfrac{\mathrm{d}i_1(t)}{\mathrm{d}t}+i_2(t)+2\dfrac{\mathrm{d}i_2(t)}{\mathrm{d}t}=e(t) & (2) \end{cases}$$

由于$v_o(t)=2\dfrac{\mathrm{d}i_2(t)}{\mathrm{d}t}$所以$i_2(t)=\dfrac{1}{2}\int_{-\infty}^{t}v_o(\tau)\mathrm{d}\tau$，代入方程式(1)，可得

$$i_1(t)=\frac{\mathrm{d}v_o(t)}{\mathrm{d}t}+\frac{1}{2}v_o(t)+\frac{1}{2}\int_{-\infty}^{t}v_o(\tau)\mathrm{d}\tau$$

将$i_1(t)$、$i_2(t)$与$v_o(t)$的关系代入方程式(2)，可得

$$2\frac{\mathrm{d}v_o(t)}{\mathrm{d}t}+v_o(t)+\int_{-\infty}^{t}v_o(\tau)\mathrm{d}\tau+\frac{\mathrm{d}^2v_o(t)}{\mathrm{d}t^2}+\frac{1}{2}\frac{\mathrm{d}v_o(t)}{\mathrm{d}t}+\frac{1}{2}v_o(t)+\frac{1}{2}\int_{-\infty}^{t}v_o(\tau)\mathrm{d}\tau+v_o(t)=e(t)$$

方程两端求导，并整理可得$v_o(t)$与激励$e(t)$的关系式，即微分方程为

$$2\frac{\mathrm{d}^3v_o(t)}{\mathrm{d}t^3}+5\frac{\mathrm{d}^2v_o(t)}{\mathrm{d}t^2}+5\frac{\mathrm{d}v_o(t)}{\mathrm{d}t}+3v_o(t)=2\frac{\mathrm{d}e(t)}{\mathrm{d}t}$$

(b) 设两个回路顺时针电流分别为$i_1(t)$和$i_2(t)$，列电路的KVL方程，可得

$$\begin{cases} \dfrac{1}{C}\int_{-\infty}^{t}i_1(\tau)+L\dfrac{\mathrm{d}i_1(t)}{\mathrm{d}t}-M\dfrac{\mathrm{d}i_2(t)}{\mathrm{d}t}+Ri_1(t)=e(t) & (1) \\ \dfrac{1}{C}\int_{-\infty}^{t}i_2(\tau)+L\dfrac{\mathrm{d}i_2(t)}{\mathrm{d}t}-M\dfrac{\mathrm{d}i_1(t)}{\mathrm{d}t}+Ri_2(t)=0 & (2) \end{cases}$$

由$Ri_2(t)=v_o(t)$，可得$i_2(t)=\dfrac{v_o(t)}{R}$，代入(2)式可得$i_1(t)$与$v_o(t)$的关系式，

将$i_1(t)$、$i_2(t)$与$v_o(t)$的关系代入方程式(1)，可得$v_o(t)$的微分方程表示为

$$(L^2-M^2)\frac{\mathrm{d}^4v_o(t)}{\mathrm{d}t^4}+2RL\frac{\mathrm{d}^3v_o(t)}{\mathrm{d}t^3}+\left(\frac{2L}{C}+R^2\right)\frac{\mathrm{d}^2v_o(t)}{\mathrm{d}t^2}+\frac{2R}{C}\frac{\mathrm{d}v_o(t)}{\mathrm{d}t}+\frac{1}{C^2}v_o(t)$$
$$=MR\frac{\mathrm{d}^3}{\mathrm{d}t^3}e(t)$$

(c) 对受控源左边电路列KCL方程，受控源右边电路列KVL方程，可得

$$\begin{cases} \dfrac{v_1(t)}{R}+C\dfrac{\mathrm{d}v_1(t)}{\mathrm{d}t}=i(t) & (1) \\ \mu v_1(t)=R_1\left[\dfrac{1}{L_1}\int_{-\infty}^{t}v_o(\tau)\mathrm{d}\tau+C_1\dfrac{\mathrm{d}v_o(t)}{\mathrm{d}t}\right]+v_o(t) & (2) \end{cases}$$

将(2)代入方程式(1)可得

$$\frac{R_1}{R}\left[\frac{1}{L_1}\int_{-\infty}^{t}v_o(\tau)\mathrm{d}\tau+C_1\frac{\mathrm{d}v_o(t)}{\mathrm{d}t}\right]+\frac{v_o(t)}{R}+R_1C\left[\frac{1}{L_1}v_o(t)+C_1\frac{\mathrm{d}^2v_o(t)}{\mathrm{d}t^2}\right]+C\frac{\mathrm{d}v_o(t)}{\mathrm{d}t}=\mu i(t)$$

方程两端求导，并整理可得$v_o(t)$与激励$i(t)$的关系式，即微分方程为

$$CC_1\frac{\mathrm{d}^3v_o(t)}{\mathrm{d}t^3}+\left(\frac{C_1}{R}+\frac{C}{R_1}\right)\frac{\mathrm{d}^2v_o(t)}{\mathrm{d}t^2}+\left(\frac{1}{R_1R}+\frac{C}{L_1}\right)\frac{\mathrm{d}v_o(t)}{\mathrm{d}t}+\frac{1}{L_1R}v_o(t)=\frac{\mu}{R_1}\frac{\mathrm{d}i(t)}{\mathrm{d}t}$$

(d) 列受控源左边回路的KVL方程，列受控源右边回路的KVL方程，可得

$$\begin{cases} RC\dfrac{\mathrm{d}[v_1(t)-uv_1(t)]}{\mathrm{d}t}+v_1(t)=e(t)\Rightarrow RC(1-\mu)\dfrac{\mathrm{d}[v_1(t)]}{\mathrm{d}t}+v_1(t)=e(t) & (1) \\ \mu v_1(t)=v_o(t)\Rightarrow v_1(t)=\dfrac{1}{\mu}v_o(t) & (2) \end{cases}$$

将(2) 带入(1)，可得

$$\frac{RC(1-\mu)}{\mu}\frac{\mathrm{d}v_o(t)}{\mathrm{d}t}+\frac{1}{\mu}v_o(t)=e(t)$$

整理可得 $v_o(t)$ 与激励 $e(t)$ 的关系式，即微分方程为

$$C(1-\mu)\frac{dv_o(t)}{dt}+\frac{1}{R}v_o(t)=\frac{\mu}{R}e(t)$$

【2-2】 题图 2-2 所示为理想火箭推动器模型。火箭质量为 m_1，荷载舱质量为 m_2，两者中间用刚度系数为 k 的弹簧相连接。火箭和荷载舱各自受到摩擦力的作用，摩擦系数分别为 f_1 和 f_2。求火箭推进力 $e(t)$ 与荷载舱运动速度 $v_2(t)$ 之间的微分方程表示。

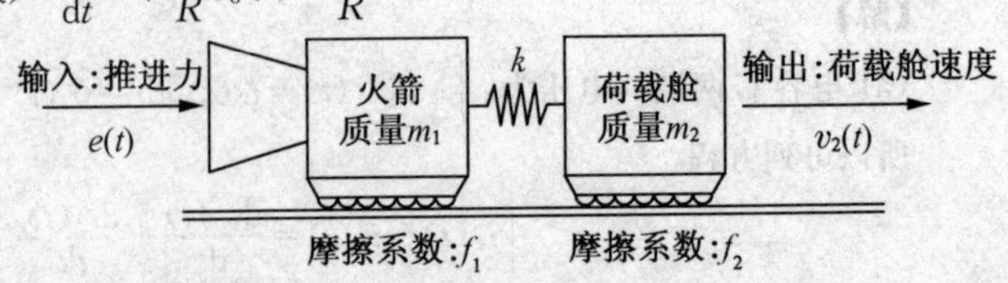

题图 2-2

【解题思路】 从物理背景知识出发，分别列出火箭和载荷舱受力平衡的方程，即可导出 $e(t)$ 和 $v_2(t)$ 用微分方程表示的数学模型。

【解】 设火箭的运动速度为 $v_1(t)$

弹簧力 $F_k=k\int_{-\infty}^{t}[v_1(t)-v_2(t)]dt$

对火箭，受力平衡 $e(t)-m_1f_1-F_k=m_1\frac{d}{dt}v_1(t)$

对荷载舱，受力平衡 $F_k-f_2v_2(t)=m_2\frac{d}{dt}v_2(t)$

整理上述式子，消去 $v_1(t)$，可得

$$\frac{d^3}{dt^3}v_2(t)+\frac{m_1f_2+m_2f_1}{m_1m_2}\cdot\frac{d^2}{dt^2}v_2(t)+\frac{(m_1+m_2)k+f_1f_2}{m_1m_2}\cdot\frac{d}{dt}v_2(t)+\frac{(f_1+f_2)k}{m_1m_2}v_2(t)=\frac{k}{m_1m_2}e(t)$$

【2-3】 题图 2-3 是汽车底盘缓冲装置模型图，汽车底盘的高度 $z(t)=y(t)+y_0$，其中 y_0 是弹簧不受任何力时的位置。缓冲器等效为弹簧与减震器并联组成，刚度系数和阻尼系数分别为 k 和 f。由于路面的凹凸不平[表示为 $x(t)$ 的起伏]能过缓冲器间接作用到汽车底盘，使汽车震动减弱。求汽车底盘的位移量 $y(t)$ 和路面不平度 $x(t)$ 之间的微分方程。

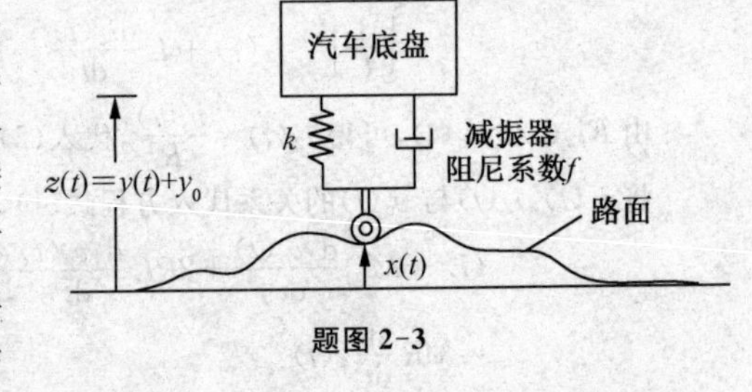

题图 2-3

【解题思路】 从物理背景知识出发，列出底盘所受合力方程，即可导出描述 $y(t)$ 和 $x(t)$ 关系的数学模型，即微分方程表示。

【解】 分析底盘受力

底盘的实际位移为 $y(t)$，其速度为 $v(t)=\frac{d}{dt}y(t)$

加速度为 $a(t)=\frac{d}{dt}v(t)=\frac{d^2}{dt^2}y(t)$

弹簧的位移为 $r(t)=y(t)-x(t)$

底盘受到方向向下的两个力，分别为：$F_k=k\int v(t)dt=kr(t)$，$F_f=fv_f(t)=f\frac{d}{dt}v(t)$

底盘受力平衡，$F_k+F_f+ma(t)=0$

将各力表达式带入，整理可得 $\frac{d^2}{dt^2}y(t)+\frac{f}{m}\cdot\frac{d}{dt}y(t)+\frac{k}{m}y(t)=\frac{f}{m}\cdot\frac{d}{dt}x(t)+\frac{k}{m}x(t)$

【2-4】 已知系统相应的齐次方程及其对应的 0_+ 状态条件，求系统的零输入响应。

(1) $\frac{d^2}{dt^2}r(t)+2\frac{d}{dt}r(t)+2r(t)=0$

给定：$r(0_+)=1$，$r'(0_+)=2$

(2) $\frac{d^2}{dt^2}r(t)+2\frac{d}{dt}r(t)+r(t)=0$

给定：$r(0_+)=1$，$r'(0_+)=2$

(3) $\frac{d^3}{dt^3}r(t)+2\frac{d^2}{dt^2}r(t)+\frac{d}{dt}r(t)=0$

给定：$r(0_+)=r'(0_+)=0, r''(0_+)=1$

【解题思路】 零输入响应是求解齐次方程，根据方程的特征根可写出零输入响应的形式。由于此题的激励均为零，所以 $r(0_+)=r_{zi}(0_+), r'(0_+)=r_{zi}'(0_+), r''(0_+)=r_{zi}''(0_+)$，代入 0_+ 状态条件，即可确定待定系数。

【解】

(1) 特征方程为：$\alpha^2+2\alpha+2=0$

特征根为：$\alpha_1=-1+j, \alpha_2=-1-j$

零输入响应的形式为：

$$r_{zi}(t)=A_1e^{\alpha_1 t}+A_2e^{\alpha_2 t}\quad t\geqslant 0$$

代入 α_1 和 α_2 的值，可得

$$r_{zi}(t)=A_1e^{(-1+j)t}+A_2e^{(-1-j)t}\quad t\geqslant 0$$

代入 $r(0_+)=1, r'(0_+)=2$，可得

$$\begin{cases}A_1+A_2=1\\(-1+j)A_1+(-1-j)A_2=2\end{cases}\Rightarrow A_1=\frac{1-3j}{2}, A_2=\frac{1+3j}{2}$$

所以零输入响应为：$r_{zi}(t)=\frac{1-3j}{2}e^{(-1+j)t}+\frac{1+3j}{2}e^{(-1-j)t}=e^{-t}(\cos t+\sin 3t)\quad t\geqslant 0$

(2) 特征方程为：$\alpha^2+2\alpha+1=0$

特征根为：$\alpha_1=\alpha_2=-1$

零输入响应的形式为：$r_{zi}(t)=(A_1t+A_2)e^{\alpha_1 t}\quad t\geqslant 0$

代入 α_1 和 α_2 的值，可得

$$r_{zi}(t)=(A_1t+A_2)e^{-t}\quad t\geqslant 0$$

代入 $r(0_+)=1, r'(0_+)=2$，可得

$$\begin{cases}A_2=1\\A_1-A_2=2\end{cases}\Rightarrow A_1=3, A_2=1$$

所以零输入响应为：$r_{zi}(t)=(3t+1)e^{-t}\quad t\geqslant 0$

(3) 特征方程为：$\alpha^3+2\alpha^2+\alpha=0$

特征根为：$\alpha_1=0, \alpha_2=\alpha_3=-1$

零输入响应的形式为：

$$r_{zi}(t)=A_1e^{\alpha_1 t}+(A_2t+A_3)e^{\alpha_2 t}\quad t\geqslant 0$$

代入 α_1 和 α_2 的值，可得

$$r_{zi}(t)=A_1+(A_2t+A_3)e^{-t}\quad t\geqslant 0$$

代入 $r(0_+)=r'(0_+)=0, r''(0_+)=1$，可得

$$\begin{cases}A_1+A_3=0\\A_2-A_3=0\\-2A_2+A_3=1\end{cases}\Rightarrow A_1=1, A_2=-1, A_3=-1$$

所以零输入响应为：$r_{zi}(t)=1-(t+1)e^{-t}\quad t\geqslant 0$

【2-5】 给定系统微分方程、起始状态以及激励信号分别为以下两种情况：

(1) $\frac{d}{dt}r(t)+2r(t)=e(t), r(0_-)=0, e(t)=u(t)$

(2) $\frac{d}{dt}r(t)+2r(t)=3\frac{d}{dt}e(t), r(0_-)=0, e(t)=u(t)$

试判断在起始点是否发生跳变，据此对(1)、(2) 分别写出其 $r(0_+)$值。

【解题思路】 由于激励在 $t=0$ 时加入系统，系统状态在 0_- 到 0_+ 可能会发生跳变，而状态跳变往往是由于冲激及其各阶导数而造成的。可利用 $t=0$ 时刻微分方程等式两边冲激函数的系数是否匹配来分析起始点的跳变问题。

【解】

(1) 当激励 $e(t)=u(t)$时，由于微分方程的右边为 $u(t)$，所以 $t=0$ 时刻，$\frac{d}{dt}r(t)$中不包含冲激信号，

只有阶跃信号，所以 $r(t)$ 中不包含阶跃成分，故不会起始点不会跳变。

所以　$r(0_+)=r(0_-)=0$

(2) 当激励 $e(t)=u(t)$时，微分方程的右边为 $3\frac{\mathrm{d}}{\mathrm{d}t}e(t)=3\delta(t)$，所以$\frac{\mathrm{d}}{\mathrm{d}t}r(t)$中包含 $3\delta(t)$项，$r(t)$中包含 $3u(t)$项，故起始点产生跳变。

所以　$r(0_+)=r(0_-)+3=3$

【2-6】 给定系统微分方程

$$\frac{\mathrm{d}^2}{\mathrm{d}t^2}r(t)+3\frac{\mathrm{d}}{\mathrm{d}t}r(t)+2r(t)=\frac{\mathrm{d}}{\mathrm{d}t}e(t)+3e(t)$$

若激励信号和起始状态为

$$e(t)=u(t),r(0_-)=1,r'(0_-)=2$$

试求它的完全响应，并指出其零输入响应、零状态响应、自由响应、强迫响应各分量。

提示：将 $e(t)$代入方程后可见右端最高阶次奇异函数为 $\delta(t)$，故左端最高阶次也为 $\delta(t)$，因而，$r(t)$项无跳变，而 $r'(t)$项跳变值应为 1，由此导出 $r(0_+)$和 $r'(0_+)$。

【解题思路】 系统全响应可以分解为自由响应和强迫响应，也可以分解为零输入响应和零状态响应。自由响应和零输入响应都是求解齐次方程，形式一致，只是在确定待定系数时所使用的初始条件会不一致，强迫响应作为系统的特解，它的形式与微分方程右边的激励相关项一致。本题可以先写出自由响应的形式，再根据激励求系统的特解，即获得了系统完全响应的形式。再通过冲激函数匹配法，从系统 0_- 状态导出 0_+，求解完全响应中齐次响应的待定系数，导出系统完全响应。而此题中，从 0_- 到 0_+ 系统模型(微分方程)没有发生改变，所以 $r_{zi}(0_+)=r(0_-)$，$r_{zi}'(0_+)=r'(0_-)$，所以可以直接利用系统 0_- 状态求出零输入响应的待定系数。

【解】 系统的特征方程为：$\alpha^2+3\alpha+2=0$

特征根为 $\alpha_1=-1,\alpha_2=-2$

自由响应(齐次解)的形式为 $r_h=A_1\mathrm{e}^{-t}+A_2\mathrm{e}^{-2t}$

由于激励为 $e(t)=u(t)$代入方程的右端，得到 $\delta(t)+3u(t)$，$t>0_+$时为 3，所以设特解为 C，

可求出特解 $C=\frac{3}{2}$

所以系统的全响应形式为 $r(t)=A_1\mathrm{e}^{-t}+A_2\mathrm{e}^{-2t}+\frac{3}{2}\quad t>0$

由方程两端的奇异函数匹配可知

$r'(t)$中包含 $u(t)$，在起始点产生跳变值 1，即 $r'(0_+)=r'(0_-)+1=3$

$r(t)$在起始点没有跳变，所以 $r(0_+)=r(0_-)=1$

代入全响应的表达式，可得

$$\begin{cases}A_1+A_2+\frac{3}{2}=1\\-A_1-2A_2=3\end{cases}\Rightarrow A_1=2,A_2=-\frac{5}{2}$$

所以系统的全响应为 $r(t)=2\mathrm{e}^{-t}-\frac{5}{2}\mathrm{e}^{-2t}+\frac{3}{2}\quad t>0$

其中自由响应(齐次解)$r_h=2\mathrm{e}^{-t}-\frac{5}{2}\mathrm{e}^{-2t},t>0$

强迫响应为：$r_p(t)=\frac{3}{2}$

系统零输入响应的形式为：

$$r_{zi}=A_3\mathrm{e}^{-t}+A_4\mathrm{e}^{-2t}\quad t>0$$

由题意可知 $r_{zi}(0_+)=r(0_-)$，$r_{zi}'(0_+)=r'(0_-)$

所以$\begin{cases}A_3+A_4=1\\-A_3-2A_4=2\end{cases}\Rightarrow A_3=4,A_4=-3$

系统零输入响应为：$r_{zi}(t)=4\mathrm{e}^{-t}-3\mathrm{e}^{-2t},t>0$

零状态响应为：$r_{zs}(t)=r(t)-r_{zi}(t)=-2\mathrm{e}^{-t}+\frac{1}{2}\mathrm{e}^{-2t}+\frac{3}{2},t>0$

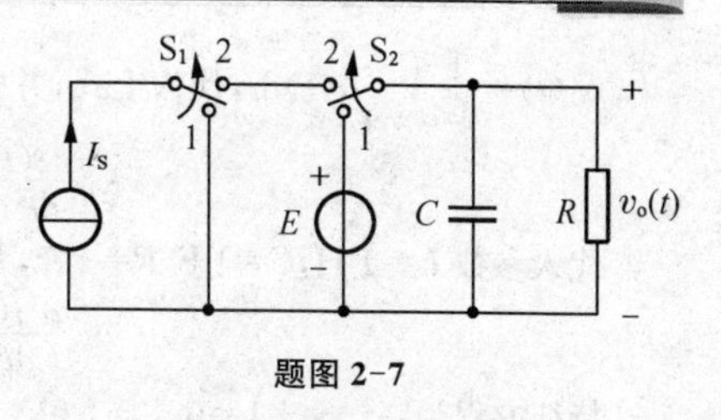

题图 2-7

【2-7】 电路如题图 2-7 所示，$t=0$ 以前开关位于"1"，已进入稳态，$t=0$ 时刻，S_1 与 S_2 同时自"1"转至"2"，求输出电压 $v_o(t)$ 的完全响应，并指出其零输入、零状态、自由、强迫各响应分量（E 和 I_S 各为常量）。

【解题思路】 通过电路知识，可求出系统动态元件的 0_- 状态。再根据电路 0_+ 模型，列出激励与响应关系的数学模型（即微分方程），导出系统 0_+ 状态，确定待定系数，即可求出各响应分量。

【解】 由题图可知 $t<0$ 时，电路进入稳态，则 $v_o(0_-)=v_C(0_-)=E$

当 $t\geqslant 0$ 时，根据电路模型可知，

系统的微分方程为 $C\dfrac{\mathrm{d}v_o(t)}{\mathrm{d}t}+\dfrac{v_o(t)}{R}=I_S$

特征方程为 $C\alpha+\dfrac{1}{R}=0$，特征根为 $\alpha=-\dfrac{1}{RC}$

所以系统的齐次解为：$v_{oh}(t)=A\mathrm{e}^{-\frac{1}{RC}t}\quad t>0$

特解为 $v_{op}(t)=I_SR\quad t>0$

系统完全响应为：$v_o(t)=Ae^{-\frac{1}{RC}t}+I_SR\quad t>0$

由于电容两端的电压没有跳变，所以 $v_o(0_+)=v_C(0_+)=v_C(0_-)=E$，

即 $E=A+I_SR$，可得 $A=E-I_SR$

所以自由响应为 $v_{oh}(t)=(E-I_SR)\mathrm{e}^{-\frac{1}{RC}t}, t>0$

强迫响应为：$v_{op}(t)=I_SR, t>0$

完全响应为：$v(t)=(E-I_SR)\mathrm{e}^{-\frac{1}{RC}t}+I_SR, t>0$

零输入响应的形式为 $v_{ozi}(t)=B\mathrm{e}^{-\frac{1}{RC}t}, t>0$

代入 $v_{ozi}(0_+)=v_o(0_-)=v_C(0_-)=E$，可得 $B=E$

所以零输入响应为 $v_{ozi}(t)=E\mathrm{e}^{-\frac{1}{RC}t}, t>0$

零状态响应为 $v_{ozs}(t)=v_o(t)-v_{ozi}(t)=I_SR(1-\mathrm{e}^{-\frac{t}{RC}}), t>0$

【2-8】 题图 2-8 所示电路，$t<0$ 时，开关位于"1"且已达到稳态，$t=0$ 时刻，开关自"1"转至"2"。

(1) 试从物理概念判断 $i(0_-)$，$i'(0_-)$ 和 $i(0_+)$，$i'(0_+)$；

(2) 写出 $t\geqslant 0_+$ 时间内描述系统的微分方程表示，求 $i(t)$ 的完全响应。

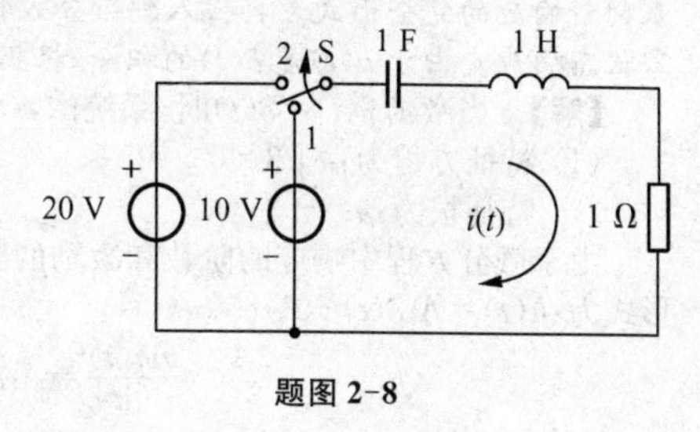

题图 2-8

【解题思路】 通过电路知识，可求出系统动态元件的 0_- 状态，再根据 0_+ 电路模型中各元件的伏安关系和电路拓扑约束关系，确定 0_+ 状态。同时列出激励与响应关系的数学模型（即微分方程），结合系统 0_+ 状态，即可求出系统响应。

【解】

(1) 当 $t<0$ 时，电路已稳定，所以 $i(0_-)=i_L(0_-)=0$，$v_C(0_-)=10\ \mathrm{V}$，$v_L(0_-)=0$，

因为 $v_L(t)=L\dfrac{\mathrm{d}i(t)}{\mathrm{d}t}$，所以 $i'(0_-)=0$

当 $t>0$ 时，由于电路中电流不会为无穷大，所以电容电压不会跳变，$v_C(0_-)=v_C(0_+)=10\ \mathrm{V}$，

$v_L(0_+)=20-10=10\ \mathrm{V}$

因为 $i(t)=C\dfrac{\mathrm{d}v_C(t)}{\mathrm{d}t}$，所以电路中的电流不会跳变，即 $i(0_+)=i(0_-)=0$，

因为 $v_L(t)=L\dfrac{\mathrm{d}i(t)}{\mathrm{d}t}$，$L=1\ \mathrm{H}$，所以 $i'(0_+)=10\ \mathrm{A/S}$

(2) $t>0$ 时，列出电路的 KVL 方程为

$$v_C(t)+L\frac{\mathrm{d}i(t)}{\mathrm{d}t}+i(t)R=20u(t)$$

$v_C(t)=\frac{1}{C}\int_{-\infty}^{t} i(\tau)\mathrm{d}\tau$，代入上式，并整理可得

$$L\frac{\mathrm{d}^2 i(t)}{\mathrm{d}t^2}+R\frac{\mathrm{d}i(t)}{\mathrm{d}t}+\frac{1}{C}i(t)=20\delta(t)$$

代入参数 $L=1\ \mathrm{H}, C=1\ \mathrm{F}, R=1\ \Omega$，系统微分方程为

$$\frac{\mathrm{d}^2 i(t)}{\mathrm{d}t^2}+\frac{\mathrm{d}i(t)}{\mathrm{d}t}+i(t)=20\delta(t)$$

特征方程为：$\alpha^2+\alpha+1=0$

特征根为 $\alpha_1=-\frac{1}{2}+\frac{\sqrt{3}}{2}i, \alpha_2=-\frac{1}{2}-\frac{\sqrt{3}}{2}i$

齐次解为：$i_h(t)=A_1\mathrm{e}^{\left(-\frac{1}{2}+\frac{\sqrt{3}}{2}i\right)t}+A_2\mathrm{e}^{\left(-\frac{1}{2}-\frac{\sqrt{3}}{2}i\right)t}\quad t>0$

当 $t>0$ 时，微分方程的右边为 0，所以特解为 0

所以系统完全响应为 $i(t)=A_1\mathrm{e}^{\left(-\frac{1}{2}+\frac{\sqrt{3}}{2}i\right)t}+A_2\mathrm{e}^{\left(-\frac{1}{2}-\frac{\sqrt{3}}{2}i\right)t}\quad t>0$

将 $i(0_+)=0, i'(0_+)=10\ \mathrm{A/S}$

可解得：$\mathrm{A}_1=\frac{10}{\mathrm{j}\sqrt{3}}, \mathrm{A}=\frac{-10}{\mathrm{j}\sqrt{3}}$

所以系统完全响应为 $i(t)=\frac{10}{\sqrt{3}\mathrm{j}}\mathrm{e}^{\left(-\frac{1}{2}+\frac{\sqrt{3}}{2}i\right)t}-\frac{10}{\sqrt{3}\mathrm{j}}\mathrm{e}^{\left(-\frac{1}{2}-\frac{\sqrt{3}}{2}i\right)t}=\frac{20}{\sqrt{3}\mathrm{j}}\mathrm{e}^{-\frac{t}{2}}\sin\left(\frac{\sqrt{3}}{2}t\right), t>0$

【2-9】 求下列微分方程描述的系统冲数响应 $h(t)$ 和阶跃响应 $g(t)$。

(1) $\frac{\mathrm{d}}{\mathrm{d}t}r(t)+3r(t)=2\frac{\mathrm{d}}{\mathrm{d}t}e(t)$

(2) $\frac{\mathrm{d}^2}{\mathrm{d}t^2}r(t)+\frac{\mathrm{d}}{\mathrm{d}t}r(t)+r(t)=\frac{\mathrm{d}}{\mathrm{d}t}e(t)+e(t)$

(3) $\frac{\mathrm{d}}{\mathrm{d}t}r(t)+2r(t)=\frac{\mathrm{d}^2}{\mathrm{d}t^2}e(t)+3\frac{\mathrm{d}}{\mathrm{d}t}e(t)+3e(t)$

【解题思路】 *冲激响应是激励为 $\delta(t)$ 时系统的零状态响应。由于 $t>0$ 时，$\delta(t)=0$，此时微分方程变成了齐次方程。但是 $t=0$ 时刻，响应中可能会有冲激及其各阶导数，所以需要结合奇异函数匹配法来判断响应的完全形式。再代入到微分方程中，即可求解冲激响应。阶跃响应是激励为 $u(t)$ 时系统的零状态响应。由于 $u(t)$ 是 $\delta(t)$ 的积分，根据 LTI 系统的微积分特性，冲激响应的积分即为阶跃响应。*

【解】 当激励 $e(t)=\delta(t)$ 时，系统的零状态响应 $r(t)=h(t)$。

(1) 特征方程为：$\alpha+3=0$

特征根为：$\alpha=-3$

由于微分方程中响应的阶数和激励的阶数相等，单位冲激响应中有冲激项，所以单位冲激响应的形式为：$h(t)=A_1\delta(t)+A_2\mathrm{e}^{-3t}u(t)$

$$\frac{\mathrm{d}h(t)}{\mathrm{d}t}=A_1\delta'(t)+A_2\delta(t)-3A_2\mathrm{e}^{-3t}u(t)$$

代入给定的微分方程，此时 $e(t)=\delta(t)$，可得

$$A_1\delta'(t)+A_2\delta(t)+3A_1\delta(t)=2\delta'(t)$$

$$A_1=2, A_2=-6$$

所以单位冲激响应式为：$h(t)=2\delta(t)-6\mathrm{e}^{-3t}u(t)$

单位阶跃响应为：$g(t)=\int_{-\infty}^{t}h(\tau)\mathrm{d}\tau=\int_{-\infty}^{t}[2\delta(\tau)-6\mathrm{e}^{-3\tau}u(\tau)]\mathrm{d}\tau$

$$=2u(t)+2[\mathrm{e}^{-3t}-1]u(t)=2\mathrm{e}^{-3t}u(t)$$

(2) 特征方程为：$\alpha^2+\alpha+1=0$

特征根为 $\alpha_1=-\frac{1}{2}+\frac{\sqrt{3}}{2}i, \alpha_2=-\frac{1}{2}-\frac{\sqrt{3}}{2}i$

由于微分方程中响应的阶数和激励的阶数高，单位冲激响应中没有冲激项，所以单位冲激响应为 $h(t)=[A_1\mathrm{e}^{\left(-\frac{1}{2}+\frac{\sqrt{3}}{2}i\right)t}+A_2\mathrm{e}^{\left(-\frac{1}{2}-\frac{\sqrt{3}}{2}i\right)t}]u(t)$

代入微分方程，此时 $e(t)=\delta(t)$，可得

$$A_1\left(-\frac{1}{2}+\frac{\sqrt{3}}{2}i\right)^2 e^{\left(-\frac{1}{2}+\frac{\sqrt{3}}{2}i\right)}u(t)+A_1\left(-\frac{1}{2}+\frac{\sqrt{3}}{2}i\right)\delta(t)+A_1\delta'(t)+A_2\left(-\frac{1}{2}-\frac{\sqrt{3}}{2}i\right)^2 e^{\left(-\frac{1}{2}-\frac{\sqrt{3}}{2}i\right)}u(t)$$

$$+A_2\left(-\frac{1}{2}+\frac{\sqrt{3}}{2}i\right)\delta(t)+A_2\delta'(t)=\delta(t)+\delta'(t)$$

等式两边冲激函数的系数应该相等，所以

$$\begin{cases}A_1\left(-\frac{1}{2}+\frac{\sqrt{3}}{2}i\right)+A_2\left(-\frac{1}{2}-\frac{\sqrt{3}}{2}i\right)=1\\ A_1+A_2=1\end{cases}$$

解得：

$$A_1=\frac{1}{2}-\frac{\sqrt{3}}{3}i, A_2=\frac{1}{2}+\frac{\sqrt{3}}{3}i$$

所以 $h(t)=\left[\left(\frac{1}{2}-\frac{\sqrt{3}}{3}i\right)e^{\left(-\frac{1}{2}+\frac{\sqrt{3}}{2}i\right)t}+\left(\frac{1}{2}+\frac{\sqrt{3}}{3}i\right)e^{\left(-\frac{1}{2}-\frac{\sqrt{3}}{2}i\right)t}\right]u(t)$

$$=e^{-\frac{t}{2}}\left[\cos\left(\frac{\sqrt{3}}{2}t\right)+\frac{\sqrt{3}}{3}\sin\left(\frac{\sqrt{3}}{2}t\right)\right]u(t)$$

单位阶跃响应为：$g(t)=\int_{-\infty}^{t}h(\tau)d\tau=\int_{-\infty}^{t}\left[\left(\frac{1}{2}-\frac{\sqrt{3}}{3}i\right)e^{\left(-\frac{1}{2}+\frac{\sqrt{3}}{2}i\right)\tau}+\left(\frac{1}{2}+\frac{\sqrt{3}}{3}i\right)e^{\left(-\frac{1}{2}-\frac{\sqrt{3}}{2}i\right)\tau}\right]d\tau$

$$=\left[-e^{-\frac{t}{2}}\cos\left(\frac{\sqrt{3}}{2}t\right)+\frac{\sqrt{3}}{3}e^{-\frac{t}{2}}\sin\left(\frac{\sqrt{3}}{2}t\right)+1\right]u(t)$$

(3) 特征方程为：$\alpha+2=0$

特征根为：$\alpha=-2$

由于微分方程中激励阶数比响应阶数高1阶，单位冲激响应中有冲激项和冲激的导数项，所以单位冲激响应的形式为：

$h(t)=A_1\delta'(t)+A_2\delta(t)+A_3e^{-2t}u(t)$

代入给定的微分方程，此时 $e(t)=\delta(t)$，可得

$$A_1\delta''(t)+A_2\delta'(t)-2tA_3e^{-2t}u(t)+A_3\delta(t)+2[A_1\delta'(t)+A_2\delta(t)+A_3e^{-2t}u(t)]$$
$$=\delta''(t)+3\delta'(t)+3\delta(t)$$

等式两边冲激函数的系数应该相等，可得

$$A_1=1, A_2=1, A_3=1$$

所以单位冲激响应为：$h(t)=\delta'(t)+\delta(t)+e^{-2t}u(t)$

单位阶跃响应为：$g(t)=\int_{-\infty}^{t}h(\tau)d\tau=\int_{-\infty}^{t}[\delta'(t)+\delta(t)+e^{-2\tau}u(\tau)]d\tau$

$$=\delta(t)+u(t)+\frac{1}{2}(1-e^{-2t})u(t)=\delta(t)+\left(\frac{3}{2}-\frac{1}{2}e^{-2t}\right)u(t)$$

注：本题用算子法计算更简单，可参考本章学习指导的内容，自行完成。

【2-10】 一因果性的 LTI 系统，其输入、输出用下列微分－积分方程表示：

$$\frac{d}{dt}r(t)+5r(t)=\int_{-\infty}^{\infty}e(\tau)f(t-\tau)d\tau-e(t)$$

其中 $f(t)=e^{-t}u(t)+3\delta(t)$，求该系统的单位冲激响应 $h(t)$。

【解题思路】 通过算子符号描述微分方程，并利用算子法可简化冲激响应的求解。本题采用算子法求解冲激响应，注意算子符号描述与原算式的对应关系。

【解】 当激励 $e(t)=\delta(t)$时，系统的零状态响应 $r(t)=h(t)$

$$\frac{dh(t)}{dt}+5h(t)=\int_{-\infty}^{\infty}\delta(\tau)f(t-\tau)d\tau-\delta(t)=f(t)-\delta(t)$$

带入 $f(t)=e^{-t}u(t)+3\delta(t)$

可得微分方程为

$$\frac{dh(t)}{d}+5h(t)=e^{-t}u(t)+2\delta(t)$$

引入算子符号，上式的算子方程可表示为

$$(p+5)h(t)=\frac{1}{p+1}\delta(t)+2\delta(t)$$

$$h(t)=\frac{2p+3}{(p+1)(p+5)}\delta(t)=\frac{1}{4}\left(\frac{1}{p+1}+\frac{7}{p+5}\right)\delta(t)=\frac{1}{4}(\mathrm{e}^{-t}+7\mathrm{e}^{-5t})u(t)$$

【2-11】 设系统的微分方程表示为

$$\frac{\mathrm{d}^2}{\mathrm{d}t^2}r(t)+5\frac{\mathrm{d}}{\mathrm{d}t}r(t)+6r(t)=\mathrm{e}^{-t}u(t)$$

求使完全响应为 $r(t)=C\mathrm{e}^{-t}u(t)$ 时的系统起始状态 $r(0_-)$ 和 $r'(0_-)$，并确定常数 C 值。

【解题思路】 完全响应可分解为自由响应和强迫响应，自由响应的形式由系统特征根决定，强迫响应的形式由微分方程右边激励相关项决定。在系统模型没有改变的情况下，系统状态是否跳变与激励项是否存在冲激有关。

【解】 系统的特征方程为：$\alpha^2+5\alpha+6=0$

特征根为：$\alpha_1=-2,\alpha_2=-3$

齐次解为 $r_{\mathrm{h}}(t)=A_1\mathrm{e}^{-2t}+A_2\mathrm{e}^{-3t},t>0$

系统完全解 $r(t)=r_{\mathrm{h}}(t)+r_{\mathrm{p}}(t)=C\mathrm{e}^{-t}u(t)$，所以当 $t>0$ 时，$A_1=A_2=0$，$C\mathrm{e}^{-t}$ 即为系统特解，代入微分方程可得

$$C\mathrm{e}^{-t}-5C\mathrm{e}^{-t}+6C\mathrm{e}^{-t}=\mathrm{e}^{-t}$$

所以 $C=1$，特解为 $r_{\mathrm{p}}=\frac{1}{2}\mathrm{e}^{-t}\quad t>0$

系统完全解为：$r(t)=\frac{1}{2}\mathrm{e}^{-t}u(t)$

由于微分方程右边没有冲激项，系统状态不会跳变，所以 $r(0_-)=r(0_+)$，$r'(0_-)=r'(0_+)$

从完全解中可以看出：$r(0_+)=\frac{1}{2}$，$r'(0_+)=-\frac{1}{2}$

所以可得 $r(0_-)=\frac{1}{2}$，$r'(0_-)=-\frac{1}{2}$

【2-12】 有一系统对激励为 $e_1(t)=u(t)$ 时的完全响应为 $r_1(t)=2\mathrm{e}^{-t}u(t)$，对激励为 $e_2(t)=\delta(t)$ 时的完全响应为 $r_2(t)=\delta(t)$。

(1) 求该系统的零输入响应 $r_{\mathrm{zi}}(t)$；

(2) 系统的起始状态保持不变，求其对于激励为 $e_3(t)=\mathrm{e}^{-t}u(t)$ 的完全响应 $r_3(t)$。

【解题思路】 系统全响应可分解为零输入响应和零状态响应，零输入响应和零状态响应分别满足线性。本题先导出系统的微分方程，求出冲激响应和零输入响应，再利用冲激响应和激励的卷积求解零状态响应。

【解】 系统全响应为：$r(t)=r_{\mathrm{zi}}(t)+r_{\mathrm{zs}}(t)$

当激励为 $\delta(t)$ 时，系统零状态响应 $r_{\mathrm{zs2}}(t)=h(t)$

当激励为 $u(t)$ 时，系统零状态响应 $r_{\mathrm{zs1}}(t)=\int_{-\infty}^{t}h(\tau)\mathrm{d}\tau$

根据题意可知，

$$r_1(t)=r_{\mathrm{zi}}(t)+r_{\mathrm{zs1}}(t)=r_{\mathrm{zi}}(t)+\int_{-\infty}^{t}h(\tau)\mathrm{d}\tau=2\mathrm{e}^{-t}u(t)$$

$$r_2(t)=r_{\mathrm{zi}}(t)+r_{\mathrm{zs2}}(t)=r_{\mathrm{zi}}(t)+h(t)=\delta(t)$$

两式相减，可得

$$h(t)-\int_{-\infty}^{t}h(\tau)\mathrm{d}\tau=\delta(t)-2\mathrm{e}^{-t}u(t)$$

方程两边同时求导

$$\frac{\mathrm{d}h(t)}{\mathrm{d}t}-h(t)=\delta'(t)+2\mathrm{e}^{-t}u(t)-2\delta(t)$$

化为算子方程

$$(p-1)h(t)=\left(p-2+\frac{2}{p+1}\right)\delta(t)$$

$$h(t)=\left(1-\frac{1}{p+1}\right)\delta(t)=\delta(t)-\mathrm{e}^{-t}u(t)$$

(1) 因为 $r_2(t)=r_{zi}(t)+h(t)=r_{zi}(t)+\delta(t)-e^{-t}u(t)=\delta(t)$

所以 $r_{zi}(t)=e^{-t}u(t)$

(2) 当激励 $e_3(t)=e^{-t}u(t)$时，

$$\begin{aligned}r_3(t)&=r_{zi}(t)+h(t)*e^{-t}u(t)=e^{-t}u(t)+[\delta(t)-e^{-t}u(t)]*e^{-t}u(t)\\&=e^{-t}u(t)+e^{-t}u(t)-te^{-t}u(t)=(2-t)e^{-t}u(t)\end{aligned}$$

【2-13】 求下列各函数 $f_1(t)$与 $f_2(t)$的卷积 $f_1(t)*f_2(t)$。

(1) $f_1(t)=u(t),f_2(t)=e^{-\alpha t}u(t)$

(2) $f_1(t)=\delta(t),f_2(t)=\cos(\omega t+45°)$

(3) $f_1(t)=(1+t)[u(t)-u(t-1)],f_2(t)=u(t-1)-u(t-2)$

(4) $f_1(t)=\cos(\omega t),f_2(t)=\delta(t+1)-\delta(t-1)$

(5) $f_1(t)=e^{-\alpha t}u(t),f_2(t)=(\sin t)u(t)$

【解题思路】 求卷积时，可用卷积的定义式和性质求解，利用性质往往会更简单。

【解】

(1) $$\begin{aligned}f_1(t)*f_2(t)&=u(t)*e^{-\alpha t}u(t)=\delta(t)*\int_{-\infty}^{t}e^{-\alpha\tau}u(\tau)d\tau=\int_{-\infty}^{t}e^{-\alpha\tau}u(\tau)d\tau\\&=-\frac{1}{\alpha}e^{-\alpha\tau}\Big|_0^t=\frac{1}{\alpha}(1-e^{-\alpha t})\end{aligned}$$

(2) $f_1(t)*f_2(t)=\delta(t)*\cos(\omega t+45°)=\cos(\omega t+45°)$

(3) $f_1(t)*f_2(t)=\int_{-\infty}^{t}f_1(\tau)d\tau*f_2{}'(t)$

设 $$\begin{aligned}f(t)&=\int_{-\infty}^{t}f_1(\tau)d\tau=\int_{-\infty}^{t}(1+\tau)[u(\tau)-u(\tau-1)]d\tau=\int_0^t(1+\tau)d\tau u(t)-\int_1^t(1+\tau)d\tau u(t-1)\\&=\left(t+\frac{t^2}{2}\right)u(t)-\left(t+\frac{t^2}{2}-\frac{3}{2}\right)u(t-1)=\left(t+\frac{t^2}{2}\right)[u(t)-u(t-1)]+\frac{3}{2}u(t-1)\end{aligned}$$

$f_2{}'(t)=\delta(t-1)-\delta(t-2)$

$f_1(t)*f_2(t)=f(t-1)-f(t-2)$

$$\left(t-1+\frac{t^2-2t+1}{2}\right)[u(t-1)-u(t-2)]-\left(t-2+\frac{t^2-4t+4}{2}\right)[u(t-2)-u(t-3)]+\frac{3}{2}[u(t-2)-u(t-3)]=\left(\frac{t^2}{2}-\frac{1}{2}\right)[u(t-1)-u(t-2)]+\left(\frac{t^2}{2}-t+\frac{3}{2}\right)[u(t-2)-u(t-3)]$$

$$=\begin{cases}0 & t<1\\ \frac{1}{2}(t^2-1) & 1<t<2\\ \frac{1}{2}(t^2-2t+3) & 2<t<3\\ 0 & t>3\end{cases}$$

(4) $f_1(t)*f_2(t)=\cos(\omega t)*[\delta(t+1)-\delta(t-1)]=\cos[\omega(t+1)]-\cos[\omega(t-1)]$

(5) $$\begin{aligned}f_1(t)*f_2(t)&=\int_{-\infty}^{\infty}\sin\tau u(\tau)\cdot e^{-\alpha(t-\tau)}u(t-\tau)d\tau\\&=\int_0^t\sin\tau e^{-\alpha(t-\tau)}d\tau u(t)=\frac{e^{-\alpha t}}{2j}\int_0^t[e^{(\alpha+j)\tau}-e^{(\alpha-j)\tau}]d\tau u(t)\\&=\frac{e^{-\alpha t}}{2j}\left[\frac{e^{(\alpha+j)t}}{\alpha+j}-\frac{1}{\alpha+j}-\frac{e^{(\alpha-j)t}}{\alpha-j}+\frac{1}{\alpha-j}\right]u(t)\\&=\frac{e^{-\alpha t}+\alpha\sin t-\cos t}{\alpha^2+1}u(t)\end{aligned}$$

【2-14】 求下列两组卷积，并注意相互间的区别。

(1) $f(t)=u(t)-u(t-1)$，求 $s(t)=f(t)*f(t)$；

(2) $f(t)=u(t-1)-u(t-2)$，求 $s(t)=f(t)*f(t)$。

【解题思路】 利用卷积的微积分性质求解。

【解】

(1) $f(t)*f(t)=[u(t)-u(t-1)]*[u(t)-u(t-1)]$

$$=[\delta(t)-\delta(t-1)]*\int_{-\infty}^{t}[u(\tau)-u(\tau-1)]\mathrm{d}\tau$$
$$=[\delta(t)-\delta(t-1)]*[tu(t)-(t-1)u(t-1)]$$
$$=tu(t)-2(t-1)u(t-1)+(t-2)u(t-2)$$

(2) $f(t)*f(t)=[u(t-1)-u(t-2)]*[u(t-1)-u(t-2)]$
$$=[\delta(t-1)-\delta(t-2)]*\int_{-\infty}^{t}[u(\tau-1)-u(\tau-2)]\mathrm{d}\tau$$
$$=[\delta(t-1)-\delta(t-2)]*[(t-1)u(t-1)-(t-2)u(t-2)]$$
$$=(t-2)u(t-2)-2(t-3)u(t-3)+(t-4)u(t-4)$$

这两个卷积后的信号波形形状一致，由于两个原信号之间存在时移，所以卷积的结果也存在时移(时移变为原来的两倍)。

【2-15】 已知 $f_1(t)=u(t+1)-u(t-1)$，$f_2(t)=\delta(t+5)+\delta(t-5)$，$f_3(t)=\delta\left(t+\frac{1}{2}\right)+\delta\left(t-\frac{1}{2}\right)$，画出下列各卷积波形。

(1) $s_1(t)=f_1(t)*f_2(t)$
(2) $s_2(t)=f_1(t)*f_2(t)*f_2(t)$
(3) $s_3(t)=\{[f_1(t)*f_2(t)][u(t+5)-u(t-5)]\}*f_2(t)$
(4) $s_4(t)=f_1(t)*f_3(t)$

【解题思路】 利用卷积的性质。本题主要体现与冲激信号卷积而带来的“搬移”。

【解】 $f_1(t)$、$f_2(t)$和$f_3(t)$的波形如解图 2-15a(1)～(3)所示。

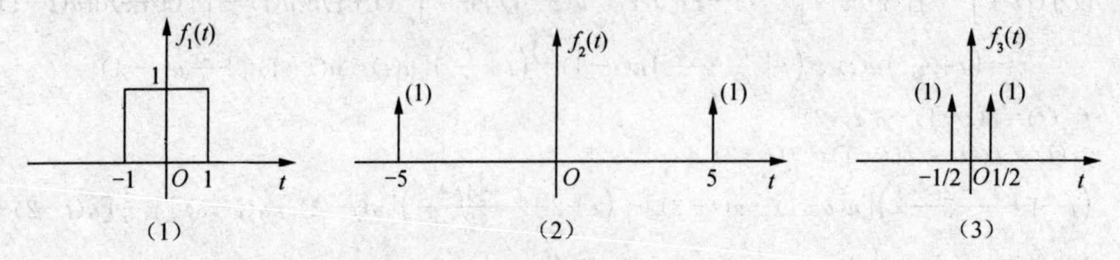

解图 2-15a

$s_1(t)$、$s_2(t)$、$s_3(t)$和$s_4(t)$的波形如解图 2-15b(1)～(4)所示。

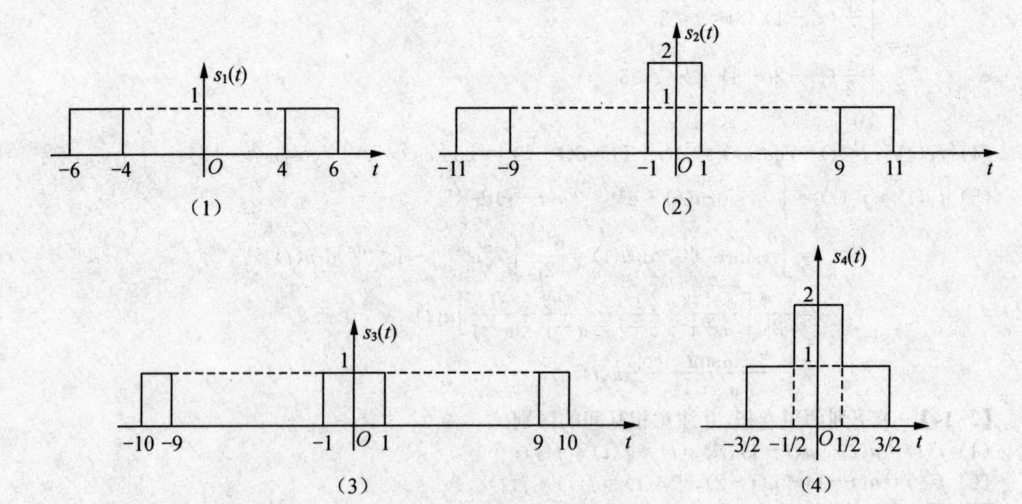

解图 2-15b

【2-16】　设 $r(t)=\mathrm{e}^{-t}u(t)*\sum\limits_{k=-\infty}^{\infty}\delta(t-3k)$，证明 $r(t)=A\mathrm{e}^{-t}$，$0\leqslant t\leqslant 3$，并求出 A 值。

【解题思路】　结合冲激函数卷积和阶跃信号的特性。

【解】　$r(t)=\mathrm{e}^{-t}u(t)*\sum\limits_{k=-\infty}^{\infty}\delta(t-3k)=\sum\limits_{k=-\infty}^{\infty}\mathrm{e}^{-(t-3k)}u(t-3k)$

在 $0\leqslant t\leqslant 3$ 时，$\begin{cases}u(t-3k)=0, k=1,2,3,4,\cdots\\ u(t-3k)=1, k=0,-1,-2,-3,\cdots\end{cases}$

所以 $r(t)=\sum\limits_{k=-\infty}^{0}\mathrm{e}^{-(t-3k)}=\mathrm{e}^{-t}\sum\limits_{k=0}^{\infty}\mathrm{e}^{-3k}=\mathrm{e}^{-t}\cdot\dfrac{1}{1-\mathrm{e}^{-3}}=A\mathrm{e}^{-t}$

其中 $A=\dfrac{1}{1-\mathrm{e}^{-3}}$

【2-17】　已知某一 LTI 系统对输入激励 $e(t)$ 的零状态响应

$$r_{zs}(t)=\int_{t-2}^{\infty}\mathrm{e}^{t-\tau}e(\tau-1)\mathrm{d}\tau$$

求该系统的单位冲激响应。

【解题思路】　零状态响应是冲激响应和激励的卷积，再从卷积的定义式出发，即可得到冲激响应。

【解】　激励为 $e(t)$ 时，

$$\begin{aligned}r_{zs}(t)&=\int_{-2}^{\infty}\mathrm{e}^{(t-\tau)}e(\tau-1)\mathrm{d}\tau\\&=\int_{-3}^{\infty}\mathrm{e}^{(t-\tau-1)}e(\tau)\mathrm{d}\tau=\mathrm{e}^{-1}\cdot\int_{-3}^{\infty}\mathrm{e}^{t-\tau}e(\tau)\mathrm{d}\tau=\mathrm{e}^{-1}\cdot\int_{-\infty}^{\infty}\mathrm{e}^{(t-\tau)}u[3-(t-\tau)]e(\tau)\mathrm{d}\tau\\&=\int_{-\infty}^{\infty}h(t-\tau)e(\tau)\mathrm{d}\tau\end{aligned}$$

所以 $h(t)=\mathrm{e}^{-1}\cdot\mathrm{e}^{t}u(3-t)=\mathrm{e}^{(t-1)}u(3-t)$

【2-18】　某 LTI 系统，输入信号 $e(t)=2\mathrm{e}^{-3t}u(t-1)$，在该输入下的响应为 $r(t)$，即 $r(t)=H[e(t)]$，又已知

$$H\left[\frac{\mathrm{d}}{\mathrm{d}t}e(t)\right]=-3r(t)+\mathrm{e}^{-2t}u(t)$$

求该系统的单位冲激响应 $h(t)$。

【解题思路】　从系统零状态响应是冲激响应和激励的卷积出发，结合零状态线性和卷积的微积分性质，即可求得冲激响应。

【解】　当激励为 $e(t)$ 时，系统的零状态响应：$r(t)=e(t)*h(t)$

当激励为 $\dfrac{\mathrm{d}e(t)}{\mathrm{d}t}$ 时，$H\left[\dfrac{\mathrm{d}e(t)}{\mathrm{d}t}\right]=\dfrac{\mathrm{d}r(t)}{\mathrm{d}t}=\dfrac{\mathrm{d}e(t)}{\mathrm{d}t}*h(t)$

可得 $\dfrac{\mathrm{d}e(t)}{\mathrm{d}t}*h(t)=-3[e(t)*h(t)]+\mathrm{e}^{-3t}u(t)$

整理可得 $\left[\dfrac{\mathrm{d}e(t)}{\mathrm{d}t}+3e(t)\right]*h(t)=\mathrm{e}^{-3t}u(t)$

将 $e(t)=2\mathrm{e}^{-3t}u(t)$ 代入上式，可得

$$[-6\mathrm{e}^{-3t}u(t)+2\delta(t)+6\mathrm{e}^{-3t}u(t)]*h(t)=\mathrm{e}^{-3t}u(t)$$

$$2\delta(t)*h(t)=2h(t)=\mathrm{e}^{-3t}u(t)$$

所以单位冲激响应 $h(t)=\dfrac{1}{2}\mathrm{e}^{-3t}u(t)$

【2-19】　对题图 2-19 所示的各组函数，用图解的方法粗略画出 $f_1(t)$ 与 $f_2(t)$ 卷积的波形，并计算卷积积分 $f_1(t)*f_2(t)$。

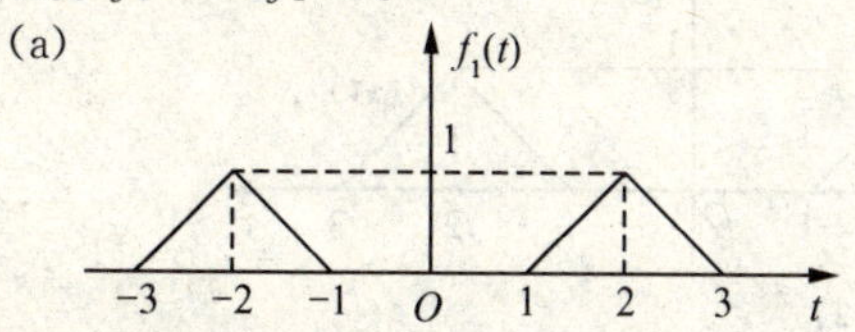

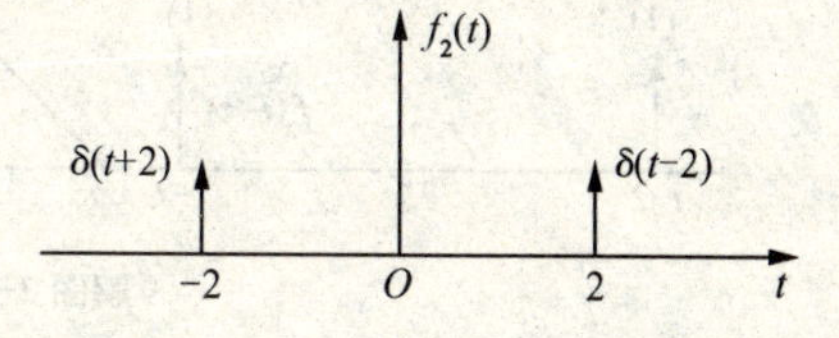

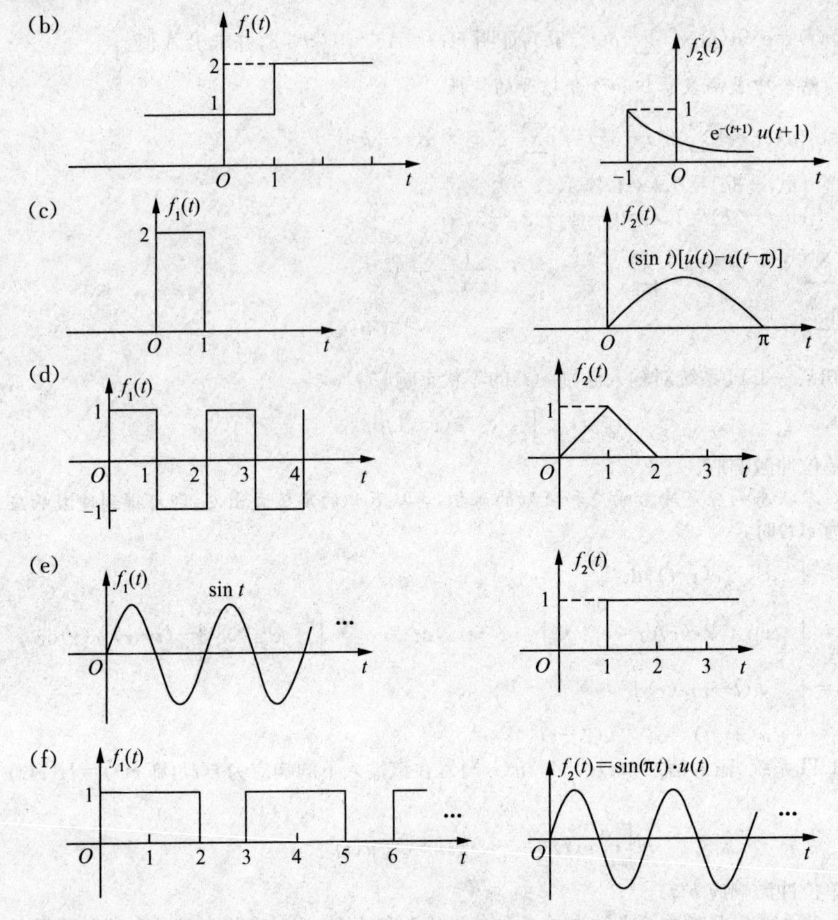

题图 2-19

【解题思路】 卷积的图解法是求解波形卷积的一种重要方法，是从卷积的定义式出发，主要步骤包括：变量替换($t\to\tau$)、波形反褶($\tau\to-\tau$)、时移($t-\tau$)、波形相乘积分等。

【解】 $f_1(t)*f_2(t)=\int_{-\infty}^{\infty}f_1(\tau)f_2(t-\tau)\mathrm{d}\tau=\int_{-\infty}^{\infty}f_1(t-\tau)f_2(\tau)\mathrm{d}\tau$

(a) $f_1(\tau)$、$f_2(-\tau)$的波形如解图 2-19a(1)所示。

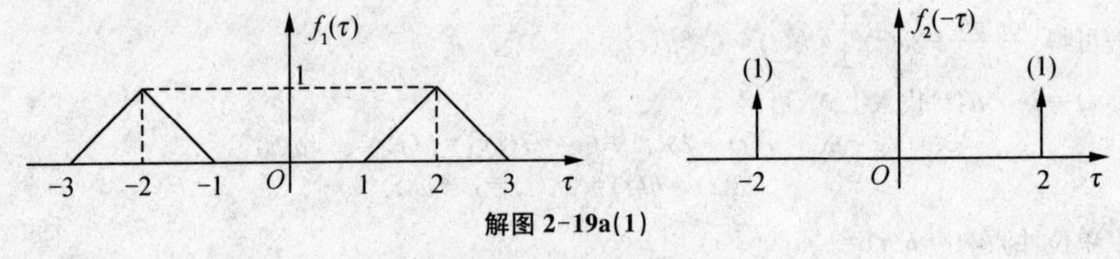

解图 2-19a(1)

当$t<-5$时，$f_1(t)$和$f_2(t-\tau)$波形如解图 2-19a(2)所示。

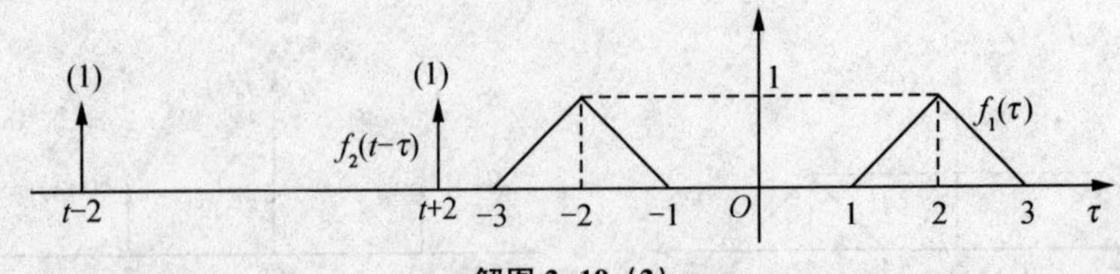

解图 2-19a(2)

$f_1(t)$和$f_2(t-\tau)$波形无交叠，$f_1(t)*f_2(t)=0$

当$-5\leqslant t<-4$时，$f_1(t)$和$f_2(t-\tau)$波形如解图2-19a(3)所示。

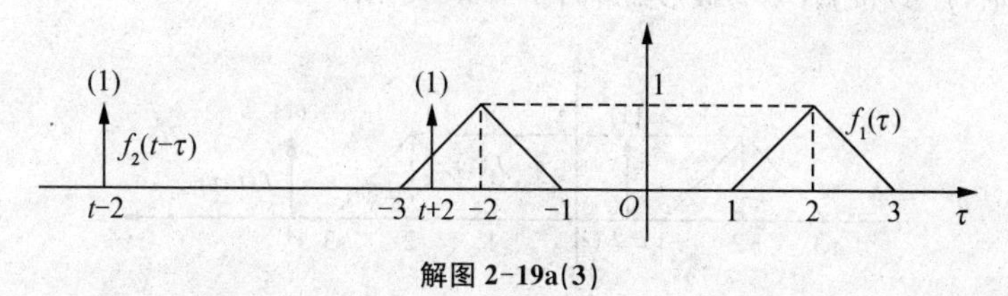

解图 2-19a(3)

$$f_1(t)*f_2(t)=\int_{-\infty}^{\infty}(\tau+3)\delta(t+2-\tau)\mathrm{d}\tau=t+5$$

当$-4\leqslant t<-3$时，$f_1(t)$和$f_2(t-\tau)$波形如解图2-19a(4)所示。

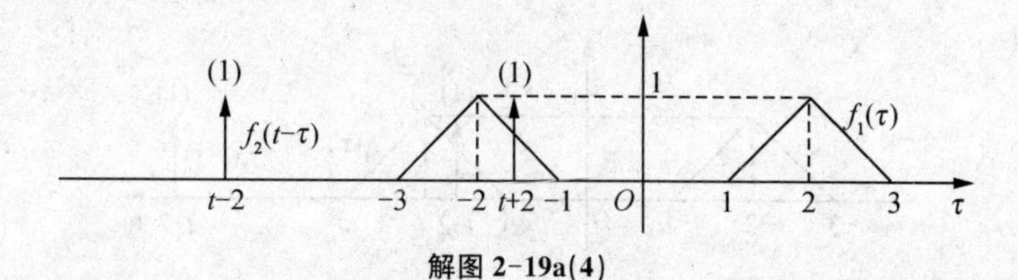

解图 2-19a(4)

$$f_1(t)*f_2(t)=\int_{-\infty}^{\infty}(-\tau-1)\delta(t+2-\tau)\mathrm{d}\tau=-t-3$$

当$-3\leqslant t<-1$时，$f_1(t)$和$f_2(t-\tau)$波形如解图2-19a(5)所示。

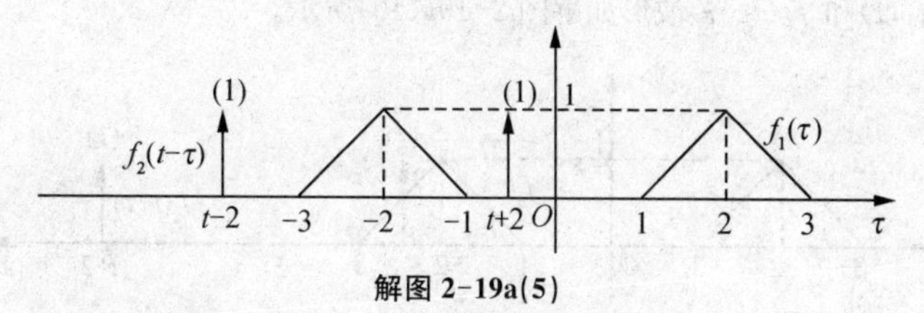

解图 2-19a(5)

$f_1(t)$和$f_2(t-\tau)$波形无交叠，$f_1(t)*f_2(t)=0$

当$-1\leqslant t<0$时，$f_1(t)$和$f_2(t-\tau)$波形如解图2-19a(6)所示。

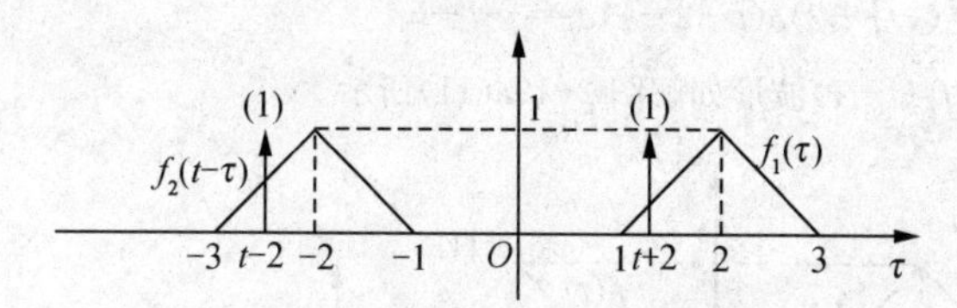

解图 2-19a(6)

$$f_1(t)*f_2(t)=\int_{-\infty}^{\infty}[(\tau-1)\delta(t+2-\tau)+(\tau+3)\delta(t-2-\tau)]\mathrm{d}\tau=2(1+t)$$

当$0\leqslant t<1$时，$f_1(t)$和$f_2(t-\tau)$波形如解图2-19a(7)所示。

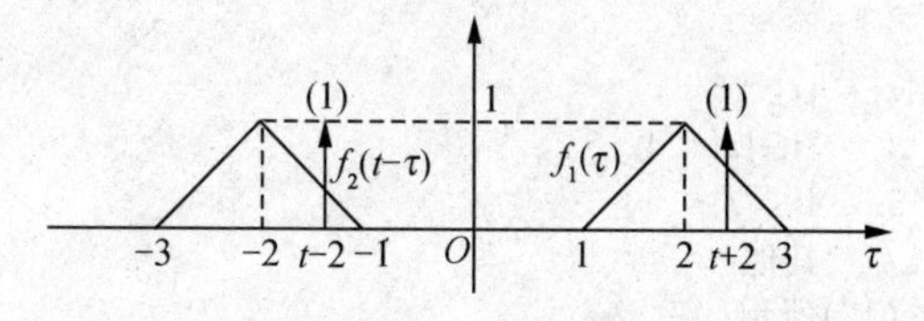

解图 2-19a(7)

$f_1(t)*f_2(t)=\int_{-\infty}^{\infty}[(-\tau+3)\delta(t+2-\tau)+(-\tau-1)\delta(t-2-\tau)]\mathrm{d}\tau=2(1-t)$

当 $1\leqslant t<3$ 时，$f_1(t)$ 和 $f_2(t-\tau)$ 波形如解图 2-19a(8)所示。

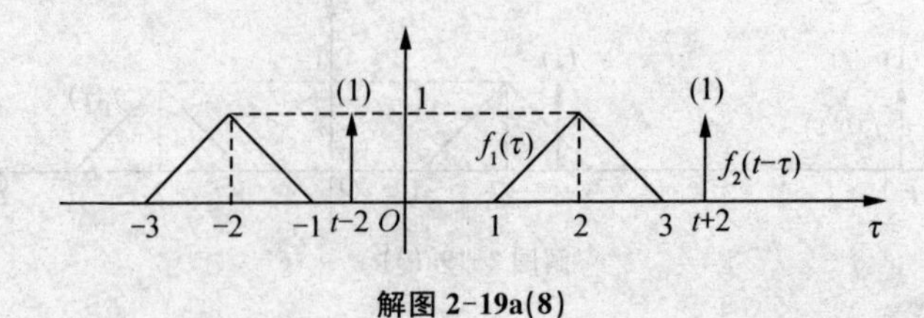

解图 2-19a(8)

$f_1(t)$ 和 $f_2(t-\tau)$ 波形无交叠，$f_1(t)*f_2(t)=0$

当 $3\leqslant t<4$ 时，$f_1(t)$ 和 $f_2(t-\tau)$ 波形如解图 2-19a(9)所示。

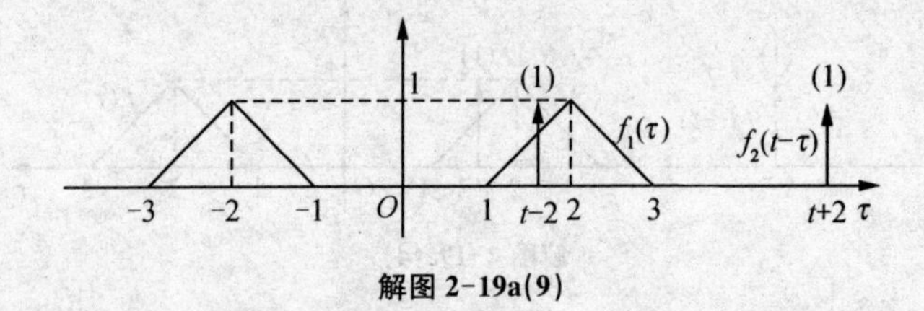

解图 2-19a(9)

$f_1(t)*f_2(t)=\int_{-\infty}^{\infty}(\tau-1)\delta(t-2-\tau)\mathrm{d}\tau=t-3$

当 $4\leqslant t<5$ 时，$f_1(t)$ 和 $f_2(t-\tau)$ 波形如解图 2-19a(10)所示。

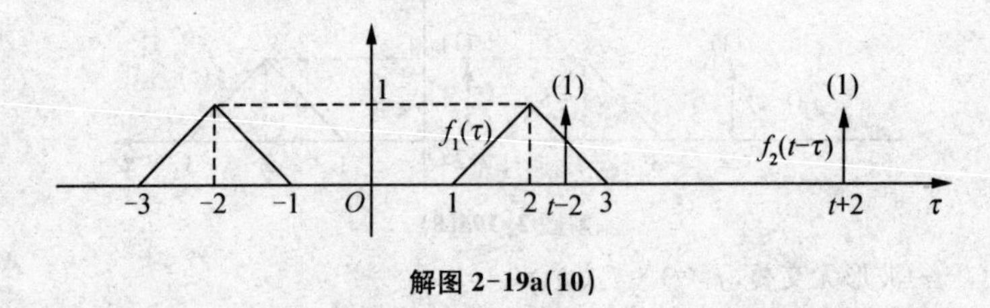

解图 2-19a(10)

$f_1(t)*f_2(t)=\int_{-\infty}^{\infty}(-\tau+3)\delta(t-2-\tau)\mathrm{d}\tau=-t+5$

当 $t\geqslant 4$ 时，$f_1(t)$ 和 $f_2(t-\tau)$ 波形如解图 2-19a(11)所示。

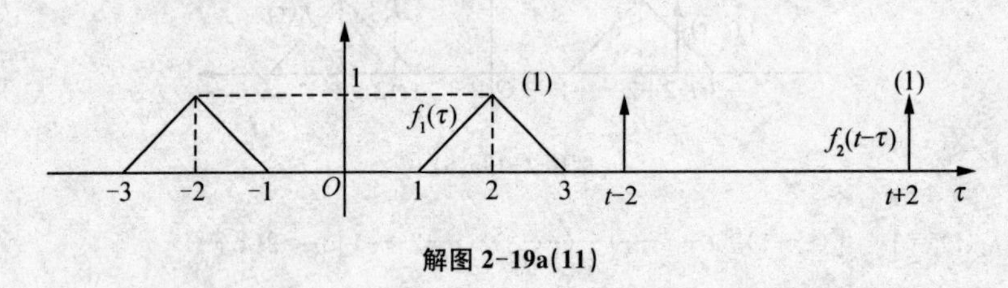

解图 2-19a(11)

$f_1(t)$ 和 $f_2(t-\tau)$ 波形无交叠，$f_1(t)*f_2(t)=0$

综上所述，可得

$$f_1(t)*f_2(t)=\begin{cases}2-2|t| & |t|<1\\ |t|-3 & 3\leqslant|t|<4\\ |t|-5 & 4\leqslant|t|<5\\ 0 & \text{其他}\end{cases}$$

卷积波形如解图 2-19a(12)所示。

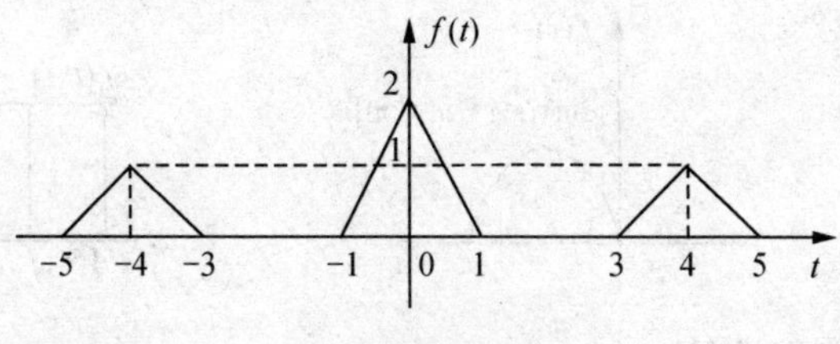

解图 2-19a(12)

(b) $f_2(\tau)$、$f_1(-\tau)$的波形如解图 2-19b(1)所示。

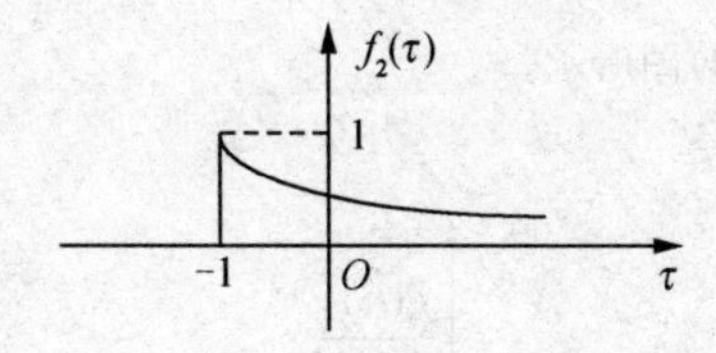

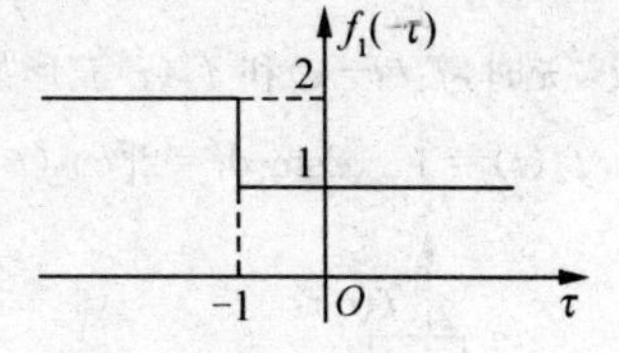

解图 2-19b(1)

当 $t<0$ 时，$f_1(t-\tau)$和 $f_2(\tau)$波形如解图 2-19b(2)所示。

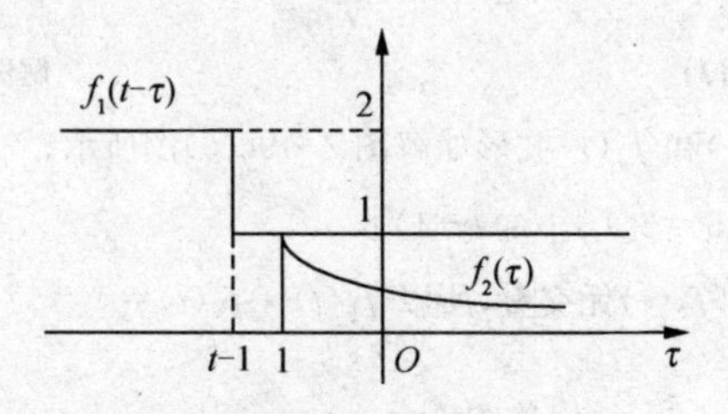

解图 2-19b(2)

$$f_1(t)*f_2(t)=\int_{-1}^{\infty}\mathrm{e}^{-(\tau+1)}\mathrm{d}\tau=-\mathrm{e}^{-1}\mathrm{e}^{-\tau}\Big|_{-1}^{\infty}=1$$

当 $t\geqslant0$ 时，$f_1(t-\tau)$和 $f_2(\tau)$的波形如解图 2-19b(3)所示。

$$\begin{aligned}f_1(t)*f_2(t)&=\int_{-1}^{t-1}2\mathrm{e}^{-(\tau+1)}\mathrm{d}\tau+\int_{t-1}^{\infty}\mathrm{e}^{-(\tau+1)}\mathrm{d}\tau\\&=\mathrm{e}^{-1}\left[-2\mathrm{e}^{-\tau}\Big|_{-1}^{t-1}-\mathrm{e}^{-\tau}\Big|_{t-1}^{\infty}\right]=2-\mathrm{e}^{-t}\end{aligned}$$

综合上述，可得 $f_1(t)*f_2(t)=\begin{cases}1 & t<0\\2-\mathrm{e}^{-t} & t\geqslant0\end{cases}$

卷积波形如解图 2-19b(4)所示。

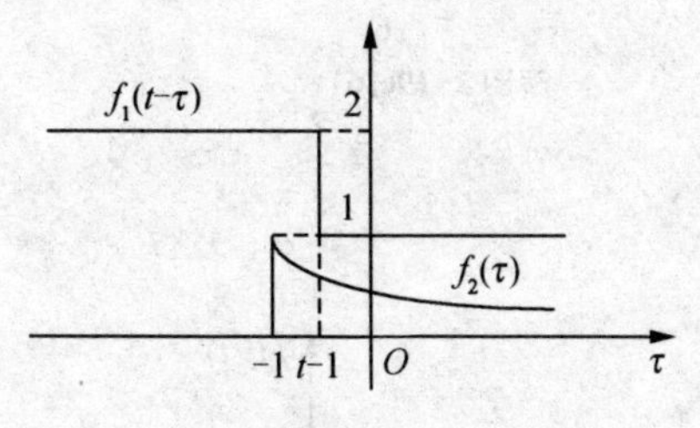

解图 2-19b(3)

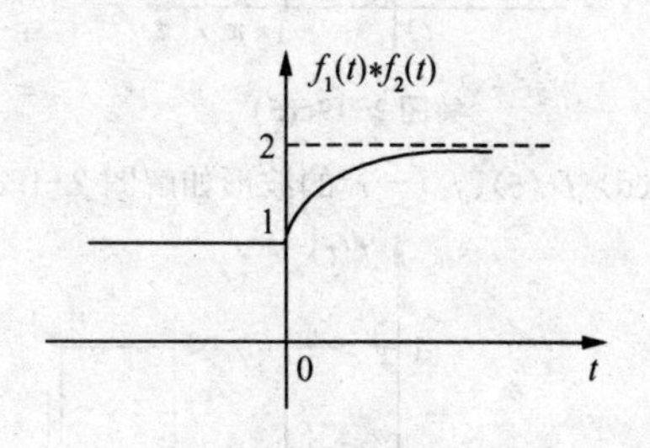

解图 2-19b(4)

(c) $f_2(\tau)$、$f_1(-\tau)$的波形如解图 2-19c(1)图所示。

当 $t<0$ 时，$f_1(t-\tau)$和 $f_2(\tau)$波形如解图 2-19c(2)图所示。

$$f_1(t)*f_2(t)=0$$

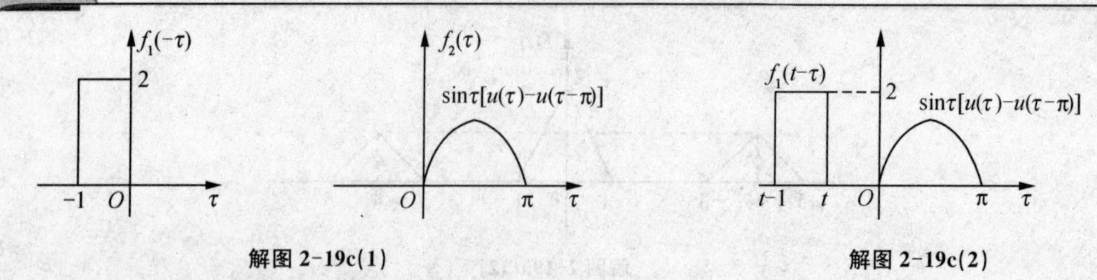

解图 2-19c(1)　　解图 2-19c(2)

当 $0\leqslant t<1$ 时，$f_1(t-\tau)$ 和 $f_2(\tau)$ 波形如解图 2-19c(3)图所示。

$$f_1(t)*f_2(t)=\int_0^t 2\sin\tau\mathrm{d}\tau=2(1-\cos t)$$

当 $1\leqslant t<\pi$ 时，$f_1(t-\tau)$ 和 $f_2(\tau)$ 波形如解图 2-19c(4)图所示。

$$f_1(t)*f_2(t)=\int_{t-1}^t 2\sin\tau\mathrm{d}\tau=2[\cos(t-1)-\cos t]$$

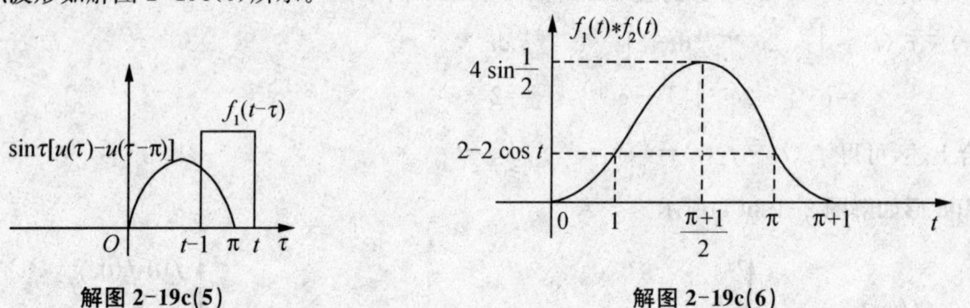

解图 2-19c(3)　　解图 2-19c(4)

当 $\pi\leqslant t<\pi+1$ 时，$f_1(t-\tau)$ 和 $f_2(\tau)$ 波形如解图 2-19c(5)图所示。

$$f_1(t)*f_2(t)=\int_{t-1}^{\pi} 2\sin\tau\mathrm{d}\tau=2[1+\cos(t-1)]$$

当 $t\geqslant\pi+1$ 时，$f_1(t-\tau)$ 和 $f_2(\tau)$ 无交叠，所以 $f_1(t)*f_2(t)=0$

$$\text{综合上述，可得 } f_1(t)*f_2(t)=\begin{cases}0 & t<0\\ 2(1-\cos t) & 0\leqslant t<1\\ 2[\cos(t-1)-\cos t] & 1\leqslant t<\pi\\ 2[1+\cos(t-1)] & \pi\leqslant t<\pi+1\\ 0 & t\geqslant\pi+1\end{cases}$$

卷积波形如解图 2-19c(6)所示。

解图 2-19c(5)　　解图 2-19c(6)

(d) $f_1(\tau)$、$f_2(-\tau)$ 的波形如解图 2-19d(1)所示。

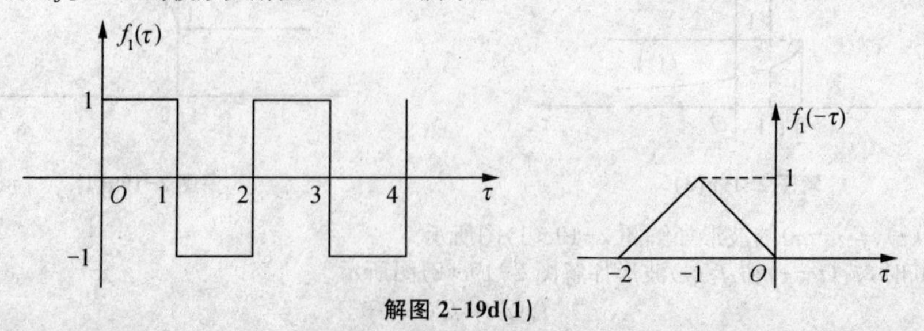

解图 2-19d(1)

当 $t<0$ 时，$f_1(\tau)$ 和 $f_2(t-\tau)$ 的波形无交叠，所以 $f_1(t)*f_2(t)=0$

当 $0\leqslant t<1$ 时，$f_1(\tau)$ 和 $f_2(t-\tau)$ 的波形如解图 2-19d(2)所示。

$$f_1(t)*f_2(t)=\int_0^t (t-\tau)\mathrm{d}\tau=\frac{t^2}{2}$$

当 $1\leqslant t<2$ 时，$f_1(\tau)$ 和 $f_2(t-\tau)$ 的波形如解图 2-19d(3)所示。

$$f_1(t)*f_2(t)=\int_0^{t-1} (2-t+\tau)\mathrm{d}\tau+\int_{t-1}^1 (t-\tau)\mathrm{d}\tau-\int_1^t (t-\tau)\mathrm{d}\tau=-2+4t-\frac{3}{2}t^2$$

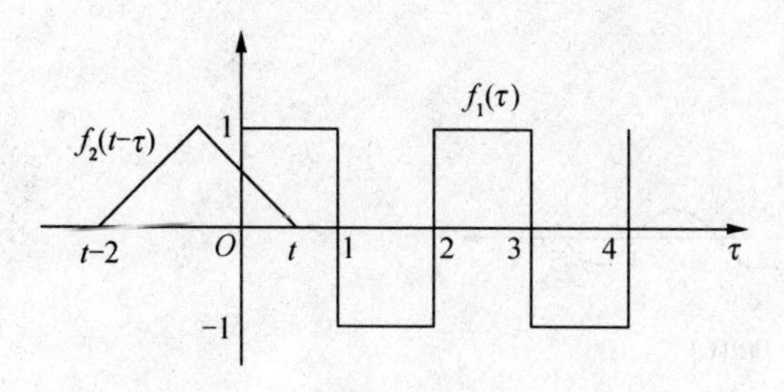

解图 2-19d(2)

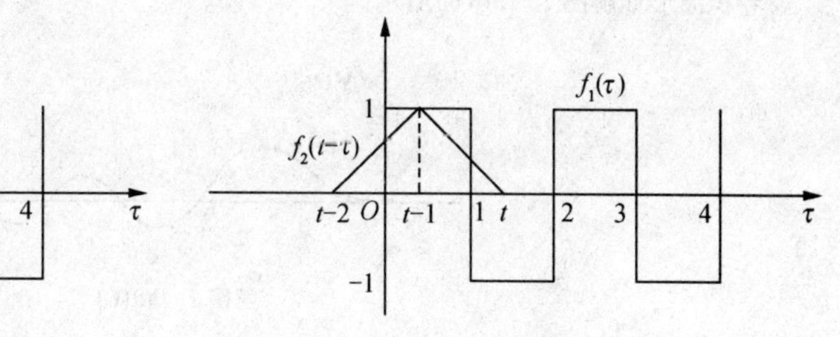

解图 2-19d(3)

当 $2\leqslant t<3$ 时，$f_1(\tau)$ 和 $f_2(t-\tau)$ 的波形如解图 2-19d(4)所示。

$$\begin{aligned}f_1(t)*f_2(t)&=\int_{t-2}^1 (2-t+\tau)\mathrm{d}\tau-\int_1^{t-1} (2-t+\tau)\mathrm{d}\tau-\int_{t-1}^2 (t-\tau)\mathrm{d}\tau+\int_2^t (t-\tau)\mathrm{d}\tau\\&=2t^2-10t+12\end{aligned}$$

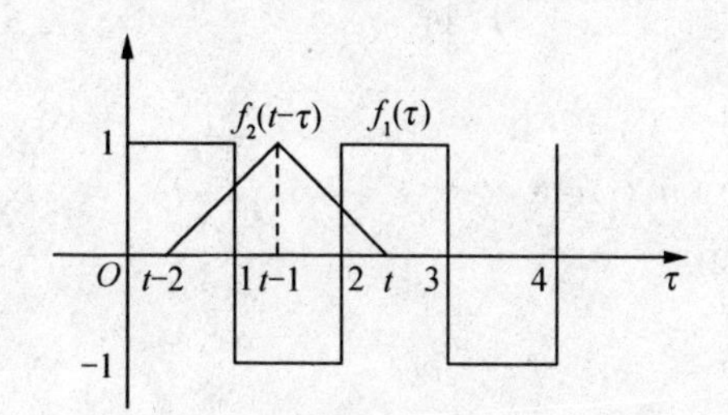

解图 2-19d(4)

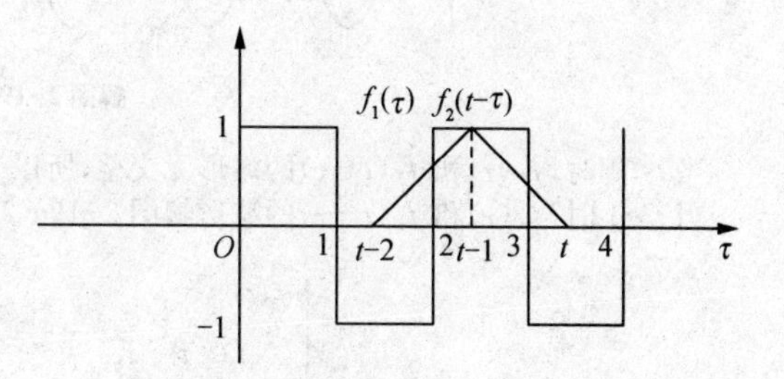

解图 2-19d(5)

当 $3\leqslant t<4$ 时，$f_1(\tau)$ 和 $f_2(t-\tau)$ 的波形如解图 2-19d(5)所示。

$$\begin{aligned}f_1(t)*f_2(t)&=-\int_{t-2}^2 (2-t+\tau)\mathrm{d}\tau+\int_2^{t-1} (2-t+\tau)\mathrm{d}\tau+\int_{t-1}^3 (t-\tau)\mathrm{d}\tau-\int_3^t (t-\tau)\mathrm{d}\tau\\&=-2t^2+10t-12\end{aligned}$$

可以看出，当 $n\leqslant t<n+1$，且 $n\geqslant 2$ 时，

若 n 为偶数

$$\begin{aligned}f_1(t)*f_2(t)&=\int_{t-2}^{n-1} (2-t+\tau)\mathrm{d}\tau+\int_{n-1}^{t-1} (2-t+\tau)\mathrm{d}\tau-\int_{t-1}^{n+1} (t-\tau)\mathrm{d}\tau+\int_{n+1}^t (t-\tau)\mathrm{d}\tau\\&=2t^2-4nt-2t+2n^2+2n\\&=2\left(t-\frac{2n+1}{2}\right)^2-\frac{1}{2}\end{aligned}$$

若 n 为奇数

$$\begin{aligned}f_1(t)*f_2(t)&=-\int_{t-2}^{n-1} (2-t+\tau)\mathrm{d}\tau+\int_{n-1}^{t-1} (2-t+\tau)\mathrm{d}\tau+\int_{t-1}^{n+1} (t-\tau)\mathrm{d}\tau-\int_{n+1}^t (t-\tau)\mathrm{d}\tau\\&=-(2t^2-4nt-2t+2n^2+2n)\\&=-\left[2\left(t-\frac{2n+1}{2}\right)^2-\frac{1}{2}\right]\end{aligned}$$

综合上述，可得 $f_1(t)*f_2(t)=\begin{cases}\dfrac{t^2}{2} & 0<t<1\\ -2+4t-\dfrac{3}{2}t^2 & 1\leqslant t<2\\ (-1)^n\left[2\left(t-\dfrac{2n+1}{2}\right)^2-\dfrac{1}{2}\right] & n\leqslant t<n+1,n\geqslant 2\\ 0 & 其他\end{cases}$

卷积波形如解图 2-19d(6)所示。

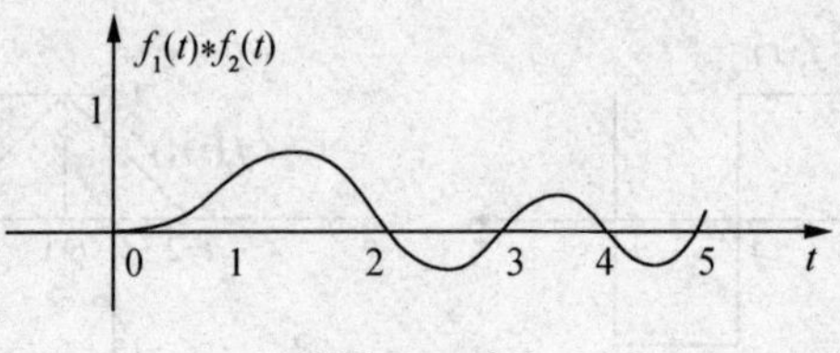

解图 2-19d(6)

(e) $f_1(\tau)$、$f_2(-\tau)$的波形如解图 2-19e(1)所示。

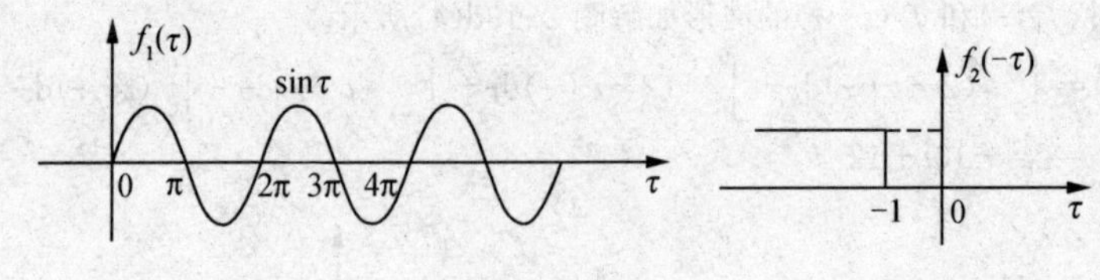

解图 2-19e(1)

当 $t<1$ 时，$f_1(\tau)$和 $f_2(t-\tau)$的波形无交叠，所以 $f_1(t)*f_2(t)=0$

当 $t\geqslant 1$ 时，$f_1(\tau)$和 $f_2(t-\tau)$的波形解图 2-19e(2)所示。

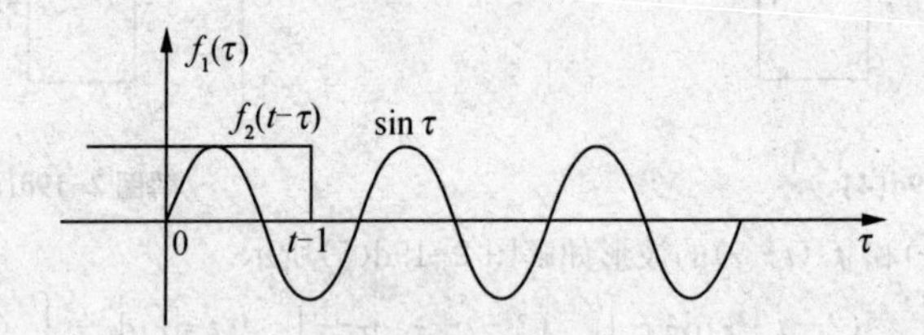

解图 2-19e(2)

$f_1(t)*f_2(t)=\int_0^{t-1}\sin\tau\mathrm{d}\tau=-\cos\tau\Big|_0^{t-1}=1-\cos(t-1)$

综合上述，可得 $f_1(t)*f_2(t)=\begin{cases}0 & t<1\\ 1-\cos(t-1) & t\geqslant 1\end{cases}$

卷积波形如解图 2-19e(3)所示。

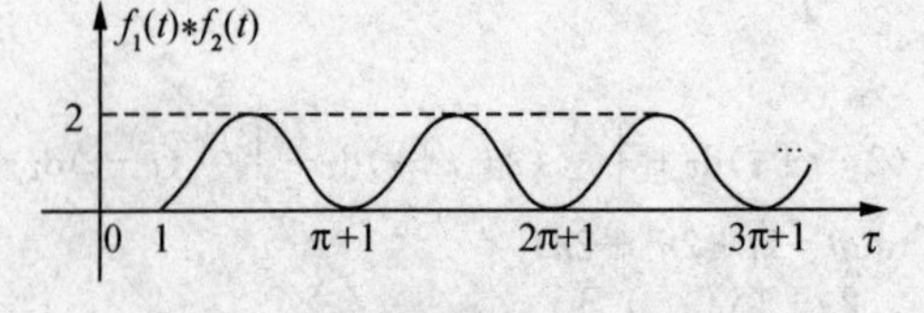

解图 2-19e(3)

(f) $f_1(t)*f_2(t)=\dfrac{\mathrm{d}f_1(t)}{\mathrm{d}t}*\int_{-\infty}^{t}f_2(\tau)\mathrm{d}\tau$

$\dfrac{\mathrm{d}f_1(t)}{\mathrm{d}t}$的波形如解图 2-19f(1)所示。

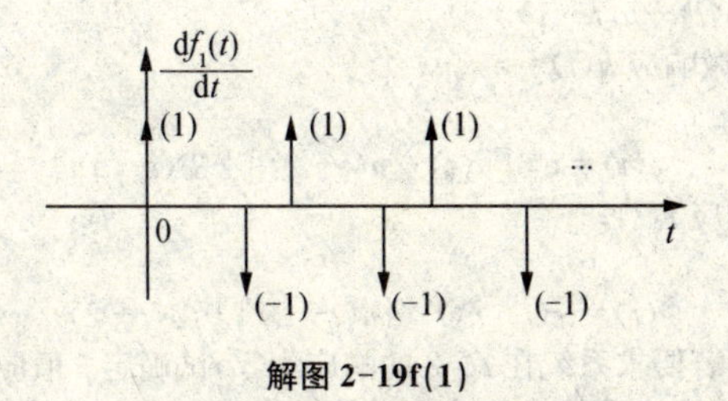

解图 2-19f(1)

其表达式为：$\dfrac{\mathrm{d}f_1(t)}{\mathrm{d}t}=[\delta(t)-\delta(t-2)]*\sum\limits_{n=0}^{\infty}\delta(t-3n)$

$\int_{-\infty}^{t}f_2(\tau)\mathrm{d}\tau=\int_0^t\sin\pi\tau u(\tau)\mathrm{d}\tau=-\dfrac{1}{\pi}\cos\pi t\Big|_0^t u(t)=\dfrac{1}{\pi}(1-\cos\pi t)u(t)$

其波形如解图 2-19f(2)所示。

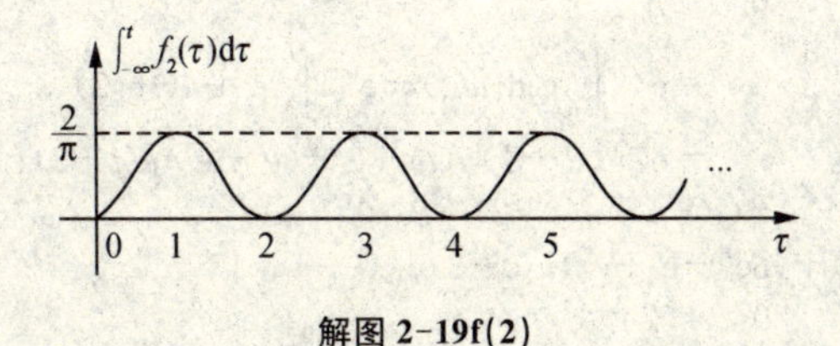

解图 2-19f(2)

所以 $f_1(t)*f_2(t)=\dfrac{\mathrm{d}f_1(t)}{\mathrm{d}t}*\int_{-\infty}^{t}f_2(\tau)\mathrm{d}\tau=\dfrac{1}{\pi}(1-\cos\pi t)[u(t)-u(t-2)]*\sum\limits_{n=0}^{\infty}\delta(t-3n)$

其卷积波形如解图 2-19f(3)所示。

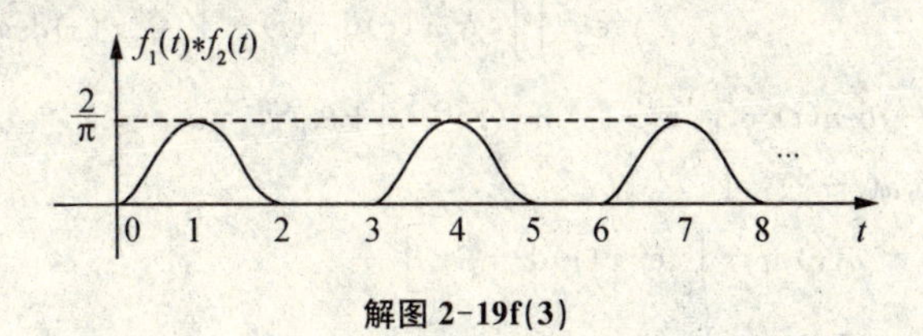

解图 2-19f(3)

【2-20】 题图 2-20 所示系统由几个"子系统"组成，各子系统的冲激响应分别为

$h_1(t)=u(t)$　（积分器）

$h_2(t)=\delta(t-1)$　（单位延时）

$h_3(t)=-\delta(t)$　（倒相器）

试求总的系统的冲激响应 $h(t)$。

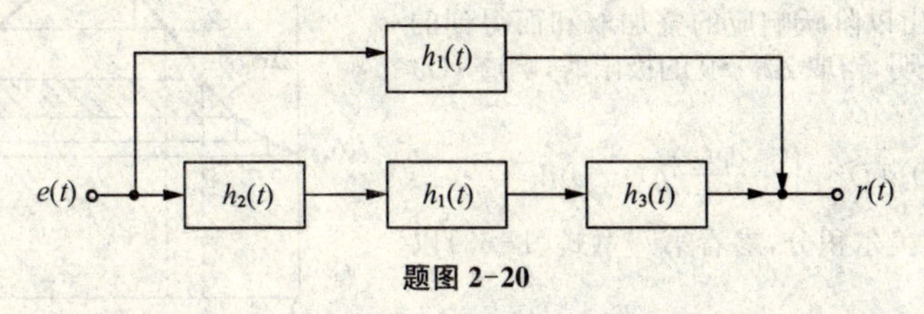

题图 2-20

【解题思路】 激励信号通过系统产生的响应是激励与系统冲激响应的卷积。子系统级联构成的复合系统的冲激响应是各子系统冲激响应的卷积，子系统并联构成的复合系统的冲激响应是各子系统冲激响应之和。

【解】 总系统的单位冲激响应为:

$$h(t)=h_1(t)+h_2(t)*h_1(t)*h_3(t)=u(t)+\delta(t-1)*u(t)*[-\delta(t)]$$
$$=u(t)-u(t-1)$$

【2-21】 已知系统的冲激响应 $h(t)=e^{-2t}u(t)$。

(1) 若激励信号为

$$e(t)=e^{-t}[u(t)-u(t-2)]+\beta\delta(t-2)$$

式中 β 为常数,试决定响应 $r(t)$;

(2) 若激励信号表示为

$$e(t)=x(t)[u(t)-u(t-2)]+\beta\delta(t-2)$$

式中 $x(t)$ 为任意 t 函数,若要求系统在 $t>2$ 的响应为零,试确定 β 值应等于多少。

【解题思路】 系统零状态响应是冲激响应和激励的卷积。卷积的计算可以通过定义式和性质来计算。用定义式计算时,积分限和信号存在区间至关重要。

【解】

(1) $r(t)=h(t)*e(t)=e^{-2t}u(t)*e^{-t}[u(t)-2u(t-2)]+\beta e^{-2(t-2)}u(t-2)$

$$e^{-2t}u(t)*e^{-t}[u(t)-u(t-2)]=e^{-2t}u(t)*e^{-t}u(t)-e^{-2t}u(t)*e^{-t}u(t-2)$$
$$=\int_{-\infty}^{\infty}e^{-2(t-\tau)}u(t-\tau)e^{-\tau}u(\tau)d\tau-\int_{-\infty}^{\infty}e^{-2(t-\tau)}u(t-\tau)e^{-\tau}u(\tau-2)d\tau$$
$$=e^{-2t}\int_0^t e^{\tau}d\tau u(t)-e^{-2t}\int_2^t e^{\tau}d\tau u(t-2)$$
$$=e^{-2t}(e^t-1)u(t)-e^{-2t}(e^t-e^2)u(t-2)$$

$$r(t)=e^{-2t}(e^t-1)u(t)-e^{-2t}(e^t-e^2)u(t-2)+\beta e^{-2(t-2)}u(t-2)$$
$$=e^{-2t}[(e^t-1)u(t)+(\beta e^4-e^t+e^2)u(t-2)]$$
$$=\begin{cases}e^{-t}-e^{-2t} & 0<t<2\\ e^{-2t}(\beta e^4+e^2-1) & t>2\end{cases}$$

(2) $r(t)=h(t)*e(t)=e^{-2t}u(t)*x(t)[u(t)-u(t-2)]+\beta e^{-2(t-2)}u(t-2)$

$$e^{-2t}u(t)*x(t)[u(t)-u(t-2)]=\int_{-\infty}^{\infty}e^{-2(t-\tau)}u(t-\tau)x(\tau)[u(\tau)-u(\tau-2)]d\tau$$
$$=e^{-2t}\left[\int_0^t e^{2\tau}x(\tau)d\tau u(t)-\int_2^t e^{2\tau}x(\tau)d\tau u(t-2)\right]$$

$$r(t)=e^{-2t}\left[\int_0^t e^{2\tau}x(\tau)d\tau u(t)-\int_2^t e^{2\tau}x(\tau)d\tau u(t-2)\right]+\beta e^{-2(t-2)}u(t-2)$$

当 $t>2$ 时,$u(t)=1,u(t-2)=1$

所以 $r(t)=e^{-2t}\left[\int_0^t e^{2\tau}x(\tau)d\tau-\int_2^t e^{2\tau}x(\tau)d\tau+\beta e^4\right]$

$$=e^{-2t}\int_2^t e^{2\tau}x(\tau)d\tau+\beta e^4$$

当 $r(t)=0$ 时,可得 $\beta=-e^{-4}\int_0^2 e^{2\tau}x(\tau)d\tau$

【2-22】 如果把施加于系统的激励信号 $e(t)$ 按题图 2-22 那样分解为许多阶跃信号的叠加,设阶跃响应为 $g(t)$,$e(t)$ 的初始值为 $e(0_+)$,在 t_1 时刻阶跃信号的幅度为 $\Delta e(t_1)$。试写出以阶跃响应的叠加取和而得到的系统响应近似式;证明,当取 $\Delta t_1\to 0$ 的极限时,响应 $r(t)$ 的表示式为

$$r(t)=e(0_+)g(t)+\int_{0_+}^t\frac{de(\tau)}{d\tau}g(t-\tau)d\tau$$

[此式称为杜阿美尔积分,参看第一章式(1-63)以及 2.7 节(一)。]

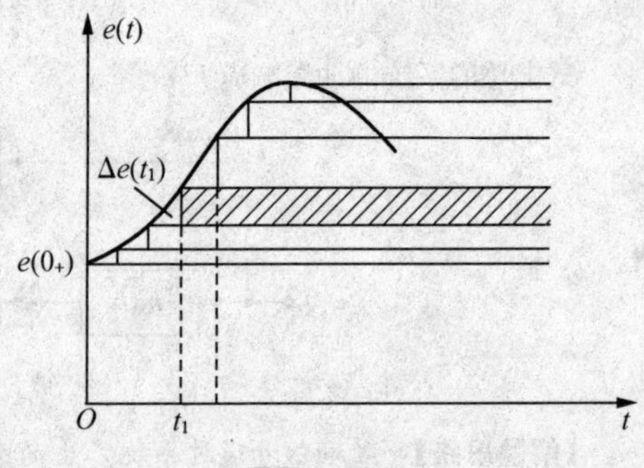

题图 2-22

【解题思路】 连续时间信号可以分解为不同时刻、不同幅度的阶跃信号之和。根据线性时不变系统的特性,可知系统的响应是由这些阶跃信号产生的阶跃响应

之和。

【解】 根据第一章式(1-63)，可知激励信号 $e(t)$可以用阶跃信号表示为：

$$e(t)=e(0_+)u(t)+\int_{0_+}^{\infty}\frac{de(t_1)}{dt}u(t-t_1)dt$$

设 $g(t)$为系统单位阶跃响应，即 $H[u(t)]=g(t)$

根据 LTI 系统的时不变性质，可知 $H[u(t-t_1)]=g(t-t_1)$

根据 LTI 系统的线性性质(叠加性和均匀性)，可知系统响应可表示为

$$\begin{aligned}r(t)=H[e(t)]&=H[e(0_+)u(t)]+H\left[\int_{0_+}^{\infty}\frac{de(t_1)}{dt}u(t-t_1)dt\right]\\&=e(0_+)H[u(t)]+\int_{0_+}^{\infty}\frac{de(t_1)}{dt}H[u(t-t_1)]dt\\&=e(0_+)g(t)+\int_{0_+}^{\infty}\frac{de(t_1)}{dt}g(t-t_1)dt\end{aligned}$$

【2-23】 若一个 LTI 系统的冲激响应为 $h(t)$，激励信号是 $e(t)$，响应是 $r(t)$。试证明此系统可以用题图 2-23 所示的方框图近似模拟。

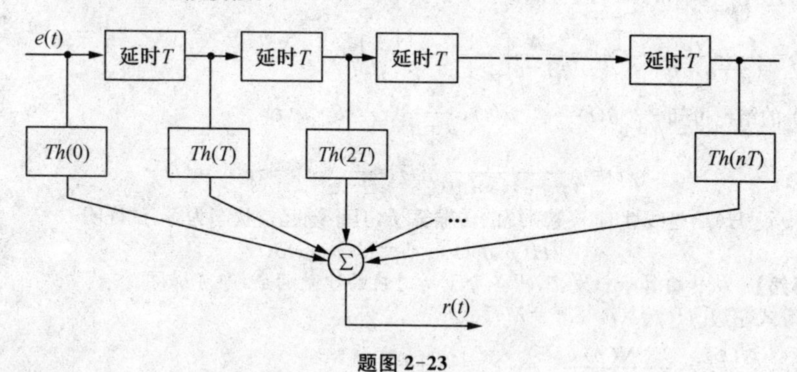

题图 2-23

【解题思路】 先根据方框图写出系统响应的表达式，再根据系统(零状态)响应是冲激响应和激励的卷积，两者比对。

【解】 根据题图 2-23 中方框图所示，系统的响应为：

$$\begin{aligned}r(t)&=[e(t)h(0)+e(t-T)h(T)+e(t-2T)h(2T)+\cdots+e(t-nT)h(nT)+\cdots]T\\&=\sum_{i=0}^{\infty}e(t-iT)h(iT)T\end{aligned}$$

当 $T\to 0$ 时，此系统的响应为：

$$r(t)\approx\int_0^{\infty}e(t-\tau)h(\tau)d\tau=\int_{-\infty}^{\infty}e(t-\tau)h(\tau)u(\tau)d\tau=e(t)*[h(t)u(t)]$$

所以系统可用题图 3-23 所示的方框图近拟模拟。

【2-24】 若线性系统的响应 $r(t)$分别用以下各算子符号式表达，且系统起始状态为零，写出各问的时域表达式。

(1) $\dfrac{A}{p+\alpha}\delta(t)$

(2) $\dfrac{A}{(p+\alpha)^2}\delta(t)$

(3) $\dfrac{A}{(p+\alpha)(p+\beta)}\delta(t)$

【解题思路】 算子符号可以用于简化微分方程的表示，其对应解的形式可通过微分方程求解冲激响应的方法来获得。

【解】

(1) 设 $h(t)=\dfrac{A}{p+\alpha}\delta(t)\Rightarrow(p+\alpha)h(t)=A\delta(t)$

微分方程为：$\frac{\mathrm{d}h(t)}{\mathrm{d}t}+\alpha h(t)=A\delta(t)$

特征根为$-\alpha$

所以响应形式为$h(t)=C_1\mathrm{e}^{-\alpha t}u(t)$

代入微分方程，可得$C_1=A$

所以$h(t)=\frac{A}{p+\alpha}\delta(t)=A\mathrm{e}^{-\alpha t}u(t)$

(2) $h(t)=\frac{A}{(p+\alpha)^2}\delta(t)\Rightarrow(p+\alpha)^2h(t)=A\delta(t)$

微分方程为：$\frac{\mathrm{d}^2h(t)}{\mathrm{d}t^2}+2\alpha\frac{\mathrm{d}h(t)}{\mathrm{d}t}+\alpha^2h(t)=A\delta(t)$

特征根为$\alpha_1=\alpha_2=-\alpha$

所以响应形式为$h(t)=(C_1t+C_2)\mathrm{e}^{-\alpha t}u(t)$

代入微分方程，可得$C_1=A, C_2=A$

所以$h(t)=\frac{A}{(p+\alpha)^2}\delta(t)=At\mathrm{e}^{-\alpha t}u(t)$

(3) $r(t)=\frac{A}{(p+\alpha)(p+\beta)}\delta(t)=\frac{A}{\beta-\alpha}\left[\frac{1}{p+\alpha}-\frac{1}{p+\beta}\right]\delta(t)$

利用(1) 的结论可知$\frac{A}{p+\alpha}\delta(t)=\mathrm{e}^{-\alpha t}u(t)$，$\frac{A}{p+\beta}\delta(t)=\mathrm{e}^{-\beta t}u(t)$

$$r(t)=\frac{A}{(p+\alpha)(p+\beta)}\delta(t)=\frac{A}{\beta-\alpha}(\mathrm{e}^{-\alpha t}-\mathrm{e}^{-\beta t})u(t)$$

【2-25】 设$H(p)$是线性时不变系统的传输算子，且系统起始状态为零，试证明

$$[H(p)\delta(t)]\mathrm{e}^{-\alpha t}=H(p+\alpha)\delta(t)$$

【解题思路】 从传输算子出发，写出各分量所对应的冲激响应，即可证得。

【解】 等式左边$[H(p)\delta(t)]\mathrm{e}^{-\alpha t}=h(t)\mathrm{e}^{-\alpha t}$

设$H(p)=\frac{N(p)}{D(p)}=\frac{N(p)}{\prod_{i=0}^{n}(p-p_\mathrm{i})}=\sum_{i=1}^{n}\frac{A_\mathrm{i}}{(p-p_\mathrm{i})}$

根据上题结论，可知

$$h(t)=H(p)\delta(t)=\sum_{i=1}^{n}\frac{A_\mathrm{i}}{(p-p_\mathrm{i})}\delta(t)=\sum_{i=1}^{n}A_\mathrm{i}\mathrm{e}^{p_\mathrm{i}t}u(t)$$

因为$H(p+\alpha)=\sum_{i=1}^{n}\frac{A_\mathrm{i}}{(p+\alpha-p_\mathrm{i})}=\sum_{i=1}^{n}\frac{A_\mathrm{i}}{[p-(p_\mathrm{i}-\alpha)]}$

则$H(p+\alpha)\delta(t)=\sum_{i=1}^{n}\frac{A_\mathrm{i}}{[p-(p_\mathrm{i}-\alpha)]}\delta(t)=\sum_{i=1}^{n}A_\mathrm{i}\mathrm{e}^{(p_\mathrm{i}-\alpha)t}u(t)=\mathrm{e}^{-\alpha t}\sum_{i=1}^{n}A_\mathrm{i}\mathrm{e}^{p_\mathrm{i}t}u(t)$

即$H(p+\alpha)\delta(t)=h(t)\mathrm{e}^{-\alpha t}$

所以得证$[h(p)\delta(t)]\mathrm{e}^{-\alpha t}=H(p+\alpha)\mathrm{e}^{-\alpha t}$

阶段测试题

一、选择题

1. 系统的冲激响应与(　　)有关。

A. 输入激励信号　　B. 系统的结构和参数

C. 冲激信号的强度　　D. 系统的初始状态

2. 下列哪种说法是正确的(　　)。

A. 自由响应是零输入响应的一部分　　B. 强迫响应就是瞬态响应

C. 零输入响应是自由响应的一部分　　D. 零状态响应是强迫响应的一部分

3. 决定线性时不变系统零输入响应的是(　　)。

A. 激励信号　　B. 系统参数

C. 系统参数和起始状态　　D. 系统参数和激励信号

4. 已知信号 $f_1(t)$、$f_2(t)$波形如图 2-1 所示，设 $y(t)=f_1(t)*f_2(t)$，则 $y(1)$ 等于(　　)。

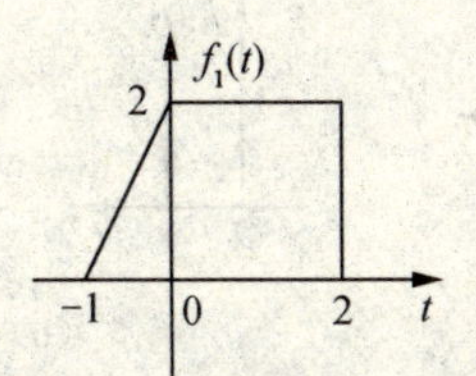

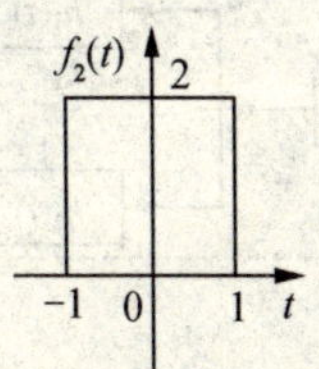

图 2-1

A. 8　　B. 2　　C. 3　　D. 4

5. 已知连续系统的传输算子 $H(p)=\dfrac{p^3+3p^2-p-5}{p^2+5p+6}$，则单位冲激响应 $h(t)=$(　　)。

A. $(e^{-2t}+2e^{-3t})u(t)$　　B. $(2e^{-2t}+e^{-3t})u(t)$

C. $\delta'(t)-2\delta(t)+(e^{-2t}+2e^{-3t})u(t)$　　D. $\delta'(t)-2\delta(t)+(2e^{-2t}+e^{-3t})u(t)$

二、填空题

1. $\dfrac{d}{dt}\left[u(t)*\int_{-\infty}^{t}u(\lambda)d\lambda\right]=$________。

2. 某二阶 LTI 系统的单位冲激响应 $h(t)=\dfrac{3}{2}(e^{-2t}+e^{-4t})u(t)$，则描述该系统的微分方程是________。

3. 图 2-2 所示总系统的单位冲激响应 $h(t)=$________。

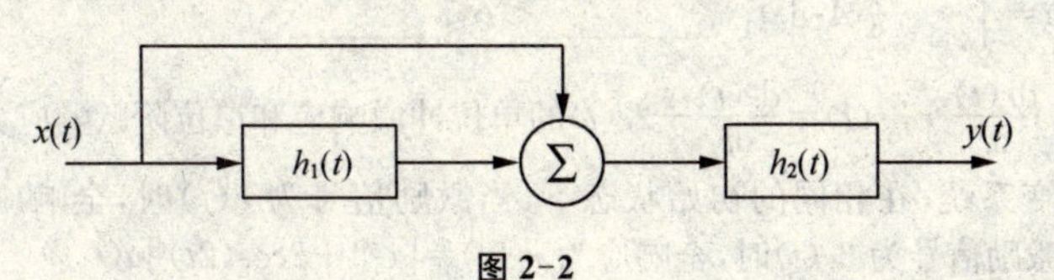

图 2-2

4. 已知 $f_1(t)=u(t)-u(t-1)$，$f_2(t)=u(t+1)-u(t)$，则 $f_1(t)*f_2(t)$的非零值区间为________。

5. 已知系统全响应为 $r(t)=\left(e^{-t}+3e^{-3t}+\dfrac{1}{2}\right)u(t)$，则暂态响应为________，稳态响应为________。

三、计算及画图

1. 信号的 $f_1(t)$和 $f_2(t)$波形如图 2-3 所示，

(1) 请画出$\dfrac{df_1(t)}{dt}$的波形，并写出其表达式；

(2) 画出 $f_1(-2t+1)$的波形；

(3) 画出 $f_1(t)*f_2(t)*\dfrac{d\delta(t)}{dt}$的波形。

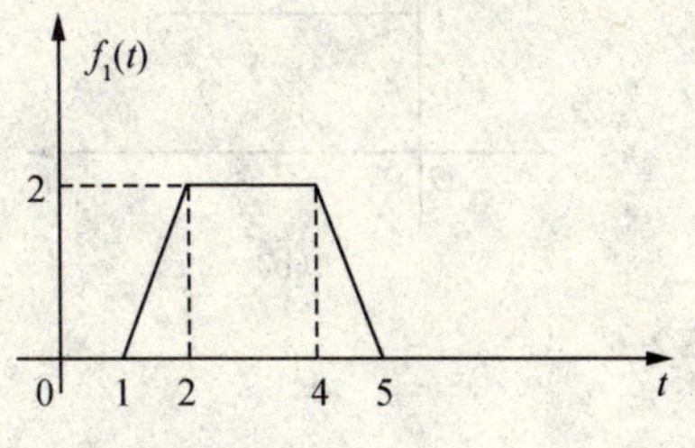

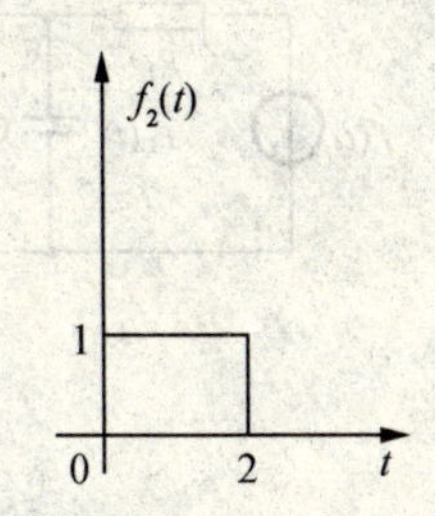

图 2-3

2. 图 2-4(a)系统由三个子系统构成，已知各子系统的冲激响应 $h_1(t)$ 和 $h_2(t)$ 如图 2-4(b)所示。求复合系统的冲激响应 $h(t)$ 的数学表达式，并画出它的波形。

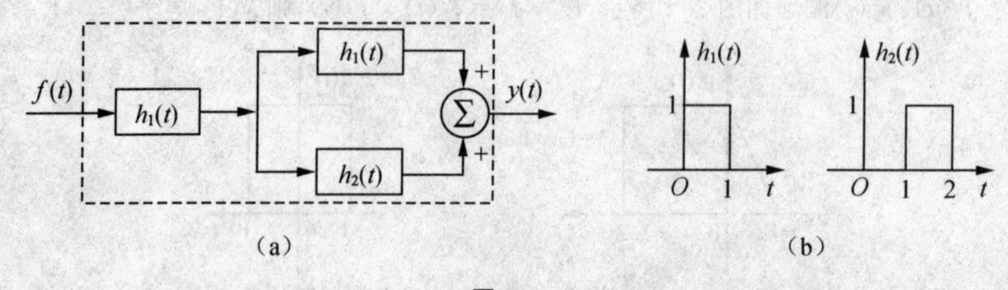

图 2-4

3. 已知信号 $f_1(t)$、$f_2(t)$ 的波形如图 2-5 所示，请确定以下卷积的上下限或时间范围。

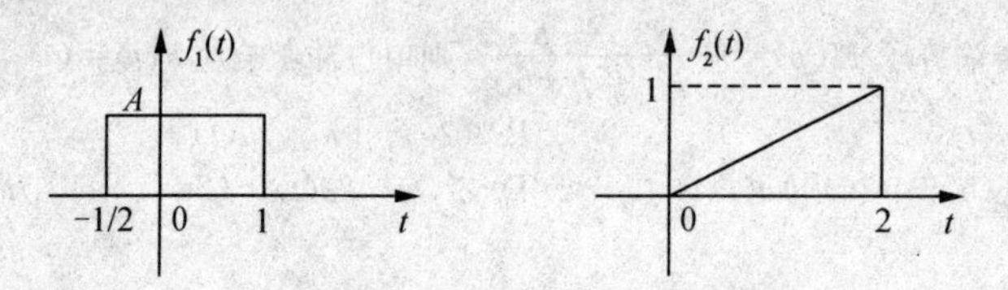

图 2-5

(1) $f_1(t) * f_2(t)=\int_{\_\_\_\_}^{\_\_\_\_} \frac{1}{2}A\tau \mathrm{d}\tau \qquad 1\leqslant t\leqslant 1.5$

(2) $f_1(t) * f_2(t)=\int_{0}^{t+1/2} \frac{1}{2}A\tau \mathrm{d}\tau \qquad \_\_\_\_\_\_ < t\leqslant \_\_\_\_\_\_$

4. 求系统 $\frac{\mathrm{d}^2 r(t)}{\mathrm{d}t^2}+4\frac{\mathrm{d}r(t)}{\mathrm{d}t}+3r(t)=\frac{\mathrm{d}e(t)}{\mathrm{d}t}+2e(t)$ 的单位冲激响应和单位阶跃响应。

5. 已知一线性时不变系统，在相同的初始状态下，当激励信号为 $e(t)$ 时，全响应为 $r_1(t)=[2\mathrm{e}^{-t}+\cos(2t)]u(t)$；当激励信号为 $2e(t)$ 时，全响应为 $r_2(t)=[\mathrm{e}^{-t}+2\cos(2t)]u(t)$。

(1) 求同样的初始状态下，激励信号为 $4e(t)$ 时系统的全响应；

(2) 求同样的初始状态下，激励信号为 $e(t-2)$ 时系统的全响应。

6. 系统的微分方程为 $r''(t)+3r'(t)+2r(t)=e'(t)+3e(t)$，若激励为 $e(t)=u(t)$，初始状态为 $r(0_-)=1$，$r'=(0_-)=2$，求零输入响应、零状态响应和完全响应，并指出自由响应、强迫响应分量。

7. 如图 2-6(a)所示电路中，$R_1=1\ \Omega$，$R_2=1\ \Omega$，$C=1$ F，输入信号 $f(t)$ 如图 2-6(b)所示，输出为电容的电压 $v_C(t)$，

(1) 用时域法求解 $v_C(t)$ 的单位冲激响应 $h(t)$；

(2) 利用时域卷积法求出由输入信号 $f(t)$ 作用下的 $v_C(t)$，并画出波形。

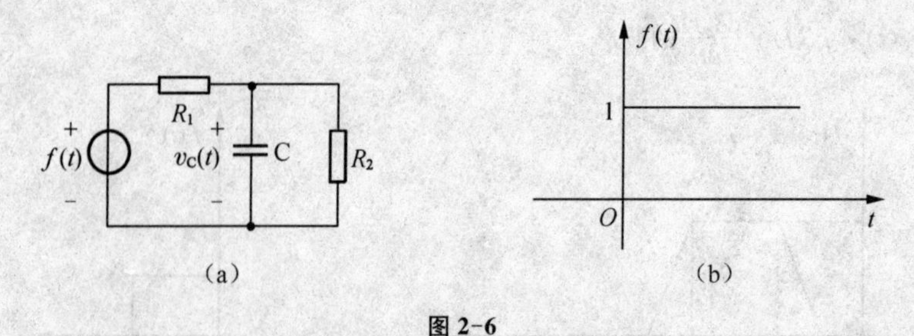

图 2-6

第三章　傅里叶变换

知识点归纳

一、周期信号的傅里叶级数分析

周期信号在满足狄里赫利条件下，可展开傅里叶级数表示。

设周期函数 $f(t)$ 的周期为 T_1，角频率 $\omega_1=\dfrac{2\pi}{T_1}$。

1. 三角函数形式的傅里叶级数

$$\begin{aligned}f(t)&=a_0+\sum_{n=1}^{\infty}\left[a_n\cos(n\omega_1 t)+b_n\sin(n\omega_1 t)\right]\\&=c_0+\sum_{n=1}^{\infty}c_n\cos(n\omega_1 t+\varphi_n)\end{aligned}$$

其中

$$a_0=\frac{1}{T}\int_{t_0}^{t_0+T_1}f(t)\mathrm{d}t,\quad a_n=\frac{2}{T}\int_{t_0}^{t_0+T_1}f(t)\cos(n\omega_1 t)\mathrm{d}t,$$

$$b_n=\frac{2}{T}\int_{t_0}^{t_0+T_1}f(t)\sin(n\omega_1 t)\mathrm{d}t$$

$$c_0=a_0,\ c_n=\sqrt{a^n+b^n},\ \varphi_n=-\arctan\frac{b_n}{a_n}$$

2. 指数形式的傅里叶级数

$$f(t)=\sum_{n=-\infty}^{+\infty}F_n\mathrm{e}^{\mathrm{j}n\omega_1 t}$$

其中 $F_n=\dfrac{1}{T_1}\displaystyle\int_{t_0}^{t_0+T_1}f(t)\mathrm{e}^{-\mathrm{j}n\omega_1 t}\mathrm{d}t$。

3. 频谱图

$c_n\sim\omega$ 之间的关系称为单边幅度谱；$|F_n|\sim\omega$ 之间的关系称为双边幅度谱；

$\varphi_n\sim\omega$ 之间的关系称为相位谱。

4. 函数的对称性与傅里叶级数的关系

(1) 偶函数的傅里叶级数中不含有正弦项，而只含有直流项和余弦项；

(2) 奇函数的傅里叶级数中不含有余弦项和直流项，只含有正弦项；

(3) 奇谐函数的傅里叶级数中只可能包含基波和奇次谐波的正弦、余弦项，而不会含有直流和偶次谐波项；

(4) 偶谐函数的傅里叶级数中只可能包含直流、偶次谐波的正弦、余弦项，而不会含有基波和奇次谐波项。

5. 周期信号的平均功率和傅里叶系数的关系

$$P=a_0^2+\frac{1}{2}\sum_{n=1}^{\infty}(a_n^2+b_n^2)=a_0^2+\frac{1}{2}\sum_{n=1}^{\infty}c_n^2=\sum_{n=-\infty}^{\infty}|F_n|^2$$

二、傅里叶变换

1. 定义

傅里叶变换:$F(\omega)=F[f(t)]=\int_{-\infty}^{\infty} f(t)e^{-j\omega t}dt$

傅里叶逆变换:$f(t)=F^{-1}[F(\omega)]=\frac{1}{2\pi}\int_{-\infty}^{\infty} F(\omega)e^{j\omega t}d\omega$

2. 傅里叶变换的存在条件

$f(t)$绝对可积,即$\int_{-\infty}^{\infty}|f(t)|dt<\infty$

3. 频谱图

设$F(\omega)=|F(\omega)|e^{j\varphi(\omega)}$

$|F(\omega)|\sim\omega$曲线称为幅度谱,$\varphi(\omega)\sim\omega$曲线称为相位谱。

4. 常用信号的傅里叶变换

(1) 单边指数信号

$$f(t)=e^{-at}u(t),a>0\leftrightarrow F(\omega)=\frac{1}{a+j\omega}$$

(2) 双边指数信号

$$f(t)=e^{-a|t|}\leftrightarrow F(\omega)=\frac{2\alpha}{\alpha^2+\omega^2}$$

(3) 矩形脉冲信号

$$f(t)=E\left[u\left(t+\frac{\tau}{2}\right)-u\left(t-\frac{\tau}{2}\right)\right]\leftrightarrow F(\omega)=E\tau\mathrm{Sa}\left(\frac{\omega\tau}{2}\right)$$

(4) 钟形脉冲信号

$$f(t)=Ee^{-\left(\frac{t}{\tau}\right)^2}\leftrightarrow F(\omega)=\sqrt{\pi}E\tau e^{-\left(\frac{\omega\tau}{2}\right)^2}$$

(5) 符号函数

$$f(t)=\mathrm{sgn}(t)\leftrightarrow F(\omega)=\frac{2}{j\omega}$$

(6) 冲激函数

$$f(t)=\delta(t)\leftrightarrow F(\omega)=1$$

(7) 阶跃函数

$$f(t)=u(t)\leftrightarrow F(\omega)=\pi\delta(\omega)+\frac{1}{j\omega}$$

三、傅里叶变换的基本性质

1. 对称性

若$F(\omega)=F[f(t)]$,则$F[F(t)]=2\pi f(-\omega)$

2. 线性(叠加性)

若$F[f_i(t)]=F_i(\omega)$,$(i=1,2,\cdots,n)$,则$F\left[\sum_{i=1}^{n}a_i f_i(t)\right]=\sum_{i=1}^{n}a_i F_i(\omega)$

3. 奇偶虚实性

$$F(\omega)=|F(\omega)|e^{j\varphi(\omega)}=R(\omega)+jX(\omega)$$

若$f(t)$为实函数,则$R(\omega)$为偶函数,$X(\omega)$为奇函数。

若$f(t)$为虚函数,则$R(\omega)$为奇函数,$X(\omega)$为偶函数。

4. 尺度变换特性

若$F[f(t)]=F(\omega)$,则$F[f(at)]=\frac{1}{|a|}F\left(\frac{\omega}{a}\right)(a\neq0)$

5. 时移特性

若$F[f(t)]=F(\omega)$,则$F[f(t-t_0)]=F(\omega)e^{-j\omega t_0}$

6. 频移特性

若 $F[f(t)]=F(\omega)$,则 $F[f(t)e^{j\omega_0 t}]=F(\omega-\omega_0)$

$$f(t)\cos\omega_0 t\leftrightarrow\frac{1}{2}[F(\omega+\omega_0)+F(\omega-\omega_0)]$$

$$f(t)\sin\omega_0 t\leftrightarrow\frac{j}{2}[F(\omega+\omega_0)-F(\omega-\omega_0)]$$

7. 微分特性

(1) 时域微分

若 $F[f(t)]=F(\omega)$,则 $F\left[\frac{d^n f(t)}{dt^n}\right]=(j\omega)^n F(\omega)$

(2) 频域微分

若 $F[f(t)]=F(\omega)$,则 $F[t^n f(t)]=(j)^n\frac{d^n F(\omega)}{d\omega^n}$

8. 积分特性

若 $F[f(t)]=F(\omega)$,则 $F\left[\int_{-\infty}^{t}f(\tau)d\tau\right]=\frac{F(\omega)}{j\omega}+\pi F(0)\delta(\omega)$

注意 $F(0)=F(\omega)|_{\omega=0}=\int_{-\infty}^{\infty}f(t)dt$

9. 卷积定理

若 $F[f_1(t)]=F(\omega)$,$F[f_2(t)]=F_2(\omega)$

(1) 时域卷积定理

$$F[f_1(t)*f_2(t)]=F_1(\omega)F_2(\omega)$$

典型应用:$r_{zs}(t)=e(t)*h(t)\leftrightarrow R(\omega)=E(\omega)H(\omega)$

(2) 频域卷积定理

$$F[f_1(t)f_2(t)]=\frac{1}{2\pi}F_1(\omega)*F_2(\omega)$$

四、周期信号的傅里叶变换

1. 一般周期信号

$$\mathscr{F}[f(t)]=2\pi\sum_{n=-\infty}^{\infty}F_n\delta(\omega-n\omega_1),\omega_1=\frac{2\pi}{T_1}$$

其中 $F_n=\frac{1}{T_1}\int_{t_0}^{t_0+T_1}f(t)e^{-jn\omega_1 t}dt=\frac{1}{T_1}F_0(\omega)|_{\omega=n\omega_1}$,为傅里叶级数的系数,$F_0(\omega)$是周期信号在单个周期的傅里叶变换。

2. 周期单位冲激序列

$$F(\omega)=\mathscr{F}\left[\sum_{n=-\infty}^{\infty}\delta(t-nT_1)\right]=\omega_1\sum_{n=-\infty}^{\infty}\delta(\omega-n\omega_1),\omega_1=\frac{2\pi}{T_1}$$

五、抽样定理

1. 时域抽样信号的傅里叶变换

(1) 抽样信号为一般周期信号

设抽样脉冲为 $p(t)$,周期为 T_s,抽样后的信号 $f_s(t)=f(t)p(t)$

则 $F_s(\omega)=\sum_{n=-\infty}^{+\infty}p_n F(\omega-n\omega_s)$,其中 p_n 为 $p(t)$的傅里叶级数的系数。

结论:抽样后信号的频谱是原信号频谱的加权周期重复,重复周期 $\omega_s=\frac{2\pi}{T_s}$,幅度加权为原来的 p_n 倍。

(2) 抽样信号为周期冲激序列(理想抽样)

$$F_s(\omega)=\frac{1}{T_s}\sum_{n=-\infty}^{\infty}F(\omega-n\omega_s),其中\ \omega_s=\frac{2\pi}{T_s}$$

2. 时域抽样定理

一个频谱受限的信号 $f(t)$，如果频谱只占据 $-\omega_m \sim +\omega_m$ 范围，则信号 $f(t)$ 可以用等间隔的抽样值惟一地表示，而抽样间隔必须不大于 $\frac{1}{2f_m}$（其中 $\omega_m = 2\pi f_m$），或者说，抽样频率最低为 $2f_m$。即无失真恢复的最小抽样频率为信号最高频率的两倍。

$T_s = \frac{1}{2f_m}$ 称为奈奎斯特抽样间隔，$f_s = 2f_m$ 称为奈奎斯特抽样频率。

习题解答

【3-1】 求题图 3-1 所示对称周期矩形信号的傅里叶级数（三角形式与指数形式）。

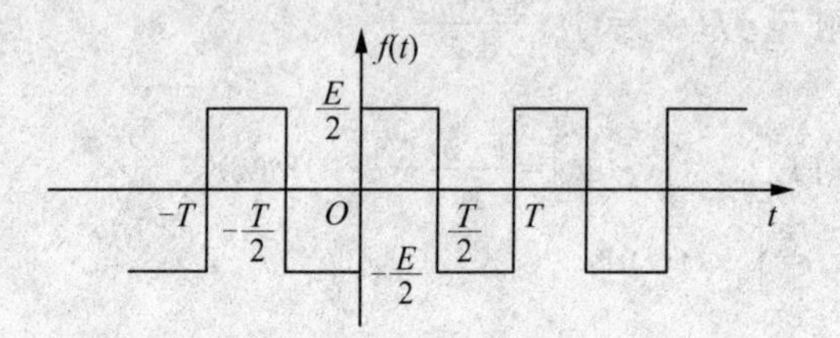

题图 3-1

【解题思路】 从傅里叶级数的形式出发，根据计算公式计算傅里叶各系数。本题中可以利用波形奇对称的特点，简化对系数的计算。基于复指数信号和三角信号的关系（欧拉公式），可以很容易从三角形式的傅里叶级数求出复指数形式的傅里叶级数。

【解】

(1) 三角形式傅里叶级数的形式为

$$f(t) = a_0 + \sum_{n=1}^{\infty} [a_n \cos(n\omega_1 t) + b_n \sin(n\omega_1 t)]$$

其中

$$a_0 = \frac{1}{T}\int_{-T/2}^{T/2} f(t)\mathrm{d}t$$

$$a_n = \frac{2}{T}\int_{-T/2}^{T/2} f(t)\cos(n\omega_1 t)\mathrm{d}t$$

$$b_n = \frac{2}{T}\int_{-T/2}^{T/2} f(t)\sin(n\omega_1 t)\mathrm{d}t$$

因为 $f(t)$ 为奇函数，$\cos n\omega_1 t$ 为偶函数，$\sin n\omega_1 t$ 为奇函数，所以 $f(t)\cos n\omega_1 t$ 奇函数，$f(t)\sin n\omega_1 t$ 偶函数，可得

$$a_0 = \frac{1}{T}\int_{-T/2}^{T/2} f(t)\mathrm{d}t = 0$$

$$a_n = \frac{2}{T}\int_{-T/2}^{T/2} f(t)\cos(n\omega_1 t)\mathrm{d}t = 0$$

$$\begin{aligned} b_n &= \frac{2}{T}\int_{-T/2}^{T/2} f(t)\sin(n\omega_1 t)\mathrm{d}t = \frac{4}{T}\int_0^{T/2} \frac{E}{2}\sin(n\omega_1 t)\mathrm{d}t = \frac{2E}{T}\int_0^{T/2} \sin(n\omega_1 t)\mathrm{d}t \\ &= \frac{2E}{T}\cdot\frac{-1}{n\omega_1}\cos(n\omega_1 t)\Big|_0^{T/2} = \frac{E}{n\pi}\left[1-\cos\left(n\frac{2\pi}{T}\frac{T}{2}\right)\right] = \frac{E}{n\pi}[1-\cos(n\pi)] \\ &= \begin{cases} \frac{2E}{n\pi}, n=1,3,5,\cdots \\ 0, n=2,4,6,\cdots \end{cases} \end{aligned}$$

所以信号 $f(t)$ 三角形式的傅里叶级数为

$$f(t) = \frac{2E}{\pi}\left[\sin(\omega_1 t) + \frac{1}{3}\sin(3\omega_1 t) + \frac{1}{5}\sin(5\omega_1 t) + \cdots\right]，其中\ \omega_1 = \frac{2\pi}{T}$$

(2) 指数形式傅里叶级数的形式为

$$f(t)=\sum_{n=-\infty}^{\infty}F(n\omega_1)e^{jn\omega_1 t}=\sum_{n=-\infty}^{\infty}F_n e^{jn\omega_1 t}$$

根据欧拉公式，$\sin(n\omega_1 t)=\frac{1}{2j}(e^{jn\omega_1 t}-e^{-jn\omega_1 t})$

所以信号 $f(t)$ 指数形式的傅里叶级数为

$$f(t)=\frac{E}{j\pi}\left[(e^{j\omega_1 t}-e^{-j\omega_1 t})+\frac{1}{3}(e^{j3\omega_1 t}-e^{-j3\omega_1 t})+\frac{1}{5}(e^{j5\omega_1 t}-e^{-j5\omega_1 t})+\cdots\right]$$
$$=-\frac{jE}{\pi}e^{j\omega_1 t}+\frac{jE}{\pi}e^{-j\omega_1 t}-\frac{jE}{3\pi}e^{j3\omega_1 t}+\frac{jE}{3\pi}e^{-j3\omega_1 t}-\frac{jE}{5\pi}e^{j5\omega_1 t}+\frac{jE}{5\pi}e^{-j5\omega_1 t}+\cdots$$

其中 $\omega_1=\frac{2\pi}{T}, F_n=\begin{cases}0, n=0,\pm2,\pm4,\pm6,\cdots\\ -\frac{jE}{n\pi}, n=\pm1,\pm3,\pm5,\cdots\end{cases}$

【3-2】 周期矩形信号如题图 3-2 所示。

若：　重复频率　$f=5\ \text{kHz}$

　　　脉宽　$\tau=20\ \mu\text{s}$

　　　幅度　$E=10\ \text{V}$

求直流分量大小以及基波、二次和三次谐波的有效值。

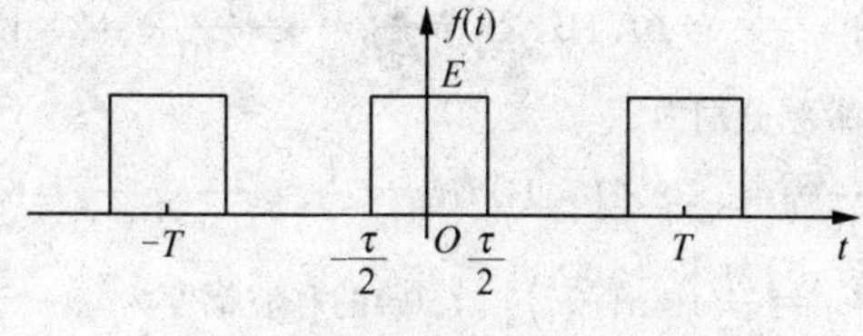

题图 3-2

【解题思路】 此题关键是求傅里叶级数中直流、基波、二次和三次谐波的系数大小。可利用波形偶对称的特点和傅里叶级数的求解公式来进行。

【解】 信号傅里叶级数的三角形式为

$$f(t)=c_0+\sum_{n=1}^{\infty}c_n\cos(n\omega_1 t+\varphi_n)\text{，其中 }\omega_1=\frac{2\pi}{T}$$

$$c_0=\frac{1}{T}\int_{-T/2}^{T/2}f(t)\mathrm{d}t=\frac{1}{T}\left[\int_{-\tau/2}^{\tau/2}E\mathrm{d}t\right]=\frac{E\tau}{T}$$

$$a_n=\frac{2}{T}\int_{-T/2}^{T/2}f(t)\cos(n\omega_1 t)\mathrm{d}t=\frac{2}{T}\int_{-\tau/2}^{\tau/2}E\cos(n\omega_1 t)\mathrm{d}t=\frac{2E}{T}\frac{1}{n\omega_1}\sin(n\omega_1 t)\Big|_{-\tau/2}^{\tau/2}$$
$$=\frac{2E}{n\pi}\sin\left(\frac{n\omega_1\tau}{2}\right)$$

因为 $f(t)$ 为偶函数，$\sin n\omega_1 t$ 为奇函数，所以 $f(t)\sin n\omega_1 t$ 奇函数，则

$$b_n=\frac{2}{T}\int_{-T/2}^{T/2}f(t)\sin n\omega_1 t\mathrm{d}t=0$$

$$c_n=\sqrt{a_n^2+b_n^2}=|a_n|=\frac{2E}{n\pi}\left|\sin\left(\frac{n\omega_1\tau}{2}\right)\right|$$

基波的幅度 $c_1=\frac{2E}{\pi}\left|\sin\left(\frac{\omega_1\tau}{2}\right)\right|$

二次谐波的幅度 $c_2=\frac{E}{\pi}|\sin(\omega_1\tau)|$

三次谐波的幅度 $c_3=\frac{2E}{3\pi}\left|\sin\left(\frac{3\omega_1\tau}{2}\right)\right|$

代入 $f=5\ \text{kHz}, \tau=20\ \mu\text{s}, E=10\ \text{V}$

所以 $c_0=10\times20\times10^{-6}\times5\times10^3=1\ \text{V}$

基波有效值：$V_1=\frac{\sqrt{2}}{2}c_1=\frac{\sqrt{2}}{2}\cdot\frac{20}{\pi}\left|\sin\left(\frac{2\pi\times5\times10^3\times20\times10^{-6}}{2}\right)\right|=\frac{10\sqrt{2}}{\pi}\sin\left(\frac{\pi}{10}\right)\approx1.39\ \text{V}$

二次谐波有效值：$V_2=\frac{\sqrt{2}}{2}c_2=\frac{5\sqrt{2}}{\pi}\sin\left(\frac{\pi}{5}\right)\approx1.32\ \text{V}$

三次谐波有效值：$V_3=\frac{\sqrt{2}}{2}c_3=\frac{10\sqrt{2}}{3\pi}\sin\left(\frac{3\pi}{10}\right)\approx1.21\ \text{V}$

【3-3】 若周期矩形信号 $f_1(t)$和 $f_2(t)$波形如题图 3-2 所示，$f_1(t)$的参数为 $\tau=0.5\ \mu\text{s}$，$T=1\ \mu\text{s}$，$E=1\ \text{V}$；$f_2(t)$的参数为 $\tau=1.5\ \mu\text{s}$，$T=3\ \mu\text{s}$，$E=3\ \text{V}$，分别求：

(1) $f_1(t)$的谱线间隔和带宽（第一零点位置），频率单位以 kHz 表示；

(2) $f_2(t)$的谱线间隔和带宽；

(3) $f_1(t)$与 $f_2(t)$的基波幅度之比；

(4) $f_1(t)$基波与 $f_2(t)$三次谐波幅度之比。

【解题思路】 此题可利用上题的方法求得傅里叶级数的系数。同时周期矩形信号的频谱具有谐波性，谱线间隔基波的大小，频谱包络为抽样函数，频谱第一个过零点的值为带宽。

【解】 根据 3-2 题可知，周期矩形脉冲的傅里叶系数为 $c_n=\frac{2E}{n\pi}\left|\sin\left(\frac{n\omega_1\tau}{2}\right)\right|$，其中 $\omega_1=\frac{2\pi}{T}$。其谱线的间隔为基波的频率，频谱第一个过零点的值为带宽，即$\frac{n\omega_1\tau}{2}=\pi$，所以带宽为 $B_f=\frac{1}{\tau}$。

(1) $f_1(t)$的谱线间隔和带宽分别为

$$f_1=\frac{1}{T}=\frac{1}{10^{-6}}=10^6\ \text{Hz},B_{f_1}=\frac{1}{\tau}=\frac{1}{0.5\times10^{-6}}=2\times10^6\ \text{Hz}$$

(2) $f_2(t)$的谱线间隔和带宽分别为

$$f_2=\frac{1}{T}=\frac{1}{3\times10^{-6}}=3.33\times10^5\ \text{Hz},B_{f_2}=\frac{1}{\tau}=\frac{1}{1.5\times10^{-6}}=6.67\times10^5\ \text{Hz}$$

(3) $f_1(t)$的基波幅度为 $c_{11}=\frac{2E}{\pi}\left|\sin\left(\frac{\pi}{2}\right)\right|$，$f_2(t)$的基波幅度为 $c_{21}=\frac{2E}{\pi}\left|\sin\left(\frac{\pi}{2}\right)\right|$，所以基波幅度之比为 $c_{11}:c_{21}=1:1$

(4) $f_1(t)$的基波幅度为 $c_{11}=\frac{2E}{\pi}\left|\sin\left(\frac{\pi}{2}\right)\right|$，$f_2(t)$的三次谐波幅度为 $c_{23}=\frac{2E}{3\pi}\left|\sin\left(\frac{3\pi}{2}\right)\right|$，所以 $c_{11}:c_{23}=3:1$

【3-4】 求题图 3-4 所示周期三角信号的傅里叶级数并画出频谱图。

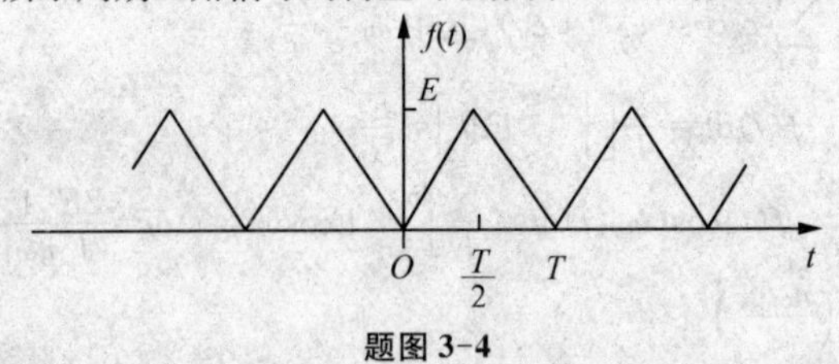

题图 3-4

【解题思路】 通过波形偶对称的特点和傅里叶系数的计算公式，获得傅里叶级数的表示式。在画三角形式的频谱图时，需要注意幅度谱是取模，其中的负号转换体现在相位谱上。

【解】 因为 $f(t)$是偶函数，所以 $b_n=0$

$$a_0=\frac{1}{T}\int_{-T/2}^{T/2}f(t)\mathrm{d}t=\frac{2}{T}\int_0^{T/2}\frac{2E}{T}t\,\mathrm{d}t=\frac{4E}{T^2}\int_0^{\frac{T}{2}}t\mathrm{d}t=\frac{4E}{T^2}\cdot\frac{t^2}{2}\Big|_0^{T/2}=\frac{E}{2}$$

$$\begin{aligned}a_n&=\frac{2}{T}\int_{-T/2}^{T/2}f(t)\cos(n\omega_1 t)\mathrm{d}t=\frac{4}{T}\int_0^{T/2}\left(\frac{2E}{T}t\right)\cos(n\omega_1 t)\mathrm{d}t\\&=\frac{8E}{T^2}\cdot\frac{1}{n\omega_1}\left[t\sin(n\omega_1 t)\big|_0^{T/2}+\frac{1}{n\omega_1}\cos(n\omega_1 t)\big|_0^{T/2}\right]\\&=\frac{8E}{T^2}\cdot\frac{1}{(n\omega_1)^2}[\cos(n\pi)-1]=\frac{2E}{(n\pi)}[\cos(n\pi)-1]\\&=\begin{cases}0,n=2,4,6,\cdots\\-\frac{4E}{(n\pi)^2},n=1,3,5,\cdots\end{cases}\end{aligned}$$

所以 $f(t)=\frac{E}{2}-\frac{4E}{\pi^2}\left[\cos(\omega_1 t)+\frac{1}{9}\cos(3\omega_1 t)+\frac{1}{25}\cos(5\omega_1 t)+\cdots\right]\quad\left(\omega_1=\frac{2\pi}{T}\right)$

其幅度谱和相位谱如解图 3-4 所示。

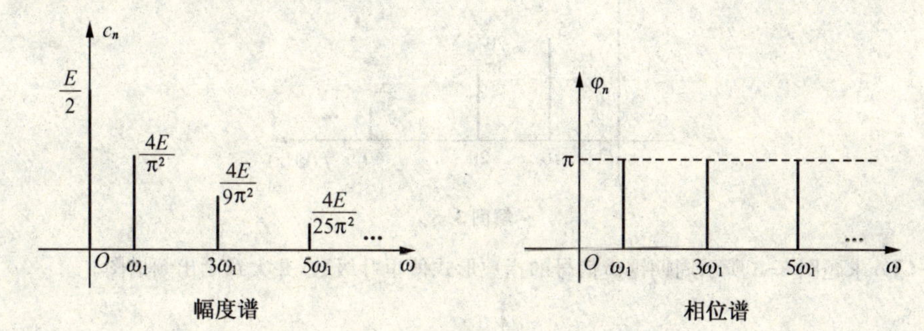

解图 3-4

【3-5】 求题图 3-5 所示半波余弦信号的傅里叶级数。若 $E=10$ V，$f=10$ kHz，大致画出幅度谱。

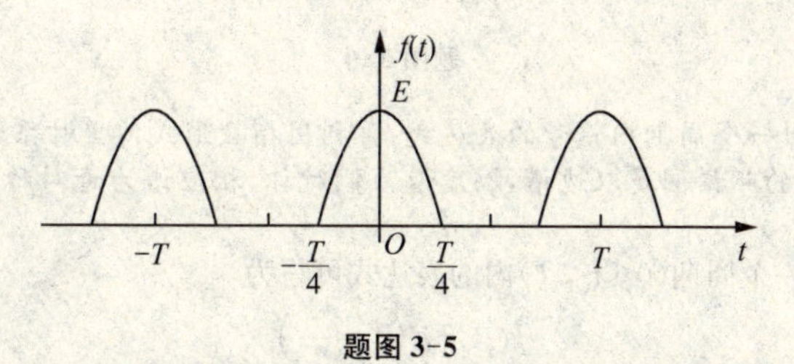

题图 3-5

【解题思路】 通过波形偶对称的特点和傅里叶系数的计算公式，获得三角形式傅里叶级数的表示式。此题要求画幅度谱，所以傅里叶系数要取模。

【解】 因为 $f(t)$是偶函数，所以 $b_n=0$

$$a_0=\frac{1}{T}\int_{-T/2}^{T/2}f(t)\mathrm{d}t=\frac{2}{T}\int_0^{T/4}E\cos\left(\frac{2\pi}{T}t\right)\mathrm{d}t=\frac{2E}{T}\int_0^{T/4}\cos\left(\frac{2\pi}{T}t\right)\mathrm{d}t$$
$$=\frac{E}{\pi}\cdot\sin\left(\frac{2\pi}{T}t\right)\Big|_0^{T/4}=\frac{E}{\pi}$$

$$a_n=\frac{2}{T}\int_{-T/2}^{T/2}f(t)\cos(n\omega_1 t)\mathrm{d}t=\frac{4E}{T}\int_0^{T/4}\cos\left(\frac{2\pi}{T}t\right)\cos\left(n\frac{2\pi}{T}t\right)\mathrm{d}t$$
$$=\frac{2E}{T}\int_0^{T/4}\cos\left[\frac{2(n+1)\pi}{T}t\right]\mathrm{d}t+\frac{2E}{T}\int_0^{T/4}\cos\left[\frac{2(n-1)\pi}{T}t\right]\mathrm{d}t$$
$$=\frac{2E}{T}\cdot\frac{T}{2(n+1)\pi}\sin\left[\frac{2(n+1)\pi}{T}t\right]\Big|_0^{T/4}+\frac{2E}{T}\cdot\frac{T}{2(n-1)\pi}\sin\left[\frac{2(n-1)\pi}{T}t\right]\Big|_0^{T/4}$$
$$=\frac{E}{(n+1)\pi}\sin\left[\frac{(n+1)\pi}{2}\right]+\frac{E}{(n-1)\pi}\sin\left[\frac{(n-1)\pi}{2}\right]$$
$$=\begin{cases}\frac{E}{2} & n=1\\ 0 & n=3,5,7,\cdots\\ \frac{2E}{(1-n^2)\pi}\cos\left(\frac{n\pi}{2}\right) & n=2,4,6,\cdots\end{cases}$$

所以信号 $f(t)$的傅里叶级数为

$$f(t)=\frac{E}{\pi}+\frac{E}{2}\left[\cos(\omega_1 t)+\frac{4}{3\pi}\cos(2\omega_1 t)-\frac{4}{15\pi}\cos(4\omega_1 t)+\cdots\right]\quad\left(\omega_1=\frac{2\pi}{T}\right)$$

当 $E=10$ V，$f=10$ kHz 时，其幅度谱如解图 3-5 所示。

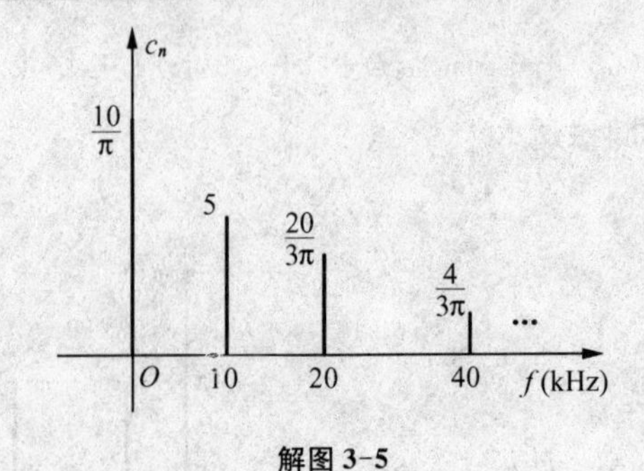

解图 3-5

【3-6】 求题图 3-6 所示周期锯齿信号的指数形式傅里叶级数，并大致画出频谱图。

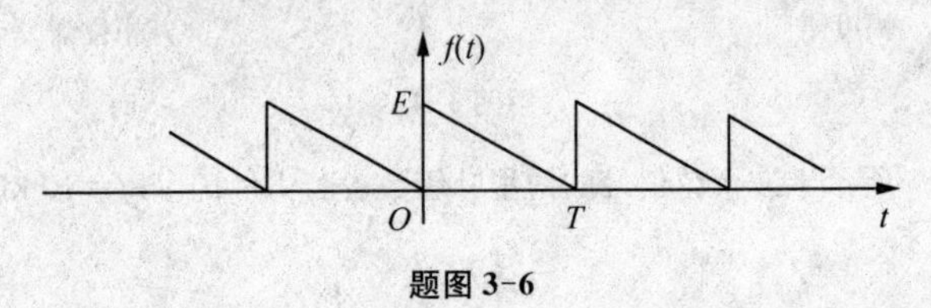

题图 3-6

【解题思路】 先找出一个周期内信号的表达式，再利用指数形式傅里叶系数的求解公式求 F_n。画频谱图时，注意指数形式的频谱图是双边谱，幅度谱为偶对称，相应谱为奇对称，幅度谱要取模，其余信息体现在相位谱上。

【解】 信号 $f(t)$在一个周期($0\leqslant t<T$)内的表达式可写为

$$f(t)=E\left(1-\frac{t}{T}\right)$$

所以指数形式傅里叶级数的系数

$$F_0=\frac{1}{T}\int_0^T E\left(1-\frac{t}{T}\right)\mathrm{d}t=\frac{E}{2}$$

$$\begin{aligned}F_n&=\frac{1}{T}\int_0^T E\left(1-\frac{t}{T}\right)\mathrm{e}^{-\mathrm{j}n\omega_1 t}\mathrm{d}t=\frac{1}{T}\int_0^T E\mathrm{e}^{-\mathrm{j}n\omega_1 t}\mathrm{d}t-\frac{E}{T^2}\int_0^T t\mathrm{e}^{-\mathrm{j}n\omega_1 t}\mathrm{d}t\\&=-\frac{E}{T^2}\int_0^T t\mathrm{e}^{-\mathrm{j}n\omega_1 t}\mathrm{d}t\\&=-\frac{E}{T^2}\frac{t}{-\mathrm{j}n\omega_1}\mathrm{e}^{-\mathrm{j}n\omega_1 t}\Big|_0^T=\frac{-\mathrm{j}E}{2n\pi}\end{aligned}$$

所以

$$f(t)=\sum_{n=-\infty}^{\infty}F_n\mathrm{e}^{\mathrm{j}n\omega_1 t}=\frac{E}{2}-\frac{\mathrm{j}E}{2\pi}\mathrm{e}^{\mathrm{j}\omega_1 t}+\frac{\mathrm{j}E}{2\pi}\mathrm{e}^{-\mathrm{j}\omega_1 t}-\frac{\mathrm{j}E}{4\pi}\mathrm{e}^{\mathrm{j}2\omega_1 t}+\frac{\mathrm{j}E}{4\pi}\mathrm{e}^{-\mathrm{j}2\omega_1 t}+\cdots\quad\left(\omega_1=\frac{2\pi}{T}\right)$$

其幅度谱和相位谱如解图 3-6 所示。

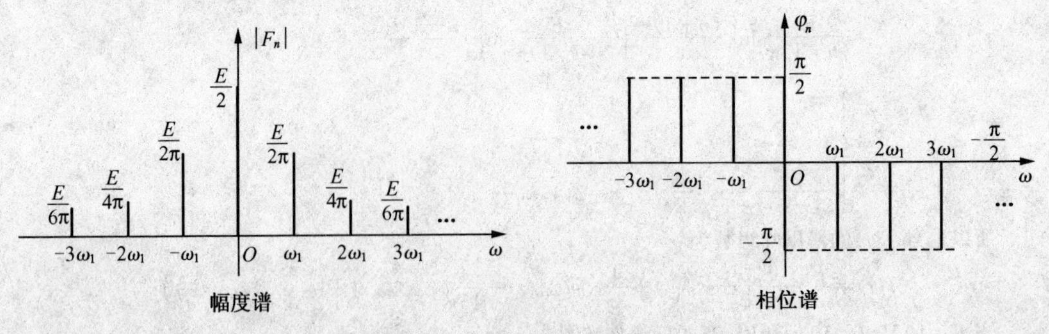

解图 3-6

【3-7】 利用信号 $f(t)$ 的对称性，定性判断题图 3-7 中各周期信号的傅里叶级数中所含有的频率分量。

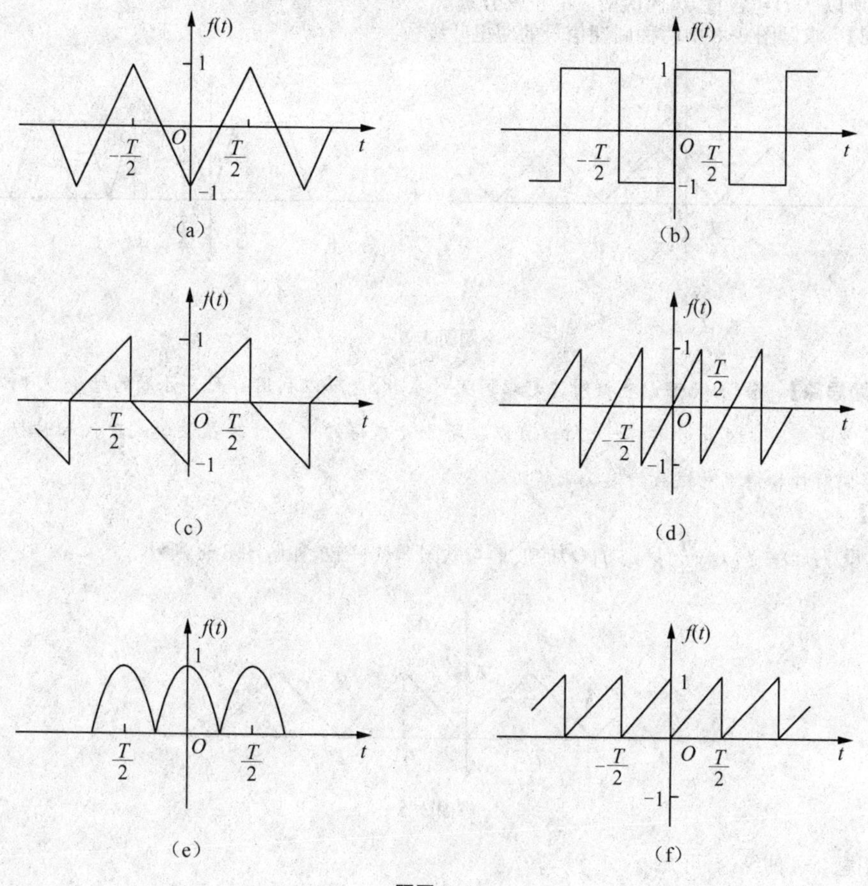

题图 3-7

【解题思路】 利用波形的对称性，可以初步判断信号所包含的频率分量。偶函数不包含正弦分量，奇函数不包含直流和余弦分量，偶谐函数不包含奇次分量，奇谐函数不包含直流和偶次分量。

【解】

(a) $f(t)$ 是偶函数，没有正弦分量。
　同时 $f(t)$ 又是奇谐函数，所以没有直流和偶次谐波。
　所以 $f(t)$ 只包含奇次余弦分量。

(b) $f(t)$ 是奇函数，没有直流和余弦分量。
　同时 $f(t)$ 又是奇谐函数，所以没有偶次谐波。
　所以 $f(t)$ 只包含基波和奇次谐波的正弦分量。

(c) $f(t)$ 是奇谐函数，没有直流和偶次谐波。
　所以 $f(t)$ 只包含基波和奇次谐波分量。

(d) $f(t)$ 是奇函数，没有直流和余弦分量。
　所以 $f(t)$ 只包含正弦分量。

(e) $f(t)$ 为偶函数，没有正弦分量。
　同时 $f(t)$ 又是偶谐函数，没有奇次谐波。
　所以 $f(t)$ 只包含直流和偶次谐波的余弦分量。

(f) $f(t)$ 是偶谐函数，没有基波和奇次谐波。

由于 $f(t)-\frac{1}{2}$ 是奇函数，不包含余弦分量。

所以 $f(t)$ 包含直流、偶次谐波的正弦分量。

【3-8】 求题图 3-8 中两种周期信号的傅里叶级数。

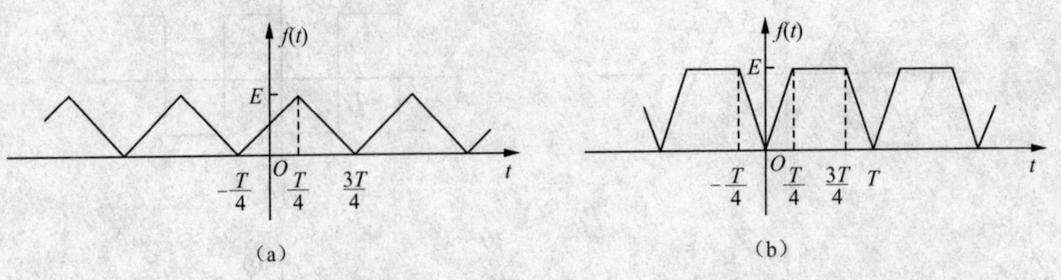

题图 3-8

【解题思路】 图(a)既可以直接对波形求傅里叶系数，也可以利用前面 3-4 题的结论。可以看出本小题的信号是题图 3-4 信号右移$\frac{T}{4}$，所以可以在题 3-4 求得的傅里叶级数表示式中代入时移。图(b)利用波形偶对称和傅里叶级数的定义求解。

【解】

(a) 设 $f_1(t)=f\left(t-\frac{T}{4}\right)$，则 $f_1(t)$ 的波形与题图 3-4 一致，如解图 3-8 所示。

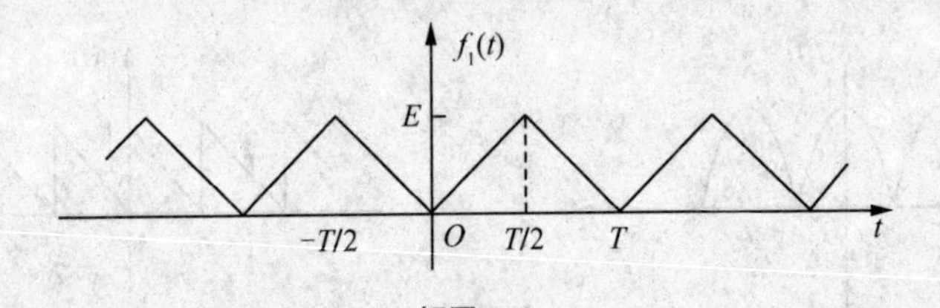

解图 3-8

利用题 3-4 的结论，可知

$$f_1(t)=\frac{E}{2}-\frac{4E}{\pi^2}\left[\cos(\omega_1 t)+\frac{1}{9}\cos(3\omega_1 t)+\frac{1}{25}\cos(5\omega_1 t)+\cdots\right]\quad\left(\omega_1=\frac{2\pi}{T}\right)$$

因为 $f(t)=f_1\left(t+\frac{T}{4}\right)$

$$\begin{aligned}f_1(t)&=\frac{E}{2}-\frac{4E}{\pi^2}\left\{\cos\left[\omega_1\left(t+\frac{T}{4}\right)\right]+\frac{1}{9}\cos\left[3\omega_1\left(t+\frac{T}{4}\right)\right]+\frac{1}{25}\cos\left[5\omega_1\left(t+\frac{T}{4}\right)\right]+\cdots\right\}\\&=\frac{E}{2}-\frac{4E}{\pi^2}\left[\cos\left(\omega_1 t+\frac{\pi}{2}\right)+\frac{1}{9}\cos\left(3\omega_1 t+\frac{3\pi}{2}\right)+\frac{1}{25}\cos\left(5\omega_1 t+\frac{5\pi}{2}\right)+\cdots\right]\end{aligned}$$

所以 $f(t)$ 的傅里叶级数为

$$f(t)=\frac{E}{2}+\frac{4E}{\pi^2}\left[\sin(\omega_1 t)-\frac{1}{9}\sin(3\omega_1 t)+\frac{1}{25}\sin(5\omega_1 t)-\cdots\right]\quad\left(\omega_1=\frac{2\pi}{T}\right)$$

(b) $f(t)$ 为偶函数，$b_n=0$

$$\begin{aligned}a_0&=\frac{1}{T}\int_{-T/2}^{T/2}f(t)\mathrm{d}t=\frac{2}{T}\int_0^{T/2}f(t)\mathrm{d}t=\frac{2}{T}\left[\int_0^{T/4}\frac{4E}{T}t\mathrm{d}t+\int_{T/4}^{T/2}E\mathrm{d}t\right]\\&=\frac{3}{4}E\end{aligned}$$

$$\begin{aligned}a_n&=\frac{2}{T}\int_{-T/2}^{T/2}f(t)\cos(n\omega_1 t)\mathrm{d}t=\frac{4}{T}\int_0^{T/4}f(t)\cos(n\omega_1 t)\mathrm{d}t\\&=\frac{4}{T}\left[\int_0^{T/4}\frac{4E}{T}t\cos(n\omega_1 t)\mathrm{d}t+\int_{T/4}^{T/2}E\cos(n\omega_1 t)\mathrm{d}t\right]\end{aligned}$$

$$=\frac{16E}{T^2}\left[\frac{t\sin(n\omega_1 t)}{n\omega_1}+\frac{\cos(n\omega_1 t)}{(n\omega_1)^2}\right]\Bigg|_0^{T/4}+\frac{4E}{T}\frac{\sin(n\omega_1 t)}{n\omega_1}\Bigg|_{T/4}^{T/2}$$

$$=\frac{2E\sin\left(\frac{n\pi}{2}\right)}{n\pi}+\frac{4E\left[\cos\left(\frac{n\pi}{2}\right)-1\right]}{(n\pi)^2}-\frac{2E\sin\left(\frac{n\pi}{2}\right)}{n\pi}$$

$$=\frac{4E}{(n\pi)^2}\left[\cos\left(\frac{n\pi}{2}\right)-1\right]$$

所以 $f(t)$ 的傅里叶级数为

$$f(t)=\frac{3}{4}E-\frac{4E}{\pi^2}\left[\cos(\omega_1 t)+\frac{1}{2}\cos(2\omega_1 t)+\frac{1}{9}\cos(3\omega_1 t)+\frac{1}{25}\cos(5\omega_1 t)+\cdots\right]\quad\left(\omega_1=\frac{2\pi}{T}\right)$$

【3-9】 求题图 3-9 所示周期余弦切顶脉冲波的傅里叶级数，并求直流分量 I_0 以及基波和 k 次谐波的幅度（I_1 和 I_k）。

(1) θ=任意值；

(2) $\theta=60°$；

(3) $\theta=90°$。

$\left[\text{提示：}i(t)=I_m\dfrac{\cos(\omega_1 t)-\cos\theta}{1-\cos\theta},\omega_1\text{ 为 }i(t)\text{的重复角频率。}\right]$

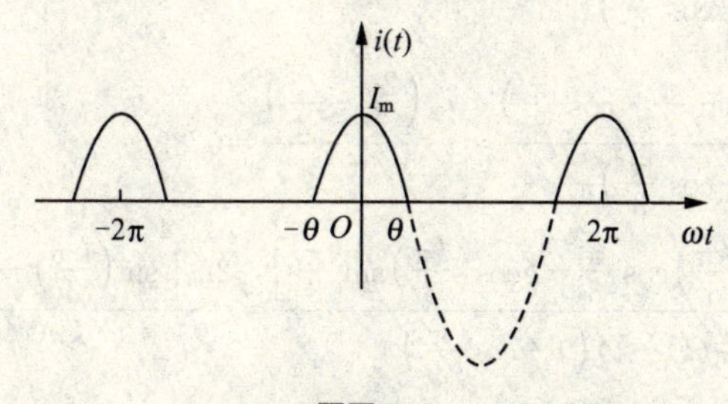

题图 3-9

【解题思路】 根据波形的表示式和偶对称特点，计算任意角度的傅里叶级数的系数，再代入具体角度求解。

【解】

(1) 当 θ 为任意值时，信号的直流分量为：

$$I_0=\frac{1}{T}\int_{-\frac{T}{2}}^{\frac{T}{2}}i(t)\mathrm{d}t=\frac{1}{T}\int_{-\frac{\theta}{\omega_1}}^{\frac{\theta}{\omega_1}}i_m\frac{\cos(\omega_1 t)-\cos\theta}{1-\cos\theta}\mathrm{d}t=\frac{\omega_1}{2\pi}\cdot\frac{i_m}{1-\cos\theta}\left(\frac{\sin\omega_1 t}{\omega_1}-t\cos\theta\right)\Bigg|_{-\theta/\omega_1}^{\theta/\omega_1}$$

$$=\frac{i_m(\sin\theta-\theta\cos\theta)}{\pi(1-\cos\theta)}$$

由于 $i(t)$ 为偶函数，所以 $b_n=0$

$$I_1=\frac{2}{T}\int_{-\frac{T}{2}}^{\frac{T}{2}}i(t)\cos(\omega_1 t)\mathrm{d}t=\frac{2}{T}\int_{-\frac{\theta}{\omega_1}}^{\frac{\theta}{\omega_1}}i_m\frac{\cos(\omega_1 t)-\cos\theta}{1-\cos\theta}\cdot\cos(\omega_1 t)\mathrm{d}t$$

$$=\frac{\omega_1}{\pi}\cdot\frac{i_m}{1-\cos\theta}\int_{-\frac{\theta}{\omega_1}}^{\frac{\theta}{\omega_1}}[\cos(\omega_1 t)-\cos\theta]\cdot\cos(\omega_1 t)\mathrm{d}t$$

$$=\frac{\omega_1}{\pi}\cdot\frac{i_m}{1-\cos\theta}\left[\frac{1}{2}t+\frac{\sin(2\omega_1 t)}{4\omega_1}-\frac{\cos\theta}{\omega_1}\sin(\omega_1 t)\right]\Bigg|_{-\theta/\omega_1}^{\theta/\omega_1}$$

$$=\frac{i_m\omega_1}{(1-\cos\theta)\pi}\left[\frac{\theta}{\omega_1}+\frac{\sin(2\theta)}{2\omega_1}-\frac{2\cos\theta}{\omega_1}\sin\theta\right]$$

$$=\frac{i_m\omega_1}{(1-\cos\theta)\pi}\left[\frac{\theta}{\omega_1}+\frac{\sin(2\theta)}{2\omega_1}-\frac{2\cos\theta}{\omega_1}\sin\theta\right]$$

$$=\frac{i_m(\theta-\sin\theta\cdot\cos\theta)}{(1-\cos\theta)\pi}$$

$$I_k=\frac{2}{T}\int_{-\frac{T}{2}}^{\frac{T}{2}} i(t)\cos(k\omega_1 t)\mathrm{d}t=\frac{2}{T}\int_{-\frac{\theta}{\omega_1}}^{\frac{\theta}{\omega_1}} i_{\mathrm{m}}\frac{\cos(\omega_1 t)-\cos\theta}{1-\cos\theta}\cdot\cos(k\omega_1 t)\mathrm{d}t$$

$$=\frac{\omega_1}{\pi}\cdot\frac{i_{\mathrm{m}}}{1-\cos\theta}\int_{-\frac{\theta}{\omega_1}}^{\frac{\theta}{\omega_1}}[\cos(\omega_1 t)-\cos\theta]\cdot\cos(k\omega_1 t)\mathrm{d}t$$

$$=\frac{\omega_1}{\pi}\cdot\frac{i_{\mathrm{m}}}{1-\cos\theta}\left\{\frac{\sin[(k+1)\omega_1 t]}{2(k+1)\omega_1}+\frac{\sin[(k-1)\omega_1 t]}{2(k-1)\omega_1}-\frac{\cos\theta}{k\omega_1}\sin(k\omega_1 t)\right\}\Bigg|_{-\theta/\omega_1}^{\theta/\omega_1}$$

$$=\frac{i_{\mathrm{m}}}{\pi(1-\cos\theta)}\left\{\frac{\sin[(k+1)\theta]}{k+1}+\frac{\sin[(k-1)\theta]}{k-1}-\frac{2\cos\theta}{k}\sin(k\theta)\right\}$$

$$=\frac{i_{\mathrm{m}}}{\pi(1-\cos\theta)}\left\{\frac{\sin[(k+1)\theta]}{k+1}+\frac{\sin[(k-1)\theta]}{k-1}-\frac{2\cos\theta}{k}\sin(k\theta)\right\}$$

$$=\frac{2i_{\mathrm{m}}[\sin(k\theta)\cos\theta-k\cos(k\theta)\sin\theta]}{k\pi(k^2-1)(1-\cos\theta)}$$

(2) 当 $\theta=60°$,即 $\theta=\frac{\pi}{3}$,代入前面的计算结果,可知

$$I_0=\frac{i_{\mathrm{m}}\left(\sin\frac{\pi}{3}-\frac{\pi}{3}\cos\frac{\pi}{3}\right)}{\pi\left(1-\cos\frac{\pi}{3}\right)}=\frac{i_{\mathrm{m}}}{\pi}\left(\sqrt{3}-\frac{\pi}{3}\right)\approx 0.22i_{\mathrm{m}}$$

$$I_1=\frac{i_{\mathrm{m}}\left(\frac{\pi}{3}-\sin\frac{\pi}{3}\cdot\cos\frac{\pi}{3}\right)}{\left(1-\cos\frac{\pi}{3}\right)\pi}=\frac{i_{\mathrm{m}}\left(\frac{2\pi}{3}-\frac{\sqrt{3}}{2}\right)}{\pi}=0.39i_{\mathrm{m}}$$

$$I_k=\frac{2i_{\mathrm{m}}\left[\sin\left(\frac{k\pi}{3}\right)\cos\frac{\pi}{3}-k\cos\left(\frac{k\pi}{3}\right)\sin\frac{\pi}{3}\right]}{k\pi(k^2-1)\left(1-\cos\frac{\pi}{3}\right)}=\frac{2i_{\mathrm{m}}\left[\sin\left(\frac{k\pi}{3}\right)-\sqrt{3}k\cos\left(\frac{k\pi}{3}\right)\right]}{k\pi(k^2-1)}$$

(3) 当 $\theta=90°$,即 $\theta=\frac{\pi}{2}$,代入前面的计算结果,可知

$$I_0=\frac{i_{\mathrm{m}}\left(\sin\frac{\pi}{2}-\frac{\pi}{2}\cos\frac{\pi}{2}\right)}{\pi\left(1-\cos\frac{\pi}{2}\right)}=\frac{i_{\mathrm{m}}}{\pi}$$

$$I_1=\frac{i_{\mathrm{m}}\left(\frac{\pi}{2}-\sin\frac{\pi}{2}\cdot\cos\frac{\pi}{2}\right)}{\left(1-\cos\frac{\pi}{2}\right)\pi}=\frac{i_{\mathrm{m}}}{2}$$

$$I_k=\frac{2i_{\mathrm{m}}\left[\sin\left(\frac{k\pi}{2}\right)\cos\frac{\pi}{2}-k\cos\left(\frac{k\pi}{2}\right)\sin\frac{\pi}{2}\right]}{k\pi(k^2-1)\left(1-\cos\frac{\pi}{2}\right)}=\frac{2i_{\mathrm{m}}\cos\left(\frac{k\pi}{2}\right)}{\pi(1-k^2)}$$

【3-10】 已知周期函数 $f(t)$前四分之一周期的波形如题图 3-10 所示。根据下列各种情况的要求画出 $f(t)$在一个周期($0<t<T$)内的波形。

(1) $f(t)$是偶函数,只含有偶次谐波;

(2) $f(t)$是偶函数,只含有奇次谐波;

(3) $f(t)$是偶函数,含有偶次和奇次谐波;

(4) $f(t)$是奇函数,只含有偶次谐波;

(5) $f(t)$是奇函数,只含有奇次谐波;

(6) $f(t)$是奇函数,含有偶次和奇次谐波。

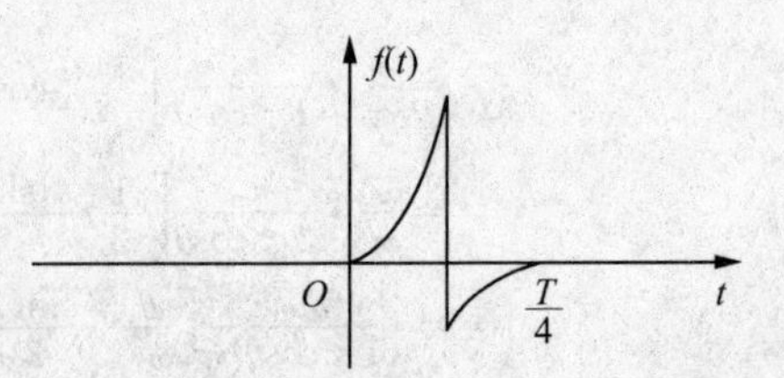

题图 3-10

【解题思路】 根据波形的对称性和所包含频率分量的关系,判断出函数的类型,即可画出波形。

【解】

(1) $f(t)$为偶函数,且为偶谐函数,波形如解图 3-10(1)所示。

(2) $f(t)$为偶函数,且为奇谐函数,波形如解图 3-10(2)所示。
(3) $f(t)$为偶函数,且为非奇非偶函数,波形如解图 3-10(3)所示。
(4) $f(t)$为奇函数,且为偶谐函数,波形如解图 3-10(4)所示。
(5) $f(t)$为奇函数,且为奇谐函数,波形如解图 3-10(5)所示。
(6) $f(t)$为奇函数,波形如解图 3-10(6)所示。

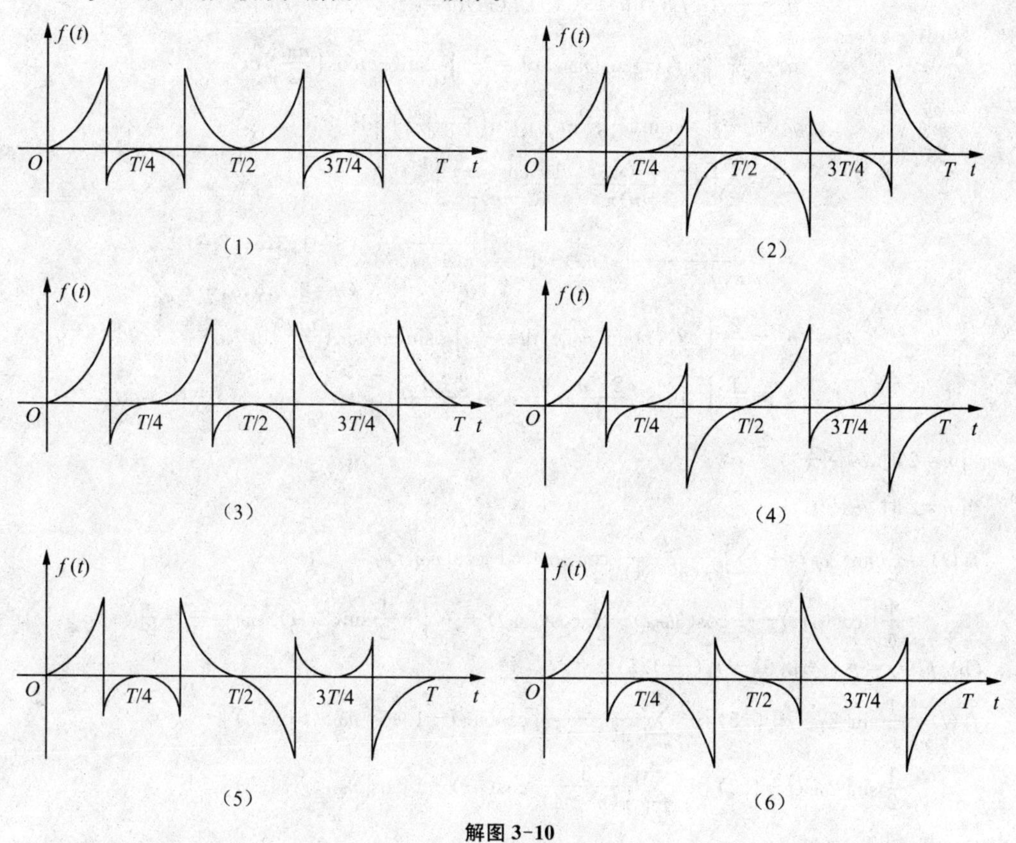

解图 3-10

【3-11】 求题图 3-11 所示周期信号的傅里叶级数的系数。图(a)求 a_n, b_n;图(b)求 F_n。

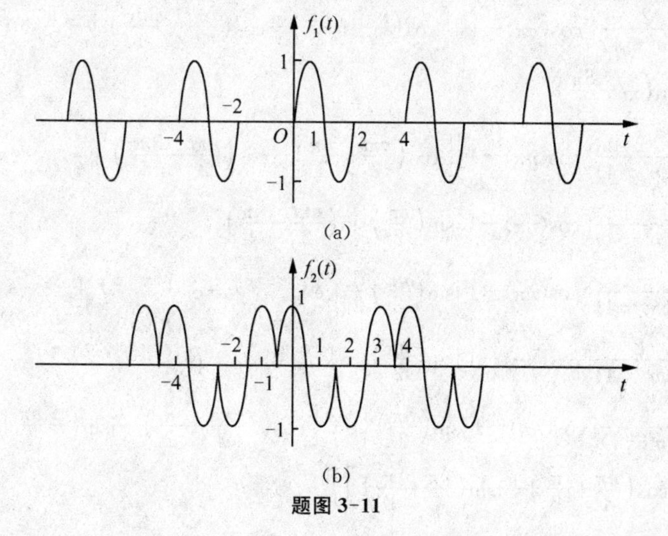

题图 3-11

【解题思路】 图(a)直接利用傅里叶级数系数求解的公式求取。图(b)既可利用傅里叶系数的求解公式，也可利用与图(a)的波形关系来求取。

【解】

(a) 从图中可以看出，$f_1(t)$为周期为4的周期信号

$$a_0=\frac{1}{4}\int_0^4 f_1(t)\mathrm{d}t=\frac{1}{4}\int_0^2 \sin(\pi t)\mathrm{d}t=0$$

$$a_n=\frac{2}{4}\int_0^4 f_1(t)\cos(n\omega_1 t)\mathrm{d}t=\frac{1}{2}\int_0^2 \sin(\pi t)\cos\left(\frac{n\pi t}{2}\right)\mathrm{d}t$$

$$=\frac{1}{4}\int_0^2\left[\sin\left(\frac{2+n}{2}\pi t\right)+\sin\left(\frac{2-n}{2}\pi t\right)\right]\mathrm{d}t$$

$$a_n=\frac{1}{2}\left[\frac{1-\cos(n\pi)}{(2+n)\pi}+\frac{1-\cos(n\pi)}{(2-n)\pi}\right]$$

$$=\frac{2}{\pi(n^2-4)}[\cos(n\pi)-1]=\begin{cases}\dfrac{4}{\pi(4-n^2)} & (n=1,3,5,7,\cdots)\\ 0 & (n=2,4,6,8,\cdots)\end{cases}$$

$$b_n=\frac{2}{4}\int_0^4 f_1(t)\sin(n\omega_1 t)\mathrm{d}t=\frac{1}{2}\int_0^2 \sin(\pi t)\sin\left(\frac{n\pi t}{2}\right)\mathrm{d}t$$

$$=\frac{1}{4}\int_0^2\left[\cos\left(\frac{2-n}{2}\pi t\right)-\cos\left(\frac{2+n}{2}\pi t\right)\right]\mathrm{d}t$$

当$n=2$时，$b_2=\frac{1}{2}$

当$n\neq 2$时，$b_n=0$

$$f_1(t)=\frac{1}{2}\sin(2\omega_1 t)+\sum_{n=1}^{\infty}\frac{2}{\pi(n^2-4)}[\cos(n\pi)-1]\cos(n\omega_1 t)$$

$$=\frac{4}{\pi}\left[\cos(\omega_1 t)-\frac{1}{5}\cos(3\omega_1 t)-\frac{1}{21}\cos(5\omega_1 t)+\cdots\right]+\frac{1}{2}\sin(2\omega_1 t)\quad \omega_1=\frac{2\pi}{4}=\frac{\pi}{2}$$

(b) $f_2(t)=f_1(t+0.5)-f_1(t-1.5)$

$$f_2(t)=\frac{1}{2}\sin[2\omega_1(t+0.5)]+\sum_{n=1}^{\infty}\frac{2}{\pi(n^2-4)}[\cos(n\pi)-1]\cos[n\omega_1(t+0.5)]-$$
$$\frac{1}{2}\sin[2\omega_1(t-1.5)]-\sum_{n=1}^{\infty}\frac{2}{\pi(n^2-4)}[\cos(n\pi)-1]\cos[n\omega_1(t-1.5)]$$

代入$\omega_1=\frac{\pi}{2}$，可得

$$f_2(t)=\sum_{n=1}^{\infty}\frac{2}{\pi(n^2-4)}[\cos(n\pi)-1]\left[\cos\left(\frac{n\pi t}{2}+\frac{n\pi}{4}\right)-\cos\left(\frac{n\pi t}{2}-\frac{3n\pi}{4}\right)\right]+\frac{1}{2}\sin\left(\pi t+\frac{\pi}{2}\right)$$
$$-\frac{1}{2}\sin\left(\pi t-\frac{3\pi}{2}\right)$$

$$=\sum_{n=1}^{\infty}\frac{2}{\pi(n^2-4)}[\cos(n\pi)-1]\left[\cos\left(\frac{n\pi t}{2}+\frac{n\pi}{4}\right)-\cos\left(\frac{n\pi t}{2}-\frac{3n\pi}{4}\right)\right]$$

$$=\sum_{n=1}^{\infty}\frac{-4}{\pi(n^2-4)}[\cos(n\pi)-1]\sin\left(\frac{n\pi}{2}\right)\sin\left(\frac{n\pi t}{2}-\frac{n\pi}{4}\right)$$

$$=\sum_{n=1}^{\infty}\frac{-4}{\pi(n^2-4)}[\cos(n\pi)-1]\sin\left(\frac{n\pi}{2}\right)\frac{1}{2\mathrm{j}}\left[\mathrm{e}^{\mathrm{j}\left(\frac{n\pi t}{2}-\frac{n\pi}{4}\right)}-\mathrm{e}^{-\mathrm{j}\left(\frac{n\pi t}{2}-\frac{n\pi}{4}\right)}\right]$$

$$=\sum_{n=1}^{\infty}\frac{2}{\pi(n^2-4)}[\cos(n\pi)-1]\sin\left(\frac{n\pi}{2}\right)\left[\mathrm{e}^{\mathrm{j}\left(\frac{n\pi t}{2}-\frac{n\pi}{4}+\frac{\pi}{2}\right)}-\mathrm{e}^{-\mathrm{j}\left(\frac{n\pi t}{2}-\frac{n\pi}{4}-\frac{\pi}{2}\right)}\right]$$

$$=\sum_{n=1}^{\infty}\frac{2}{\pi(n^2-4)}[\cos(n\pi)-1]\sin\left(\frac{n\pi}{2}\right)\left\{\mathrm{e}^{\mathrm{j}\frac{n\pi t}{2}}\left[\cos\left(-\frac{n\pi}{4}+\frac{\pi}{2}\right)+\mathrm{j}\sin\left(-\frac{n\pi}{4}+\frac{\pi}{2}\right)\right]-\right.$$
$$\left.\mathrm{e}^{-\mathrm{j}\frac{n\pi t}{2}}\left[\cos\left(\frac{n\pi}{4}+\frac{\pi}{2}\right)+\mathrm{j}\sin\left(\frac{n\pi}{4}+\frac{\pi}{2}\right)\right]\right\}$$

$$=\sum_{n=1}^{\infty}\frac{2}{\pi(n^2-4)}[\cos(n\pi)-1]\sin\left(\frac{n\pi}{2}\right)\left\{e^{j\frac{n\pi t}{2}}\left[\sin\left(\frac{n\pi}{4}\right)+j\cos\left(\frac{n\pi}{4}\right)\right]-e^{-j\frac{n\pi t}{2}}\left[-\sin\left(\frac{n\pi}{4}\right)+j\cos\left(\frac{n\pi}{4}\right)\right]\right\}$$

$$=\sum_{n=1}^{\infty}\frac{2}{\pi(n^2-4)}[\cos(n\pi)-1]\sin\left(\frac{n\pi}{2}\right)\left[\sin\left(\frac{n\pi}{4}\right)+j\cos\left(\frac{n\pi}{4}\right)\right]e^{j\frac{n\pi t}{2}}+\sum_{n=1}^{\infty}\frac{2}{\pi[(-n)^2-4]}[\cos(-n\pi)-1]\sin\left(\frac{-n\pi}{2}\right)\left[\sin\left(\frac{-n\pi}{4}\right)+j\cos\left(\frac{-n\pi}{4}\right)\right]e^{-j\frac{n\pi t}{2}}$$

$$=\sum_{n=1}^{\infty}\frac{2}{\pi(n^2-4)}[\cos(n\pi)-1]\sin\left(\frac{n\pi}{2}\right)\left[\sin\left(\frac{n\pi}{4}\right)+j\cos\left(\frac{n\pi}{4}\right)\right]e^{j\frac{n\pi t}{2}}+\sum_{n=-\infty}^{-1}\frac{2}{\pi(n^2-4)}[\cos(n\pi)-1]\sin\left(\frac{n\pi}{2}\right)\left[\sin\left(\frac{n\pi}{4}\right)+j\cos\left(\frac{n\pi}{4}\right)\right]e^{j\frac{n\pi t}{2}}$$

因为指数形式的傅里叶级数为 $f(t)=\sum_{n=-\infty}^{\infty}F_n e^{jn\omega_1 t}=\sum_{n=-\infty}^{\infty}F_n e^{j\frac{n\pi}{2}t}$

所以 $F_0=0, F_n=\frac{2}{\pi(n^2-4)}[\cos(n\pi)-1]\sin\left(\frac{n\pi}{2}\right)\left[\sin\left(\frac{n\pi}{4}\right)+j\cos\left(\frac{n\pi}{4}\right)\right]$

【3-12】 如题图 3-12 所示周期信号 $v_i(t)$加到 RC 低通滤波电路。已知 $v_i(t)$的重复频率 $f_1=\frac{1}{T}=1\text{ kHz}$，电压幅度 $E=1\text{ V}, R=1\text{ k}\Omega, C=0.1\ \mu\text{F}$。分别求：

(1) 稳态时电容两端电压之直流分量、基波和五次谐波之幅度；

(2) 求上述各分量与 $v_i(t)$相应分量的比值，讨论此电路对各频率分量响应的特点。

(提示：利用电路课所学正弦稳态交流电路的计算方法分别求各频率分量之响应。)

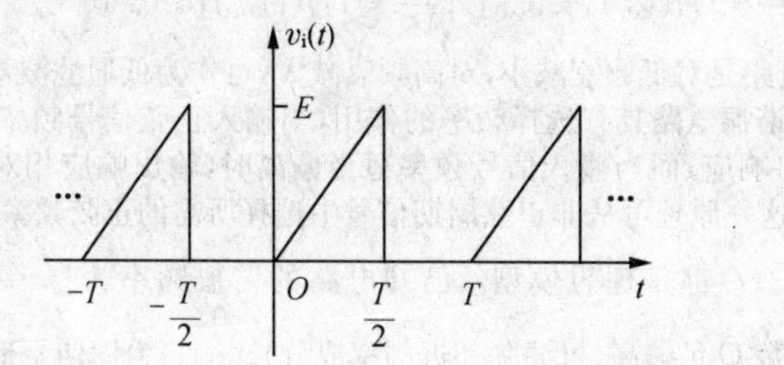

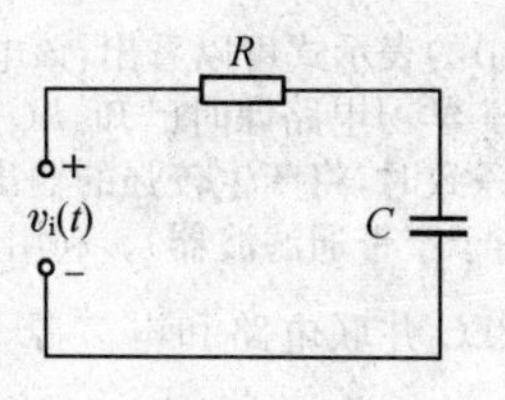

题图 3-12

【解题思路】 先对输入信号进行傅里叶分解，求出各分量的大小。再根据电路分析中理论，获得电路的系统函数，进而求得系统对各分量的输出幅度。

【解】 计算 $v_i(t)$中各频率分量的幅度，其中 $\omega_1=2\pi f_1=2\,000\pi$

$$a_0=\frac{1}{T}\int_0^{\frac{T}{2}}v_i(t)\mathrm{d}t=\frac{1}{T}\int_0^{\frac{T}{2}}\frac{2E}{T}t\mathrm{d}t=\frac{2E}{T^2}\cdot\frac{t^2}{2}\bigg|_0^{\frac{T}{2}}=\frac{E}{4}$$

$$a_n=\frac{2}{T}\int_0^{\frac{T}{2}}v_i(t)\cos(n\omega_1 t)\mathrm{d}t=\frac{4E}{T^2}\int_0^{\frac{T}{2}}t\cos(n\omega_1 t)\mathrm{d}t=\frac{4E}{T^2}\cdot\frac{1}{n\omega_1}\left[t\sin(n\omega_1 t)+\frac{1}{n\omega_1}\cos(n\omega_1 t)\right]\bigg|_0^{\frac{T}{2}}$$

$$=\frac{E}{(n\pi)^2}[\cos(n\pi)-1]$$

$$b_n=\frac{2}{T}\int_0^{\frac{T}{2}}v_i(t)\sin(n\omega_1 t)\mathrm{d}t=\frac{4E}{T^2}\int_0^{\frac{T}{2}}t\sin(n\omega_1 t)\mathrm{d}t=\frac{4E}{T^2}\cdot\frac{-1}{n\omega_1}\left[t\cos(n\omega_1 t)-\frac{1}{n\omega_1}\sin(n\omega_1 t)\right]\bigg|_0^{\frac{T}{2}}$$

$$=\frac{-E}{n\pi}\cos(n\pi)$$

信号直流分量幅度 $V_{i0}=\frac{E}{4}=0.25\text{ V}$

信号基波分量幅度 $V_{i1}=\sqrt{a_1^2+b_1^2}=\sqrt{\frac{4E^2}{\pi^4}+\frac{E^2}{\pi^2}}\approx 0.37\text{ V}$

信号五次谐波分量幅度 $V_{i5}=\sqrt{a_5^2+b_5^2}=\sqrt{\frac{4E^2}{625\pi^4}+\frac{E^2}{25\pi^2}}\approx 0.064\ \text{V}$

(1) 由图可知,电路的频响函数为

$$H(\mathrm{j}\omega)=\frac{\frac{1}{\mathrm{j}\omega C}}{\frac{1}{\mathrm{j}\omega C}+R}$$

可得:$|H(\mathrm{j}0)|=1$,

$$|H(\mathrm{j}\omega_1)|=\left|\frac{\frac{1}{\mathrm{j}2\,000\pi\times10^{-7}}}{1\,000+\frac{1}{\mathrm{j}2\,000\pi\times10^{-7}}}\right|\approx 0.847$$

$$|H(\mathrm{j}5\omega_1)|=\left|\frac{\frac{1}{\mathrm{j}5\times2\,000\pi\times10^{-7}}}{1\,000+\frac{1}{\mathrm{j}5\times2\,000\pi\times10^{-7}}}\right|\approx 0.303$$

所以电容两端电压 $v_C(t)$ 中直流分量为 $V_{C0}=|H(\mathrm{j}0)|V_{i0}=0.25\ \text{V}$

$v_C(t)$ 中基波分量的幅度为

$$V_{C1}=|H(\mathrm{j}\omega_1)|V_{i1}\approx 0.313\ \text{V}$$

$v_C(t)$ 五次谐波分量的幅度为

$$V_{C5}=|H(\mathrm{j}5\omega_1 t)|V_{i5}\approx 0.019\,4\ \text{V}$$

(2) 因为 $V_{cn}=|H(\mathrm{j}n\omega_1)|V_{in}$,所以 $v_C(t)$ 与 $v_i(t)$ 相应频率分量的比值,即为频响函数在该分量的模。

$$\frac{V_{C0}}{V_{i0}}=|H(\mathrm{j}0)|=1,\frac{V_{C1}}{V_{i1}}=|H(\mathrm{j}\omega_1)|\approx 0.847,\frac{V_{C5}}{V_{i5}}=|H(\mathrm{j}5\omega_1)|\approx 0.303$$

从 $H(\mathrm{j}\omega)$ 的表示式可以看出,该电路是对低频衰减小,对高频衰减大,可作为低通滤波器使用。

【3-13】 学习电路课时已知,LC 谐振电路具有选择频率的作用,当输入正弦信号频率与 LC 电路的谐振频率一致时,将产生较强的输出响应,而当输入信号频率适当偏离时,输出响应相对值很弱,几乎为零(相当于窄带通滤波器)。利用这一原理可从非正弦周期信号中选择所需的正弦频率成分。题图 3-13 所示 RLC 并联电路和电流源 $i_1(t)$ 都是理想模型。已知电路的谐振频率为 $f_0=\frac{1}{2\pi\sqrt{LC}}=100\ \text{kHz}$,$R=100\ \text{k}\Omega$,谐振电路品质因数 Q 足够高(可滤除邻近频率成分)。$i_1(t)$ 为周期矩形波,幅度为 1 mA。当 $i_1(t)$ 的参数(τ,T)为下列情况时,粗略地画出输出电压 $v_2(t)$ 的波形,并注明幅度值。

(1) $\tau=5\ \mu\text{s}$,$T=10\ \mu\text{s}$;

(2) $\tau=10\ \mu\text{s}$,$T=20\ \mu\text{s}$;

(3) $\tau=15\ \mu\text{s}$,$T=30\ \mu\text{s}$。

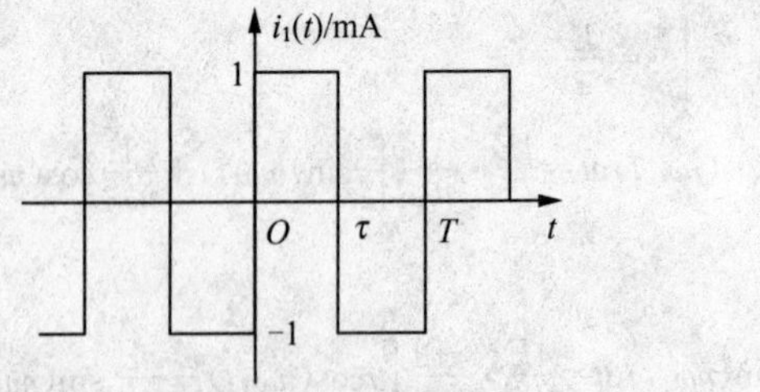

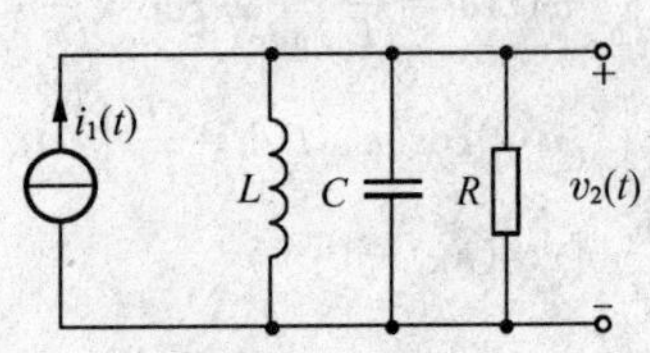

题图 3-13

【解题思路】 先对输入信号进行傅里叶分解,求得信号所包含的频率分量。再根据不同的参数确定基波频率,从信号包含的频率中选择出与电路谐振频率一致的频率分量,与电阻相乘作为输出。

【解】 $a_0=\frac{1}{T}\int_{-T/2}^{T/2}f(t)\mathrm{d}t=0$

因为 $\tau=\frac{T}{2}$，所以 $i_1(t)$ 为奇函数，所以 $a_n=0$

$$b_n=\frac{4}{T}\int_0^{T/2} f(t)\sin n\omega_1 t\mathrm{d}t=\frac{4\times10^{-3}}{T}\int_0^{T/2}\sin(n\omega_1 t)\mathrm{d}t=\frac{-4\times10^{-3}}{Tn\omega_1}\cos(n\omega_1 t)\Big|_0^{T/2}$$
$$=\frac{2\times10^{-3}}{n\pi}[1-\cos(n\pi)]$$

信号 $i_1(t)$ 的傅里叶级数展开式为：

$$i_1(t)=\sum_{n=1}^{\infty}\frac{2\times10^{-3}}{n\pi}[1-\cos(n\pi)]\sin(n\omega_1 t)=\frac{4\times10^{-3}}{\pi}\left[\sin(\omega_1 t)+\frac{1}{3}\sin(3\omega_1 t)+\frac{1}{5}\sin(5\omega_1 t)\cdots\right]$$

从题意中可知，只有输入信号 $f(t)$ 中 100 kHz 频率成分才有输出，其余频率成分被电路滤除。

(1) 当 $\tau=5\ \mu\text{s}$，$T=10\ \mu\text{s}$，信号 $i_1(t)$ 的基波频率 f_1 为 100 kHz，与电路谐振频率一致。

因为基波幅度为 $\frac{4\times10^{-3}}{\pi}$(A)

$$v_2(t)=\frac{4\times10^{-3}}{\pi}\sin(\omega_1 t)\cdot R=127\sin(\omega_1 t)(\text{V})$$

所以此时信号输出电压为频率为 100 kHz，幅度为 127 V 的正弦波。波形如解图 3-13(1)所示。

(2) 当 $\tau=10\ \mu\text{s}$，$T=20\ \mu\text{s}$，信号 $i_1(t)$ 的基波频率 f_1 为 50 kHz，二次谐波的频率为 100 kHz，但是由于信号 $i_1(t)$ 的偶次谐波幅度为 0，所以系统输出近似为 0，即 $v_2(t)=0(\text{V})$

(3) 当 $\tau=15\ \mu\text{s}$，$T=30\ \mu\text{s}$，信号 $i_1(t)$ 的基波频率 f_1 为 $\frac{100}{3}$ kHz，其三次谐波与电路的谐振频率一致，而三次谐波的幅度为 $\frac{4\times10^{-3}}{3\pi}$(A)。

故 $v_2(t)=\frac{4\times10^{-3}}{3\pi}\sin(3\omega_1 t)\cdot R=42.4\sin(3\omega_1 t)(\text{V})$

所以此时信号输出电压为频率为 100 kHz，幅度为 42.4 V 的正弦波。波形如解图 3-13(2)所示。

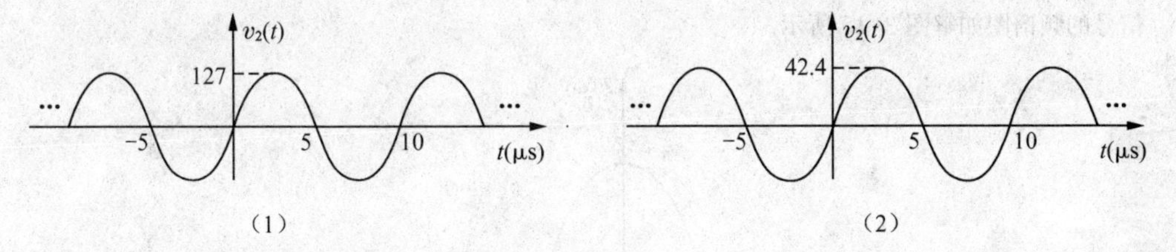

解图 3-13

【3-14】 若信号波形和电路结构仍如题图 3-13 所示，波形参数为 $\tau=5\ \mu\text{s}$，$T=10\ \mu\text{s}$。

(1) 适当设计电路参数，能否分别从矩形波中选出以下频率分量的正弦信号：50 kHz，100 kHz，150 kHz，200 kHz，300 kHz，400 kHz？

(2) 对于那些不能选出的频率成分，试分别利用其他电路（示意表明）获得所需频率分量的信号。（提示：需用到电路、模拟电路、数字电路等课程的综合知识，可行方案可能不止一种。）

【解题思路】 结合周期信号频谱的谐波性和信号波形的对称性，可判断该信号包含的频率成分。信号不包含的频率成分就无法仅仅通过设计该电路参数而选出，但是可以通过对选出的频率成分进行倍频、分频等手段来获得。

【解】

(1) 从题图 3-13 中可以看出，当 $\tau=5\ \mu\text{s}$，$T=10\ \mu\text{s}$ 时，该信号为奇函数和奇谐函数，所以 $i_1(t)$ 只包含基波和奇次谐波的正弦分量，而基波频率 $f_1=\frac{1}{T}=100$ kHz，所以只能从输出信号中选出 100 kHz 和 300 kHz 的频率成分。

(2) 为获得 50 kHz、150 kHz 和 400 kHz 频率分量的信号，可分别采用以下的示意电路完成。

100 kHz → 二分频器 → 50 kHz

300 kHz → 二分频器 → 150 kHz

100 kHz → 倍频器 → 200 kHz → 倍频器 → 400 kHz

【3-15】 求题图 3-15 所示半波余弦脉冲的傅里叶变换，并画出频谱图。

题图 3-15

【解题思路】 利用傅里叶变换的定义式求解。

【解】 $f(t)$的数学表达式为：

$$f(t)=\begin{cases}E\cos\left(\dfrac{\pi}{\tau}t\right),-\dfrac{\tau}{2}\leqslant t\leqslant\dfrac{\tau}{2}\\0,\text{其他}\end{cases}$$

$$\begin{aligned}F(\omega)&=\int_{-\infty}^{\infty}f(t)\mathrm{e}^{-\mathrm{j}\omega t}\mathrm{d}t=\int_{-\tau/2}^{\tau/2}E\cos\left(\frac{\pi}{\tau}t\right)\mathrm{e}^{-\mathrm{j}\omega t}\mathrm{d}t\\&=\frac{E}{2}\int_{-\tau/2}^{\tau/2}(\mathrm{e}^{\mathrm{j}\frac{\pi}{\tau}t}+\mathrm{e}^{-\mathrm{j}\frac{\pi}{\tau}t})\mathrm{e}^{-\mathrm{j}\omega t}\mathrm{d}t\\&=\frac{E}{2}\int_{-\tau/2}^{\tau/2}\left[\mathrm{e}^{\mathrm{j}\left(\frac{\pi}{\tau}-\omega\right)t}+\mathrm{e}^{-\mathrm{j}\left(\frac{\pi}{\tau}+\omega\right)t}\right]\mathrm{d}t\\&=\frac{E}{2\mathrm{j}\left(\frac{\pi}{\tau}-\omega\right)}\mathrm{e}^{\mathrm{j}\left(\frac{\pi}{\tau}-\omega\right)t}\Big|_{-\tau/2}^{\tau/2}-\frac{E}{2\mathrm{j}\left(\frac{\pi}{\tau}+\omega\right)}\mathrm{e}^{-\mathrm{j}\left(\frac{\pi}{\tau}+\omega\right)t}\Big|_{-\tau/2}^{\tau/2}\\&=\frac{E\tau}{2\mathrm{j}(\pi-\omega\tau)}\left[\mathrm{j}(\mathrm{e}^{\mathrm{j}\omega\frac{\tau}{2}}+\mathrm{e}^{-\mathrm{j}\omega\frac{\tau}{2}})\right]+\frac{E\tau}{2\mathrm{j}(\pi+\omega\tau)}\left[\mathrm{j}(\mathrm{e}^{\mathrm{j}\omega\frac{\tau}{2}}+\mathrm{e}^{-\mathrm{j}\omega\frac{\tau}{2}})\right]\\&=\left[\frac{E\tau}{(\pi-\omega\tau)}+\frac{E\tau}{(\pi+\omega\tau)}\right]\cos\left(\frac{\omega\tau}{2}\right)=\frac{2E\tau\cos\left(\frac{\omega\tau}{2}\right)}{\pi\left[1-\left(\frac{\omega\tau}{\pi}\right)^{2}\right]}\end{aligned}$$

信号的频谱图如解图 3-15 所示。

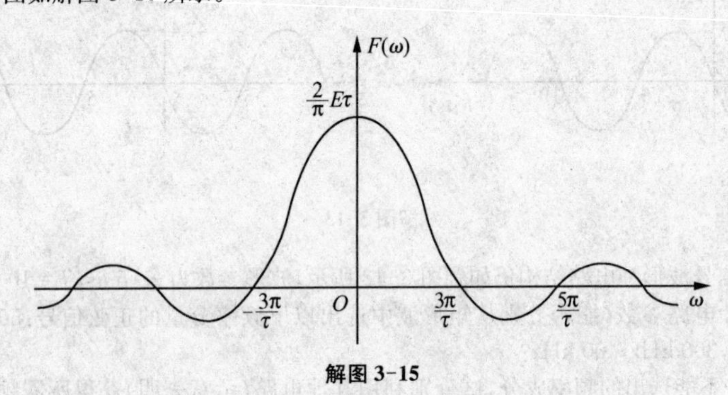

解图 3-15

【3-16】 求题图 3-16 所示锯齿脉冲与单周正弦脉冲的傅里叶变换。

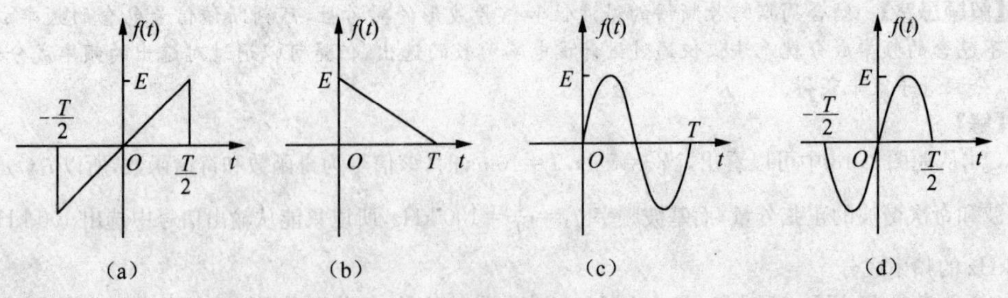

题图 3-16

【解题思路】 既可以利用傅里叶变换的定义式求解，也可以利用傅里叶变换的性质求解。这里我们采用傅里叶变换的定义式求解。

【解】

(a) $F(\omega)=\int_{-\infty}^{\infty}f(t)\mathrm{e}^{-\mathrm{j}\omega t}\mathrm{d}t=\int_{-\frac{T}{2}}^{\frac{T}{2}}\frac{2E}{T}t\mathrm{e}^{-\mathrm{j}\omega t}\mathrm{d}t=\frac{2E}{T}\left(-\frac{1}{\mathrm{j}\omega}\right)\left[t\mathrm{e}^{-\mathrm{j}\omega t}+\frac{1}{\mathrm{j}\omega}\mathrm{e}^{-\mathrm{j}\omega t}\right]\Bigg|_{-T/2}^{T/2}$

$=\frac{2E}{\mathrm{j}\omega T}\left[\frac{T}{2}(\mathrm{e}^{-\mathrm{j}\omega T/2}+\mathrm{e}^{\mathrm{j}\omega T/2})+\frac{1}{\mathrm{j}\omega}(\mathrm{e}^{-\mathrm{j}\omega T/2}-\mathrm{e}^{\mathrm{j}\omega T/2})\right]$

$=\frac{2E}{\mathrm{j}\omega}\left[\cos\left(\frac{\omega T}{2}\right)-\frac{2}{\omega T}\sin\left(\frac{\omega T}{2}\right)\right]=\frac{2E}{\mathrm{j}\omega}\left[\cos\left(\frac{\omega T}{2}\right)-\mathrm{Sa}\left(\frac{\omega T}{2}\right)\right]$

(b) $F(\omega)=\int_{-\infty}^{\infty}f(t)\mathrm{e}^{-\mathrm{j}\omega t}\mathrm{d}t=\int_{0}^{T}E\left(1-\frac{t}{T}\right)\mathrm{e}^{-\mathrm{j}\omega t}\mathrm{d}t$

$=\frac{E}{\mathrm{j}\omega T}\left[t\mathrm{e}^{-\mathrm{j}\omega t}+\frac{1}{\mathrm{j}\omega}\mathrm{e}^{-\mathrm{j}\omega t}\right]\Bigg|_{0}^{T}-\frac{E}{\mathrm{j}\omega}\mathrm{e}^{-\mathrm{j}\omega t}\Bigg|_{0}^{T}=\frac{E}{\omega^2T}(1-\mathrm{e}^{-\mathrm{j}\omega T}+\mathrm{j}\omega T)$

(c) $F(\omega)=\int_{-\infty}^{\infty}f(t)\mathrm{e}^{-\mathrm{j}\omega t}\mathrm{d}t=\int_{0}^{T}E\sin(\omega_1t)\mathrm{e}^{-\mathrm{j}\omega t}\mathrm{d}t$　其中 $\omega_1=\frac{2\pi}{T}$

$=\frac{E}{2\mathrm{j}}\int_{0}^{T}(\mathrm{e}^{\mathrm{j}\omega_1t}-\mathrm{e}^{-\mathrm{j}\omega_1t})\mathrm{e}^{-\mathrm{j}\omega t}\mathrm{d}t=\frac{E}{2\mathrm{j}}\left[\frac{\mathrm{e}^{\mathrm{j}(\omega_1-\omega)t}}{\mathrm{j}(\omega_1-\omega)}+\frac{\mathrm{e}^{-\mathrm{j}(\omega_1+\omega)t}}{\mathrm{j}(\omega_1+\omega)}\right]\Bigg|_{0}^{T}$

$=\frac{E}{2\mathrm{j}}\left[\frac{\mathrm{e}^{\mathrm{j}(\omega_1-\omega)T}-1}{\mathrm{j}(\omega_1-\omega)}+\frac{\mathrm{e}^{-\mathrm{j}(\omega_1+\omega)T}-1}{\mathrm{j}(\omega_1+\omega)}\right]=\frac{E}{2}\left[\frac{1-\mathrm{e}^{-\mathrm{j}\omega T}}{(\omega_1-\omega)}+\frac{1-\mathrm{e}^{-\mathrm{j}\omega T}}{(\omega_1+\omega)}\right]$

$=\frac{E\omega_1}{\omega_1^2-\omega^2}(1-\mathrm{e}^{-\mathrm{j}\omega T})=\mathrm{j}\,\frac{2E\omega_1}{\omega_1^2-\omega^2}\sin\left(\frac{\omega T}{2}\right)\mathrm{e}^{-\mathrm{j}\omega\frac{T}{2}}$

(d) $F(\omega)=\int_{-\infty}^{\infty}f(t)\mathrm{e}^{-\mathrm{j}\omega t}\mathrm{d}t=\int_{-T/2}^{T/2}E\sin(\omega_1t)\mathrm{e}^{-\mathrm{j}\omega t}\mathrm{d}t$(其中 $\omega_1=\frac{2\pi}{T}$)

$=\frac{E}{2\mathrm{j}}\int_{-T/2}^{T/2}(\mathrm{e}^{\mathrm{j}\omega_1t}-\mathrm{e}^{-\mathrm{j}\omega_1t})\mathrm{e}^{-\mathrm{j}\omega t}\mathrm{d}t=\frac{E}{2\mathrm{j}}\left[\frac{\mathrm{e}^{\mathrm{j}(\omega_1-\omega)t}}{\mathrm{j}(\omega_1-\omega)}+\frac{\mathrm{e}^{-\mathrm{j}(\omega_1+\omega)t}}{\mathrm{j}(\omega_1+\omega)}\right]\Bigg|_{-T/2}^{T/2}$

$=\frac{E}{2\mathrm{j}}\left[\frac{(\mathrm{e}^{\mathrm{j}\omega\frac{T}{2}}-\mathrm{e}^{-\mathrm{j}\omega\frac{T}{2}})}{\mathrm{j}(\omega_1-\omega)}+\frac{(\mathrm{e}^{\mathrm{j}\omega\frac{T}{2}}-\mathrm{e}^{-\mathrm{j}\omega\frac{T}{2}})}{\mathrm{j}(\omega_1+\omega)}\right]=\frac{E}{\mathrm{j}}\left[\frac{1}{(\omega_1-\omega)}+\frac{1}{(\omega_1+\omega)}\right]\sin\left(\frac{\omega T}{2}\right)$

$=\mathrm{j}\,\frac{2E\omega_1}{\omega^2-\omega_1^2}\sin\left(\frac{\omega T}{2}\right)$

【3-17】 题图 3-17 所示各波形的傅里叶变换可在本章正文或附录中找到，利用这些结果给出各波形频谱所占带宽 B_f(频谱图或频谱包络图的第一零点值)，注意图中的时间单位都为 μs。

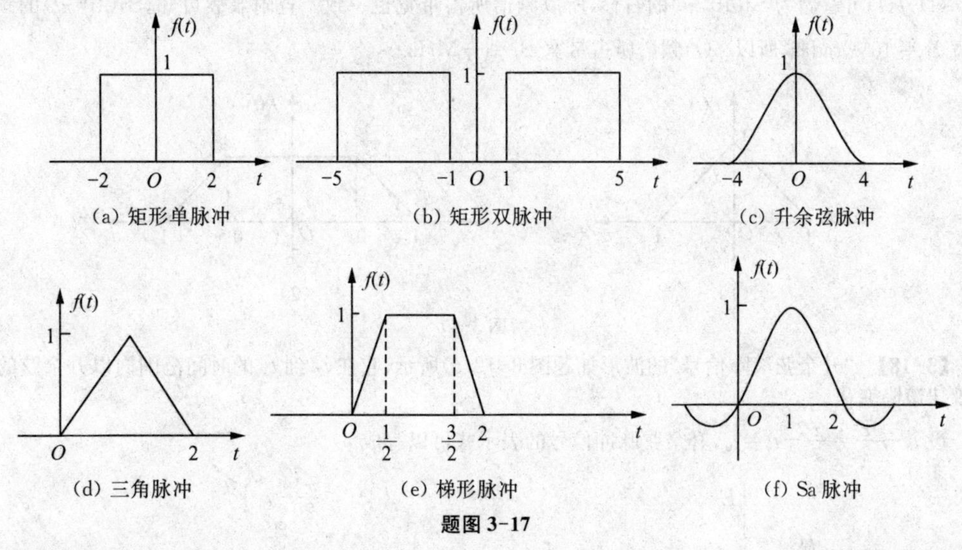

题图 3-17

【解题思路】 波形频谱带宽为频谱图或频谱包络图的第一零点值。所以关键要根据附录找出信号频谱或频谱包络图的第一零点值。同时注意，根据傅里叶变换的时移特性，时移信号的幅度谱与原信号是一致的，即带宽一样。

【解】

(a) 查附录表可知，信号 $f(t)$ 的傅里叶变换为

$$F(\omega)=E\tau\text{Sa}\left(\frac{\omega\tau}{2}\right)=4\times10^{-6}\text{Sa}(2\times10^{-6}\cdot\omega)=4\cdot\frac{\sin(2\times10^{-6}\omega)}{2\times10^{-6}\omega}$$

当 $2\times10^{-6}\omega=k\pi$ 时，频谱图过零点，其第一个过零点的 $\omega=\frac{\pi}{2}\times10^{6}$ rad/s

所以该信号的带宽 $B_f=250$ kHz

(b) 信号 $f(t)$ 可由题图 3-17(a)中的时域波形时移相加而得，而时移信号的幅度谱原信号一致，所以该信号的带宽 $B_f=250$ kHz

(c) 查附录表可知

$$F(\omega)=\frac{E\tau}{2}\frac{\text{Sa}\left(\frac{\omega\tau}{2}\right)}{1-\left(\frac{\omega\tau}{2\pi}\right)^2}$$

其第一个过零点的 $\omega=\frac{4\pi}{\tau}=\frac{4\pi}{8\times10^{-6}}=5\times10^{5}\pi$ rad/s

所以该信号的带宽 $B_f=250$ kHz

(d) 信号 $f(t)$ 可由解图 3-17(1)所示的 $f_1(t)$ 右移单位获得，$f(t)$ 的频谱所占带宽与 $f_1(t)$ 频谱所占带宽一致。

查附录表可知，$F_1(\omega)=\frac{E\tau}{2}\text{Sa}^2\left(\frac{\omega\tau}{4}\right)$

其第一个过零点的 $\omega=\frac{4\pi}{\tau}=\frac{4\pi}{2\times10^{-6}}=2\times10^{6}\pi$ rad/s

所以 $f(t)$ 频谱所占带宽 $B_f=1$ MHz

(e) 信号 $f(t)$ 可由解图 3-17(2)所示的 $f_1(t)$ 右移获得，所以 $f(t)$ 的频谱所占带宽与 $f_1(t)$ 频谱所占带宽一致。

查附录表可知，其第一个过零点的 $\omega=\frac{4\pi}{\tau+\tau_1}=\frac{4\pi}{(2+1)\times10^{-6}}=\frac{4}{3}\times10^{6}\pi$ rad/s

所以 $f(t)$ 频谱所占带宽 $B_f=\frac{2}{3}$MHz。

(f) $f(t)$ 可看做为 $\text{Sa}(10^6\pi t)$ 的右移，所以频谱所占带宽也一致。查附录表可知，$\text{Sa}(10^6\pi t)$ 的频谱带宽 $B_\omega=10^6\pi$ rad/s，所以 $f(t)$ 频谱所占带宽 $B_f=\frac{1}{2}$MHz。

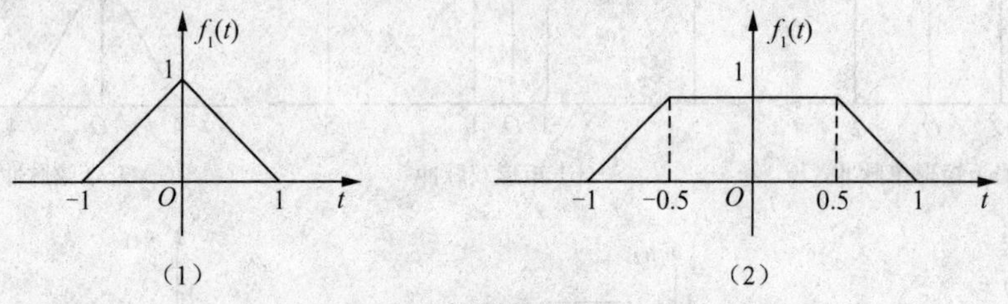

解图 3-17

【3-18】 “升余弦滚降信号”的波形如题图 3-18(a)所示，它在 t_2 到 t_3 的时间范围内以升余弦的函数规律滚降变化。

设 $t_3-\frac{\tau}{2}=\frac{\tau}{2}-t_2=t_0$，升余弦脉冲信号的表示式可以写成

$$f(t)=\begin{cases}E & \left(|t|<\frac{\tau}{2}-t_0\right)\\ \frac{E}{2}\left[1+\cos\frac{\pi\left(t-\frac{\tau}{2}+t_0\right)}{2t_0}\right] & \left(\frac{\tau}{2}-t_0\leqslant|t|\leqslant\frac{\tau}{2}+t_0\right)\end{cases}$$

或写作

$$f(t)=\begin{cases}E & \left(|t|<\dfrac{\tau}{2}-t_0\right)\\ \dfrac{E}{2}\left[1-\sin\dfrac{\pi\left(|t|-\dfrac{\tau}{2}\right)}{k\tau}\right] & \left(\dfrac{\tau}{2}-t_0\leqslant|t|\leqslant\dfrac{\tau}{2}+t_0\right)\end{cases}$$

其中，滚降系数

$$k=\frac{t_0}{\dfrac{\tau}{2}}=\frac{2t_0}{\tau}$$

求此信号的傅里叶变换式，并画频谱图。讨论 $k=0$ 和 $k=1$ 两种特殊情况的结果。

[提示：将 $f(t)$分解为 $f_1(t)$和 $f_2(t)$之和，见题图 3-18(b)，分别求傅里叶变换再相加。]

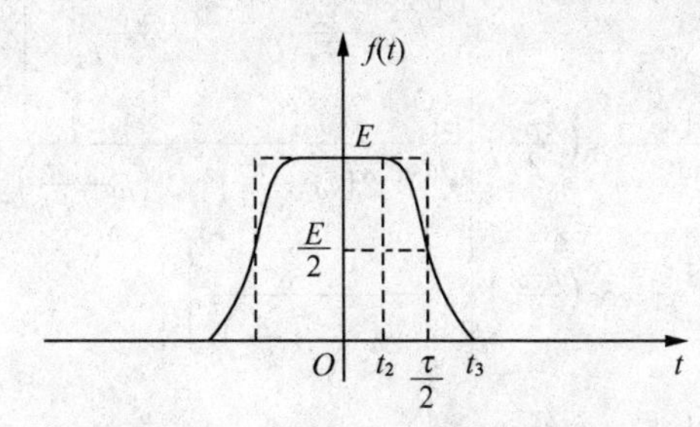

(a) 升余弦滚降信号的波形

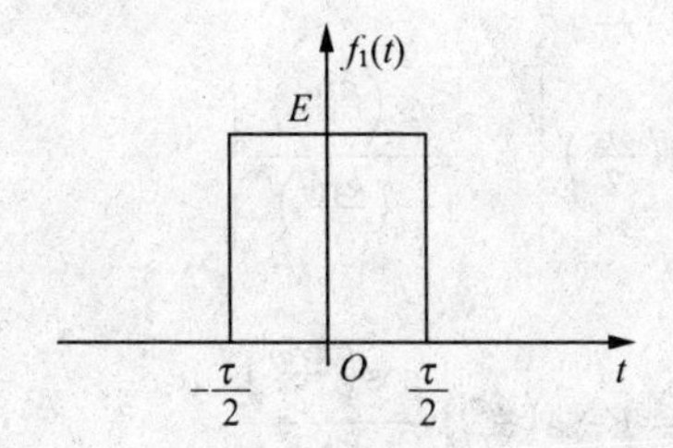

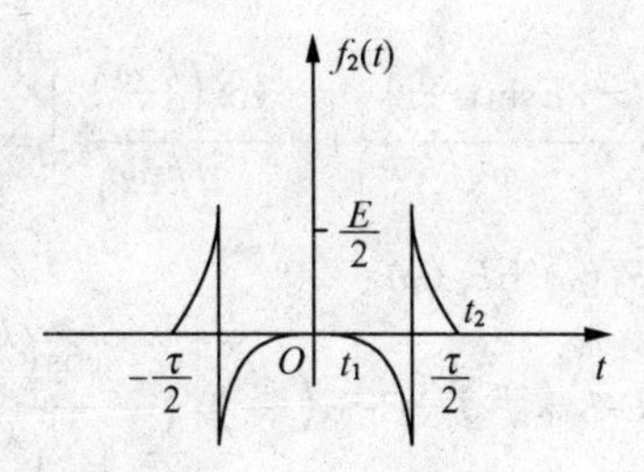

(b) 升余弦滚降信号的分解

题图 3-18

【解题思路】 可将原信号分解为 $f_1(t)$和 $f_2(t)$两个信号的叠加。$f_1(t)$是矩形脉冲信号(门信号)，其傅里叶变换较易获得。$f_2(t)$可以进一步分解，再利用傅里叶变换的线性性质。

【解】 由题图 3-18(b)可知，$f(t)=f_1(t)+f_2(t)$

根据傅里叶变换的线性性质，$F(\omega)=F_1(\omega)+F_2(\omega)$

$F_1(\omega)=E\tau\mathrm{Sa}\left(\dfrac{\omega\tau}{2}\right)$，$F_2(\omega)$的求取如下。

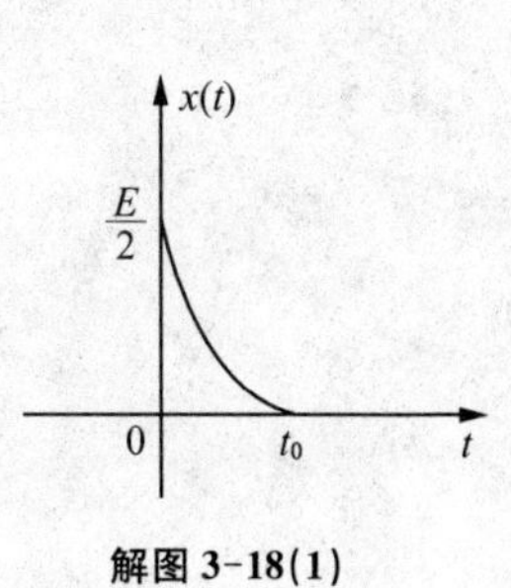

解图 3-18(1)

设函数 $x(t)=\dfrac{E}{2}\left[1-\sin\left(\dfrac{\pi t}{k\tau}\right)\right]\quad 0<t<t_0$，其波形如解图 3-18(1)所示。

则 $f_2(t)=x\left(t-\dfrac{\tau}{2}\right)-x\left(t+\dfrac{\tau}{2}\right)+x\left(-t-\dfrac{\tau}{2}\right)-x\left(-t+\dfrac{\tau}{2}\right)$

$$\begin{aligned}F_2(\omega)&=X(\omega)\mathrm{e}^{-\mathrm{j}\omega\frac{\tau}{2}}-X(\omega)\mathrm{e}^{\mathrm{j}\omega\frac{\tau}{2}}+X(-\omega)\mathrm{e}^{\mathrm{j}\omega\frac{\tau}{2}}-X(-\omega)\mathrm{e}^{-\mathrm{j}\omega\frac{\tau}{2}}\\&=-2\mathrm{j}X(\omega)\sin\left(\frac{\omega\tau}{2}\right)+2\mathrm{j}X(-\omega)\sin\left(\frac{\omega\tau}{2}\right)=-2\mathrm{j}\sin\left(\frac{\omega\tau}{2}\right)[X(\omega)-X(-\omega)]\\&=-2\mathrm{j}\sin\left(\frac{\omega\tau}{2}\right)\int_{-\infty}^{\infty}x(t)(\mathrm{e}^{-\mathrm{j}\omega t}-\mathrm{e}^{\mathrm{j}\omega t})\mathrm{d}t=-2E\sin\left(\frac{\omega\tau}{2}\right)\int_0^{t_0}\left[1-\sin\left(\frac{\pi t}{k\tau}\right)\right]\sin(\omega t)\mathrm{d}t\\&=-2E\sin\left(\frac{\omega\tau}{2}\right)\left[\int_0^{t_0}\sin(\omega t)\mathrm{d}t-\int_0^{t_0}\sin\left(\frac{\pi t}{k\tau}\right)\sin(\omega t)\mathrm{d}t\right]\end{aligned}$$

$$=-2E\sin\left(\frac{\omega\tau}{2}\right)\left[-\frac{\cos(\omega t)}{\omega}\bigg|_0^{t_0}-\frac{1}{2}\int_0^{t_0}\cos\left(\frac{\pi}{k\tau}-\omega\right)t\,\mathrm{d}t+\frac{1}{2}\int_0^{t_0}\cos\left(\frac{\pi}{k\tau}+\omega\right)t\,\mathrm{d}t\right]$$

$$=-2E\sin\left(\frac{\omega t}{2}\right)\left[\frac{1-\cos(\omega t_0)}{\omega}+\frac{1}{2}\frac{\sin\left(\frac{\pi}{k\tau}-\omega\right)t_0}{\omega-\frac{\pi}{k\tau}}+\frac{1}{2}\frac{\sin\left(\frac{\pi}{k\tau}+\omega\right)t_0}{\omega+\frac{\pi}{k\tau}}\right]$$

$$=-2E\sin\left(\frac{\omega\tau}{2}\right)\left[\frac{1-\cos\left(\frac{\omega k\tau}{2}\right)}{\omega}+\frac{1}{2}\frac{\sin\left(\frac{\pi}{2}-\frac{k\tau\omega}{2}\right)}{\omega-\frac{\pi}{k\tau}}+\frac{1}{2}\frac{\sin\left(\frac{\pi}{2}+\frac{k\tau\omega}{2}\right)}{\omega+\frac{\pi}{k\tau}}\right]$$

$$=-2E\sin\left(\frac{\omega\tau}{2}\right)\left[\frac{1-\cos\left(\frac{\omega k\tau}{2}\right)}{\omega}+\frac{1}{2}\frac{\cos\left(\frac{k\tau\omega}{2}\right)}{\omega-\frac{\pi}{k\tau}}+\frac{1}{2}\frac{\cos\left(\frac{k\tau\omega}{2}\right)}{\omega+\frac{\pi}{k\tau}}\right]$$

$$=-2E\sin\left(\frac{\omega\tau}{2}\right)\left\{\frac{1}{\omega}-\cos\left(\frac{k\tau\omega}{2}\right)\left[\frac{1}{\omega}-\frac{1}{2\left(\omega-\frac{\pi}{k\tau}\right)}-\frac{1}{2\left(\omega+\frac{\pi}{k\tau}\right)}\right]\right\}$$

$$=-2E\sin\left(\frac{\omega\tau}{2}\right)\left\{\frac{1}{\omega}-\cos\left(\frac{k\tau\omega}{2}\right)\left[\frac{1}{\omega}-\frac{\omega}{\omega^2-\left(\frac{\pi}{k\tau}\right)^2}\right]\right\}$$

$$=-2E\sin\left(\frac{\omega\tau}{2}\right)\left\{\frac{1}{\omega}-\cos\left(\frac{k\tau\omega}{2}\right)\frac{1}{\omega}\left[1-\frac{1}{1-\left(\frac{\pi}{k\tau\omega}\right)^2}\right]\right\}$$

$$=\frac{-2E\sin\left(\frac{\omega\tau}{2}\right)}{\omega}\left\{1-\frac{\cos\left(\frac{k\tau\omega}{2}\right)}{1-\left(\frac{k\tau\omega}{\pi}\right)^2}\right\}=-E\tau\mathrm{Sa}\left(\frac{\omega\tau}{2}\right)\left[1-\frac{\cos\left(\frac{k\tau\omega}{2}\right)}{1-\left(\frac{k\tau\omega}{\pi}\right)^2}\right]$$

$$F(\omega)=F_1(\omega)+F_2(\omega)$$

$$=E\tau\mathrm{Sa}\left(\frac{\omega\tau}{2}\right)-E\tau\mathrm{Sa}\left(\frac{\omega\tau}{2}\right)\left[1-\frac{\cos\left(\frac{k\tau\omega}{2}\right)}{1-\left(\frac{k\tau\omega}{\pi}\right)^2}\right]=E\tau\mathrm{Sa}\left(\frac{\omega\tau}{2}\right)\frac{\cos\left(\frac{k\tau\omega}{2}\right)}{1-\left(\frac{k\tau\omega}{\pi}\right)^2}$$

其频谱图如解图 3-18(2)所示。

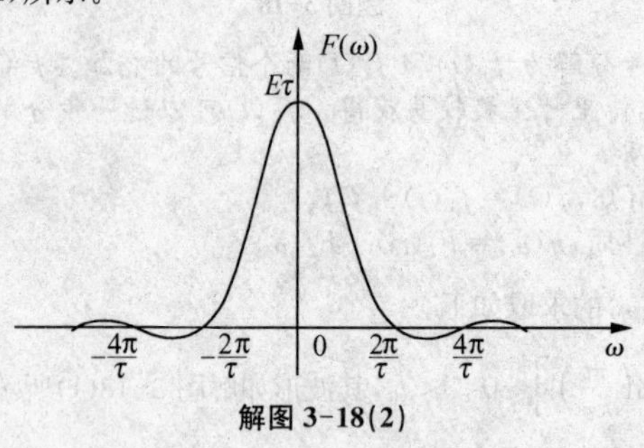

解图 3-18(2)

(1) 当 $k=0$ 时，$f(t)$变成了矩形脉冲信号，$F(\omega)=E\tau\mathrm{Sa}\left(\frac{\omega\tau}{2}\right)$

(2) 当 $k=1$ 时，$f(t)$变成了升余弦脉冲信号，$F(\omega)=E\tau\frac{\mathrm{Sa}(\omega\tau)}{1-\left(\frac{\omega\tau}{\pi}\right)^2}$

【3-19】 求题图 3-19 所示 $F(\omega)$的傅里叶逆变换 $f(t)$。

【解题思路】 此题是求傅里叶反变换的问题，可以通过傅里叶反变换的定义式求解，也可以用傅里叶变换的性质。注意，频域的相移对应于时域的时移。

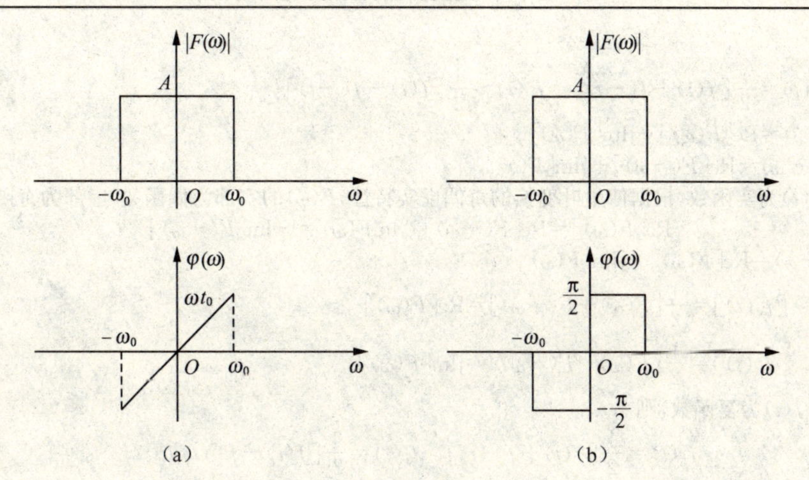

题图 3-19

【解】

(1) 利用傅里叶变换的性质

$$F(\omega)=|F(\omega)|e^{j\varphi(\omega)}=A[u(\omega+\omega_0)-u(\omega-\omega_0)]e^{j\omega t_0}$$

利用傅里叶变换的对称性，可知

$$\mathscr{F}^{-1}[u(\omega+\omega_0)-u(\omega-\omega_0)]=\frac{\omega_0}{\pi}\mathrm{Sa}(\omega_0 t)$$

利用傅里叶变换的时移特性，可知

$$[u(\omega+\omega_0)-u(\omega-\omega_0)]e^{j\omega t_0}\leftrightarrow\frac{\omega_0}{\pi}\mathrm{Sa}[\omega_0(t-t_0)]$$

所以 $f(t)=\frac{A\omega_0}{\pi}\mathrm{Sa}[\omega_0(t+t_0)]$

利用傅里叶反变换的定义

$$f(t)=\frac{1}{2\pi}\int_{-\infty}^{\infty}F(\omega)e^{j\omega t}\,d\omega=\frac{1}{2\pi}\int_{-\omega_0}^{\omega_0}Ae^{j\omega t_0}e^{j\omega t}\,d\omega=\frac{A}{2\pi}\cdot\frac{1}{j(t+t_0)}e^{j(t+t_0)\omega}\Big|_{-\omega_0}^{\omega_0}$$

$$=\frac{A}{2\pi}\frac{1}{j(t+t_0)}[e^{j(t+t_0)\omega_0}-e^{-j(t+t_0)\omega_0}]=\frac{A\sin[(t+t_0)\omega_0]}{\pi(t+t_0)}=\frac{A\omega_0}{\pi}\mathrm{Sa}[\omega_0(t+t_0)]$$

(b) 利用傅里叶反变换的定义

$$f(t)=\frac{1}{2\pi}\int_{-\infty}^{\infty}F(\omega)e^{j\omega t}\,d\omega=\frac{1}{2\pi}\Big[\int_{-\omega_0}^{0}Ae^{-j\frac{\pi}{2}}e^{j\omega t}\,d\omega+\int_{0}^{\omega_0}Ae^{j\frac{\pi}{2}}e^{j\omega t}\,d\omega\Big]$$

$$=\frac{1}{2\pi}\Big[\frac{-jA}{jt}e^{j\omega t}\Big|_{-\omega_0}^{0}+\frac{jA}{jt}e^{j\omega t}\Big|_{0}^{\omega_0}\Big]=\frac{A}{2\pi t}(e^{j\omega_0 t}+e^{-j\omega_0 t}-2)=\frac{A}{\pi t}(\cos\omega_0 t-1)$$

【3-20】 函数 $f(t)$可以表示成偶函数 $f_e(t)$与奇函数 $f_o(t)$之和，试证明：

(1) 若 $f(t)$是实函数，且 $\mathscr{F}[f(t)]=F(\omega)$，则

$$\mathscr{F}[f_e(t)]=\mathrm{Re}[F(\omega)]$$

$$\mathscr{F}[f_o(t)]=j\mathrm{Im}[F(\omega)]$$

(2) 若 $f(t)$是复函数，可表示为

$$f(t)=f_r(t)+jf_i(t)$$

且

$$\mathscr{F}[f(t)]=F(\omega)$$

则

$$\mathscr{F}[f_r(t)]=\frac{1}{2}[F(\omega)+F^*(-\omega)]$$

$$\mathscr{F}[f_i(t)]=\frac{1}{2j}[F(\omega)-F^*(-\omega)]$$

其中

$$F^*(-\omega)=\mathscr{F}[f^*(t)]$$

【解题思路】 此题利用傅里叶变换的奇偶虚实特性和傅里叶变换的定义式证明。

【解】

(1) $f_e(t)=\frac{1}{2}[f(t)+f(-t)]$ $f_o(t)=\frac{1}{2}[f(t)-f(-t)]$

$F(\omega)=\mathrm{Re}[F(\omega)]+\mathrm{jIm}[F(\omega)]$

$F(-\omega)=\mathrm{Re}[F(-\omega)]+\mathrm{jIm}[F(-\omega)]$

由于 $f(t)$为实函数,根据傅里叶变换的奇偶虚实特性,$F(\omega)$的实部为偶函数,虚部为奇函数,即

$$\mathrm{Re}[F(\omega)]=\mathrm{Re}[F(-\omega)]\quad \mathrm{Im}F(\omega)=-\mathrm{Im}[F(-\omega)]$$

则 $F(-\omega)=\mathrm{Re}[F(\omega)]-\mathrm{jIm}[F(\omega)]$

所以 $\mathscr{F}[f_e(t)]=\frac{1}{2}[F(\omega)+F(-\omega)]=\mathrm{Re}[F(\omega)]$

$\mathscr{F}[f_o(t)]=\frac{1}{2}[F(\omega)-F(-\omega)]=\mathrm{jIm}[F(\omega)]$

(2) 若 $f(t)$为复函数,则

$$f_r(t)=\frac{1}{2}[f(t)+f^*(t)]\quad f_i(t)=\frac{1}{2\mathrm{j}}[f(t)-f^*(t)]$$

$$\mathscr{F}[f^*(t)]=\int_{-\infty}^{\infty}f^*(t)\mathrm{e}^{-\mathrm{j}\omega t}\mathrm{d}t=\left[\int_{-\infty}^{\infty}f(t)\mathrm{e}^{\mathrm{j}\omega t}\mathrm{d}t\right]^*=F^*(-\omega)$$

所以 $\mathscr{F}[f_r(t)]=\frac{1}{2}[F(\omega)+F^*(-\omega)]$

$\mathscr{F}[f_r(t)]=\frac{1}{2\mathrm{j}}[F(\omega)-F^*(-\omega)]$

【3-21】 对题图 3-21 所示波形,若已知 $\mathscr{F}[f_1(t)]=F_1(\omega)$,利用傅里叶变换的性质求 $f_1(t)$以$\frac{t_0}{2}$为轴反褶后所得 $f_2(t)$的傅里叶变换。

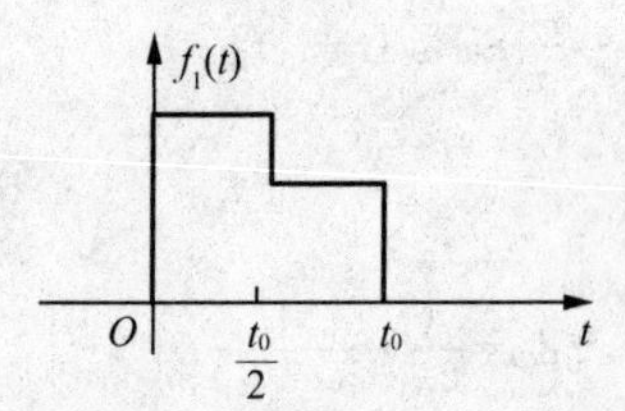

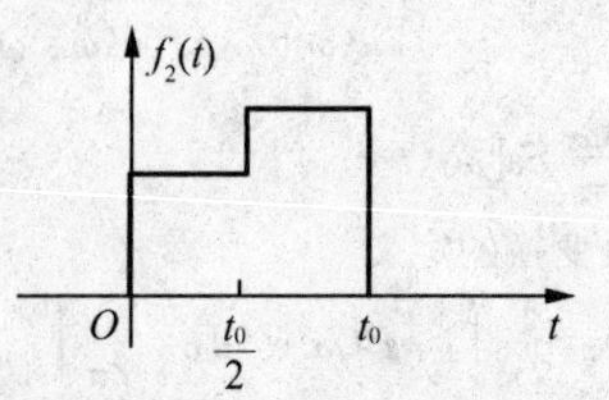

题图 3-21

【解题思路】 先写出 $f_2(t)$和 $f_1(t)$的关系,在利用傅里叶变换的时移和尺度变换特性。

【解】 因为 $f_2(t)=f_1(t_0-t)=f_1[-(t-t_0)]$,而 $\mathscr{F}[f_1(t)]=F_1(\omega)$

根据尺度变换特性,$f_1(-t)=F_1(-\omega)$

根据时移特性,$f_1[-(t-t_0)]=F_1(-\omega)\mathrm{e}^{-\mathrm{j}\omega t_0}$

即 $F_2(\omega)=F_1(-\omega)\mathrm{e}^{-\mathrm{j}\omega t_0}$

【3-22】 利用时域与频域的对称性,求下列傅里叶变换的时间函数。

(1) $F(\omega)=\delta(\omega-\omega_0)$

(2) $F(\omega)=u(\omega+\omega_0)-u(\omega-\omega_0)$

(3) $F(\omega)=\begin{cases}\frac{\omega_0}{\pi} & (|\omega|\leqslant\omega_0)\\ 0 & (\text{其他})\end{cases}$

【解题思路】 利用时域和频域的对称性,即若 $\mathscr{F}[f(t)]=F(\omega)$,则 $\mathscr{F}[F(t)]=2\pi f(-\omega)$。在使用对称性时,一定要注意函数形式之间的对应关系。

【解】

(1) $\mathscr{F}[\delta(t)]=1$

根据对称性可知 $\mathscr{F}^{-1}[\delta(\omega)]=\frac{1}{2\pi}$

根据频域性质,可知 $\mathscr{F}^{-1}[\delta(\omega-\omega_0)]=\frac{1}{2\pi}\mathrm{e}^{\mathrm{j}\omega_0 t}$

(2) 设 $f_1(t)=u(t+\omega_0)-u(t-\omega_0)$，$f_1(t)$为时域的门函数，幅度为 1，门宽为 $2\omega_0$，所以 $F_1(\omega)=2\omega_0\mathrm{Sa}(\omega_0\omega)$

根据对称性

$\mathscr{F}[F_1(t)]=\mathscr{F}[2\omega_0\mathrm{Sa}(\omega_0 t)]=2\pi[u(\omega+\omega_0)-u(\omega-\omega_0)]=2\pi F(\omega)$

即 $\mathscr{F}\left[\frac{2\omega_0}{2\pi}\mathrm{Sa}(\omega_0 t)\right]=F(\omega)$

所以 $f(t)=\mathscr{F}^{-1}[F(\omega)]=\frac{\omega_0}{\pi}\mathrm{Sa}(\omega_0 t)$

(3) $F(\omega)=\frac{\omega_0}{\pi}[u(\omega+\omega_0)-u(\omega-\omega_0)]$

由(2)可知 $\mathscr{F}^{-1}[u(\omega+\omega_0)-u(\omega-\omega_0)]=\frac{\omega_0}{\pi}\mathrm{Sa}(\omega_0 t)$

所以 $f(t)=\mathscr{F}^{-1}[F(\omega)]=\left(\frac{\omega_0}{\pi}\right)\cdot\left(\frac{\omega_0}{\pi}\right)\mathrm{Sa}(\omega_0 t)=\left(\frac{\omega_0}{\pi}\right)^2\mathrm{Sa}(\omega_0 t)$

【3-23】 若已知矩形脉冲的傅里叶变换，利用时移特性求题图 3-23 所示信号的傅里叶变换，并大致画出幅度谱。

【解题思路】 将信号 $f(t)$分解为两个时移的矩形脉冲之和，利用傅里叶变换的时移特性和线性。

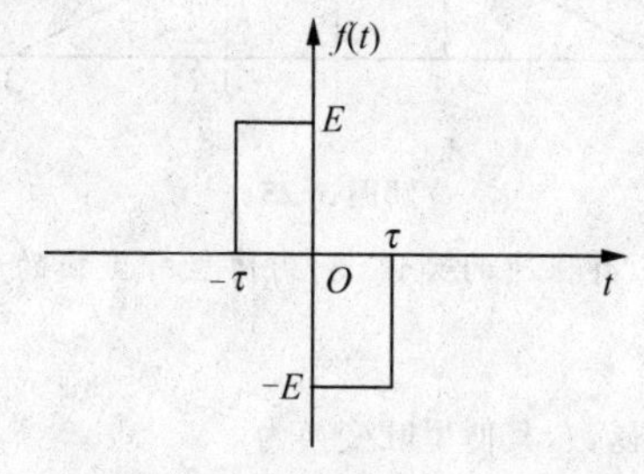

题图 3-23

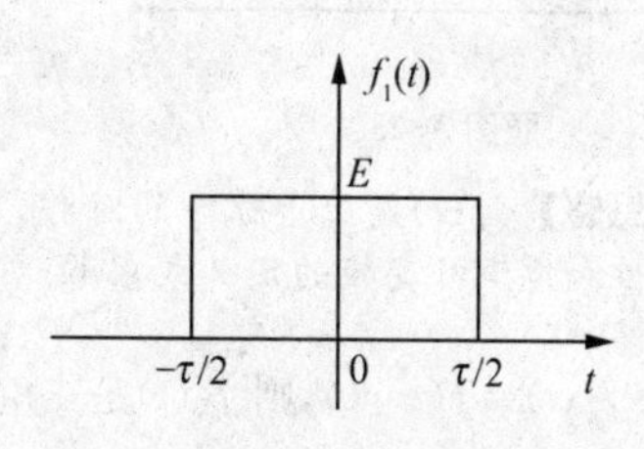

解图 3-23

【解】 设 $f_1(t)$为矩形脉冲，其波形如解图 3-23 所示。

则 $f(t)=f_1(t+\tau/2)-f_1(t-\tau/2)$

$F_1(\omega)=\mathscr{F}[f_1(t)]=E\tau\mathrm{Sa}\left(\frac{\omega\tau}{2}\right)$

利用傅里叶变换的时移特性和线性，可得

$$\mathscr{F}[f(t)]=F_1(\omega)\mathrm{e}^{\mathrm{j}\omega\tau/2}-F_1(\omega)\mathrm{e}^{-\mathrm{j}\omega\tau/2}=2\mathrm{j}F_1(\omega)\sin\left(\frac{\omega\tau}{2}\right)=2\mathrm{j}E\tau\mathrm{Sa}\left(\frac{\omega\tau}{2}\right)\sin\left(\frac{\omega\tau}{2}\right)$$

【3-24】 求题图 3-24 所示三角形调幅信号的频谱。

【解题思路】 将信号 $f(t)$分解为三角脉冲和余弦信号的乘积，再利用傅里叶变换的频移特性。

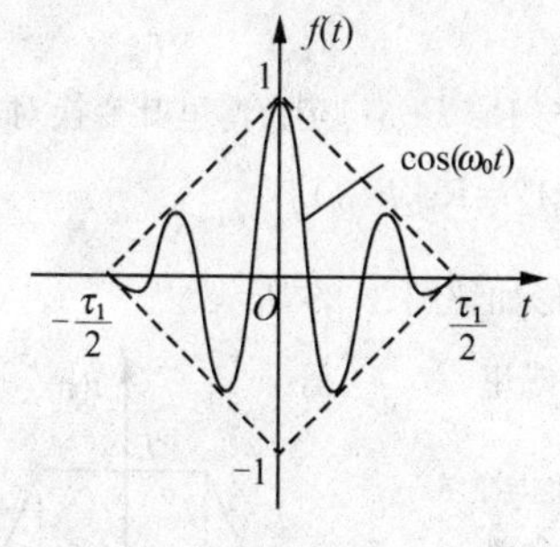

题图 3-24

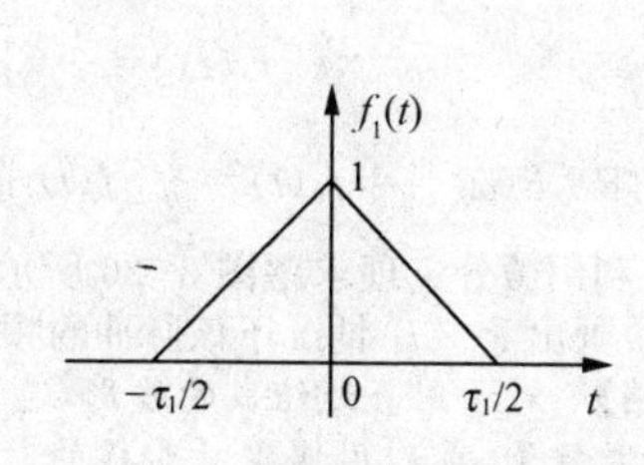

解图 3-24

【解】 设 $f_1(t)$的波形如解图 3-24 所示。

则 $f(t)=f_1(t)\cos(\omega_0 t)$

根据本章正文例 3-6 的结论可知

$$F_1(\omega)=\mathscr{F}[f_1(t)]=\frac{\tau_1}{2}\mathrm{Sa}^2\left(\frac{\omega\tau_1}{4}\right)$$

利用频域性质可知

$$F(\omega)=\frac{\tau_1}{4}\left\{\mathrm{Sa}^2\left[\frac{(\omega+\omega_0)\tau_1}{4}\right]+\mathrm{Sa}^2\left[\frac{(\omega-\omega_0)\tau_1}{4}\right]\right\}$$

【3-25】 题图 3-25 所示信号 $f(t)$，已知其傅里叶变换式$\mathscr{F}[f(t)]=F(\omega)=|F(\omega)|e^{j\varphi(\omega)}$，利用傅里叶变换的性质(不作积分运算)，求：

(1) $\varphi(\omega)$；

(2) $F(0)$；

(3) $\int_{-\infty}^{\infty}F(\omega)d\omega$；

(4) $\mathscr{F}^{-1}\{\mathrm{Re}[F(\omega)]\}$之图形。

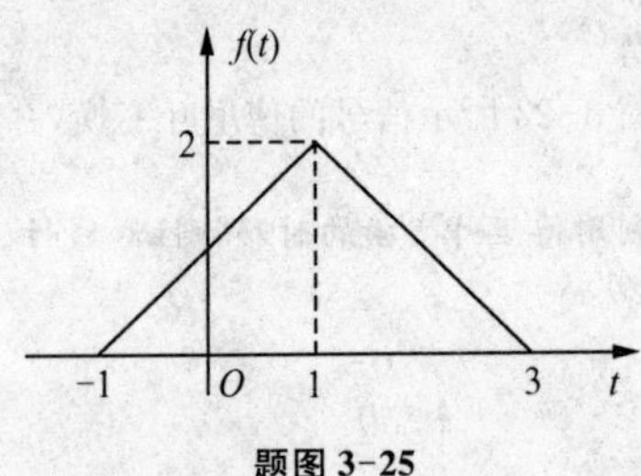

题图 3-25

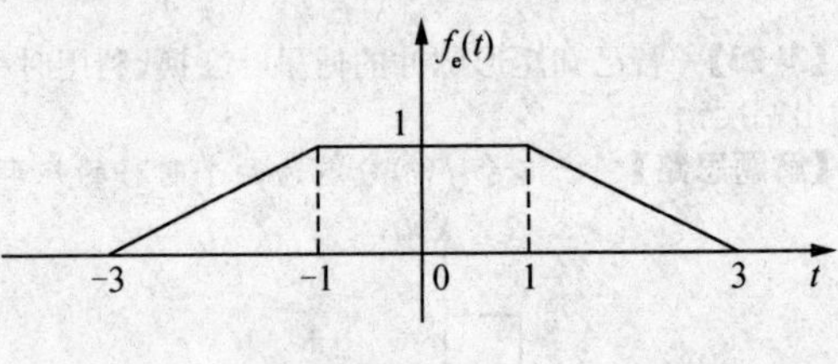

解图 3-25

【解题思路】 $f(t)$是三角脉冲的时移，可通过分析三角脉冲的频谱，利用傅里叶变换的奇偶虚实性、时移特性和傅里叶变换的定义式求解。

【解】

(1) 令 $f_1(t)=f(t+1)$，则 $f_1(t)$是三角脉冲，为实偶函数，其傅里叶变换为

$$F_1(\omega)=\frac{E\tau}{2}\mathrm{Sa}^2\left(\frac{\omega\tau}{4}\right)，本题中 E=2，\tau=4。$$

因为 $F_1(\omega)=|F_1(\omega)|e^{j\varphi_1(\omega)}=|F_1(\omega)|$，可知 $\varphi_1(\omega)=0$

$$F(\omega)=\mathscr{F}[f(t)]=\mathscr{F}[f_1(t-1)]=F_1(\omega)e^{-j\omega}=|F_1(\omega)|e^{-j\omega}=|F(\omega)|e^{j\varphi(\omega)}$$

所以 $\varphi(\omega)=-\omega$

(2) $F(\omega)=\int_{-\infty}^{\infty}f(t)e^{-j\omega t}dt$

则 $F(0)=\int_{-\infty}^{\infty}f(t)dt=4$

(3) $f(t)=\frac{1}{2\pi}\int_{-\infty}^{\infty}F(\omega)e^{j\omega t}d\omega \quad f(0)=\frac{1}{2\pi}\int_{-\infty}^{\infty}F(\omega)d\omega$

则 $\int_{-\infty}^{\infty}F(\omega)d\omega=2\pi f(0)=2\pi$

(4) 根据题 3-20(1)，可知实函数 $f(t)$的偶分量 $f_e(t)$与 $\mathrm{Re}[F(\omega)]$互为傅里叶变换对，即

$$\mathscr{F}[f_e(t)]=\frac{1}{2}\mathscr{F}[f(t)+f(-t)]=\mathrm{Re}[F(\omega)]$$

所以 $\mathscr{F}^{-1}\{\mathrm{Re}[F(\omega)]\}=f_e(t)=\frac{1}{2}[f(t)+f(-t)]$，波形如解图 3-25 所示。

【3-26】 利用微分定理求题图 3-26 所示梯形脉冲的傅里叶变换，并大致画出 $\tau=2\tau_1$ 情况下该脉冲的频谱图。

【解题思路】 对于用直线组成的波形，通常先对波形求导，得到阶跃或冲激信号，再利用傅里叶变换的时域微分或积分性质求得原信号的傅里叶变换。本题采用了时域微分性质求解。信号的频谱图通常包括幅度谱和相位谱，本题中信号的傅里叶变换为实数，相位为 0 或 π，所以可在一个图上同时体现幅度和相位。

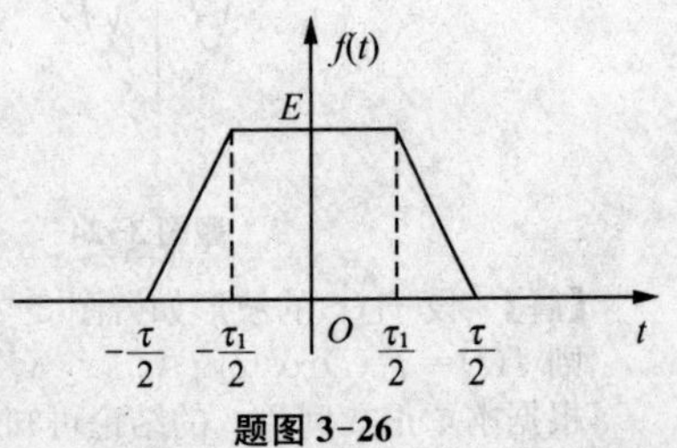

题图 3-26

【解】 $f(t)$的一阶导数和二阶导数的波形如解图 3-26a 所示

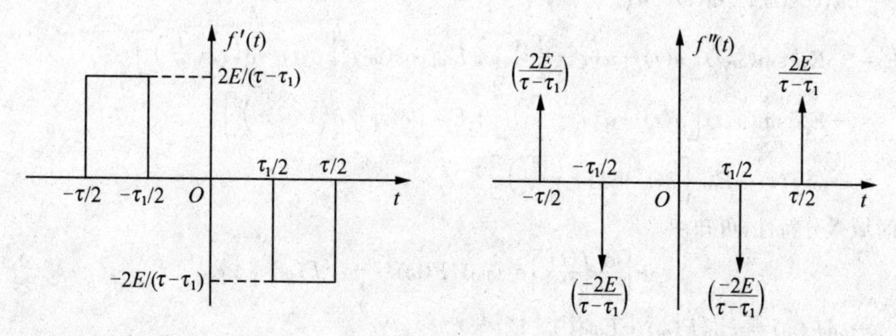

解图 3-26a

$$F_2(\omega)=F[f''(t)]=\frac{2E}{(\tau-\tau_1)}[e^{-j\omega\tau/2}+e^{j\omega\tau/2}]-\frac{2E}{(\tau-\tau_1)}[e^{-j\omega\tau_1/2}+e^{j\omega\tau_1/2}]$$

$$=\frac{4E}{(\tau-\tau_1)}\left[\cos\left(\frac{\omega\tau}{2}\right)-\cos\left(\frac{\omega\tau_1}{2}\right)\right]$$

利用时域微分特性可知，

$$\mathscr{F}[f''(t)]=(j\omega)^2F(\omega)$$

所以

$$F(\omega)=\left(\frac{1}{j\omega}\right)^2F_2(\omega)$$

$$=\frac{-4E}{\omega^2(\tau-\tau_1)}\left[\cos\left(\frac{\omega\tau}{2}\right)-\cos\left(\frac{\omega\tau_1}{2}\right)\right]=\frac{8E}{\omega^2(\tau-\tau_1)}\sin\frac{\omega(\tau+\tau_1)}{4}\sin\frac{\omega(\tau-\tau_1)}{4}$$

当 $\tau=2\tau_1$ 时

$$F(\omega)=\frac{8E}{\omega^2\tau_1}\sin\frac{3\omega\tau_1}{4}\sin\frac{\omega\tau_1}{4}=\frac{3E\tau_1}{2}\mathrm{Sa}\left(\frac{3\omega\tau_1}{4}\right)\mathrm{Sa}\left(\frac{\omega\tau_1}{4}\right)$$

频谱图如解图 3-26b 所示。

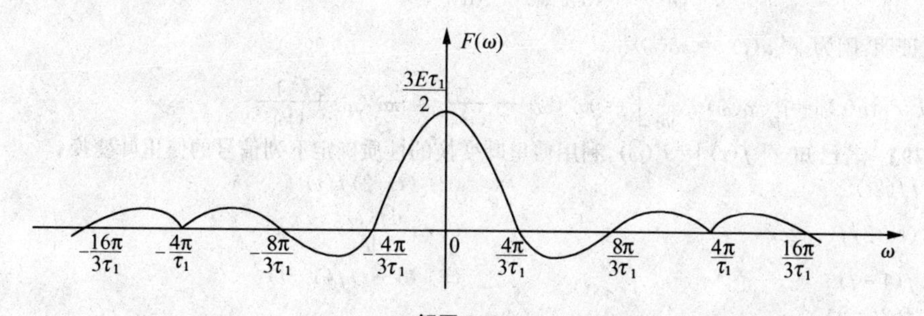

解图 3-26b

【3-27】 利用微分定理求题图 3-27 所示半波正弦脉冲 $f(t)$及其二阶导数$\frac{d^2f(t)}{dt^2}$的频谱。

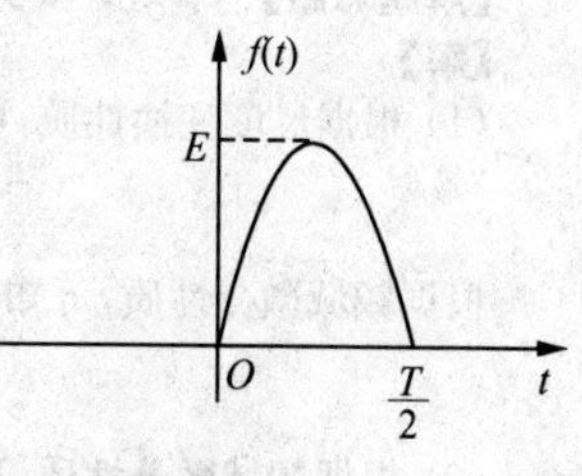

题图 3-27

【解题思路】 由于半波正弦信号的二阶导数还包含正弦信号分量，所以本题可采用傅里叶变换的微分特性。

【解】 $f(t)=E\sin(\omega_1t)\left[u(t)-u\left(t-\frac{T}{2}\right)\right]$，其中 $\omega_1=\frac{2\pi}{T}$

$$\frac{df(t)}{dt}=E\omega_1\cos(\omega_1t)\left[u(t)-u\left(t-\frac{T}{2}\right)\right]+$$

$$E\sin(\omega_1t)\left[\delta(t)-\delta\left(t-\frac{T}{2}\right)\right]$$

$$=E\omega_1\cos(\omega_1 t)\left[u(t)-u\left(t-\frac{T}{2}\right)\right]$$

$$\frac{d^2 f(t)}{dt^2}=-E\omega_1^2\sin(\omega_1 t)\left[u(t)-u\left(t-\frac{T}{2}\right)\right]+E\omega_1\cos(\omega_1 t)\left[\delta(t)-\delta\left(t-\frac{T}{2}\right)\right]$$

$$=-E\omega_1^2\sin(\omega_1 t)\left[u(t)-u\left(t-\frac{T}{2}\right)\right]+E\omega_1\left[\delta(t)+\delta\left(t-\frac{T}{2}\right)\right]$$

$$=-\omega_1^2 f(t)+E\omega_1\left[\delta(t)+\delta\left(t-\frac{T}{2}\right)\right]$$

根据时域微分特性，可知

$$F\left[\frac{d^2 f(t)}{dt^2}\right]=(j\omega)^2F(\omega)=-\omega^2F(\omega)$$

可得 $-\omega^2F(\omega)=-\omega_1^2F(\omega)+E\omega_1(1+e^{-j\omega\frac{T}{2}})$

所以 $F(\omega)=\frac{\omega_1 E}{\omega_1^2-\omega^2}(1+e^{-j\omega\frac{T}{2}})$

$$\mathscr{F}\left[\frac{d^2 f(t)}{dt^2}\right]=-\omega^2F(\omega)=\frac{\omega_1\omega^2 E}{\omega^2-\omega_1^2}(1+e^{-j\omega\frac{T}{2}})$$

【3-28】 (1) 已知 $\mathscr{F}[e^{-at}u(t)]=\frac{1}{a+j\omega}$，求 $f(t)=te^{-at}u(t)$的傅里叶变换；

(2) 证明 $tu(t)$的傅里叶变换为 $j\pi\delta'(\omega)+\frac{1}{(j\omega)^2}$。

(提示：利用频域微分定理。)

【解题思路】 根据提示，本题可采用频域微分特性。

【解】 利用频域微分性质，可知

$$F[tf(t)]=j\frac{dF(\omega)}{d\omega}$$

(1) 因为 $\mathscr{F}[e^{-at}u(t)]=\frac{1}{a+j\omega}$

所以 $\mathscr{F}[te^{-at}u(t)]=j\left(\frac{1}{a+j\omega}\right)'=j\frac{-j}{(a+j\omega)^2}=\frac{1}{(a+j\omega)^2}$

(2) 证明：因为 $\mathscr{F}[u(t)]=\pi\delta(\omega)+\frac{1}{j\omega}$

所以 $\mathscr{F}[tu(t)]=j\left[\pi\delta(\omega)+\frac{1}{j\omega}\right]'=j\pi\delta'(\omega)+j\frac{-j}{(j\omega)^2}=j\pi\delta'(\omega)+\frac{1}{(j\omega)^2}$

【3-29】 若已知 $\mathscr{F}[f(t)]=F(\omega)$，利用傅里叶变换的性质确定下列信号的傅里叶变换。

(1) $tf(2t)$

(2) $(t-2)f(t)$

(3) $(t-2)f(-2t)$

(4) $t\frac{df(t)}{dt}$

(5) $f(1-t)$

(6) $(1-t)f(1-t)$

(7) $f(2t-5)$

【解题思路】 本题需要灵活使用傅里叶变换的性质。

【解】

(1) 根据尺度变换性质，可知

$$\mathscr{F}[f(2t)]=\frac{1}{2}F\left(\frac{\omega}{2}\right)$$

根据频域微分性质，可知

$$\mathscr{F}[tf(2t)]=\frac{j}{2}\frac{d}{d\omega}F\left(\frac{\omega}{2}\right)$$

(2) 根据频域微分性质，可知

$$\mathscr{F}[tf(t)]=j\frac{dF(\omega)}{d\omega}$$

所以

$$\mathscr{F}[(t-2)f(t)]=j\frac{dF(\omega)}{d\omega}-2F(\omega)$$

(3) 根据尺度变换性质,可知

$$\mathscr{F}[f(-2t)]=\frac{1}{2}F\left(-\frac{\omega}{2}\right)$$

根据频域微分性质,可知

$$\mathscr{F}[tf(-2t)]=\frac{\mathrm{j}}{2}\frac{\mathrm{d}}{\mathrm{d}\omega}F\left(-\frac{\omega}{2}\right)$$

所以
$$\mathscr{F}[(t-2)f(-2t)]=\frac{\mathrm{j}}{2}\frac{\mathrm{d}}{\mathrm{d}\omega}F\left(-\frac{\omega}{2}\right)-F\left(-\frac{\omega}{2}\right)$$

(4) 根据时域微分性质,可知

$$\mathscr{F}\left[\frac{\mathrm{d}f(t)}{\mathrm{d}t}\right]=\mathrm{j}\omega F(\omega)$$

根据频域微分性质,可知

$$\mathscr{F}\left[t\frac{\mathrm{d}f(t)}{\mathrm{d}t}\right]=\mathrm{j}\cdot\frac{\mathrm{d}[\mathrm{j}\omega F(\omega)]}{\mathrm{d}\omega}=-F(\omega)-\omega\frac{\mathrm{d}F(\omega)}{\mathrm{d}\omega}$$

(5) 根据尺度变换性质,可知

$$\mathscr{F}[f(-t)]=F(-\omega)$$

由于 $f(1-t)=f[-(t-1)]$

根据时移特性,可知

$$\mathscr{F}[f(1-t)]=F(-\omega)\mathrm{e}^{-\mathrm{j}\omega}$$

(6) $\mathscr{F}[f(1-t)]=F(-\omega)\mathrm{e}^{-\mathrm{j}\omega}$

$$(1-t)f(1-t)=f(1-t)-tf(1-t)$$

根据频域微分性质,可知

$$\mathscr{F}[tf(1-t)]=\mathrm{j}\frac{\mathrm{d}[F(-\omega)\mathrm{e}^{-\mathrm{j}\omega}]}{\mathrm{d}\omega}=\mathrm{j}\mathrm{e}^{-\mathrm{j}\omega}\frac{\mathrm{d}F(-\omega)}{\mathrm{d}\omega}+F(-\omega)\mathrm{e}^{-\mathrm{j}\omega}$$

所以 $\mathscr{F}[(1-t)f(1-t)]=F(-\omega)\mathrm{e}^{-\mathrm{j}\omega}-\mathrm{j}\mathrm{e}^{-\mathrm{j}\omega}\frac{\mathrm{d}F(-\omega)}{\mathrm{d}\omega}-F(-\omega)\mathrm{e}^{-\mathrm{j}\omega}$

$$=-\mathrm{j}\mathrm{e}^{-\mathrm{j}\omega}\frac{\mathrm{d}F(-\omega)}{\mathrm{d}\omega}$$

(7) $f(2t-5)=f\left[2\left(t-\frac{5}{2}\right)\right]$

根据尺度变换特性,可知

$$\mathscr{F}[f(2t)]=\frac{1}{2}F\left(\frac{\omega}{2}\right)$$

根据时移特性,可知

$$\mathscr{F}[f(2t-5)]=\frac{1}{2}F\left(\frac{\omega}{2}\right)\mathrm{e}^{-\mathrm{j}\omega\frac{5}{2}}$$

【3-30】 试分别利用下列几种方法证明

$$\mathscr{F}[u(t)]=\pi\delta(\omega)+\frac{1}{\mathrm{j}\omega}$$

(1) 利用符号函数$\left[u(t)=\frac{1}{2}+\frac{1}{2}\mathrm{sgn}(t)\right]$;

(2) 利用矩形脉冲取极限($\tau\to\infty$);

(3) 利用积分定理$\left[u(t)=\int_{-\infty}^{t}\delta(\tau)\mathrm{d}\tau\right]$;

(4) 利用单边指数函数取极限$[u(t)=\lim\limits_{a\to 0}\mathrm{e}^{-at},t\geqslant 0]$。

【解题思路】 此题按照指定的方式和傅里叶变换的性质证明即可。

【解】

(1) $u(t)=\frac{1}{2}+\frac{1}{2}\mathrm{sgn}(t)$

$$\mathscr{F}\left[\frac{1}{2}\right]=\pi\delta(\omega),\mathscr{F}[\mathrm{sgn}(t)]=\frac{1}{\mathrm{j}\omega}$$

所以 $\mathscr{F}[u(t)]=\pi\delta(\omega)+\dfrac{1}{\mathrm{j}\omega}$

(2) 设 $f(t)=u(t)-u(t-\tau)$ 是一个脉宽为 τ，幅度为 1 的矩形脉冲，

$$\text{则 } \mathscr{F}[f(t)]=\int_{-\infty}^{\infty}f(t)\mathrm{e}^{-\mathrm{j}\omega t}\mathrm{d}t=\int_{-\infty}^{\infty}[u(t)-u(t-\tau)]\mathrm{e}^{-\mathrm{j}\omega t}\mathrm{d}t=\int_{0}^{\tau}\mathrm{e}^{-\mathrm{j}\omega t}\mathrm{d}t$$

$$=\frac{1}{\mathrm{j}\omega}(1-\mathrm{e}^{-\mathrm{j}\omega\tau})$$

$$u(t)=\lim_{\tau\to\infty}[u(t)-u(t-\tau)]$$

$$\mathscr{F}[u(t)]=\lim_{\tau\to\infty}\frac{1}{\mathrm{j}\omega}(1-\mathrm{e}^{-\mathrm{j}\omega\tau})=\frac{1}{\mathrm{j}\omega}-\frac{1}{\mathrm{j}\omega}\lim_{\tau\to\infty}(\cos\omega\tau-\mathrm{j}\sin\omega\tau)$$

$$=\frac{1}{\mathrm{j}\omega}-\lim_{\tau\to\infty}\frac{\cos\omega\tau}{\mathrm{j}\omega}+\lim_{\tau\to\infty}\frac{\sin\omega\tau}{\omega}=\frac{1}{\mathrm{j}\omega}+\mathrm{j}\lim_{\tau\to\infty}\frac{\cos\omega\tau}{\omega}+\lim_{\tau\to\infty}\tau\mathrm{Sa}(\omega\tau)$$

由 $\lim\limits_{\tau\to\infty}\tau\mathrm{Sa}(\omega\tau)=\pi\delta(\omega)$，$\lim\limits_{\tau\to\infty}\cos\omega\tau=0$

所以 $\mathscr{F}[u(t)]=\dfrac{1}{\mathrm{j}\omega}+\pi\delta(\omega)$

(3) 令 $f_1(t)=\delta(t)$，则 $F_1(\omega)=\mathscr{F}[\delta(t)]=1$

$$u(t)=\int_{-\infty}^{t}\delta(t)\mathrm{d}t=\int_{-\infty}^{t}f_1(t)\mathrm{d}t$$

利用时域积分特性可知

$$\mathscr{F}[u(t)]=\pi F_1(0)\delta(\omega)+\frac{F_1(\omega)}{\mathrm{j}\omega}=\pi\delta(\omega)+\frac{1}{\mathrm{j}\omega}$$

(4) 设 $f(t)=\mathrm{e}^{-at}u(t)$，其中 $a>0$

$$\mathscr{F}[f(t)]=\frac{1}{a+\mathrm{j}\omega}$$

$$u(t)=\lim_{a\to0}\mathrm{e}^{-at}u(t)$$

$$\mathscr{F}[u(t)]=\lim_{a\to0}\frac{1}{a+\mathrm{j}\omega}=\lim_{a\to0}\frac{a-\mathrm{j}\omega}{a^2+\omega^2}=\lim_{a\to0}\left[\frac{a}{a^2+\omega^2}-\frac{\mathrm{j}\omega}{a^2+\omega^2}\right]$$

$$\lim_{a\to0}\frac{\mathrm{j}\omega}{a^2+\omega^2}=\frac{\mathrm{j}}{\omega}=-\frac{1}{\mathrm{j}\omega}$$

$$\lim_{a\to0}\frac{a}{a^2+\omega^2}=\pi\delta(\omega)$$

所以
$$\mathscr{F}[u(t)]=\pi\delta(\omega)+\frac{1}{\mathrm{j}\omega}$$

【3-31】 已知题图 3-31 中两矩形脉冲 $f_1(t)$ 及 $f_2(t)$，且

$$\mathscr{F}[f_1(t)]=E_1\tau_1\mathrm{Sa}\left(\frac{\omega\tau_1}{2}\right)$$

$$\mathscr{F}[f_2(t)]=E_2\tau_2\mathrm{Sa}\left(\frac{\omega\tau_2}{2}\right)$$

(1) 画出 $f_1(t)*f_2(t)$ 的图形；

(2) 求 $f_1(t)*f_2(t)$ 的频谱，并与习题 3-26 所用的方法进行比较。

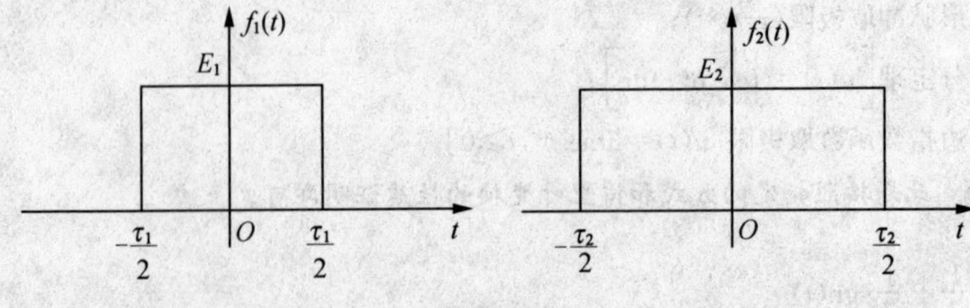

题图 3-31

【解题思路】 对时域波形的卷积，利用卷积的微积分性质。求时域信号卷积的傅里叶变换，可利用

傅里叶变换的时域卷积定理。

【解】

(1) $f_1(t) * f_2(t) = f'_1(t) * \int_{-\infty}^{t} f(\tau)\mathrm{d}\tau$

$f_1(t)$导数和 $f_2(t)$积分的波形如解图 3-31a 所示。

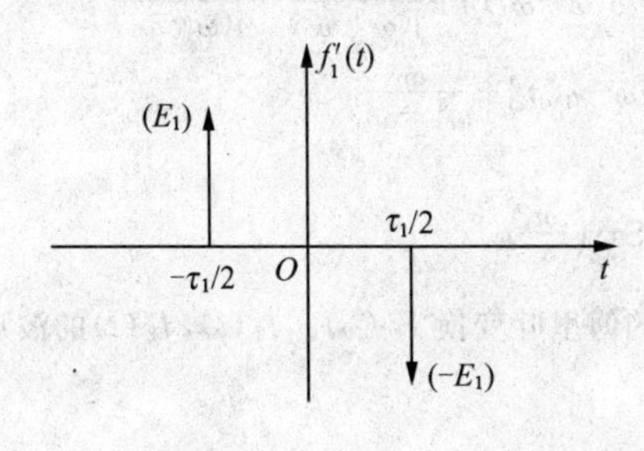

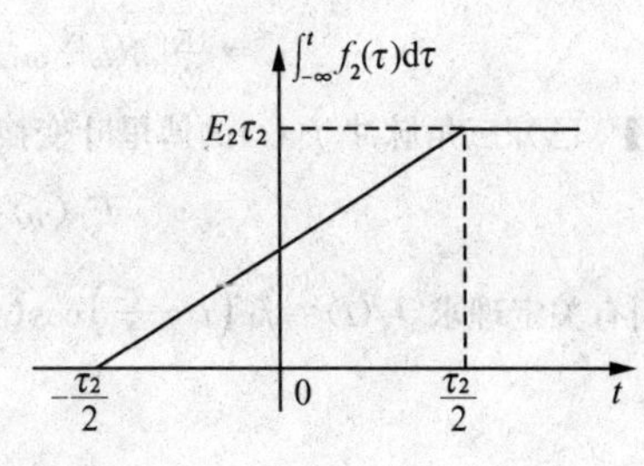

解图 3-31a

利用与冲激函数的卷积性质，两者的卷积波形如解图 3-31b 所示。

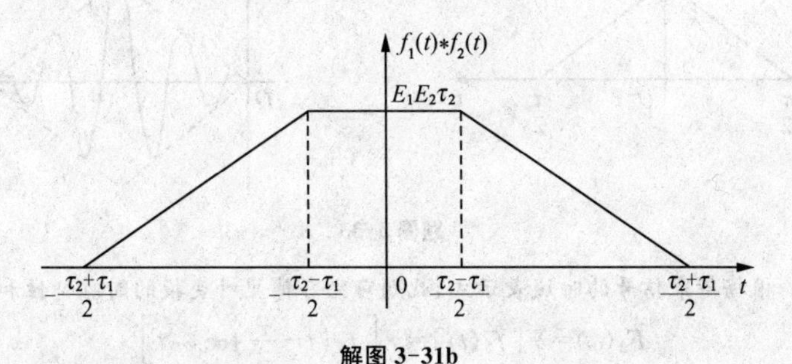

解图 3-31b

(3) 利用时域卷积定理，可知

$$\mathscr{F}[f_1(t) * f_2(t)] = F_1(\omega) \cdot F_2(\omega) = E_1 E_2 \tau_1 \tau_2 \mathrm{Sa}\left(\frac{\omega\tau_1}{2}\right)\mathrm{Sa}\left(\frac{\omega\tau_2}{2}\right)$$

本小题和习题 3-26 都是求梯形脉冲的傅里叶变换，习题 3-26 采用了傅里叶变换的微分性质，本小题利用了傅里叶变换的卷积定理。只要灵活地掌握傅里叶变换的性质，对同一个问题，可以从不同的角度利用不同的性质来求解。

【3-32】 已知阶跃函数和正弦、余弦函数的傅里叶变换：

$$\mathscr{F}[u(t)] = \frac{1}{\mathrm{j}\omega} + \pi\delta(\omega)$$

$$\mathscr{F}[\cos(\omega_0 t)] = \pi[\delta(\omega+\omega_0) + \delta(\omega-\omega_0)]$$

$$\mathscr{F}[\sin(\omega_0 t)] = \mathrm{j}\pi[\delta(\omega+\omega_0) - \delta(\omega-\omega_0)]$$

求单边正弦函数和单边余弦函数的傅里叶变换。

【解题思路】 本题求两个时域相乘信号的傅里叶变换，可利用频域卷积定理求解。

【解】 根据频域卷积定理可知，

$$\begin{aligned}\mathscr{F}[\cos(\omega_0 t)u(t)] &= \frac{1}{2\pi}\mathscr{F}[\cos(\omega_0 t)] * \mathscr{F}[u(t)] \\ &= \frac{1}{2\pi} \cdot \pi[\delta(\omega+\omega_0) + \delta(\omega-\omega_0)] * \left[\pi\delta(\omega) + \frac{1}{\mathrm{j}\omega}\right] \\ &= \frac{1}{2}\left\{\pi[\delta(\omega+\omega_0) + \delta(\omega-\omega_0)] + \frac{1}{\mathrm{j}(\omega+\omega_0)} + \frac{1}{\mathrm{j}(\omega-\omega_0)}\right\} \\ &= \frac{\pi}{2}[\delta(\omega+\omega_0) + \delta(\omega-\omega_0)] + \frac{\mathrm{j}\omega}{\omega_0^2 - \omega^2}\end{aligned}$$

$$\begin{aligned}\mathscr{F}[\sin(\omega_0 t)u(t)] &= \frac{1}{2\pi}\mathscr{F}[\sin(\omega_0 t)] * \mathscr{F}[u(t)] \\ &= \frac{\mathrm{j}}{2\pi}\cdot\pi[\delta(\omega+\omega_0)-\delta(\omega-\omega_0)] * \left[\pi\delta(\omega)+\frac{1}{\mathrm{j}\omega}\right] \\ &= \frac{\mathrm{j}}{2}\left\{\pi[\delta(\omega+\omega_0)-\delta(\omega-\omega_0)]+\frac{1}{\mathrm{j}(\omega+\omega_0)}-\frac{1}{\mathrm{j}(\omega-\omega_0)}\right\} \\ &= \frac{\mathrm{j}\pi}{2}[\delta(\omega+\omega_0)-\delta(\omega-\omega_0)]+\frac{\omega}{\omega_0^2-\omega^2}\end{aligned}$$

【3-33】 已知三角脉冲 $f_1(t)$ 的傅里叶变换为

$$F_1(\omega)=\frac{E\tau}{2}\mathrm{Sa}^2\left(\frac{\omega\tau}{4}\right)$$

试利用有关定理求 $f_2(t)=f_1\left(t-\frac{\tau}{2}\right)\cos(\omega_0 t)$ 的傅里叶变换 $F_2(\omega)$。$f_1(t)$，$f_2(t)$ 的波形如题图 3-33 所示。

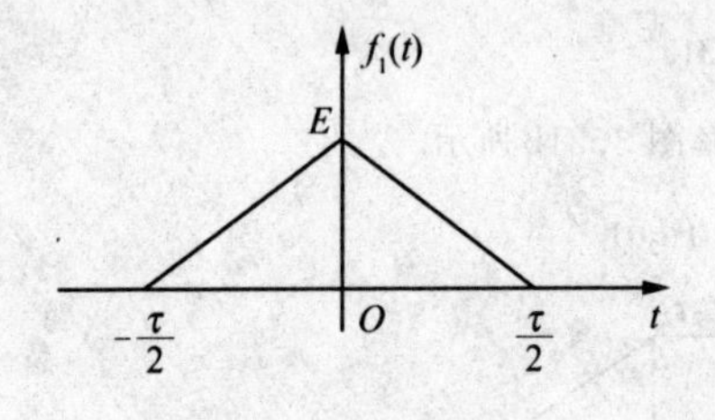

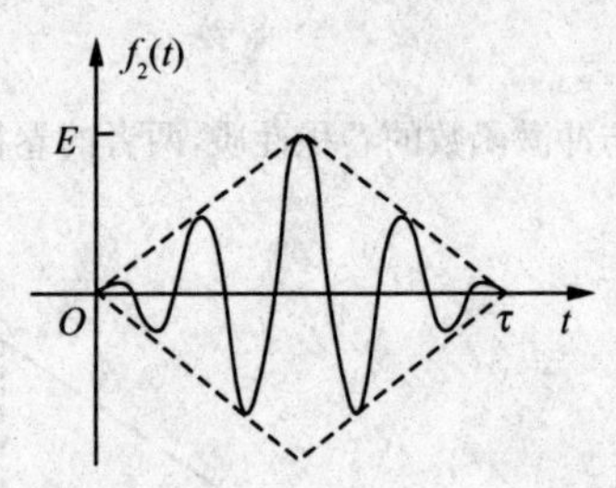

题图 3-33

【解题思路】 根据待求信号的时域表示式，此题可结合傅里叶变换的时移特性和频移特性求解。

【解】

$$F_2(\omega)=\mathscr{F}[f_2(t)]=\mathscr{F}\left[f_1\left(t-\frac{\tau}{2}\right)\cos\omega_0 t\right]$$

根据时移特性，可得

$$\mathscr{F}\left[f_1\left(t-\frac{\tau}{2}\right)\right]=\frac{E\tau}{2}\mathrm{Sa}^2\left(\frac{\omega\tau}{4}\right)\mathrm{e}^{-\mathrm{j}\omega\frac{\tau}{2}}$$

根据欧拉公式，可知

$$f_1\left(t-\frac{\tau}{2}\right)\cos(\omega_0 t)=f_1\left(t-\frac{\tau}{2}\right)\cdot\frac{\mathrm{e}^{\mathrm{j}\omega_0 t}+\mathrm{e}^{\mathrm{j}\omega_0 t}}{2}$$

根据频移性质，可得，

$$\begin{aligned}\mathscr{F}\left[f_1\left(t-\frac{\tau}{2}\right)\cos(\omega_0 t)\right] &= \frac{E\tau}{4}\left\{\mathrm{Sa}^2\left[\frac{(\omega+\omega_0)\tau}{4}\right]\mathrm{e}^{-\mathrm{j}(\omega+\omega_0)\frac{\tau}{2}}+\mathrm{Sa}^2\left[\frac{(\omega-\omega_0)\tau}{4}\right]\mathrm{e}^{-\mathrm{j}(\omega-\omega_0)\frac{\tau}{2}}\right\} \\ &= \frac{E\tau}{4}\mathrm{e}^{-\mathrm{j}\omega\frac{\tau}{2}}\left\{\mathrm{Sa}^2\left[\frac{(\omega+\omega_0)\tau}{4}\right]\mathrm{e}^{-\mathrm{j}\omega_0\frac{\tau}{2}}+\mathrm{Sa}^2\left[\frac{(\omega-\omega_0)\tau}{4}\right]\mathrm{e}^{\mathrm{j}\omega_0\frac{\tau}{2}}\right\}\end{aligned}$$

【3-34】 若 $f(t)$ 的频谱 $F(\omega)$ 如题图 3-34 所示，利用卷积定理粗略画出 $f(t)\cos(\omega_0 t)$，$f(t)\mathrm{e}^{\mathrm{j}\omega_0 t}$，$f(t)\cos(\omega_1 t)$ 的频谱(注明谱频的边界频率)。

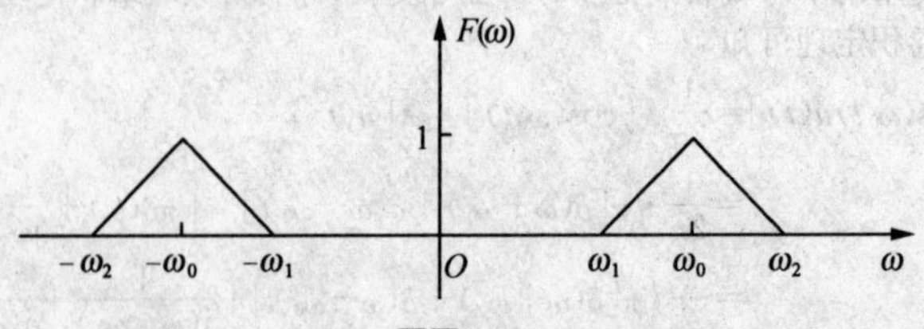

题图 3-34

【解题思路】 两个信号时域相乘对应频域卷积。本题存在频谱搬移，也就是通信中通常所说的"调制"，画频谱图时注意频谱搬移的位置信息和幅度信息。

【解】
$$\mathscr{F}[\cos\omega_0 t]=\pi[\delta(\omega+\omega_0)+\delta(\omega-\omega_0)]$$

根据时域卷积定理

$$\mathscr{F}[f(t)\cos\omega_0 t]=\frac{1}{2\pi}F(\omega)*\pi[\delta(\omega+\omega_0)+\delta(\omega-\omega_0)]=\frac{1}{2}[F(\omega+\omega_0)+F(\omega-\omega_0)]$$

其频谱图如解图 3-34a 所示。

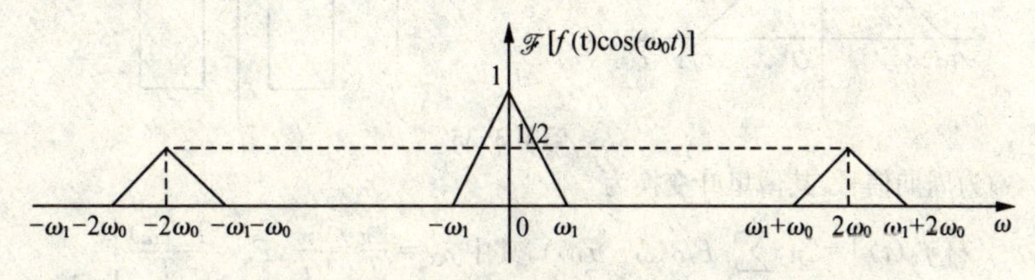

解图 3-34a

$$\mathscr{F}[e^{j\omega_0 t}]=2\pi\delta(\omega-\omega_0)$$

根据时域卷积定理

$$\mathscr{F}[f(t)e^{j\omega_0 t}]=\frac{1}{2\pi}F(\omega)*2\pi\delta(\omega-\omega_0)=F(\omega-\omega_0)$$

其频谱图如解图 3-34b 所示。

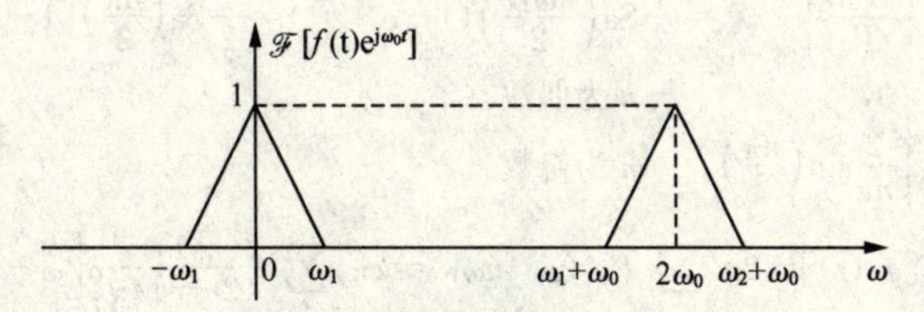

解图 3-34b

$$\mathscr{F}[\cos\omega_1 t]=\pi[\delta(\omega+\omega_1)+\delta(\omega-\omega_1)]$$

根据时域卷积定理

$$\mathscr{F}[f(t)\cos\omega_1 t]=\frac{1}{2\pi}F(\omega)*\pi[\delta(\omega+\omega_1)+\delta(\omega-\omega_1)]=\frac{1}{2}[F(\omega+\omega_1)+F(\omega-\omega_1)]$$

其频谱图如解图 3-34c 所示。

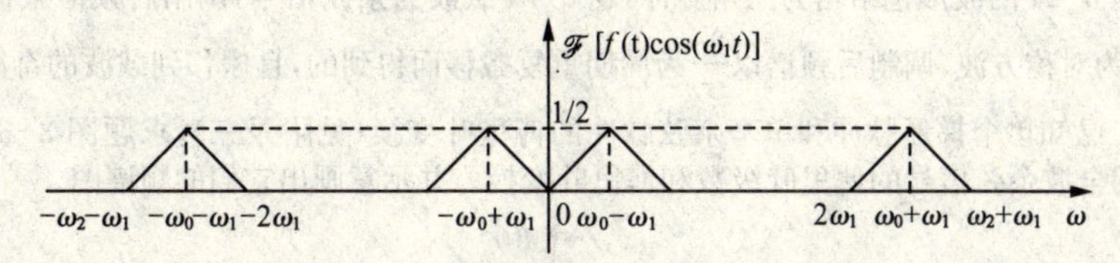

解图 3-34c

【3-35】 求题图 3-35 所示信号的频谱(包络为三角脉冲,载波为对称方波)。并说明与题图 3-24 所示信号频谱的区别。

【解题思路】 此题可以把原信号分解为三角脉冲和周期对称方波的乘积。利用傅里叶变换的频域卷积定理,两个信号时域相乘对应频域卷积。注意周期信号傅里叶变换的求解方法。

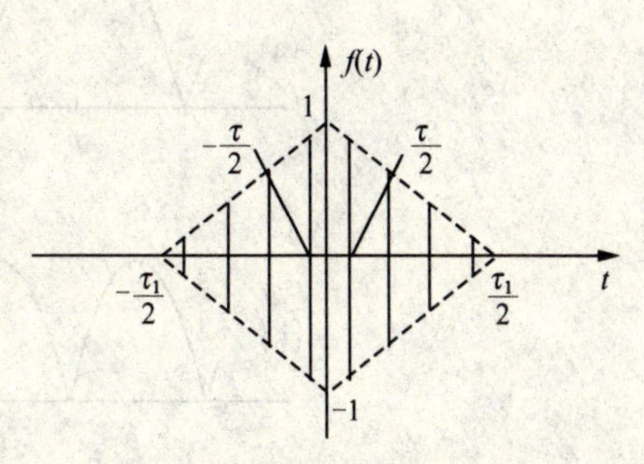

题图 3-35

【解】 信号 $f(t)$ 可看作解图 3-35 中两个信号的乘积,即 $f(t)=f_1(t)\cdot f_2(t)$

$$F_1(\omega)=\mathscr{F}[f_1(t)]=\frac{\tau_1}{2}\mathrm{Sa}^2\left(\frac{\omega\tau_1}{4}\right)$$

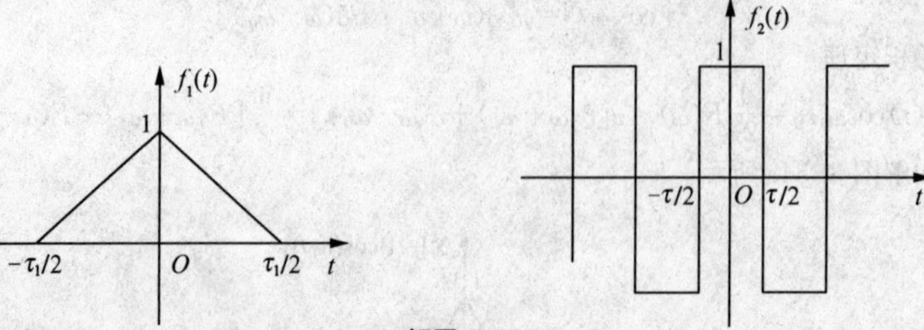

解图 3-35

由于 $f_2(t)$为周期信号,其傅里叶变换为

$$\mathscr{F}[f_2(t)]=2\pi\sum_{n=-\infty}^{\infty}F_n\delta(\omega-n\omega_1),\text{其中 }\omega_1=\frac{2\pi}{T}=\frac{\pi}{\tau},F_n=\left.\frac{F_0(\omega)}{T}\right|_{\omega=n\omega_1}$$

$F_0(\omega)$为 $f_2(t)$中取一个周期的傅里叶变换,这里取 $t\in\left(-\frac{\tau}{2},\frac{3\tau}{2}\right)$

即 $f_0(t)=u\left(t+\frac{\tau}{2}\right)-u\left(t-\frac{\tau}{2}\right)-\left[u\left(t-\frac{\tau}{2}\right)-u\left(t-\frac{3\tau}{2}\right)\right]$

所以 $F_0(\omega)=\tau\mathrm{Sa}\left(\frac{\omega\tau}{2}\right)[1-\mathrm{e}^{-\mathrm{j}\omega\tau}]$

$$F_n=\left.\frac{F_0(\omega)}{T}\right|_{\omega=n\omega_1}=\frac{1}{2}\mathrm{Sa}\left(\frac{n\omega_1\tau}{2}\right)(1-\mathrm{e}^{-\mathrm{j}n\omega_1\tau})=\frac{1}{2}\mathrm{Sa}\left(\frac{n\pi}{2}\right)[1-(-1)^n]$$

$$=\begin{cases}0, & n\text{ 为偶数}\\ \dfrac{2}{n\pi}\sin\left(\dfrac{n\pi}{2}\right), & n\text{ 为奇数}\end{cases}$$

$$F_2(\omega)=F[f_2(t)]=2\pi\sum_{n=-\infty}^{\infty}F_n\delta(\omega-n\omega_1)=2\pi\sum_{n=-\infty}^{\infty}\frac{2(-1)^{n+1}}{(2n-1)\pi}\delta\left[\omega-\frac{(2n-1)\pi}{\tau}\right]$$

所以

$$\mathscr{F}[f(t)]=\mathscr{F}[f_1(t)\cdot f_2(t)]=\frac{1}{2\pi}F_1(\omega)*F_2(\omega)=\sum_{n=-\infty}^{\infty}\frac{(-1)^{n+1}\tau_1}{(2n-1)}\mathrm{Sa}^2\left\{\frac{\left[\omega-\frac{(2n-1)\pi}{\tau}\right]\tau_1}{4}\right\}$$

$$F(\omega)=\frac{\tau_1}{4}\left\{\mathrm{Sa}^2\left[\frac{(\omega+\omega_0)\tau_1}{4}\right]+\mathrm{Sa}^2\left[\frac{(\omega-\omega_0)\tau_1}{4}\right]\right\}$$

本题和题 3-24 的波形包络均为三角脉冲,题 3-24 载波为余弦信号,调制后频谱搬移到 ω_0 和 $-\omega_0$ 处,本题载波为对称方波,调制后频谱以$\frac{2\pi}{\tau}$为周期重复搬移而得到的,且搬移到载波的奇次谐波处。

【3-36】 已知单个梯形脉冲和单个余弦脉冲的傅里叶变换(见附录三),求题图 3-36 所示周期梯形信号和周期全波余弦信号的傅里叶级数和傅里叶变换。并示意画出它们的频谱图。

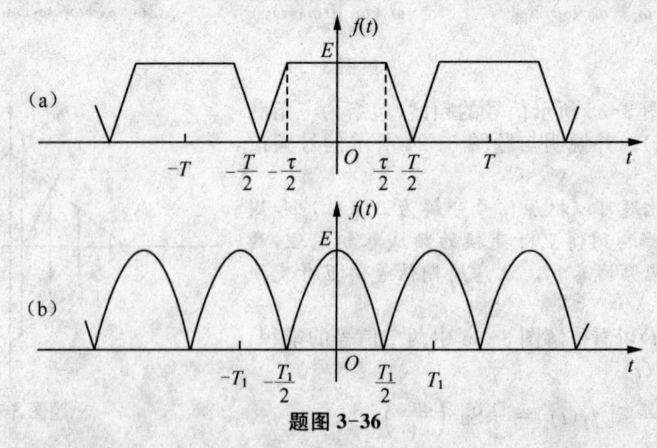

题图 3-36

【解题思路】 此题是求解周期信号的傅里叶变换。可先从周期信号中截取一个周期的信号，对其进行傅里叶变换，求出傅里叶级数的系数 F_n，再代入教材(3-89)公式中即可。

【解】 周期信号的傅里叶级数为 $f(t)=\sum\limits_{n=-\infty}^{\infty}F_n e^{jn\omega_1 t}\quad \omega_1=\frac{2\pi}{T}$

周期信号的傅里叶变换为 $F(\omega)=2\pi\sum\limits_{n=-\infty}^{\infty}F_n\delta(\omega-n\omega_1)$

其中傅里叶系数 $F_n=\frac{1}{T_1}F_0(\omega)|_{\omega=n\omega_1}$，其中 $F_0(\omega)$ 为周期信号中截取一个周期的傅里叶变换，T_1 为周期信号的周期。

(1) 当 $f(t)$ 为题图 3-36(a)所示的周期梯形信号时，选取 $f_0(t)$ 为 $\left(-\frac{T}{2},\frac{T}{2}\right)$ 的单个梯形脉冲，查附录三可知，

$$F_0(\omega)=\frac{8E}{(T-\tau)\omega^2}\sin\left[\frac{\omega(T+\tau)}{4}\right]\sin\left[\frac{\omega(T-\tau)}{4}\right]$$

$$\begin{aligned}F_n=\frac{1}{T}F_0(\omega)|_{\omega=n\omega_1}&=\frac{8E}{T(T-\tau)}\cdot\frac{T^2}{4n^2\pi^2}\sin\left[\frac{2n\pi(T+\tau)}{4T}\right]\sin\left[\frac{2n\pi(T-\tau)}{4T}\right]\quad\left(\omega_1=\frac{2\pi}{T}\right)\\&=\frac{2ET}{n^2\pi^2(T-\tau)}\sin\left[\frac{n\pi(T+\tau)}{2T}\right]\sin\left[\frac{n\pi(T-\tau)}{2T}\right]\end{aligned}$$

所以 $f(t)$ 的傅里叶级数为：

$$f(t)=\frac{2ET}{\pi^2(T-\tau)}\sum_{n=-\infty}^{\infty}\frac{1}{n^2}\sin\left[\frac{n\pi(T+\tau)}{2T}\right]\sin\left[\frac{n\pi(T-\tau)}{2T}\right]e^{jn\omega_1 t}\quad\left(\omega_1=\frac{2\pi}{T}\right)$$

$f(t)$ 的傅里叶变换为：

$$F(\omega)=\frac{4ET}{\pi(T-\tau)}\sum_{n=-\infty}^{\infty}\frac{1}{n^2}\sin\left[\frac{n\pi(T+\tau)}{2T}\right]\sin\left[\frac{n\pi(T-\tau)}{2T}\right]\delta(\omega-n\omega_1)\quad\left(\omega_1=\frac{2\pi}{T}\right)$$

频谱图如解图 3-36a 所示。

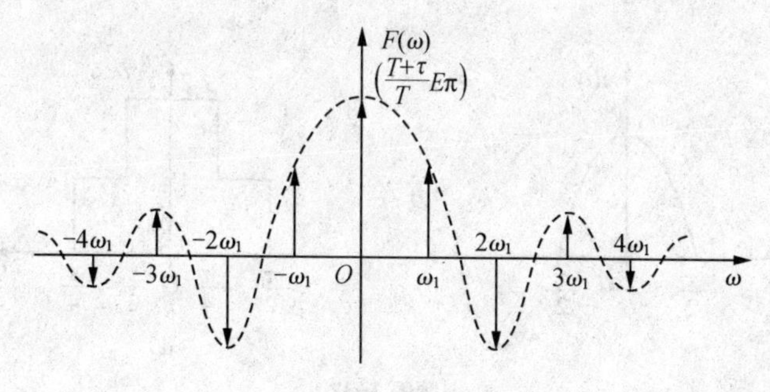

解图 3-36a

(2) 当 $f(t)$ 为题图 3-36(b)所示的周期全波余弦信号时，选取 $f_0(t)$ 为 $\left(-\frac{T}{2},\frac{T}{2}\right)$ 的单个余弦脉冲，查附录三可知，

$$F_0(\omega)=\frac{2ET_1}{\pi}\frac{\cos\left(\frac{\omega T_1}{2}\right)}{\left[1-\left(\frac{\omega T_1}{\pi}\right)^2\right]}$$

$$F_n=\frac{1}{T_1}F_0(\omega)|_{\omega=n\omega_1}=\frac{2E}{\pi}\cdot\frac{\cos(n\pi)}{[1-4n^2]}\quad\left(\omega_1=\frac{2\pi}{T_1}\right)$$

所以 $f(t)$ 的傅里叶级数为：

$$f(t)=\frac{2E}{\pi}\sum_{n=-\infty}^{\infty}\frac{\cos(n\pi)}{[1-4n^2]}e^{jn\omega_1 t}\quad\left(\omega_1=\frac{2\pi}{T_1}\right)$$

$f(t)$ 的傅里叶变换为：

$$F(\omega)=4E\sum_{n=-\infty}^{\infty}\frac{\cos(n\pi)}{[1-4n^2]}\delta(\omega-n\omega_1)\quad\left(\omega_1=\frac{2\pi}{T_1}\right)$$

频谱图如解图 3-36b 所示。

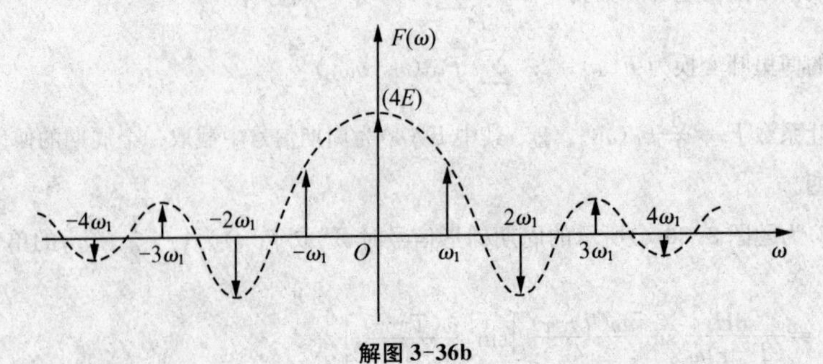

解图 3-36b

【3-37】 已知矩形脉冲和余弦脉冲信号的傅里叶变换(见附录三),根据傅里叶变换的定义和性质,利用三种以上的方法计算题图 3-37 所示各脉冲信号的傅里叶变换,并比较三种方法。

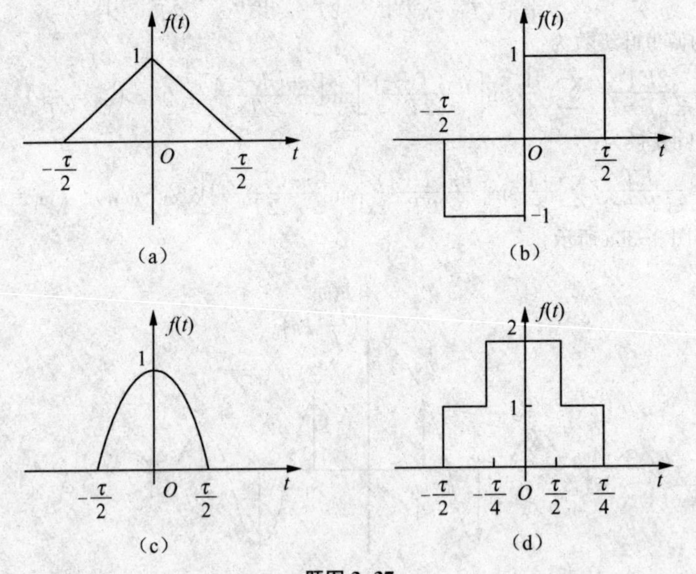

题图 3-37

【解题思路】 求信号的傅里叶变换存在多种方法,既可以利用傅里叶变换的定义式,也可以利用傅里叶变换的性质,针对同一问题,用不同的性质求解难易程度也有所不同。注意要根据信号的特点,灵活掌握各种求解方法。

【解】

(a) 根据波形,可知 $f(t)$ 的表达式为:

$$f(t)=\left(\frac{2}{\tau}t+1\right)\left[u\left(t+\frac{\tau}{2}\right)-u(t)\right]+\left(-\frac{2}{\tau}t+1\right)\left[u(t)-u\left(t-\frac{\tau}{2}\right)\right]$$

方法一:利用傅里叶变换的定义式。

$$F(\omega)=\int_{-\infty}^{\infty}f(t)\mathrm{e}^{-\mathrm{j}\omega t}\,\mathrm{d}t=\int_{-\tau/2}^{0}\left(\frac{2t}{\tau}+1\right)\mathrm{e}^{-\mathrm{j}\omega t}\,\mathrm{d}t+\int_{0}^{\tau/2}\left(-\frac{2t}{\tau}+1\right)\mathrm{e}^{-\mathrm{j}\omega t}\,\mathrm{d}t$$

$$=\frac{2}{\tau}\left[-\frac{\tau}{2\mathrm{j}\omega}\mathrm{e}^{\mathrm{j}\omega\tau/2}+\frac{1}{\omega^2}(1-\mathrm{e}^{\mathrm{j}\omega\tau/2})\right]-\frac{1}{\mathrm{j}\omega}(1-\mathrm{e}^{\mathrm{j}\omega\tau/2})-\frac{2}{\tau}\left[-\frac{\tau}{2\mathrm{j}\omega}\mathrm{e}^{-\mathrm{j}\omega\tau/2}+\frac{1}{\omega^2}(\mathrm{e}^{-\mathrm{j}\omega\tau/2}-1)\right]-\frac{1}{\mathrm{j}\omega}(\mathrm{e}^{-\mathrm{j}\omega\tau/2}-1)$$

$$=\frac{1}{\mathrm{j}\omega}(\mathrm{e}^{\mathrm{j}\omega\tau/2}+\mathrm{e}^{-\mathrm{j}\omega\tau/2})+\frac{2}{\omega^2\tau}(1-\mathrm{e}^{\mathrm{j}\omega\tau/2}+1-\mathrm{e}^{-\mathrm{j}\omega\tau/2})-\frac{1}{\mathrm{j}\omega}(-\mathrm{e}^{\mathrm{j}\omega\tau/2}+\mathrm{e}^{-\mathrm{j}\omega\tau/2})$$

$$=\frac{2}{\omega^2\tau}[e^{j\omega\tau/4}(e^{-j\omega\tau/4}-e^{-j\omega\tau/4})+e^{-j\omega\tau/4}(e^{j\omega\tau/4}-e^{-j\omega\tau/4})]$$

$$=\frac{2}{\omega^2\tau}\left[-2j\sin\left(\frac{\omega\tau}{4}\right)e^{j\omega\tau/4}+2j\sin\left(\frac{\omega\tau}{4}\right)e^{-j\omega\tau/4}\right]=\frac{8}{\omega^2\tau}\sin^2\left(\frac{\omega\tau}{4}\right)=\frac{\tau}{2}\mathrm{Sa}^2\left(\frac{\omega\tau}{4}\right)$$

方法二：对题图 3-37(a)波形求导，可得 $f'(t)$的波形如解图 3-37a(1)所示。

$$f'(t)=\frac{2}{\tau}\left[u\left(t+\frac{\tau}{2}\right)-u(t)\right]-\frac{2}{\tau}\left[u(t)-u\left(t-\frac{\tau}{2}\right)\right]$$

设 $f_0(t)=u\left(t+\frac{\tau}{4}\right)-u\left(t-\frac{\tau}{4}\right)$

则 $F_0(\omega)=F\left[u\left(t+\frac{\tau}{4}\right)-u\left(t-\frac{\tau}{4}\right)\right]=\frac{\tau}{2}\mathrm{Sa}\left(\frac{\omega\tau}{4}\right)$

$$f'(t)=\frac{2}{\tau}f_0\left(t+\frac{\tau}{4}\right)-\frac{2}{\tau}f_0\left(t-\frac{\tau}{4}\right)$$

根据傅里叶变换的时移特性，可知

$$F[f'(t)]=\frac{2}{\tau}F_0(\omega)e^{j\omega\frac{\tau}{4}}-\frac{2}{\tau}F_0(\omega)e^{-j\omega\frac{\tau}{4}}=\frac{2}{\tau}F_0(\omega)\cdot 2j\sin\left(\frac{\omega\tau}{4}\right)=2j\mathrm{Sa}\left(\frac{\omega\tau}{4}\right)\sin\left(\frac{\omega\tau}{4}\right)$$

利用傅里叶变换的时域积分特性，可知

$$F(\omega)=F[f(t)]=\frac{2j\mathrm{Sa}\left(\frac{\omega\tau}{4}\right)\sin\left(\frac{\omega\tau}{4}\right)}{j\omega}=\frac{\tau}{2}\mathrm{Sa}^2\left(\frac{\omega\tau}{4}\right)$$

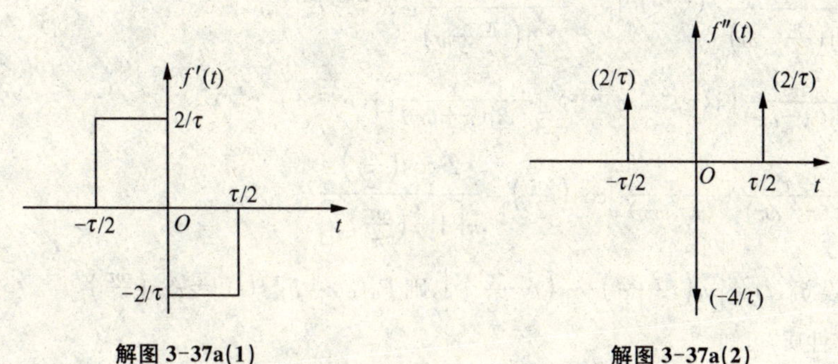

解图 3-37a(1)　　　　**解图 3-37a(2)**

方法三：对题图 3-37(a)波形求两阶导数，可得 $f''(t)$的波形如解图 3-37a(2)所示。

则 $F[f''(t)]=F\left[\frac{2}{\tau}\delta\left(t+\frac{\tau}{2}\right)-\frac{4}{\tau}\delta(t)+\frac{2}{\tau}\delta\left(t-\frac{\tau}{2}\right)\right]$

$$=\frac{2}{\tau}(e^{j\omega\tau/2}-2+e^{-j\omega\tau/2})=\frac{2}{\tau}\left[2\cos\left(\frac{\omega\tau}{2}\right)-2\right]=-\frac{8}{\tau}\sin^2\left(\frac{\omega\tau}{4}\right)$$

根据时域微分性质可知，$F[f''(t)]=(j\omega)^2F[f(t)]=(j\omega)^2F(\omega)$

所以
$$F(\omega)=\frac{F_1(\omega)}{(j\omega)^2}=\frac{8}{\omega^2\tau}\sin^2\left(\frac{\omega\tau}{4}\right)=\frac{\tau}{2}\mathrm{Sa}^2\left(\frac{\omega\tau}{4}\right)$$

(b) 方法一：利用傅里叶变换的定义式

$$F(\omega)=\int_{-\infty}^{\infty}f(t)e^{-j\omega t}dt=\int_{-\tau/2}^{0}(-1)e^{-j\omega t}dt+\int_{0}^{\tau/2}e^{-j\omega t}dt$$

$$=\frac{1}{j\omega}e^{-j\omega t}\Big|_{-\tau/2}^{0}-\frac{1}{j\omega}e^{-j\omega t}\Big|_{0}^{\tau/2}=\frac{1}{j\omega}[1-e^{j\omega\tau/2}+1-e^{-j\omega\tau/2}]$$

$$=\frac{1}{j\omega}[e^{j\omega\tau/4}(e^{-j\omega\tau/4}-e^{j\omega\tau/4})+e^{-j\omega\tau/4}(e^{j\omega\tau/4}-e^{-j\omega\tau/4})]$$

$$=\frac{4}{j\omega}\sin^2\left(\frac{\omega\tau}{4}\right)=-j\frac{\omega\tau^2}{4}\mathrm{Sa}^2\left(\frac{\omega\tau}{4}\right)$$

方法二：设 $f_0(t)=u\left(t+\frac{\tau}{4}\right)-u\left(t-\frac{\tau}{4}\right)$，则 $F_0(\omega)=\frac{\tau}{2}\mathrm{Sa}\left(\frac{\omega\tau}{4}\right)$

$f(t)=f_0\left(t-\frac{\tau}{4}\right)-f_0\left(t+\frac{\tau}{4}\right)$，则

$$F_1(\omega)=F_0(\omega)(\mathrm{e}^{-\mathrm{j}\omega\tau/4}-\mathrm{e}^{\mathrm{j}\omega\tau/4})=-2\mathrm{j}\sin\left(\frac{\omega\tau}{4}\right)\cdot\frac{\tau}{2}\mathrm{Sa}\left(\frac{\omega\tau}{4}\right)=-\mathrm{j}\frac{\omega\tau^2}{4}\mathrm{Sa}^2\left(\frac{\omega\tau}{4}\right)$$

方法三：对题图 3-37(b)波形求导，可得 $f'(t)$的波形如解图 3-37b 所示。

$$f'(t)=-\delta\left(t+\frac{\tau}{2}\right)+2\delta(t)-\delta\left(t-\frac{\tau}{2}\right)$$

$$F[f'(t)]=-\mathrm{e}^{\mathrm{j}\omega t/2}+2-\mathrm{e}^{-\mathrm{j}\omega t/2}=2-2\cos\left(\frac{\omega\tau}{2}\right)=4\sin^2\left(\frac{\omega\tau}{4}\right)$$

$$F(\omega)=F[f(t)]=\frac{4\sin^2\left(\frac{\omega\tau}{4}\right)}{\mathrm{j}\omega}=-\mathrm{j}\frac{\omega\tau^2}{4}\mathrm{Sa}^2\left(\frac{\omega\tau}{4}\right)$$

解图 3-37b

(c) 根据波形，可知 $f(t)$的表达式为：

$$f(t)=\left[u\left(t+\frac{\tau}{2}\right)-u\left(t-\frac{\tau}{2}\right)\right]\cos\left(\frac{\pi}{\tau}t\right)$$

方法一：利用傅里叶变换的定义式

$$F(\omega)=\int_{-\infty}^{\infty}f(t)\mathrm{e}^{-\mathrm{j}\omega t}\,\mathrm{d}t=\int_{-\tau/2}^{\tau/2}\cos\left(\frac{\pi}{\tau}t\right)\mathrm{e}^{-\mathrm{j}\omega t}\,\mathrm{d}t=\frac{1}{2}\int_{-\tau/2}^{\tau/2}(\mathrm{e}^{\mathrm{j}\frac{\pi}{\tau}t}+\mathrm{e}^{-\mathrm{j}\frac{\pi}{\tau}t})\mathrm{e}^{-\mathrm{j}\omega t}\,\mathrm{d}t$$

$$=\frac{1}{2}\int_{-\tau/2}^{\tau/2}[\mathrm{e}^{\mathrm{j}\left(\frac{\pi}{\tau}-\omega\right)t}+\mathrm{e}^{-\mathrm{j}\left(\frac{\pi}{\tau}+\omega\right)t}]\mathrm{d}t$$

$$=\frac{1}{2\mathrm{j}\left(\frac{\pi}{\tau}-\omega\right)}\mathrm{e}^{\mathrm{j}\left(\frac{\pi}{\tau}-\omega\right)t}\Big|_{-\tau/2}^{\tau/2}-\frac{1}{2\mathrm{j}\left(\frac{\pi}{\tau}+\omega\right)}\mathrm{e}^{-\mathrm{j}\left(\frac{\pi}{\tau}+\omega\right)t}\Big|_{-\tau/2}^{\tau/2}$$

$$=\frac{\tau}{2\mathrm{j}(\pi-\omega\tau)}[\mathrm{j}(\mathrm{e}^{\mathrm{j}\omega\frac{\tau}{2}}+\mathrm{e}^{-\mathrm{j}\omega\frac{\tau}{2}})]+\frac{\tau}{2\mathrm{j}(\pi+\omega\tau)}[\mathrm{j}(\mathrm{e}^{\mathrm{j}\omega\frac{\tau}{2}}+\mathrm{e}^{-\mathrm{j}\omega\frac{\tau}{2}})]$$

$$=\left[\frac{\tau}{(\pi-\omega\tau)}+\frac{\tau}{(\pi+\omega\tau)}\right]\cos\left(\frac{\omega\tau}{2}\right)=\frac{2\tau\cos\left(\frac{\omega\tau}{2}\right)}{\pi\left[1-\left(\frac{\omega\tau}{\pi}\right)^2\right]}$$

方法二：设 $f_0(t)=\left[u\left(t+\frac{\tau}{2}\right)-u\left(t-\frac{\tau}{2}\right)\right]$，则 $F_0(\omega)=F[f(t)]=\tau\mathrm{Sa}\left(\frac{\omega\tau}{2}\right)$

利用频移性质，可知

$$F(\omega)=\frac{1}{2}\left[F_0\left(\omega-\frac{\pi}{\tau}\right)+F_0\left(\omega+\frac{\pi}{\tau}\right)\right]=\frac{\tau}{2}\left[\mathrm{Sa}\left(\frac{\omega\tau-\pi}{2}\right)+\mathrm{Sa}\left(\frac{\omega\tau+\pi}{2}\right)\right]$$

$$=\frac{\tau}{2}\left[\frac{\sin\left(\frac{\omega\tau}{2}-\frac{\pi}{2}\right)}{\frac{\omega\tau-\pi}{2}}+\frac{\sin\left(\frac{\omega\tau}{2}+\frac{\pi}{2}\right)}{\frac{\omega\tau+\pi}{2}}\right]$$

$$=\tau\left[\frac{\cos\left(\frac{\omega\tau}{2}\right)}{\pi-\omega\tau}+\frac{\cos\left(\frac{\omega\tau}{2}\right)}{\pi+\omega\tau}\right]=\frac{2\tau\cos\left(\frac{\omega\tau}{2}\right)}{\pi\left[1-\left(\frac{\omega\tau}{\pi}\right)^2\right]}$$

方法三：因为 $f(t)=\left[u\left(t+\frac{\tau}{2}\right)-u\left(t-\frac{\tau}{2}\right)\right]\cos\left(\frac{\pi}{\tau}t\right)$

$$f'(t)=\left[\delta\left(t+\frac{\tau}{2}\right)-\delta\left(t-\frac{\tau}{2}\right)\right]\cos\left(\frac{\pi}{\tau}t\right)-\frac{\pi}{\tau}\left[u\left(t+\frac{\tau}{2}\right)-u\left(t-\frac{\tau}{2}\right)\right]\sin\left(\frac{\pi}{\tau}t\right)$$

$$=-\frac{\pi}{\tau}\left[u\left(t+\frac{\tau}{2}\right)-u\left(t-\frac{\tau}{2}\right)\right]\sin\left(\frac{\pi}{\tau}t\right)$$

$$f''(t)=-\frac{\pi}{\tau}\left[\delta\left(t+\frac{\tau}{2}\right)-\delta\left(t-\frac{\tau}{2}\right)\right]\sin\left(\frac{\pi}{\tau}t\right)-\left(\frac{\pi}{\tau}\right)^2\left[u\left(t+\frac{\tau}{2}\right)-u\left(t-\frac{\tau}{2}\right)\right]\cos\left(\frac{\pi}{\tau}t\right)$$

$$=\frac{\pi}{\tau}\left[\delta\left(t+\frac{\tau}{2}\right)+\delta\left(t-\frac{\tau}{2}\right)\right]-\left(\frac{\pi}{\tau}\right)^2 f(t)$$

$$F[f''(t)]=(\mathrm{j}\omega)^2F(\omega)=\frac{\pi}{\tau}[\mathrm{e}^{\mathrm{j}\omega\tau/2}+\mathrm{e}^{-\mathrm{j}\omega\tau/2}]-\left(\frac{\pi}{\tau}\right)^2F(\omega)=\frac{2\pi}{\tau}\cos\left(\frac{\omega\tau}{2}\right)-\left(\frac{\pi}{\tau}\right)^2F(\omega)$$

所以 $F(\omega)=\dfrac{\dfrac{2\pi}{\tau}\cos\left(\dfrac{\omega\tau}{2}\right)}{\left(\dfrac{\pi}{\tau}\right)^2-\omega^2}=\dfrac{2\tau}{\pi}\cdot\dfrac{\cos\left(\dfrac{\omega\tau}{2}\right)}{1-\left(\dfrac{\omega\pi}{\tau}\right)^2}$

(d) 根据波形,可知 $f(t)$的表达式为:

$$f(t)=u\left(t+\frac{\tau}{2}\right)-u\left(t+\frac{\tau}{4}\right)+2\left[u\left(t+\frac{\tau}{4}\right)-u\left(t-\frac{\tau}{4}\right)\right]+u\left(t-\frac{\tau}{4}\right)-u\left(t-\frac{\tau}{2}\right)$$

方法一:根据傅里叶变换的定义式。

$$\begin{aligned}F(\omega)&=\int_{-\infty}^{\infty}f(t)e^{-j\omega t}dt=\int_{-\tau/2}^{-\tau/4}e^{-j\omega t}dt+\int_{-\tau/4}^{\tau/4}2e^{-j\omega t}dt+\int_{\tau/4}^{\tau/2}e^{-j\omega t}dt\\&=-\frac{1}{j\omega}\left(e^{-j\omega t}\Big|_{-\tau/2}^{-\tau/4}+2e^{-j\omega t}\Big|_{-\tau/4}^{\tau/4}+e^{-j\omega t}\Big|_{\tau/4}^{\tau/2}\right)\\&=-\frac{1}{j\omega}\left(e^{j\omega\tau/4}-e^{j\omega\tau/2}+2e^{-j\omega\tau/4}-2e^{j\omega\tau/4}+e^{-j\omega\tau/2}-e^{-j\omega\tau/4}\right)\\&=\frac{1}{j\omega}\left(e^{j\omega\tau/4}-e^{-j\omega\tau/4}+e^{j\omega\tau/2}-e^{-j\omega\tau/2}\right)\\&=\frac{2}{\omega}\left[\sin\left(\frac{\omega\tau}{2}\right)+\sin\left(\frac{\omega\tau}{4}\right)\right]=\frac{2}{\omega}\left[2\sin\left(\frac{\omega\tau}{4}\right)\cos\left(\frac{\omega\tau}{4}\right)+\sin\left(\frac{\omega\tau}{4}\right)\right]\\&=\frac{\tau}{2}\mathrm{Sa}\left(\frac{\omega\tau}{4}\right)\left[1+2\cos\left(\frac{\omega\tau}{4}\right)\right]\end{aligned}$$

方法二:设 $f_1(t)=u\left(t+\frac{\tau}{2}\right)-u\left(t+\frac{\tau}{2}\right)$,$f_2(t)=u\left(t+\frac{\tau}{4}\right)-u\left(t+\frac{\tau}{4}\right)$

则 $f(t)=f_1(t)+f_2(t)$

所以 $F(\omega)=F_1(\omega)+F_2(\omega)=\tau\mathrm{Sa}\left(\frac{\omega\tau}{2}\right)+\frac{\tau}{2}\mathrm{Sa}\left(\frac{\omega\tau}{4}\right)=\frac{\tau}{2}\mathrm{Sa}\left(\frac{\omega\tau}{4}\right)\left[1+2\cos\left(\frac{\omega\tau}{4}\right)\right]$

方法三:对题图 3-37(d)波形求导,可得 $f'(t)$的波形如解图 3-37d 所示。

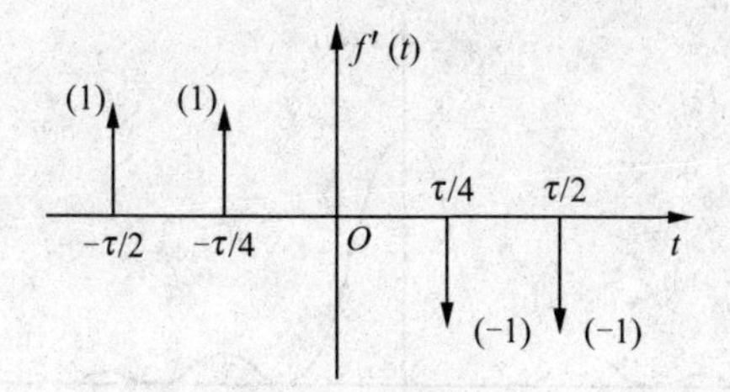

解图 3-37d

$$f'(t)=\delta\left(t+\frac{\tau}{2}\right)+\delta\left(t+\frac{\tau}{4}\right)-\delta\left(t-\frac{\tau}{4}\right)-\delta\left(t-\frac{\tau}{2}\right)$$

$$F[f'(t)]=e^{j\omega\tau/2}+e^{j\omega\tau/4}-e^{j\omega\tau/4}-e^{-j\omega\tau/2}=2j\left[\sin\left(\frac{\omega\tau}{4}\right)+\sin\left(\frac{\omega\tau}{2}\right)\right]$$

$$F(\omega)=F[f(t)]=\frac{2\left[\sin\left(\frac{\omega\tau}{4}\right)+\sin\left(\frac{\omega\tau}{2}\right)\right]}{\omega}=\frac{\tau}{2}\mathrm{Sa}\left(\frac{\omega\tau}{4}\right)\left[1+2\cos\left(\frac{\omega\tau}{4}\right)\right]$$

【3-38】 已知三角形、升余弦脉冲的频谱(见附录三)。大致画出题图 3-38 中各脉冲被冲激抽样后信号的频谱$\left(\text{抽样间隔为 } T_s,\text{令 } T_s=\frac{\tau}{8}\right)$。

【解题思路】 以周期 T_s 进行冲激(理想)抽样后信号的频谱为原信号频谱的周期重复,重复周期为抽样频率的两倍,幅度为原信号频谱幅度的$\frac{1}{T_s}$。若抽样频率大于等于信号最高频率的两倍,则抽样之后信号频谱不会混叠,否则会产生混叠。

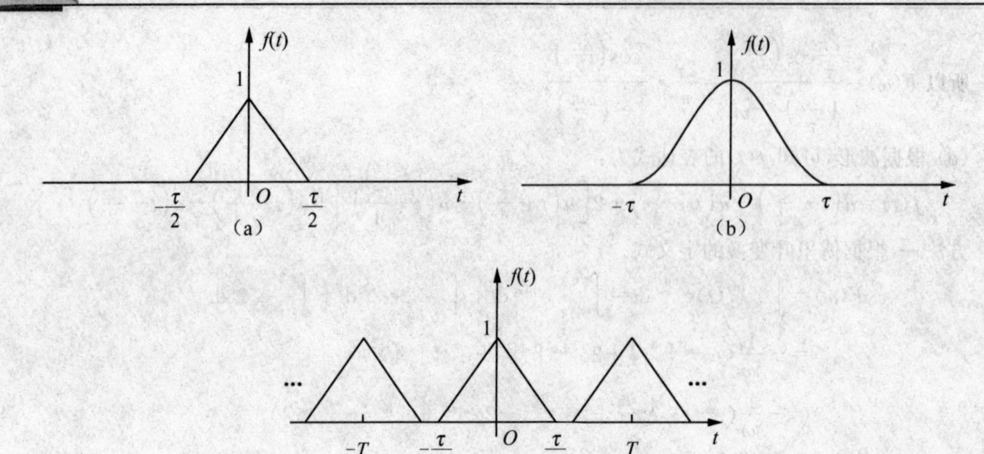

题图 3-38

【解】 设信号 $f(t)$ 的傅里叶变换为 $F(\omega)$，则冲激抽样后信号频谱为

$$F_s(\omega)=\frac{1}{T_s}\sum_{n=-\infty}^{\infty}F(\omega-n\omega_s)$$

因为 $T_s=\frac{\tau}{8}$，所以抽样角频率为 $\omega_s=\frac{16\pi}{\tau}$

所以 $F_s(\omega)=\frac{1}{T_s}\sum_{n=-\infty}^{\infty}F(\omega-n\omega_s)=\frac{8}{\tau}\sum_{n=-\infty}^{\infty}F\left(\omega-n\frac{16\pi}{\tau}\right)$

(a) 查表可知信号 $f(t)$ 的频谱图如解图 3-38a(1)所示。

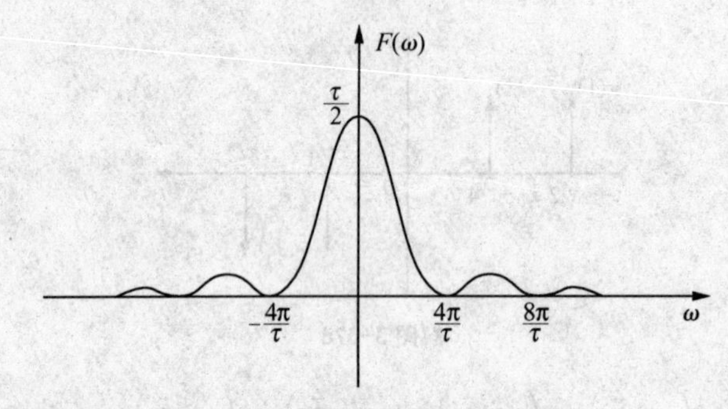

解图 3-38a(1)

抽样之后信号的傅里叶变换 $F_s(\omega)$ 的频谱图如解图 3-38a(2)所示。

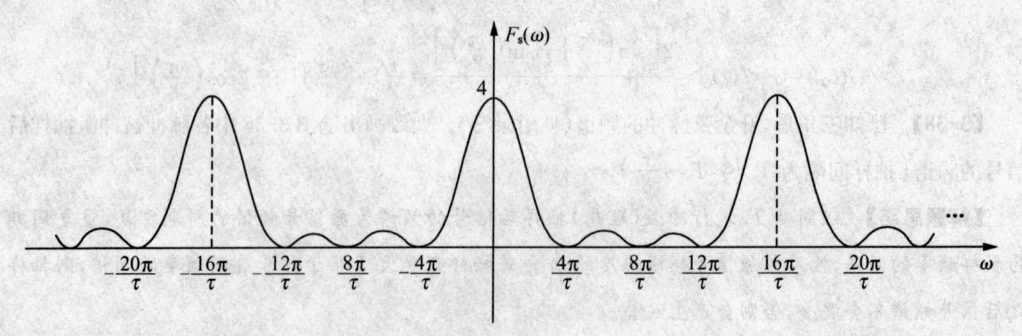

解图 3-38a(2)

(b) 查表可知信号 $f(t)$ 的频谱图如解图 3-38b(1)所示。

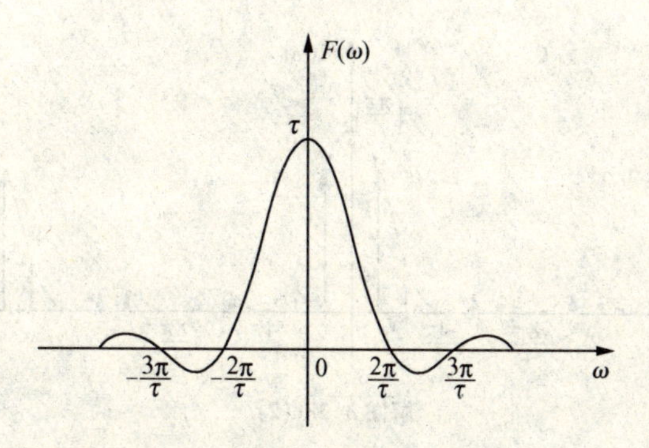

解图 3-38b(1)

抽样之后信号的傅里叶变换 $F_s(\omega)$ 的频谱图如解图 3-38b(2)所示。

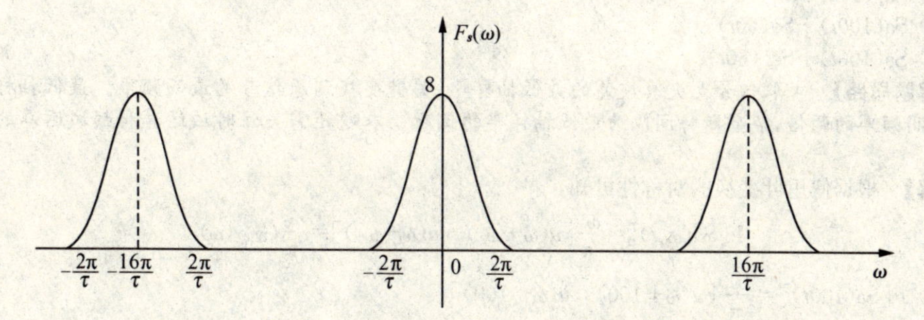

解图 3-38b(2)

(c) 取 $f(t)$ 一个周期的波形 $f_0(t)$，查表可知

$$F_0(\omega)=\frac{\tau}{2}\mathrm{Sa}^2\left(\frac{\omega\tau}{4}\right)$$

$f(t)$ 傅里叶级数的系数为

$$F_n=\left.\frac{\frac{\tau}{2}\mathrm{Sa}^2\left(\frac{\omega\tau}{4}\right)}{T}\right|_{\omega=n\omega_1}=\frac{\tau}{2T}\mathrm{Sa}^2\left(\frac{n\omega_1\tau}{4}\right)\quad \text{其中 } \omega_1=\frac{2\pi}{T}$$

$f(t)$ 傅里叶变换为

$$F(\omega)=2\pi\sum_{n=-\infty}^{\infty}\frac{\tau\mathrm{Sa}^2\left(\frac{n\omega_1\tau}{4}\right)}{2T}\delta(\omega-n\omega_1)=\frac{\pi\tau}{T}\sum_{n=-\infty}^{\infty}\mathrm{Sa}^2\left(\frac{n\pi\tau}{2}\right)\delta\left(\omega-n\frac{2\pi}{T}\right),$$

其频谱图如解图 3-38c(1)所示。

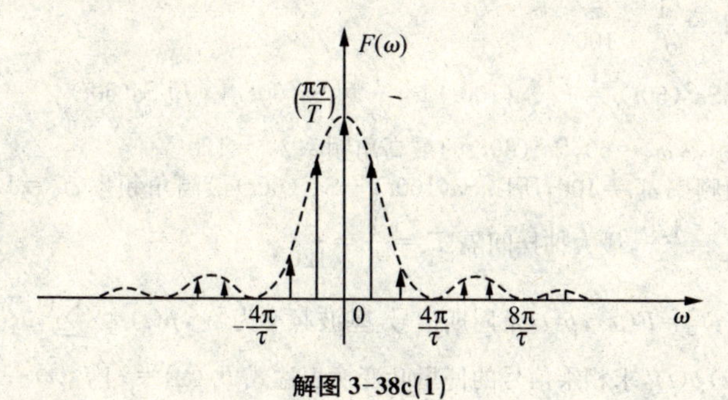

解图 3-38c(1)

抽样之后信号的傅里叶变换 $F_s(\omega)$的频谱图如解图 3-38c(2)所示。

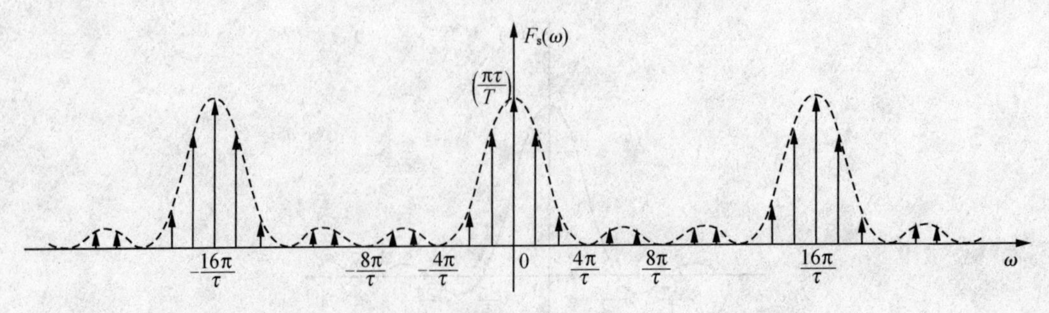

解图 3-38c(2)

【3-39】 确定下列信号的最低抽样率与奈奎斯特间隔。

(1) $\mathrm{Sa}(100t)$

(2) $\mathrm{Sa}^2(100t)$

(3) $\mathrm{Sa}(100t)+\mathrm{Sa}(50t)$

(4) $\mathrm{Sa}(100t)+\mathrm{Sa}^2(60t)$

【解题思路】 求取信号无失真恢复的最低抽样率,关键要找到原信号的最高频率。最低抽样率为信号最高频率的两倍,奈奎斯特间隔为最低抽样率的倒数。本题还需关注时域运算和频域运算的对应关系。

【解】 根据傅里叶变换的对称性可知,

$$F[\mathrm{Sa}(\omega_0 t)]=\frac{\omega_0}{\pi}[u(\omega+\omega_0)-u(\omega-\omega_0)]=\frac{\omega_0}{\pi}G_{2\omega_0}(\omega)$$

(1) $F[\mathrm{Sa}(100t)]=\frac{100}{\pi}[u(\omega+100)-u(\omega-100)]$

该信号的最高角频率 $\omega_m=100$,所以最低抽样率 $f_s=\frac{\omega_s}{2\pi}=\frac{2\omega_m}{2\pi}=\frac{100}{\pi}$

最大抽样间隔 $T_s=\frac{1}{f_s}=\frac{\pi}{100}$

(2) $F[\mathrm{Sa}^2(100t)]=F[\mathrm{Sa}(100t)\cdot\mathrm{Sa}(100t)]=\frac{1}{2\pi}\cdot F[\mathrm{Sa}(100t)]*F[\mathrm{Sa}(100t)]$

$\mathrm{Sa}(100t)$的最高角频率 $\omega_m=100$,所以 $\mathrm{Sa}^2(100t)$的最高角频率 $\omega_m=200$

所以最低抽样率 $f_s=\frac{\omega_s}{2\pi}=\frac{2\omega_m}{2\pi}=\frac{200}{\pi}$,最大抽样间隔 $T_s=\frac{1}{f_s}=\frac{\pi}{200}$

(3) $F[\mathrm{Sa}(100t)+\mathrm{Sa}(50t)]=F[\mathrm{Sa}(100t)]+F[\mathrm{Sa}(50t)]$

$\mathrm{Sa}(100t)$的最高角频率 $\omega_m=100$,$\mathrm{Sa}(50t)$的最高角频率 $\omega_m=50$,

$\mathrm{Sa}(100t)+\mathrm{Sa}(50t)$的最高角频率 $\omega_m=100$ rad/s,所以最低抽样率为

$$f_s=\frac{\omega_s}{2\pi}=\frac{2\omega_m}{2\pi}=\frac{100}{\pi}$$

最大抽样间隔为 $T_s=\frac{1}{f_s}=\frac{\pi}{100}$

(4) $F[\mathrm{Sa}(100t)+\mathrm{Sa}^2(60t)]=F[\mathrm{Sa}(100t)]+\frac{1}{2\pi}F[\mathrm{Sa}(60t)]*F[\mathrm{Sa}(60t)]$

$\mathrm{Sa}(60t)$的最高角频率 $\omega_m=60$,$\mathrm{Sa}^2(60t)$的最高角频率 $\omega_m=120$

$\mathrm{Sa}(100t)$的最高角频率 $\omega_m=100$,所以 $\mathrm{Sa}(100t)+\mathrm{Sa}^2(60t)$最高角频率 $\omega_m=120$,所以该信号的最低抽样率 $f_s=\frac{\omega_s}{2\pi}=\frac{2\omega_m}{2\pi}=\frac{120}{\pi}$,最大抽样间隔 $T_s=\frac{1}{f_s}=\frac{\pi}{120}$。

【3-40】 若 $\mathscr{F}[f(t)]=F(\omega)$,$p(t)$是周期信号,基波频率为 ω_0,$p(t)=\sum_{n=-\infty}^{\infty}a_n e^{jn\omega_0 t}$。

(1) 令 $f_p(t)=f(t)p(t)$,求相乘信号的傅里叶变换表达式 $F_p(\omega)=\mathscr{F}[f_p(t)]$;

(2) 若 $F(\omega)$ 的图形如题图 3-40 所示，当 $p(t)$ 的函数表达式为 $p(t)=\cos\left(\frac{t}{2}\right)$ 或以下各小题时，分别求 $F_{\mathrm{p}}(\omega)$ 的表达式并画出频谱图；

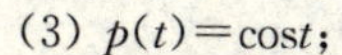

(3) $p(t)=\cos t$；

(4) $p(t)=\cos(2t)$；

(5) $p(t)=(\sin t)\sin(2t)$；

(6) $p(t)=\cos(2t)-\cos t$；

(7) $p(t)=\sum\limits_{n=-\infty}^{\infty}\delta(t-\pi n)$；

(8) $p(t)=\sum\limits_{n=-\infty}^{\infty}\delta(t-2\pi n)$；

(9) $p(t)=\sum\limits_{n=-\infty}^{\infty}\delta(t-2\pi n)-\frac{1}{2}\sum\limits_{n=-\infty}^{\infty}\delta(t-\pi n)$；

(10) $p(t)$ 是题图 3-2 所示周期矩形波，其参数为 $T=\pi,\tau=\frac{T}{3}=\frac{\pi}{3},E=1$。

题图 3-40

【解题思路】 某信号与周期信号时域相乘，频域做卷积运算，可看作为该信号被周期信号所抽样。由于周期信号有多种形式，所以抽样信号的频谱与原信号频谱的关系也存在多种形式。

【解】

(1) $f_{\mathrm{p}}(t)=f(t)p(t)$

$f_{\mathrm{p}}(t)$ 可以看为 $f(t)$ 在抽样脉冲 $p(t)$ 作用下的抽样信号。

$$\mathscr{F}[p(t)]=\mathscr{F}\left[\sum_{n=-\infty}^{\infty}a_n\mathrm{e}^{\mathrm{j}n\omega_0 t}\right]=\sum_{n=-\infty}^{\infty}a_nF[\mathrm{e}^{\mathrm{j}n\omega_0 t}]=2\pi\sum_{n=-\infty}^{\infty}a_n\delta(\omega-n\omega_0)$$

$$\mathscr{F}[f_{\mathrm{p}}(t)]=\frac{1}{2\pi}F(\omega)*\mathscr{F}[p(t)]=F(\omega)*\sum_{n=-\infty}^{\infty}a_n\delta(\omega-n\omega_0)=\sum_{n=-\infty}^{\infty}a_nF(\omega-n\omega_0)$$

(2) 当 $p(t)=\cos\left(\frac{t}{2}\right)$ 时，

$$F_{\mathrm{p}}(\omega)=\mathscr{F}\left[f(t)\cos\left(\frac{t}{2}\right)\right]=\frac{1}{2}\left[F\left(\omega+\frac{1}{2}\right)+F\left(\omega-\frac{1}{2}\right)\right]$$

其频谱图如解图 3-40a 所示。

(3) 当 $p(t)=\cos(t)$ 时，

$$F_{\mathrm{p}}(\omega)=\mathscr{F}[f(t)\cos(t)]=\frac{1}{2}[F(\omega+1)+F(\omega-1)]$$

其频谱图如解图 3-40b 所示。

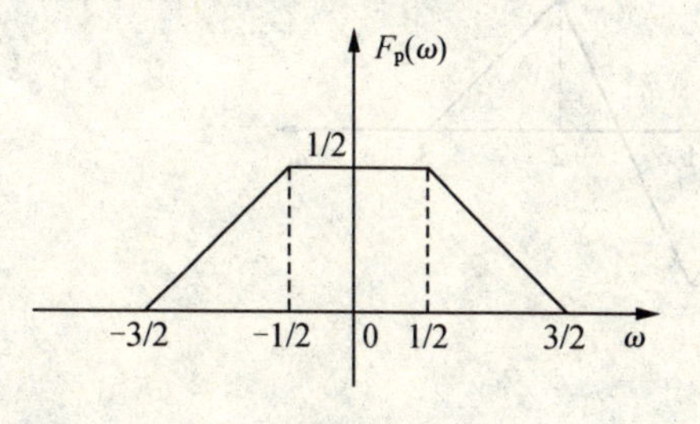

解图 3-40a

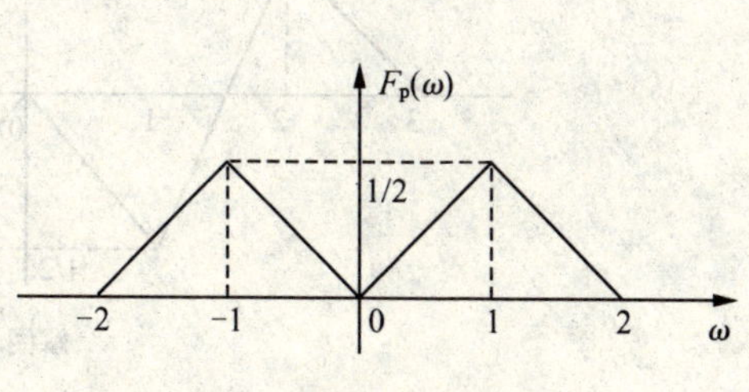

解图 3-40b

(4) 当 $p(t)=\cos(2t)$ 时，

$$F_{\mathrm{p}}(\omega)=\mathscr{F}[f(t)\cos(2t)]=\frac{1}{2}[F(\omega+2)+F(\omega-2)]$$

其频谱图如解图 3-40c 所示。

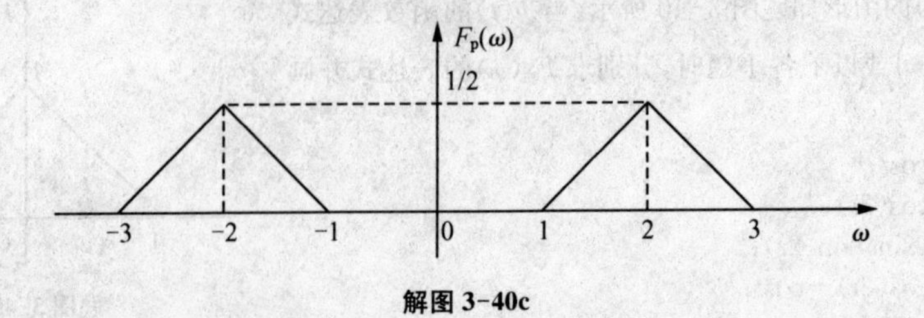

解图 3-40c

(5) $p(t)=\sin t\sin 2t=\frac{1}{2}[\cos t-\cos 3t]$

$$F_p(\omega)=\mathscr{F}[f(t)p(t)]=\frac{1}{2}F[f(t)\cos t]-\frac{1}{2}F[f(t)\cos 3t]$$

$$=\frac{1}{4}[F(\omega+1)+F(\omega-1)-F(\omega+3)-F(\omega-3)]$$

其频谱图如解图 3-40d 所示。

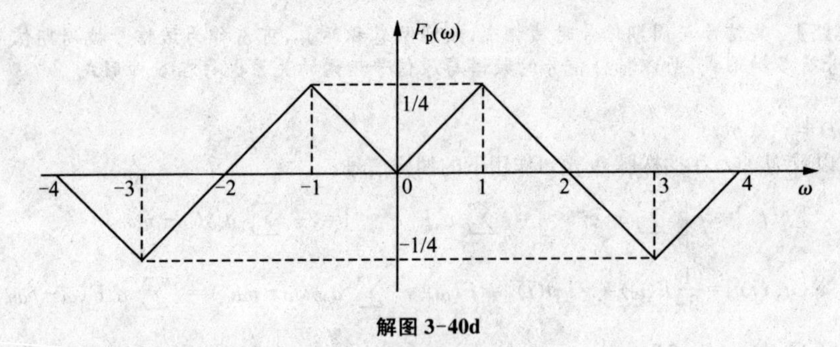

解图 3-40d

(6) 当 $p(t)=\cos(2t)-\cos(t)$时，

$$F_p(\omega)=\mathscr{F}[f(t)p(t)]=F[f(t)\cos(2t)]-F[f(t)\cos t]$$

$$=\frac{1}{2}[F(\omega+2)+F(\omega-2)-F(\omega+1)-F(\omega-1)]$$

其频谱图如解图 3-40e 所示。

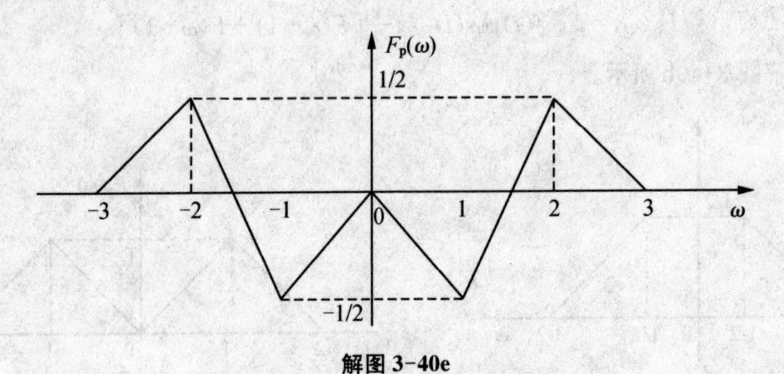

解图 3-40e

(7) 当 $p(t)=\sum\limits_{n=-\infty}^{\infty}\delta(t-n\pi)$时，抽样脉冲的周期为 π，频率为 2，

所以 $F_p(\omega)=\mathscr{F}[f(t)p(t)]=\frac{1}{\pi}\sum\limits_{n=-\infty}^{\infty}F(\omega-2n)$

其频谱图如解图 3-40f 所示。

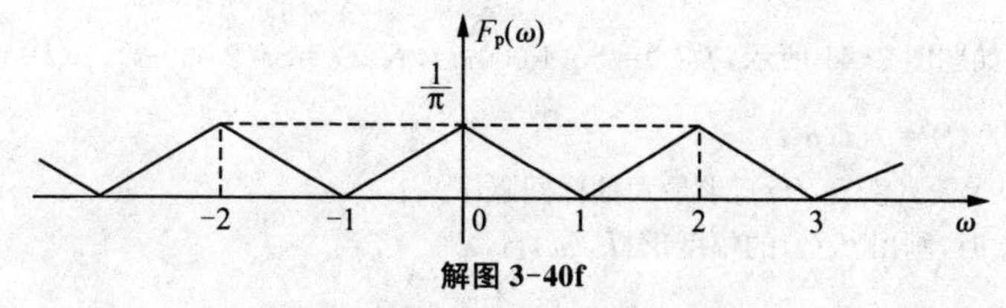

解图 3-40f

(8) 当 $p(t)=\sum_{n=-\infty}^{\infty}\delta(t-2n\pi)$时，抽样脉冲的周期为 2π，频率为 1，

所以 $F_p(\omega)=\mathscr{F}[f(t)p(t)]=\frac{1}{2\pi}\sum_{n=-\infty}^{\infty}F(\omega-n)$

其频谱图如解图 3-40g 所示。

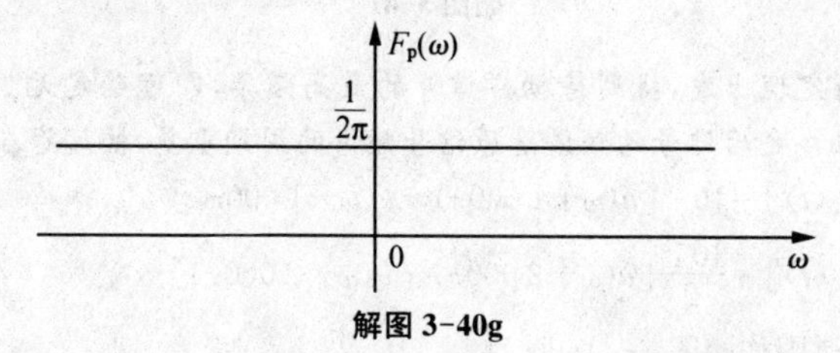

解图 3-40g

(9) 当 $p(t)=\sum_{n=-\infty}^{\infty}\delta(t-2n\pi)-\frac{1}{2}\sum_{n=-\infty}^{\infty}\delta(t-n\pi)$时，

$$F_p(\omega)=\frac{1}{2\pi}\sum_{n=-\infty}^{\infty}F(\omega-n)-\frac{1}{2\pi}\sum_{n=-\infty}^{\infty}F(\omega-2n)$$

其频谱图如解图 3-40h 所示。

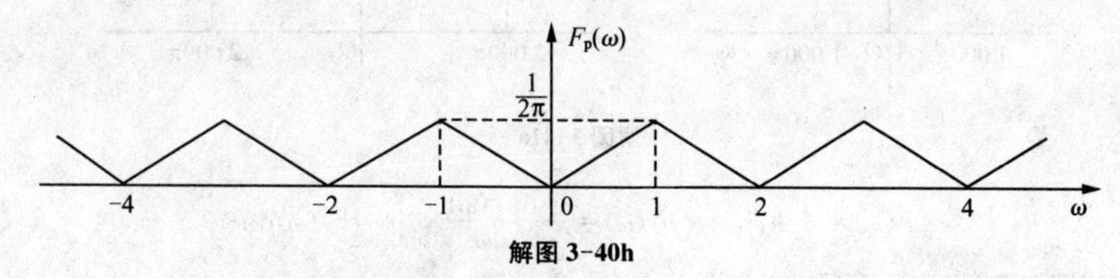

解图 3-40h

(10) 当 $p(t)$为题图 3-2 的周期矩形脉冲序列时，

$$p_n=\frac{E\tau}{T}\mathrm{Sa}\left(\frac{n\pi\tau}{T}\right)=\frac{1}{3}\mathrm{Sa}\left(\frac{n\pi}{3}\right)$$

所以 $F_p(\omega)=\sum_{n=-\infty}^{\infty}p_nF\left(\omega-n\frac{2\pi}{T}\right)=\frac{1}{3}\sum_{n=-\infty}^{\infty}\mathrm{Sa}\left(\frac{n\pi}{3}\right)F(\omega-2n)$

其频谱图如解图 3-40i 所示。

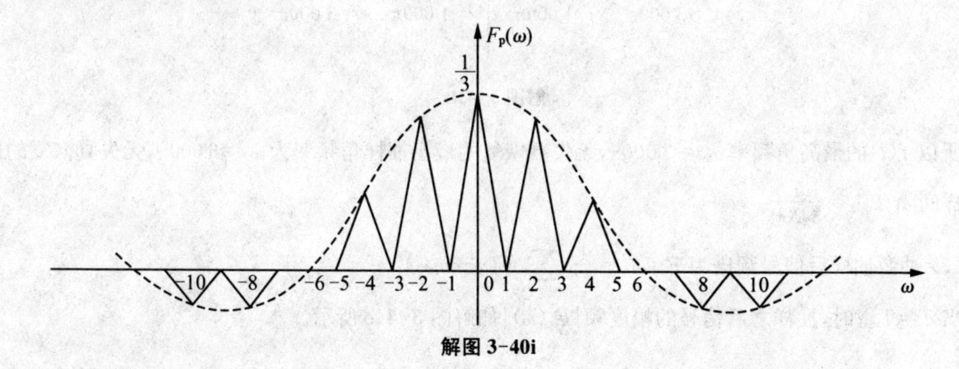

解图 3-40i

【3-41】 系统如题图 3-41 所示，$f_1(t)=\mathrm{Sa}(1\,000\pi t)$，$f_2(t)=\mathrm{Sa}(2\,000\pi t)$，$p(t)=\sum\limits_{n=-\infty}^{\infty}\delta(t-nT)$，$f(t)=f_1(t)f_2(t)$，$f_s(t)=f(t)p(t)$。

(1) 为从 $f_s(t)$无失真恢复 $f(t)$，求最大抽样间隔 $T_{\max}$；

(2) 当 $T=T_{\max}$时，画出 $f_s(t)$的幅度谱$|F_s(\omega)|$。

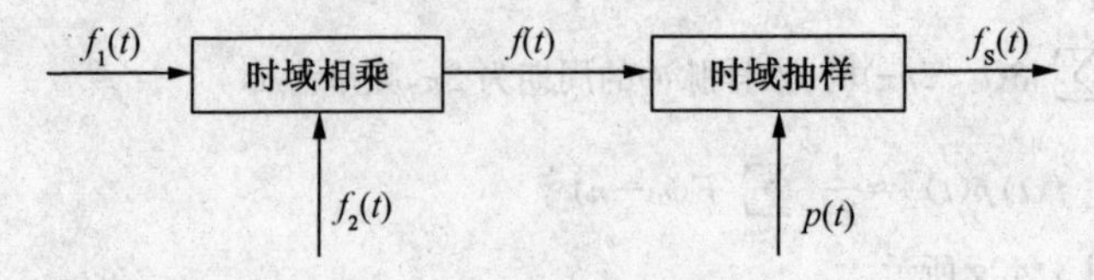

题图 3-41

【解题思路】 从抽样定理出发，找到待抽样信号的最高频率，即可确定无失真恢复的最小抽样平衡和最大抽样间隔。而抽样之后信号的频谱是原信号频谱的周期重复，幅度存在一个加权。

【解】 $F_1(\omega)=\mathscr{F}[f_1(t)]=10^{-3}[u(\omega+1\,000\pi)-u(\omega-1\,000\pi)]$

$$F_2(\omega)=\mathscr{F}[f_2(t)]=\frac{10^{-3}}{2}[u(\omega+2\,000\pi)-u(\omega-2\,000\pi)]$$

$F_1(\omega)$和 $F_2(\omega)$的频谱图如解图 3-41a 所示。

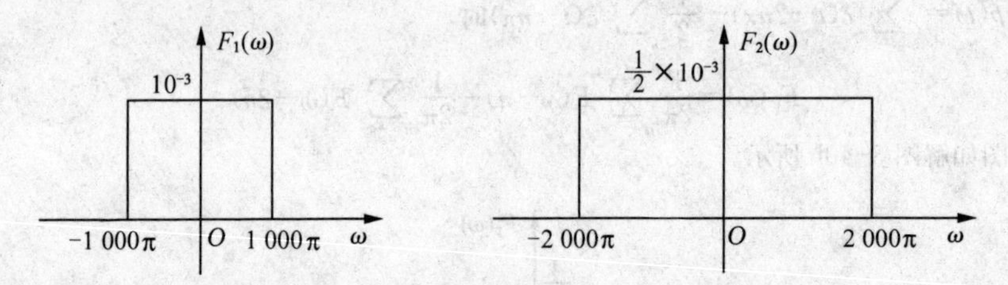

解图 3-41a

$$F(\omega)=\frac{1}{2\pi}F_1(\omega)*F_2(\omega)=\frac{1}{2\pi}\frac{\mathrm{d}F_1(\omega)}{\mathrm{d}\omega}*\int_{-\infty}^{t}F_2(\omega)\mathrm{d}\omega$$

其频谱图如解图 3-41b 所示。

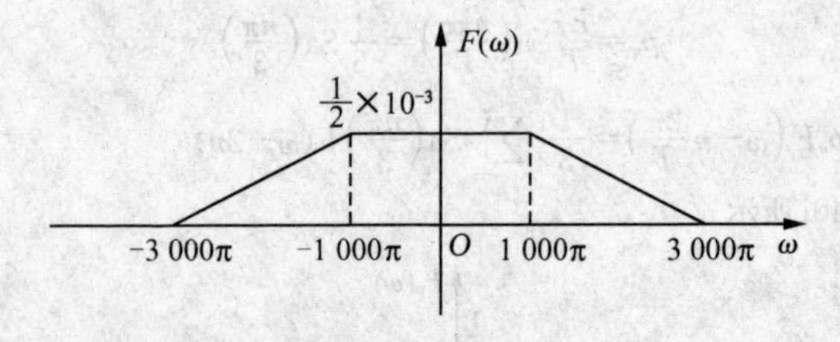

解图 3-41b

所以 $f(t)$的最高角频率 $\omega_m=3\,000\pi$，无失真恢复的最小抽样角频率为 $\omega_s=6\,000\pi$，无失真恢复的最大抽样间隔 $T_{\max}=\frac{1}{3\,000}$。

(2) 冲激抽样后信号频谱为 $F_s(\omega)=\frac{1}{T_s}\sum\limits_{n=-\infty}^{\infty}F(\omega-n\omega_s)$

当 $T=T_{\max}$时，抽样之后信号的幅度频$|F_s(\omega)|$如解图 3-41c 所示。

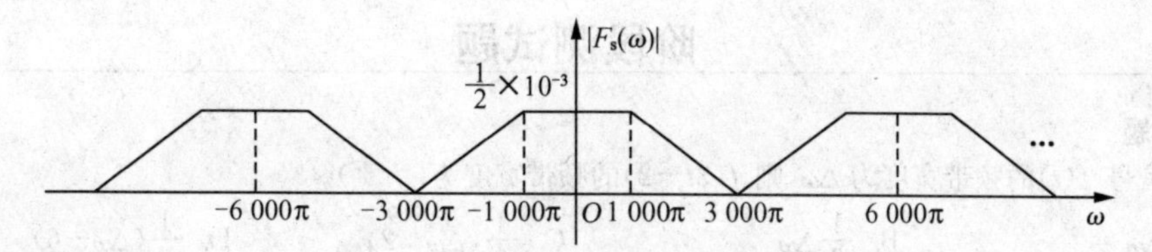

解图 3-41c

【3-42】 若连续信号 $f(t)$ 的频谱 $F(\omega)$ 是带状的 $(\omega_1\sim\omega_2)$，如题图 3-42 所示。

(1) 利用卷积定理说明当 $\omega_2=2\omega_1$ 时，最低抽样率只要等于 ω_2 就可以使抽样信号不产生频谱混叠；

(2) 证明带通抽样定理，该定理要求最低抽样率 ω_s 满足下列关系

$$\omega_s=\frac{2\omega_2}{m}$$

其中 m 为不超过 $\frac{\omega_2}{\omega_2-\omega_1}$ 的最大整数。

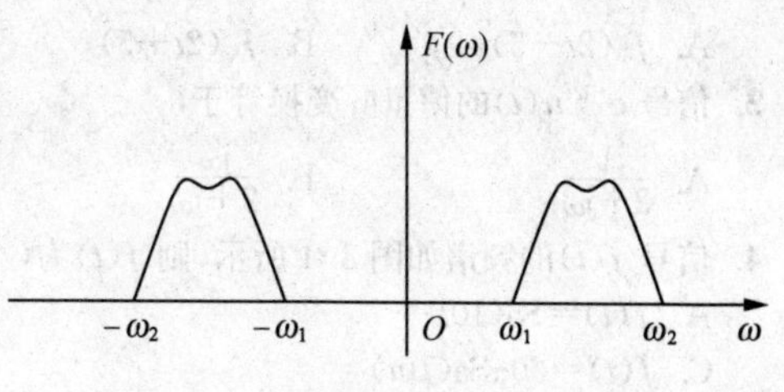

题图 3-42

【解题思路】 抽样之后信号的频谱是原信号频谱的周期重复，幅度存在一个加权。如果周期重复后的频谱之间没有产生混叠，就可以恢复出原信号。本题中信号为带通信号，由于在频谱低频区域存在"空白"，即使不满足抽样频率为信号最高频率的两倍，只要重复后的频谱刚好落在这些空白区域，没有产生频谱混叠，那么仍然可以恢复出原信号。所以对带通信号进行抽样，有可能可以降低抽样频率。

【解】 对信号 $f(t)$ 进行等间隔理想抽样（抽样间隔为 T_s），则理想抽样之后信号的频谱

$$F_s(\omega)=\mathscr{F}\left[f(t)\cdot\sum_{n=-\infty}^{\infty}\delta(t-nT_s)\right]=\frac{1}{2\pi}F(\omega)*\omega_s\sum_{n=-\infty}^{\infty}\delta(\omega-n\omega_s)=\frac{1}{T_s}\sum_{n=-\infty}^{\infty}F(\omega-n\omega_s)$$

其中抽样频率 $\omega_s=\frac{2\pi}{T_s}$。可以看出抽样之后信号的频谱是原信号频谱的周期重复，重复周期为 ω_s，幅度变为原来的 $\frac{1}{T_s}$。

对于带通信号，由于信号频谱并未占满低频区域，也就是存在"空白"，若周期重复的频谱分量刚好落于空白之处内，则抽样信号的频谱并不会产生频谱混叠。

(1) 若 $\omega_s=2\omega_1$，则当 $\omega_s=\omega_2=2\omega_1$ 时，此时抽样信号的频谱以 ω_2 为周期重复，刚好落于"空白"区域，所以抽样信号的频谱图如解图 3-42 所示，可以看出抽样信号不产生频谱混叠。

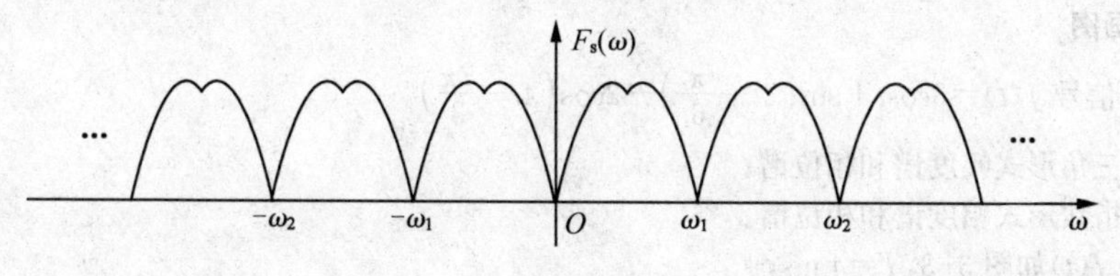

解图 3-42

(2) 设带通信号的通带带宽为 B，则 $B=\omega_2-\omega_1$，为了使周期重复的频谱不产生混叠，在 $-\omega_1\sim\omega_1$ 空白区域中最多可以容纳带宽为 B 的基本单元个数为 n，则 n 为不超过 $\frac{2\omega_1}{\omega_2-\omega_1}$ 的整数，也就是说在 $-\omega_2\sim\omega_2$ 中最多可放置 $m=n+2$ 个基本单元，m 为不超过 $\frac{2\omega_2}{\omega_2-\omega_1}$ 的整数，即最小抽样频率为 $\omega_s=\frac{2\omega_2}{m}$。

阶段测试题

一、选择题

1. 已知信号 $f(t)$的频带宽度为 $\Delta\omega$,则 $f(3t-2)$的频带宽度为(　　)。

A. $3\Delta\omega$　　B. $\frac{1}{3}\Delta\omega$　　C. $\frac{1}{3}(\Delta\omega-2)$　　D. $\frac{1}{3}(\Delta\omega-6)$

2. 若 $f_1(t)\leftrightarrow F_1(\mathrm{j}\omega)$,则 $F_2(\mathrm{j}\omega)=\frac{1}{2}F_1\left(\mathrm{j}\frac{\omega}{2}\right)\mathrm{e}^{-\mathrm{j}\frac{5}{2}\omega}$的原函数 $f_2(t)=$(　　)。

A. $f_1(2t-5)$　　B. $f_1(2t+5)$　　C. $f_1(-2t+5)$　　D. $f_1[2(t-5)]$

3. 信号 $\mathrm{e}^{-\mathrm{j}2t}u(t)$的傅里叶变换等于(　　)。

A. $\frac{1}{2+\mathrm{j}\omega}$　　B. $\frac{\mathrm{j}\omega}{2+\mathrm{j}\omega}$　　C. $\frac{4+\mathrm{j}\omega}{2+\mathrm{j}\omega}$　　D. $\pi\delta(\omega+2)+\frac{1}{\mathrm{j}(2+\omega)}$

4. 信号 $f(t)$的频谱如图 3-1 所示,则 $f(t)$为(　　)。

A. $f(t)=\mathrm{Sa}(10t)$　　B. $f(t)=10\mathrm{Sa}(10t)$

C. $f(t)=20\pi\mathrm{Sa}(10t)$　　D. $f(t)=\pi G_{20}(t)$

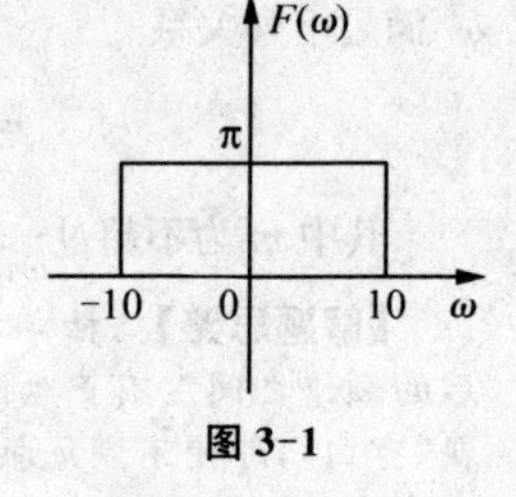

图 3-1

5. 信号 $\delta_T(t)=\sum_{n=-\infty}^{\infty}\delta(t-nT)$的傅里叶级数的系数是(　　)。

A. $\mathrm{e}^{-\mathrm{j}n\omega_0 T}$　　B. $\frac{1}{T}\mathrm{e}^{-\mathrm{j}n\omega_0 T}$　　C. $\frac{1}{T}$　　D. T

二、填空题

1. 已知信号 $f(t)$如图 3-2 所示,其频谱函数 $F(\omega)=$____________。

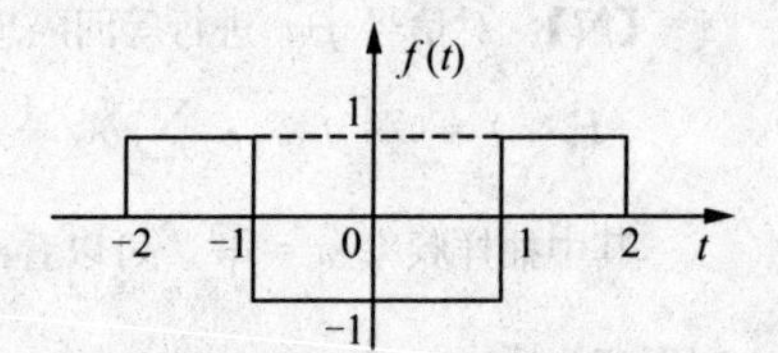

图 3-2

2. 已知系统微分方程为 $y'(t)+3y(t)=2f(t)$,当输入为 $f(t)=\mathrm{e}^{-4t}u(t)$时,响应的频谱 $Y(\mathrm{j}\omega)=$____________。

3. 若 $f(t)\leftrightarrow F(\mathrm{j}\omega)$,则 $f\left(\frac{t}{2}-2\right)\leftrightarrow$____________。

4. 周期信号 $f(t)=2+4\cos(10t)+3\cos(20t)$的平均功率为____________。

5. 信号 $f(t)=\frac{\sin 80\pi t}{t}\cdot\frac{\sin 50\pi t}{t}$,若对它进行理想抽样,为使抽样信号的频率不产生混叠,应选择抽样频率 f 满足____________。

三、计算及画图

1. 已知周期信号 $f(t)=3\cos t+\sin\left(2t+\frac{\pi}{6}\right)-2\cos\left(4t-\frac{2\pi}{3}\right)$

(1) 画出三角形式幅度谱和相位谱;

(2) 画出指数形式幅度谱和相位谱。

2. 周期信号 $f(t)$如图 3-3,$T=4$ ms,

(1) 求直流分量 C_0,基频 f_1;

(2) 从 $f(t)$里能否选出频率为 150 Hz,250 Hz,400 Hz,500 Hz,750 Hz,1 000 Hz 的余弦信号。

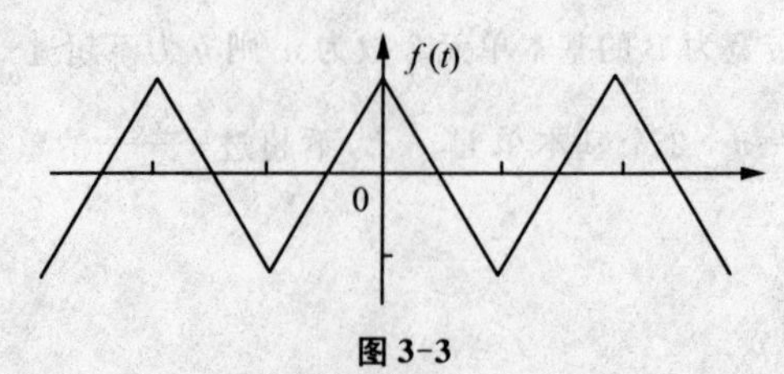

图 3-3

3. 图 3-4 中系统为零阶保持电路，确定系统的系统函数和单位冲激响应。

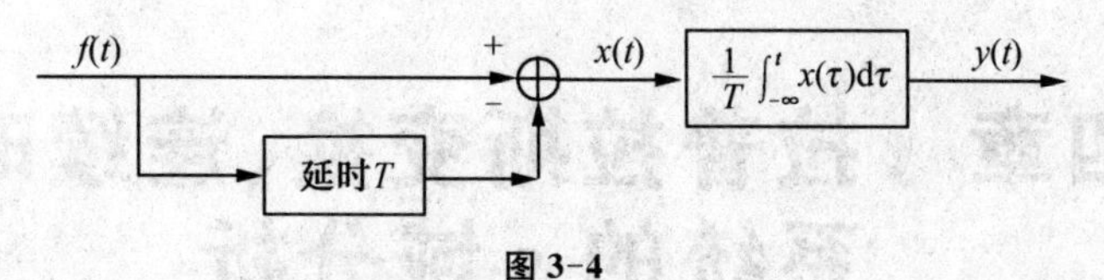

图 3-4

4. 已知连续信号 $f(t)$的频谱 $F(\omega)$如图 3-5 所示，若 $r(t)=f(2t-1)$，画出 $r(t)$的振幅谱和相位谱。

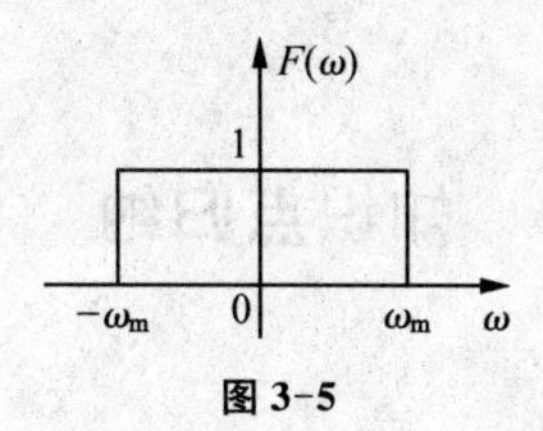

图 3-5

5. 若图 3-6(a)所示信号 $f(t)$的傅里叶变换为 $F(\omega)=R(\omega)+\mathrm{j}X(\omega)$，求图 3-6(b)所示信号 $y(t)$的傅里叶变换 $Y(\omega)$。

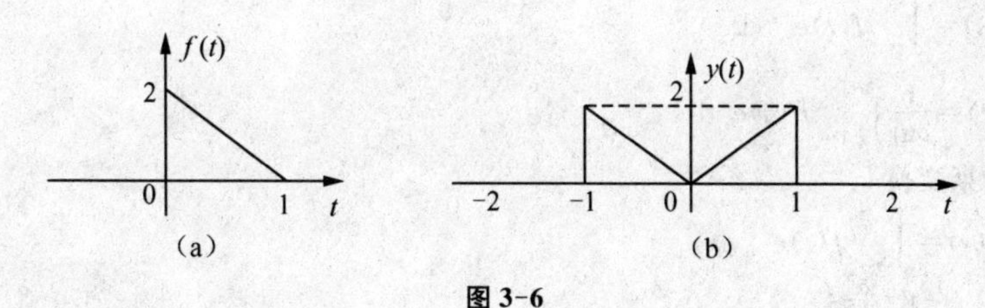

图 3-6

6. 已知周期信号 $f(t)$的单边频谱如图 3-7 所示。

(1) 写出 $f(t)$的表达式；

(2) 求出 $f(t)$的傅里叶变换 $F(\omega)$。

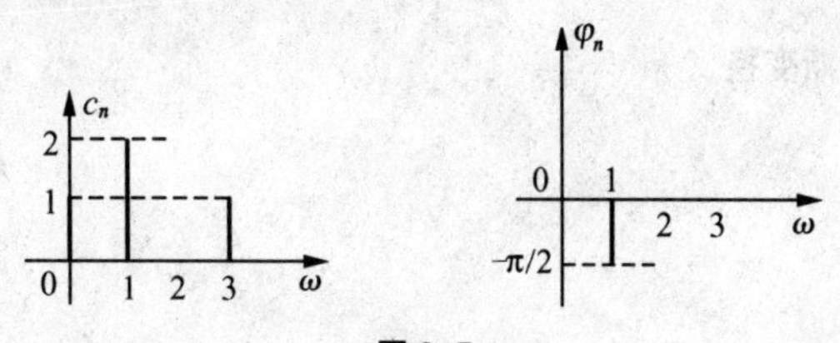

图 3-7

7. 激励信号 $f(t)$如图 3-8(a)所示，系统如图 3-8(b)所示

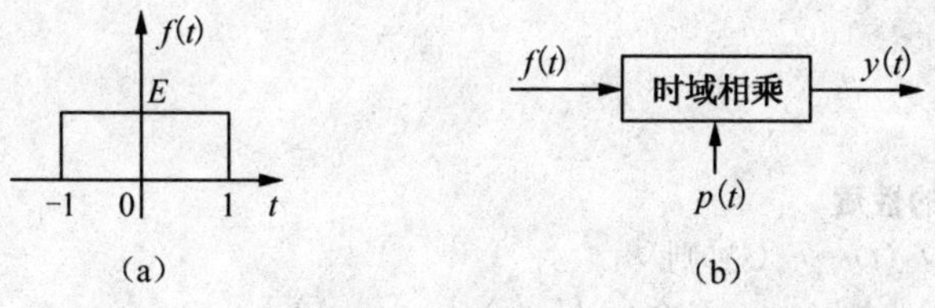

图 3-8

(1) 当 $p(t)=\cos 100\pi t$ 时，求系统响应 $y_1(t)$及其频谱 $Y_1(\mathrm{j}\omega)$的表达式；

(2) 当 $p(t)=\sum\limits_{n=-\infty}^{\infty}\delta(t-nT_s)$且 $T_s=0.3$ 秒时，求系统响应 $y_2(t)$及其频谱 $Y_2(\mathrm{j}\omega)$的表示式。

第四章　拉普拉斯变换、连续时间系统的 s 域分析

知识点归纳

一、拉普拉斯变换

1. 定义

单边拉普拉斯变换

正变换：$F(s)=\int_{0_-}^{\infty} f(t)\mathrm{e}^{-st}\mathrm{d}t$

反变换：$f(t)=\frac{1}{2\pi\mathrm{j}}\int_{\sigma-\mathrm{j}\infty}^{\sigma+\mathrm{j}\infty} F(s)\mathrm{e}^{st}\mathrm{d}s$

双边拉普拉斯变换

正变换：$F_B(s)=\int_{-\infty}^{\infty} f(t)\mathrm{e}^{-st}\mathrm{d}t$

反变换：$f(t)=\frac{1}{2\pi\mathrm{j}}\int_{\sigma-\mathrm{j}\infty}^{\sigma+\mathrm{j}\infty} F_B(s)\mathrm{e}^{st}\mathrm{d}s$

2. 收敛域

收敛域就是使 $f(t)\mathrm{e}^{-\sigma t}$ 满足绝对可积的 σ 取值范围。即 $\lim\limits_{t\to\infty}f(t)\mathrm{e}^{-\sigma t}=0,(\sigma>\sigma_0)$，其中 $\sigma>\sigma_0$ 即为 $f(t)$ 的收敛域。

3. 常用信号的拉普拉斯变换

$\delta(t)\leftrightarrow 1$

$\sin\omega t u(t)\leftrightarrow\frac{\omega}{s^2+\omega^2}$

$u(t)\leftrightarrow\frac{1}{s}$

$\cos\omega t u(t)\leftrightarrow\frac{s}{s^2+\omega^2}$

$\mathrm{e}^{-at}u(t)\leftrightarrow\frac{1}{s+a}$

$t^n u(t)\leftrightarrow\frac{n!}{s^{n+1}}$

4. 拉普拉斯变换的性质

设 $f_1(t)\leftrightarrow F_1(s)$，$f_2(t)\leftrightarrow F_2(s)$，则

(1) 线性性：$af_1(t)+bf_2(t)\leftrightarrow aF_1(s)+bF_2(s)$

(2) 延时性：$f(t-t_0)u(t-t_0)\leftrightarrow F(s)\mathrm{e}^{-st_0}$

(3) 尺度变换：$f(at)\leftrightarrow\frac{1}{a}F\left(\frac{s}{a}\right)$，$a>0$

(4) s 域平移：$f(t)\mathrm{e}^{-at}\leftrightarrow F(s+a)$

(5) 时域微分：$f'(t)\leftrightarrow sF(s)-f(0_-)$

$$f^{(n)}(t)\leftrightarrow s^nF(s)-\sum_{r=0}^{n-1}s^{n-r-1}f^{(r)}(0)$$

(6) 时域积分：$\int_{-\infty}^{t}f(\tau)\mathrm{d}\tau\leftrightarrow\frac{F(s)}{s}+\frac{f^{(-1)}(0)}{s}$

(7) s 域微分：$tf(t)\leftrightarrow-\frac{\mathrm{d}F(s)}{\mathrm{d}s}$

(8) s 域积分：$\frac{f(t)}{t}\leftrightarrow\int_{s}^{\infty}F(s)\mathrm{d}s$

(9) 初值定理：$\lim\limits_{t\to 0}f(t)=\lim\limits_{s\to\infty}sF(s)$

(10) 终值定理：$\lim\limits_{t\to\infty}f(t)=\lim\limits_{s\to 0}sF(s)$

(11) 卷积定理：$f_1(t)*f_2(t)\leftrightarrow F_1(s)F_2(s)$

$$f_1(t)f_2(t)\leftrightarrow\frac{1}{2\pi\mathrm{j}}F_1(s)*F_2(s)$$

二、拉普拉斯反变换

1. 部分分式分解法

将原表达式分解成简单分式的和，分别求解简单分式的拉氏反变换，再利用线性性质求出原表达式的反变换。

2. 利用常用信号拉氏变换对求解反变换

3. 利用拉氏变换性质求解反变换

三、拉普拉斯变换分析法，求解 LTI 系统响应

1. 通过微分方程求解系统响应

(1) 利用拉氏变换的微分性质对微分方程两端进行拉氏变换

(2) 求解 $Y(s)$

(3) 反变换求解 $y(t)$

2. 通过电路求解系统响应

(1) 画出电路 s 域等效模型

电路中常用元件(电阻、电感、电容)的 s 域等效模型如下：

电阻：$v_R(s)=RL_R(S)$

电感：$V_L(s)=SLI_L(s)-Li_L(0_-)$，其中，$i_L(0_-)$为电感初始电流值

电容：$V_C(s)=\frac{1}{sC}I_C(s)+\frac{v_C(0_-)}{s}$，其中，$v_C(0_-)$为电容初始电压值

(2) 依据 KVL 或者 KCL 列写代数方程

(3) 求解响应 $Y(s)$

(4) 反变换求解 $y(t)$

四、系统函数

1. 定义

系统函数为系统零状态响应的拉氏变换与激励的拉氏变换之比，即：

$$H(s)=\frac{Y_{zs}(s)}{F(s)}$$

2. 系统函数的求解

(1) 由冲激响应 $h(t)$求得，即：$h(t)\leftrightarrow H(s)$

(2) 对系统的微分方程进行零状态条件下的拉氏变换，然后由系统函数的定义求得。

(3) 根据 s 域电路模型，求得零状态响应的像函数与激励的像函数之比，即可求得。

3. 零极点分布图

零点为 $H(s)$分子的根，极点为 $H(s)$分母的根，在 s 平面内，用“○”表示零点，“×”表示极点，就构成系统函数的零极点分布图。

4. 零极点分布与函数的关系

由零极点分布图来判断函数的收敛性。

5. 全通函数

如果一个系统函数的极点位于左半平面，零点位于右半平面，且零点与极点关于 $j\omega$ 轴互为镜像，则此系统函数称为全通函数，其幅频特性为常数。

6. 最小相移函数

如果系统的全部零点和极点均位于 s 平面的左半平面或 $j\omega$ 轴，则此系统函数为最小相移函数。

五、系统稳定性

1. 定义

对任意的有界输入，其零状态响应也是有界的，则此系统称为稳定系统。

2. 稳定系统的时域判决条件

$$\int_{-\infty}^{\infty} |h(t)|\,dt \leqslant \infty$$

3. 稳定系统的 s 域判决

(1) 利用 $H(s)$ 的零极点分布来判断：

① 极点全部位于 s 左半平面(不包括虚轴)，则系统稳定；

② 极点位于 s 右半平面，或在虚轴具有二阶以上极点，则系统不稳定；

③ 极点位于 s 平面虚轴，且只有一阶，则系统处于临界稳定；

(2) 稳定系统判决准则

① 判决准则 1：对于二阶及以下系统，如果 $H(s)$ 表达式中分母各项系数为非零正实数，则系统稳定。

② 判决准则 2：利用罗斯矩阵进行稳定性判决。

六、拉普拉斯变换与傅里叶变换的关系

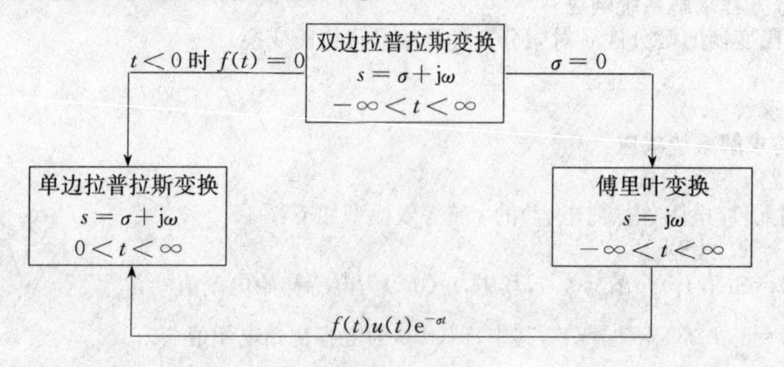

习题解答

【4-1】 求下列函数的拉氏变换。

(1) $1-e^{-\alpha t}$

(2) $\sin t+2\cos t$

(3) te^{-2t}

(4) $e^{-t}\sin(2t)$

(5) $(1+2t)e^{-t}$

(6) $[1-\cos(\alpha t)]e^{-\beta t}$

(7) t^2+2t

(8) $2\delta(t)-3e^{-7t}$

(9) $e^{-\alpha t}\sinh(\beta t)$

(10) $\cos^2(\Omega t)$

(11) $\dfrac{1}{\beta-\alpha}(e^{-\alpha t}-e^{-\beta t})$

(12) $e^{-(t+\alpha)}\cos(\omega t)$

(13) $te^{-(t-2)}u(t-1)$

(14) $e^{-\frac{t}{a}}f\left(\dfrac{t}{a}\right)$

设已知 $\mathscr{L}[f(t)]=F(s)$

(15) $e^{-at}f\left(\dfrac{t}{a}\right)$,

设已知 $\mathscr{L}[f(t)]=f(s)$

(16) $t\cos^3(3t)$

(17) $t^2\cos(2t)$　　(18) $\frac{1}{t}(1-e^{-at})$

(19) $\frac{e^{-3t}-e^{-5t}}{t}$　　(20) $\frac{\sin(at)}{t}$

【解题思路】 本题主要利用常用函数的拉氏变换和拉氏变换的性质进行求解。

【解】

(1) $1-e^{-at}\leftrightarrow\frac{1}{s}-\frac{1}{s+a}=\frac{1}{s(s+a)}$

(2) $\sin t+2\cos t\leftrightarrow\frac{1}{s^2+1}+2\frac{s}{s^2+1}=\frac{2s+1}{s^2+1}$

(3) $te^{-2t}\leftrightarrow\frac{1}{(s+2)^2}$

(4) $e^{-t}\sin 2t\leftrightarrow\frac{2}{(s+1)^2+2^2}$

(5) $(1+2t)e^{-t}=e^{-t}+2te^{-t}\leftrightarrow\frac{1}{s+1}+2\frac{1}{(s+1)^2}=\frac{s+3}{(s+1)^2}$

(6) $(1-\cos\alpha t)e^{-\beta t}=e^{-\beta t}-\cos\alpha te^{-\beta t}\leftrightarrow\frac{1}{s+\beta}-\frac{s+\beta}{(s+\beta)^2+2^2}$

(7) $t^2+2t\leftrightarrow\frac{2}{s^3}+\frac{2}{s^2}=\frac{2s+2}{s^3}$

(8) $2\delta(t)-3e^{-7t}\leftrightarrow 2-\frac{3}{s+7}=\frac{2s+11}{s+7}$

(9) $e^{-\alpha t}\sinh(\beta t)\leftrightarrow\frac{\beta}{(s+\alpha)^2-\beta^2}$

(10) $\cos^2\Omega t=\frac{1+\cos(2\Omega t)}{2}\leftrightarrow\frac{1}{2}\left[\frac{1}{s}+\frac{s}{s^2+(2\Omega)^2}\right]$

(11) $\frac{1}{\beta-\alpha}(e^{-\alpha t}-e^{-\beta t})\leftrightarrow\frac{1}{\beta-\alpha}\left(\frac{1}{s+\alpha}-\frac{1}{s+\beta}\right)=\frac{1}{(s+\alpha)(s+\beta)}$

(12) $e^{-(t+a)}\cos\omega t=e^a e^{-t}\cos\omega t\leftrightarrow e^a\frac{s+1}{(s+1)^2+\omega^2}$

(13) $te^{-(t-2)}u(t-1)=e\cdot te^{-(t-1)}u(t-1)\leftrightarrow\frac{2e^{-(s-1)}}{(s+1)^2}$

(14) $e^{-\frac{t}{a}}f\left(\frac{t}{a}\right)\leftrightarrow aF(as+1)$设 $f(t)\leftrightarrow F(s)$

(15) $e^{-at}f\left(\frac{t}{a}\right)\leftrightarrow aF(as+a^2)$　设 $f(t)\leftrightarrow F(s)$

(16) $t\cos^3 3t=t\left(\frac{\cos 3t}{2}+\frac{\cos t 3t\cos 6t}{2}\right)=t\frac{\cos 3t}{2}+\frac{t}{4}(\cos 9t+\cos 3t)$

$=\frac{2t\cos t+t\cos 3t+t\cos 9t}{4}\leftrightarrow\frac{1}{4}\left(\frac{3(s^2-3^2)}{(s^2+3^2)^2}+\frac{s^2-9^2}{(s^2+9^2)^2}\right)$

(17) $t^2\cos 2t\leftrightarrow\frac{2s(s^2-12)(s^2+4)}{(s^2+2^2)^4}$

(18) $\frac{1}{t}(1-e^{-\alpha t})=\frac{1}{t}-\frac{1}{t}e^{-\alpha t}\leftrightarrow\ln(s+\alpha)-\ln s=\ln\frac{s+\alpha}{s}$

(19) $\frac{(e^{-3t}-e^{-5t})}{t}=\frac{1}{t}e^{-3t}-\frac{1}{t}e^{-5t}\leftrightarrow\ln(s+5)-\ln(s+3)=\ln\frac{s+5}{s+3}$

(20) $\frac{\sin\alpha t}{t}\leftrightarrow\int_s^\infty\frac{a}{s^2+a^2}ds=\int_s^\infty\frac{1}{\left(\frac{s}{a}\right)^2+1}d\left(\frac{s}{a}\right)=\arctan\frac{s}{a}\Big|_s^\infty=\frac{\pi}{2}-\arctan\frac{s}{a}$

【4-2】 求下列函数的拉氏变换，考虑能否借助于延时定理。

(1) $f(t)=\begin{cases}\sin(\omega t) & \left(当\ 0<t<\frac{T}{2}\right)\\ 0 & (t\ 为其他值)\end{cases}$

$T=\frac{2\pi}{\omega}$

(2) $f(t)=\sin(\omega t+\varphi)$

【解题思路】 本题主要利用三角函数周期性质和拉氏变换延时定理求解。

【解】

(1) $f(t)=\sin\omega t\left[u(t)-u\left(t-\frac{T}{2}\right)\right]$

$=\sin(\omega t)u(t)-\sin(\omega t)u\left(t-\frac{T}{2}\right)\leftrightarrow\frac{\omega}{s^2+\omega^2}(1+e^{-s\frac{T}{2}})$

(2) $f(t)=\sin(\omega t+\varphi)=\sin\omega t\cos\varphi+\cos\omega t\sin\varphi\leftrightarrow\cos\varphi\frac{\omega}{s^2+\omega^2}+\sin\varphi\frac{s}{s^2+\omega^2}$

由解题过程可以看出，(1) 题可以利用延时定理，(2) 题则不能使用。

【4-3】 求下列函数的拉氏变换，注意阶跃函数的跳变时间。

(1) $f(t)=e^{-t}u(t-2)$

(2) $f(t)=e^{-(t-2)}u(t-2)$

(3) $f(t)=e^{-(t-2)}u(t)$

(4) $f(t)=\sin(2t)\cdot u(t-1)$

(5) $f(t)=(t-1)[u(t-1)-u(t-2)]$

【解题思路】 本题利用拉氏变换的延时性质求解。

【解】

(1) $f(t)=e^{-2}e^{-(t-2)}u(t-2)\leftrightarrow\frac{1}{e^2}e^{-2s}\frac{1}{s+1}$

(2) $f(t)=e^{-(t-2)}u(t-2)\leftrightarrow\frac{1}{s+1}e^{-2s}$

(3) $f(t)=e^2e^{-t}u(t)\leftrightarrow\frac{e^2}{s+1}$

(4) $f(t)=\sin[2(t-1)+2]u(t-1)=[\sin2(t-1)\cos2+\cos2(t-1)\sin2]u(t-1)$

$=\cos2\cdot\sin2(t-1)u(t-1)+\sin2\cdot\cos2(t-1)u(t-1)$

$\leftrightarrow\cos2\frac{2e^{-s}}{s^2+2^2}+\sin2e^{-s}\frac{s}{s^2+2^2}=\frac{e^{-s}}{s^2+2^2}(2\cos2+s\cdot\sin2)$

(5) $f(t)=(t-1)u(t-1)-(t-1)u(t-2)=(t-1)u(t-1)-(t-2)u(t-2)-u(t-2)$

$\leftrightarrow\frac{e^{-s}}{s^2}-\frac{e^{-2s}}{s^2}-\frac{e^{-2s}}{s}=\frac{e^{-s}-e^{-2s}-se^{-2s}}{s^2}$

【4-4】 求下列函数的拉普拉斯逆变换。

(1) $\frac{1}{s+1}$　(2) $\frac{4}{2s+3}$

(3) $\frac{4}{s(2s+3)}$　(4) $\frac{1}{s(s^2+5)}$

(5) $\frac{3}{(s+4)(s+2)}$　(6) $\frac{3s}{(s+4)(s+2)}$

(7) $\frac{1}{s^2+1}+1$　(8) $\frac{1}{s^2-3s+2}$

(9) $\frac{1}{s(RCs+1)}$　(10) $\frac{1-RCs}{s(1+RCs)}$

(11) $\frac{\omega}{(s^2+\omega^2)}\cdot\frac{1}{RCs+1}$　(12) $\frac{4s+5}{s^2+5s+6}$

(13) $\frac{100(s+50)}{(s^2+201s+200)}$　(14) $\frac{(s+3)}{(s+1)^3(s+2)}$

(15) $\frac{A}{s^2+K^2}$　(16) $\frac{1}{(s^2+3)^2}$

(17) $\frac{s}{(s+a)[(s+\alpha)^2+\beta^2]}$　(18) $\frac{s}{(s^2+\alpha^2)[(s+\alpha)^2+\beta^2]}$

(19) $\dfrac{e^{-s}}{4s(s^2+1)}$　　(20) $\ln\left(\dfrac{s}{s+9}\right)$

【解题思路】 本题主要利用部分分式分解法及常用信号的拉氏变换对，求解拉普拉斯逆变换。

【解】

(1) $\because e^{-at}u(t)\leftrightarrow\dfrac{1}{s+a}$　$\therefore e^{-t}u(t)\leftrightarrow\dfrac{1}{s+1}$

故 $F(s)$ 逆变换为 $f(t)=e^{-t}u(t)$

(2) $F(s)=\dfrac{4}{2s+3}=\dfrac{2}{s+\frac{3}{2}}$

$\because e^{-at}u(t)\leftrightarrow\dfrac{1}{s+a}$　$\therefore e^{-\frac{3}{2}t}u(t)\leftrightarrow\dfrac{1}{s+\frac{3}{2}}$

故 $F(s)$ 逆变换为 $f(t)=e^{-\frac{3}{2}t}u(t)$

(3) $F(s)=\dfrac{4}{s(2s+3)}=\dfrac{\frac{4}{3}}{s}-\dfrac{\frac{8}{3}}{2s+3}=\dfrac{\frac{4}{3}}{s}-\dfrac{\frac{4}{3}}{s+\frac{3}{2}}$

$\because e^{-at}u(t)\leftrightarrow\dfrac{1}{s+a}$

$\therefore e^{-\frac{3}{2}t}u(t)\leftrightarrow\dfrac{1}{s+\frac{3}{2}},u(t)\leftrightarrow\dfrac{1}{s}$

故 $F(s)$ 逆变换为 $f(t)=\dfrac{4}{3}(1-e^{-\frac{3}{2}t})u(t)$

(4) $F(s)=\dfrac{1}{s(s^2+5)}=\dfrac{\frac{1}{5}}{s}-\dfrac{\frac{1}{5}s}{s^2+5}$

$\because u(t)\leftrightarrow\dfrac{1}{s},\cos(\omega t)u(t)\leftrightarrow\dfrac{s}{s^2+\omega^2}$

$\therefore \cos\sqrt{5}t\leftrightarrow\dfrac{s}{s^2+5}$

故 $F(s)$ 逆变换为 $f(t)=\dfrac{1}{5}(1-\cos\sqrt{5}t)u(t)$

(5) $F(s)=\dfrac{3}{(s+4)(s+2)}=\dfrac{3}{2}\left(\dfrac{1}{s+2}-\dfrac{1}{s+4}\right)$

$\because e^{-at}u(t)\leftrightarrow\dfrac{1}{s+a}$

$\therefore e^{-2t}u(t)\leftrightarrow\dfrac{1}{s+2},e^{-4t}u(t)\leftrightarrow\dfrac{1}{s+4}$

故 $F(s)$ 逆变换为 $f(t)=\dfrac{3}{2}(e^{-2t}-e^{-4t})u(t)$

(6) $F(s)=\dfrac{3s}{(s+4)(s+2)}=\dfrac{6}{s+4}-\dfrac{3}{s+2}$

$\because e^{-at}u(t)\leftrightarrow\dfrac{1}{s+a}$

$\therefore e^{-2t}u(t)\leftrightarrow\dfrac{1}{s+2},e^{-4t}u(t)\leftrightarrow\dfrac{1}{s+4}$

故 $F(s)$ 逆变换为 $f(t)=(6e^{-4t}-3e^{-2t})u(t)$

(7) $\because \delta(t)\leftrightarrow 1,\sin tu(t)\leftrightarrow\dfrac{1}{s^2+1^2}$

故 $F(s)$ 逆变换为 $f(t)=\delta(t)+\sin tu(t)$

(8) $F(s)=\frac{1}{s^2-3s+2}=\frac{1}{s-2}-\frac{1}{s-1}$

$\because e^{-at}u(t)\leftrightarrow\frac{1}{s+a}$

$\therefore e^{2t}u(t)\leftrightarrow\frac{1}{s-2},e^{t}u(t)\leftrightarrow\frac{1}{s-1}$

故 $F(s)$ 逆变换为 $f(t)=(e^{2t}-e^{t})u(t)$

(9) $F(s)=\frac{1}{s(RCs+1)}=\frac{1}{s}-\frac{RC}{s+\frac{1}{RC}}$

$\therefore u(t)\leftrightarrow\frac{1}{s},e^{-at}u(t)\leftrightarrow\frac{1}{s+a}$

故 $F(s)$ 逆变换为 $f(t)=(1-RC\cdot e^{-\frac{1}{RC}t})u(t)$

(10) $F(s)=\frac{1-RCs}{s(RCs+1)}=\frac{1}{s}-\frac{2RC}{s+\frac{1}{RC}}$

$\because u(t)\leftrightarrow\frac{1}{s},e^{-a}tu(t)\leftrightarrow\frac{1}{s+a}$

$\therefore e^{-\frac{1}{RC}t}u(t)\leftrightarrow\frac{1}{s+\frac{1}{RC}}$

故 $F(s)$ 逆变换为 $f(t)=(1-2RCe^{-\frac{1}{RC}t})u(t)$

(11) $F(s)=\frac{RC\omega}{1+(RC\omega^2)}\left(\frac{1}{s+\frac{1}{RC}}-\frac{s}{s^2+\omega^2}+\frac{\frac{1}{RC\omega}\cdot\omega}{s^2+\omega^2}\right)$

故 $F(s)$ 逆变换为 $f(t)=\frac{RC\omega}{1+(RC\omega)^2}\left(e^{-\frac{t}{RC}}-\cos\omega t+\frac{1}{RC\omega}\cdot\sin\omega t\right)u(t)$

(12) $F(s)=\frac{4s+5}{s^2+5s+6}=\frac{4s+5}{(s+2)(s+3)}=\frac{7}{s+3}-\frac{3}{s+2}$

$\because e^{-a}tu(t)\leftrightarrow\frac{1}{s+a}$

$\therefore e^{-3t}u(t)\leftrightarrow\frac{1}{s+3},e^{-2t}u(t)\leftrightarrow\frac{1}{s+2}$

故 $F(s)$ 逆变换为 $f(t)=(7e^{-3t}-3e^{-2t})u(t)$

(13) $F(s)=\frac{100(s+50)}{s^2+201s+200}=\frac{100(s+50)}{(s+200)(s+1)}=\frac{100\times\frac{150}{199}}{s+200}+\frac{100\times\frac{49}{199}}{s+1}$

$\because e^{-a}tu\leftrightarrow\frac{1}{s+a}$

故 $F(s)$ 逆变换为 $f(t)=\frac{100}{199}(150e^{-200t}+49e^{-t})u(t)$

(14) $F(s)=\frac{s+3}{(s+1)^3(s+2)}=\frac{K_{11}}{(s+1)^3}+\frac{K_{12}}{(s+1)^2}+\frac{K_{13}}{(s+1)}+\frac{K_2}{(s+2)}$

令 $F_1(s)=(s+1)^3F(s)=\frac{s+3}{s+2}$

$\therefore K_2=F(s)(s+2)|_{s=-2}=-1$

$K_{11}=(s+1)^3F(s)|_{s=-1}=2$

$K_{12}=\frac{dF_1(s)}{ds}|_{s=-1}=5$

$K_{13}=\frac{d^2F_1(s)}{ds^2}|_{s=-1}=-5$

$\because tf(t)\leftrightarrow -\dfrac{\mathrm{d}F(s)}{\mathrm{d}s}$，

$\therefore \mathrm{e}^{-2t}u(t)\leftrightarrow\dfrac{1}{s+2}$，$\mathrm{e}^{-t}u(t)\leftrightarrow\dfrac{1}{s+1}$，$t\mathrm{e}^{-t}u(t)\leftrightarrow\dfrac{1}{(s+1)^2}$，$t^2\mathrm{e}^{-t}u(t)\leftrightarrow\dfrac{2}{(s+1)^3}$

故 $F(s)$ 逆变换为 $f(t)=(t^2+5t-5)\mathrm{e}^{-t}u(t)-\mathrm{e}^{-2t}u(t)$

(15) 对 K 取不同值进行讨论，分两种情况：

① 当 $K\neq 0$ 时，$F(s)=\dfrac{A}{s^2+K^2}=\dfrac{A}{K}\dfrac{K}{s^2+K^2}$

$\because \sin\omega t u(t)\leftrightarrow\dfrac{\omega}{s^2+\omega^2}$，故 $F(s)$ 逆变换为 $f(t)=\dfrac{A}{K}\sin(\omega t)u(t)$

② 当 $K=0$ 时，$F(s)=\dfrac{A}{s^2}$，故 $F(s)$ 逆变换为 $f(t)=Atu(t)$

(16) $\because \dfrac{1}{\sqrt{3}}\sin\sqrt{3}tu(t)\leftrightarrow\dfrac{1}{s^2+3}$，$f_1(t)*f_2(t)\leftrightarrow F_1(s)F_2(s)$

$\therefore \dfrac{1}{\sqrt{3}}\sin\sqrt{3}tu(t)*\dfrac{1}{\sqrt{3}}\sin\sqrt{3}tu(t)\leftrightarrow\dfrac{1}{(s^2+3)^2}$

故 $F(s)$ 逆变换为 $f(t)=\dfrac{1}{\sqrt{3}}\sin(\sqrt{3}t)u(t)*\dfrac{1}{\sqrt{3}}\sin(\sqrt{3}t)u(t)=\dfrac{1}{3}\sin(\sqrt{3}t)*\sin(\sqrt{3}t)u(t)$

$$=\frac{1}{6}\left[\frac{\sqrt{3}}{3}\sin(\sqrt{3}t)-t\cos(\sqrt{3}t)\right]$$

(17) $F(s)$ 可分解为 $\dfrac{s}{(s+a)[(s+\alpha)^2+\beta^2]}=\dfrac{A}{(s+a)}+\dfrac{Bs+C}{[(s+\alpha)^2+\beta^2]}$，则：

$A=F(s)(s+a)\big|_{s=-a}=\dfrac{-a}{(\alpha-a)^2+\beta^2}$，代入上式中可得：

$$\frac{s}{(s+a)[(s+\alpha)^2+\beta^2]}=\frac{\dfrac{-a}{(\alpha-a)^2+\beta^2}}{(s+a)}+\frac{Bs+C}{[(s+\alpha)^2+\beta^2]}$$

$$=\frac{\left[\dfrac{-a}{(\alpha-a)^2+\beta^2}+B\right]s^2+\left[C+aB\dfrac{2\alpha a}{(\alpha-a)^2+\beta^2}\right]s+aC-\dfrac{a(\alpha^2+\beta^2)}{(\alpha-a)^2+\beta^2}}{(s+a)[(s+\alpha)^2+\beta^2]}$$

故：
$$\begin{cases}\dfrac{-a}{(\alpha-a)^2+\beta^2}+B=0\\ C+aB\dfrac{2\alpha a}{(\alpha-a)^2+\beta^2}=1\\ aC-\dfrac{a(\alpha^2+\beta^2)}{(\alpha-a)^2+\beta^2}=0\end{cases}\Rightarrow\begin{cases}B=\dfrac{a}{(\alpha-a)^2+\beta^2}\\ C=\dfrac{\alpha^2+\beta^2}{(\alpha-a)^2+\beta^2}\end{cases}$$

从而：

$$\frac{s}{(s+a)[(s+\alpha)^2+\beta^2]}=\frac{\dfrac{-a}{(\alpha-a)^2+\beta^2}}{(s+a)}+\frac{\dfrac{a}{(\alpha-a)^2+\beta^2}s+\dfrac{\alpha^2+\beta^2}{(\alpha-a)^2+\beta^2}}{[(s+\alpha)^2+\beta^2]}$$

$$=\frac{-a}{(\alpha-a)^2+\beta^2}\frac{1}{(s+a)}+\frac{a}{(\alpha-a)^2+\beta^2}\frac{s+\alpha-\alpha+\dfrac{\alpha^2+\beta^2}{a}}{[(s+\alpha)^2+\beta]}$$

$$=\frac{-a}{(\alpha-a)^2+\beta^2}\frac{1}{(s+a)}+\frac{a}{(\alpha-a)^2+\beta^2}\left[\frac{s+\alpha}{(s+\alpha)^2+\beta^2}-\frac{\dfrac{\alpha^2+\beta^2-\alpha a}{a\beta}\beta}{(s+\alpha)^2+\beta^2}\right]$$

故 $F(s)$ 逆变换为

$$f(t)=\frac{-a}{(\alpha-a)^2+\beta^2}\mathrm{e}^{-at}u(t)+\frac{a}{(\alpha-a)^2+\beta^2}\mathrm{e}^{-\alpha t}\left[\cos\beta t-\frac{\alpha^2+\beta^2-\alpha a}{a\beta}\sin\beta t\right]u(t)$$

(18) 由此题表达式可以看出，$F(s)$ 的原函数可以表示为正弦信号的组合，故

$$F(s)=\frac{s}{(s^2+\omega^2)[(s+\alpha)^2+\beta^2]}=\frac{As+P\omega}{(s^2+\omega^2)}+\frac{C(s+\alpha)+D\beta}{(s+\alpha)^2+\beta^2}$$

将右边表达式进行通分,可得:

$$s=As(s+\alpha)^2+A\beta^2 s+P\omega(s+\alpha)^2+P\beta^2\omega+Cs^2(s+\alpha)+C\omega^2(s+\alpha)+D\beta s^2+D\beta\omega^2$$

因此有:

$$\begin{cases}A+C=0\\2A\alpha+P\omega+C\alpha+D\beta=0\\A\alpha^2+A\beta^2+2P\alpha\omega+C\omega^2=1\\P\alpha^2\omega+P\beta^2\omega+C\alpha\omega^2+D\beta\omega^2=0\end{cases}\Rightarrow\begin{cases}A=\dfrac{\alpha^2+\beta^2-\omega^2}{(\alpha^2+\beta^2-\omega^2)^2+(2\alpha\omega)^2}\\P=\dfrac{2\alpha\omega}{(\alpha^2+\beta^2-\omega^2)^2+(2\alpha\omega)^2}\\C=\dfrac{-(\alpha^2+\beta^2-\omega^2)}{(\alpha^2+\beta^2-\omega^2)^2+(2\alpha\omega)^2}\\D=\dfrac{-\dfrac{\alpha}{\beta}(\alpha^2+\beta^2+\omega^2)}{(\alpha^2+\beta^2-\omega^2)^2+(2\alpha\omega)^2}\end{cases}$$

故

$$f(t)=\frac{\left\{(\alpha^2+\beta^2-\omega^2)\cos(\omega t)+2\alpha\omega\sin(\omega t)-e^{-\alpha t}\left[(\alpha^2+\beta^2-\omega^2)\cos(\beta t)+\dfrac{\alpha}{\beta}(\alpha^2+\beta^2+\omega^2)\sin(\beta t)\right]\right\}}{(\alpha^2+\beta^2-\omega^2)^2+(2\alpha\omega)^2}$$

(19) $F(s)=\dfrac{e^{-s}}{4s(s^2+1)}=\left(\dfrac{A}{s}+\dfrac{Bs+C}{s^2+1}\right)e^{-s}=\dfrac{(A+B)s^2+Cs+A}{s(s^2+1)}e^{-s}$

$\therefore\begin{cases}A+B=0\\C=0\\A=\dfrac{1}{4}\end{cases}\Rightarrow\begin{cases}A=\dfrac{1}{4}\\B=-\dfrac{1}{4}\\C=0\end{cases}$,故 $F(s)$ 逆变换为 $f(t)=\dfrac{1}{4}[1-\cos(t-1)]u(t-1)$

(20) $F(s)=\ln\dfrac{s}{s+9}=\ln s-\ln(s+9)=\displaystyle\int_s^{\infty}\left(\frac{1}{\lambda+9}-\frac{1}{\lambda}\right)d\lambda$

$e^{-qt}u(t)\leftrightarrow\dfrac{1}{s+9}\quad\dfrac{f(t)}{t}\leftrightarrow\displaystyle\int_s^{\infty}F(s)ds$

$\therefore\dfrac{e^{-qt}u(t)}{t}\leftrightarrow\displaystyle\int_s^{\infty}\frac{1}{\lambda+9}d\lambda\quad\frac{1}{t}\leftrightarrow\int_s^{\infty}\frac{1}{\lambda}d\lambda$

故 $F(s)$ 逆变换为 $f(t)=\dfrac{1}{t}(e^{-9t}-1)u(t)$

【4-5】 分别求下列函数的逆变换的初值与终值。

(1) $\dfrac{(s+6)}{(s+2)(s+5)}$ (2) $\dfrac{(s+3)}{(s+1)^2(s+2)}$

【解题思路】 本题主要利用初、终值定理进行求解。

【解】

(1) 由于 $F(s)$ 的极值分别为 $s_1=-2,s_2=-5$,在 s 平面的左半平面,故存在终值。由初、终值定理可得:

$$f(0_+)=\lim_{s\to\infty}sF(s)=\lim_{s\to\infty}\frac{s(s+6)}{(s+2)(s+5)}=1$$

$$f(\infty)=\lim_{s\to 0}sF(s)=\lim_{s\to\infty}\frac{s(s+6)}{(s+2)(s+5)}=0$$

(2) 由于 $F(s)$ 的极值分别为 $s_1=-2,s_{2,3}=-1$,在 s 平面的左半平面,故存在终值。由初、终值定理可得:

$$f(0_+)=\lim_{s\to\infty}sF(s)=\lim_{s\to\infty}\frac{s(s+3)}{(s+1)^2(s+2)}=0$$

$$f(\infty)=\lim_{s\to 0}sF(s)=\lim_{s\to\infty}\frac{s(s+3)}{(s+1)^2(s+2)}=0$$

【4-6】 题图 4-6 所示电路,$t=0$ 以前,开关 S 闭合,已进入稳定状态;$t=0$ 时,开关打开,求 $v_r(t)$ 并讨论 R 对波形的影响。

【解题思路】 通过电路基础知识,求解初始电流;利用 s 域电路分析和拉氏反变换求解。

【解】 $t=0$ 前电路如解图 4-6(a)所示,流经 L 的电流 $i_L(0_-)=\dfrac{E}{r}$。当 $t=0$ 时,开关 S 打开,此时

RL 构成回路，其 s 域等效电路如解图 4-6(b)所示。

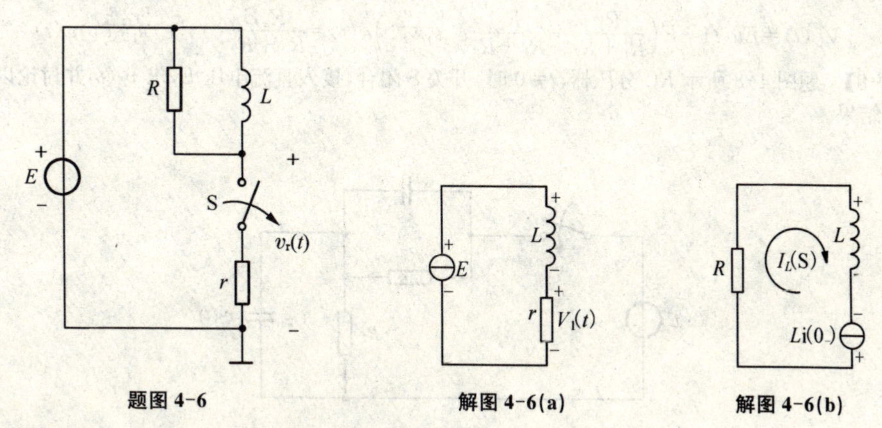

题图 4-6　　解图 4-6(a)　　解图 4-6(b)

由解图 4-6(b)，利用基尔霍夫电压定律可得：

$$RI_L(s)+sLI_L(s)-Li(0_-)=0$$

求得：$I_L(s)=\dfrac{\dfrac{E}{r}}{s+\dfrac{R}{L}}$，其反变换 $i_L(t)=\dfrac{E}{r}e^{-\frac{R}{L}t}u(t)$，

故 $v_r(t)=E+Ri_L(t)=E+\dfrac{ER}{r}e^{-\frac{R}{L}t}u(t)$

根据表达式可知，R 越大，$v_r(t)$ 在 $t=0$ 瞬间幅值越大，但波形衰减的越快。

【4-7】 题图 4-7 所示电路，$t=0$ 时，开关 S 闭合，求 $v_C(t)$。

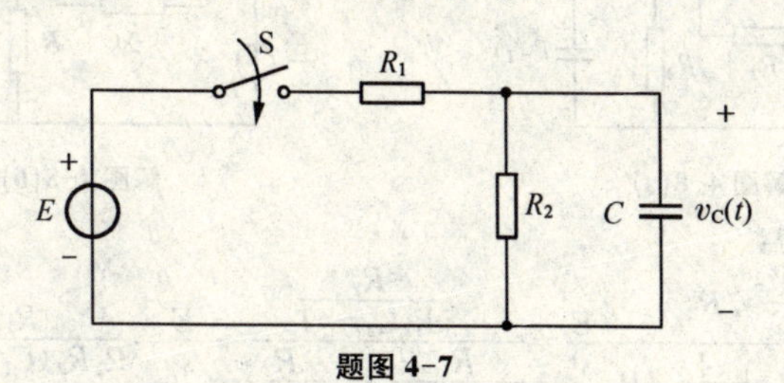

题图 4-7

【解题思路】 通过电路基础知识，求得电容的初始电压，利用 s 域电路分析和拉氏反变换求解。

【解】 当 S 未闭合时，则此时 $V_C(0_-)=0$。当 s 闭合时，电路如解图 4-7(a)所示，其 s 域等效电路如解图 4-7(b)所示。

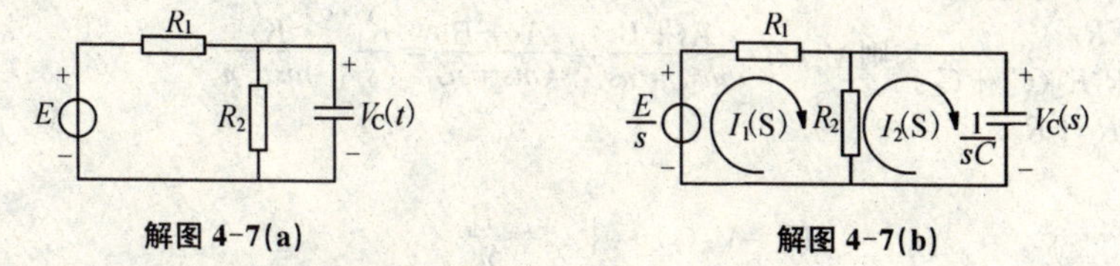

解图 4-7(a)　　解图 4-7(b)

由解图 4-7(b)，利用基尔霍夫电压定律，列写方程

$$V_C(s)=\frac{E}{s}-I_1(s)R_1=\frac{E}{s}-\frac{\frac{E}{s}\left(R_2+\frac{1}{sC}\right)}{R_1R_2+\frac{R_1+R_2}{sC}}R_1=\frac{E}{s}-\frac{E}{s}\frac{R_1\left(R_2+\frac{1}{sC}\right)}{R_1R_2\cdot sC+R_1+R_2}$$

$$=\frac{E}{s}-\frac{E}{s}\frac{R_1R_2C\cdot s+R_1}{R_1R_2C\cdot s+R_1+R_2}=\frac{E}{s}-\frac{E}{s}\frac{s+\frac{1}{R_2C}}{s+\frac{R_1+R_2}{R_1R_2C}}=\frac{E}{s}-E\left(\frac{\frac{R_1}{R_1+R_2}}{s}+\frac{\frac{R_2}{R_1+R_2}}{s+\frac{R_1+R_2}{R_1R_2C}}\right)$$

求解得

$$V_C(t)=Eu(t)-E\left(\frac{R_1}{R_1+R_2}+\frac{R_2}{R_1+R_2}e^{-\frac{R_1+R_2}{R_1R_2C}t}\right)u(t)=\frac{R_2E}{R_1+R_2}(1-e^{-\frac{R_1+R_2}{R_1R_2C}t})u(t)$$

【4-8】 题图 4-8 所示 RC 分压器，$t=0$ 时，开关 S 闭合，接入直流电压 E，求 $v_2(t)$ 并讨论以下三种情况的结果。

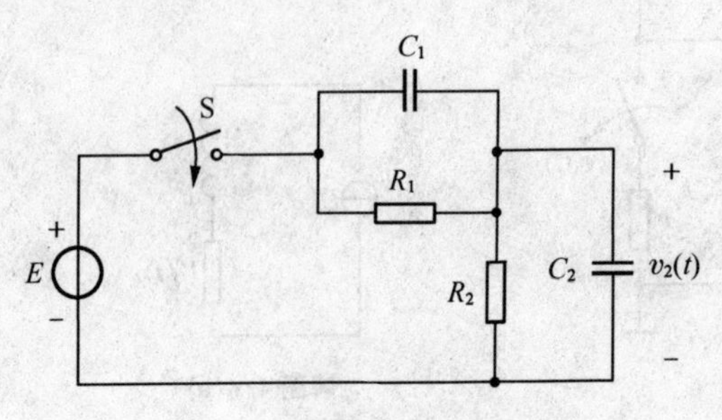

题图 4-8

(1) $R_1C_1=R_2C_2$　　(2) $R_1C_1>R_2C_2$　　(3) $R_1C_1<R_2C_2$

【解题思路】 通过电路基础知识，求得电容 C_2 的初始电压，利用 s 域电路分析，求得响应的拉氏变换，然后在三种情况下讨论，求得时域表达式。

【解】 $t<0$ 时，由电路基础知识可得 $V_{C_1}(0_-)=0$，$V_{C_2}(0_-)=0$；当 $t=0$ 时，电路如解图 4-8(a)所示，其 s 域等效电路如解图 4-8(b)所示。

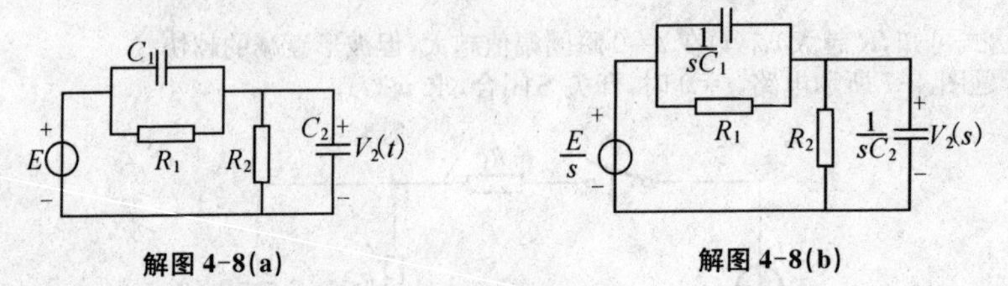

解图 4-8(a)　　解图 4-8(b)

由解图 4-8(b)，可得：

$$V_2(s)=\frac{\frac{1}{sC_2}/\!/R_2}{\frac{1}{sC_1}/\!/R_1+\frac{1}{sC_2}/\!/R_2}\frac{E}{s}=\frac{\frac{R_2}{R_2C_2s+1}}{\frac{R_1}{R_1C_1s+1}+\frac{R_2}{R_2C_2s+1}}\frac{E}{s}=\frac{R_1R_2C_1s+R_2}{R_1R_2(C_1+C_2)s+R_1+R_2}\frac{E}{s}$$

$$=\frac{ER_1R_2C_1s+ER_2}{R_1R_2(C_1+C_2)s^2+(R_1+R_2)s}$$

令 $\begin{cases}A=ER_1R_2C_1,\\B=ER_2\\m=R_1R_2(C_1+C_2)\\n=(R_1+R_2)\end{cases}$，则 $V_2(s)=\dfrac{As+B}{ms^2+ns}=\dfrac{As+B}{s(ms+n)}=\dfrac{K_1}{s}+\dfrac{K_2}{ms+n}$

求得：

$$K_1=V_2(s)\cdot s\big|_{s=0}=\frac{B}{n}$$

$$K_2=V_2(s)\cdot(ms+n)\big|_{s=-\frac{n}{m}}=\frac{-\frac{An}{m}+B}{-\frac{n}{m}}$$

$$\text{故 } V_2(s)=\frac{\frac{B}{n}}{s}+\frac{\frac{-\frac{An}{m}+B}{-\frac{n}{m}}}{ms+n}=\frac{ER_2}{R_1+R_2}\frac{1}{s}+\frac{ER_1C_1-ER_2C_2}{R_1+R_2}\frac{R_1R_2}{R_1R_2(C_1+C_2)s+R_1+R_2}\quad(1)$$

①当 $R_1C_1=R_2C_2$ 时，$V_2(s)=\frac{ER_2}{R_1+R_2}\frac{1}{s}$，其反变换为 $V_2(t)=\frac{ER_2}{R_1+R_2}u(t)$

②当 $R_1C_1>R_2C_2$ 时，由于(1)式中的第二项为正，故 $V_2(t)>\frac{ER_2}{R_1+R_2}u(T)$

③当 $R_1C_1<R_2C_2$ 时，由于(1)式中的第二项为负，故 $V_2(t)<\frac{ER_2}{R_1+R_2}u(T)$

【4-9】 题图 4-9 所示 RLC 电路 $t=0$ 时开关 S 闭合，求电流 $i(t)$。$\left(\text{已知}\frac{1}{2RC}<\frac{1}{\sqrt{LC}}\right)$

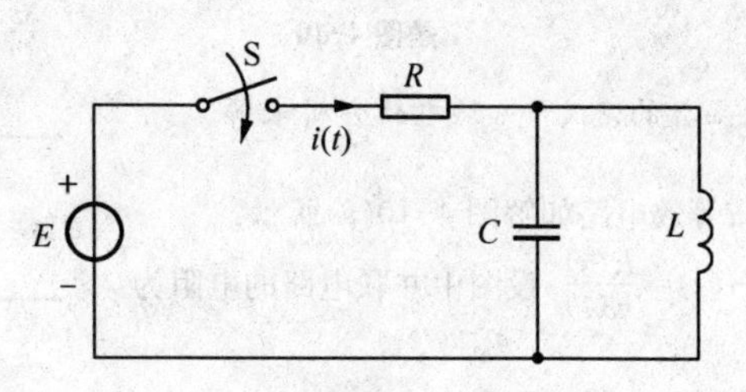

题图 4-9

【解题思路】 通过电路基础知识，求得电容、电感的初始电压和初始电流，利用 s 域电路分析，求得响应的拉氏变换。注意：响应的分解。

【解】 $t<0$ 时，则 $i_L(0_-)=0, V_C(0_-)=0$；当 $t=0$ 时，电路如解图 4-9(a)所示，其 s 域等效电路如解图 4-9(b)所示。

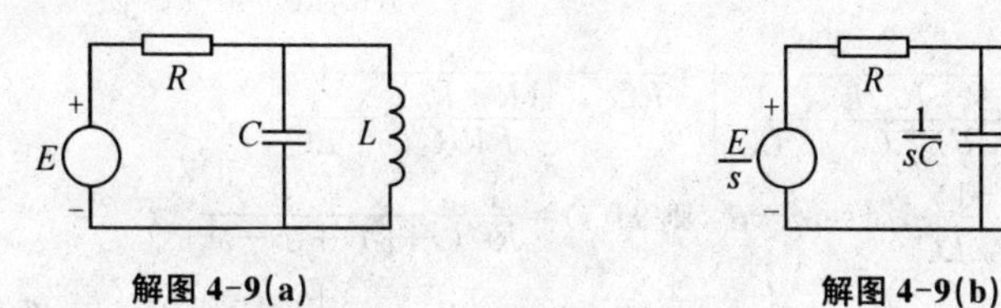

解图 4-9(a)　　**解图 4-9(b)**

由解图 4-9(b)所示的电路图，列写 KVL 方程得到：

$I(s)\left(R+\frac{1}{sC}/\!/sL\right)=\frac{E}{s}$，其中 $\frac{1}{sC}/\!/sL=\frac{sL}{s^2LC+1}$ 代入可得：

$$I(s)\left(R+\frac{sL}{s^2LC+1}\right)=\frac{E}{s}\text{，所以 } I(s)=\frac{E}{s}\frac{s^2LC+1}{s^2RLC+sL+R}=\frac{ELCs^2+E}{s(s^2RLC+sL+R)}$$

由于上式分母的判别式 $\Delta=b^2-4ac=L^2-4RLC\cdot R=L^2-4R^2LC<0$，故方程有共轭复根。对 $I(s)$ 进一步分解，可得：

$$I(s)=\frac{E}{s}\frac{1}{RLC}\frac{LCs^2+1}{s^2+s\frac{1}{RC}+\frac{1}{LC}}=\frac{E}{R}\frac{1}{s}\frac{s^2+\frac{1}{LC}}{\left(s+\frac{1}{2RC}\right)^2+\frac{1}{LC}-\left(\frac{1}{2RC}\right)^2}$$

$$=\frac{E}{R}\left[\frac{1}{s}-\frac{\frac{1}{RC}}{\left(s+\frac{1}{2RC}\right)^2+\frac{1}{LC}-\left(\frac{1}{2RC}\right)^2}\right]$$

令 $\alpha=\frac{1}{2RC},\beta=\frac{1}{LC}$，则 $\omega^2=\alpha^2-\beta^2$，故 $I(s)$ 可以表示为：

$$I(s)=\frac{E}{R}\left[\frac{1}{s}-\frac{2\alpha}{(s+\alpha)^2+\omega^2}\right]=\frac{E}{R}\left[\frac{1}{s}-\frac{2\alpha}{\omega}\frac{\omega}{(s+\alpha)^2+\omega^2}\right]$$

其反变换为：$i(t)=\frac{E}{R}\left(1-\frac{2\alpha}{\omega}e^{-\alpha t}\sin\omega t\right)u(t)$

【4-10】 求题图 4-10 所示电路的系统函数 $H(s)$ 和冲激响应 $h(t)$，设激励信号为电压 $e(t)$、响应信号为电压 $r(t)$。

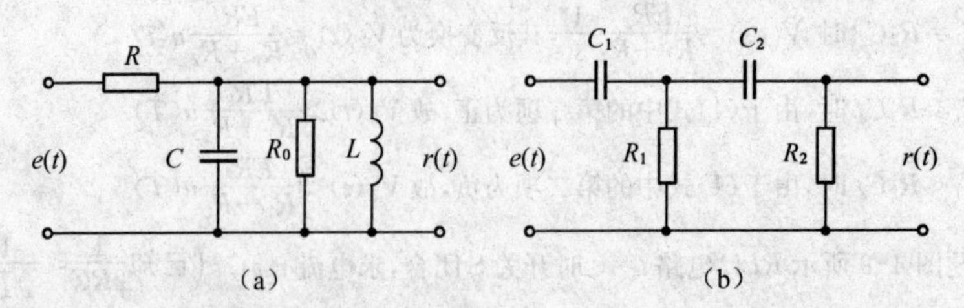

题图 4-10

【解题思路】 利用系统函数的定义和 s 域电路分析求解。

【解】

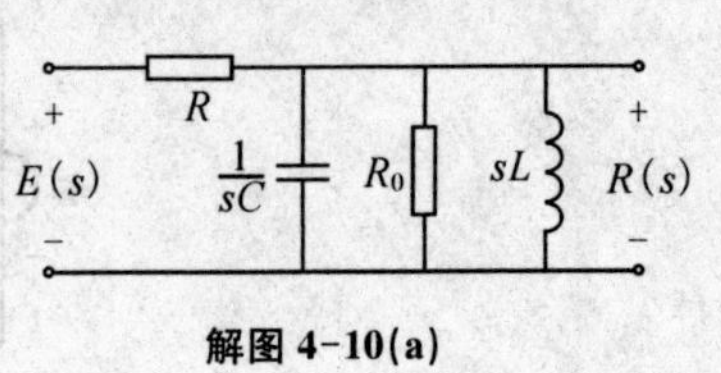

解图 4-10(a)

(a) 解图 4-10(a)的 s 域等效电路如解图 4-10(a)所示：

由解图 4-10(a)，可知 $H(s)=\dfrac{R(s)}{E(s)}$，设图中并联电路的电阻为 R'，则：

$$R'=\frac{1}{sC}/\!/R_0/\!/sL=\frac{R_0Ls}{R_0LCs^2+Ls+R_0}$$

故 $H(s)=\dfrac{R(s)}{E(s)}=\dfrac{R'}{R+R'}=\dfrac{R_0Ls}{R_0LCs^2+Ls+R_0}\cdot\dfrac{R_0LCs^2+Ls+R_0}{R_0Ls+RR_0LCs+RLs+RR_0}$

$$=\frac{R_0Ls}{RR_0LCs^2+(R+R_0)Ls+RR_0}=\frac{R_0Ls}{RR_0LC\left[s^2+\frac{(R+R_0)L}{RR_0LC}s+\frac{1}{LC}\right]}$$

$$=\frac{s}{RC\left[s^2+\frac{(R+R_0)L}{RR_0LC}s+\frac{1}{LC}\right]}=\frac{1}{RC}\frac{s}{s^2+\frac{(R+R_0)}{RR_0C}s+\frac{1}{LC}}$$

令 $\alpha=\dfrac{(R+R_0)}{RR_0C}$，$\beta=\dfrac{1}{\sqrt{LC}}$，$\omega^2=\alpha^2-\beta^2$，则 $H(s)=\dfrac{1}{RC}\dfrac{s}{(s+\alpha)^2+\beta^2-\alpha^2}$

$$H(s)=\frac{1}{RC}\frac{s}{(s+\alpha)^2+\omega^2}=\frac{1}{RC}\frac{s+\alpha-\alpha}{(s+\alpha)^2+\omega^2}=\frac{1}{RC}\left[\frac{s+\alpha}{(s+\alpha)^2+\omega^2}-\frac{\alpha}{\omega}\frac{\omega}{(s+\alpha)^2+\omega^2}\right]$$

所以其反变换为

$$h(t)=\frac{1}{RC}\left(e^{-\alpha t}\cos\omega t-\frac{\alpha}{\omega}e^{-\alpha t}\sin\omega t\right)u(t)$$

(b) 解图 4-10(b)的 s 域等效电路如解图 4-10(b)所示：

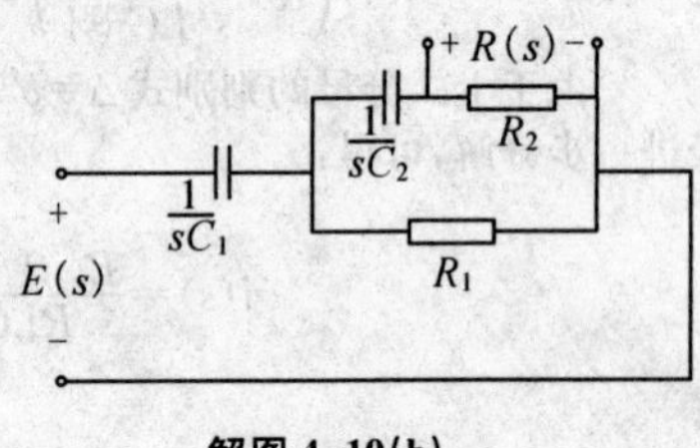

解图 4-10(b)

设 C_2 和 R_2 串联电阻为 R''，则 $R''=\dfrac{1}{sC_2}+R_2$

设 R_1 和 R'' 并联电阻为 R'，则 $R'=\dfrac{R_1R_2C_2s+R_1}{(R_1+R_2)C_2s+1}$

总电阻 R 为 $R=\dfrac{1}{sC_1}+R'$，则 $I(s)=\dfrac{E(s)}{R}$

设流经 R_2 的电流为 $I_2(s)$，流经 R_1 的电流为 $I_1(s)$，则

$\dfrac{I_2(s)}{I_1(s)}=\dfrac{R_1}{R''}$，则 $\dfrac{I_2(s)}{I_1(s)+I_2(s)}=\dfrac{R_1}{R_1+R''}$，

从而 $I_2(s)=\dfrac{R_1}{R_1+R''}[I_1(s)+I_2(s)]=\dfrac{R_1}{R_1+R''}I(s)=\dfrac{R_1}{R_1+R''}\dfrac{E(s)}{R}$

所以 $R(s)=I_2(s)R_2=\dfrac{R_1R_2}{R(R_1+R'')}E(s)$

故 $H(s)=\dfrac{R(s)}{E(s)}=\dfrac{R_1R_2}{R_1+R''}=\dfrac{R_1R_2}{R\left(R_1+\frac{1}{sC_2}R_2\right)}=\dfrac{s^2}{s^2+\frac{(R_1+R_2)C_2+R_1C_1}{R_1R_2C_1C_2}s+\frac{1}{R_1R_2C_1C_2}}$

令 $m=\dfrac{1}{R_1R_2C_1C_2}$，$n=R_1C_1+R_1C_2+R_2C_2$

$$h(t)=\delta(t)+\frac{1}{\sqrt{m^2n^2-4m}}$$

$$\left[\left(mn\frac{-mn-\sqrt{m^2n^2-4m}}{2}+m\right)\mathrm{e}^{\frac{-mn-\sqrt{m^2n^2-4m}}{2}t}-\left(mn\frac{-mn+\sqrt{m^2n^2-4m}}{2}+m\right)\mathrm{e}^{\frac{-mn+\sqrt{m^2n^2-4m}}{2}t}\right]u(t)$$

【4-11】 电路如题图 4-11 所示，$t=0$ 以前开关位于"1"，电路已进入稳定状态，$t=0$ 时开关从"1"倒向"2"，求电流 $i(t)$ 的表示式。

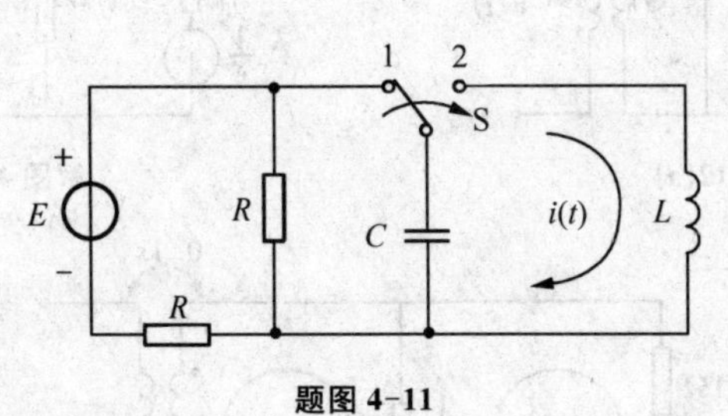

题图 4-11

【解题思路】 通过电路基础知识，求得电容、电感的初始电压和初始电流，利用 s 域电路分析和正弦信号的拉氏变换求解。

【解】 当 $t<0$ 时，电路达到稳定状态，此时电容 C 上的电压为 $V_C(0_-)=\dfrac{E}{2}$，流经电感的电流为 $i_L(0_-)=0$。当 $t=0$ 时，开关由 1 转到 2，此时电路如解图 4-11(a)所示，其 s 域等效电路如解图 4-11(b)所示。

解图 4-11(a)　　解图 4-11(b)

依据 KVL 列写方程，可得：

$$\left(\frac{1}{sC}+sL\right)I(s)=\frac{V_C(0_-)}{s}=\frac{E}{2s}$$

$$I(s)=\frac{E}{2s}\frac{sC}{s^2LC+1}=\frac{EC}{2}\frac{1}{s^2LC+1}=\frac{E}{2L}\frac{1}{s^2+\frac{1}{LC}}=\frac{E}{2}\sqrt{\frac{C}{L}}\frac{\frac{1}{\sqrt{LC}}}{s^2+\left(\frac{1}{\sqrt{LC}}\right)^2}$$

其反变换为：$i(t)=\dfrac{E}{2}\sqrt{\dfrac{C}{L}}\sin\left(\dfrac{1}{\sqrt{LC}}t\right)u(t)$

【4-12】 电路如题图 4-12 所示，$t=0$ 以前电路元件无储能，$t=0$ 时开关闭合，求电压 $v_2(t)$ 的表示式和波形。

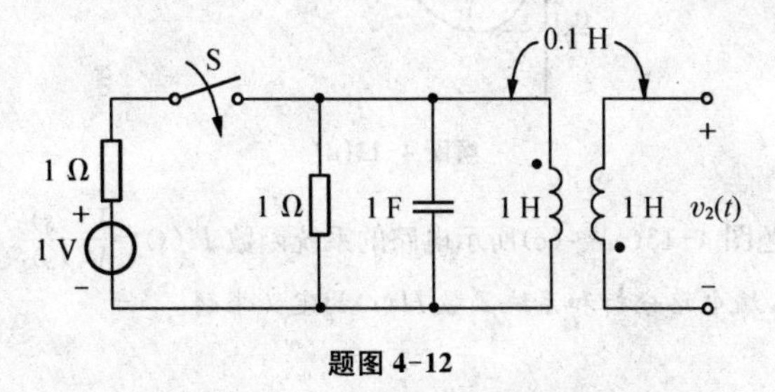

题图 4-12

【解题思路】 通过 s 域电路分析求解。注意：互感电路的 s 域等效模型。

【解】 由题可知，在 $t<0$ 时，$V_C(0_-)=0$，$i_L(0_-)=0$。当 $t=0$ 时，开关闭合，电路如解图 4-12(a)所示，其等效电路如解图 4-12(b)所示。将解图 4-12(b)电路进行化简得到解图 4-12(c)所示电路。

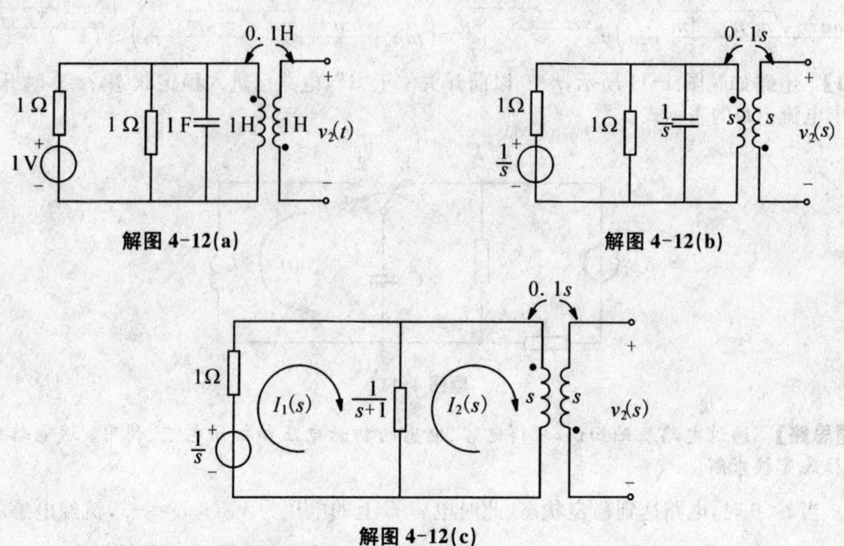

解图 4-12(a) 解图 4-12(b)

解图 4-12(c)

由解图 4-12(c)，列写 KVL 方程：

$$\begin{cases} I_1(s)\left(\dfrac{1}{s+1}+1\right)-I_2\dfrac{1}{s+1}=\dfrac{1}{s} & (1) \\ [I_2(s)-I_1(s)]\dfrac{1}{s+1}+sI_2(s)=0 & (2) \end{cases}$$

由(1)式求得：$I_1(s)=(s^2+s+1)I_2$，代入(2)式中，可得：

$$I_2(s)=\frac{s+1}{s}\frac{1}{(s+2)(s^2+s+1)-1}=\frac{s+1}{s}\frac{1}{s^3+3s^2+3s+1}=\frac{s+1}{s}\frac{1}{(s+1)(s^2+2s+1)}$$

$$=\frac{1}{s}\frac{1}{s^2+2s+1}$$

则 $V_2(s)$ 为：

$$V_2(s)=-0.1sI_2(s)=-0.1s\frac{1}{s}\frac{1}{s^2+2s+1}=-\frac{0.1}{(s+1)^2}$$

其反变换为：$v_2(t)=-0.1te^{-t}u(t)$

波形如解图 4-12(d)所示

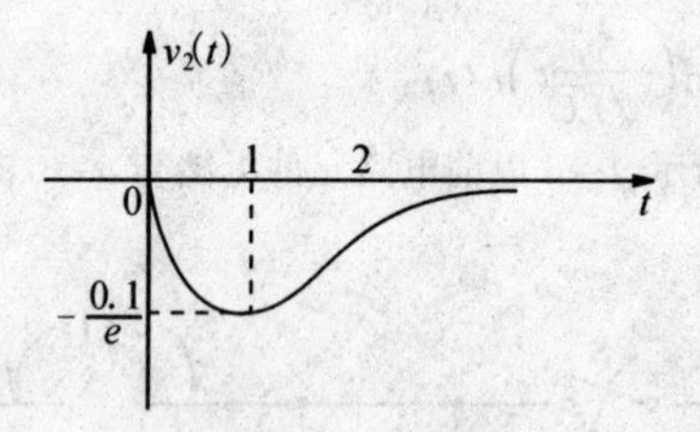

解图 4-12(d)

【4-13】 分别写出题图 4-13(a)～(c)所示电路的系统函数 $H(s)=\dfrac{V_2(s)}{V_1(s)}$。

【解题思路】 通过 s 域电路分析和系统函数 $H(s)$ 的定义求解。

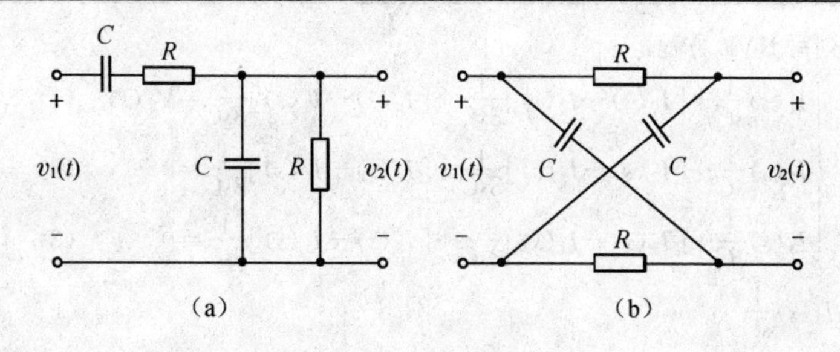

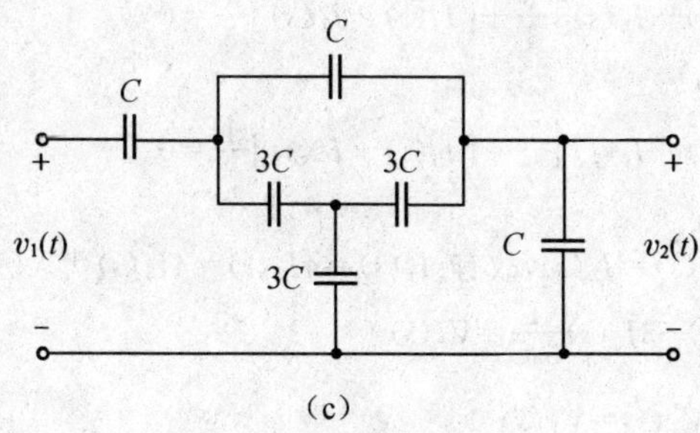

题图 4-13

【解】

(a) 解图 4-13(a)的 s 域等效电路图如解图 4-13(a)所示。

则 $H(s)=\dfrac{V_2(s)}{V_1(s)}=\dfrac{\frac{1}{sC}/\!/R}{\frac{1}{sC}/\!/R+\frac{1}{sC}+R}=\dfrac{\frac{R}{RCs+1}}{\frac{R}{RCs+1}+\frac{RCs+1}{sC}}=\dfrac{RCs}{(RCs+1)^2+RCs}$

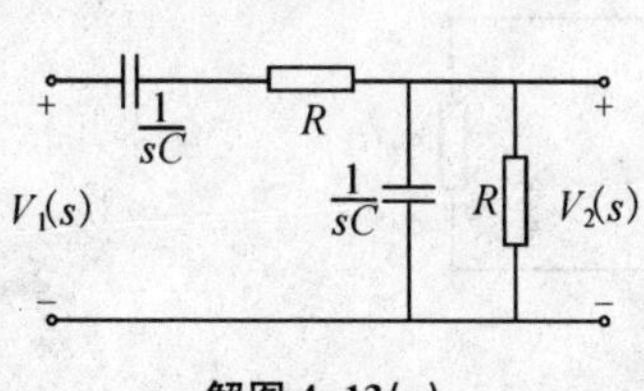

解图 4-13(a)

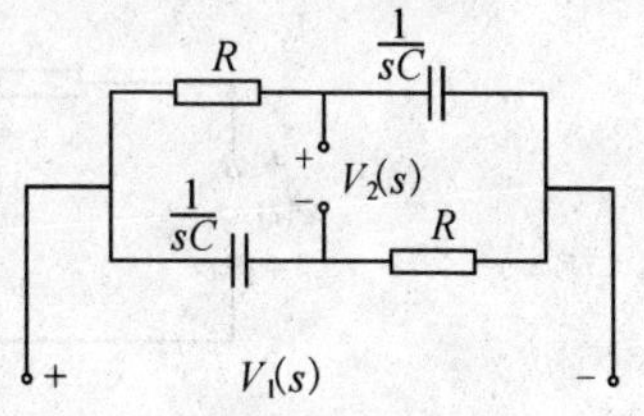

解图 4-13(b)

(b) 题图 4-13(b)的 s 域等效电路图如解图 4-13(b)所示。

则 $H(s)=\dfrac{V_2(s)}{V_1(s)}=\dfrac{\frac{V_1(s)}{R+\frac{1}{sC}}\frac{1}{sC}-\frac{V_1(s)}{R+\frac{1}{sC}}R}{V_1(s)}=\dfrac{\frac{V_1(s)}{R+\frac{1}{sC}}\left(\frac{1}{sC}-R\right)}{V_1(s)}=\dfrac{1-RCs}{RCs+1}$

(c)题图 4-13(c)的 s 域等效电路图如解图 4-13(c)所示。

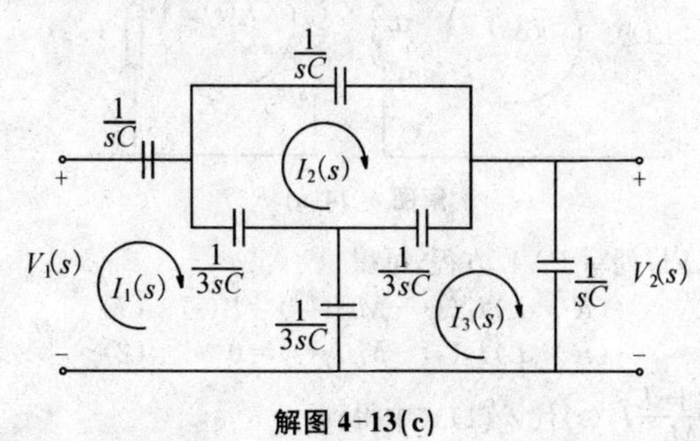

解图 4-13(c)

依据电路图,列写 KVL 方程:

$$\begin{cases} I_1(s)\dfrac{1}{sC}+[I_1(s)-I_2(s)]\dfrac{1}{3sC}+[I_1(s)-I_3(s)]\dfrac{1}{3sC}=V_1(s) & (1) \\ I_2(s)\dfrac{1}{sC}+[I_2(s)-I_3(s)]\dfrac{1}{3sC}+[I_2(s)-I_1(s)]\dfrac{1}{3sC}=0 & (2) \\ I_3(s)\dfrac{1}{sC}+[I_3(s)-I_2(s)]\dfrac{1}{3sC}+[I_3(s)-I_1(s)]\dfrac{1}{3sC}=0 & (3) \end{cases}$$

其中 $V_2(s)=I_3(s)\dfrac{1}{sC}$

由(2)式可得:$I_2(s)+[I_2(s)-I_3(s)]\dfrac{1}{3}+[I_2(s)-I_1(s)]\dfrac{1}{3}=0$

所以:$5I_2(s)=I_1(s)+I_3(s)$ (4)

由(2)式可得:$I_3(s)+[I_3(s)-I_2(s)]\dfrac{1}{3}+[I_3(s)-I_1(s)]\dfrac{1}{3}=0$

所以:$5I_3(s)=I_1(s)+I_2(s)$ (5)

由(4) 和(5) 联立,求得:$I_3(s)=I_2(s)$,故有:$I_1(s)=4I_2(s)=4I_3(s)$代入(1)式,

可得:$4I_3(s)\dfrac{1}{sC}+3I_3(s)\dfrac{1}{3sC}+3I_3(s)\dfrac{1}{3sC}=V_1(s)$

求得:$6I_3(s)\dfrac{1}{sC}=V_1(s)\Rightarrow 6V_2(s)=V_1(s)$

所以:$H(s)=\dfrac{V_2(s)}{V_1(s)}=\dfrac{1}{6}$

【4-14】 试求题图 4-14 所示互感电路的输出信号 $v_R(t)$。假设输入信号 $e(t)$分别为以下两种情况。

(1) 冲激信号 $e(t)=\delta(t)$;

(2) 阶跃信号 $e(t)=u(t)$。

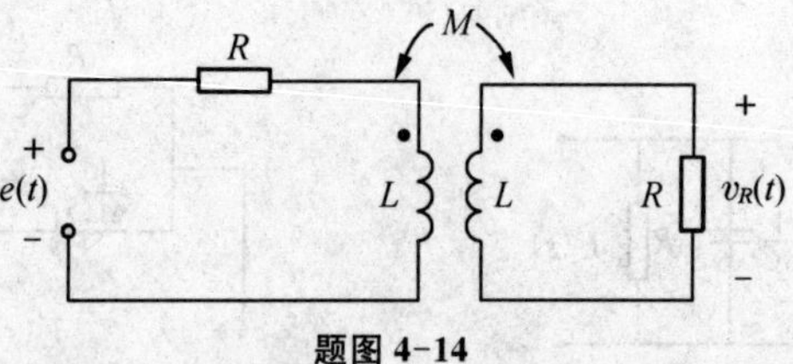

题图 4-14

【解题思路】 通过 s 域电路分析和部分分式分解法求解拉氏逆变换。注意:互感电路的 s 域等效模型。

【解】 题图 4-14 的 s 域等效电路图如解图 4-14(a)所示。

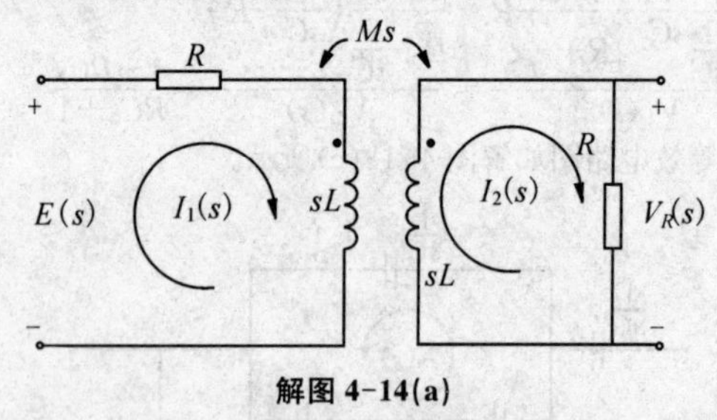

解图 4-14(a)

由解图 4-14(a)依据 KVL 列写 KVL 方程,可得

$$\begin{cases} (R+sL)I_1(s)-MsI_2(s)=E(s) & (1) \\ (R+sL)I_2(s)-MsI_1(s)=0 & (2) \end{cases}$$

由(2)式可得 $I_1(s)=\dfrac{R+sL}{Ms}I_2(s)$代入(1)式中得到:

$(R+sL)\dfrac{(R+sL)}{Ms}I_2(s)-MsI_2(s)=E(s)$ 求得 $I_2(s)$ 为：

$$I_2(s)=\frac{E(s)}{(R+sL)^2-(sM)^2}Ms$$

所以 $V_R(s)=RI_2(s)=R\dfrac{E(s)}{(R+sL)^2-(sM)^2}Ms=\dfrac{RMs}{(R+sL)^2-(sM)^2}E(s)$ (3)

(1) 当 $e(t)=\delta(t)$ 时，此时 $E(s)=1$ 代入(3)式可得：

$$V_R(s)=\frac{RMs}{(R+sL)^2-(sM)^2}=\frac{A}{R+s(L+M)}+\frac{B}{R+s(L-M)}$$

$$A=V_R(s)[R+s(L+M)]\big|_{s=-\frac{R}{M+L}}=-\frac{R}{2}$$

$$B=V_R(s)[R+s(L-M)]\big|_{s=\frac{R}{M-L}}=\frac{R}{2}$$

所以 $V_R(s)=\dfrac{\frac{R}{2}}{R+s(L-M)}-\dfrac{\frac{R}{2}}{R+s(L+M)}=\dfrac{\frac{R/2}{L-M}}{s+\frac{R}{L-M}}-\dfrac{\frac{R/2}{L+M}}{s+\frac{R}{L+M}}$，其反变换为：

$$v_R(t)=\frac{R}{2(L-M)}e^{-\frac{R}{L-M}t}u(t)-\frac{R}{2(L+M)}e^{-\frac{R}{L+M}t}u(t)$$

(2) 当 $e(t)=u(t)$ 时，此时 $E(s)=\dfrac{1}{s}$ 代入(3)式可得：

$$V_R(s)=\frac{RMs}{(R+sL)^2-(sM)^2}\frac{1}{s}=\frac{RM}{(R+sL)^2-(sM)^2}=\frac{A}{R+s(L+M)}+\frac{B}{R+s(L-M)}$$

$$A=V_R(s)[R+s(L+M)]\big|_{s=-\frac{R}{M+L}}=\frac{L+M}{2}$$

$$B=V_R(s)[R+s(L-M)]\big|_{s=\frac{R}{M-L}}=-\frac{L-M}{2}$$

所以 $V_R(s)=\dfrac{\frac{L+M}{2}}{R+s(L+M)}+\dfrac{\frac{L-M}{2}}{R+s(L-M)}=\dfrac{\frac{1}{2}}{s+\frac{R}{L+M}}-\dfrac{\frac{1}{2}}{s+\frac{R}{L-M}}$，其反变换为：

$$v_R(t)=\frac{1}{2}e^{-\frac{R}{L+M}t}u(t)-\frac{1}{2}e^{-\frac{R}{L-M}t}u(t)$$

【4-15】 激励信号 $e(t)$ 波形如题图 4-15(a)所示，电路如题图 4-15(b)所示，起始时刻 L 中无储能，求 $v_2(t)$ 的表示式和波形。

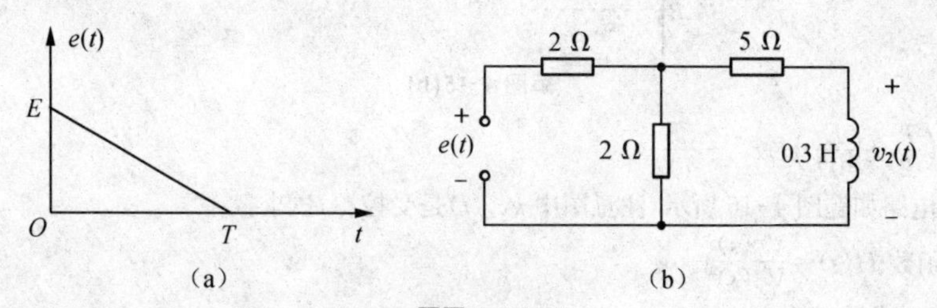

题图 4-15

【解题思路】 使用阶跃函数对激励信号有效区间进行表示，通过 s 域电路分析和常用信号的拉氏变换及拉氏变换的性质求解。

【解】 题图 4-15(a)的 s 域等效电路图如解图 4-15(a)所示。

设电阻与电感串联电阻为 $R_{1串}$，$R_{1串}$ 与 2 Ω 电阻并联电阻为 $R_{1并}$，总电阻为 R，则有

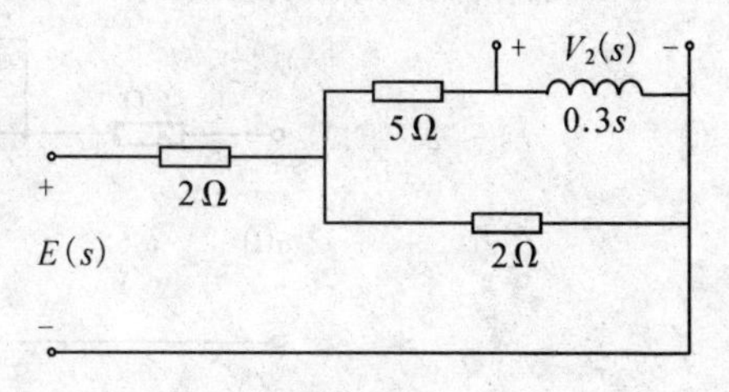

解图 4-15(a)

$$R_{1串}=0.3s+5, R_{1并}=\frac{2(0.3s+5)}{0.3s+7}, R=R_{1并}+2=\frac{2(0.3s+5)}{0.3s+7}+2=\frac{1.2s+24}{0.3s+7}$$

所以

$$V_2(s)=\frac{0.3s}{0.3s+5}\frac{R_{1并}}{R_{1并}+2}E(s)=\frac{0.3s}{0.3s+5}\frac{\frac{2(0.3s+5)}{0.3s+7}}{\frac{1.2s+24}{0.3s+7}}E(s)=\frac{0.3s}{0.3s+5}\frac{2(0.3s+5)}{1.2s+24}E(s)$$

$$=\frac{0.6s}{1.2s+24}E(s)=\frac{s}{2s+40}E(s)$$

又因为 $e(t)=-\frac{E}{T}(t-T)[u(t)-u(t-T)]=-\frac{E}{T}tu(t)+Eu(t)+\frac{E}{T}(t-T)u(t-T)$

其拉氏变换为：

$$E(s)=-\frac{E}{T}\frac{1}{s^2}+\frac{E}{s}+\frac{E}{T}\frac{1}{s^2}e^{-sT}$$

故 $V_2(s)$ 为：

$$V_2(s)=\frac{s}{2s+40}E(s)=\frac{s}{2s+40}\frac{E}{s}+\frac{s}{2s+40}\frac{E}{T}\frac{1}{s^2}(e^{-sT}-1)=\frac{E}{2s+40}+\frac{E}{T}\frac{1}{2s+40}\frac{1}{s}(e^{-sT}-1)$$

$$=\frac{\frac{E}{2}}{s+20}+\frac{E}{2T}\frac{1}{s+20}\frac{1}{s}(e^{-sT}-1)=\frac{E}{2}\frac{1}{s+20}+\frac{E}{2T}\left(\frac{\frac{1}{20}}{s}-\frac{\frac{1}{20}}{s+20}\right)(e^{-sT}-1)$$

$$=\frac{E}{2}\frac{1}{s+20}+\frac{E}{40T}\left(\frac{1}{s}-\frac{1}{s+20}\right)(e^{-sT}-1)$$

其反变换为：

$$v_2(t)=\frac{E}{2}e^{-20t}u(t)+\frac{E}{40T}[(1-e^{-20(t-T)})u(t-T)-(1-e^{-20t})u(t)]$$

其波形如解图 4-15(b)：

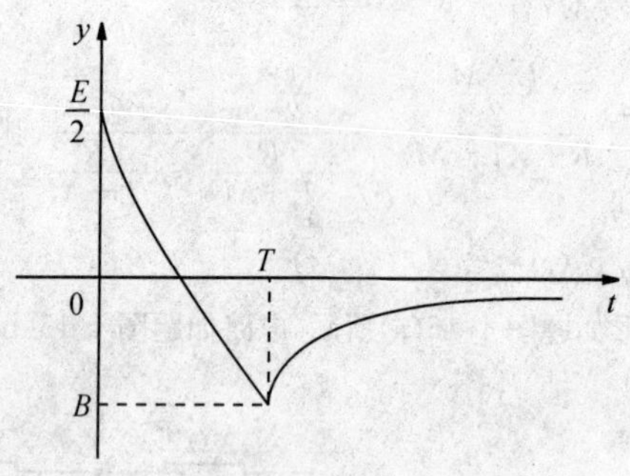

解图 4-15(b)

其中 $B=\left(\frac{E}{2}+\frac{E}{40T}\right)e^{-20T}-\frac{E}{40T}$

【4-16】 电路如题图 4-16 所示，注意图中 $kv_2(t)$ 是受控源，试求：

(1) 系统函数 $H(s)=\frac{V_3(s)}{V_1(s)}$；

(2) 若 $k=2$，求冲激响应。

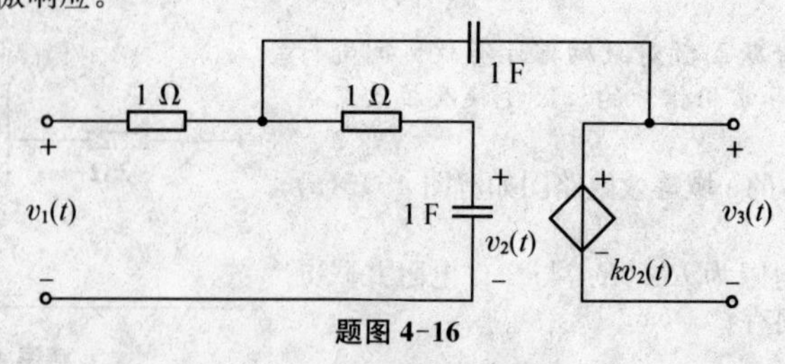

题图 4-16

【解题思路】 通过 s 域电路分析和正弦信号的拉氏变换求解。

【解】 题图 4-16 的 s 域等效电路图如解图 4-16 所示：

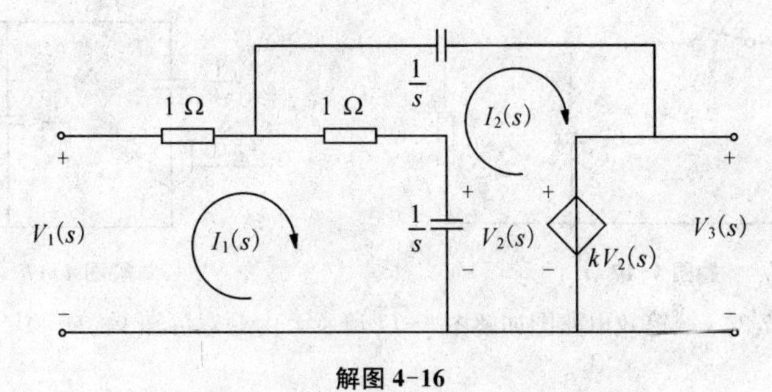

解图 4-16

依据 KVL 列写方程：

$$\begin{cases} 1\cdot I_1(s)+\left(1+\dfrac{1}{s}\right)[I_1(s)-I_2(s)]=V_1(s) & (1)\\ \dfrac{1}{s}I_2(s)+kV_2(s)+\left(1+\dfrac{1}{s}\right)[I_2(s)-I_1(s)]=0 & (2)\end{cases}$$

其中 $V_2(s)=\dfrac{1}{s}[I_1(s)-I_2(s)]$

由(2)式得到：$\left(1+\dfrac{2}{s}-\dfrac{k}{s}\right)I_2(s)=\left(1+\dfrac{1}{s}-\dfrac{k}{s}\right)I_1(s)$

得到：$\dfrac{I_1(s)}{I_2(s)}=\dfrac{s+2-k}{s+1-k}\Rightarrow\dfrac{I_1(s)-I_2(s)}{I_2(s)}=\dfrac{1}{s+1-k}$

$\therefore I_1(s)-I_2(s)=\dfrac{I_2(s)}{s+1-k}$

由(1)式可得：

$$I_1(s)=\frac{V_1(s)}{\left(2+\dfrac{1}{s}\right)-\left(1+\dfrac{1}{s}\right)\dfrac{s+1-k}{s+2-k}}$$

所以 $V_2(s)=\dfrac{1}{s}[I_1(s)-I_2(s)]=\dfrac{1}{s}\dfrac{1}{s+2-k}\dfrac{V_1(s)}{\left(2+\dfrac{1}{s}\right)-\left(1+\dfrac{1}{s}\right)\dfrac{s+1-k}{s+2-k}}$

所以 $H(s)=\dfrac{V_3(s)}{V_1(s)}=\dfrac{kV_2(s)}{V_1(s)}=k\,\dfrac{1}{s}\dfrac{1}{s+2-k}\dfrac{1}{\left(2+\dfrac{1}{s}\right)-\left(1+\dfrac{1}{s}\right)\dfrac{s+1-k}{s+2-k}}=\dfrac{k}{s^2+(3-k)s+1}$

(2) 当 $k=2$ 时，此时

$$H(s)=2\,\frac{1}{s}\frac{1}{s+2-2}\frac{1}{\left(2+\dfrac{1}{s}\right)-\left(1+\dfrac{1}{s}\right)\dfrac{s+1-2}{s+2-2}}=2\,\frac{1}{s}\frac{1}{s}\frac{1}{\left(\dfrac{2s+1}{s}\right)-\left(\dfrac{s+1}{s}\right)\dfrac{s-1}{s}}$$

$$=\frac{2}{s^2+s+1}=\frac{2}{\left(s+\dfrac{1}{2}\right)^2+\dfrac{3}{4}}=\frac{2\,\dfrac{\sqrt{3}}{2}\dfrac{2}{\sqrt{3}}}{\left(s+\dfrac{1}{2}\right)^2+\left(\dfrac{\sqrt{3}}{2}\right)^2}=\frac{4}{\sqrt{3}}\frac{\dfrac{\sqrt{3}}{2}}{\left(s+\dfrac{1}{2}\right)^2+\left(\dfrac{\sqrt{3}}{2}\right)^2}$$

其反变换为：

$$h(t)=\frac{4}{\sqrt{3}}e^{-\frac{1}{2}t}\sin\left(\frac{\sqrt{3}}{2}t\right)u(t)$$

【4-17】 在题图 4-17 所示电路中，$C_1=1$ F，$C_2=2$ F，$R=2$ Ω，起始条件 $v_{C_1}(0_-)=E$，方向如图所示，$t=0$ 时开关闭合，求：

(1) 电流 $i_1(t)$；

(2) 讨论 $t=0_-$ 与 $t=0_+$ 瞬间，电容 C_2 两端电荷发生的变化。

【解题思路】 通过 s 域电路分析和常用信号的特性求解。

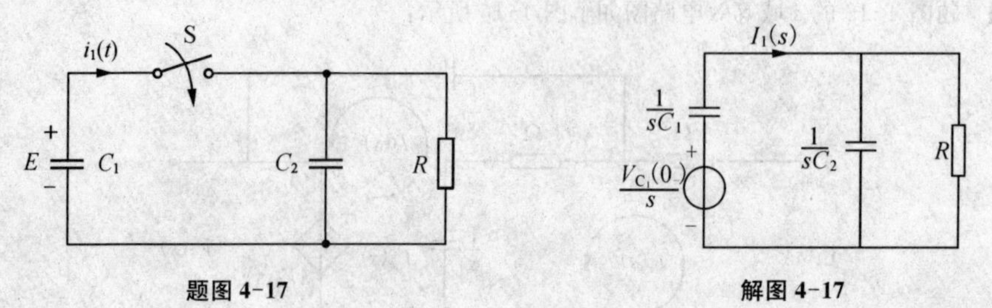

题图 4-17　　　　解图 4-17

【解】 题图 4-17 的 s 域等效电路图如解图 4-17 所示。由题意可知 $V_{C_2}(0_-)=0$。设 C_2 与电阻 R 并联的电阻值为 $R_{并}$。

依据电路可以求得 $R_{并}=\frac{R}{RC_2s+1}$，总电阻 $R'=\frac{1}{sC_1}+R_{并}=\frac{1}{sC_1}+\frac{R}{RC_2s+1}=\frac{1}{s}+\frac{2}{4s+1}$

依据电路列写 KVL 方程，可得：

$$\left(\frac{1}{s}+\frac{2}{4s+1}\right)I_1(s)-\frac{V_{C_1}(0_-)}{s}=0$$

求得 $I_1(s)=\frac{E(4s+1)}{6s+1}=\frac{2E}{3}\frac{s+\frac{1}{4}}{s+\frac{1}{6}}=\frac{2E}{3}\left(1+\frac{\frac{1}{12}}{s+\frac{1}{6}}\right)$

其反变换为 $i_1(t)=\frac{2E}{3}\left[\delta(t)+\frac{1}{12}e^{-\frac{1}{6}t}u(t)\right]$

(2) 在 $t=0_-$ 时，C_2 两端无电压，此时 $V_{C_2}(0_-)=0$

在 $t=0_+$ 时，此时 $V_{C_2}(s)=V_{C_1}(s)=\frac{E}{s}-\frac{1}{s}I(s)=\frac{E}{s}-\frac{1}{s}\frac{4s+1}{6s+1}=\frac{2E}{6s+1}=\frac{\frac{E}{3}}{s+\frac{1}{6}}$

其反变换为 $V_{C_2}(t)=\frac{E}{3}e^{-\frac{1}{6}t}u(t)$，将 $t=0_+$ 代入 $V_{C_2}(t)$ 中，得到：

$V_{C_2}(0_+)=\frac{E}{3}$。由于初始条件下，其电压为零，在 0 时刻有跳变电压为 $\frac{E}{3}$，因此其电荷增加。

【4-18】 题图 4-18 所示电路中有三个受控源，求系统函数 $H(s)=\frac{E_o(s)}{E_i(s)}$。

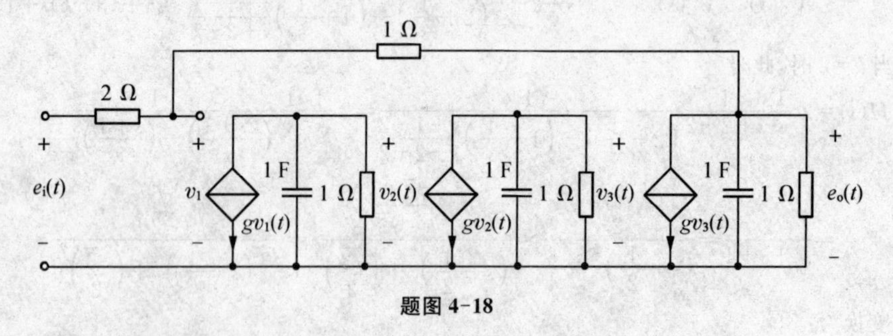

题图 4-18

【解题思路】 通过 s 域电路分析求解。

【解】 题图 4-18 的 s 域等效电路如解图 4-18 所示：

由解图 4-18 列写方程：

$$\frac{E_i(s)-V_1(s)}{2}=\frac{V_1(s)-E_o(s)}{1} \qquad (1)$$

$$-gV_1(s)=V_2(s)(s+1) \qquad (2)$$

解图 4-18

$$-gV_2(s)=V_3(s)(s+1) \tag{3}$$

$$\frac{V_1(s)-E_o(s)}{1}=gV_3(s)+(s+1)E_o(s) \tag{4}$$

由(3)式可得：$V_2(s)=\frac{(s+1)}{-g}V_3(s)$，代入(2)式可得：$V_3(s)=\frac{g^2}{(s+1)^2}V_1(s)$　(5)

将(5)式代入(4)式可得：$V_1(s)=\frac{(s+1)^2(s+2)}{(s+1)^2-g^3}E_o(s)$

由(1)式可得：$E_i(s)-3V_1(s)=-2E_o(s)$

$$E_i(s)=3\frac{(s+1)^2(s+2)}{(s+1)^2-g^3}E_o(s)-2E_o(s)=\left[3\frac{(s+1)^2(s+2)}{(s+1)^2-g^3}-2\right]E_o(s)$$

所以 $H(s)=\frac{E_o(s)}{E_i(s)}=\frac{1}{3\frac{(s+1)^2(s+2)}{(s+1)^2-g^3}-2}=\frac{(s+1)^2-g^3}{(s+1)^2(3s+4)+2g^3}$

【4-19】 因果周期信号 $f(t)=f(t)u(t)$，周期为 T，若第一周期时间信号为 $f_1(t)=f(t)\cdot[u(t)-u(t-T)]$，它的拉氏变换为 $\mathscr{L}[f_1(t)]=F_1(s)$，求 $\mathscr{L}[f(t)]=F(s)$ 表达式。$\Big($提示：可借助级数性质 $\sum_{n=0}^{\infty}a^n=\frac{1}{1-a}$ 化简。$\Big)$

【解题思路】 利用拉氏变换的平移性质和等比数列进行求解。

【解】 设 $f(t)$ 波形如解图 4-19 所示，其拉氏变换为 $F(s)$，第一个周期之内为 $f_1(t)$，其拉氏变换为 $F_1(s)$，则：

$$f(t)=f_1(t)+f_1(t+T)+f_1(t+2T)+\cdots \tag{1}$$

对(1)式两边进行拉氏变换，可得：

$$\begin{aligned}F(s)&=F_1(s)+F_1(s)e^{-sT}+F_1(s)e^{-s\cdot 2T}+F_1(s)e^{-s\cdot 3T}+\cdots\\&=F_1(s)(1+e^{-sT}+e^{-s\cdot 2T}+\cdots)\\&=F_1(s)\frac{1}{1-e^{-sT}}\end{aligned}$$

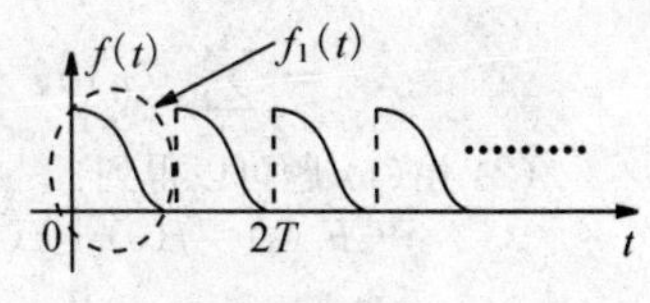

解图 4-19

【4-20】 求题图 4-20 所示周期矩形脉冲和正弦全波整流脉冲的拉氏变换(利用上题结果)。

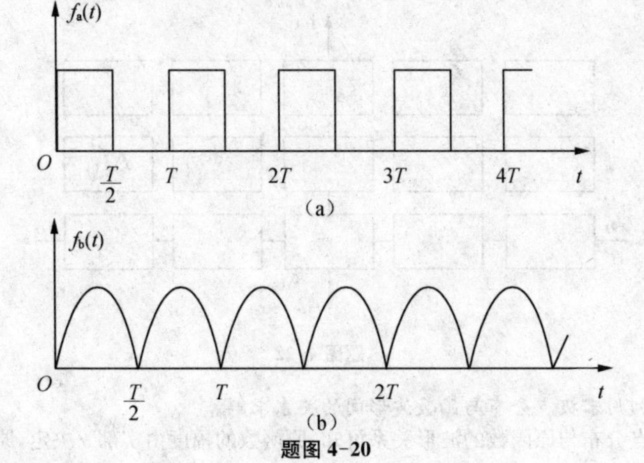

题图 4-20

【解题思路】 利用题 4-19 的结论进行求解。

【解】

(1) 设第一个周期之内为 $f_1(t)$，其拉氏变换为 $F_1(s)$，$f_1(t)=u(t)-u\left(t-\frac{T}{2}\right)$，$F_1(s)=\frac{1}{s}(1-\mathrm{e}^{-\frac{T}{2}})$，设 $f_a(t)\leftrightarrow F_a(s)$

$$\text{由题 4-19 结论可知：}F_a(s)=F_1(s)\frac{1}{1-\mathrm{e}^{-sT}}=\frac{\frac{1}{s}(1-\mathrm{e}^{-s\frac{T}{2}})}{1-\mathrm{e}^{-sT}}=\frac{\frac{1}{s}}{1+\mathrm{e}^{-s\frac{T}{2}}}=\frac{1}{s(1+\mathrm{e}^{-s\frac{T}{2}})}$$

(2) 设第一个周期之内为 $f_1(t)$，其拉氏变换为 $F_1(s)$，$f_1(t)=\sin(\omega t)\left[u(t)-u\left(t-\frac{T}{2}\right)\right]$，

$\omega=\frac{2\pi}{T}$，$F_1(s)=\frac{\omega}{s^2+\omega^2}(1+\mathrm{e}^{-s\frac{T}{2}})$，设 $f_b(t)\leftrightarrow F_b(s)$，由题图 4-20(b)可知 $f_b(t)$是周期为$\frac{T}{2}$的函数，由题 4-19 结论可知：

$$F_b(s)=F_1(s)\frac{1}{1-\mathrm{e}^{-s\frac{T}{2}}}=\frac{\omega}{s^2+\omega^2}(1+\mathrm{e}^{-s\frac{T}{2}})\frac{1}{1-\mathrm{e}^{-s\frac{T}{2}}}$$

【4-21】 将连续信号 $f(t)$以时间间隔 T 进行冲激抽样得到 $f_s(t)=f(t)\delta_T(t)$，$\delta_T(t)=\sum_{n=0}^{\infty}\delta(t-nT)$，求：

(1) 抽样信号的拉氏变换 $\mathscr{L}[f_s(t)]$；

(2) 若 $f(t)=\mathrm{e}^{-at}u(t)$求 $\mathscr{L}[f_s(t)]$。

【解题思路】 利用拉氏变换的线性性质和平移性质求解。

【解】

(1) 由题意可知：$f_s(t)=f(t)\delta_T(t)=f(t)\sum_{n=0}^{\infty}\delta(t-nT)=\sum_{n=0}^{\infty}f(nT)\delta(t-nT)$

$$\begin{aligned}\text{所以 } F_s(s)&=\mathscr{L}[f(0)\delta(t)+f(T)\delta(t-T)+f(2T)\delta(t-2T)+\cdots]\\&=f(0)+f(T)\mathrm{e}^{-sT}+f(2T)\mathrm{e}^{-s\cdot 2T}+\cdots\\&=\sum_{n=0}^{\infty}f(nT)\mathrm{e}^{-s\cdot nT}\end{aligned}$$

(2) 由(1) 题可以得到：

$$\begin{aligned}F_s(s)&=f(0)+f(T)\mathrm{e}^{-sT}+f(2T)\mathrm{e}^{-s\cdot 2T}+\cdots=1+\mathrm{e}^{-aT}\mathrm{e}^{-sT}+\mathrm{e}^{-a2T}\mathrm{e}^{-s\cdot 2T}+\cdots\\&=\frac{1}{1-\mathrm{e}^{-(a+s)T}}\end{aligned}$$

【4-22】 当 $F(s)$极点(一阶)落于题图 4-22 所示 s 平面图中各方框所处位置时，画出对应的 $f(t)$波形(填入方框中)。图中给出了示列，此例极点实部为正，波形是增长振荡。

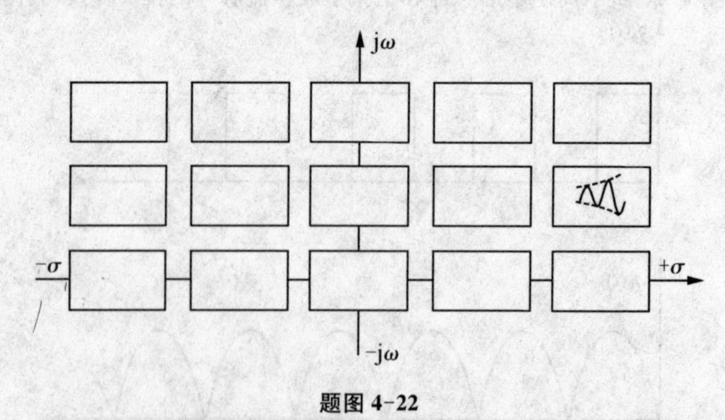

题图 4-22

【解题思路】 利用零极点分布与函数波形间的关系求解。

【解】 由零极点分布与原函数的波形关系可知：原函数的幅度由实部 σ 决定，原函数的振荡频率由

虚部 ω 决定，因此波形如解图 4-22 所示：

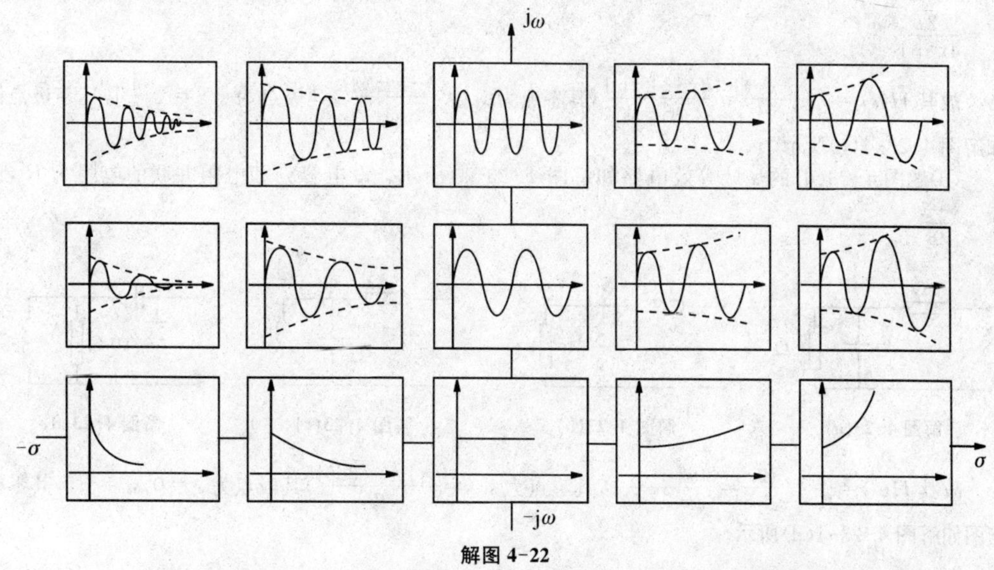

解图 4-22

【4-23】　求题图 4-23 所示各网络的策动点阻抗函数，在 s 平面示出其零、极点分布。若激励电压为冲激函数 $\delta(t)$，求其响应电流的波形。

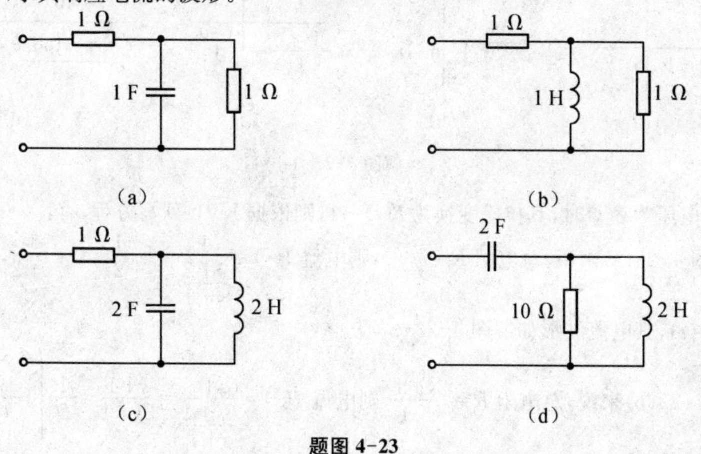

题图 4-23

【解题思路】　通过策动点阻抗函数的定义和 s 域电路分析求解。

【解】

(a)题图 4-23(a)的 s 域等效电路如解图 4-23(a)所示。设电容分和电阻并联的电阻为 R'，则 $R'=\frac{1}{s+1}$

故其 $H(s)=1+\frac{1}{s+1}=\frac{s+2}{s+1}$，其零点为 $s_1=-2$，其极点为 $s_2=-1$，其零极点图如解图 4-23-1(a)所示。

(b)题图 4-23(b)的 s 域等效电路如解图 4-23(b)所示。设电容分和电阻并联的电阻为 R'，则 $R'=\frac{s}{s+1}$

故其 $H(s)=1+\frac{s}{s+1}=\frac{2s+1}{s+1}$，其零点为 $s_1=-\frac{1}{2}$，其极点为 $s_2=-1$，其零极点图如解图 4-23-1(b)所示。

(c)题图 4-23(c)的 s 域等效电路如解图 4-23(c)所示。设电容分和电阻并联的电阻为 R'，则 $R'=\frac{2s}{4s^2+1}$

故其 $H(s)=1+\frac{2s}{4s^2+1}=\frac{4s^2+2s+1}{4s^2+1}$，其零点为 $s_{1,2}=\frac{-1\pm\sqrt{3}\text{j}}{4}$，其极点为 $s_{3,4}=\pm\frac{1}{2}\text{j}$，其零极点图如解图 4-23-1(c)所示。

(d)题图 4-23(d)的 s 域等效电路如解图 4-23(d)所示。设电容分和电阻并联的电阻为 R'，则 $R'=\frac{s+5}{10s}$

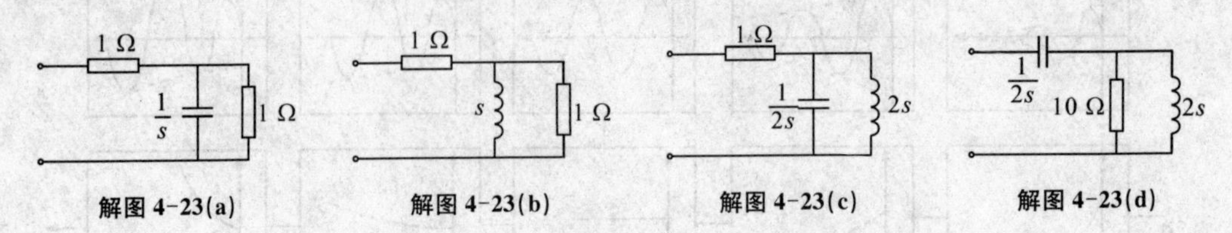

解图 4-23(a)　　解图 4-23(b)　　解图 4-23(c)　　解图 4-23(d)

故其 $H(s)=\frac{1}{2s}+\frac{10s}{s+5}=\frac{20s^2+s+5}{2s(s+5)}$，其零点为 $s_{1,2}=\frac{-1\pm\sqrt{399}\text{j}}{40}$，其极点为 $s_3=0, s_4=-5$，其零极点图如解图 4-23-1(d)所示。

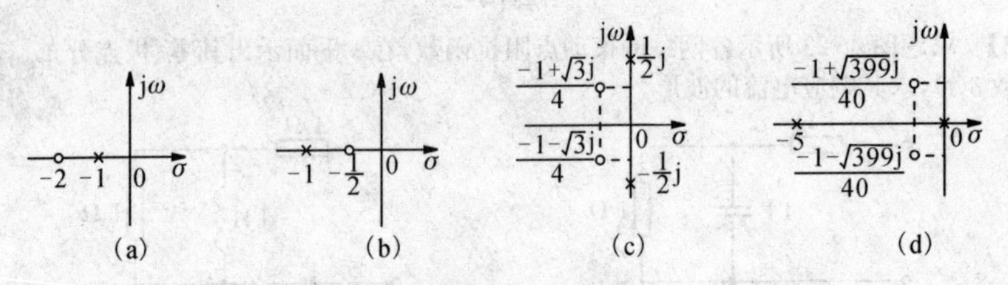

解图 4-23-1

(2) 当激励电压为 $\delta(t)$ 时，其拉氏变换为 $\delta(t)\leftrightarrow 1$，则依据 KVL 列写方程，有：

① 对于题图 4-23(a)来说，总电阻 $R=\frac{s+2}{s+1}$，则电流 $I(s)=\frac{1}{\frac{s+2}{s+1}}=\frac{s+1}{s+2}=1-\frac{1}{s+2}$，其拉氏反变换为 $i(t)=\delta(t)-\mathrm{e}^{2t}u(t)$，其电流波形如解图 4-23-2(a)。

② 对题图 4-23(b)来说，总电阻 $R=\frac{2s+1}{s+1}$，则电流 $I(s)=\frac{1}{\frac{2s+1}{s+1}}=\frac{s+1}{2s+1}=\frac{1}{2}\left(1+\frac{\frac{1}{2}}{s+\frac{1}{2}}\right)$，

其拉氏反变换为 $i(t)=\frac{1}{2}\delta(t)+\frac{1}{4}\mathrm{e}^{-\frac{1}{2}t}u(t)$，其电流波形如解图 4-23-2(b)。

③ 对题图 4-23(c)来说，总电阻 $R=\frac{4s^2+2s+1}{4s^2+1}$，

则电流 $I(s)=\frac{1}{\frac{4s^2+2s+1}{4s^2+1}}=\frac{4s^2+1}{4s^2+2s+1}=\frac{4s^2+2s+1-2s}{4s^2+2s+1}=1-\frac{2s}{4s^2+2s+1}$

$$=1-\frac{1}{2}\frac{s}{\left(s+\frac{1}{4}\right)^2+\left(\frac{\sqrt{3}}{4}\right)^2}=1-\frac{1}{2}\frac{s+\frac{1}{4}-\frac{1}{4}}{\left(s+\frac{1}{4}\right)^2+\left(\frac{\sqrt{3}}{4}\right)^2}=1-\frac{1}{2}\frac{s+\frac{1}{4}-\frac{1}{4}}{\left(s+\frac{1}{4}\right)^2+\left(\frac{\sqrt{3}}{4}\right)^2}$$

$$=1-\frac{1}{2}\left[\frac{s+\frac{1}{4}}{\left(s+\frac{1}{4}\right)^2+\left(\frac{\sqrt{3}}{4}\right)^2}-\frac{\sqrt{3}}{3}\frac{\frac{\sqrt{3}}{4}}{\left(s+\frac{1}{4}\right)^2+\left(\frac{\sqrt{3}}{4}\right)^2}\right]$$

其拉氏反变换为 $i(t)=\delta(t)-\frac{1}{2}\left(\mathrm{e}^{-\frac{1}{4}t}\cos\frac{\sqrt{3}}{4}t-\frac{\sqrt{3}}{3}\mathrm{e}^{-\frac{1}{4}t}\sin\frac{\sqrt{3}}{4}t\right)u(t)$，其电流波形如解图 4-23-2(c)所示。

④ 对题图 4-23(d)来说，$H(s)=\frac{1}{2s}+\frac{10s}{s+5}=\frac{20s^2+s+5}{2s(s+5)}$，因为 $H(s)=\frac{V(s)}{I(s)}$，所以 $I(s)=\frac{V(s)}{H(s)}=\frac{1}{H(s)}$，故

$$I(s)=\frac{2s(s+5)}{20s^2+s+5}=\frac{1}{10}\frac{s^2+5s}{s^2+\frac{1}{20}s+\frac{1}{4}}=\frac{1}{10}\frac{s^2+\frac{1}{20}s+\frac{1}{4}+\frac{99}{20}s-\frac{1}{4}}{s^2+\frac{1}{20}s+\frac{1}{4}}$$

$$=\frac{1}{10}\left(1+\frac{\frac{99}{20}s-\frac{1}{4}}{s^2+\frac{1}{20}s+\frac{1}{4}}\right)=\frac{1}{10}\left(1+\frac{99}{20}\frac{s-\frac{5}{99}}{s^2+\frac{1}{20}s+\frac{1}{4}}\right)=\frac{1}{10}\left[1+\frac{99}{20}\left(\frac{s-\frac{5}{99}}{s^2+\frac{1}{20}s+\frac{1}{4}}\right)\right]$$

$$=\frac{1}{10}\left\{1+\frac{99}{20}\left[\frac{s+\frac{1}{40}}{\left(s+\frac{1}{40}\right)^2+\left(\frac{\sqrt{399}}{40}\right)^2}-\frac{299}{20\sqrt{399}}\frac{\frac{\sqrt{399}}{40}}{\left(s+\frac{1}{40}\right)^2+\left(\frac{\sqrt{399}}{40}\right)^2}\right]\right\}$$

其拉氏反变换为 $i(t)=\frac{1}{10}\delta(t)+\mathrm{e}^{-\frac{1}{40}t}\left(\frac{99}{20}\cos\frac{\sqrt{399}}{40}t-\frac{299}{20\sqrt{399}}\sin\frac{\sqrt{399}}{40}t\right)u(t)$

其电流波形如解图 4-23-2(d)所示。

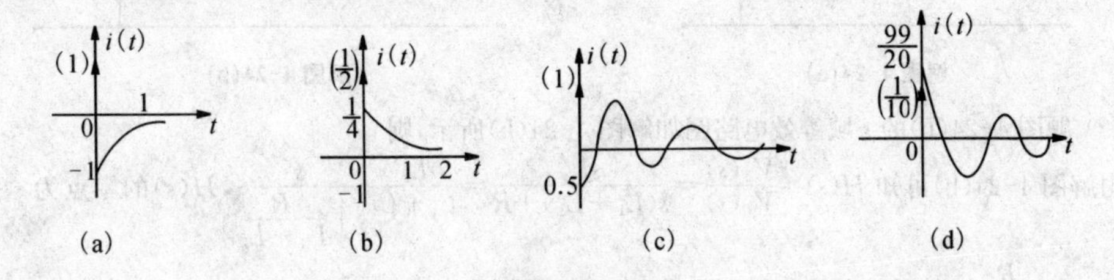

解图 4-23-2

【4-24】 求题图 4-24 所示各网络的电压转移函数 $H(s)=\frac{V_2(s)}{V_1(s)}$，在 s 平面示出其零、极点分布，若激励信号 $v_1(t)$ 为冲激函数 $\delta(t)$，求响应 $v_2(t)$ 的波形。

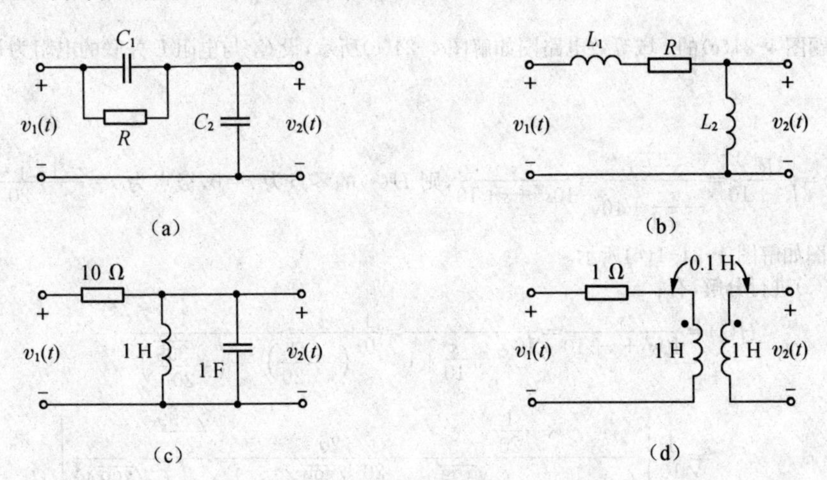

题图 4-24

【解题思路】 通过 s 域电路分析和部分分式分解法求解。

【解】

(1) 题图 4-24(a)的 s 域等效电路图如解图 4-24(a)所示，设 C_1 与电阻 R 并联的电阻为 R'，总电阻为 R''，

则 $R'=\dfrac{R}{RC_1s+1}$，$R''=\dfrac{1}{sC_2}+\dfrac{R}{RC_1s+1}=\dfrac{R(C_1+C_2)s+1}{RC_1C_2s^2+C_2s}$，故

$$H(s)=\frac{V_2(s)}{V_1(s)}=\frac{\frac{1}{sC_2}}{\frac{R(C_1+C_2)s+1}{RC_1C_2s^2+C_2s}}=\frac{RC_1}{R(C_1+C_2)}\frac{s+\frac{1}{RC_1}}{s+\frac{1}{R(C_1+C_2)}}=\frac{C_1}{C_1+C_2}\left[1+\frac{\frac{C_2}{RC_1(C_1+C_2)}}{s+\frac{1}{R(C_1+C_2)}}\right]$$

$H(s)$的零点为 $s=-\dfrac{1}{RC_1}$，极点为 $s=-\dfrac{1}{R(C_1+C_2)}$，其零极点分布图如解图 4-24-1(a)所示。

$H(s)$反变换 $h(t)=\dfrac{C_1}{C_1+C_2}\left[\delta(t)+\dfrac{C_2}{RC_1(C_1+C_2)}e^{-\frac{1}{R(C_1+C_2)}t}u(t)\right]$

当 $v_1(t)=\delta(t)$时候，$V_1(s)=1$，此时 $V_2(s)=H(s)$，故 $v_2(t)=h(t)$，则 $v_2(t)$的波形如解图 4-24-2(a)所示。

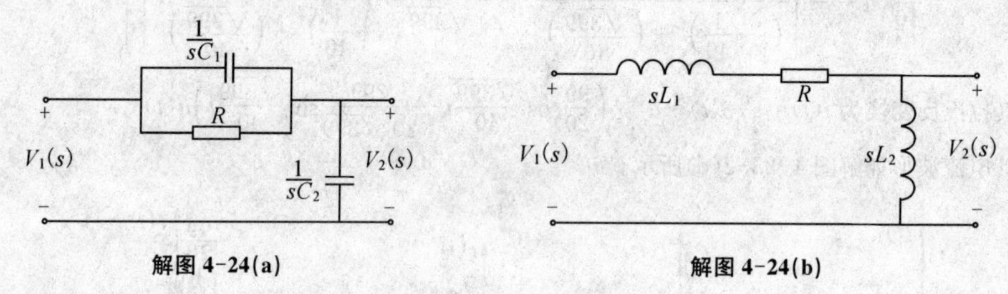

解图 4-24(a)　　　　解图 4-24(b)

(2) 题图 4-24(b)的 s 域等效电路图如解图 4-24(b)所示，则

由解图 4-24(b)可知 $H(s)=\dfrac{V_2(s)}{V_1(s)}=\dfrac{sL_2}{s(L_1+L_2)+R}=\dfrac{L_2}{L_1+L_2}\dfrac{s}{s+\frac{R}{L_1+L_2}}$，$H(s)$的零点为 $s=0$，极点为 $s=-\dfrac{R}{L_1+L_2}$，其零极点分布图如解图 4-24-1(b)所示。

其拉氏反变换为 $h(t)=\dfrac{L_2}{L_1+L_2}\left[\delta(t)-\dfrac{R}{L_1+L_2}e^{-\frac{R}{L_1+L_2}t}u(t)\right]$。

当 $v_1(t)=\delta(t)$时候，$V_1(s)=1$，此时 $V_2(s)=H(s)$，故 $v_2(t)=h(t)$，则 $v_2(t)$的波形如解图 4-24-2(b)所示。

(3) 题图 4-24(c)的 s 域等效电路图如解图 4-24(c)所示，设 C_1 与电阻 L 并联的电阻为 R'，则 $R'=\dfrac{s}{s^2+1}$，

$H(s)=\dfrac{R'}{R'+10}=\dfrac{\frac{s}{s^2+1}}{\frac{s}{s^2+1}+10}=\dfrac{s}{10s^2+s+10}$，则 $H(s)$的零点为 $s=0$，极点为 $s=\dfrac{-1\pm j\sqrt{399}}{20}$，其零极点分布图如解图 4-24-1(c)所示。

对 $H(s)$进行分解，有：

$$H(s)=\frac{s}{10s^2+s+10}=\frac{1}{10}\frac{s}{s^2+\frac{s}{10}+1}=\frac{1}{10}\frac{s}{\left(s+\frac{1}{20}\right)^2+\left(\frac{\sqrt{399}}{20}\right)^2}$$

$$=\frac{1}{10}\left[\frac{s+\frac{1}{20}}{\left(s+\frac{1}{20}\right)^2+\left(\frac{\sqrt{399}}{20}\right)^2}-\frac{1}{20}\frac{20}{\sqrt{399}}\frac{\frac{\sqrt{399}}{20}}{\left(s+\frac{1}{20}\right)^2+\left(\frac{\sqrt{399}}{20}\right)^2}\right]$$

故 $h(t)=\frac{1}{10}\left(\mathrm{e}^{-\frac{1}{20}t}\cos\frac{\sqrt{399}}{20}t-\frac{1}{\sqrt{399}}\mathrm{e}^{-\frac{1}{20}t}\sin\frac{\sqrt{399}}{20}t\right)u(t)$

当 $v_1(t)=\delta(t)$ 时候，$V_1(s)=1$，此时 $V_2(s)=H(s)$，故 $v_2(t)=h(t)$，则 $v_2(t)$ 的波形解图 4-24-2(c)所示。

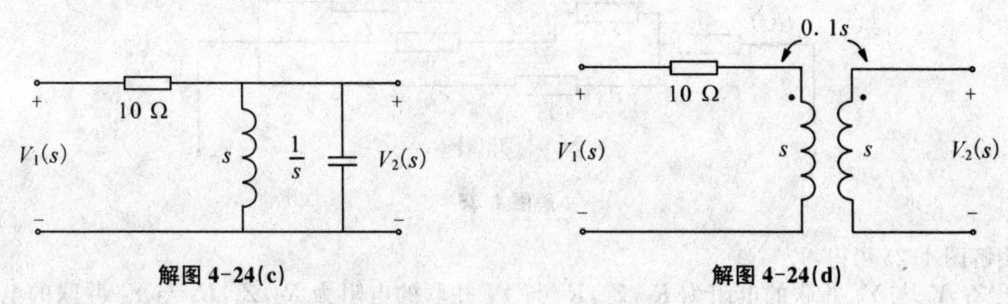

解图 4-24(c)　　　　解图 4-24(d)

(4) 题图 4-24(d)的 s 域等效电路图如解图 4-24(d)所示，则

在电感产生的压降为 $V_L(s)=\frac{s}{s+1}V_1(s)$，则 $\frac{V_2(s)}{V_L(s)}=0.1$，故 $V_2(s)=0.1V_L(s)=\frac{0.1s}{s+1}V_1(s)$ 因此

$H(s)=\frac{V_2(s)}{V_1(s)}=\frac{0.1s}{s+1}=0.1-\frac{0.1}{s+1}$，其零点为 $s=0$，极点为 $s=-1$。其零极点分布图如解图 4-24-1(d)。

$H(s)$ 反变换为 $h(t)=0.1\delta(t)-0.1\mathrm{e}^{-t}u(t)$。$v_1(t)=\delta(t)$ 时候，$V_1(s)=1$，此时 $V_2(s)=H(s)$，故 $v_2(t)=h(t)$，则 $v_2(t)$ 的波形如解图 4-24-2(d)所示。

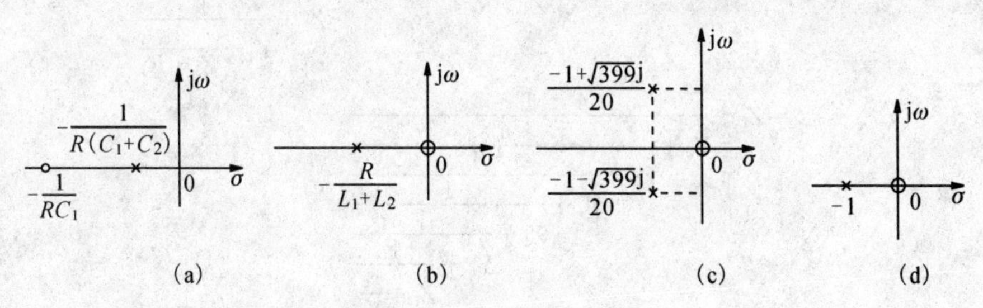

解图 4-24-1

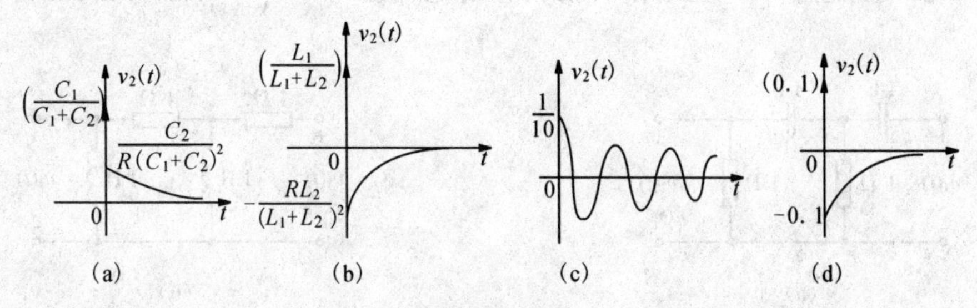

解图 4-24-2

【4-25】　写出题图 4-25 所示梯形网络的策动点阻抗函数 $Z(s)=\frac{V_1(s)}{I_1(s)}$，图中串臂（横接）的符号 Z 表示其阻抗，并臂（纵接）的符号 Y 表示其导纳。

【解题思路】　通过电路基本知识对电路进行化简，利用串并联求解。注意：导纳的定义。

【解】　题图 4-25 的等效电路图如解图

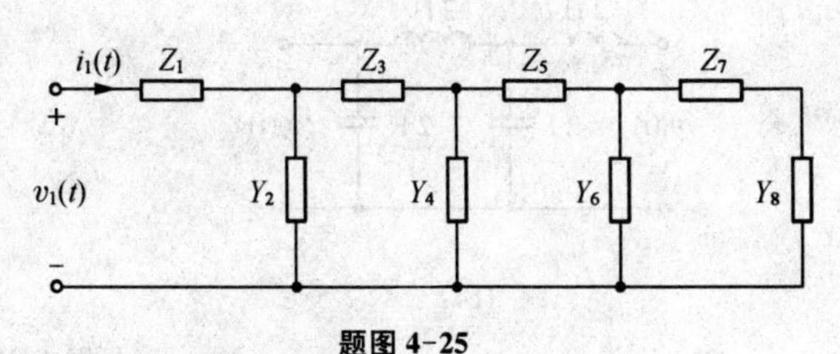

题图 4-25

4-25 所示：

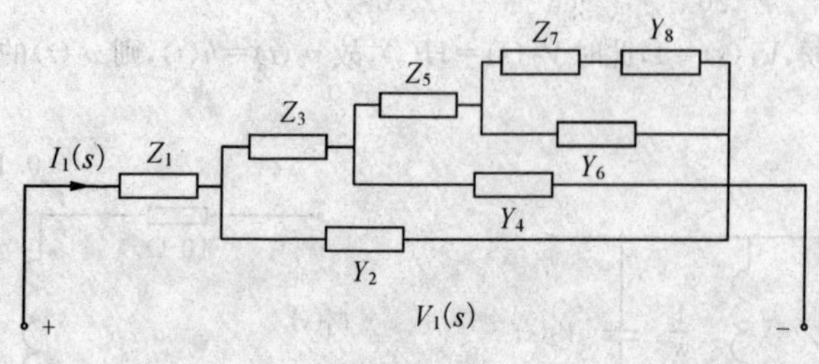

解图 4-25

由解图 4-25 可得：

设 Z_7, Y_8 与 Y_6 并联的电阻为 R_1，Z_5, R_1 与 Y_4 并联的电阻为 R_2，Z_3, R_1 与 Y_2 并联的电阻为 R_3，则：

$$R_1=\frac{1}{Y_6+\frac{1}{Z_7+\frac{1}{Y_8}}},R_2=\frac{1}{Y_4+\frac{1}{Z_5+R_1}},R_3=\frac{1}{Y_2+\frac{1}{Z_3+R_2}}$$

$$\frac{V_1(s)}{I_1(s)}=Z_1+R_3=Z_1+\frac{1}{Y_2+\frac{1}{Z_3+R_2}}=Z_1+\frac{1}{Y_2+\frac{1}{Z_3+\frac{1}{Y_4+\frac{1}{Z_5+R_1}}}}$$

$$=Z_1+\frac{1}{Y_2+\frac{1}{Z_3+\frac{1}{Y_4+\frac{1}{Z_5+\frac{1}{Y_6+\frac{1}{Z_7+\frac{1}{Y_8}}}}}}}$$

【4-26】 写出题图 4-26 所示各梯形网络的电压转移函数 $H(s)=\frac{V_2(s)}{V_1(s)}$，在 s 平面示出其零、极点分布。

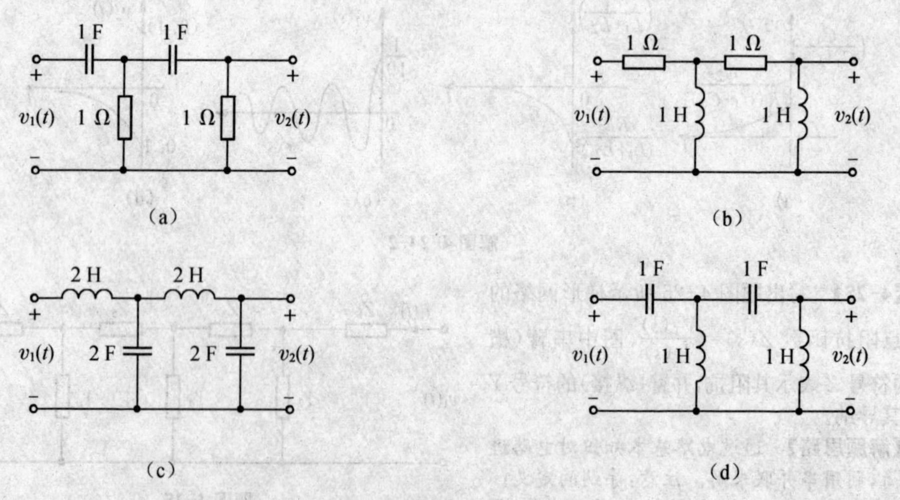

题图 4-26

【解题思路】 通过 s 域电路分析和零极点的定义求解。

【解】 (a)题图 4-26(a)的 s 域等效电路图如解图 4-26(a)所示，设电容与电阻串联电阻为 $R_{串}$，并联电路电阻为 $R_{并}$，故 $R_{串}=\frac{1}{s}+1=\frac{s+1}{s}$，$R_{并}=\frac{s+1}{2s+1}$。所以 $H(s)=\frac{V_2(s)}{V_1(s)}=\frac{1}{R_{串}}\frac{\frac{s+1}{2s+1}}{\frac{s^2+3s+1}{s(2s+1)}}=\frac{s}{2s+1}\frac{s(2s+1)}{s^2+3s+1}$

$=\frac{s^2}{s^2+3s+1}$，其零点为 $s_{1,2}=0$，极点为 $s_{3,4}=\frac{-3\pm\sqrt{5}}{2}$，其零极点分布图如解图 4-26-1(a)所示。

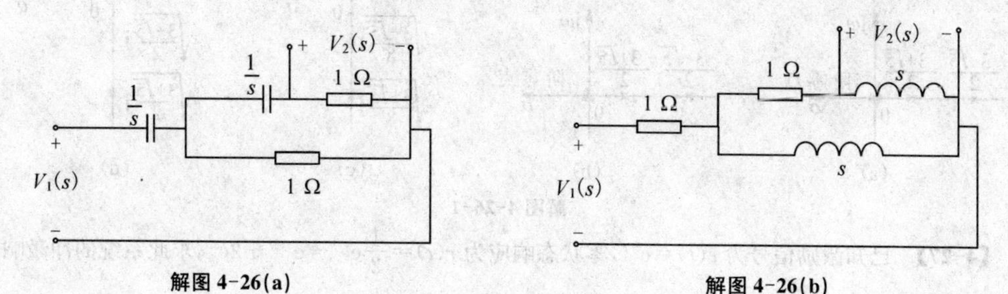

解图 4-26(a)　　解图 4-26(b)

(b)题图 4-26(b)的 s 域等效电路图如解图 4-26(b)所示，

设总电阻为 R'，由图可知 $R'=1+\frac{s(s+1)}{2s+1}=\frac{s^2+3s+1}{2s+1}$

所以 $H(s)=\frac{V_2(s)}{V_1(s)}=\frac{s}{s+1}\frac{\frac{s(s+1)}{2s+1}}{\frac{s^2+3s+1}{2s+1}}=\frac{s^2}{s^2+3s+1}$，其零点为 $s_{1,2}=0$，其极点为 $s_{3,4}=\frac{-3\pm\sqrt{5}}{2}$，其零极点分布图如解图 4-26-1(b)所示。

(c)题图 4-26(c)的 s 域等效电路图如解图 4-26(c)所示，由解图 4-26(c)可知，

$$H(s)=\frac{V_2(s)}{V_1(s)}=\frac{\frac{1}{2s}}{2s+\frac{1}{2s}}\frac{\frac{4s^2+1}{8s^3+4s}}{2s+\frac{4s^2+1}{8s^3+4s}}=\frac{\frac{1}{2s}}{\frac{4s^2+1}{2s}}\frac{4s^2+1}{8s^3+4s}\frac{8s^3+4s}{16s^4+12s^2+1}=\frac{1}{16}\frac{1}{\left(s^2+\frac{3}{8}\right)^2-\frac{5}{64}}$$

没有零点，其极点为 $\left(s^2+\frac{3}{8}\right)^2-\frac{5}{64}=0$，即 $\left(s^2+\frac{3}{8}\right)=\pm\frac{\sqrt{5}}{8}$，所以 $s^2=-\frac{3}{8}\pm\frac{\sqrt{5}}{8}=-\left(\frac{3\pm\sqrt{5}}{8}\right)$ 从而 $s_{1,2}=\pm\sqrt{\frac{3\pm\sqrt{5}}{8}}\mathrm{j}$，其零极点分布图如解图 4-26-1(c)所示。

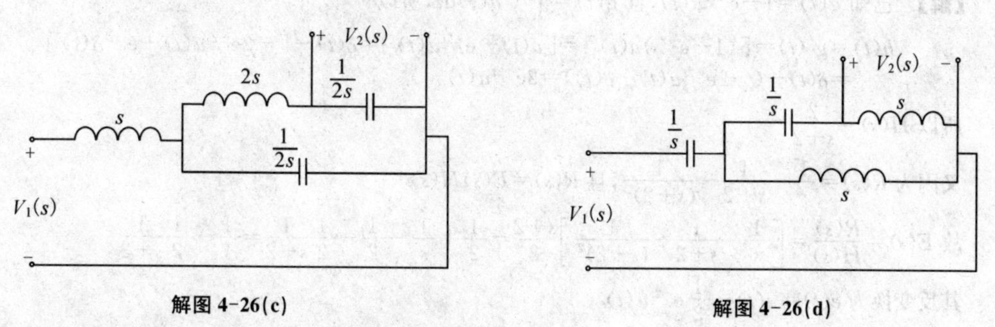

解图 4-26(c)　　解图 4-26(d)

(d) 题图 4-26(d)的 s 域等效电路图如解图 4-26(d)所示，

由解图 4-26(d)可知：

$$H(s)=\frac{V_2(s)}{V_1(s)}=\frac{\left(s+\frac{1}{s}\right)/\!/s}{\left(s+\frac{1}{s}\right)/\!/s+\frac{1}{s}}\frac{s}{s+\frac{1}{s}}=\frac{\frac{s^3+s}{2s^2+1}}{\frac{s^4+3s^2+1}{2s^3+s}}\frac{s^2}{s^2+1}=\frac{s^2(s^2+1)}{s^4+3s^2+1}\frac{s^2}{s^2+1}=\frac{s^4}{s^4+3s^2+1}$$

其零点为 $s_{1,2,3,4}=0$，为四阶。其极点为 $s_{1,2,3,4}=\pm\sqrt{\frac{3\pm\sqrt{5}}{2}}\mathrm{j}$，其零极点图如解图 4-26-1(d)所示。

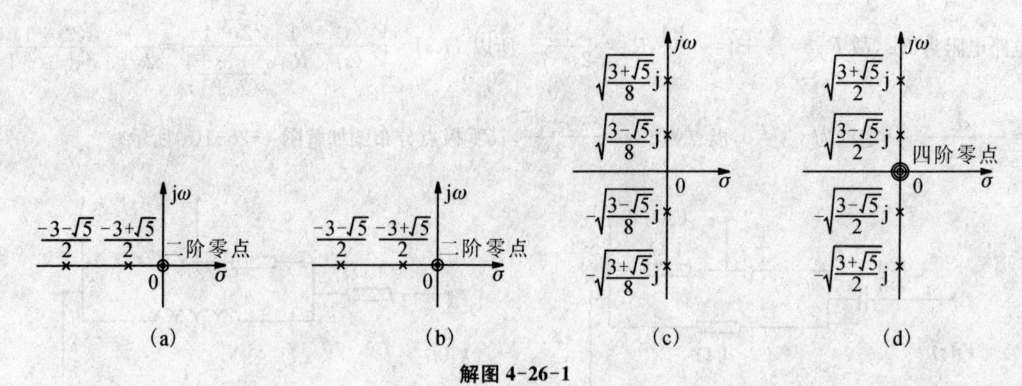

解图 4-26-1

【4-27】 已知激励信号为 $e(t)=\mathrm{e}^{-t}$，零状态响应为 $r(t)=\frac{1}{2}\mathrm{e}^{-t}-\mathrm{e}^{-2t}+2\mathrm{e}^{3t}$，求此系统的冲激响应 $h(t)$。

【解题思路】 通过卷积定理和常用信号的拉氏变换求解。

【解】 由题意可知，$e(t)=\mathrm{e}^{-t}u(t)\leftrightarrow\frac{1}{s+1}$，$r(t)\leftrightarrow\frac{1}{2}\frac{1}{s+1}-\frac{1}{s+2}+\frac{2}{s+3}$，由 s 域卷积定理可知：$R(s)=E(s)H(s)$

所以：

$$H(s)=\frac{R(s)}{E(s)}=\frac{\frac{1}{2}\frac{1}{s+1}-\frac{1}{s+2}+\frac{2}{s+3}}{\frac{1}{s+1}}=\left(\frac{1}{2}\frac{1}{s+1}-\frac{1}{s+2}+\frac{2}{s+3}\right)(s+1)=\frac{1}{2}-\frac{s+1}{s+2}+\frac{2(s+1)}{s+3}$$

$$=\frac{1}{2}-\left(1-\frac{1}{s+2}\right)+2\left(1-\frac{2}{s+3}\right)=\frac{3}{2}+\frac{1}{s+2}-\frac{4}{s+3}$$

其反变换为 $h(t)=\frac{3}{2}\delta(t)+\mathrm{e}^{-2t}u(t)-4\mathrm{e}^{-3t}u(t)$

【4-28】 已知系统阶跃响应为 $g(t)=1-\mathrm{e}^{-2t}$，为使其响应为 $r(t)=1-\mathrm{e}^{-2t}-t\mathrm{e}^{-2t}$，求激励信号 $e(t)$。

【解题思路】 通过阶跃响应和冲激响应的关系，求得冲激响应，然后利用卷积定理求解。

【解】 已知 $g(t)=1-\mathrm{e}^{-2t}u(t)$，且 $g(t)=\int_{-\infty}^{t}h(\tau)\mathrm{d}\tau$，所以

$$h(t)=g'(t)=[(1-\mathrm{e}^{-2t})u(t)]=[u(t)-\mathrm{e}^{-2t}u(t)]=\delta(t)-[-2\mathrm{e}^{-2t}u(t)+\mathrm{e}^{-2t}\delta(t)]$$
$$=\delta(t)-(-2\mathrm{e}^{-2t}u(t)+\delta(t))=2\mathrm{e}^{-2t}u(t)$$

所以 $H(s)=\frac{2}{s+2}$

又因为 $R(s)=\frac{1}{s}-\frac{1}{s+2}-\frac{1}{(s+2)^2}$，且 $R(s)=E(s)H(s)$

故 $E(s)=\frac{R(s)}{H(s)}=\left[\frac{1}{s}-\frac{1}{s+2}-\frac{1}{(s+2)^2}\right]\frac{s+2}{2}=\frac{1}{2}+\frac{1}{s}-\frac{1}{2}-\frac{1}{2}\frac{1}{s+2}=\frac{1}{s}-\frac{1}{2}\frac{1}{s+2}$

其反变换为 $e(t)=u(t)-\frac{1}{2}\mathrm{e}^{-2t}u(t)$

【4-29】 题图 4-29 所示网络中，$L=2$ H，$C=0.1$ F，$R=10\ \Omega$。

(1) 写出电压转移函数 $H(s)=\frac{V_2(s)}{E(s)}$；

(2) 画出 s 平面零、极点分布；

(3) 求冲激响应、阶跃响应。

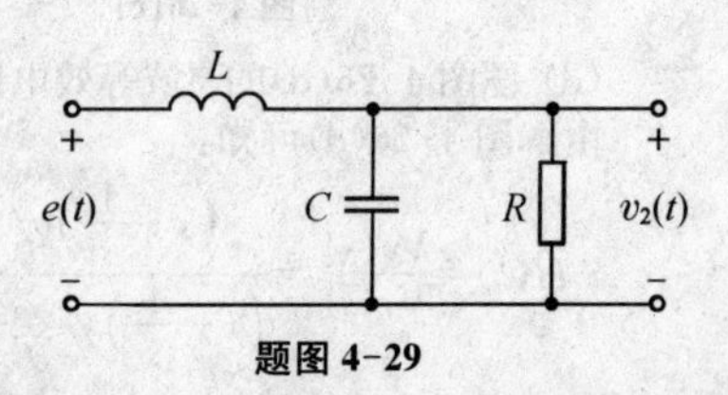

题图 4-29

【解题思路】 通过 s 域电路分析，求解电压转移函数 $H(s)$；然后从阶路响应和冲激响应的关系着手，利用卷积定理求解。

【解】

(1) 题图 4-29 的 s 域等效电路如解图 4-29 所示

由解图 4-29 可知，电容和电阻并联电路的电阻值为 $R=\dfrac{10}{s+1}$

故 $H(s)=\dfrac{V_2(s)}{E(s)}=\dfrac{\frac{10}{s+1}}{2s+\frac{10}{s+1}}=\dfrac{\frac{10}{s+1}}{\frac{2s^2+2s+10}{s+1}}=\dfrac{5}{s^2+s+5}$

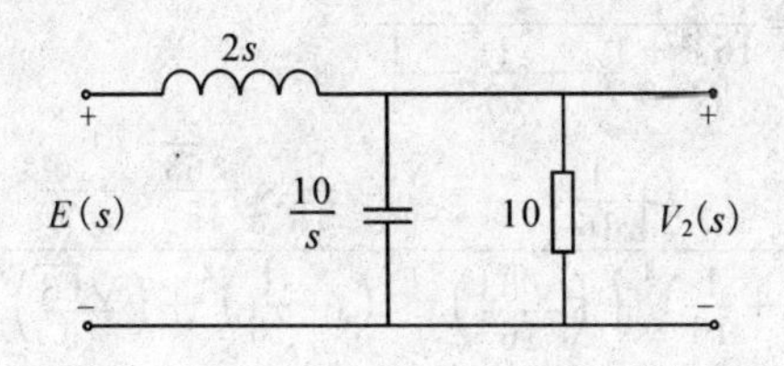

解图 4-29

解图 4-29(a)

(2) $H(s)$没有零点，其极点为 $s=-\dfrac{1}{2}\pm\dfrac{\sqrt{19}}{2}\mathrm{j}$，为二阶极点，零极点分布如解图 4-29(a)所示

(3) 由于 $H(s)=\dfrac{5}{s^2+s+5}=\dfrac{5}{\left(s+\frac{1}{2}\right)^2+\left(\frac{\sqrt{19}}{2}\right)^2}=\dfrac{5\times 2}{\sqrt{19}}\dfrac{\frac{\sqrt{19}}{2}}{\left(s+\frac{1}{2}\right)^2+\left(\frac{\sqrt{19}}{2}\right)^2}$

其反变换：$h(t)=\dfrac{10}{\sqrt{19}}\mathrm{e}^{-\frac{1}{2}t}\sin\dfrac{\sqrt{19}}{2}tu(t)$

因为 $g(t)=h(t)*u(t)$，则有 $G(s)=H(s)\dfrac{1}{s}=\dfrac{5}{s^2+s+5}\dfrac{1}{s}=\dfrac{A}{s}+\dfrac{Bs+C}{s^2+s+5}$

则 $A=G(s)s\big|_{s=0}=1$，代入上式化简可得：

$$\frac{5}{s(s^2+s+5)}=\frac{1}{s}+\frac{Bs+C}{s^2+s+5}=\frac{(B+1)s^2+(C+1)s+5}{s(s^2+s+5)}$$

所以 $B=-1,C=-1$

故 $\dfrac{5}{s(s^2+s+5)}=\dfrac{1}{s}-\dfrac{s+1}{s^2+s+5}=\dfrac{1}{s}-\dfrac{s+\frac{1}{2}}{\left(s+\frac{1}{2}\right)^2+\left(\frac{\sqrt{19}}{2}\right)^2}-\dfrac{\frac{1}{2}\frac{\sqrt{19}}{2}\frac{2}{\sqrt{19}}}{\left(s+\frac{1}{2}\right)^2+\left(\frac{\sqrt{19}}{2}\right)^2}$

所以 $g(t)=u(t)-\left[\mathrm{e}^{-\frac{1}{2}t}\cos\dfrac{\sqrt{19}}{2}tu(t)+\dfrac{1}{\sqrt{19}}\mathrm{e}^{-\frac{1}{2}t}\sin\dfrac{\sqrt{19}}{2}tu(t)\right]$

【4-30】 若在题图 4-30 所示电路中，接入 $e(t)=40(\sin t)u(t)$，求 $v_2(t)$，指出其中的自由响应与强迫响应。

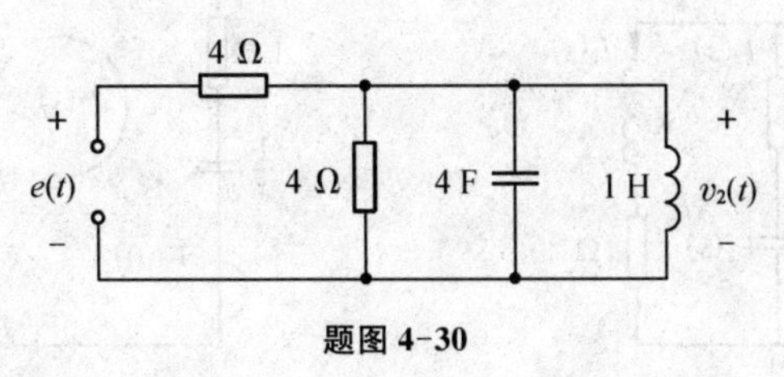

题图 4-30

【解题思路】 通过 s 域电路分析，求解响应；以响应的分解着手，通过自由响应的定义，确定全响应

中的自由响应，其余的则为强迫响应。

【解】 题图 4-30 的 s 域等效电路如解图 4-30 所示。设并联的电阻为 R'，则 $R'=\dfrac{4s}{16s^2+s+4}$

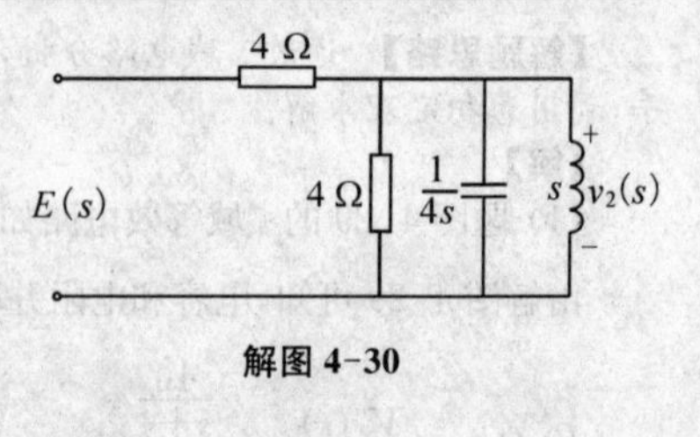

解图 4-30

$$H(s)=\frac{\dfrac{4s}{16s^2+s+4}}{4+\dfrac{4s}{16s^2+s+4}}=\frac{4s}{16s^2+s+4}\frac{16s^2+s+4}{64s^2+4s+16}$$

$$=\frac{s}{16s^2+s+4}$$

所以 $V_2(s)=E(s)H(s)=40\dfrac{1}{s^2+1}\dfrac{s}{16s^2+s+4}=\dfrac{40}{16}\dfrac{1}{s^2+1}\dfrac{s}{s^2+\dfrac{1}{16}s+\dfrac{1}{4}}$

$$=\frac{5}{2}\left[-\frac{48}{37}\frac{s}{s^2+1}+\frac{8}{37}\frac{1}{s^2+1}+\frac{48}{37}\frac{s+\dfrac{1}{16}}{\left(s+\dfrac{1}{16}\right)^2+\left(\dfrac{\sqrt{63}}{16}\right)^2}-\frac{\dfrac{5}{37}\times\dfrac{\sqrt{63}}{16}\times\dfrac{16}{\sqrt{63}}}{\left(s+\dfrac{1}{16}\right)^2+\left(\dfrac{\sqrt{63}}{16}\right)^2}\right]$$

其反变换为：

$$v_2(t)=\left(-\frac{120}{37}\cos t+\frac{20}{37}\sin t+\frac{120}{37}e^{-\frac{1}{16}t}\cos\frac{\sqrt{63}}{16}t-\frac{200}{37\sqrt{63}}e^{-\frac{1}{16}t}\sin\frac{\sqrt{63}}{16}t\right)u(t)$$

自由响应是由方程的特征根来决定的，其特征根为：$s=\dfrac{1\pm\sqrt{63}\mathrm{j}}{16}$。

所以自由响应为：$v_{2h}(t)=\left(\dfrac{120}{37}e^{-\frac{1}{16}t}\cos\dfrac{\sqrt{63}}{16}t-\dfrac{200}{37\sqrt{63}}e^{-\frac{1}{16}t}\sin\dfrac{\sqrt{63}}{16}t\right)u(t)$

强迫响应为：$v_{2y}(t)=\left(-\dfrac{120}{37}\cos t+\dfrac{20}{37}\sin t\right)u(t)$

【4-31】 如题图 4-31 所示电路：

(1) 若初始无储能，信号源为 $i(t)$，为求 $i_1(t)$（零状态响应），列写转移函数 $H(s)$；

(2) 若初始状态以 $i_1(0)$，$v_2(0)$表示（都不等于零），但 $i(t)=0$（开路），求 $i_1(t)$（零输入响应）。

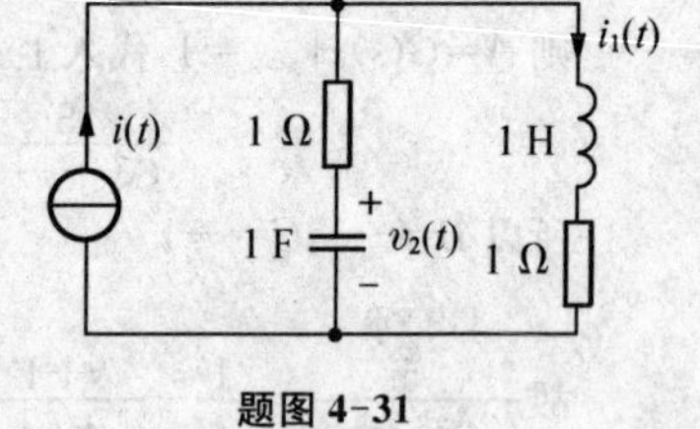

题图 4-31

【解题思路】 通过 s 域电路分析和转移函数 $H(s)$的定义求解。注意：电路常用元件在不同状态下的 s 域模型表示。

【解】

(1) 题图 4-31 的 s 域等效电路图如解图 4-31(a)所示：

由解图 4-31(a)可知：$I_1(s)$为响应，$I(s)$为激励。故有：

$$\frac{I_1(s)}{I_2(s)}=\frac{\dfrac{1}{s}+1}{s+1}=\frac{1}{s}\text{，所以 }H(s)=\frac{I_1(s)}{I(s)}=\frac{I_1(s)}{I_1(s)+I_2(s)}=\frac{1}{s+1}$$

(a)

(b)

解图 4-31

(2) 解：题图 4-31 电路 s 域等效电路图如解图 4-31(b)所示：

依据解图 4-31(b)电路，列写 KVL 方程，有：

$$I_1(s)\left(s+1+1+\frac{1}{s}\right)-Li_1(0)-\frac{v_2(0)}{s}=0$$

整理得到：$I_1(s)=\dfrac{si_1(0)+v_2(0)}{s^2+2s+1}=\dfrac{si_1(0)+i_1(0)-i_1(0)+v_2(0)}{s^2+2s+1}=\dfrac{i_1(0)}{s+1}+\dfrac{v_2(0)-i_1(0)}{(s+1)^2}$

其反变换为：$i_1(t)=i_1(0)\mathrm{e}^{-t}u(t)+[v_2(0)-i_1(0)]t\mathrm{e}^{-t}u(t)$

【4-32】 如题图 4-32 所示电路：

(1) 写出电压转移函数 $H(s)=\dfrac{V_o(s)}{E(s)}$；

(2) 若激励信号 $e(t)=\cos(2t)\cdot u(t)$，为使响应中不存在正弦稳态分量，求 LC 约束；

(3) 若 $R=1\ \Omega, L=1\ \mathrm{H}$，按第(2)问条件，求 $v_o(t)$。

【解题思路】 通过 s 域等效电路和正弦稳态响应的定义求解。

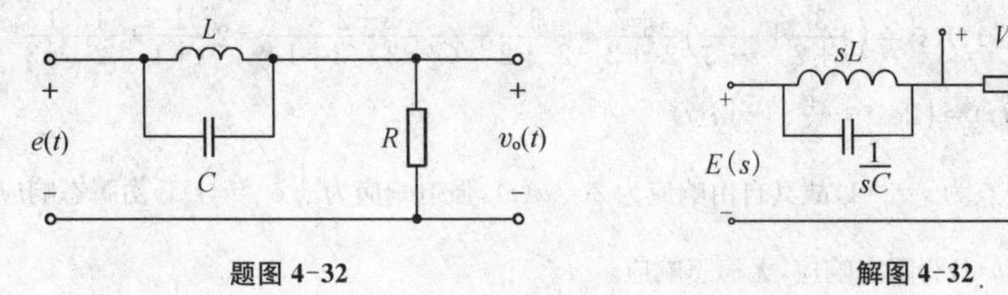

题图 4-32　　　　解图 4-32

【解】

(1) 题图 4-32 的 s 域等效电路图如解图 4-43 所示。设并联电阻为 R'，则 $R'=\dfrac{sL}{LCs^2+1}$

所以 $H(s)=\dfrac{R}{R+R'}=\dfrac{R}{R+\dfrac{sL}{LCs^2+1}}=\dfrac{R}{\dfrac{RLCs^2+sL+R}{LCs^2+1}}=\dfrac{s^2+\dfrac{1}{LC}}{s^2+s\dfrac{1}{RC}+\dfrac{1}{LC}}$

(2) $e(t)=\cos(2t)u(t)\leftrightarrow\dfrac{s}{s^2+2^2}$，由时域卷积定理可知，响应 $R(s)$ 为：

$$R(s)=E(s)H(s)=\frac{s}{s^2+4}\frac{s^2+\frac{1}{LC}}{s^2+s\frac{1}{RC}+\frac{1}{LC}}$$

为使 $R(s)$ 中不含有正弦分量，则应使 $s^2+4=s^2+\dfrac{1}{LC}$，从而有 $\dfrac{1}{LC}=4$

(3) 由题意可知，此时 $C=\dfrac{1}{4}F$

所以 $V_o(s)=E(s)H(s)=\dfrac{s}{s^2+4}\dfrac{s^2+4}{s^2+4s+4}=\dfrac{s}{(s+2)^2}=\dfrac{A}{s+2}+\dfrac{B}{(s+2)^2}$

则 $B=V_o(s)(s+2)^2\big|_{s=-2}=-2$，代入上式，化简得到：

$V_o(s)=\dfrac{s}{(s+2)^2}=\dfrac{A}{s+2}+\dfrac{-2}{(s+2)^2}=\dfrac{As+2A-2}{(s+2)^2}$

所以 $A=1$，故 $V_o(s)=\dfrac{s}{(s+2)^2}=\dfrac{1}{s+2}-\dfrac{2}{(s+2)^2}$

其反变换为 $v_o(t)=\mathrm{e}^{-2t}u(t)-2t\mathrm{e}^{-2t}u(t)$

【4-33】 题图 4-33 所示电路，若激励信号 $e(t)=(3\mathrm{e}^{-2t}+2\mathrm{e}^{-3t})u(t)$，求响应 $v_2(t)$ 并指出响应中的强迫分量、自由分量、瞬态分量与稳态分量。

【解题思路】 通过响应的定义求解。自由响应是由系统函数的极点确定，强迫响应有激励函数的极点确定，因此两者的来源不同；瞬态响应随之时间 t 的增加而趋于零，稳态响应则保持不变，因此两者持续时间不同。

【解】 题图 4-33 的 s 域等效电路图如解图 4-33 所示

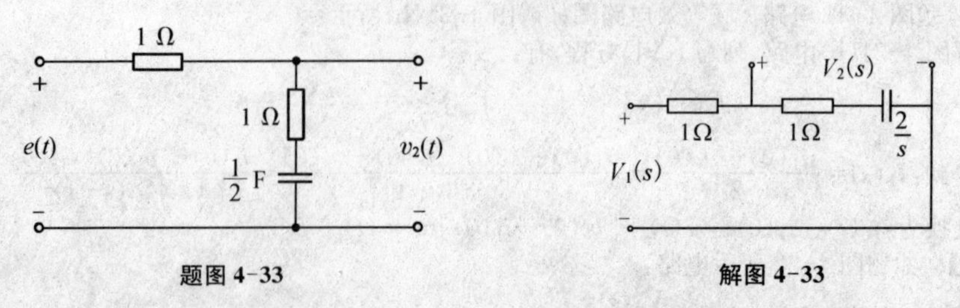

题图 4-33　　　　解图 4-33

其 $H(s)=\dfrac{1+\dfrac{2}{s}}{2+\dfrac{2}{s}}=\dfrac{s+2}{2s+2}$,因为 $e(t)=(3\mathrm{e}^{-2t}+2\mathrm{e}^{-3t})u(t)\leftrightarrow E(s)=\dfrac{3}{s+2}+\dfrac{2}{s+3}$

所以

$$V_2(s)=E(s)H(s)=\left(\frac{3}{s+2}+\frac{2}{s+3}\right)\frac{s+2}{2s+2}=\frac{3}{2s+2}+\frac{s+2}{(s+3)(s+1)}=2\frac{1}{s+1}+\frac{1}{2}\frac{1}{s+3}$$

其反变换为 $v_2(t)=\left(2\mathrm{e}^{-t}+\dfrac{1}{2}\mathrm{e}^{-3t}\right)u(t)$

由于 $H(s)$ 的极点为 $s=-1$,故其自由响应为 $2\mathrm{e}^{-t}u(t)$,强迫响应为 $\dfrac{1}{2}\mathrm{e}^{-3t}u(t)$。由瞬态响应定义可知,$\left(2\mathrm{e}^{-t}+\dfrac{1}{2}\mathrm{e}^{-3t}\right)u(t)$ 为瞬态响应,无稳态响应。

【4-34】 若激励信号 $e(t)$ 为题图 4-34(a)所示周期矩形脉冲,$e(t)$ 施加于题图 4-34(b)所示电路,研究响应 $v_o(t)$ 之特点。已求得 $v_o(t)$ 由瞬态响应 $v_{ot}(t)$ 和稳态响应 $v_{os}(t)$ 两部分组成,其表达式分别为

$$v_{ot}(t)=-\frac{E(1-\mathrm{e}^{-\alpha\tau})}{1-\mathrm{e}^{\alpha T}}\cdot\mathrm{e}^{-\alpha t}$$

$$v_{os}(t)=\sum_{n=0}^{\infty}v_{os1}(t-nT)\{u(t-nT)-u[t-(n+1)T]\}$$

其中 $v_{os1}(t)$ 为 $v_{os}(t)$ 第一周期的信号

$$v_{os1}(t)=E\left[1-\frac{1-\mathrm{e}^{-\alpha(T-\tau)}}{1-\mathrm{e}^{-\alpha T}}\mathrm{e}^{-\alpha t}\right]u(t)-E[1-\mathrm{e}^{-\alpha(t-\tau)}]u(t-\tau)$$

(1) 画出 $v_o(t)$ 波形,从物理概念讨论波形特点;
(2) 试用拉氏变换方法求出上述结果;
(3) 系统函数极点分布和激励信号极点分布对响应结果特点有何影响?

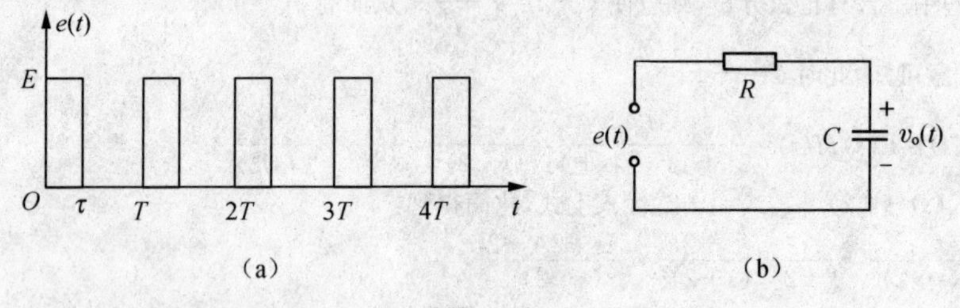

(a)　　　　(b)

题图 4-34

【解题思路】 通过周期信号的拉氏变换和极点与响应的关系求解。

【解】

(1) 由题意可知:$v_o(t)=v_{ot}(t)+v_{os}(t)$,且电路为一阶 RC 电路,故分两种情况讨论:

① 当 $RC\ll\tau$ 时,其波形如解图 4-34-1(a)所示。

② 当 $RC\gg\tau$ 时,其波形如解图 4-34-1(b)所示。

从解图 4-34-1(a)中可以看出,当电容充电时,$v_o(t)$ 按照指数增长,放电时按照指数衰减。RC 越大,充放电越慢,反之则越快,因此电容两端的电压反映了充放电过程。

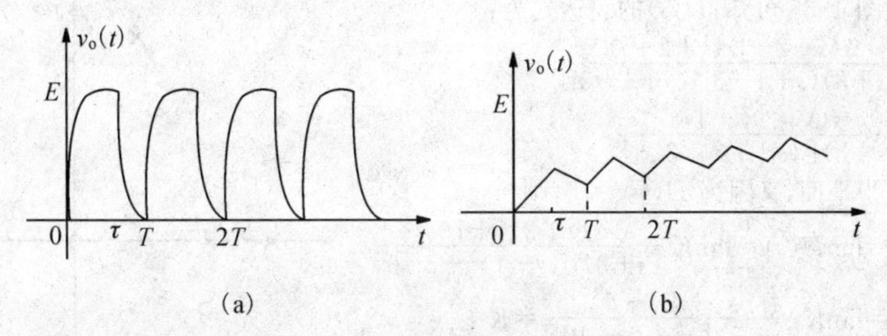

解图 4-34-1

(2) 题图 4-34(b)所示电路的 s 域等效电路图如解图 4-34(b)所示：

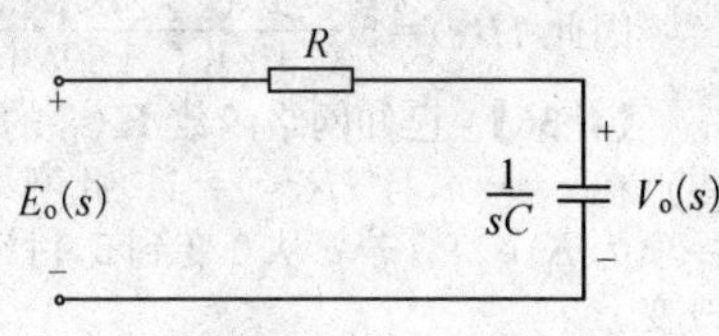

解图 4-34(b)

所以 $H(s)=\frac{V_o(s)}{E(s)}=\frac{\frac{1}{sC}}{R+\frac{1}{sC}}=\frac{1}{RCs+1}$，令 $\alpha=\frac{1}{RC}$，则 $H(s)=\frac{\alpha}{s+\alpha}$，其极点位于左半平面，故自由响应为瞬态响应。

由于 $e(t)=\sum_{n=0}^{\infty}E[u(t-nT)-u(t-nT-\tau)]$，由于其为周期函数，函数周期为 T，其第一个周期内的函数表达式为：$e_1(t)=E[u(t)-u(t-\tau)]$，其拉氏变换为 $E_1(s)=\frac{E}{s}[1-e^{-s\tau}]$，由周期信号的拉氏变换可知：$E(s)=\frac{E}{s}[1-e^{-s\tau}]\frac{1}{1-e^{-sT}}=\frac{E}{s}\frac{1-e^{-s\tau}}{1-e^{-sT}}$，其极点位于虚轴上，且为一阶极点，故强迫响应为稳态响应。

所以 $V_o(s)=E(s)H(s)=\frac{E}{s}\frac{1-e^{-s\tau}}{1-e^{-sT}}\frac{\alpha}{s+\alpha}$

$V_o(s)$的瞬态响应 $V_{ot}(s)$完全由 $H(s)$的极点来决定，故有：

$$V_{ot}(s)=\frac{(s+\alpha)V_o(s)\big|_{s=-\alpha}}{s+\alpha}=-\frac{E(1-e^{-\alpha\tau})}{1-e^{-\alpha T}}\frac{1}{s+\alpha}$$

其反变换为：$v_{ot}(t)=-\frac{E(1-e^{-\alpha\tau})}{1-e^{-\alpha T}}e^{-\alpha t}u(t)$

由 $V_o(s)$的表达式可以看出，$V_o(s)$是一个周期函数，设第一个周期内的函数 $V_{o1}(s)$，其反变换为 $v_{o1}(t)$，则：

$$V_{o1}(s)=\frac{E}{s}\frac{(1-e^{-sT})\alpha}{s+\alpha}=E(1-e^{-s\tau})\left(\frac{1}{s}-\frac{1}{s+\alpha}\right)=E\left(\frac{1}{s}-\frac{1}{s+\alpha}\right)-Ee^{-s\tau}\left(\frac{1}{s}-\frac{1}{s+\alpha}\right)$$

其反变换为：$v_{o1}(t)=E[u(t)-e^{-\alpha t}u(t)]-E[u(t-\tau)-e^{-\alpha(t-\tau)}u(t-\tau)]$

第一周期内的稳态响应为：

$$v_{os1}(t)=v_{o1}(t)-v_{ot}(t)=E[u(t)-e^{-\alpha t}u(t)]-E[u(t-\tau)-e^{-\alpha(t-\tau)}u(t-\tau)]+\frac{E(1-e^{-\alpha\tau})}{1-e^{-\alpha T}}e^{-\alpha t}u(t)$$

$$=E\left[1+\frac{e^{-\alpha\tau}-e^{-\alpha T}}{1-e^{-\alpha T}}e^{-\alpha t}\right]u(t)-E(1-e^{-\alpha(t-\tau)})u(t-\tau)$$

故稳态响应为：

$$v_{os}(t)=v_{os1}(t)[u(t)-u(t-T)]*\sum_{n=0}^{\infty}\delta(t-nT)=\sum_{n=0}^{\infty}v_{os1}(t)[u(t-nT)-u(t-T-nT)]$$

(3) 由于 $H(s)$的极点在 s 平面的左半平面，决定全响应中的瞬态响应；激励信号的极点都分布在虚轴上，决定全响应中的稳态响应。

【4-35】 已知网络函数的零、极点分布如题图 4-35 所示，此外 $H(\infty)=5$，写出网络函数表示式 $H(s)$。

【解题思路】 通过零极点图写出系统函数 $H(s)$的表达式，利用终值定理求解。

【解】 由题图 4-35 可知，$H(s)$的表达式为：

$$H(s)=K\frac{s(s+2-\mathrm{j})(s+2+\mathrm{j})}{(s+3)(s+1-3\mathrm{j})(s+1+3\mathrm{j})}$$

$$=K\frac{s(s+2)^2+1}{(s+3)[(s+1)^2+3^2]},$$

其极点在左半平面，又因为 $H(\infty)=5$，则

$$H(\infty)=5=\lim_{s\to\infty}H(s)=\lim_{s\to\infty}K\frac{s(s+2)^2+1}{(s+3)[(s+1)^2+3^2]}$$

$$=\lim_{s\to\infty}K\frac{s^3+4s^2+5}{(s+3)[s^2+2s+10]}=K$$

所以 $K=5$

因此 $H(s)=5\frac{s(s+2)^2+1}{(s+2)[(s+1)^2+3^2]}$

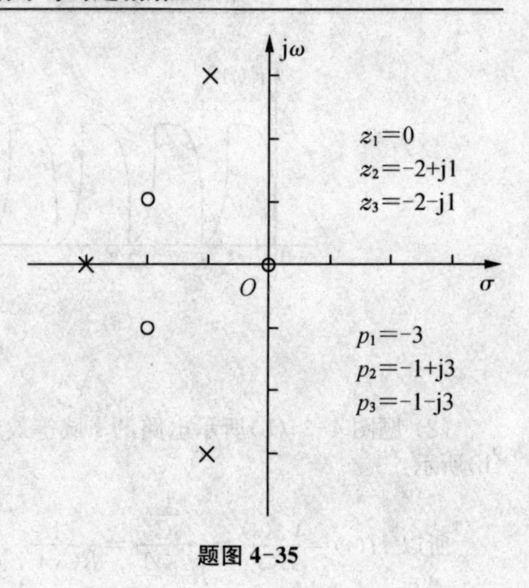

题图 4-35

【4-36】 已知网络函数 $H(s)$的极点位于 $s=-3$ 处，零点在 $s=-a$，且 $H(\infty)=1$。此网络的阶跃响应中，包含一项为 $K_1\mathrm{e}^{-3t}$。若 a 从 0 变到 5，讨论相应的 K_1 如何随之改变。

【解题思路】 通过零极点图写出系统函数 $H(s)$的表达式，由终值定理确定待定系数，利用阶跃响应和冲激响应的关系求解。

【解】 由题意可知，$H(s)$的表达式为：$H(s)=K\frac{(s+a)}{(s+3)}$，又因为 $H(\infty)=1$，所以有：

$$H(\infty)=1=\lim_{s\to\infty}H(s)=\lim_{s\to\infty}K\frac{(s+a)}{(s+3)}=K$$

所以 $K=1$，故 $H(s)$的表达式为 $H(s)=\frac{(s+a)}{(s+3)}$

因为阶跃响应 $g(t)=h(t)*u(t)$，由卷积定理可知：

$$G(s)=H(s)\frac{1}{s}=\frac{(s+a)}{(s+3)}\frac{1}{s}=\frac{\frac{a}{3}}{s}+\frac{1-\frac{a}{3}}{s+3}$$

其反变换为：$g(t)=\frac{a}{3}u(t)+\left(1-\frac{a}{3}\right)\mathrm{e}^{-3t}u(t)$。因为 $g(t)$中含有 $K_1\mathrm{e}^{-3t}u(t)$项，故有：$K_1=1-\frac{a}{3}$，则 K_1 与 a 之间的函数关系可以表示为如解图 4-36。

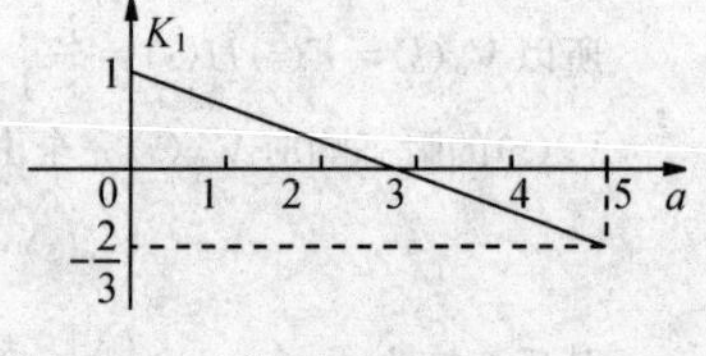

解图 4-36

【4-37】 已知题图 4-37(a)所示网络的入端阻抗 $Z(s)$表示式为

$$Z(s)=\frac{K(s-z_1)}{(s-p_1)(s-p_2)}$$

(1) 写出以元件参数 R,L,C 表示的零、极点 z_1,p_1,p_2 的位置。

(2) 若 $Z(s)$零、极点分布如题图 4-37(b)所示，且 $z(\mathrm{j}0)=1$ 求 R,L,C 值。

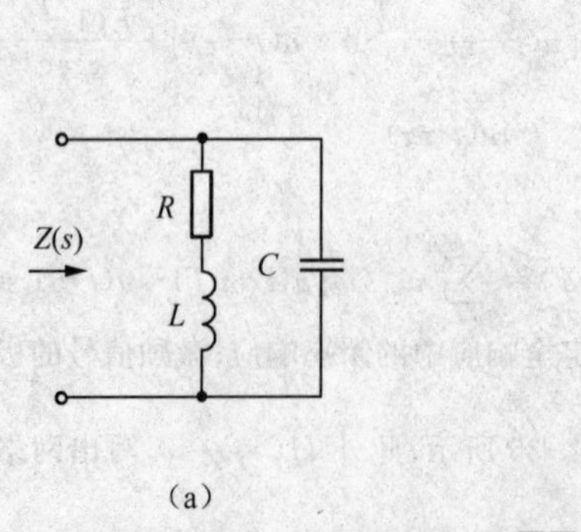

(a)

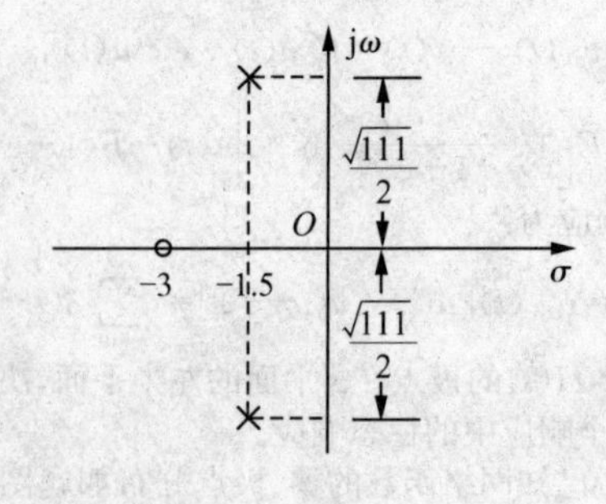

(b)

题图 4-37

【解题思路】 通过零极点图与阻抗函数 $Z(s)$之间的关系，利用初值定理求解。

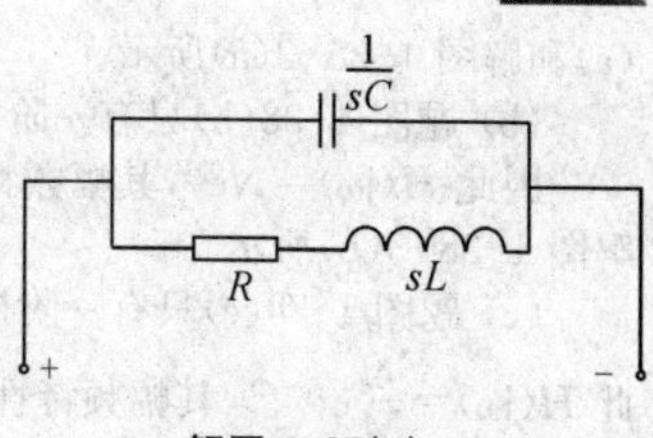

解图 4-37(a)

【解】

(1) 题图 4-37(a)的 s 域等效电路图如解图 4-37(a)所示：

由解图 4-37(a)可得：

$$Z(s)=(R+sL)//\frac{1}{sC}=\frac{1}{\frac{1}{R+sL}+sC}=\frac{R+sL}{LCs^2+RCs+1}$$

$$=\frac{1}{C}\frac{s+\frac{R}{L}}{s^2+\frac{R}{L}s+\frac{1}{LC}}=\frac{1}{C}\frac{s+\frac{R}{L}}{s^2+\frac{R}{L}s+\frac{1}{LC}}$$

$$=\frac{1}{C}\frac{s+\frac{R}{L}}{\left(s+\frac{R}{2L}\right)^2+\frac{1}{LC}-\frac{R^2}{4L^2}}$$

其零点为：$z_1=-\frac{R}{L}$，其极点为 $z_{2,3}=-\frac{R}{2L}\pm\sqrt{\frac{R^2}{4L^2}-\frac{1}{LC}}$。

(2) 由题图 4-37(b)零极点图可得：二阶极点为共轭极点，表明 $\frac{R^2}{4L^2}-\frac{1}{LC}<0$，故：

$$\begin{cases}-\frac{R}{L}=-3\\ \sqrt{\frac{1}{LC}-\frac{R^2}{4L^2}}=\frac{\sqrt{111}}{2}\end{cases}$$，并且 $Z(\mathrm{j}0)=1$，从而得到 $L=\frac{1}{3}$ H，代入方程中可以得到：$R=1\ \Omega$，$C=\frac{1}{10}$ F。

【4-38】 给定 $H(s)$的零、极点分布如题图 4-38 所示，令 s 沿 $\mathrm{j}\omega$ 轴移动，由矢量因子的变化分析频响特性，粗略绘出幅频与相频曲线。

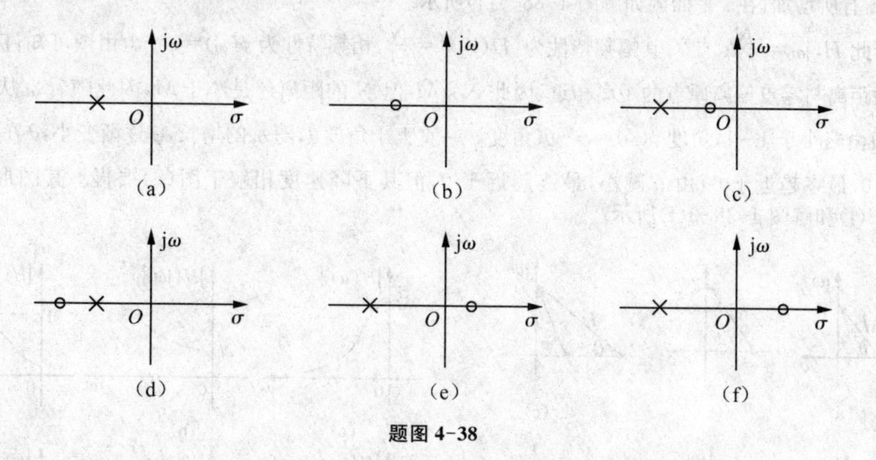

题图 4-38

【解题思路】 通过 s 平面几何分析法，建立 $H(\mathrm{j}\omega)$与虚轴上某一移动点的函数关系，即 $H(s)=K\frac{\prod_{j=1}^{m}(s-z_j)}{\prod_{i=1}^{n}(s-p_i)}$ 中取 $s=\mathrm{j}\omega$，得到 $H(\mathrm{j}\omega)=K\frac{N_1N_2\cdots N_m}{M_1M_2\cdots M_n}\mathrm{e}^{\mathrm{j}[(\varphi_1+\varphi_2+\cdots+\varphi_m)-(\theta_1+\theta_2+\cdots+\theta_n)]}$

让该点沿虚轴移动，各矢量的模和幅角随之改变，即可绘制幅频和相频特性曲线。

【解】

(a) 题图 4-38(a)只有一阶极点，在 s 平面内如解图 4-38-1(a)所示。

因此 $H(\mathrm{j}\omega)=\frac{1}{M}\mathrm{e}^{-\mathrm{j}\theta}$，其幅频特性为 $|H(\mathrm{j}\omega)|=\frac{1}{M}$，相频特性为 $\phi(\omega)=-\theta$，其图形如解图 4-38-2

(a)和解图 4-38-3(a)所示。

(b) 题图 4-38(b)只有一阶零点，在 s 平面内如解图 4-38-1(b)所示。

因此 $H(\mathrm{j}\omega)=N\mathrm{e}^{\mathrm{j}\varphi}$，其幅频特性为 $|H(\mathrm{j}\omega)|=N$，相频特性为 $\phi(\omega)=\varphi$，其图形如解图 4-38-2(b)和解图 4-38-3(b)所示。

(c) 题图 4-38(c)只有一阶极点和一阶零点，且位于负半轴，在 s 平面内如解图 4-38-1(c)所示。因此 $H(\mathrm{j}\omega)=\dfrac{N}{M}\mathrm{e}^{\mathrm{j}(\varphi-\theta)}$，其幅频特性为 $|H(\mathrm{j}\omega)|=\dfrac{N}{M}$，相频特性为 $\phi(\omega)=\varphi-\theta$，由图可知：$M<N$，因此随着 ω 从 $0\to\infty$，$\dfrac{N}{M}$的值由小于 $1\to1$，角度 $\phi(\omega)=\varphi-\theta$(角度 φ 的增长速度大于角度 θ 的增长速度，故 $\phi(\omega)>0$)由 0 增大后减小，最终趋近于 0。其图形如解图 4-38-2(c)和解图 4-38-3(c)所示。

(d) 题图 4-38(d)只有一阶极点和一阶零点，且位于负半轴，在 s 平面内如解图 4-38-1(d)所示。因此 $H(\mathrm{j}\omega)=\dfrac{N}{M}\mathrm{e}^{\mathrm{j}(\varphi-\theta)}$，其幅频特性为 $|H(\mathrm{j}\omega)|=\dfrac{N}{M}$，相频特性为 $\phi(\omega)=\varphi-\theta$，由图可知：$N<M$，因此随着 ω 从 $0\to\infty$，$\dfrac{N}{M}$的值由大于 $1\to1$，角度 $\phi(\omega)=\varphi-\theta$(角度 φ 的增长速度小于角度 θ 的增长速度，故$\phi(\omega)<0$)由 0 减小后增大，最终趋近于 0。其图形如解图 4-38-2(d)和解图 4-38-3(d)所示。

(e)题图 4-38(e)只有一阶极点和一阶零点，分别位于负半轴和正半轴，在 s 平面内如解图 4-38-1(e)所示。

因此 $H(\mathrm{j}\omega)=\dfrac{N}{M}\mathrm{e}^{\mathrm{j}(\varphi-\theta)}$，其幅频特性为 $|H(\mathrm{j}\omega)|=\dfrac{N}{M}$，相频特性为 $\phi(\omega)=\varphi-\theta$，由图可知：极点偏离原点的距离大于零点偏离原点的距离，因此 $N<M$，因此随着 ω 从 $0\to\infty$，$\dfrac{N}{M}$的值由小于 $1\to1$，角度 $\phi(\omega)=\varphi-\theta$(角度 φ 一直大于角度 θ，随 ω 的增长，φ 逐渐变小，θ 在增大，故 $\phi(\omega)>0$，最终趋近于 0)由 π 减小，最终趋近于 0。其图形如解图 4-38-2(e)和解图 4-38-3(e)所示。

(f) 题图 4-38(f)只有一阶极点和一阶零点，分别位于负半轴和正半轴，且零点距离原点的距离相比(e)图有所增加，在 s 平面内如解图 4-38-1(f)所示。

因此 $H(\mathrm{j}\omega)=\dfrac{N}{M}\mathrm{e}^{\mathrm{j}(\varphi-\theta)}$，其幅频特性为 $|H(\mathrm{j}\omega)|=\dfrac{N}{M}$，相频特性为 $\phi(\omega)=\varphi-\theta$，由图可知：极点偏离原点的距离与零点偏离原点的距离相近，因此 $N\approx M$，但 N 的距离还是小于 M，因此随着 ω 从 $0\to\infty$，$\dfrac{N}{M}$的值由略小于 $1\to1$，角度 $\phi(\omega)=\varphi-\theta$(角度 φ 一直大于角度 θ，随 ω 的增长，φ 逐渐变小，θ 在增大，故 $\phi(\omega)>0$，最终趋近于 0)由 π 减小，最终趋近于 0，但其下降速度相较于图(e)要慢。其图形如解图 4-38-2(f)和解图 4-38-3(f)所示。

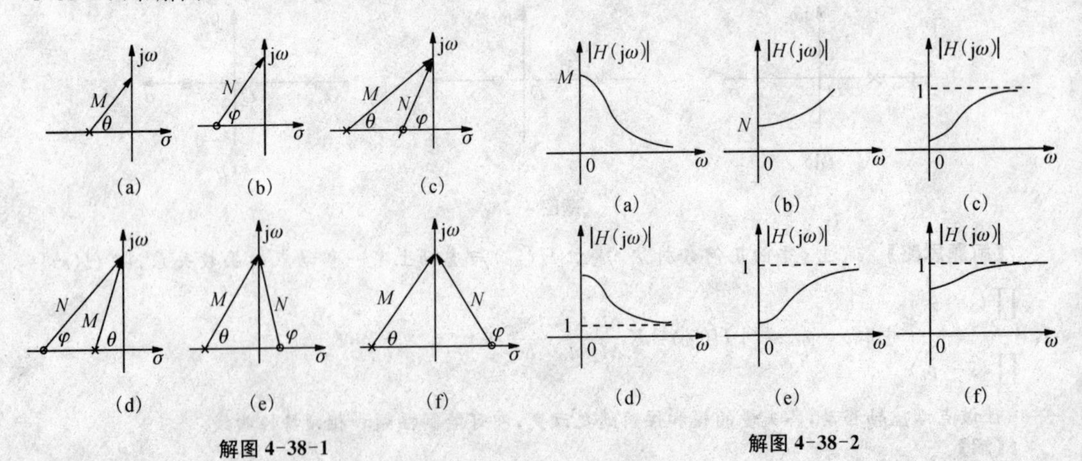

解图 4-38-1　　　　解图 4-38-2

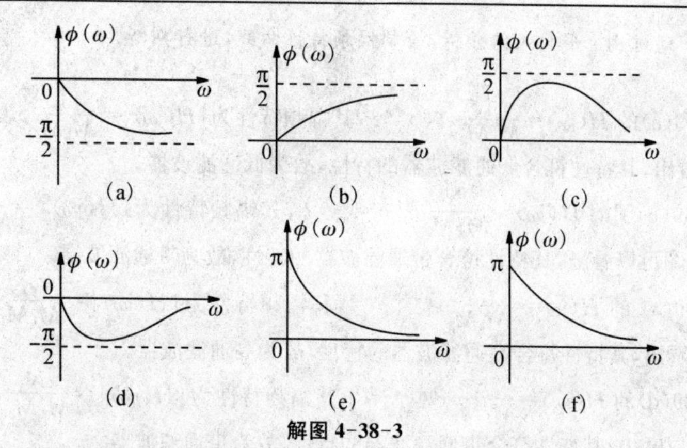

解图 4-38-3

【4-39】 若 $H(s)$零、极点分布如题图 4-39 所示，试讨论它们分别是哪种滤波网络（低通、高通、带通、带阻）。

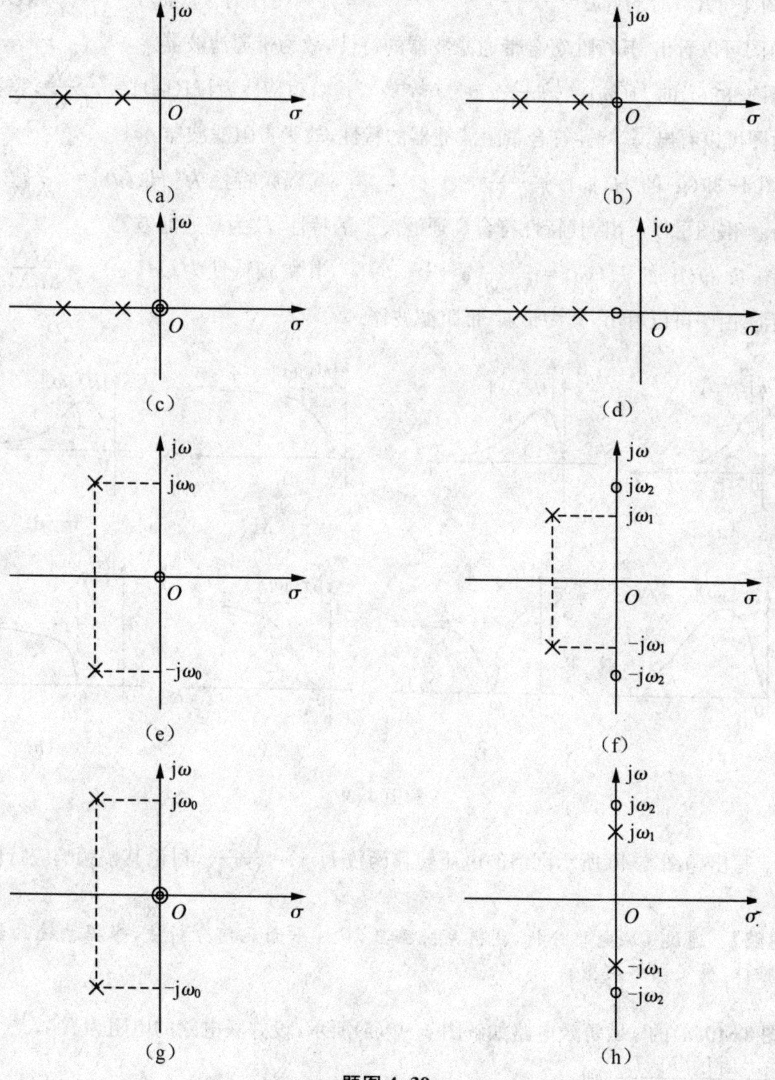

题图 4-39

【解题思路】 通过由 s 平面几何分析，绘制幅频特性曲线，进行判断。

【解】

(a) 题图 4-39(a)的 $H(\mathrm{j}\omega)=\frac{1}{M_1M_2}\mathrm{e}^{-\mathrm{j}(\theta_1+\theta_2)}$，其幅频特性为 $|H(\mathrm{j}\omega)|=\frac{1}{M_1M_2}$，表示如解图 4-39(a)所示。由图可以看出，其特性符合低通滤波器的特性，故为低通滤波器。

(b) 题图 4-39(b)图的 $H(\mathrm{j}\omega)=\frac{N}{M_1M_2}\mathrm{e}^{\mathrm{j}\left(\frac{\pi}{2}-\theta_1-\theta_2\right)}$，其幅频特性为 $|H(\mathrm{j}\omega)|=\frac{N}{M_1M_2}$，表示如解图 4-39(b)所示。由图可以看出，其特性符合带通滤波器的特性，故为带通滤波器。

(c) 题图 4-39(a) 的 $H(\mathrm{j}\omega)=\frac{N_1N_2}{M_1M_2}\mathrm{e}^{\mathrm{j}(\pi-\theta_1-\theta_2)}$，其幅频特性为 $|H(\mathrm{j}\omega)|=\frac{N_1N_2}{M_1M_2}$，表示如解图4-39(c)所示。由可以看出，其特性符合高通滤波器的特性，故为高通滤波器。

(d) 题图 4-39(d)的 $H(\mathrm{j}\omega)=\frac{N}{M_1M_2}\mathrm{e}^{\mathrm{j}(\varphi-\theta_1-\theta_2)}$，其幅频特性为 $|H(\mathrm{j}\omega)|=\frac{N}{M_1M_2}$，表示如解图 4-39(d)所示。由图可以看出，其特性符合带通滤波器的特性，故为带通滤波器。

(e) 题图 4-39(e)的 $H(\mathrm{j}\omega)=\frac{N}{M_1M_2}\mathrm{e}^{\mathrm{j}\left(\frac{\pi}{2}-\theta_1-\theta_2\right)}$，其幅频特性为 $|H(\mathrm{j}\omega)|=\frac{N}{M_1M_2}$，表示如解图 4-39(e)所示。由图可以看出，其特性符合带通滤波器的特性，故为带通滤波器。

(f) 题图 4-39(f)的 $H(\mathrm{j}\omega)=\frac{N_1N_2}{M_1M_2}\mathrm{e}^{\mathrm{j}(\varphi_1+\varphi_2-\theta_1-\theta_2)}$，其幅频特性为 $|H(\mathrm{j}\omega)|=\frac{N_1N_2}{M_1M_2}$，表示如解图4-39(f)所示。由图可以看出，其特性符合带阻滤波器的特性，故为带阻滤波器。

(g) 题图 4-39(g)的 $H(\mathrm{j}\omega)=\frac{N_1N_2}{M_1M_2}\mathrm{e}^{\mathrm{j}(\varphi_1+\varphi_2-\theta_1-\theta_2)}$，其幅频特性为 $|H(\mathrm{j}\omega)|=\frac{N_1N_2}{M_1M_2}$，表示如解图 4-39(g)所示。由图可以看出，其特性符合高通滤波器的特性，故为高通滤波器。

(h) 题图 4-39(h)的 $H(\mathrm{j}\omega)=\frac{N_1N_2}{M_1M_2}\mathrm{e}^{\mathrm{j}(\varphi_1+\varphi_2-\theta_1-\theta_2)}$，其幅频特性为 $|H(\mathrm{j}\omega)|=\frac{N_1N_2}{M_1M_2}$，表示如解图 4-39(h)所示。由图可以看出，其为带通-带阻滤波器。

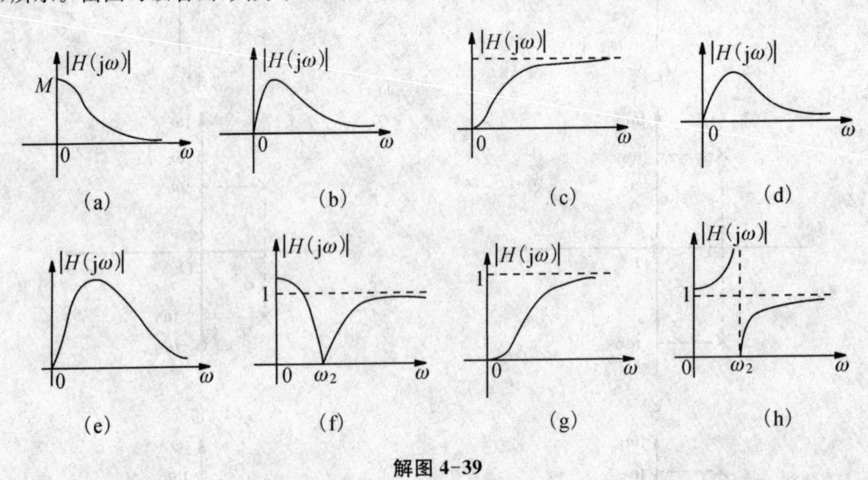

解图 4-39

【4-40】 写出题图 4-40 所示网络的电压转移函数 $H(s)=\frac{V_2(s)}{V_1(s)}$，讨论其幅频响应特性可能为何种类型。

【解题思路】 通过 s 域电路分析，获得系统函数，从 s 平面几何分析法，根据系统函数的零极点分布分析幅频特性，确定网络类型。

【解】

(a) 题图 4-40(a)的 s 域等效电路如解图 4-40(a)所示，设并联电路的电阻为 R'，

则 $R'=\frac{s^3L_1L_2C+sL_1}{s^2(L_1+L_2)C+1}$则

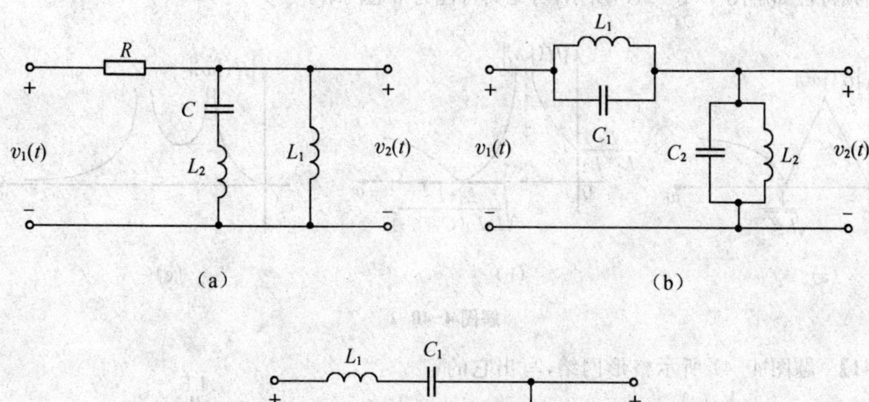

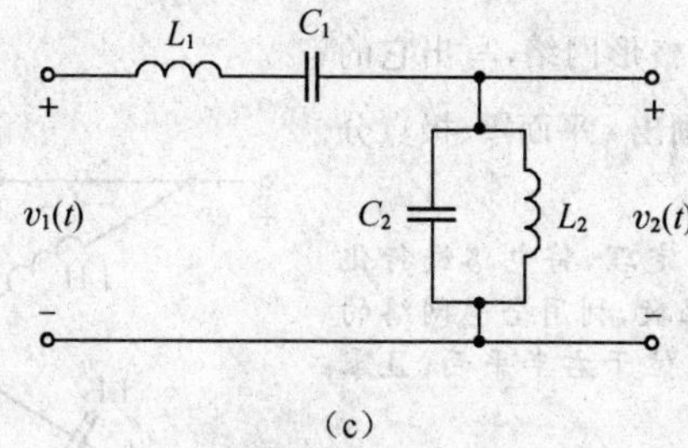

题图 4-40

$$H(s)=\frac{V_2(s)}{V_1(s)}=\frac{R'}{R+R'}=\frac{s^3L_1L_2C+sL_1}{s^2(L_1+L_2)C+1}\frac{1}{R+\frac{s^3L_1L_2C+sL_1}{s^2(L_1+L_2)C+1}}=\frac{s^3L_1L_2C+sL_1}{s^3L_1L_2C+s^2(L_1+L_2)RC+sL_1+R}$$

其幅频特性如解图 4-40-1(a)所示，可见其特性为带通-带阻网络。

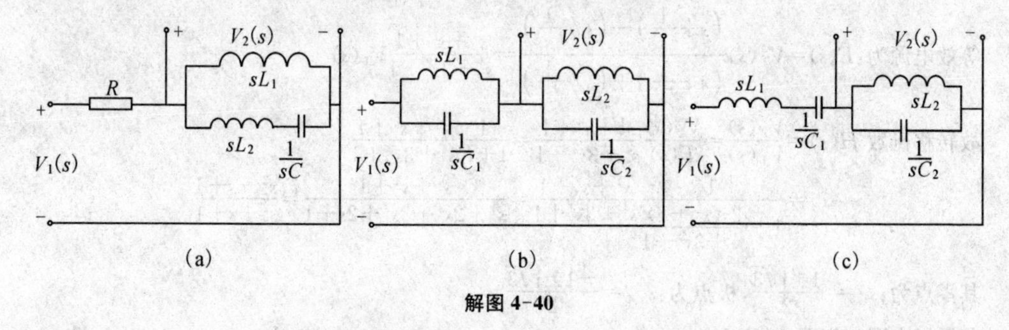

解图 4-40

(b) 题图 4-40(b)的 s 域等效电路如解图 4-40(b)所示，设 L_2 和 C_2 并联电路的电阻为 R'，L_1 和 C_1 并联电路的电阻为 R''，则 $R''=\frac{sL_1}{s^2L_1C_1+1}$

所以 $H(s)=\frac{V_2(s)}{V_1(s)}=\frac{R'}{R'+R''}=\frac{\frac{sL_2}{s^2L_2C_2+1}}{\frac{sL_2}{s^2L_2C_2+1}+\frac{sL_1}{s^2L_1C_1+1}}=\frac{s^2L_1L_2C_1+L_2}{s^2L_1L_2(C_1+C_2)+L_1+L_2}$

其幅频特性如解图 4-40-1(b)所示，可见其特性为带通-带阻网络。

(c) 题图 4-40(c)的 s 域等效电路如解图 4-40(c)所示，设并联电路的电阻为 R'，

则 $R'=\frac{sL_2}{s^2L_2C_2+1}$

所以 $H(s)=\frac{V_2(s)}{V_1(s)}=\frac{R'}{sL_1+\frac{1}{sC_1}+R'}=\frac{s^2L_2C_1}{s^4L_1L_2C_1C_2+s^2(L_1C_1+L_2C_2+L_2C_1)+1}$

其幅频特性如解图 4-40-1(c)所示,可见其特性为带通网络。

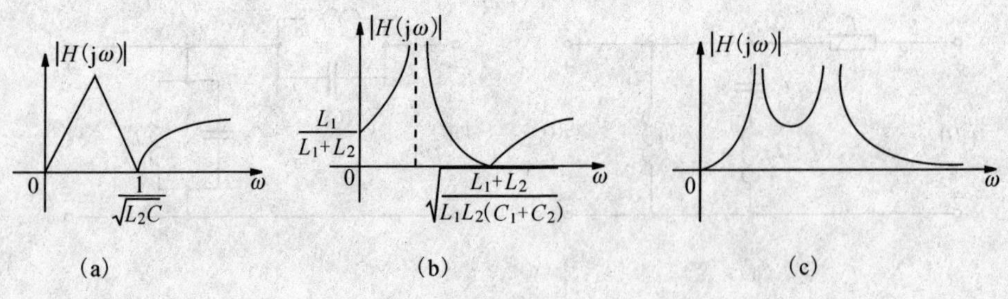

(a) (b) (c)

解图 4-40-1

【4-41】 题图 4-41 所示格形网络,写出它的电压转移函数 $H(s)=\dfrac{V_2(s)}{V_1(s)}$,画出 s 平面零、极点分布图,讨论它是否为全通网络。

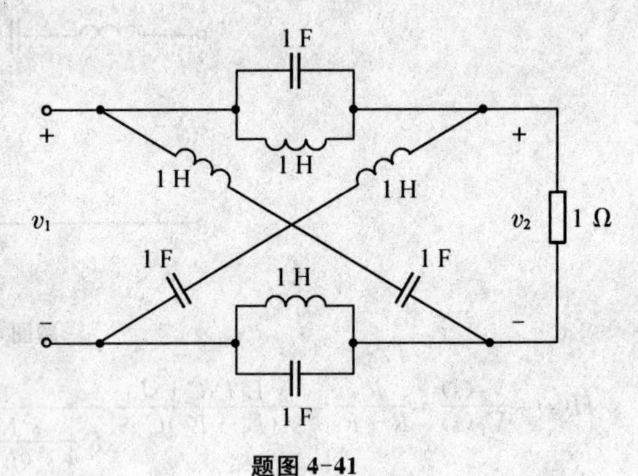

题图 4-41

【解题思路】 通过戴维南定理,将电路进行化简,从 s 域电路分析求解转移函数,利用全通网络的定义(极点位于左半平面,零点位于右半平面,且零极点关于虚轴对称)求解。

【解】 由戴维南定理可得,从 V_2 看,题图 4-41 电路如解图 4-41(a)所示

则电路电阻为:$R=2\left(s/\!/\dfrac{1}{s}\right)/\!/\left(s+\dfrac{1}{s}\right)$

$$=\frac{2s(s^2+1)}{s^4+3s^2+1}$$

等效电源为:$E(s)=V_1(s)\dfrac{\left(s+\dfrac{1}{s}\right)-\left(s/\!/\dfrac{1}{s}\right)}{\left(s+\dfrac{1}{s}\right)+\left(s/\!/\dfrac{1}{s}\right)}=\dfrac{s^4+s^2+1}{s^4+3s^2+1}V_1(s)$

故转移函数 $H(s)=\dfrac{V_2(s)}{V_1(s)}=\dfrac{V_2(s)}{E(s)}\dfrac{s^4+s^2+1}{s^4+3s^2+1}=\dfrac{1}{1+R}\dfrac{s^4+s^2+1}{s^4+3s^2+1}$

$$=\frac{1}{1+\dfrac{2s(s^2+1)}{s^4+3s^2+1}}\frac{s^4+s^2+1}{s^4+3s^2+1}=\frac{s^4+s^2+1}{s^4+2s^3+3s^2+2s+1}=\frac{s^2-s+1}{s^2+s+1}$$

其零点为:$s_{1,2}=\dfrac{1\pm\mathrm{j}\sqrt{3}}{2}$,极点为:$s_{3,4}=\dfrac{-1\pm\mathrm{j}\sqrt{3}}{2}$

其零极点图如解图 4-41(b)

由解图 4-41(b)可以看出,此电路为全通网络。

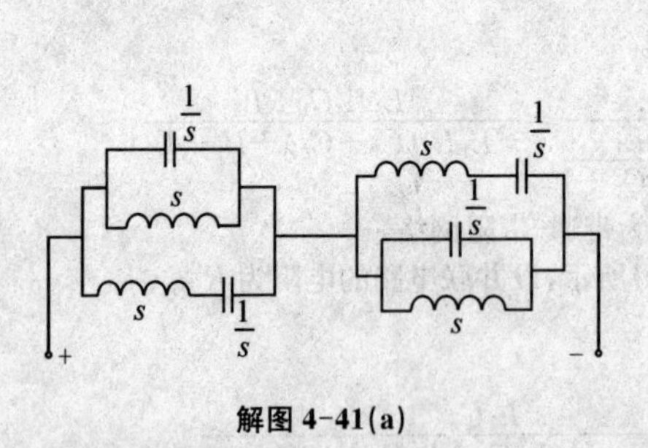

解图 4-41(a)

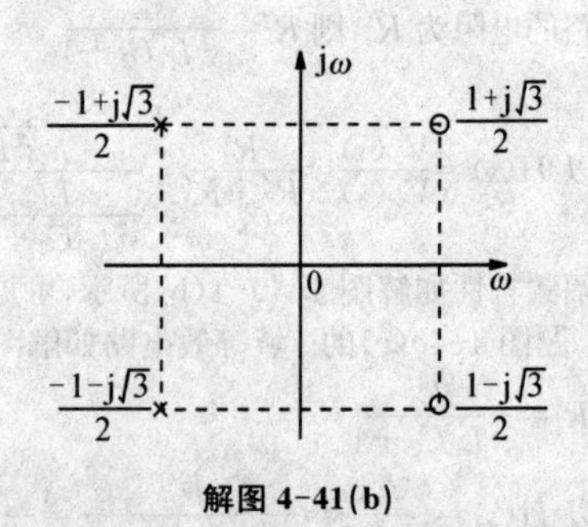

解图 4-41(b)

【4-42】 题图 4-42 所示几幅 s 平面零、极点分布图,分别指出它们是否为最小相移网络函数。如

果不是，应由零、极点如何分布的最小相移网络和全通网络来组合？

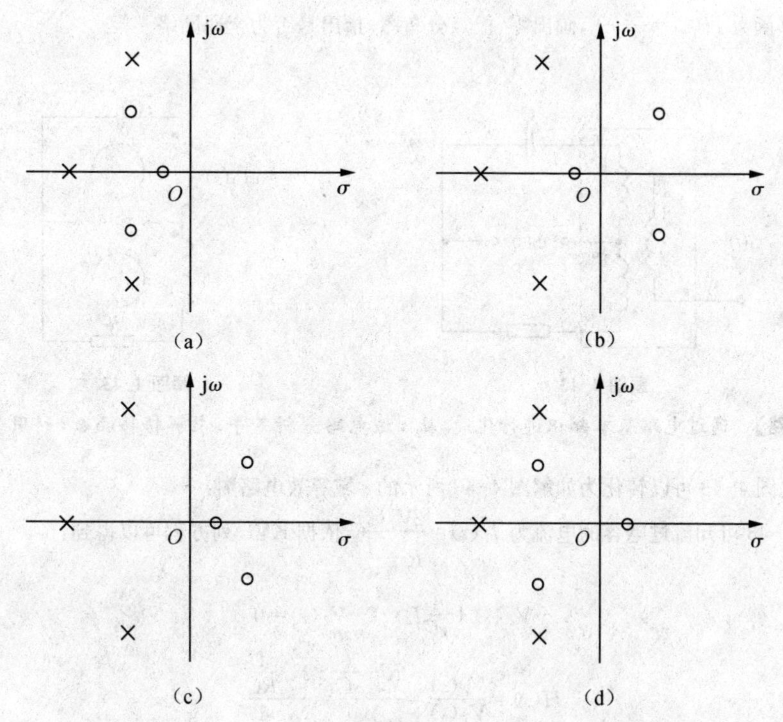

题图 4-42

【解题思路】 通过最小相移函数的定义求解。

【解】 由最小相移函数定义为：零点仅位于左半平面或 jω 轴的网络函数，该网络称为最小相移网络。非最小相移函数定义为：在右半平面有一个或多个零点的网络函数。由此可以判断题图 4-42(a)为最小相移网络，图(b)、(c)、(d)则为非最小相移网络。

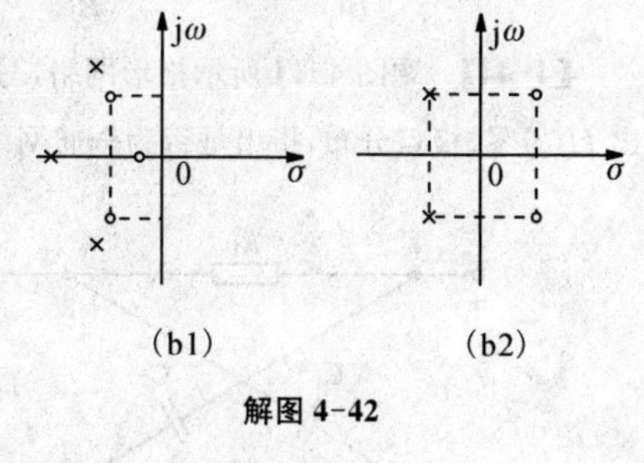

解图 4-42

由公式(4-147)(P248)可知：

$$\underbrace{H(s)}_{\text{非最小相移}}=\underbrace{\{H_{\min}(s)[(s+\sigma_{\mathrm{j}})^2+\omega_{\mathrm{j}}^2]\}}_{\text{最小相移}}\underbrace{\frac{(s-\sigma_{\mathrm{j}})^2+\omega_{\mathrm{j}}^2}{(s+\sigma_{\mathrm{j}})^2+\omega_{\mathrm{j}}^2}}_{\text{全通}}$$

因此，题图 4-42(b)可以表示为解图 4-42(b1)和解图 4-42(b2)级联的实现：

题图 4-42 图(c)可以表示为解图 4-42(c1)和解图 4-42(c2)级联的实现：

题图 4-42(d)可以表示为解图 4-42(d1)和解图 4-42(d2)级联的实现：

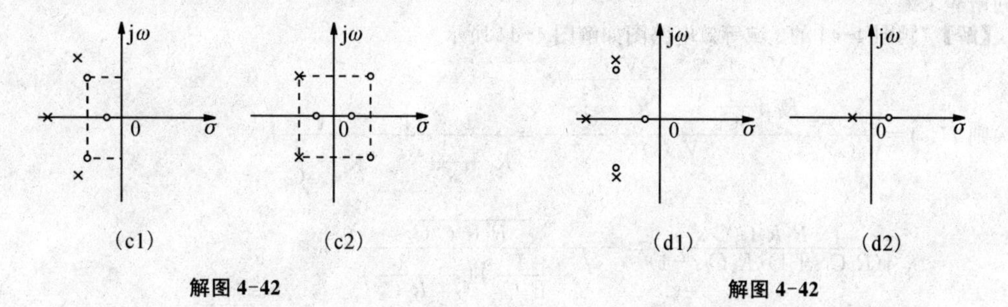

解图 4-42　　解图 4-42

【4-43】 题图 4-43 所示电路,虚框中是 1∶1∶1 的理想变压器,激励信号为 $v_1(t)$,响应取 $v_2(t)$,写出电压转移函数 $H(s)=\dfrac{V_2(s)}{V_1(s)}$,画出零、极点分布图,指出是否为全通网络。

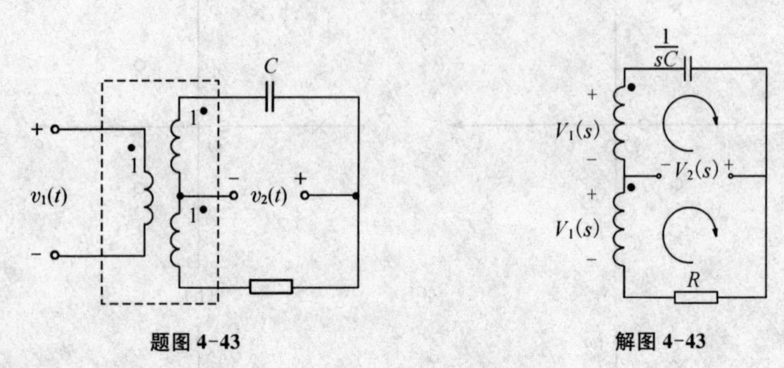

题图 4-43　　解图 4-43

【解题思路】 通过电路基本知识进行化简,从 s 域电路分析着手,求解转移函数,利用全通网络定义求解。

【解】 题图 4-43 可以转化为如解图 4-43 所示的 s 域等效电路图:

由解图 4-43 可知流过电容的电流为 $I_1(s)=\dfrac{2V_1(s)}{R+\dfrac{1}{sC}}$,依据 KVL 列方程可以得到:

$$-V_1(s)+\frac{1}{sC}I_1(s)+V_2(s)=0$$

求得:

$$H(s)=\frac{V_2(s)}{V_1(s)}=\frac{R-\dfrac{1}{sC}}{R+\dfrac{1}{sC}}=\frac{s-\dfrac{1}{RC}}{s+\dfrac{1}{RC}}$$

其零点为 $s=\dfrac{1}{RC}$,极点为 $s=-\dfrac{1}{RC}$。零极点互为镜像,因此是全通网络。

【4-44】 题图 4-44 所示格形网络,写出电压转移函数 $H(s)=\dfrac{V_2(s)}{V_1(s)}$。设 $C_1R_1<C_2R_2$,在 s 平面示出 $H(s)$零、极点分布,指出是否为全通网络。在网络参数满足什么条件下才能构成全通网络?

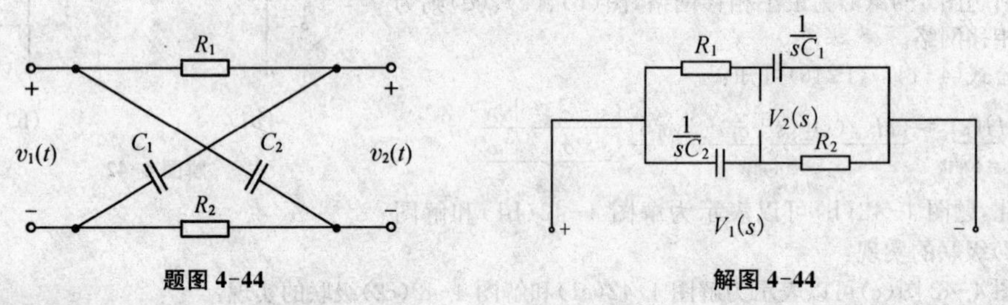

题图 4-44　　解图 4-44

【解题思路】 通过电路基础知识进行化简,从 s 域电路分析着手,求解转移函数,利用全通网络定义判断和求解。

【解】 题图 4-44 的 s 域等效电路图如解图 4-44 所示。

则
$$H(s)=\frac{V_2(s)}{V_1(s)}=\frac{\dfrac{V_1(s)}{R_1+\dfrac{1}{sC_1}}\dfrac{1}{sC_1}-\dfrac{V_1(s)}{R_2+\dfrac{1}{sC_2}}R_2}{V_1(s)}=\frac{1}{R_1+\dfrac{1}{sC_1}}\frac{1}{sC_1}-\frac{1}{R_2+\dfrac{1}{sC_2}}R_2$$

$$=\frac{1-R_1R_2C_1C_2s^2}{(R_1C_1s+1)(R_2C_2s+1)}=-\frac{s^2-\dfrac{1}{R_1R_2C_1C_2}}{\left(s+\dfrac{1}{R_1C_1}\right)\left(s+\dfrac{1}{R_2C_2}\right)}$$

其零点为 $s=\pm\sqrt{\frac{1}{R_1R_2C_1C_2}}$，为二阶零点，极点为 $s_1=-\frac{1}{R_1C_1}$，$s_2=-\frac{1}{R_2C_2}$，且 $R_1C_2<R_2C_2$ 由此可知其零点有一个位于右半平面，不与其中的极点对称，故为非全通网络。要构成全通网络，则需满足 $R_1C_1=R_2C_2$，则此时的零点与极点对称，从而构成全通网络。

【4-45】 题图 4-45 所示反馈系统，回答下列各问：

(1) 写出 $H(s)=\frac{V_2(s)}{V_1(s)}$；

(2) K 满足什么条件时系统稳定？

(3) 在临界稳定条件下，求系统冲激响应 $h(t)$。

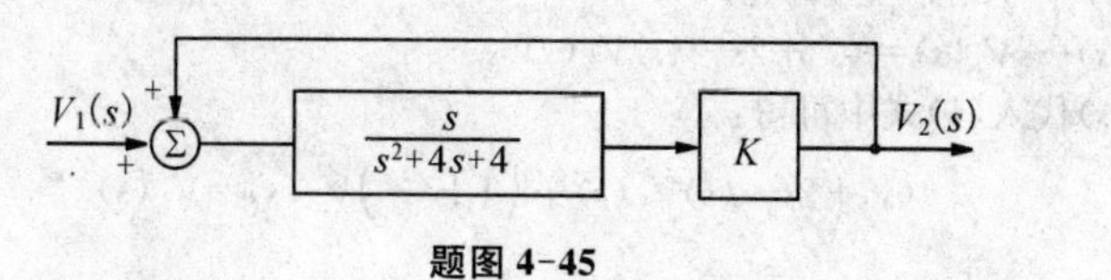

题图 4-45

【解题思路】 利用系统函数稳定性判别准则 1(分母各项系数为非零正实数)进行判断。

【解】

(1) 由题图 4-45 可知：

$Ks[V_1(s)+V_2(s)]\frac{s}{s^2+4s+4}=V_2(s)$，故：$H(s)=\frac{V_2(s)}{V_1(s)}=\frac{Ks}{s^2+(4-K)s+4}$

(2) 由于此系统为二阶系统，当系统稳定，依据稳定性准则，有 $4-K>0\Rightarrow K<4$

(3) 当系统临界稳定，则 $4-K=0\Rightarrow K=4$，此时 $H(s)=\frac{V_2(s)}{V_1(s)}=\frac{4s}{s^2+4}$，其反变换为 $h(t)=4\cos(2t)u(t)$

【4-46】 题图 4-46 所示反馈电路，其中 $Kv_2(t)$ 是受控源。

(1) 求电压转移函数 $H(s)=\frac{V_o(s)}{V_1(s)}$；

(2) K 满足什么条件时系统稳定？

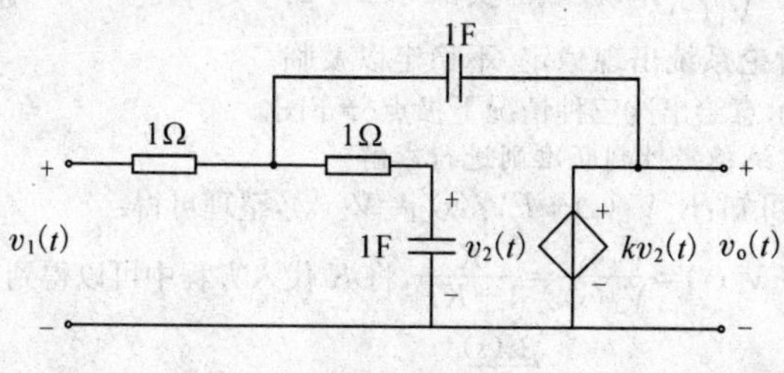

题图 4-46

【解题思路】 通过 s 域电路分析和系统稳定性判断准则进行求解。

【解】 题图 4-46 的 s 域等效电路如解图 4-46 所示：

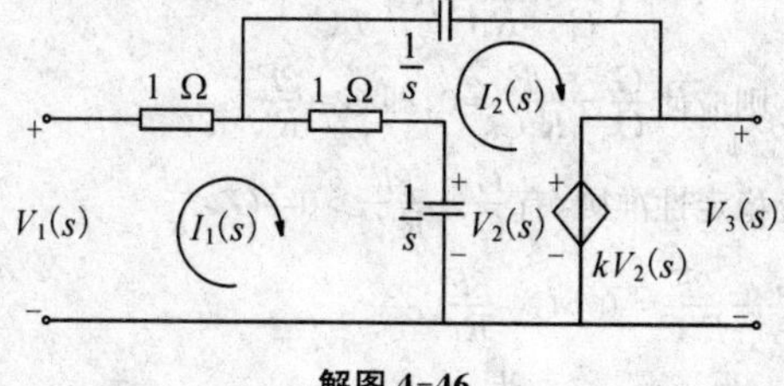

解图 4-46

依据 KVL 列写方程：

$$\begin{cases} 1\cdot I_1(s)+\left(1+\frac{1}{s}\right)[I_1(s)-I_2(s)]=V_1(s) & (1)\\ \frac{1}{s}I_2(s)+kV_2(s)+\left(1+\frac{1}{s}\right)[I_2(s)-I_1(s)]=0 & (2)\\ V_2(s)=\frac{1}{s}[I_1(s)-I_2(s)] & (3)\\ V_o(s)=kV_2(s) & (4)\end{cases}$$

由(3)式可得：$I_1(s)-I_2(s)=sV_2(s)$，代入(2)式得到：$-\left(1+\frac{1}{s}\right)sV_2(s)+\frac{1}{s}I_2(s)=-kV_2(s)$，

整理可得：$I_2(s)=(s^2+s-ks)V_2(s)$

故：$I_1(s)=I_2(s)+sV_2(s)=(s^2+2s-ks)V_2(s)$

将 $I_1(s)$ 和 $I_2(s)$ 代入(1)式中可得：

$$(s^2+2s-ks)V_2(s)+\left(1+\frac{1}{s}\right)V_2(s)=V_1(s)$$

所以：$\frac{V_2(s)}{V_1(s)}=\frac{1}{s^2+(3-k)s+1}$

由(4)式可得：$V_2(s)=\frac{V_o(s)}{k}$ 代入上式可得：

$$H(s)=\frac{V_o(s)}{V_1(s)}=\frac{kV_2(s)}{V_1(s)}=\frac{k}{s^2+(3-k)s+1}$$

(2) 由于此系统为二阶系统，依据系统稳定性判断准则可知：当 $H(s)$ 满足 $3-k>0$，即 $k<3$ 时，系统稳定。

【4-47】 题图 4-47 所示反馈系统，其中 $K=\frac{\beta Z(s)}{R_i}$。β,R_i 以及 F 都为常数

$$Z(s)=\frac{s}{C\left(s^2+\frac{G}{C}s+\frac{1}{LC}\right)}$$

写出系统函数 $H(s)=\frac{V_2(s)}{V_1(s)}$，求极点的实部等于零的条件(产生自激振荡)。讨论系统出现稳定、不稳定以及临界稳定的条件，在 s 平面示意绘出这三种情况下极点分布图。

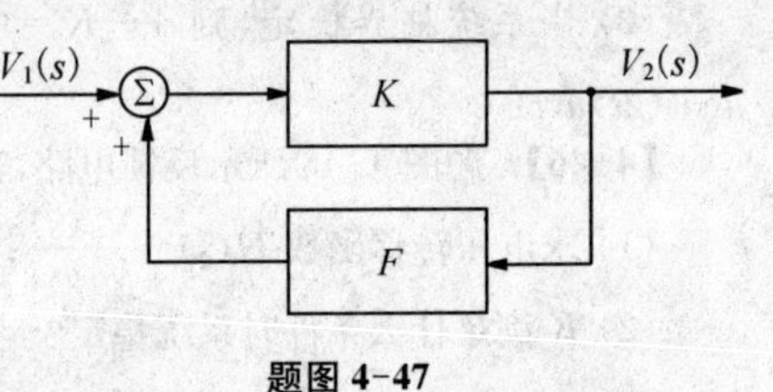

题图 4-47

【解题思路】 通过系统稳定性判断准则进行求解。

【解】 由题图 4-47 可知：$K[V_1(s)+FV_2(s)]=V_2(s)$，整理可得：

$KV_1(s)=V_2(s)-KFV_2(s)\Rightarrow\frac{V_2(s)}{V_1(s)}=\frac{K}{1-KF}$，将 K 代入方程中可以得到：

$$\frac{V_2(s)}{V_1(s)}=\frac{K}{1-KF}=\frac{\frac{\beta z(s)}{R_i}}{1-\frac{\beta z(s)}{R_i}F}=\frac{\beta z(s)}{R_i}\frac{R_i}{R_i-\beta Fz(s)}=\frac{\beta z(s)}{R_i-\beta Fz(s)}$$

$$=\frac{\beta}{R_iC}\frac{s}{s^2+\left(\frac{G}{C}-\frac{\beta F}{R_iC}\right)s+\frac{1}{LC}}$$

要是其极点的实部为零，则应使 $\frac{G}{C}-\frac{\beta F}{R_iC}=0$，即 $G=\frac{\beta F}{R_i}$

①当系统稳定，依据系统稳定性准则，有 $\frac{G}{C}-\frac{\beta F}{R_iC}>0\Rightarrow G>\frac{\beta F}{R_i}$

②当系统临界稳定，则 $\frac{G}{C}-\frac{\beta F}{R_iC}=0\Rightarrow G=\frac{\beta F}{R_i}$

③当系统不稳定，则 $\frac{G}{C}-\frac{\beta F}{R_iC}<0\Rightarrow G<\frac{\beta F}{R_i}$

在 s 平面稳定、不稳定和临界稳定的示意图如解图 4-47(a)(b)(c)所示：

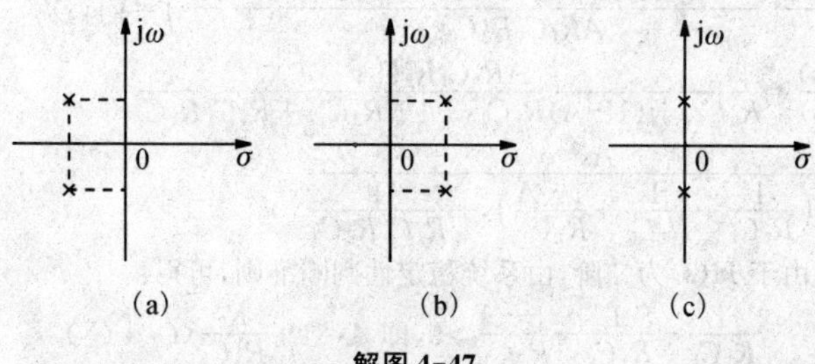

解图 4-47

【4-48】 电路如题图 4-48 所示，为保证稳定工作，求放大器放大系数 A 的变化范围。设放大器输入阻抗为无限大，输出阻抗等于零。

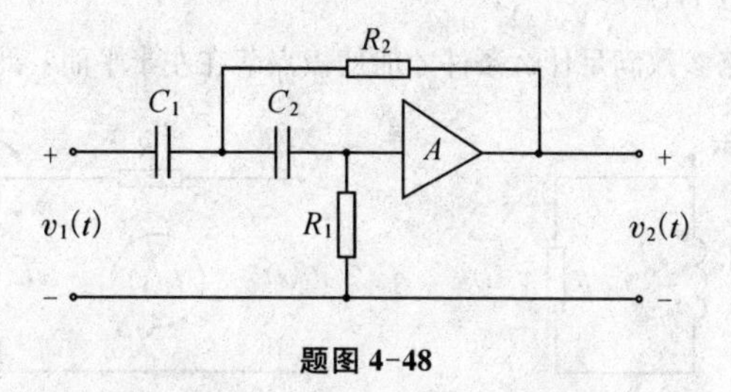

题图 4-48

【解题思路】 通过 s 域电路分析和系统稳定性判断准则进行求解。

【解】 由于放大器的输入阻抗为无穷大，输出阻抗无穷小，故题图 4-48 可以等效为解图 4-48：

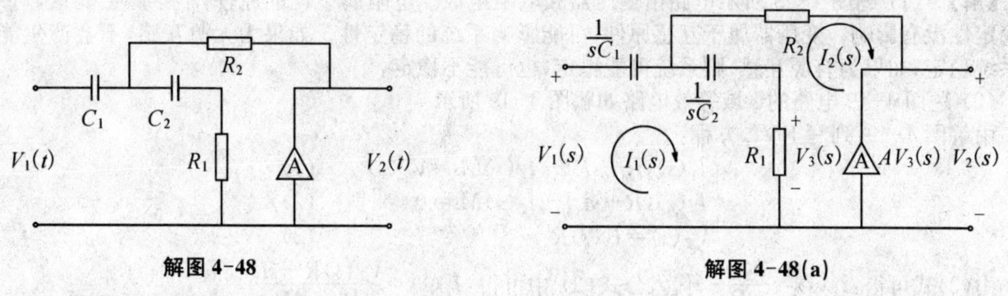

解图 4-48　　　　解图 4-48(a)

其 s 域等效电路图如解图 4-48(a)所示：

设 R_1 的电压为 $V_3(s)$，依据 KVL 列写方程，有：

$$\begin{cases} I_1(s)\dfrac{1}{sC_1}+[I_1(s)-I_2(s)]\left(\dfrac{1}{sC_2}+R_1\right)=V_1(s) & (1)\\ I_2(s)R_2+[I_2(s)-I_1(s)]\left(\dfrac{1}{sC_2}+R_1\right)+AV_3(s)=0 & (2)\\ V_2(s)=AV_3(s) & (3)\\ V_3(s)=[I_1(s)-I_2(s)]R_1 & (4)\end{cases}$$

由(4)式可得：$I_1(s)-I_2(s)=\dfrac{V_3(s)}{R_1}=\dfrac{V_2(s)}{AR_1}$，代入(2) 中，可得：

$I_2(s)R_2+\dfrac{V_2(s)}{AR_1}\left(\dfrac{1}{sC_2}+R_1\right)+V_2(s)=0$，求得 $I_2(s)=\dfrac{(1-A)R_1C_2s+1}{AR_1C_2s}\dfrac{V_2(s)}{R_2}$

所以：$I_1(s)=I_2(s)+\dfrac{V_2(s)}{AR_1}=\dfrac{(1-A)R_1C_2s+1}{AR_1C_2s}\dfrac{V_2(s)}{R_2}+\dfrac{V_2(s)}{AR_1}=\dfrac{V_2(s)}{AR_1}\left(1+\dfrac{(1-A)R_1C_2s+1}{R_2C_2s}\right)$

将 $I_1(s)$代入(1)式中，可得：

$$\frac{V_2(s)}{AR_1}\frac{1}{sC_1}\left(1+\frac{(1-A)R_1C_2s+1}{R_2C_2s}\right)+\frac{V_2(s)}{AR_1}\left(\frac{1+R_1C_2s}{C_2s}\right)=V_1(s)$$

整理得，$V_2(s)\left(\dfrac{R_2C_2s+(1-A)R_1C_2s+1+R_2C_1s+R_1C_1R_2C_2s^2}{AR_1C_1R_2C_2s^2}\right)=V_1(s)$

所以 $H(s)=\dfrac{V_2(s)}{V_1(s)}=\dfrac{AR_1C_1R_2C_2s^2}{R_2C_2s+(1-A)R_1C_2s+1+R_2C_1s+R_1C_1R_2C_2s^2}$

$$=\frac{As^2}{s^2+\left(\frac{1}{R_1C_1}+\frac{1}{R_1C_2}+\frac{1-A}{R_2C_1}\right)s+\frac{1}{R_1C_1R_2C_2}}$$

为保证系统稳定，由于 $H(s)$ 为二阶，由系统稳定性判断准则，可得：

$$\frac{1}{R_1C_1}+\frac{1}{R_1C_2}+\frac{1-A}{R_2C_1}>0，\text{即 } A<1+\frac{R_2}{R_1C_2}(C_1+C_2)$$

【4-49】 题图 4-49 示出互感电路；激励信号为 $v_1(t)$，响应为 $v_2(t)$。

(1) 从物理概念说明此系统是否稳定？

(2) 写出系统转移函数 $H(s)=\dfrac{V_2(s)}{V_1(s)}$；

(3) 求 $H(s)$ 极点，电路参数满足什么条件才能使极点落在左半平面？此条件实际上是否能满足？

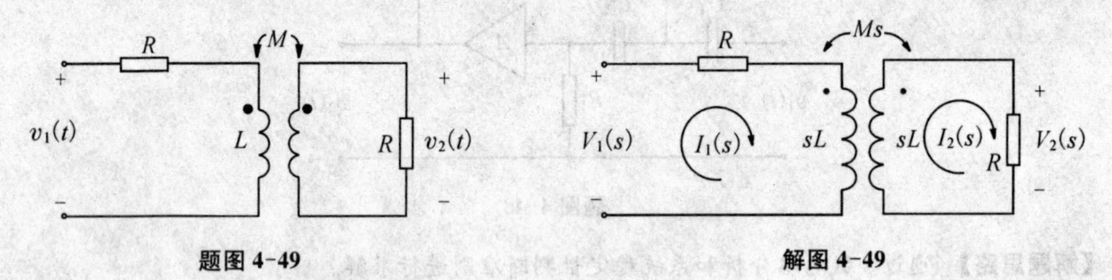

题图 4-49　　解图 4-49

【解题思路】 通过 s 域电路分析进行求解

【解】 (1) 题图 4-49 所示电路由变压器和电阻组成。电阻属于耗能原件，不会产生能量，对系统的稳定性没有影响。变压器属于互感原件，可能影响系统的稳定性。如果为无源互感，不会产生能量，则系统稳定，如果为有源互感，则系统可能稳定，也可能不稳定。

(2) 题图 4-49 电路的 s 域等效电路如解图 4-49 所示：

由解图 4-49，列写 KVL 方程：

$$\begin{cases} I_1(s)(R+sL)-I_2(s)Ms=V_1(s) & (1)\\ I_2(s)(R+sL)-I_1(s)Ms=0 & (2)\\ V_2(s)=I_2(s)R & (3)\end{cases}$$

由(3)式可得：$I_2(s)=\dfrac{V_2(s)}{R}$，代入公式(2) 中可得：$I_1(s)=\dfrac{V_2(s)}{R}\dfrac{R+sL}{Ms}$

将 $I_1(s)$、$I_2(s)$ 代入(1)式中可得：$\dfrac{V_2(s)}{R}\dfrac{R+sL}{Ms}(R+sL)-\dfrac{V_2(s)}{R}\dfrac{Ms}{R}=V_1(s)$

$$V_2(s)\left[\frac{(R+sL)^2-(Ms)^2}{RMs}\right]=V_1(s)$$

所以：$H(s)=\dfrac{V_2(s)}{V_1(s)}=\dfrac{RMs}{(R+sL)^2-(Ms)^2}=\dfrac{RMs}{(R+sL+Ms)(R+sL-Ms)}$

$$=\frac{RMs}{[s(L+M)+R][s(L-M)+R]}=\frac{RM}{L^2-M^2}\frac{s}{\left(s+\frac{R}{L+M}\right)\left(s+\frac{R}{L-M}\right)}$$

(3) 由 $H(s)$ 可知：其极点为 $s_1=-\dfrac{R}{L+M}$，$s_2=-\dfrac{R}{L-M}$，为一阶极点，为使极点落在左半平面，应该满足 $L\pm M>0$

【4-50】 已知信号表示式为

$$f(t)=e^{at}u(-t)+e^{-at}u(t)$$

式中 $a>0$，试求 $f(t)$ 的双边拉氏变换，给出收敛域。

【解题思路】 通过双边拉氏变换的定义求解。

【解】 依据拉氏变换的定义可得：

$$F(s)=\int_{-\infty}^{\infty}f(t)e^{-st}dt=\int_{-\infty}^{\infty}[e^{at}u(-t)+e^{-at}u(t)]e^{-st}dt=\int_{-\infty}^{0}e^{at}u(-t)e^{-st}dt+\int_{0}^{\infty}e^{-at}u(t)e^{-st}dt$$

$$=\int_{-\infty}^{0}e^{(a-s)t}dt+\int_{0}^{\infty}e^{-(a+s)t}dt=\frac{1}{a-s}e^{(a-s)t}\Big|_{-\infty}^{0}-\frac{1}{a+s}e^{-(a+s)t}\Big|_{0}^{\infty}=\frac{1}{a-s}+\frac{1}{a+s}=\frac{2a}{a^2-s^2}$$

要使上式成立，必须满足：

$$\begin{cases}a-\sigma>0\\a+\sigma<0\end{cases}\Rightarrow-\sigma<a<\sigma\text{，故其收敛域为}|\sigma|<a$$

【4-51】 在 2.9 节利用时域卷积方法分析了通信系统多径失直的消除原理，在此，借助拉氏变换方法研究同一个问题。从以下分析可以看出利用系统函数 $H(s)$ 的概念可以比较直观、简便地求得同样的结果。按 2.9 节式(2-77)已知

$$r(t)=e(t)+ae(t-T)$$

(1) 对上式取拉氏变换，求回波系统的系统函数 $H(s)$；

(2) 令 $H(s)H_i(s)=1$，设计一个逆系统，先求它的系统函数 $H_i(s)$；

(3) 再取 $H_i(s)$ 的逆变换得到此逆系统的冲激响应 $h_i(t)$，它应当与第二章 2.9 节的结果一致。

【解题思路】 通过拉氏变换的定义和常用信号的拉氏变换求解。

【解】

(1) 对式子两端进行拉氏变换，设 $r(t)\leftrightarrow R(s)$，$e(t)\leftrightarrow E(s)$ 可得：

$R(s)=E(s)+E(s)e^{-sT}=E(s)(1+e^{-sT})$，则 $H(s)$ 表达式为：

$$H(s)=\frac{R(s)}{E(s)}=1+ae^{-sT}$$

(2) 因为 $H(s)H_i(s)=1$，则 $H_i(s)$ 表达式为：

$$H_i(s)=\frac{1}{H(s)}=\frac{1}{1+ae^{-sT}}$$

(3) $H_i(s)$ 展开，其表达式可写为：

$H_i(s)=1-ae^{-sT}+a^2e^{-s2T}-a^3e^{-s3T}+a^4e^{-s4T}-a^5e^{-s5T}+\cdots=\sum\limits_{k=0}^{\infty}(-1)^k a^k e^{-skT}$，其反变换为：

$h_i(t)=\delta(t)-a\delta(t-T)+a^2\delta(t-2T)-a^3\delta(t-3T)+a^4\delta(t-4T)+\cdots$

阶段测试题

一、选择题

1. $\dfrac{(2s+3)e^{-s}}{s^2+3s+2}$ 的拉氏反变换为(　　)。

A. $(e^{-t}+e^{-2t})u(t)$　　B. $(e^{-t}+e^{-2t})u(t-1)$

C. $(e^{-(t-1)}+e^{-2(t-1)})u(t-1)$　　D. $e^{-1}(e^{-t}+e^{-2t})u(t)$

2. 已知系统函数 $H(s)=\dfrac{s+8}{s^2(s^2+2s+3)}$，则单位冲激响应 $h(t)$ 的波形随着时间 t 的增长而(　　)。

A. 增长　　B. 衰减　　C. 等幅振荡　　D. 不能确定

3. 某系统函数为 $H(s)=\dfrac{1}{s+1}$，则激励信号 $e(t)=u(t)$ 时，系统的零状态响应为(　　)。

A. $u(t)-u(t-2)$　　B. $u(t)-e^{-t}u(t)$

C. $u(t)-e^{-(t-2)}u(t-2)$　　D. $u(t)$

4. 某线性系统的系统函数 $H(s)=\dfrac{Y(s)}{F(s)}=\dfrac{s}{s+1}$，其零状态响应 $y(t)=(1-e^{-t})u(t)$，则系统的输入 $f(t)$ 等于(　　)。

A. $\delta(t)$　　B. $tu(t)$　　C. $e^{-t}u(t)$　　D. $e^{-2t}u(t)$

5. 单边拉普拉斯变换 $F(s)=\dfrac{2s+1}{s^2}e^{-2s}$ 的原函数等于(　　)。

A. $tu(t)$　　B. $tu(t-2)$　　C. $(t-2)u(t)$　　D. $(t-2)u(t-2)$

二、填空题

1. 已知某 LTI 连续系统的频率特性为 $H(s)=\dfrac{1}{s+2}$，当输入为 $f(t)=u(t)$ 时零状态响应为__________。

2. 已知函数 $f(t)$ 的单边拉普拉斯变换 $F(s)=\dfrac{s}{s+1}$。则函数 $y(t)=3\mathrm{e}^{-2t}f(t)$ 的单边拉普拉斯变换 $Y(s)$ $=$________。

3. $f(t)=\delta(t)+u(t)-u(t-t_0)$ 的拉普拉斯变换为______。

4. 已知系统函数 $H(s)=\dfrac{1}{s^2+3s+2}$，则 $h(t)=$________。

5. 信号 $f(t)=\mathrm{e}^{-t}\cos\omega_0 t u(t)$ 的拉氏变换 $F(s)=$________。

三、计算题

1. 已知系统函数 $H(s)$ 的零极点图如图 4-1 所示，且 $\lim\limits_{s\to\infty}H(s)=-1$，试求系统在激励为 $\mathrm{e}^{-2t}u(t)$ 时零状态响应。

2. 已知某系统的零、极点分布如图 4-2，且 $H(0)=5$，求系统函数 $H(s)$，并判断系统的稳定性。

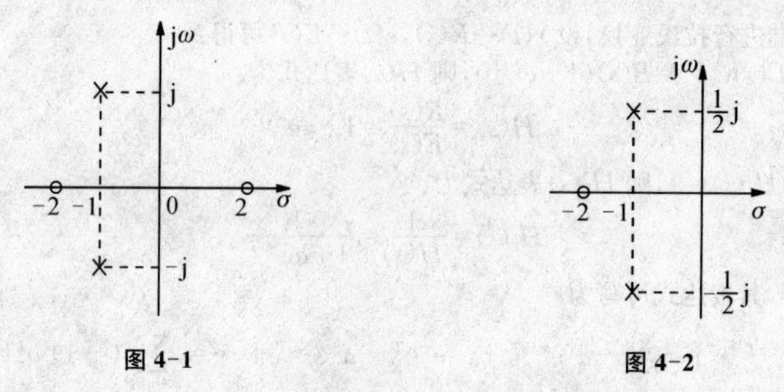

图 4-1　　　　图 4-2

3. 已知系统微分方程为 $y''(t)+5y(t)+6y(t)=f'(t)+5f(t)$，若系统的初始状态为 $y(0_-)=2, y'(0_-)=1$，激励 $f(t)=\mathrm{e}^{-t}u(t)$，求系统的全响应 $y(t)$。

4. 已知某系统 $H(s)$ 的零极点图如图 4-3 所示，且 $h(0_+)=1$，求系统单位冲激响应 $h(t)$，并判断系统的稳定性。

5. 已知 RLC 串联电路如图 4-4 所示，其中 $i(0_-)=1\ \mathrm{A}$，$u_C(0_-)=1\ \mathrm{V}$，输入信号 $u_i(t)=u(t)$。试计算电流 $i(t)$。

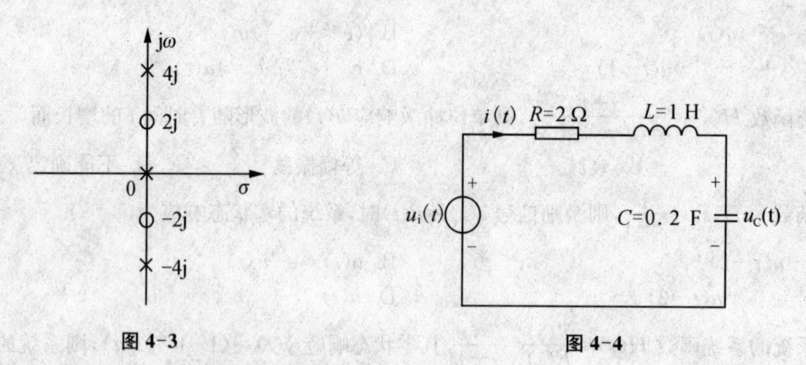

图 4-3　　　　图 4-4

第五章　傅里叶变换应用于通信系统——滤波、调制与抽样

知识点归纳

本章主要讲述傅里叶变换的应用，有 LTI 系统频域分析，无失真传输，理想低通滤波器和抽样定理。

一、系统频响函数

1. 定义

$$H(\mathrm{j}\omega)=\frac{Y(\mathrm{j}\omega)}{F(\mathrm{j}\omega)}=|H(\mathrm{j}\omega)|\mathrm{e}^{\mathrm{j}\varphi(\omega)}$$

2. 物理意义

对不同频率信号进行加权处理

3. 频域分析

(1) 周期正弦信号的响应：周期正弦信号 $f(t)=A\sin(\omega_0 t+\varphi)$，通过系统函数为 $H(\mathrm{j}\omega)$ 的响应为：$y(t)=A|H(\omega)|\sin[\omega_0 t+\varphi+\varphi(\omega_0)]$

(2) 非周期信号的响应：

$$y(t)=f(t)*h(t)\leftrightarrow Y(\omega)=F(\omega)H(\omega)$$

二、无失真传输

1. 失真的分类

线性失真和非线性失真

2. 无失真传输的条件

时域条件：$h(t)=k\delta(t-t_0)$

频域条件：$H(\omega)=k\mathrm{e}^{-\mathrm{j}\omega t_0}$

三、理想低通滤波器与物理可实现系统

1. 理想低通滤波器系统函数

$$H(\omega)=|H(\omega)|\mathrm{e}^{\mathrm{j}\varphi(\omega)}=\begin{cases}\mathrm{e}^{-\mathrm{j}\omega t_0} & |\omega|<\omega_c\\ 0 & |\omega|<\omega_c\end{cases}$$

2. 物理可实现系统时域准则

$$\int_{-\infty}^{\infty}\frac{|\ln|H(\omega)||}{1+\omega^2}\mathrm{d}\omega<\infty$$

四、调制、解调基本原理

无论调制还是解调，都利用卷积定理进行分析。

1. 调制原理

将信号 $f(t)$ 与正弦信号 $\cos(\omega_0 t)$ 在时域相乘，则在频域将信号 $f(t)$ 频谱进行搬移。

2. 同步解调原理

将调制后的信号 $f(t)$ 与同频同相的正弦信号 $\cos(\omega_0 t)$ 相乘，再通过低通滤波器，即可恢复原信号。

五、抽样定理

1. 时域采样表示

$$f_s(t)=f(t)p(t)\leftrightarrow F_s(\omega)=\frac{1}{T_s}\sum_{n=-\infty}^{\infty}F(\omega-n\omega_s)$$

2. 采样定理

最低采样频率 $f_s \geqslant 2f_m$ Hz，最大采样间隔 $T_s=\dfrac{1}{2f_m}$ s

习题解答

【5-1】 已知系统函数 $H(\mathrm{j}\omega)=\dfrac{1}{\mathrm{j}\omega+2}$，激励信号 $e(t)=\mathrm{e}^{-3t}u(t)$，试利用傅里叶分析法求响应 $r(t)$。

【解题思路】 通过常用信号的傅里叶变换和反变换，利用卷积定理求解。

【解】 由题意知：$\mathrm{e}^{-3t}u(t)\leftrightarrow E(\mathrm{j}\omega)=\dfrac{1}{\mathrm{j}\omega+3}$，$H(\mathrm{j}\omega)=\dfrac{1}{\mathrm{j}\omega+2}$由傅里叶变换性质可得，响应 $r(t)$ 的傅里叶变换为：$R(\mathrm{j}\omega)=E(\mathrm{j}\omega)H(\mathrm{j}\omega)=\dfrac{1}{\mathrm{j}\omega+3}\dfrac{1}{\mathrm{j}\omega+2}=\dfrac{1}{\mathrm{j}\omega+2}-\dfrac{1}{\mathrm{j}\omega+3}$，其傅里叶反变换为：$r(t)=(\mathrm{e}^{-2t}-\mathrm{e}^{-3t})u(t)$。

【5-2】 若系统函数 $H(\mathrm{j}\omega)=\dfrac{1}{\mathrm{j}\omega+1}$，激励为周期信号 $e(t)=\sin t+\sin(3t)$，试求响应 $r(t)$，画出 $e(t)$，$r(t)$ 波形，讨论经传输是否引起失真。

【解题思路】 通过系统函数对周期正弦信号的响应和线性时不变系统性质求解，加深对系统函数物理意义的理解，从无失真传输系统的特性(幅频特性为常数，相频特性为过原点的直线)进行判断。

【解】 由题意可知：$|H(\mathrm{j}\omega)|=\dfrac{1}{\sqrt{\omega^2+1}}$，$\varphi=-\arctan(\omega)$，激励信号 $e(t)=\sin t+\sin 3t$，其角频率 ω 分别为 $\omega_1=1$ rad/s，$\omega_2=3$ rad/s，故：

$$|H(\mathrm{j}\omega)|_{\omega=1}=\frac{1}{\sqrt{1^2+1}}=\frac{1}{\sqrt{2}},\varphi|_{\omega=1}=-\arctan(1)=-\frac{\pi}{4}$$

$$|H(\mathrm{j}\omega)|_{\omega=3}=\frac{1}{\sqrt{3^2+1}}=\frac{1}{\sqrt{10}},\varphi|_{\omega=3}=-\arctan(3)$$

故 $e(t)=\sin t+\sin 3t$ 通过 $H(\mathrm{j}\omega)$ 产生的响应为：

$$r(t)=\frac{1}{\sqrt{2}}\sin\left(t-\frac{\pi}{4}\right)+\frac{1}{\sqrt{10}}\sin(3t-\arctan 3)$$

其 $e(t)$，$r(t)$ 波形分别如解图 5-2(a)和解图 5-2(b)所示。

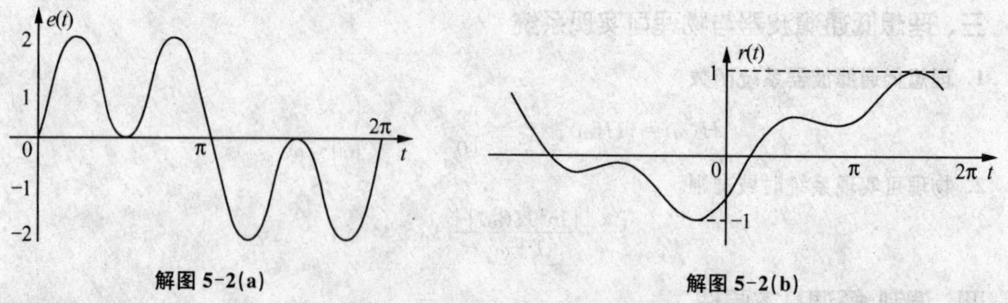

解图 5-2(a)　　解图 5-2(b)

由解图 5-2(a)和(b)可以看出，信号经过系统传输，幅度和相位都发生了变化，产生失真。

【5-3】 无损 LC 谐振电路如题图 5-3 所示，设 $\omega_0=\dfrac{1}{\sqrt{LC}}$，激励信号为电流源 $i(t)$，响应为输出电压 $v(t)$，若 $\mathscr{F}[i(t)]=I(\mathrm{j}\omega)$，$\mathscr{F}[v(t)]=V(\mathrm{j}\omega)$，求：

(1) $H(\mathrm{j}\omega)=\dfrac{V(\mathrm{j}\omega)}{I(\mathrm{j}\omega)}, h(t)=\mathscr{F}^{-1}[H(\mathrm{j}\omega)]$；

(2) 讨论本题结果与例 5-1 的结果有何共同特点。

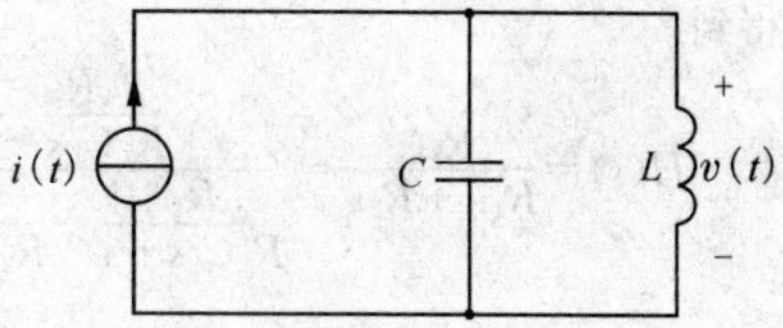

题图 5-3

【解题思路】 通过电路基础知识列写微分方程，利用欧拉公式进行求解。

【解】

(1) 由题意列写 KCL 电路方程

$\dfrac{1}{L}\int_{-\infty}^{t} v(\tau)\mathrm{d}\tau+C\dfrac{\mathrm{d}v(t)}{\mathrm{d}t}=i(t)$，对方程两端求导可得：

$$\frac{1}{L}v(t)+C\frac{\mathrm{d}^2 v(t)}{\mathrm{d}t^2}=i'(t)$$

当 $i(t)=\delta(t)$ 时，此时 $v(t)=h(t)$，故上式变为 $h''(t)+\dfrac{1}{LC}h(t)=\dfrac{1}{C}\delta'(t)$ (1)

式(1) 的齐次方程为：$h''(t)+\dfrac{1}{LC}h(t)=0$，设 α 为其特征根，则：

特征方程为：$\alpha^2+\dfrac{1}{LC}=0$

特征根为：$\alpha=\pm\mathrm{j}\sqrt{\dfrac{1}{LC}}$，又因为 $\omega_0=\sqrt{\dfrac{1}{LC}}$，所以

$$\alpha_1=\mathrm{j}\omega_0, \alpha_2=-\mathrm{j}\omega_0$$

故其齐次解的形式为：$h(t)=(A\mathrm{e}^{-\mathrm{j}\omega_0 t}+B\mathrm{e}^{\mathrm{j}\omega_0 t})u(t)$

由于(1)式在 $t>0$ 时，右端为零，故齐次解即是全解。则 $h(t)$ 的二阶导数为：

$h''(t)=(-\omega_0^2 A\mathrm{e}^{-\mathrm{j}\omega_0 t}-\omega_0^2 B\mathrm{e}^{\mathrm{j}\omega_0 t})u(t)+(-\mathrm{j}\omega_0 A+\mathrm{j}\omega_0 B)\delta(t)+(A+B)\delta'(t)$

将 $h(t)$，$h''(t)$ 代入(1)式中，求得：

$$\begin{cases}A+B=\dfrac{1}{C}\\-A+B=0\end{cases}\Rightarrow\begin{cases}A=\dfrac{1}{2C}\\B=\dfrac{1}{2C}\end{cases}，所以 h(t)=\frac{1}{2C}(\mathrm{e}^{-\mathrm{j}\omega_0 t}+\mathrm{e}^{\mathrm{j}\omega_0 t})u(t)=\frac{1}{C}\left(\frac{\mathrm{e}^{-\mathrm{j}\omega_0 t}+\mathrm{e}^{\mathrm{j}\omega_0 t}}{2}\right)u(t)$$

由欧拉公式可得：$h(t)=\dfrac{1}{C}\cos(\omega_0 t)u(t)$

则：$H(\mathrm{j}\omega)=\dfrac{\mathrm{j}\omega}{C(\omega_0^2-\omega^2)}+\dfrac{\pi}{2C}[\delta(\omega+\omega_0)+\delta(\omega-\omega_0)]$

(2) 列写电路的 s 域系统函数 $H(s)$

$$H(s)=\frac{V(s)}{I(s)}=\frac{sL\cdot\dfrac{1}{sC}}{sL+\dfrac{1}{sC}}=\frac{1}{C}\frac{s}{s^2+\dfrac{1}{LC}}$$

令 $s=\mathrm{j}\omega$，则：

$$H_1(\mathrm{j}\omega)=\frac{1}{C}\frac{\mathrm{j}\omega}{\dfrac{1}{LC}-\omega^2}=\frac{1}{C}\frac{\mathrm{j}\omega}{\left(\sqrt{\dfrac{1}{LC}}\right)^2-\omega^2}$$

由于 $H(s)$ 的极点位于虚轴上，因此 $H(\mathrm{j}\omega)\neq H_1(\mathrm{j}\omega)$，与例 5-1 结论一致。

【5-4】 电路如题图 5-4 所示，写出电压转移函数 $H(s)=\dfrac{V_2(s)}{V_1(s)}$，为得到无失真传输，元件参数 R_1，R_2，C_1，C_2 应满足什么关系？

【解题思路】 通过 s 域电路分析，求解转移函数；从无失真传输的频域条件，求解元件参数间的关系。

【解】 题图 5-4 的 s 域等效电路图如解图 5-4 所示：

设 R_1 和 C_1 并联的电阻为 $R_{1并}$，R_2 和 C_2 并联的电阻为 $R_{2并}$，则

$R_{1并}=\dfrac{R_1}{R_1C_1s+1}$，$R_{2并}=\dfrac{R_2}{R_2C_2s+1}$，且 $H(s)=\dfrac{V_2(s)}{V_1(s)}=\dfrac{R_{2并}}{R_{1并}+R_{2并}}$，将 $R_{1并}$ 和 $R_{2并}$ 代入 $H(s)$ 中可以

得到：

$$H(s)=\frac{R_{2并}}{R_{1并}+R_{2并}}=\frac{\dfrac{R_2}{R_2C_2s+1}}{\dfrac{R_1}{R_1C_1s+1}+\dfrac{R_2}{R_2C_2s+1}}=\frac{R_2}{R_2C_2s+1}\frac{(R_1C_1s+1)(R_2C_2s+1)}{(R_1R_2C_2+R_1R_2C_1)s+R_1+R_2}$$

$$=\frac{R_2(R_1C_1s+1)}{(R_1R_2C_2+R_1R_2C_1)s+R_1+R_2}=\frac{R_2(R_1C_1s+1)}{R_1R_2(C_2+C_1)s+R_1+R_2}=\frac{C_1}{C_1+C_2}\frac{s+\dfrac{1}{R_1C_1}}{s+\dfrac{R_1+R_2}{R_1R_2(C_1+C_2)}}$$

题图 5-4

解图 5-4

由于极点位于左半平面，故

$$H(\mathrm{j}\omega)=H(s)|_{s=\mathrm{j}\omega}=\frac{C_1}{C_1+C_2}\frac{\mathrm{j}\omega+\dfrac{1}{R_1C_1}}{\mathrm{j}\omega+\dfrac{R_1+R_2}{R_1R_2(C_1+C_2)}}$$

要满足无失真传输的条件，则$|H(\mathrm{j}\omega)|$为常数，即$|H(\mathrm{j}\omega)|=\dfrac{\omega^2+\left(\dfrac{1}{R_1C_1}\right)^2}{\omega^2+\left(\dfrac{R_1+R_2}{R_1R_2(C_1+C_2)}\right)^2}=k$，从而$\dfrac{1}{R_1C_1}$

$=\dfrac{R_1+R_2}{R_1R_2(C_1+C_2)}$，得到$R_1C_1=R_2C_2$

【5-5】 电路如题图 5-5 所示，在电流源激励作用下，得到输出电压。写出联系$i_1(t)$与$v_1(t)$的网络函数$H(s)=\dfrac{V_1(s)}{I_1(s)}$，要使$v_1(t)$与$i_1(t)$波形一样（无失真），确定$R_1$和$R_2$（设给定$L=1\ \mathrm{H}$，$C=1\ \mathrm{F}$）。传输过程有无时间延迟？

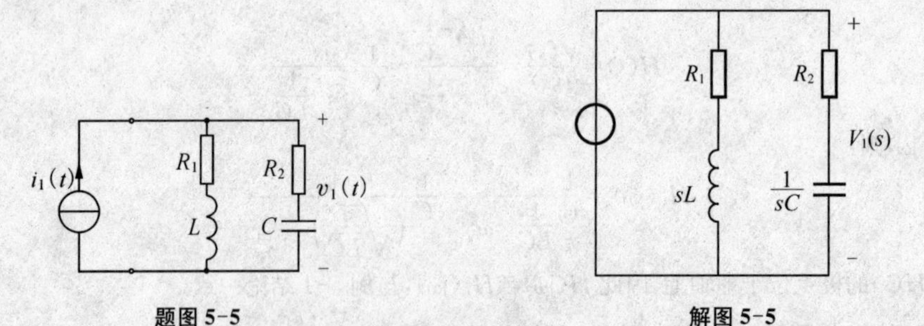

题图 5-5　　　　解图 5-5

【解题思路】 通过s域电路分析，求解网络函数；从无失真传输的频域条件，求解元件参数值。

【解】 题图 5-5 所示电路的s域等效电路如解图 5-5 所示：

故 $H(s)=\dfrac{V_1(s)}{I_1(s)}=\dfrac{1}{(R_1+sL)/\!/\left(R_2+\dfrac{1}{sC}\right)}=\dfrac{(R_1+sL)(R_2Cs+1)}{LCs^2+(R_1+R_2)Cs+1}$，因为$L=1\ \mathrm{H}$，$C=1\ \mathrm{F}$

代入可得：

$$H(s)=\frac{(R_1+s)(R_2s+1)}{s^2+(R_1+R_2)s+1}$$

由于系统无源且含有耗能原件，则 $H(j\omega)=H(s)|_{s=j\omega}=\dfrac{(R_1+j\omega)(R_2j\omega+1)}{(j\omega)^2+(R_1+R_2)j\omega+1}$

为使此系统无失真传输，则满足 $|H(j\omega)|=k,\varphi(\omega)=-\omega_0 t$

其中 $|H(j\omega)|=k=\dfrac{\sqrt{(R_1-R_2\omega^2)^2+\omega^2(R_1R_2+1)^2}}{\sqrt{(1-\omega^2)^2+(R_1+R_2)^2\omega^2}}$

整理可得：$(R_1-R_2\omega^2)^2+\omega^2(R_1R_2+1)^2=k^2[(1-\omega^2)^2+(R_1+R_2)^2\omega^2]$

$$R_1^2-2R_1R_2\omega^2+R_2^2\omega^4+\omega^2(R_1R_2+1)^2=k^2[1-2\omega^2+\omega^4+(R_1+R_2)^2\omega^2]$$

故：$\begin{cases}R_2^2=k^2\\R_1^2=k^2\\(R_1R_2+1)^2-2R_1R_2=-2k^2+k^2(R_1+R_2)^2\end{cases}\Rightarrow R_2=R_1=k$

此时 $\varphi(\omega)=0$。

因此当 $R_2=R_1=k$ 时，系统可以无失真的传输，并且传输无延迟。

【5-6】 一个理想低通滤波器的网络函数如式(5-23)，幅度响应与相移响应特性如图 5-8 所示。证明此滤波器对于 $\dfrac{\pi}{\omega_c}\delta(t)$ 和 $\dfrac{\sin(\omega_c t)}{\omega_c t}$ 的响应是一样的。

【解题思路】 通过傅里叶时域卷积定理进行求解。

【解】 当 $e(t)=\dfrac{\pi}{\omega_c}\delta(t)$ 时，

$\because e(t)=\dfrac{\pi}{\omega_c}\delta(t)\leftrightarrow E(j\omega)=\dfrac{\pi}{\omega_c}\cdot 1$

$\therefore R_1(j\omega)=E(j\omega)H(j\omega)=\dfrac{\pi}{\omega_c}\cdot|H(j\omega)|e^{j\varphi(\omega)}=\dfrac{\pi}{\omega_c}\cdot e^{j\varphi(\omega)}$

当 $e(t)=\dfrac{\sin(\omega_c t)}{\omega_c t}$ 时，

$\because e(t)=\dfrac{\sin(\omega_c t)}{\omega_c t}\leftrightarrow E(j\omega)=\dfrac{\pi}{\omega_c}\cdot G_{2\omega_c}(\omega)$

$\therefore R_2(j\omega)=E(j\omega)H(j\omega)=\dfrac{\pi}{\omega_c}G_{2\omega_c}(\omega)\cdot|H(j\omega)|e^{j\varphi(\omega)}$

在 ω_c 频带内，$|H(j\omega)|=1$，$G_{2\omega_c}(\omega)$ 在此区间内的值 $|G_{2\omega_c}(\omega)|=1$，故 $R_2(j\omega)=\dfrac{\pi}{\omega_c}e^{j\varphi(\omega)}$

由此可知 $R_1(j\omega)=R_2(j\omega)$，两者的响应是一样的。

【5-7】 一个理想低通滤波器的系统函数仍如上题(习题 5-6)，求此滤波器对于 $\dfrac{\sin(\omega_0 t)}{\omega_0 t}$ 信号的响应。假定 $\omega_0<\omega_c$，ω_c 为滤波器截止频率。

【解题思路】 通过傅里叶时域卷积定理进行求解。

【解】 由题意可知，当激励信号 $e(t)=\dfrac{\sin(\omega_c t)}{\omega_c t}$ 时，其傅里叶变换为 $E(j\omega)=\dfrac{\pi}{\omega_0}G_{2\omega_0}(\omega)$

因为 $\omega_0<\omega_c$，则 $G_{2\omega_0}(\omega)$ 在 $|\omega_c|$ 范围内其值为 1，由频域卷积定理可得：

$R(j\omega)=E(j\omega)H(j\omega)=\dfrac{\pi}{\omega_0}G_{2\omega_0}(\omega)e^{j\varphi(\omega)}=\dfrac{\pi}{\omega_0}G_{2\omega_0}(\omega)e^{-j\omega t_0}$

其傅里叶反变换为：$r(t)=\mathrm{Sa}[\omega_0(t-t_0)]$

【5-8】 已知系统冲激响应 $h(t)=\dfrac{d}{dt}\left[\dfrac{\sin(\omega_c t)}{\pi t}\right]$，系统函数 $H(j\omega)=\mathscr{F}[h(t)]=|H(j\omega)|e^{j\varphi(\omega)}$，试画出 $|H(j\omega)|$ 和 $\varphi(\omega)$ 图形。

【解题思路】 通过傅里叶对称性和时域微分性质进行求解。

【解】 设 $h(t)\leftrightarrow H(j\omega)$，则有：

$$H(j\omega)=\mathscr{F}[h(t)]=\mathscr{F}\left[\frac{d}{dt}\frac{\sin\omega_c t}{\pi t}\right]=\mathscr{F}\left[\frac{d}{dt}\frac{\omega_c}{\pi}\frac{\sin\omega_c t}{\omega_c t}\right]=\mathscr{F}\left[\frac{d}{dt}\frac{\omega_c}{\pi}\mathrm{Sa}(\omega_c t)\right]$$

由对称性可得：$G_{2\omega_c}(t)\leftrightarrow 2\omega_c\mathrm{Sa}(\omega_c\omega)$

$$2\omega_c\mathrm{Sa}(\omega_c t)\leftrightarrow 2\pi G_{2\omega_c}(\omega)$$

所以：$\frac{\omega_c}{\pi}\mathrm{Sa}(\omega_c t)\leftrightarrow G_{2\omega_c}(\omega)$

根据时域微分特性，有：$H(\mathrm{j}\omega)=\mathscr{F}\left[\frac{\mathrm{d}}{\mathrm{d}t}\frac{\omega_c}{\pi}\mathrm{Sa}(\omega_c t)\right]=(\mathrm{j}\omega)G_{2\omega_c}(\omega)$

$$|H(\mathrm{j}\omega)|=\sqrt{(\omega)^2}=|\omega|,\varphi(\omega)=\begin{cases}\frac{\pi}{2} & 0<\omega<\omega_c\\ -\frac{\pi}{2} & -\omega_c<\omega<0\\ 0 & \text{otherwise}\end{cases}$$

其频谱图如解图 5-8(a)和(b)所示：

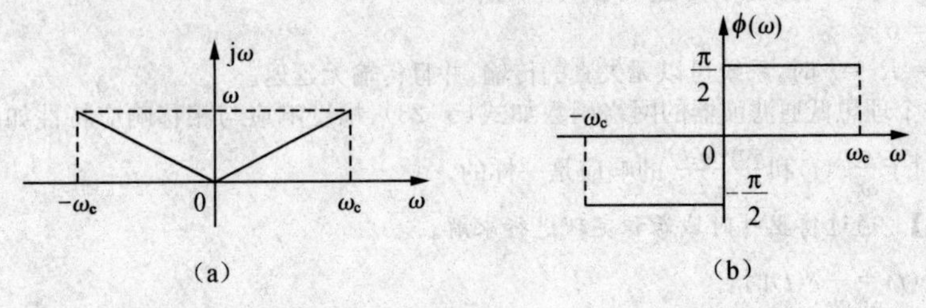

解图 5-8

【5-9】 已知理想低通的系统函数表示式为

$$H(\mathrm{j}\omega)=\begin{cases}1 & \left(|\omega|<\frac{2\pi}{\tau}\right)\\ 0 & \left(|\omega|>\frac{2\pi}{\tau}\right)\end{cases}$$

而激励信号的傅氏变换式为

$$E(\mathrm{j}\omega)=\tau\mathrm{Sa}\left(\frac{\omega\tau}{2}\right)$$

利用时域卷积定理求响应的时间函数表示式 $r(t)$。

【解题思路】 通过时域卷积定理和傅里叶反变换的定义，由 $Si(y)$ 函数定义进行求解。

【解】 由题意可知：$H(\mathrm{j}\omega)=G_{\frac{4\pi}{\tau}}(\omega)$

由卷积定理可知：$R(\mathrm{j}\omega)=E(\mathrm{j}\omega)H(\mathrm{j}\omega)=\tau\mathrm{Sa}\left(\frac{\omega\tau}{2}\right)G_{\frac{4\pi}{\tau}}(\omega)$

其傅里叶反变换为：

$$r(t)=\frac{1}{2\pi}\int_{-\infty}^{\infty}R(\mathrm{j}\omega)\mathrm{e}^{\mathrm{j}\omega t}\mathrm{d}\omega=\frac{1}{2\pi}\int_{-\infty}^{\infty}\tau\mathrm{Sa}\left(\frac{\omega\tau}{2}\right)G_{\frac{\pi}{\tau}}(\omega)\mathrm{e}^{\mathrm{j}\omega t}\mathrm{d}\omega=\frac{1}{2\pi}\int_{-\frac{2\pi}{\tau}}^{\frac{2\pi}{\tau}}\tau\mathrm{Sa}\left(\frac{\omega\tau}{2}\right)\mathrm{e}^{\mathrm{j}\omega t}\mathrm{d}\omega$$

令 $x=\frac{\omega\tau}{2}$，则有：$\begin{cases}\omega:-\frac{2\pi}{\tau}\rightarrow\frac{2\pi}{\tau}\\ x:-\pi\rightarrow\pi\\ \mathrm{d}\omega=\frac{2}{\tau}\mathrm{d}x\end{cases}$，上式变为：

$$r(t)=\frac{1}{2\pi}\int_{-\pi}^{\pi}\tau\mathrm{Sa}(x)\mathrm{e}^{\mathrm{j}\frac{2x}{\tau}t}\frac{2}{\tau}\mathrm{d}x=\frac{1}{\pi}\int_{-\pi}^{\pi}\mathrm{Sa}(x)\mathrm{e}^{\mathrm{j}\frac{2x}{\tau}t}\mathrm{d}x=\frac{1}{\pi}\left\{\int_{-\pi}^{\pi}\mathrm{Sa}(x)\left[\cos\left(\frac{2x}{\tau}t\right)+\sin\left(\frac{2x}{\tau}t\right)\right]\mathrm{d}x\right\}$$

$$=\frac{1}{\pi}\left[\int_{-\pi}^{\pi}\mathrm{Sa}(x)\cos\left(\frac{2x}{\tau}t\right)\mathrm{d}x+\int_{-\pi}^{\pi}\mathrm{Sa}(x)\sin\left(\frac{2x}{\tau}t\right)\mathrm{d}x\right]$$，(由于 Sa(x) 为偶函数，故第二项为零)

$$=\frac{1}{\pi}\int_{-\pi}^{\pi}\mathrm{Sa}(x)\cos\left(\frac{2t}{\tau}x\right)\mathrm{d}x=\frac{1}{\pi}\int_{-\pi}^{\pi}\frac{\sin x}{x}\cos\left(\frac{2t}{\tau}x\right)\mathrm{d}x=\frac{1}{\pi}\int_{-\pi}^{\pi}\frac{\sin\left(1+\frac{2t}{\tau}\right)x+\sin\left(1-\frac{2t}{\tau}\right)x}{2x}\mathrm{d}x$$

$$=\frac{1}{\pi}\int_{-\pi}^{\pi}\frac{\sin\left(1+\frac{2t}{\tau}\right)x}{2x}\mathrm{d}x+\frac{1}{\pi}\int_{-\pi}^{\pi}\frac{\sin\left(1-\frac{2t}{\tau}\right)x}{2x}\mathrm{d}x$$

令$\left(1+\frac{2t}{\tau}\right)x=y_1$，$\left(1-\frac{2t}{\tau}\right)x=y_2$，则有：

$x:-\pi\to\pi$，=，$\left(1-\frac{2t}{\tau}\right)x=y_2$

$y_1:-\left(1+\frac{2t}{\tau}\right)\pi\to\left(1+\frac{2t}{\tau}\right)\pi \quad \mathrm{d}y_1=\frac{\tau+2t}{\tau}\mathrm{d}x$

$y_2:-\left(1-\frac{2t}{\tau}\right)\pi\to\left(1-\frac{2t}{\tau}\right)\pi \quad \mathrm{d}y_2=\frac{\tau-2t}{\tau}\mathrm{d}x$

原式$=\frac{1}{2\pi}\int_{-\left(1+\frac{2t}{\tau}\right)\pi}^{\left(1+\frac{2t}{\tau}\right)\pi}\frac{\sin y_1}{y_1}\mathrm{d}y_1+\frac{1}{2\pi}\int_{-\left(1-\frac{2t}{\tau}\right)\pi}^{\left(1-\frac{2t}{\tau}\right)\pi}\frac{\sin y_2}{y_2}\mathrm{d}y_2=\frac{1}{\pi}Si\left[\left(1+\frac{2t}{\tau}\right)\pi\right]+\frac{1}{\pi}Si\left[\left(1-\frac{2t}{\tau}\right)\pi\right]$

【5-10】　一个理想带通滤波器的幅度特性与相位特性如题图 5-10 所示。求它的冲激响应，画响应波形，说明此滤波器是否是物理可实现的？

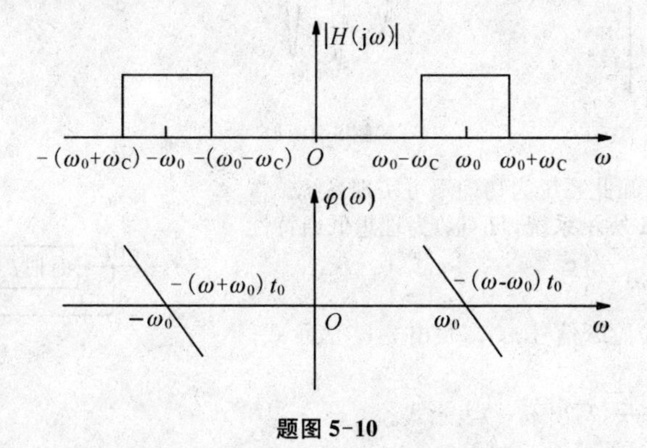

题图 5-10

【解题思路】　通过理想低通滤波器和傅里叶频移性质求解。

【解】　此带通滤波器可以看作理想低通滤波器 $H_1(\mathrm{j}\omega)$左右平移 ω_0 个单位而得到。$H_1(\mathrm{j}\omega)$如解图 5-10(a)和(b)所示：

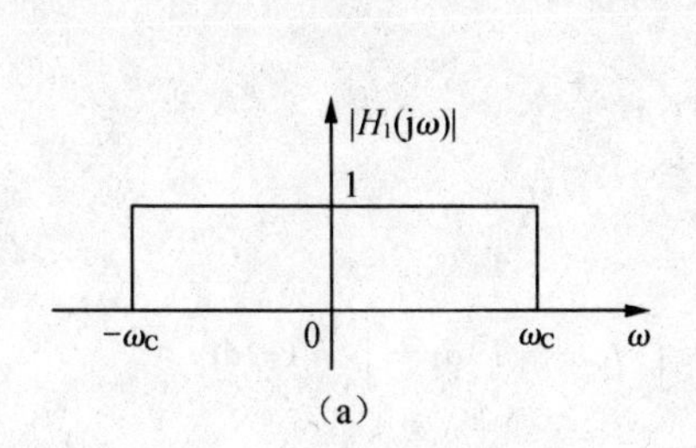

(a)

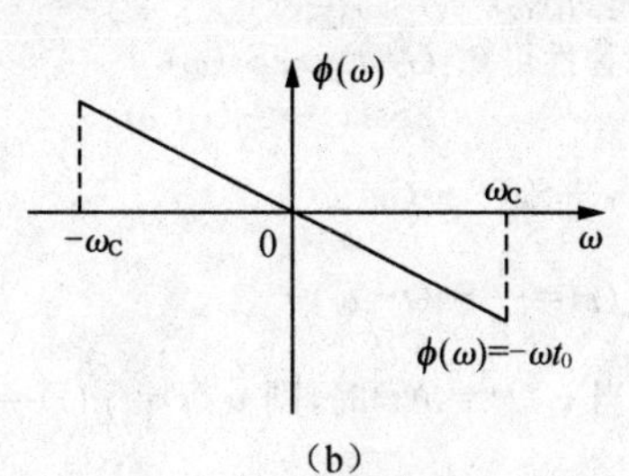

(b)

解图 5-10

则 $H_1(\mathrm{j}\omega)=G_{2\omega_c}(\omega)\mathrm{e}^{-\mathrm{j}\omega t_0}$

所以 $H(\omega)=H_1(\omega+\omega_0)+H_1(\omega-\omega_0)$

依据频移定理，设 $h_1(t)\leftrightarrow H_1(\omega)$，其傅里叶反变换为：$h(t)=h_1(t)\mathrm{e}^{-\mathrm{j}\omega_0 t}+h_1(t)\mathrm{e}^{\mathrm{j}\omega_0 t}$　　(1)

由对称性可知：$G_{2\omega_c}(t)\leftrightarrow 2\omega_c\mathrm{Sa}(\omega_c\omega)$

$2\omega_c\mathrm{Sa}(\omega_c t)\leftrightarrow 2\pi G_{2\omega_c}(\omega)$

$\frac{\omega_c}{\pi}\mathrm{Sa}(\omega_c t)\leftrightarrow G_{2\omega_c}(\omega)$

所以 $h_1(t)=\frac{\omega_c}{\pi}\mathrm{Sa}[\omega_c(t-t_0)]$代入(1)式中可得：

$$h(t)=h_1(t)(\mathrm{e}^{-\mathrm{j}\omega_0 t}+\mathrm{e}^{\mathrm{j}\omega_0 t})=\frac{2\omega_c}{\pi}\mathrm{Sa}[\omega_c(t-t_0)]\cos\omega_0 t$$

其波形如解图 5-10(c)：

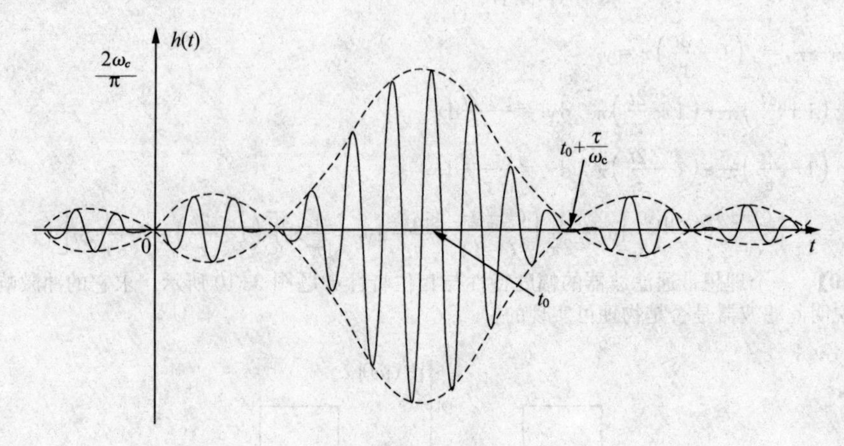

解图 5-10(c)

由解图 5-10(c)，可知此系统为物理不可实现系统。

【5-11】 题图 5-11 所示系统，$H_i(j\omega)$为理想低通特性

$$H_i(j\omega)=\begin{cases}e^{-j\omega t_0} & |\omega|\leqslant 1\\ 0 & |\omega|>1\end{cases}$$

若：(1) $v_1(t)$为单位阶跃信号 $u(t)$，写出 $v_2(t)$表示式；

(2) $v_1(t)=\dfrac{2\sin\left(\dfrac{t}{2}\right)}{t}$，写出 $v_2(t)$表示式。

题图 5-11

【解题思路】 通过傅里叶变换的对称性和卷积定理求解。

【解】 设 $h_i(t)\leftrightarrow H_i(\omega)$由题意可知：当 $v_1(t)=\delta(t)$时，则 $v_2(t)=h(t)$，故系统传输函数 $h(t)$为：

$$h(t)=[\delta(t-T)-\delta(t)]*h_i(t)=h_i(t-T)-h_i(t)$$

因为：$H_i(\omega)=G_2(\omega)e^{-j\omega t_0}$

由对称性可知：$G_2(t)\leftrightarrow 2\text{Sa}(\omega)$

$2\text{Sa}(t)\leftrightarrow 2\pi G_2(\omega)$

所以：$\dfrac{1}{\pi}\text{Sa}(t)\leftrightarrow G_2(\omega)$

故 $h_i(t)=\dfrac{1}{\pi}\text{Sa}(t-t_0)$

(1) 当 $v_1(t)=u(t)$时，则 $v_2(t)=g(t)=\int_0^t h(\tau)d\tau=\int_0^t h_i(\tau-T)d\tau-\int_0^t h_i(\tau)d\tau$

因为：$h_i(t)=\dfrac{1}{\pi}\text{Sa}(t-t_0)$

所以：$v_2(t)=\int_0^t h_i(\tau-T)d\tau-\int_0^t h_i(\tau)d\tau=\int_0^t \dfrac{1}{\pi}\text{Sa}(\tau-t_0-T)d\tau-\int_0^t \dfrac{1}{\pi}\text{Sa}(\tau-t_0)d\tau$

因为：$Si(y)=\int_0^y \dfrac{\sin x}{x}dx=\int_0^y \text{Sa}(x)dx$

所以：$v_2(t)=\dfrac{1}{\pi}[Si(t-t_0-T)-Si(t-t_0)]$

(2) 由题意可知：$v_2(t)=v_1(t)*h(t)$

由卷积定理可知：$V_2(\omega)=V_1(\omega)H(\omega)$

已知 $H(\omega)=H_i(\omega)e^{-j\omega T}-H_i(\omega)$

$$v_1(t)=\frac{2\sin\left(\frac{t}{2}\right)}{t}=\frac{\sin\left(\frac{t}{2}\right)}{\frac{t}{2}}=\text{Sa}\left(\frac{t}{2}\right)$$

由对称性可知：$G_1(t)\leftrightarrow \mathrm{Sa}\left(\frac{\omega}{2}\right)$

所以：$\mathrm{Sa}\left(\frac{t}{2}\right)\leftrightarrow 2\pi G_1(\omega)$

从而：
$$\begin{aligned}V_2(\omega)&=V_1(\omega)H(\omega)=2\pi G_1(\omega)[H_i(\omega)\mathrm{e}^{-\mathrm{j}\omega T}-H_i(\omega)]=2\pi G_1(\omega)H_i(\omega)[\mathrm{e}^{-\mathrm{j}\omega T}-1]\\&=2\pi G_1(\omega)G_2(\omega)\mathrm{e}^{-\mathrm{j}\omega t_0}[\mathrm{e}^{-\mathrm{j}\omega T}-1]=2\pi G_1(\omega)\mathrm{e}^{-\mathrm{j}\omega t_0}[\mathrm{e}^{-\mathrm{j}\omega T}-1]\\&=2\pi G_1(\omega)[\mathrm{e}^{-\mathrm{j}\omega(t_0+T)}-\mathrm{e}^{-\mathrm{j}\omega t_0}]\end{aligned}$$

其反变换为：$v_2(t)=\mathrm{Sa}\left[\frac{1}{2}(t-t_0-T)\right]-\mathrm{Sa}\left[\frac{1}{2}(t-t_0)\right]$

【5-12】 写出题图 5-12 所示系统的系统函数 $H(s)=\frac{Y(s)}{X(s)}$。以持续时间为 τ 的矩形脉冲作激励 $x(t)$，求 $\tau\gg T$、$\tau\ll T$、$\tau=T$ 三种情况下的输出信号 $y(t)$（从时域直接求或以拉氏变换方法求，讨论所得结果）。

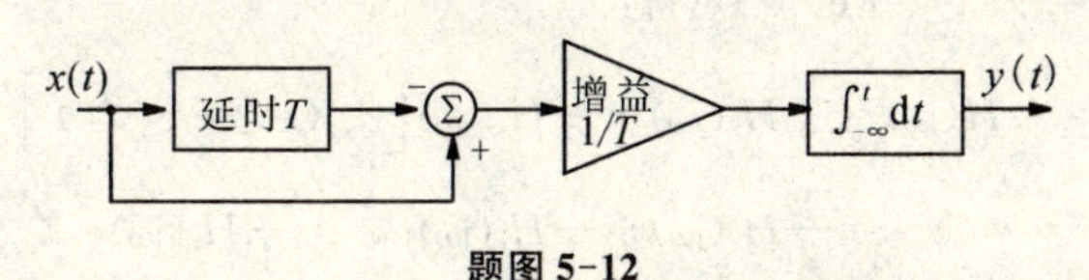

题图 5-12

【解题思路】 通过单位冲激响应的定义，利用冲激信号和阶跃信号关系及时域卷积定理求解。

【解】

(1) 设 $x(t)=\delta(t)$，则 $y(t)=h(t)$，此时传输系统如解图 5-12 所示：

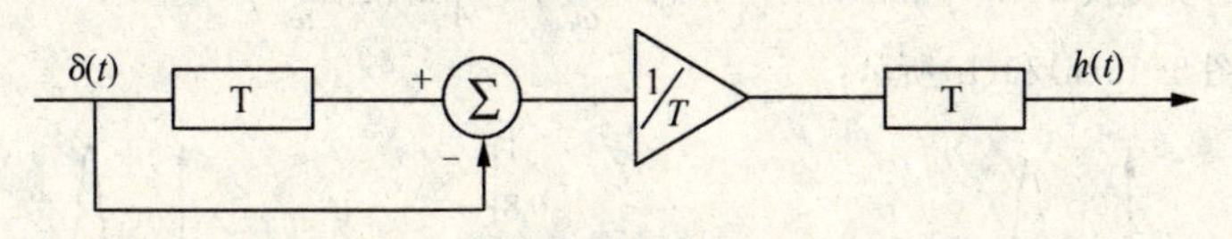

解图 5-12

所以
$$\begin{aligned}h(t)&=\int_{-\infty}^{t}\frac{1}{T}[\delta(t)-\delta(t-T)]\mathrm{d}t=\frac{1}{T}\int_{-\infty}^{t}[\delta(t)-\delta(t-T)]\mathrm{d}t=\frac{1}{T}\left\{\int_{-\infty}^{t}\delta(t)\mathrm{d}t-\int_{-\infty}^{t}\delta(t-T)\mathrm{d}t\right\}\\&=\frac{1}{T}[u(t)-u(t-T)]\end{aligned}$$

其拉氏变换为：
$$H(s)=\frac{1}{T}\left[\frac{1}{s}-\frac{1}{s}\mathrm{e}^{-sT}\right]=\frac{1}{sT}[1-\mathrm{e}^{-sT}]$$

(2) 当输入信号为如图 5-12(a)所示的 $f(t)$ 时

解图 5-12(a)

则 $f(t)$ 的表达式为 $f(t)=u(t)-u(t-\tau)$，其拉氏变换为 $F(s)=\frac{1}{s}[1-\mathrm{e}^{-s\tau}]$，则此时的响应为：
$$\begin{aligned}Y(s)&=F(s)H(s)=\frac{1}{s}(1-\mathrm{e}^{-s\tau})\frac{1}{sT}(1-\mathrm{e}^{-sT})=\frac{1}{s^2T}(1-\mathrm{e}^{-s\tau})(1-\mathrm{e}^{-sT})\\&=\frac{1}{s^2T}(1-\mathrm{e}^{-s\tau}-\mathrm{e}^{-sT}+\mathrm{e}^{-s(\tau+T)})=\frac{1}{T}\left(\frac{1}{s^2}-\frac{1}{s^2}\mathrm{e}^{-s\tau}-\frac{1}{s^2}\mathrm{e}^{-sT}+\frac{1}{s^2}\mathrm{e}^{-s(\tau+T)}\right)\end{aligned}$$

其拉氏反变换为：
$$y(t)=\frac{1}{T}\{tu(t)-(t-\tau)u(t-\tau)-(t-T)u(t-T)+[t-(\tau+T)]u[t-(\tau+T)]\}$$

① 当 $\tau\ll T$ 时，此时 $f(t)$ 为 $\delta(t)$，则 $y(t)=\frac{1}{T}[u(t)-u(t-T)]$

② 当 $\tau\gg T$ 时，此时 $f(t)$ 为直流信号，则 $y(t)=\frac{1}{T}[tu(t)-(t-T)u(t-T)]$

③ 当 $\tau=T$ 时，此时 $f(t)$ 为门函数，则 $y(t)=\frac{1}{T}[tu(t)+(t-2T)u(t-2T)-2(t-T)u(t-T)]$

【5-13】 某低通滤波器具有升余弦幅度传输特性，其相频特性为理想特性。若 $H(j\omega)$ 表示式为

$$H(j\omega)=H_i(j\omega)\left[\frac{1}{2}+\frac{1}{2}\cos\left(\frac{\pi}{\omega_c}\omega\right)\right]$$

其中 $H_i(j\omega)$ 为理想低通传输特性

$$H_i(j\omega)=\begin{cases}e^{-j\omega t_0} & (|\omega|<\omega_c)\\ 0 & (\omega\text{ 为其他值})\end{cases}$$

试求此系统的冲激响应，并与理想低通滤波器之冲激响应相比较。

【解题思路】 通过欧拉公式和傅里叶变换的对称性进行求解。

【解】 $H(j\omega)=\frac{1}{2}H_i(j\omega)+\frac{1}{2}H_i(j\omega)\cos\left(\frac{\pi}{\omega_c}\omega\right)$

由欧拉公式：$\cos\omega_0 t=\frac{1}{2}(e^{j\omega_0 t}+e^{-j\omega_0 t})$ 可得：

$$\begin{aligned}H(j\omega)&=\frac{1}{2}H_i(j\omega)+\frac{1}{2}H_i(j\omega)\left[\frac{1}{2}(e^{j\frac{\pi}{\omega_c}t}+e^{-j\frac{\pi}{\omega_c}t})\right]\\&=\frac{1}{2}H_i(j\omega)+\frac{1}{4}H_i(j\omega)e^{j\frac{\pi}{\omega_c}t}+\frac{1}{4}H_i(j\omega)e^{-j\frac{\pi}{\omega_c}t}\end{aligned}$$

设 $h_i(t)\leftrightarrow H_i(j\omega)$，则由对称性可知：

$$H_i(j\omega)=G_{2\omega_c}(\omega)e^{-j\omega_0 t}\leftrightarrow h_i(t)=\frac{\omega_c}{\pi}\text{Sa}[\omega_c(t-t_0)]$$

所以 $H(j\omega)$ 的反变换 $h(t)=\frac{1}{2}h_i(t)+\frac{1}{4}h_i\left(t-\frac{\pi}{\omega_c}\right)+\frac{1}{4}h_i\left(t+\frac{\pi}{\omega_c}\right)$

其图形如解图 5-13(a)和(b)所示：

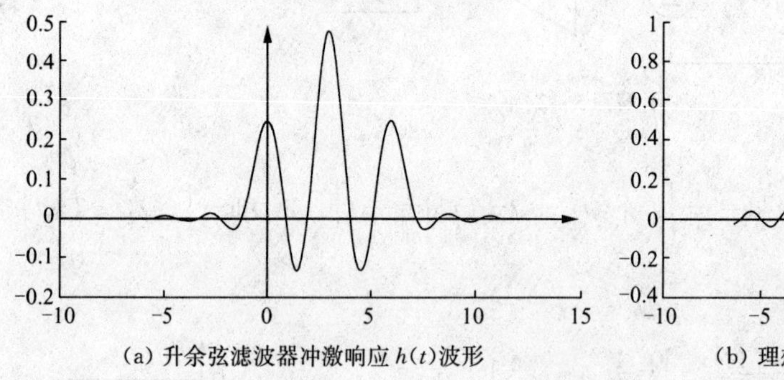

(a) 升余弦滤波器冲激响应 $h(t)$ 波形

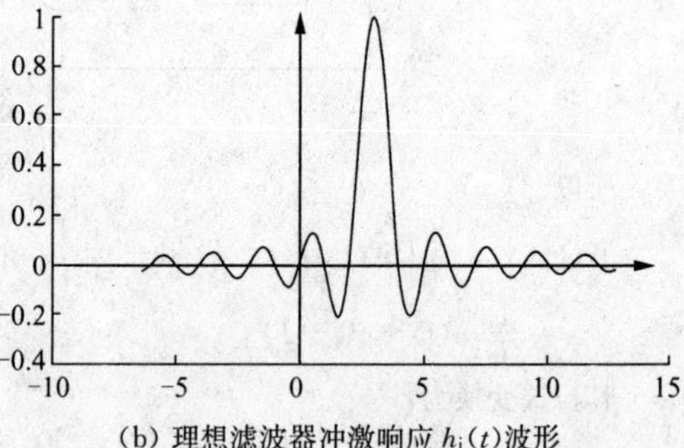

(b) 理想滤波器冲激响应 $h_i(t)$ 波形

解图 5-13

可以看出，$h(t)$ 是由 $h_i(t)$ 左右平移 $\frac{\omega_c}{\pi}$ 个单位和 $h_i(t)$ 乘以相应系数之后的叠加。

【5-14】 某低通滤波器具有非线性相移特性，而幅频响应为理想特性。若 $H(j\omega)$ 表示式为

$$H(j\omega)=H_i(j\omega)e^{-j\Delta\varphi(\omega)}$$

其中 $H_i(j\omega)$ 为理想低通传输特性（见上题），$\Delta\varphi(\omega)\ll 1$，并可展开为

$$\Delta\varphi(\omega)=a_1\sin\left(\frac{\omega}{\omega_1}\right)+a_2\sin\left(\frac{2\omega}{\omega_1}\right)+\cdots+a_m\sin\left(\frac{m\omega}{\omega_1}\right)$$

试求此系统的冲激响应，并与理想低通滤波器的冲激响应相比较。

【解题思路】 通过数学基础知识（泰勒级数展开），利用傅里叶变换时移性质求解。

【解】 依据泰勒公式，将 $e^{-j\Delta\varphi(\omega)}$ 在零附近展开，有：

$$e^{-j\Delta\varphi(\omega)}=1-j\Delta\varphi(\omega)-\frac{[\Delta\varphi(\omega)]^2}{2}+j\frac{[\Delta\varphi(\omega)]^3}{2\times 3}+\cdots+j^n\frac{[\Delta\varphi(\omega)]^n}{n!}$$

因为 $\Delta\varphi(\omega)\ll 1$，上式可以近似为：$e^{-j\Delta\varphi(\omega)}\approx 1-j\Delta\varphi(\omega)$，从而 $H(j\omega)$ 表达式可以改写为：$H(j\omega)=H_i(j\omega)[1-j\Delta\varphi(\omega)]$

又因为 $\Delta\varphi(\omega)=a_1\sin\left(\frac{\omega}{\omega_1}\right)+a_2\sin\left(\frac{2\omega}{\omega_1}\right)+\cdots+a_n\sin\left(\frac{n\omega}{\omega_1}\right)$

故 $H(\mathrm{j}\omega)=H_{\mathrm{i}}(\mathrm{j}\omega)\left\{1-\mathrm{j}\left[a_1\sin\left(\frac{\omega}{\omega_1}\right)+a_2\sin\left(\frac{2\omega}{\omega_1}\right)+\cdots+a_n\sin\left(\frac{n\omega}{\omega_1}\right)\right]\right\}$

$=H_{\mathrm{i}}(\mathrm{j}\omega)\left[1-\sum_{n=1}^{\infty}a_n\mathrm{j}\sin\left(\frac{n\omega}{\omega_1}\right)\right]$

由欧拉公式可得：

$$H(\mathrm{j}\omega)=H_{\mathrm{i}}(\mathrm{j}\omega)\left[1-\frac{1}{2}\sum_{n=1}^{m}a_n\left(\mathrm{e}^{\mathrm{j}\frac{n\omega}{\omega_1}}-\mathrm{e}^{-\mathrm{j}\frac{n\omega}{\omega_1}}\right)\right]$$

由傅氏变换的时移性质可得：$h(t)=h_{\mathrm{i}}(t)-\frac{1}{2}\sum_{n=1}^{m}a_n\left[h_{\mathrm{i}}\left(t+\frac{n}{\omega_1}\right)-h_{\mathrm{i}}\left(t-\frac{n}{\omega_1}\right)\right]$

由表达式可以看出，$h(t)$是由 $h_{\mathrm{i}}(t)$及其左右平移$\frac{n}{\omega_1}$个单位信号组合而成，由于平移后的 $h_{\mathrm{i}}(t)$其最大值相反，因此会造成$h(t)$波形的非对称，产生失真。

【5-15】 试利用另一种方法证明因果系统的 $R(\omega)$与 $X(\omega)$被希尔伯特变换相互约束。

(1) 已知 $h(t)=h(t)u(t)$，$h_{\mathrm{e}}(t)$和 $h_{\mathrm{o}}(t)$分别为 $h(t)$的偶分量和奇分量，$h(t)=h_{\mathrm{e}}(t)+h_{\mathrm{o}}(t)$，证明

$$h_{\mathrm{e}}(t)=h_{\mathrm{o}}(t)\mathrm{sgn}(t)$$
$$h_{\mathrm{o}}(t)=h_{\mathrm{e}}(t)\mathrm{sgn}(t)$$

(2) 由傅氏变换的奇偶虚实关系已知

$$H(\mathrm{j}\omega)=R(\omega)+\mathrm{j}X(\omega)$$
$$\mathscr{F}[f_{\mathrm{e}}(t)]=R(\omega)$$
$$\mathscr{F}[f_{\mathrm{o}}(t)]=\mathrm{j}X(\omega)$$

利用上述关系证明 $R(\omega)$与 $X(\omega)$之间满足希尔伯特变换关系。

【解题思路】 通过信号分解(奇分量和偶分量)的定义，利用傅里叶变换频域卷积定理求解。

【解】

(1) 由信号的分解可知：$h_{\mathrm{e}}(t)=\frac{h(t)+h(-t)}{2}$，$h_{\mathrm{o}}(t)=\frac{h(t)-h(-t)}{2}$，将 $h(t)=h(t)u(t)$代入可得

$$h_{\mathrm{e}}(t)=\frac{h(t)u(t)+h(-t)u(-t)}{2}$$
$$h_{\mathrm{o}}(t)=\frac{h(t)u(t)-h(-t)u(-t)}{2}$$

由此可以看出：当 $t>0$ 时，有 $h_{\mathrm{e}}(t)=h_{\mathrm{o}}(t)$

当 $t=0$ 时，有 $h_{\mathrm{e}}(t)=h_{\mathrm{o}}(t)=0$

当 $t<0$ 时，有 $h_{\mathrm{e}}(t)=-h_{\mathrm{o}}(t)$

由此有：$h_{\mathrm{e}}(t)=h_{\mathrm{o}}(t)\mathrm{sgn}(t)$，$h_{\mathrm{o}}(t)=h_{\mathrm{e}}(t)\mathrm{sgn}(t)$

(2) 因为 $h_{\mathrm{e}}(t)=h_{\mathrm{o}}(t)\mathrm{sgn}t$，$h_{\mathrm{o}}(t)=h_{\mathrm{e}}(t)\mathrm{sgn}t$

则有：$R(\omega)=\mathscr{F}[h_{\mathrm{e}}(t)]=\mathscr{F}[h_{\mathrm{o}}(t)\mathrm{sgn}t]=\frac{1}{2\pi}\mathscr{F}[h_{\mathrm{o}}(t)]*\frac{2}{\mathrm{j}\omega}=\frac{1}{2\pi}\mathrm{j}X(\omega)*\frac{2}{\mathrm{j}\omega}$

$=\frac{1}{2\pi}X(\omega)*\frac{2}{\omega}=\frac{1}{2\pi}\int_{-\infty}^{\infty}X(\tau)\frac{2}{\omega-\tau}\mathrm{d}\tau=\frac{1}{\pi}\int_{-\infty}^{\infty}\frac{X(\tau)}{\omega-\tau}\mathrm{d}\tau$

$X(\omega)=\frac{1}{\mathrm{j}}F[h_{\mathrm{o}}(t)]=\frac{1}{\mathrm{j}}F[h_{\mathrm{e}}(t)\mathrm{sgn}t]=\frac{1}{2\pi\mathrm{j}}F[h_{\mathrm{e}}(t)]*\frac{2}{\mathrm{j}\omega}=-\frac{1}{\pi}X(\omega)*\frac{1}{\omega}$

$=-\frac{1}{\pi}\int_{-\infty}^{\infty}R(\tau)\frac{1}{\omega-\tau}\mathrm{d}\tau=-\frac{1}{\pi}\int_{-\infty}^{\infty}\frac{R(\tau)}{\omega-\tau}\mathrm{d}\tau$

【5-16】 若 $\mathscr{F}[f(t)]=F(\omega)$，令 $Z(\omega)=2F(\omega)U(\omega)$（只取单边的频谱）。试证明

$$z(t)=\mathscr{F}^{-1}[Z(\omega)]=f(t)+\hat{f}(t)$$

其中

$$\hat{f}(t)=\frac{\mathrm{j}}{\pi}\left[\int_{-\infty}^{\infty}\frac{f(\tau)}{t-\tau}\mathrm{d}\tau\right]$$

【解题思路】 通过单边谱定义，利用符号函数将其表示，结合傅里叶变换卷积定理求解。

【解】 由于 $Z(\omega)$只取单边频谱，则 $U(\omega)$满足 $U(\omega)=\begin{cases}1 & \omega>0\\ 0 & \omega<0\end{cases}$，故 $U(\omega)=1+\mathrm{sgn}(\omega)$

由对称性可知：$\mathrm{sgn}t\leftrightarrow\dfrac{2}{\mathrm{j}\omega}$

所以：$\dfrac{\mathrm{j}}{\pi t}\leftrightarrow\mathrm{sgn}\omega$

从而 $U(\omega)$的反变换为：$U(\omega)=1+\mathrm{sgn}(\omega)\leftrightarrow x(t)=\delta(t)+\dfrac{\mathrm{j}}{\pi t}$

由卷积定理可知 $Z(\omega)$的反变换为：

$$\begin{aligned}z(t)&=f(t)*x(t)=f(t)*\left[\delta(t)+\frac{\mathrm{j}}{\pi t}\right]=f(t)*\delta(t)+f(t)*\frac{\mathrm{j}}{\pi t}\\&=f(t)+f(t)*\frac{\mathrm{j}}{\pi t}=f(t)+\int_{-\infty}^{\infty}f(\tau)\frac{\mathrm{j}}{\pi}\frac{1}{t-\tau}\mathrm{d}\tau=f(t)+\frac{\mathrm{j}}{\pi}\int_{-\infty}^{\infty}f(\tau)\frac{1}{t-\tau}\mathrm{d}\tau\\&=f(t)+\hat{f}(t)\end{aligned}$$

原式得证。

【5-17】 对于图 5-18 所示抑制载波调幅信号的频谱，由于 $G(\omega)$的偶对称性，使 $F(\omega)$在 ω_0 和 $-\omega_0$ 左右对称，利用此特点，可以只发送频谱如题图 5-17 所示的信号，称为单边带信号，以节省频带。试证明在接收端用同步解调可以恢复原信号 $G(\omega)$。

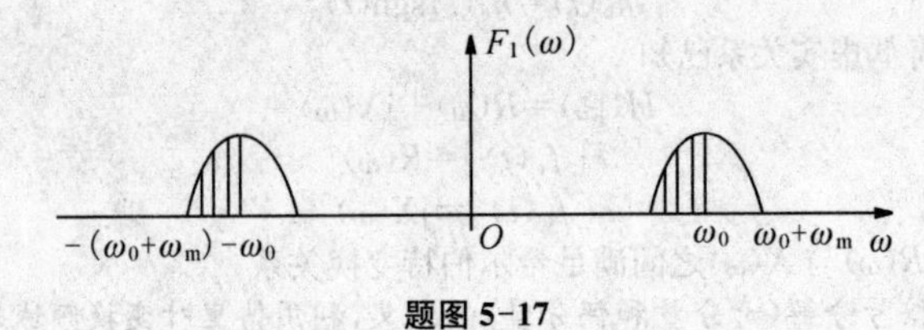

题图 5-17

【解题思路】 通过调制解调的定义和信号频谱图进行求解。

【解】 同步解调即在接收端对信号乘以与输入端同频同相的正弦信号。设 $f_1(t)\leftrightarrow F_1(\omega)$，其解调过程如解图 5-17(a)所示：

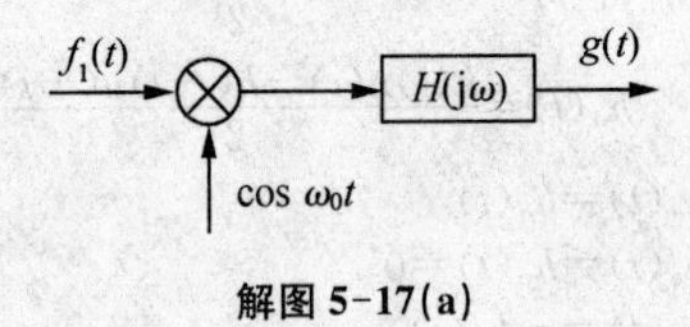

解图 5-17(a)

从频谱图可以看出，能够恢复原信号 $F_1(\omega)$：

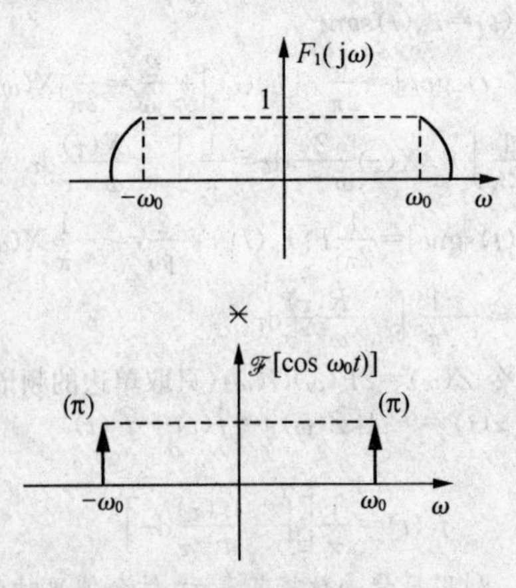

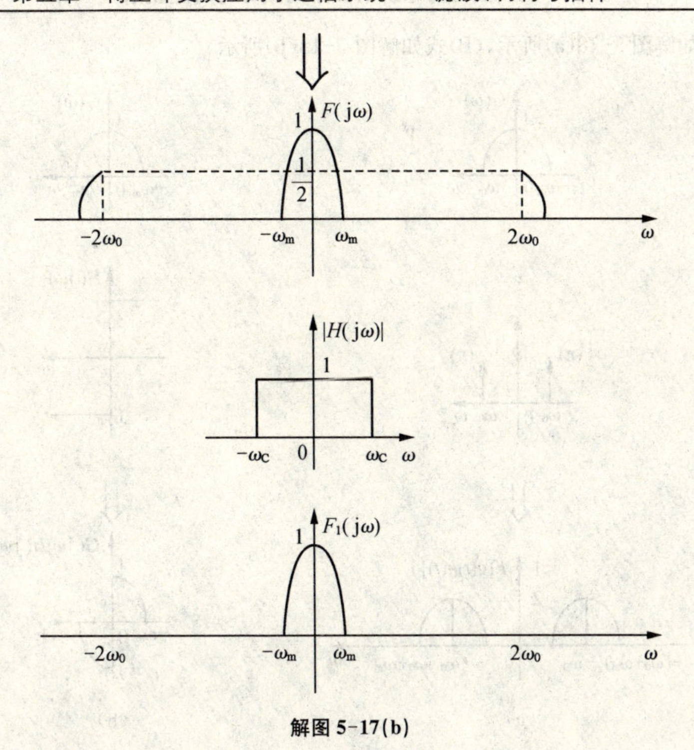

解图 5-17(b)

【5-18】 试证明题图 5-18 所示之系统可以产生单边带信号。图中，信号 $g(t)$ 的频谱 $G(\omega)$ 受限于 $-\omega_m \sim +\omega_m$ 之间，$\omega_0 \gg \omega_m$；$H(j\omega)=-j\text{sgn}\,\omega$。设 $v(t)$ 的频谱为 $V(\omega)$，写出 $V(\omega)$ 表示式，并画出图形。

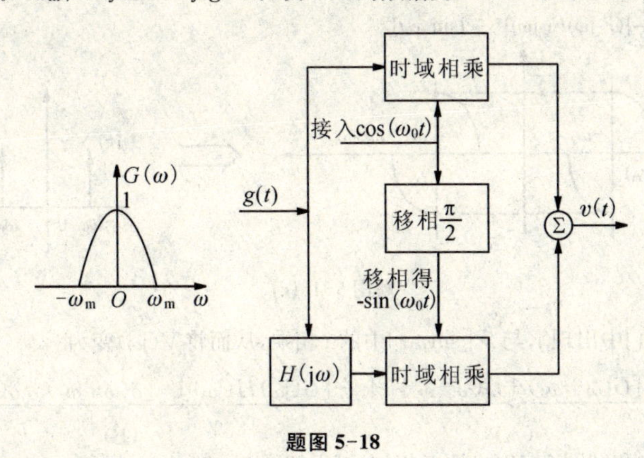

题图 5-18

【解题思路】 通过傅里叶变换卷积定理，利用信号频谱图求解。

【解】 由题图可知：设 $h(t)\leftrightarrow H(j\omega)$，则

$v(t)=g(t)\cos(\omega_0 t)+[g(t)*h(t)](-\sin\omega_0 t)$

其傅里叶变换为：

$$V(j\omega)=\frac{1}{2\pi}\{G(j\omega)*\mathscr{F}[\cos\omega_0 t]\}-\frac{1}{2\pi}\{G(j\omega)H(j\omega)\}*\mathscr{F}[\sin\omega_0 t]$$

又 $\mathscr{F}[\cos\omega_0 t]=\pi[\delta(\omega+\omega_0)+\delta(\omega-\omega_0)]$，$\mathscr{F}[\sin\omega_0 t]=j\pi[\delta(\omega+\omega_0)-\delta(\omega-\omega_0)]$

$$\text{故 } V(j\omega)=\frac{1}{2}\underbrace{[G(\omega+\omega_0)+G(\omega-\omega_0)]}_{(A)}-\frac{1}{2}\underbrace{[G(j\omega)H(j\omega)]*\{j[\delta(\omega+\omega_0)-\delta(\omega-\omega_0)]\}}_{(B)}$$

其中(A)式如解图 5-18(a)所示,(B)式如解图 5-18(b)所示,

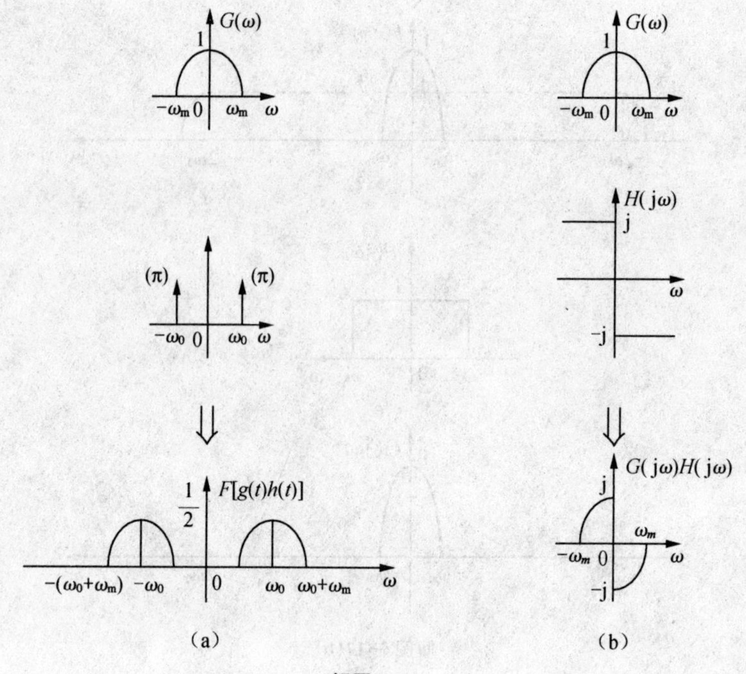

解图 5-18

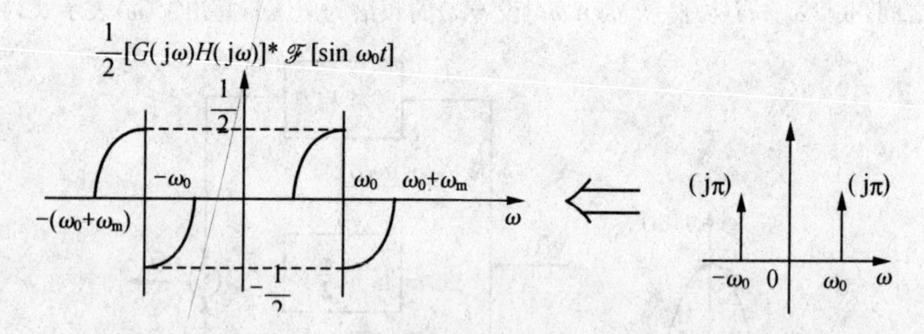

解图 5-18(c)

由于$[G(\mathrm{j}\omega)H(\mathrm{j}\omega)]$中出现 j,与$\mathscr{F}[\sin\omega_0 t]$中的 j 相乘,从而将$V(\mathrm{j}\omega)$变为

$$V(\mathrm{j}\omega)=\frac{1}{2}\underbrace{[G(\omega+\omega_0)+G(\omega-\omega_0)]}_{(\mathrm{A})}+\frac{1}{2}\underbrace{[G(\mathrm{j}\omega)H(\mathrm{j}\omega)]*[\delta(\omega+\omega_0)-\delta(\omega-\omega_0)]}_{(\mathrm{B})}$$

因此解图 5-18(a)和解图 5-18(c)两者相加,可得解图 5-18(d):

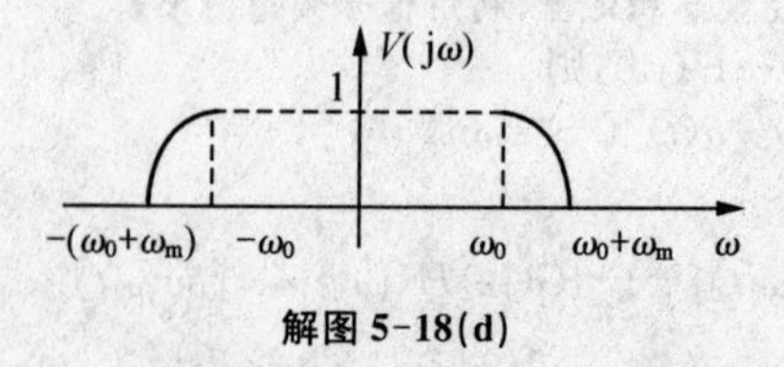

解图 5-18(d)

【5-19】 已知 $g(t)=\dfrac{\sin(\omega_c t)}{\omega_c t}$,$s(t)=\cos(\omega_0 t)$,设 $\omega_0\gg\omega_c$,将它们相乘得到 $f(t)=g(t)s(t)$,若 $f(t)$ 通过一个特性如题图 5-10 所示的理想带通滤波器,求输出信号 $f_1(t)$的表示式。

【解题思路】 通过傅里叶变换的对称性和调制原理，结合低通滤波器特性求解。

【解】 由题意可知：$g(t)=\dfrac{\sin\omega_c t}{\omega_c t}=\mathrm{Sa}(\omega_c t)$，设 $g(t)\leftrightarrow G(\omega)$，$f(t)\leftrightarrow F(\omega)$，则有：

则对称性可得：$G_{2\omega_c}(t)\leftrightarrow 2\omega_c\mathrm{Sa}(\omega_c\omega)$

$$2\omega_c\mathrm{Sa}(\omega_c t)\leftrightarrow 2\pi G_{2\omega_c}(\omega)$$

$$\mathrm{Sa}(\omega_c t)\leftrightarrow \frac{\pi}{\omega_c}G_{2\omega_c}(\omega)$$

此信号与 $\cos\omega_0 t$ 相乘，表示对此信号进行调制，则 $F(\omega)$ 的频域表达式为：

$$F(\omega)=\frac{1}{2}\frac{\pi}{\omega_c}[G_{2\omega_c}(\omega+\omega_0)+G_{2\omega_c}(\omega-\omega_0)]$$

低通滤波器 $H(\omega)$ 的频域表达式为：

$$H(\omega)=G_2\omega_c(\omega+\omega_0)\mathrm{e}^{-\mathrm{j}(\omega+\omega_0)t_0}+G_2\omega_c(\omega-\omega_0)\mathrm{e}^{-\mathrm{j}(\omega-\omega_0)t_0}$$

$F(\omega)$ 信号通过低通滤波器 $H(\omega)$ 得信号设为 $F_1(\omega)$，则

$$F_1(\omega)=\frac{1}{2}\frac{\pi}{\omega_c}H(\omega)$$

$$\because \frac{\omega_c}{\pi}\mathrm{Sa}(\omega_c t)\leftrightarrow G_{2\omega_c}(\omega)$$

$$\frac{\omega_c}{\pi}\mathrm{Sa}[\omega_c(t-t_0)]\leftrightarrow G_{2\omega_c}(\omega)\mathrm{e}^{-\mathrm{j}\omega t_0}$$

$$\therefore \frac{\omega_c}{\pi}\cdot\frac{\pi}{\omega_c}\mathrm{Sa}[\omega_c(t-t_0)]\cos\omega_0 t\leftrightarrow \frac{1}{2}\frac{\pi}{\omega_c}H(\omega)$$

故其反变换为：

$$f_1(t)=\frac{\pi}{2\omega_c}\frac{\omega_c}{\pi}\mathrm{Sa}[\omega_c(t-t_0)][\mathrm{e}^{\mathrm{j}\omega_0 t}+\mathrm{e}^{-\mathrm{j}\omega_0 t}]=\mathrm{Sa}[\omega_c(t-t_0)]\left[\frac{\mathrm{e}^{\mathrm{j}\omega_0 t}+\mathrm{e}^{-\mathrm{j}\omega_0 t}}{2}\right]$$
$$=\mathrm{Sa}[\omega_c(t-t_0)]\cos(\omega_0 t)$$

【5-20】 在题图 5-20 所示系统中 $\cos(\omega_0 t)$ 是自激振荡器，理想低通滤波器的转移函数为

$$H_i(\mathrm{j}\omega)=[u(\omega+2\Omega)-u(\omega-2\Omega)]\mathrm{e}^{-\mathrm{j}\omega t_0}$$

且 $\omega_0\gg\Omega$。

(1) 求虚框内系统的冲激响应 $h(t)$；

(2) 若输入信号为 $e(t)=\left[\dfrac{\sin(\Omega t)}{\Omega t}\right]^2\cos(\omega_0 t)$，求系统输出信号 $r(t)$；

(3) 若输入信号为 $e(t)=\left[\dfrac{\sin(\Omega t)}{\Omega t}\right]^2\sin(\omega_0 t)$，求系统输出信号 $r(t)$；

(4) 虚框内系统是否线性时不变系统？

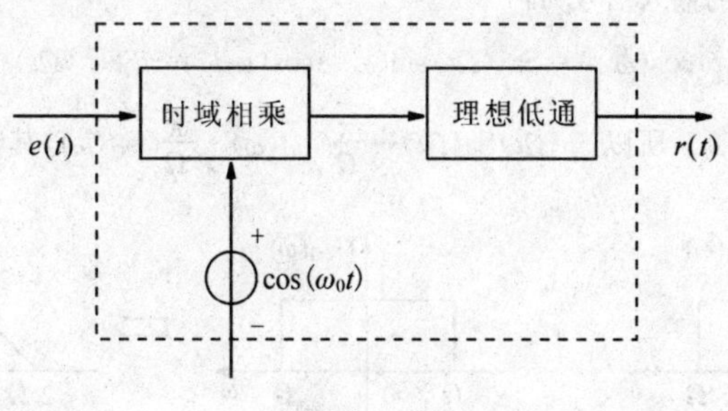

题图 5-20

【解题思路】 首先通过傅里叶变换的对称性求解系统函数；然后利用卷积定理，结合低通滤波器特性，求解输出响应；最后通过线性时不变系统定义判断。

【解】

(1) 设 $e(t)=\delta(t)$，$h_i(t)\leftrightarrow H_i(j\omega)$则 $r(t)=h(t)$，由题图可知：

$h(t)=\delta(t)\cos(\omega_0 t)h_i(t)=\delta(t)h_i(t)=h_i(t)$

因为 $H_i(j\omega)=G_{4\Omega}(\omega)e^{-j\omega t_0}$，由傅里叶变换的性质可知：$\dfrac{2\Omega \text{Sa}(2\Omega t)}{\pi}\leftrightarrow G_{4\Omega}(\omega)$

从而得到 $h_i(t)=\dfrac{2\Omega \text{Sa}[2\Omega(t-t_0)]}{\pi}$，即为 $h(t)$。

(2) 理想低通滤波器的输入信号为：

$$e'(t)=e(t)\cos(\omega_0 t)=\text{Sa}^2(\Omega t)\cos^2(\omega_0 t)=\frac{1}{2}\text{Sa}^2(\Omega t)[1+\cos(2\omega_0 t)]$$

$$=\frac{1}{2}\text{Sa}^2(\Omega t)+\frac{1}{2}\text{Sa}^2(\Omega t)\cos(2\omega_0 t)$$

因为 $\text{Sa}(\Omega t)\leftrightarrow\dfrac{\pi}{\Omega}G_{2\Omega}(\omega)$，所以 $\text{Sa}(\Omega t)\text{Sa}(\Omega t)\leftrightarrow\dfrac{\pi}{\Omega}G_{2\Omega}(\omega)*\dfrac{\pi}{\Omega}G_{2\Omega}(\omega)$，其频谱如解图 5-20(a)所示：

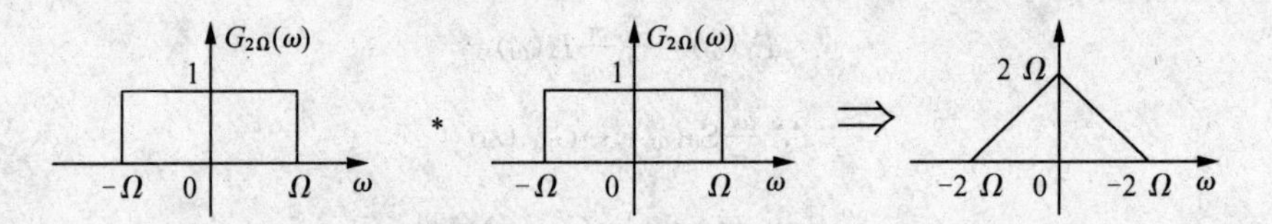

解图 5-20(a)

对于 $\text{Sa}^2(\Omega t)\cos(2\omega_0 t)$相当于进行调制，将 $\text{Sa}^2(\Omega t)$的频谱左右移动 $2\omega_0$ 个单位，其频谱图如解图 5-20(b)：

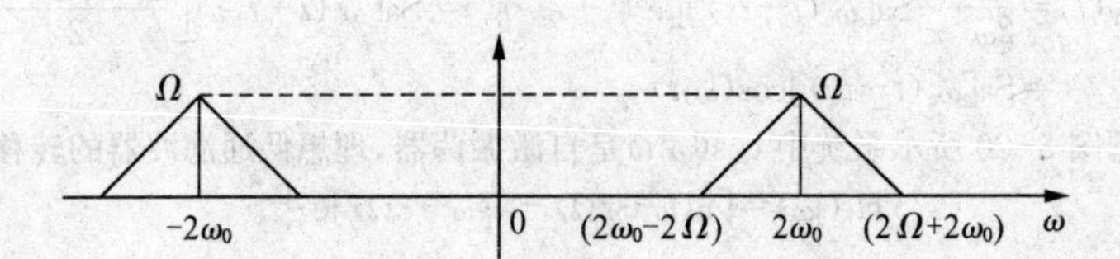

解图 5-20(b)

当 $e'(t)$信号通过低通滤波器，由于低通滤波器截止频率为 $\omega_c=2\Omega$，由上述频谱图可以看出，此低通滤波器只允许 $\text{Sa}^2(\Omega t)$频谱通过，而 $\text{Sa}^2(\Omega t)\cos(2\omega_0 t)$频谱被滤掉。此时的输出为 $R(j\omega)=\left[\dfrac{\pi}{\Omega}G_{2\Omega}(\omega)*\dfrac{\pi}{\Omega}G_{2\Omega}(\omega)\right]e^{-j\omega t_0}$，其反变换为 $r(t)=\dfrac{1}{2}\text{Sa}^2\Omega(t-t_0)$。

(3) 理想低通滤波器的输入信号为：

$$e'(t)=e(t)\cos(\omega_0 t)=\text{Sa}^2(\Omega t)\sin(\omega_0 t)\cos(\omega_0 t)=\frac{1}{2}\text{Sa}^2(\Omega t)\sin(2\omega_0 t)$$

因为 $\text{Sa}(\Omega t)\leftrightarrow\dfrac{\pi}{\Omega}G_{2\Omega}(\omega)$，所以 $\text{Sa}(\Omega t)\text{Sa}(\Omega t)\leftrightarrow\dfrac{\pi}{\Omega}G_{2\Omega}(\omega)*\dfrac{\pi}{\Omega}G_{2\Omega}(\omega)$，其频谱如解图 5-20(c)所示：

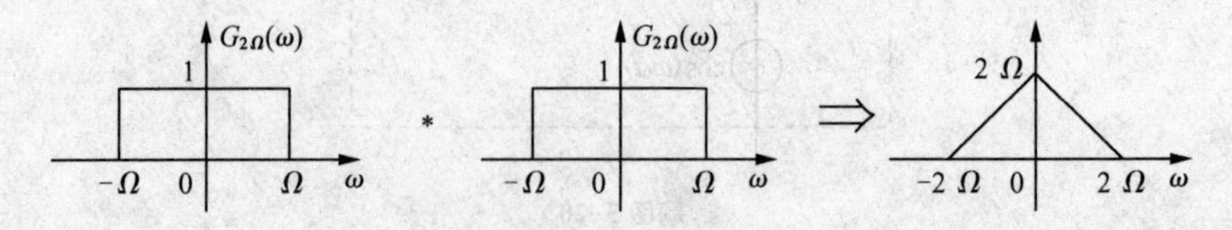

解图 5-20(c)

对于 $\text{Sa}^2(\Omega t)\sin(2\omega_0 t)$相当于进行调制，将 $\text{Sa}^2(\Omega t)$的频谱左右移动 $2\omega_0$ 个单位，其幅度谱如解图

5-20(d)所示：

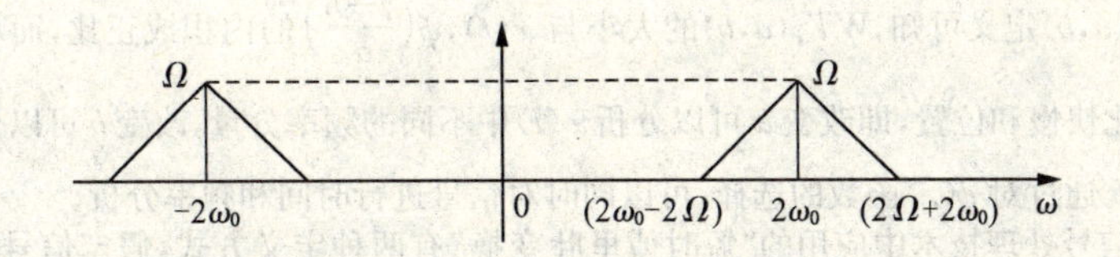

解图 5-20(d)

当 $e'(t)$ 信号通过低通滤波器，由于低通滤波器截止频率为 $\omega_c=2\Omega$，由上述频谱图可以看出，$\mathrm{Sa}^2(\Omega t)\sin(2\omega_0 t)$ 频谱被滤掉。此时的输出为 $R(\mathrm{j}\omega)=0$，其反变换为 $r(t)=0$。

(4) 由图可知：当系统输入 $e(t)$ 时，此时乘法器输出 $r(t)$ 为：$r(t)=e(t)\cos(\omega_0 t)h_i(t)$，当输入为 $e(t-t_0)$ 时，此时乘法器输出 $r'(t)$ 为：$r'(t)=e(t-t_0)\cos(\omega_0 t)h_i(t)$。由此可见 $r(t)\neq r'(t)$，因此系统是时变的。

【5-21】 模拟电话话路的频带宽度为 300～3 400 Hz，若要利用此信道传送二进制的数据信号需要接入调制解调器(MODEM)以适应信道通带要求，问 MODEM 在此完成了何种功能？请你试想一种可能实现 MODEM 系统的方案，画出简要的原理框图。(假定数据信号的速率为 1 200 bit/s，波形为不归零矩形脉冲。)

【解题思路】 通过调制解调原理求解。

【解】 Modem 的作用是完成信号的调制，将低频信号频谱搬移到 300—3 400 Hz 频带上。由题意可知，为使调制后的信号落在 300—3 400 Hz 的中间频带，则载波信号的频率为 $\omega_0=\dfrac{300+3\,400}{2}$ Hz$=$1 850 Hz。其调制过程如解图 5-21：

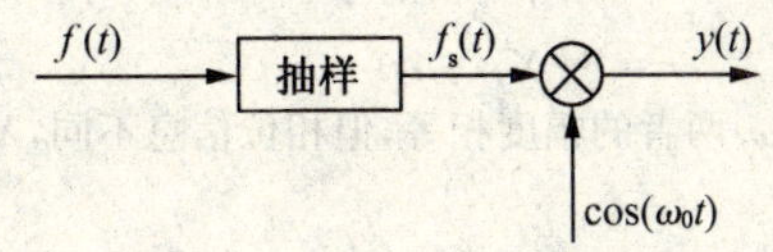

解图 5-21

【5-22】 若 $x(t)$、$\psi(t)$ 都为实函数，连续函数小波变换的定义可简写为

$$WT_x(a,b)=\frac{1}{\sqrt{a}}\int_{-\infty}^{\infty}x(t)\psi\left(\frac{t-b}{a}\right)\mathrm{d}t$$

(1) 若 $\mathscr{F}[x(t)]=X(\psi)$，$\mathscr{F}[\psi(t)]=\Psi(\omega)$，试证明以上定义式也可用下式给出

$$WT_x(a,b)=\frac{\sqrt{a}}{2\pi}\int_{-\infty}^{\infty}X(\omega)\Psi(-a\omega)\mathrm{e}^{\mathrm{j}\omega b}\mathrm{d}\omega$$

(2) 讨论定义式中 a，b 参量的含义(参看例 5-5)。

【解题思路】 通过卷积定义，结合傅里叶变换的尺度特性和卷积定理求解。

【解】

(1) 由卷积的定义 $f_1(t)*f_2(t)=\int_{-\infty}^{\infty}f_1(\tau)f_2(t-\tau)\mathrm{d}\tau$，可得：

$$WT_x(a,b)=\frac{1}{\sqrt{a}}\int_{-\infty}^{\infty}x(t)\psi\left(\frac{t-b}{a}\right)\mathrm{d}t=\frac{1}{\sqrt{a}}\left[x(t)*\psi\left(-\frac{t}{a}\right)\Big|_{t=b}\right]$$

由傅里叶变换的尺度变换性质可得：

$$\frac{1}{\sqrt{a}}\left[x(t)*\psi\left(-\frac{t}{a}\right)\Big|_{t=b}\right]\leftrightarrow\frac{1}{\sqrt{a}}X(\omega)[a\psi(-a\omega)]=\frac{1}{\sqrt{a}}X(\omega)\psi(-a\omega)$$

由傅里叶反变换定义可得：

$$\frac{1}{\sqrt{a}}\left[x(t)*\psi\left(-\frac{t}{a}\right)\Big|_{t=b}\right]=\frac{\sqrt{a}}{2\pi}\int_{-\infty}^{\infty}X(\omega)\psi(-a\omega)\mathrm{e}^{\mathrm{j}\omega t}\mathrm{d}\omega=\frac{\sqrt{a}}{2\pi}\int_{-\infty}^{\infty}X(\omega)\psi(-a\omega)\mathrm{e}^{\mathrm{j}\omega b}\mathrm{d}\omega$$

故原式得证。

(2) 由 $WT_x(a,b)$定义可知,$WT_x(a,b)$的大小与 $x(t)$,$\psi\left(\frac{t-b}{a}\right)$的内积成正比,而参数 a,b 分别影响$\psi\left(\frac{t-b}{a}\right)$的变化快慢和位置,即改变 a 可以分析 $x(t)$中不同的频率分量,改变 b 可以分析 $x(t)$中不同时刻的能量分布。通过对 $\psi(.)$函数的选择,可以同时对信号进行时间和频率分析。

【5-23】 在信号处理技术中应用的"短时傅里叶变换"有两种定义方式,假定信号源为 $x(t)$,时域窗函数为 $g(t)$,第一种定义方式为

$$X_1(\tau,\omega)=\int_{-\infty}^{\infty}x(t)g(t-\tau)\mathrm{e}^{-\mathrm{j}\omega t}\,\mathrm{d}t$$

第二种定义方式为

$$X_2(\tau,\omega)=\int_{-\infty}^{\infty}x(t+\tau)g(t)\mathrm{e}^{-\mathrm{j}\omega t}\,\mathrm{d}t$$

试从物理概念说明参变量 τ 的含义,比较二种定义结果有何联系与区别。

【解题思路】 通过傅里叶变换的定义和信号的平移求解。

【解】 由题意可知:$X(\tau,\omega)$等于 $x(t)$与 $g(t)$延时相乘进行傅里叶变换。在 $X_1(\tau,\omega)$定义中,$x(t)$未动,$g(t)$右移 τ 个单位,将 $x(\tau)$附近的信号选出,在 $X_2(\tau,\omega)$定义中,$g(t)$未动,$x(t)$左移 τ 个单位,将 $x(\tau)$附近的信号选出,故此两种定义都反映了 $x(\tau)$附近信号的频率。由 $X_2(\tau,\omega)$的定义可得:

$X_2(\tau,\omega)=\int_{-\infty}^{\infty}x(t+\tau)g(t)\mathrm{e}^{-\mathrm{j}\omega t}\,\mathrm{d}t$ 令 $\beta=t+\tau$,则:$\begin{cases}t:-\infty\to\infty\\ \beta:-\infty\to\infty\\ \mathrm{d}t=\mathrm{d}\beta\end{cases}$,故原式转化为:

$$\begin{aligned}X_2(\tau,\omega)&=\int_{-\infty}^{\infty}x(\beta)g(\beta-\tau)\mathrm{e}^{-\mathrm{j}\omega(\beta-\tau)}\,\mathrm{d}\beta\\&=\mathrm{e}^{\mathrm{j}\omega\tau}\int_{-\infty}^{\infty}x(\beta)g(\beta-\tau)\mathrm{e}^{-\mathrm{j}\omega\beta}\,\mathrm{d}\beta\\&=\mathrm{e}^{\mathrm{j}\omega\tau}X_1(\tau,\omega)\end{aligned}$$

由此可见,$X_1(\tau,\omega)$与 $X_2(\tau,\omega)$两者的幅度相等,但相位信息不同,$X_2(\tau,\omega)$相对 $X_1(\tau,\omega)$有 $\omega\tau$ 的相位超前。

【5-24】 若 $x(t)=\cos(\omega_{\mathrm{m}}t)$,$\delta_{\mathrm{T}}(t)=\sum\limits_{n=-\infty}^{\infty}\delta(t-nT)$,$T=\frac{2\pi}{\omega_{\mathrm{s}}}$,分别画出以下情况 $x(t)\cdot\delta_{\mathrm{T}}(t)$波形及其频谱 $\mathscr{F}[x(t)\delta_{\mathrm{T}}(t)]$图形。讨论从 $x(t)\delta_{\mathrm{T}}(t)$能否恢复 $x(t)$。注意比较(1) 和(4) 的结果。(建议画波形时保持 T 不变)。

(1) $\omega_{\mathrm{m}}=\frac{\omega_{\mathrm{s}}}{8}=\frac{\pi}{4T}$　　(2) $\omega_{\mathrm{m}}=\frac{\omega_{\mathrm{s}}}{4}=\frac{\pi}{2T}$

(3) $\omega_{\mathrm{m}}=\frac{\omega_{\mathrm{s}}}{2}=\frac{\pi}{T}$　　(4) $\omega_{\mathrm{m}}=\frac{9}{8}\omega_{\mathrm{s}}=\frac{9\pi}{4T}$

【解题思路】 通过抽样定理,利用卷积定理求解。

【解】 设 $f(t)=x(t)\delta_{\mathrm{T}}(\omega)$,$f(t)\leftrightarrow F(\omega)$,$x(t)\leftrightarrow X(\omega)$,则由卷积定理可得:

$F(\omega)=\frac{1}{2\pi}X(\omega)*\omega_{\mathrm{s}}\sum\limits_{n=-\infty}^{\infty}\delta(\omega-n\omega_{\mathrm{s}})$,$X(\omega)=\pi[\delta(\omega+\omega_{\mathrm{m}})+\delta(\omega-\omega_{\mathrm{m}})]$

$$\begin{aligned}\text{故:}F(\omega)&=\frac{1}{2\pi}\pi[\delta(\omega+\omega_{\mathrm{m}})+\delta(\omega-\omega_{\mathrm{m}})]*\omega_{\mathrm{s}}\sum_{n=-\infty}^{\infty}\delta(\omega-n\omega_{\mathrm{s}})\\&=\frac{\omega_{\mathrm{s}}}{2}[\delta(\omega+\omega_{\mathrm{m}})+\delta(\omega-\omega_{\mathrm{m}})]*\sum_{n=-\infty}^{\infty}\delta(\omega-n\omega_{\mathrm{s}})\\&=\frac{\omega_{\mathrm{s}}}{2}\sum_{n=-\infty}^{\infty}[\delta(\omega+\omega_{\mathrm{m}}-n\omega_{\mathrm{s}})+\delta(\omega-\omega_{\mathrm{m}}+n\omega_{\mathrm{s}})]\end{aligned}$$

只要 $\omega_{\mathrm{s}}\geqslant2\omega_{\mathrm{m}}$,满足奈奎斯特抽样定理,就可以无失真的恢复原信号。因此(1)、(2)、(3)可以恢复原信号,(4) 则不能恢复原信号。

其波形和频谱图如解图 5-24 所示:

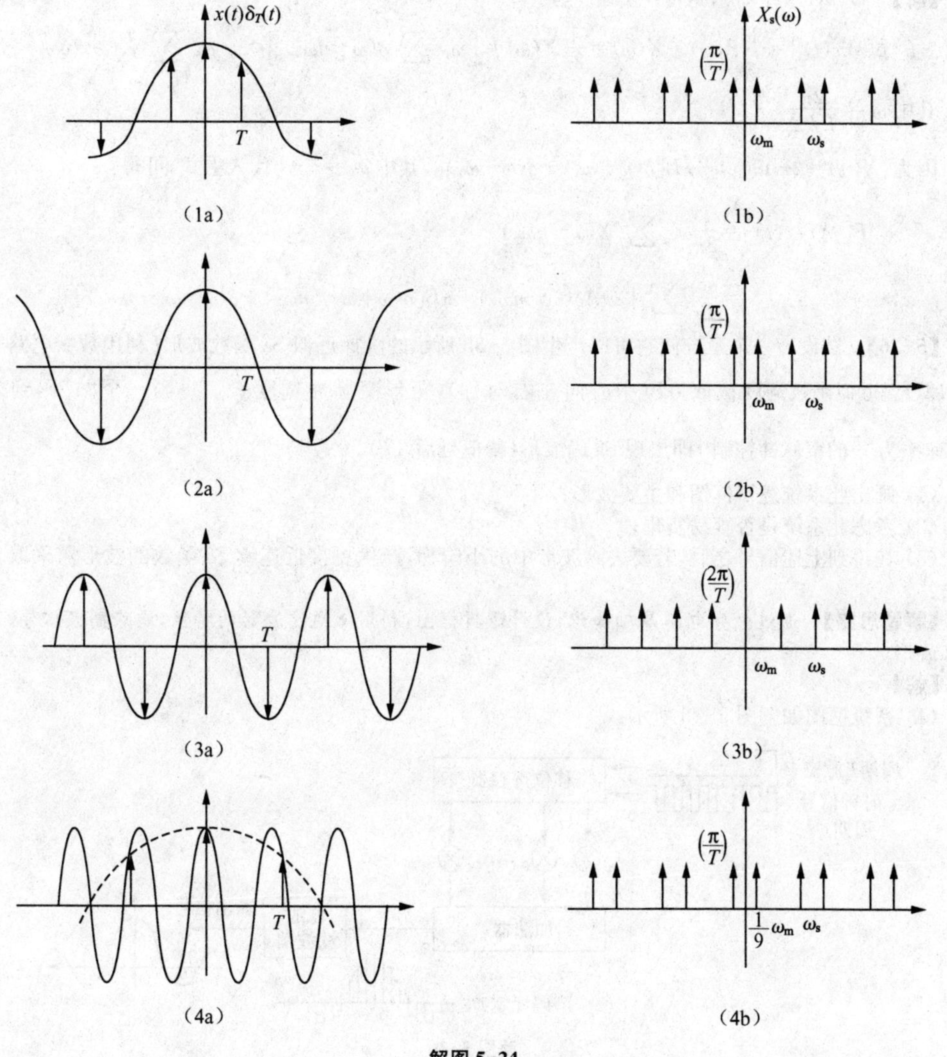

解图 5-24

【5-25】 题图 5-25 所示抽样系统 $x(t)=A+B\cos\left(\frac{2\pi t}{T}\right)$，$p(t)=\sum_{n=-\infty}^{\infty}\delta[t-n(T+\Delta)]$，$T\gg\Delta$，理想低通系统函数表达式为

$$H(\mathrm{j}\omega)=\begin{cases}1, & \text{当}|\omega|<\dfrac{1}{2(T+\Delta)}\\ 0, & \text{当}\ \omega\ \text{为其他}\end{cases}$$

题图 5-25

输出端可得到 $y(t)=kx(at)$，其中 $a<1$，k 为实系数。求：

(1) 画 $\mathscr{F}[p(t)x(t)]$ 图形；

(2) 为实现上述要求给出 Δ 取值范围；

(3) 求 a，求 k；

(4) 此系统在电子测量技术中可构成抽样(采样)示波器，试说明此种示波器的功能特点。

【解题思路】 利用时域卷积定理求解。

【解】 设 $p(t)\leftrightarrow P(\omega)$，$x(t)\leftrightarrow X(\omega)$，则：

$$F[p(t)x(t)]=\frac{1}{2\pi}P(\omega)*X(\omega)=\frac{1}{2\pi}X(\omega)*\left[\omega_s\sum_{n=-\infty}^{\infty}\delta(\omega-n\omega_s)\right]=\frac{1}{2\pi}\omega_s\sum_{n=-\infty}^{\infty}X(\omega-n\omega_s)$$

其中 $\omega_s=\dfrac{2\pi}{T+\Delta}$

因为：$X(\omega)=2\pi A\delta(\omega)+\pi B[\delta(\omega+\omega_0)+\delta(\omega-\omega_0)]$，其中 $\omega_0=\dfrac{2\pi}{T}$。代入上式，可得：

$$F[p(t)x(t)]=\frac{1}{2\pi}\omega_s\sum_{n=-\infty}^{\infty}X(\omega-n\omega_s)$$

$$=\frac{\omega_s}{2\pi}\sum_{n=-\infty}^{\infty}[2\pi A\delta(\omega-n\omega_s)+\pi B[\delta(\omega+\omega_0-n\omega_s)+\delta(\omega-\omega_0-n\omega_s)]]$$

【5-26】 试设计一个系统使它可以产生图 5-35 所示的阶梯近似 Sa 函数波形(利用数字电路等课程知识)。近似函数宽度截取 $8T$(中心向左右对称)，矩形窄脉冲宽度 $\dfrac{T}{8}$。每当一个"1"码到来时$\left(\text{由速率为}\dfrac{2\pi}{T}\text{的窄脉冲控制}\right)$即出现 Sa 码波形(峰值延后 $4T$)。

(1) 画出此系统逻辑框图和主要波形；

(2) 考虑此系统是否容易实现；

(3) 在得到上述信号之后，若要去除波形中的小阶梯，产生更接近连续 Sa 函数的波形需采取什么办法?

【解题思路】 通过数字电路基础知识，设计逻辑框图，利用低通滤波器的特性，滤除高频信号，得到所求波形。

【解】

(1) 系统框图如解图 5-26 所示：

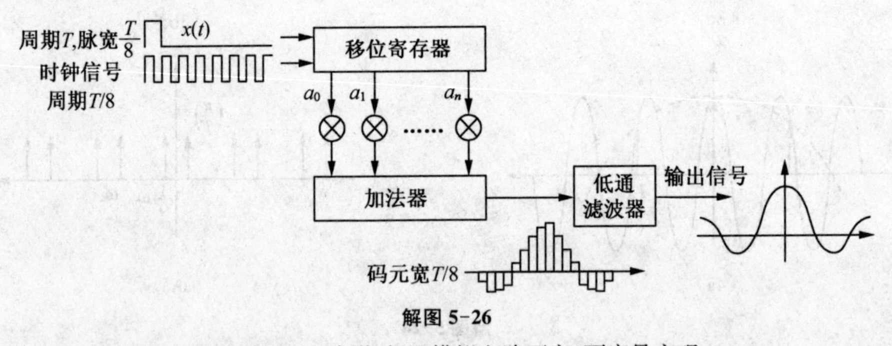

解图 5-26

(2) 此系统采用数字电路，产生 Sa 波形，相比模拟电路而言，更容易实现。

(3) 波形中的小阶梯是由快速变化的高频分量组成，为去除高频分量，可以采用低通滤波器去除。

【5-27】 本题继续讨论通信系统消除多径失真的原理。在 2.9 节和第四章习题 4-51 已经分别采用时域和 s 域研究这个问题，此处，再从频域导出相同的结果。仍引用式(2-77)，已知

$$r(t)=e(t)+ae(t-T)$$

(1) 对上式取傅里叶变换，求回波系统的系统函数 $H(\mathrm{j}\omega)$；

(2) 令 $H(\mathrm{j}\omega)H_i(\mathrm{j}\omega)=1$，设计一个逆系统，先求它的系统函数 $H_i(\mathrm{j}\omega)$；

(3) 再取 $H_i(\mathrm{j}\omega)$的逆变换得到此逆系统的冲激响应 $h_i(t)$，它应当与前两种方法求得的结果完全一致。

还需指出，在第七章 7.7 节的最后例 7-17 我们将再次引用第四种方法——解卷积之方法研究这个问题，当然，可以求得同样的结果。很明显，本课程的一个重要特色是对于同一问题可有多种求解方法。我们相信，读者一定能够在这种反复思考与研讨之中感受无穷的乐趣!

【解题思路】 通过傅里叶变换的定义和常用信号的傅里叶变换求解。

【解】

(1) 对方程两端进行傅里叶变换，可有：

$R(\omega)=E(\omega)+aE(\omega)\mathrm{e}^{-\mathrm{j}\omega T}=E(\omega)(1+a\mathrm{e}^{-\mathrm{j}\omega T})$，所以有：

$$H(\omega)=\frac{R(\omega)}{E(\omega)}=(1+a\mathrm{e}^{-\mathrm{j}\omega T})$$

（2）由于 $H(\omega)H_{\mathrm{i}}(\omega)=1$，所以有：

$$H_{\mathrm{i}}(\omega)=\frac{1}{H(\omega)}=\frac{1}{1+a\mathrm{e}^{-\mathrm{j}\omega T}}$$

（3）$H_{\mathrm{i}}(\omega)$展开，其表达式可以写为：

$$H_{\mathrm{i}}(\omega)=\frac{1}{1+a\mathrm{e}^{-\mathrm{j}\omega T}}=1-a\mathrm{e}^{-\mathrm{j}\omega T}+a^2\mathrm{e}^{-\mathrm{j}\omega 2T}-a^3\mathrm{e}^{-\mathrm{j}\omega 3T}+a^4\mathrm{e}^{-\mathrm{j}\omega 4T}+\cdots=\sum_{k=0}^{\infty}(-1)^k a^k\mathrm{e}^{-\mathrm{j}\omega kT},$$

其反变换为：

$$h_{\mathrm{i}}(t)=\delta(t)-a\delta(t-T)+a^2\delta(t-2T)-a^3\delta(t-3T)+a^4\delta(t-4T)+\cdots=\sum_{k=0}^{\infty}(-1)^k a^k\delta(t-kT)$$

阶段测试题

一、选择题

1. 信号 $f(t)=\mathrm{Sa}(100t)$的奈奎斯特间隔 $T_{\mathrm{s}}=$(　　)秒。

A. $\frac{1}{100}$　　B. $\frac{1}{200}$　　C. $\frac{\pi}{200}$　　D. $\frac{\pi}{100}$

2. 周期性单位冲激函数 $\delta_{\mathrm{T}}(t)=\sum\limits_{n=-\infty}^{\infty}\delta(t-kT)$，其中傅里叶变换为(　　)。

A. $\delta_{\omega_0}(\omega)$　　B. $\omega_0\delta_{\omega_0}(\omega)$　　C. $\sum\limits_{n=-\infty}^{\infty}\mathrm{e}^{-\mathrm{j}n\omega_0 t}$　　D. $\sum\limits_{n=-\infty}^{\infty}\frac{1}{T}\mathrm{e}^{\mathrm{j}n\omega_0 t}$

其中 $\delta_{\omega_0}(\omega)=\sum\limits_{n=-\infty}^{\infty}\delta(\omega-n\omega_0)$，$\omega_0=\frac{2\pi}{T}$

3. 图 5-1 中，若 $h'(t)=1$，且该系统为稳定的因果系统，则该系统的冲激响应 $h(t)$为(　　)。

A. $h(t)=\frac{1}{5}(3\mathrm{e}^{2t}+\mathrm{e}^{-3t})u(-t)$

B. $h(t)=(\mathrm{e}^{-2t}-\mathrm{e}^{-3t})u(t)$

C. $-\frac{3}{5}\mathrm{e}^{2t}u(t)+\frac{2}{5}\mathrm{e}^{-3t}u(t)$

D. $-\frac{3}{5}\mathrm{e}^{2t}u(t)+\frac{2}{5}\mathrm{e}^{-3t}u(-t)$

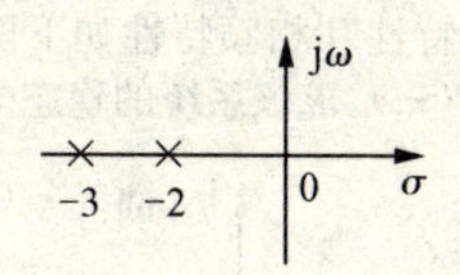

图 5-1

二、填空题

1. 信号 $f_1(t)$和 $f_2(t)$的频谱如下图 5-2 所示，且 $\omega_2>\omega_1$，若对 $y(t)=f_1(t)*f_2(t)$进行理想取样，满足抽样定理的最小抽样频率是________。

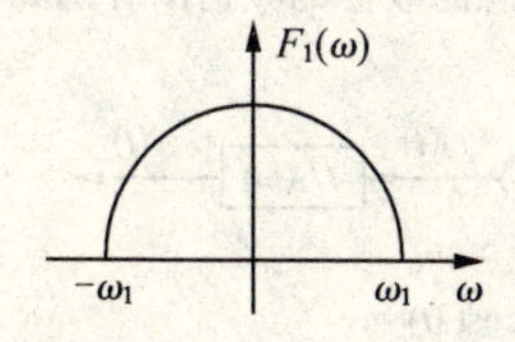

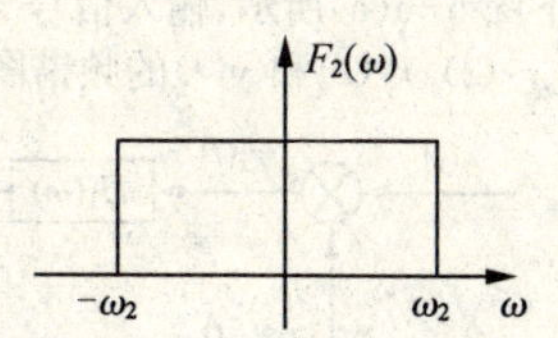

图 5-2

2. 信号通过系统后产生了新的频率分量，则该系统引起的信号失真为________。

3. 已知信号 $f(t)$的最高频率为 ω_{m}(rad/s)，则信号 $f^2(t)$的最高频率________。

4. 对信号 $f(t)=\frac{\sin 80\pi t}{t}+\frac{\sin 50\pi t}{t}$进行均匀抽样，为使抽样信号不产生混叠，抽样频率应满足________。

5. $H(s)$的零点和极点中仅________决定了 $h(t)$的函数形式。

三、计算题

1. 一因果线性时不变系统的频率响应 $H(\mathrm{j}\omega)=-2\mathrm{j}\omega$，当输入 $x(t)=(\sin\omega_0 t)u(t)$时，求输出 $y(t)$。

2. 已知系统振幅、相位特性如下图 5-3 所示，输入为 $x(t)$，输出为 $y(t)$。若输入 $x_1(t)=2\cos10\pi t+\sin12\pi t$ 及 $x_2(t)=2\cos10\pi t+\sin26\pi t$ 时，求输出 $y_1(t)$，$y_2(t)$；并判断 $y_1(t)$，$y_2(t)$有无失真？若有，指出为何种失真。

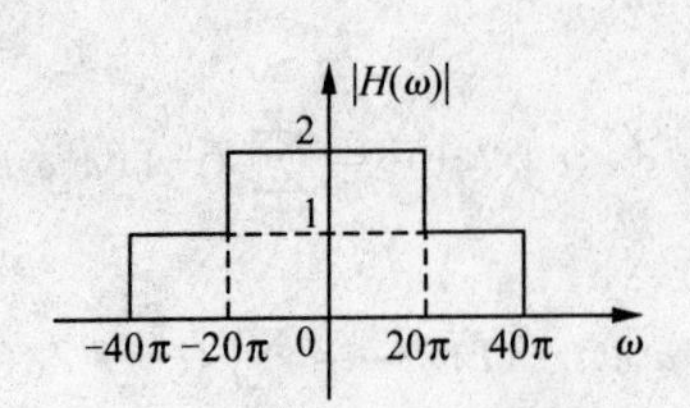

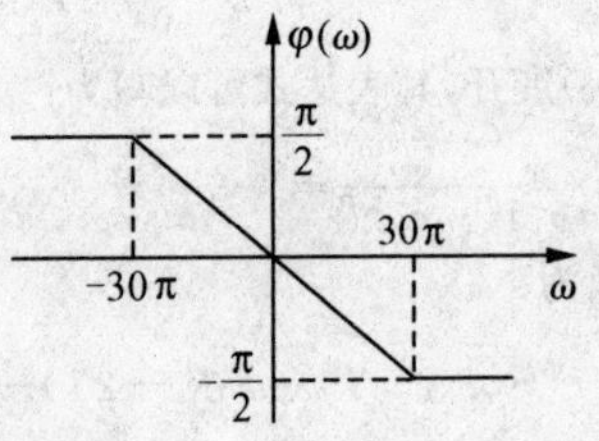

图 5-3

3. 已知连续信号 $f(t)$的频谱 $F(\omega)$如下图 5-4(a)所示，$f(t)$被理想抽样后经理想低通滤波器输出，如图 5-4(b)示，其中 $\delta_T(t)=\sum\limits_{n=-\infty}^{\infty}\delta(t-nT)$。

试求：(1) 若要理想低通滤波器无失真地恢复原信号 $f(t)$，理想低通滤波器的截止频率 ω_c 应满足什么条件？

(2) 若 $r(t)=f(2t-1)$，画出 $r(t)$的振幅谱和相位谱。

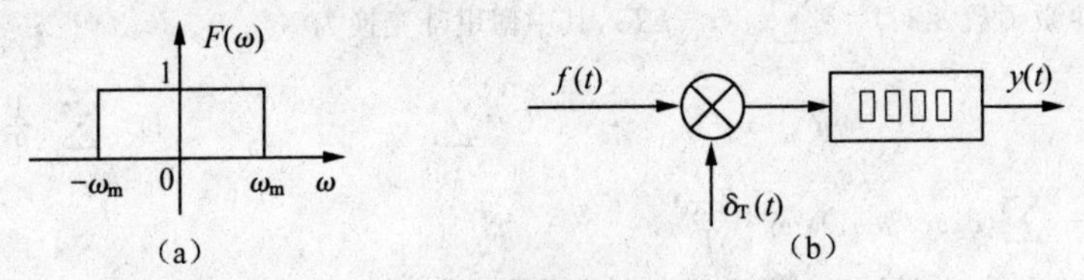

图 5-4

4. 已知某系统的幅频特性和相频特性如下图 5-5 所示，其中 $\omega_c=80\pi$，若输入信号 $f(t)=1+0.5\cos(60\pi t)+0.2\cos(120\pi t)$，求该系统的稳态响应 $y(t)$，并判断系统是否失真，是何种失真？

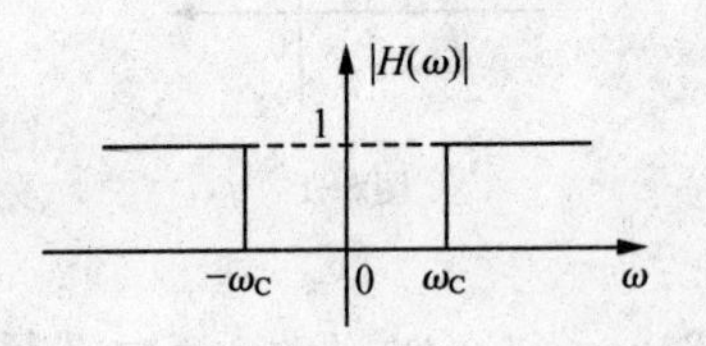

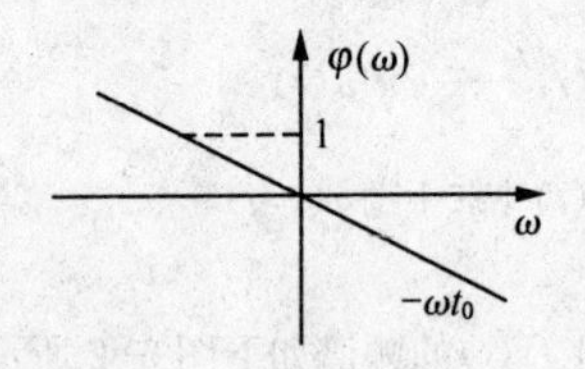

图 5-5

5. 连续 LTI 系统如下图 5-6(a)所示，输入信号 $x(t)$和理想滤波器的频谱图分别如图 5-6(b)、(c)、(d)所示。画出 $r_1(t)$、$r_2(t)$、$r_3(t)$和 $y(t)$的频谱图。

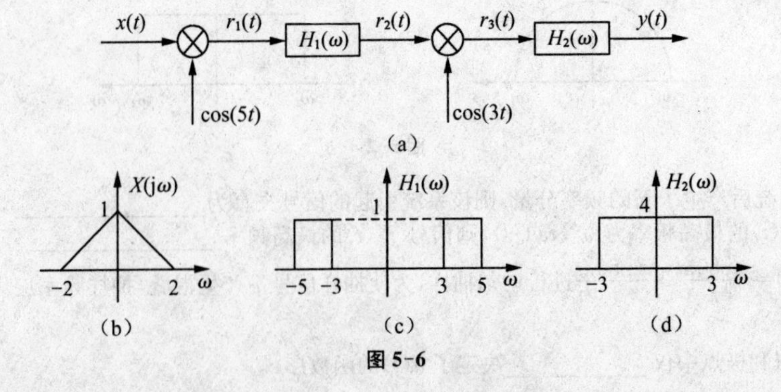

图 5-6

第六章　信号的矢量空间分析

知识点归纳

一、基本概念

1. 线性空间

当集合中任意两元素相加可构成词集合内的另一元素，任一元素与任一数相乘后得到此集合内的另一元素，这里的倍乘系数可以是实数也可是复数，此集合就是一个线性空间。

2. 范数空间

在线性空间中，为了解决矢量长度的度量方法，需要研究"范数"。

范数满足以下公理：

(1) 正定性　$\|x\|\geqslant 0$，当且仅当 $x=0$ 时 $\|x\|=0$

(2) 正齐性　对所有数量 α，有 $\|\alpha x\|=|\alpha|\cdot\|x\|$

(3) 三角不等式　$\|x+y\|\leqslant\|x\|+\|y\|$

3. 内积、内积空间

如果对于 R 中任意两元素 x 和 y，均有一实数与之对应，此实数记为 $\langle x,y\rangle$，它满足以下公理：

(1) 自内积正定性 $\langle x,x\rangle\geqslant 0$，当且仅当 $x=0$ 时 $\langle x,x\rangle=0$

(2) 交换律 $\langle x,y\rangle=\langle y,x\rangle$

(3) 齐性 $\langle\lambda x,y\rangle=\lambda\langle x,y\rangle$，$\lambda$ 为任意实数

(4) 分配律 $\langle x+y,z\rangle=\langle x,z\rangle+\langle y,z\rangle$，$z\in\mathbf{R}$，则 $\langle x,y\rangle$ 称为 x 和 y 的内积，$\mathbf{R}$ 称为实内积空间。

对于 N 维复线性空间，两元素 x 和 y 的内积定义为 $\langle x,y\rangle=\sum\limits_{i=1}^{N}x_i y_i^*$。

4. 柯西——施瓦茨不等式

$$|\langle x,y\rangle|^2\leqslant\langle x,x\rangle\langle y,y\rangle$$

二、正交函数

1. 正交函数

两个函数在区间 (t_1,t_2) 内正交的条件是：$\int_{t_1}^{t_2}f_1(t)f_2(t)\mathrm{d}t=0$。

2. 正交函数集

设有 n 个函数 $g_1(t),g_2(t),\cdots,g_n(t)$ 构成一个函数集，此函数集为正交函数集的条件是：在区间 (t_1,t_2) 内满足正交特性

$$\left.\begin{aligned}&\int_{t_1}^{t_2}g_i(t)g_j(t)=0\quad(i\neq j)\\&\int_{t_1}^{t_2}g_i^2(t)=K_i\end{aligned}\right\}\text{或}\left.\begin{aligned}&\langle g_i(t),g_j(t)\rangle=0(i\neq j)\\&\langle g_i(t),g_j(t)\rangle=K_i\end{aligned}\right\}$$

3. 完备正交函数集

完备正交函数集的定义有两种：

(1) 如果用正交函数集 $g_1(t),g_2(t),\cdots,g_n(t)$ 在区间 (t_1,t_2) 近似表示函数 $f(t)$

$$f(t)\approx\sum_{r=1}^{n}c_r g_r(t)$$

方均误差为：$\overline{\varepsilon^2}=\dfrac{1}{t_2-t_1}\int_{t_1}^{t_2}\left[f(t)-\sum_{r=1}^{n}c_r g_r(t)\right]^2 dt$

若令 n 趋于无穷大，$\overline{\varepsilon^2}$ 的极限等于零 $\lim\limits_{n\to\infty}\overline{\varepsilon^2}=0$，则此函数集是完备正交函数集。

(2) 如果在正交函数集 $g_1(t),g_2(t),\cdots,g_n(t)$ 之外，不存在函数 $f(t)$，$0<\int_{t_1}^{t_2}f^2(t)dt<\infty$ 满足等式 $\int_{t_1}^{t_2}f(t)g_i(t)dt=0$（$i$ 为任意正整数），则此函数集为完备正交函数集。

4. 帕塞瓦尔方程

$$\int_{t_1}^{t_2}f^2(t)dt=\sum_{r=1}^{\infty}c_r^2K_r \text{ 或 } \int_{t_1}^{t_2}f^2(t)dt=\sum_{r=1}^{\infty}c_r^2$$

从物理解释：能量守恒、功率不变。从时域求总功率和从频域求各分量功率之和二者相等。

从数学解释：内积不变形、范数不变形。

三、相关

1. 相关系数

对于两个能量有限信号 $f_1(t)$ 和 $f_2(t)$，相关系数 ρ_{12} 的大小由两个信号的内积所决定。

$$\rho_{12}=\frac{\langle f_1(t),f_2(t)\rangle}{\|f_1(t)\|_2\,\|f_2(t)\|_2}$$

2. 相关函数

对于能量有限实信号 $f_1(t)$ 和 $f_2(t)$，相关函数定义为：

$$R_{12}(\tau)=\int_{-\infty}^{\infty}f_1(t)f_2(t-\tau)dt=\int_{-\infty}^{\infty}f_1(t+\tau)f_2(t)dt$$

$$R_{21}(\tau)=\int_{-\infty}^{\infty}f_2(t)f_1(t-\tau)dt=\int_{-\infty}^{\infty}f_2(t+\tau)f_1(t)dt$$

若 $f_1(t)$ 和 $f_2(t)$ 是同一个信号，即 $f_1(t)=f_2(t)=f(t)$，

$$R(\tau)=\int_{-\infty}^{\infty}f(t)f(t-\tau)dt=\int_{-\infty}^{\infty}f(t+\tau)f(t)dt$$

对于功率有限信号，相关函数定义为：

$$R_{12}(\tau)=\lim_{T\to\infty}\left[\frac{1}{T}\int_{-\frac{T}{2}}^{\frac{T}{2}}f_1(t)f_2(t-\tau)dt\right]=\lim_{T\to\infty}\left[\frac{1}{T}\int_{-\frac{T}{2}}^{\frac{T}{2}}f_1(t+\tau)f_2(t)dt\right]$$

$$R_{21}(\tau)=\lim_{T\to\infty}\left[\frac{1}{T}\int_{-\frac{T}{2}}^{\frac{T}{2}}f_2(t)f_1(t-\tau)dt\right]=\lim_{T\to\infty}\left[\frac{1}{T}\int_{-\frac{T}{2}}^{\frac{T}{2}}f_2(t+\tau)f_1(t)dt\right]$$

$$R(\tau)=\lim_{T\to\infty}\left[\frac{1}{T}\int_{-\frac{T}{2}}^{\frac{T}{2}}f(t)f(t-\tau)dt\right]=\lim_{T\to\infty}\left[\frac{1}{T}\int_{-\frac{T}{2}}^{\frac{T}{2}}f(t+\tau)f(t)dt\right]$$

3. 相关函数与卷积比较

$$\begin{cases}f(t)=\int_{-\infty}^{\infty}f_1(\tau)f_2(t-\tau)d\tau\\ R_{12}(t)=\int_{-\infty}^{\infty}f_1(\tau)f_2(\tau-t)d\tau\end{cases}$$

$$R_{12}(t)=f_1(t)*f_2(-t)$$

4. 相关定理

$$\mathscr{F}[f_1(t)]=F_1(\omega),\mathscr{F}[f_2(t)]=F_2(\omega)$$

$$\mathscr{F}[R_{12}(\tau)]=F_1(\omega)\cdot F_2^*(\omega)$$

四、能量谱与功率谱

1. 能谱

对能量有限信号，能谱函数与自相关函数是一对傅里叶变换。

$$\mathscr{E}(\omega)=\mathscr{F}[R(\tau)],R(\tau)=\mathscr{F}^{-1}[\mathscr{E}(\omega)]$$

2. 功率谱

若 $f(t)$是功率有限信号，从 $f(t)$中截取$|t|\leqslant\frac{T}{2}$的一段，得到一截尾函数 $f_{\mathrm{T}}(t)$，它可以表示为

$f_{\mathrm{T}}(t)=\begin{cases}f(t) & |t|\leqslant\frac{T}{2}\\ 0 & |t|>\frac{T}{2}\end{cases}$。令 $f_{\mathrm{T}}(t)\leftrightarrow F_{\mathrm{T}}(\omega)$。则 $f(t)$的功率谱为 $\mathscr{P}(\omega)=\lim\limits_{T\to\infty}\frac{|F_{\mathrm{T}}(\omega)|^2}{T}$

$$\text{平均功率 } P=\frac{1}{2\pi}\int_{-\infty}^{\infty}\mathscr{P}(\omega)\mathrm{d}\omega$$

功率谱与自相关函数是一对傅里叶变换。

$\mathscr{P}(\omega)=\mathscr{F}[R(\tau)]$，$R(\tau)=\mathscr{F}^{-1}[\mathscr{P}(\omega)]$

五、信号通过线性系统的自相关函数、能量谱和功率谱分析

$$r(t)=h(t)*e(t)$$
$$R(\omega)=H(\omega)\cdot E(\omega)$$
$$|R(\omega)|^2=|H(\omega)|^2\cdot|E(\omega)|^2$$
$$\mathscr{E}_{\mathrm{r}}(\omega)=|H(\omega)|^2\cdot\mathscr{E}_{\mathrm{e}}(\omega)$$
$$\mathscr{P}_{\mathrm{r}}(\omega)=|H(\omega)|^2\cdot\mathscr{P}_{\mathrm{e}}(\omega)$$
$$|H(\omega)|^2=H(\omega)H^*(\omega)$$
$$\mathscr{F}[h(t)]=H(\omega),\mathscr{F}[h(-t)]=H^*(\omega)$$

冲激响应的自相关函数为：$R_{\mathrm{h}}(\tau)=h(t)*h(-t)$

$$R_{\mathrm{r}}(\tau)=R_{\mathrm{h}}(\tau)*R_{\mathrm{e}}(\tau)$$

六、匹配滤波器

1. 匹配

滤波器的性能与信号 $s(t)$的特性取得某种一致，使滤波器输出端的信号瞬时功率与噪声平均功率之比值为最大。

2. 匹配滤波器的冲激响应是所需信号 $s(t)$对垂直轴镜像并向右平移 T

$$h(t)=s(T-t)$$

匹配滤波器是相关函数概念在工程中的应用。

七、码分复用、码分多址通信

所谓码分是指利用一组正交码序列来区分各路信号，它们占用的频带和时间都可重叠。实现码分复用的理论依据是利用自相关函数抑制互相关的特性来选取正交信号码组中的所需信号，因此码分复用也称为正交复用。

码分复用一种以信号正交特性和相关特性为理论基础的通信技术。自相关运算时信号最强，互相关运算信号很弱。

习题解答

【6-1】 试证明在区间$(0,2\pi)$，图 6-5 的矩形波与信号 $\cos t,\cos(2t),\cdots,\cos(nt)$正交（$n$ 为整数），也即此函数没有波形 $\cos(nt)$的分量。

【解题思路】 两个函数在区间(t_1,t_2)内正交的条件是：$\int_{t_1}^{t_2}f_1(t)f_2(t)\mathrm{d}t=0$

【解】 图 6-5 的矩形波函数表达式为：$f(t)=\begin{cases}1 & 0<t<\pi\\ -1 & \pi<t<2\pi\end{cases}$

在$(0,2\pi)$内，$\int_0^{2\pi}f(t)\cos(nt)\mathrm{d}t=\int_0^{\pi}\cos(nt)\mathrm{d}t-\int_{\pi}^{2\pi}\cos(nt)\mathrm{d}t$

$$=\frac{1}{n}\sin nt\big|_0^{\pi}-\frac{1}{n}\sin nt\big|_{\pi}^{2\pi}=0(n=1,2,3\cdots),$$

故矩形波与信号 $\cos t,\cos(2t),\cdots,\cos(nt)$正交。

【6-2】 试证明 $\cos t,\cos(2t),\cdots,\cos(nt)$($n$ 为整数)是在区间$(0,2\pi)$中的正交函数集。

【解题思路】 利用是否满足正交函数集的条件进行判断。

【解】 在$(0,2\pi)$内,$\int_0^{2\pi}\cos(n_1t)\cos(n_2t)\mathrm{d}t=\frac{1}{2}\int_0^{2\pi}[\cos(n_1+n_2)t+\cos(n_1-n_2)t]\mathrm{d}t$

$$=\frac{1}{2}\left[\frac{1}{n_1+n_2}\sin(n_1+n_2)t\Big|_0^{2\pi}+\frac{1}{n_1-n_2}\sin(n_1-n_2)t\Big|_0^{2\pi}\right]=0$$

$$\int_0^{2\pi}\cos^2(nt)\mathrm{d}t=\int_0^{2\pi}\frac{1+\cos(2nt)}{2}\mathrm{d}t=\int_0^{2\pi}\frac{1}{2}\mathrm{d}t+\int_0^{2\pi}\frac{\cos(2nt)}{2}\mathrm{d}t=\pi$$

故 $\cos t,\cos(2t),\cdots,\cos(nt)$是在区间$(0,2\pi)$中的正交函数集。

【6-3】 上题中的函数集是否是在区间$\left(0,\frac{\pi}{2}\right)$中的正交函数集。

【解题思路】 同 6-2。

【解】 在$\left(0,\frac{\pi}{2}\right)$内,$\int_0^{\pi/2}\cos(n_1t)\cos(n_2t)\mathrm{d}t=\frac{1}{2}\int_0^{\pi/2}[\cos(n_1+n_2)t+\cos(n_1-n_2)t]\mathrm{d}t$

$$=\frac{1}{2}\left[\frac{1}{n_1+n_2}\sin(n_1+n_2)t\Big|_0^{\pi/2}+\frac{1}{n_1-n_2}\sin(n_1-n_2)t\Big|_0^{\pi/2}\right]$$

只有当(n_1+n_2)和(n_1-n_2)均为偶数时上式等于零,因此不满足正交条件。

故 $\cos t,\cos(2t),\cdots,\cos(nt)$不是在区间$\left(0,\frac{\pi}{2}\right)$中的正交函数集。

【6-4】 $1,x,x^2,x^3$ 是否是区间$(0,1)$的正交函数集。

【解题思路】 同 6-2。

【解】 在$(0,1)$内,$\int_0^1 x^m\cdot x^n\mathrm{d}x=\frac{1}{m+n+1}x^{m+n+1}\Big|_0^1=\frac{1}{m+n+1}\neq 0$

故 $1,x,x^2,x^3$ 不是区间$(0,1)$的正交函数集。

【6-5】 试证明 $\cos t,\cos(2t),\cdots,\cos(nt)$($n$ 为整数)不是区间$(0,2\pi)$内的完备正交函数集。

【解题思路】 完备正交函数集的定义:如果在正交函数集 $g_1(t),g_2(t),\cdots,g_n(t)$之外,不存在函数 $f(t)$,$0<\int_{t_1}^{t_2}f^2(t)\mathrm{d}t<\infty$,满足等式$\int_{t_1}^{t_2}f(t)g_i(t)\mathrm{d}t=0$($i$ 为任意正整数),则此函数集为完备正交函数集。

【解】 由题 6-2 结论可知 $\cos t,\cos(2t),\cdots,\cos(nt)$是在区间$(0,2\pi)$中的正交函数集,现考察其完备性。

设 $f(t)=k$(k 为不为零的常数),在区间$(0,2\pi)$内,$\int_0^{2\pi}k^2\mathrm{d}t=2\pi k^2<\infty$

$\int_0^{2\pi}k\cos(nt)\mathrm{d}t=\frac{k}{n}\sin nt\Big|_0^{2\pi}=0$,不符合完备正交函数集的定义。

故 $\cos t,\cos(2t),\cdots,\cos(nt)$不是区间$(0,2\pi)$内的完备正交函数集。

【6-6】 将图 6-5 中的矩形波用正弦函数的有限项级数来近似

$$f(t)\approx c_1\sin t+c_2\sin(2t)+\cdots+c_n\sin(nt)$$

分别求 $n=1,2,3,4$ 四种情况下的方均误差$\overline{\varepsilon^2}$。

【解题思路】 在区间(t_1,t_2)内用 n 个相互正交的函数线性组合近似表示 $f(t)$,$f(t)\approx c_1g_1(t)+c_2g_2(t)+\cdots+c_ng_n(t)$,为了达到最佳的近似,取方均误差最小,此时,系数 $c_r=\frac{\int_{t_1}^{t_2}f(t)g_r(t)\mathrm{d}t}{\int_{t_1}^{t_2}g_r^2(t)\mathrm{d}t}$。方均误差表示为$\overline{\varepsilon^2}=\frac{1}{t_2-t_1}\int_{t_1}^{t_2}\left[f(t)-\sum_{r=1}^{n}c_rg_r(t)\right]^2\mathrm{d}t$。

【解】 $n=1$ 时 $f(t)\approx c_1\sin t$ 为使方均误差最小,

$$c_1=\frac{\int_0^{2\pi}f(t)g_1(t)\mathrm{d}t}{\int_0^{2\pi}g_1^2(t)\mathrm{d}t}=\frac{\int_0^{\pi}\sin t\mathrm{d}t-\int_{\pi}^{2\pi}\sin t\mathrm{d}t}{\int_0^{2\pi}\sin^2t\mathrm{d}t}=\frac{2\int_0^{\pi}\sin t\mathrm{d}t}{\int_0^{2\pi}\frac{1-\cos2t}{2}\mathrm{d}t}=\frac{4}{\pi}$$

$$\overline{\varepsilon_1^2}=\frac{1}{2\pi}\int_0^{2\pi}\left[f(t)-\frac{4}{\pi}\sin t\right]^2\mathrm{d}t=\frac{1}{2\pi}\int_0^{\pi}\left[1-\frac{4}{\pi}\sin t\right]^2\mathrm{d}t+\frac{1}{2\pi}\int_{\pi}^{2\pi}\left[-1-\frac{4}{\pi}\sin t\right]^2\mathrm{d}t$$

$$=\frac{1}{2\pi}\int_0^{\pi}\left[1-\frac{8}{\pi}\sin t+\frac{16}{\pi^2}\sin^2 t\right]dt+\frac{1}{2\pi}\int_{\pi}^{2\pi}\left[1+\frac{8}{\pi}\sin t+\frac{16}{\pi^2}\sin^2 t\right]dt$$

$$=\frac{1}{2\pi}\left(\pi+\frac{8}{\pi}-\frac{16}{\pi}\right)+\frac{1}{2\pi}\left(\pi+\frac{8}{\pi}-\frac{16}{\pi}\right)=1-\frac{8}{\pi^2}$$

$n=2$ 时 $f(t)\approx c_1\sin t+c_2\sin 2t$ 为使方均误差最小，$c_1=\frac{4}{\pi}$

$$c_2=\frac{\int_0^{2\pi}f(t)g_2(t)dt}{\int_0^{2\pi}g_2^2(t)dt}=\frac{\int_0^{\pi}\sin 2t dt-\int_{\pi}^{2\pi}\sin 2t dt}{\int_0^{2\pi}\sin^2 2t dt}=0$$

故$\overline{\varepsilon_2^2}=\overline{\varepsilon_1^2}=1-\frac{8}{\pi^2}$

$n=3$ 时 $f(t)\approx c_1\sin t+c_2\sin 2t+c_3\sin 3t$ 为使方均误差最小，$c_1=\frac{4}{\pi}$，$c_2=0$

$$c_3=\frac{\int_0^{2\pi}f(t)g_3(t)dt}{\int_0^{2\pi}g_3^2(t)dt}=\frac{\int_0^{\pi}\sin 3t dt-\int_{\pi}^{2\pi}\sin 3t dt}{\pi}=\frac{2\int_0^{\pi/3}\sin 3t dt}{\pi}=\frac{4}{3\pi}$$

$$\overline{\varepsilon_3^2}=\frac{1}{2\pi}\int_0^{2\pi}\left[f(t)-\frac{4}{\pi}\sin t-\frac{4}{3\pi}\sin 3t\right]^2 dt$$

$$=\frac{1}{2\pi}\int_0^{\pi}\left[1-\frac{4}{\pi}\sin t-\frac{4}{3\pi}\sin 3t\right]^2 dt+\frac{1}{2\pi}\int_{\pi}^{2\pi}\left[-1-\frac{4}{\pi}\sin t-\frac{4}{3\pi}\sin 3t\right]^2 dt$$

$$=\frac{1}{2\pi}\left(\pi-\frac{8}{\pi}-\frac{8}{9\pi}\right)+\frac{1}{2\pi}\left(\pi-\frac{8}{\pi}-\frac{8}{9\pi}\right)=1-\frac{8}{\pi^2}-\frac{8}{(3\pi)^2}$$

$n=4$ 时 $f(t)\approx c_1\sin t+c_2\sin 2t+c_3\sin 3t+c_4\sin 4t$ 为使方均误差最小，$c_1=\frac{4}{\pi}$，$c_2=0$

$$c_3=1-\frac{8}{\pi^2}-\frac{8}{(3\pi)^2}$$

$$c_4=\frac{\int_0^{2\pi}f(t)g_4(t)dt}{\int_0^{2\pi}g_4^2(t)dt}=\frac{\int_0^{\pi}\sin 4t dt-\int_{\pi}^{2\pi}\sin 4t dt}{\pi}=0$$

故$\overline{\varepsilon_4^2}=\overline{\varepsilon_3^2}=1-\frac{8}{\pi^2}-\frac{8}{(3\pi)^2}$

【6-7】 试证明前四个勒让德多项式在(−1,1)内是正交函数集。它是否规格化？

【解题思路】 如果对某一正交函数集有$\int_{t_1}^{t_2}g_i^2(t)dt=K_i=1$或$\langle g_i(t),g_i(t)\rangle=1$，那么称此函数集为“规格化正交函数集”或“归一化正交函数集”。

【解】 前四个勒让德多项式 $P_0=1,P_1=t,P_2=\left(\frac{3}{2}t^2-\frac{1}{2}\right),P_3=\left(\frac{5}{2}t^3-\frac{3}{2}t\right)$

在区间(−1,1)内，$\int_{-1}^{1}P_0(t)P_1(t)dt=\int_{-1}^{1}t dt=0$

$$\int_{-1}^{1}P_0(t)P_2(t)dt=\int_{-1}^{1}\left(\frac{3}{2}t^2-\frac{1}{2}\right)dt=\frac{1}{2}t^3|_{-1}^{1}-\frac{1}{2}t|_{-1}^{1}=0$$

$$\int_{-1}^{1}P_0(t)P_3(t)dt=\int_{-1}^{1}\left(\frac{5}{2}t^3-\frac{3}{2}t\right)dt=\frac{5}{8}t^4|_{-1}^{1}-\frac{3}{4}t^2|_{-1}^{1}=0$$

$$\int_{-1}^{1}P_1(t)P_2(t)dt=\int_{-1}^{1}\left(\frac{3}{2}t^3-\frac{1}{2}t\right)dt=\frac{3}{8}t^4|_{-1}^{1}-\frac{1}{4}t^2|_{-1}^{1}=0$$

$$\int_{-1}^{1}P_1(t)P_3(t)dt=\int_{-1}^{1}\left(\frac{5}{2}t^4-\frac{3}{2}t^2\right)dt=\frac{1}{2}t^5|_{-1}^{1}-\frac{1}{2}t^3|_{-1}^{1}=0$$

$$\int_{-1}^{1}P_2(t)P_3(t)dt=\int_{-1}^{1}\left(\frac{3}{2}t^2-\frac{1}{2}\right)\left(\frac{5}{2}t^3-\frac{3}{2}t\right)dt=\int_{-1}^{1}\left(\frac{15}{4}t^5-\frac{7}{2}t^3+\frac{3}{4}t\right)dt$$

$$=\left(\frac{5}{8}t^6-\frac{7}{8}t^4+\frac{3}{8}t^2\right)\Big|_{-1}^{1}=0$$

$$K_0=\int_{-1}^{1}P_0^2(t)\mathrm{d}t=\int_{-1}^{1}\mathrm{d}t=2\neq 1\text{，同理 }K_2\neq 1, K_3\neq 1$$

由于 $K_0\neq 1$，故前四个勒让德多项式在 $(-1,1)$ 内是正交集，但非规格化。

【6-8】 一矩形波如题图 6-8 所示，将此函数用勒让德（傅里叶）级数表示

$$f(t)=c_0p_0(t)+c_1p_1(t)+\cdots+c_np_n(t)$$

试求系数 c_0, c_1, c_2, c_3, c_4。

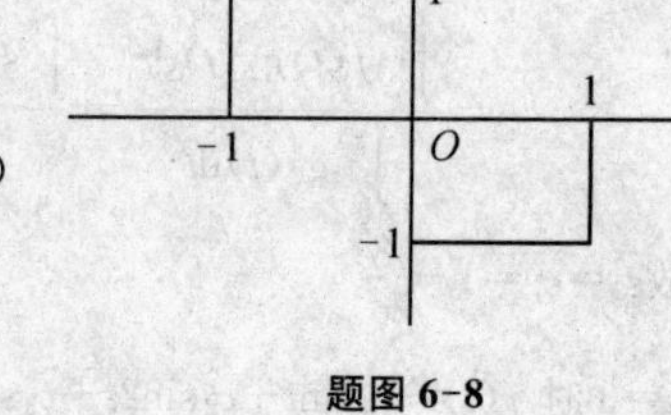

题图 6-8

【解题思路】 同题 6-6。

【解】 将 $f(t)$ 用勒让德级数表示 $f(t)=c_0P_0(t)+c_1P_1(t)+c_2P_2(t)+c_3P_3(t)+c_4P_4(t)$，

$$P_0=1, P_1=t, P_2=\left(\frac{3}{2}t^2-\frac{1}{2}\right), P_3=\left(\frac{5}{2}t^3-\frac{3}{2}t\right),$$

$$P_4=\left(\frac{35}{8}t^4-\frac{15}{4}t^2+\frac{3}{8}\right)$$

$$c_0=\frac{\int_{-1}^{1}f(t)P_0(t)\mathrm{d}t}{\int_{-1}^{1}P_0^2(t)\mathrm{d}t}=\frac{\int_{-1}^{1}f(t)\mathrm{d}t}{\int_{-1}^{1}\mathrm{d}t}=0$$

$$c_1=\frac{\int_{-1}^{1}f(t)P_1(t)\mathrm{d}t}{\int_{-1}^{1}P_1^2(t)\mathrm{d}t}=\frac{\int_{-1}^{0}t\mathrm{d}t-\int_{0}^{1}t\mathrm{d}t}{\int_{-1}^{1}t^2\mathrm{d}t}=\frac{-1}{\frac{2}{3}}=-\frac{3}{2}$$

$$c_2=\frac{\int_{-1}^{1}f(t)P_2(t)\mathrm{d}t}{\int_{-1}^{1}P_2^2(t)\mathrm{d}t}=\frac{\int_{-1}^{0}\left(\frac{3}{2}t^2-\frac{1}{2}\right)\mathrm{d}t-\int_{0}^{1}\left(\frac{3}{2}t^2-\frac{1}{2}\right)\mathrm{d}t}{\int_{-1}^{1}\left(\frac{3}{2}t^2-\frac{1}{2}\right)^2\mathrm{d}t}=0$$

$$c_3=\frac{\int_{-1}^{1}f(t)P_3(t)\mathrm{d}t}{\int_{-1}^{1}P_3^2(t)\mathrm{d}t}=\frac{\int_{-1}^{0}\left(\frac{5}{2}t^3-\frac{3}{2}t\right)\mathrm{d}t-\int_{0}^{1}\left(\frac{5}{2}t^3-\frac{3}{2}t\right)\mathrm{d}t}{\int_{-1}^{1}\left(\frac{5}{2}t^3-\frac{3}{2}t\right)^2\mathrm{d}t}=\frac{\frac{1}{4}}{\frac{2}{7}}=\frac{7}{8}$$

$$c_4=\frac{\int_{-1}^{1}f(t)P_4(t)\mathrm{d}t}{\int_{-1}^{1}P_4^2(t)\mathrm{d}t}=\frac{\int_{-1}^{0}\left(\frac{35}{8}t^4-\frac{15}{4}t^2+\frac{3}{8}\right)\mathrm{d}t-\int_{0}^{1}\left(\frac{35}{8}t^4-\frac{15}{4}t^2+\frac{3}{8}\right)\mathrm{d}t}{\int_{-1}^{1}\left(\frac{35}{8}t^4-\frac{15}{4}t^2+\frac{3}{8}\right)^2\mathrm{d}t}=0$$

【6-9】 用二次方程 at^2+bt+c 来近似表示函数 e^t，区间在 $(-1,1)$，使方均误差最小，求系数 a，b 和 c。

【解题思路】 在区间 (t_1,t_2) 内用 $f_2(t)$ 近似表示 $f_1(t)$，$f_1(t)\approx f_2(t)$，为了达到最佳的近似，应取方均误差最小，方均误差表示为 $\overline{\varepsilon^2}=\frac{1}{t_2-t_1}\int_{t_1}^{t_2}[f_1(t)-f_2(t)]^2\mathrm{d}t$。对方均误差求导并使之等于 0 即是使方均误差 $\overline{\varepsilon^2}$ 最小的条件求系数的方法。

【解】 使 $\mathrm{e}^t\approx at^2+bt+c$，则方均误差 $\overline{\varepsilon^2}=\frac{1}{2}\int_{-1}^{1}[\mathrm{e}^t-at^2-bt-c]^2\mathrm{d}t$

$$\frac{\partial\overline{\varepsilon^2}}{\partial a}=\frac{\partial}{\partial a}\left[\int_{-1}^{1}(\mathrm{e}^t-at^2-bt-c)^2\mathrm{d}t\right]=0$$

$$\int_{-1}^{1}(-2t^2\mathrm{e}^t+2at^4+2bt^3+2ct^2)\mathrm{d}t=0\Rightarrow 2e-10\mathrm{e}^{-1}+\frac{4a}{5}+\frac{4c}{3}=0 \tag{1}$$

$$\frac{\partial\overline{\varepsilon^2}}{\partial b}=\frac{\partial}{\partial b}\left[\int_{-1}^{1}(\mathrm{e}^t-at^2-bt-c)^2\mathrm{d}t\right]=0$$

$$\int_{-1}^{1}(-2t\mathrm{e}^t+2at^3+2bt^2+2ct)\mathrm{d}t=0\Rightarrow -4\mathrm{e}^{-1}+\frac{4b}{3}=0 \tag{2}$$

$$\frac{\partial\overline{\varepsilon^2}}{\partial c}=\frac{\partial}{\partial c}\left[\int_{-1}^{1}(\mathrm{e}^t-at^2-bt-c)^2\mathrm{d}t\right]=0$$

$$\int_{-1}^{1}(-2\mathrm{e}^t+2at^2+2bt+2c)\mathrm{d}t=0\Rightarrow -2\mathrm{e}+2\mathrm{e}^{-1}+\frac{4a}{3}+4c=0 \tag{3}$$

(1)(2)(3)式联立得方程组$\begin{cases}\dfrac{4a}{5}+\dfrac{4c}{3}=2\mathrm{e}-10\mathrm{e}^{-1}\\ b=3\mathrm{e}^{-1}\\ \dfrac{4a}{3}+4c=2\mathrm{e}-2\mathrm{e}^{-1}\end{cases}$

解得$\begin{cases}a=\dfrac{15}{4}\mathrm{e}-\dfrac{105}{4}\mathrm{e}^{-1}\\ b=3\mathrm{e}^{-1}\\ c=-\dfrac{3}{4}\mathrm{e}+\dfrac{33}{4}\mathrm{e}^{-1}\end{cases}$

【6-10】 试讨论图 6-6 所示拉德马赫函数集是否为完备的正交函数集。

【解题思路】 同题 6-5。

【解】 取 $f(t)=\cos 2\pi t$,则$\int_0^1 f^2(t)\mathrm{d}t\neq 0$

取拉德马赫函数集中函数 $\mathrm{Rad}(0,t)$,则$\int_0^1 f(t)\mathrm{Rad}(0,t)\mathrm{d}t=\int_0^1 \cos 2\pi t\mathrm{d}t=0$

所以 $f(t)$与 $\mathrm{Rad}(0,t)$正交,故拉德马赫函数集不是(0,1)上的完备正交函数集。

【6-11】 若信号 $f_1(t)=\cos(\omega t)$,$f_2(t)=\sin(\omega t)$,试证明当两信号同时作用于单位电阻时所产生的能量等于 $f_1(t)$和 $f_2(t)$分别作用时产生的能量之和。如果改为 $f_1(t)=\cos(\omega t)$,$f_2(t)=\cos(\omega t+45°)$,上述结论是否成立?

【解题思路】 信号 $f(t)$的归一化能量(或简称信号的能量)定义为信号电压(或电流)加到单位电阻上所消耗的能量,以 E 表示。这样 $E=\int_{-\infty}^{\infty}|f(t)|^2\mathrm{d}t$。若 $f(t)$为实数,则 $E=\int_{-\infty}^{\infty}f^2(t)\mathrm{d}t$。

【解】 当 $f_1(t)=\cos(\omega t)$,$f_2(t)=\sin(\omega t)$同时作用于单位电阻时所产生的能量为:

$$E_1=\int_{-\infty}^{\infty}[f_1(t)+f_2(t)]^2\mathrm{d}t=\int_{-\infty}^{\infty}[\cos(\omega t)+\sin(\omega t)]^2\mathrm{d}t=\int_{-\infty}^{\infty}[1+\sin(2\omega t)]\mathrm{d}t$$

当 $f_1(t)$,$f_2(t)$分别作用于单位电阻时所产生的能量为:

$$E_2=\int_{-\infty}^{\infty}f_1^2(t)\mathrm{d}t+\int_{-\infty}^{\infty}f_2^2(t)\mathrm{d}t$$

取一个时间周期$(0,T)$,则 $E_1=\int_0^T[1+\sin(2\omega t)]\mathrm{d}t=T$,

$$E_2=\int_{-\infty}^{\infty}\cos^2(\omega t)\mathrm{d}t+\int_{-\infty}^{\infty}\sin^2(\omega t)\mathrm{d}t=\frac{T}{2}+\frac{T}{2}=T。$$

即两信号同时作用于单位电阻时所产生的能量等于两信号分别作用时产生的能量之和。

当 $f_1(t)=\cos(\omega t)$,$f_2(t)=\cos(\omega t+45°)$同时作用于单位电阻时所产生的能量为:

$$\begin{aligned}E_1&=\int_0^T[f_1(t)+f_2(t)]^2\mathrm{d}t=\int_0^T\left[\cos(\omega t)+\cos\left(\omega t+\frac{\pi}{4}\right)\right]^2\mathrm{d}t\\&=\int_0^T\left[\cos^2(\omega t)+\cos^2\left(\omega t+\frac{\pi}{4}\right)+\cos\left(2\omega t+\frac{\pi}{4}\right)+\cos\frac{\pi}{4}\right]\mathrm{d}t\\&=\frac{T}{2}+\frac{T}{2}+T\cos\frac{\pi}{4}=T\left(1+\frac{\sqrt{2}}{2}\right)\end{aligned}$$

当 $f_1(t)$,$f_2(t)$分别作用于单位电阻时所产生的能量为:

$$E_2=\int_0^T\cos^2(\omega t)\mathrm{d}t+\int_0^T\cos^2\left(\omega t+\frac{\pi}{4}\right)\mathrm{d}t=\frac{T}{2}+\frac{T}{2}=T。$$

即两信号同时作用于单位电阻时所产生的能量不等于两信号分别作用时产生的能量之和。

【6-12】 以三角函数形式的定义写出序号 k 从 7 至 15 的沃尔什函数表示式,并画出它们的波形。

【解题思路】 用三角函数定义的沃尔什函数表示方法如下:

$\mathrm{Wal}(k,t)=\prod\limits_{r=0}^{p-1}\mathrm{sgn}[\cos(k_r 2^r\pi t)]$$(0\leqslant t<1)$。式中,$k$ 是沃尔什函数编号,为非负整数。k 的二进制表示式为 $k=\sum\limits_{r=0}^{p-1}k_r 2^r$;$k_r$ 为 0 或 1,是 k 的二进制表示式中各位二进数字的值;p 是 k 的二进制表示

式的位数;sgn 表示符号函数。

【解】 $k=7,7=1\times2^2+1\times2^1+1\times2^0,k_2=k_1=k_0=1,p=3$

$$\mathrm{Wal}(7,t)=\prod_{r=0}^{2}\mathrm{sgn}[\cos(k_r2^r\pi t)]=\mathrm{sgn}[\cos(k_22^2\pi t)]\cdot\mathrm{sgn}[\cos(k_12^1\pi t)]\cdot\mathrm{sgn}[\cos(k_02^0\pi t)]$$

$$=\mathrm{sgn}[\cos(4\pi t)]\cdot\mathrm{sgn}[\cos(2\pi t)]\cdot\mathrm{sgn}[\cos(\pi t)]=\mathrm{Wal}(4,t)\cdot\mathrm{Wal}(2,t)\cdot\mathrm{Wal}(1,t)$$

同理,$\mathrm{Wal}(8,t)=\mathrm{sgn}[\cos(8\pi t)]$

$\mathrm{Wal}(9,t)=\mathrm{sgn}[\cos(8\pi t)]\cdot\mathrm{sgn}[\cos(\pi t)]=\mathrm{Wal}(8,t)\cdot\mathrm{Wal}(1,t)$

$\mathrm{Wal}(10,t)=\mathrm{sgn}[\cos(8\pi t)]\cdot\mathrm{sgn}[\cos(2\pi t)]=\mathrm{Wal}(8,t)\cdot\mathrm{Wal}(2,t)$

$\mathrm{Wal}(11,t)=\mathrm{sgn}[\cos(8\pi t)]\cdot\mathrm{sgn}[\cos(2\pi t)]\cdot\mathrm{sgn}[\cos(\pi t)]=\mathrm{Wal}(8,t)\cdot\mathrm{Wal}(2,t)\cdot\mathrm{Wal}(1,t)$

$\mathrm{Wal}(12,t)=\mathrm{sgn}[\cos(8\pi t)]\cdot\mathrm{sgn}[\cos(4\pi t)]=\mathrm{Wal}(8,t)\cdot\mathrm{Wal}(4,t)$

$\mathrm{Wal}(13,t)=\mathrm{sgn}[\cos(8\pi t)]\cdot\mathrm{sgn}[\cos(4\pi t)]\cdot\mathrm{sgn}[\cos(\pi t)]=\mathrm{Wal}(8,t)\cdot\mathrm{Wal}(4,t)\cdot\mathrm{Wal}(1,t)$

$\mathrm{Wal}(14,t)=\mathrm{sgn}[\cos(8\pi t)]\cdot\mathrm{sgn}[\cos(4\pi t)]\cdot\mathrm{sgn}[\cos(2\pi t)]=\mathrm{Wal}(8,t)\cdot\mathrm{Wal}(4,t)\cdot\mathrm{Wal}(2,t)$

$$\mathrm{Wal}(15,t)=\mathrm{sgn}[\cos(8\pi t)]\cdot\mathrm{sgn}[\cos(4\pi t)]\cdot\mathrm{sgn}[\cos(2\pi t)]\cdot\mathrm{sgn}[\cos(\pi t)]$$

$$=\mathrm{Wal}(8,t)\cdot\mathrm{Wal}(4,t)\cdot\mathrm{Wal}(2,t)\cdot\mathrm{Wal}(1,t)$$

函数波形如解图 6-12 所示

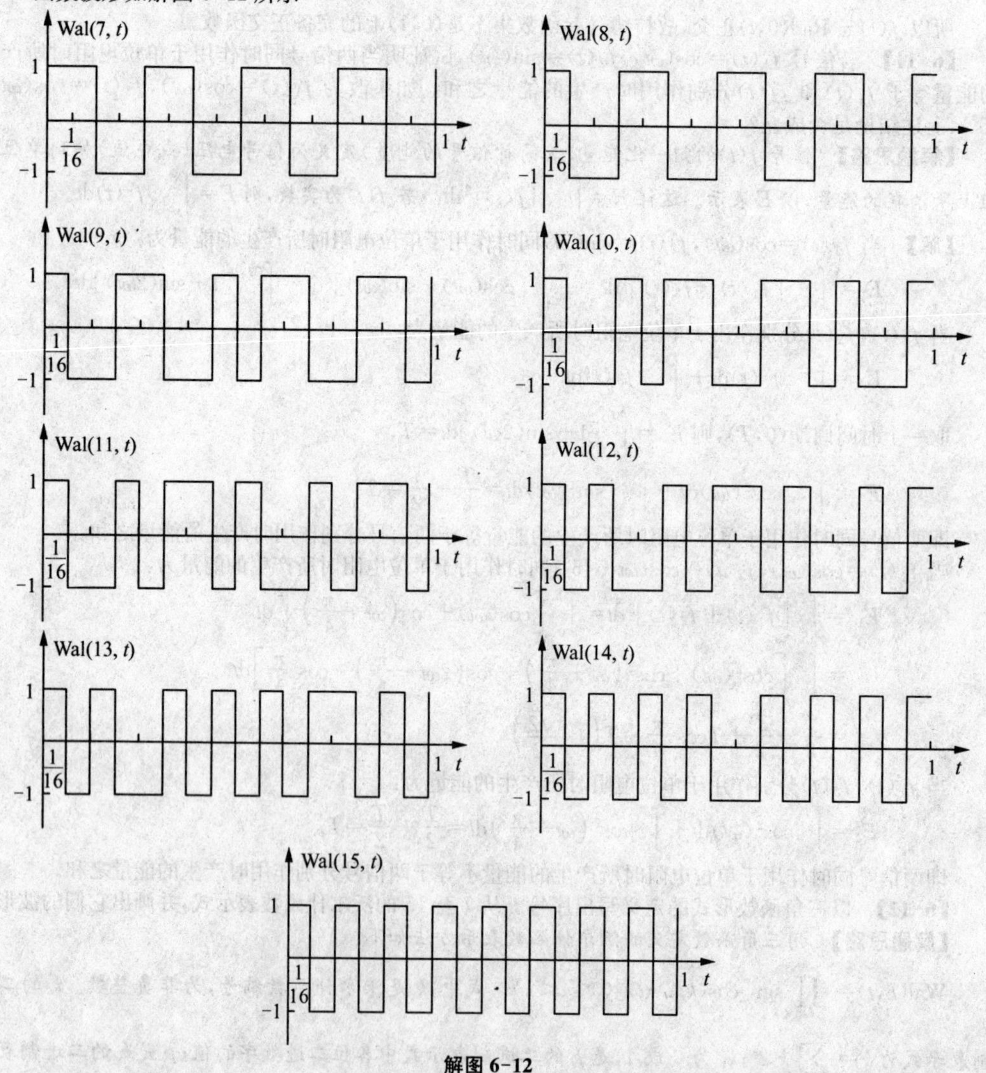

解图 6-12

【6-13】 画出 sal$(6,t)$和 cal$(7,t)$的波形。

【解题思路】 当 k 为奇数时，Wal(k,t)对原点是奇函数，当 k 为偶数时，Wal(k,t)对原点是偶函数。这一性质类似于正弦、余弦函数。为了便于和三角函数比较，将 Wal(k,t)分为两类，表示为 Wal(k,t) $=\begin{cases}\text{Sal}(m,t) & (k=2m-1,m=1,2\cdots)\\ \text{Cal}(m,t) & (k=2m,m=0,1,2\cdots)\end{cases}$

【解】 由 $\text{Wal}(k,t)=\begin{cases}\text{Sal}(m,t) & (k=2m-1,m=1,2\cdots)\\ \text{Cal}(m,t) & (k=2m,m=0,1,2\cdots)\end{cases}$

知：
$$\text{Sal}(6,t)=\text{Wal}(11,t),\text{Cal}(7,t)=\text{Wal}(14,t)$$

波形如解图 6-13 所示：

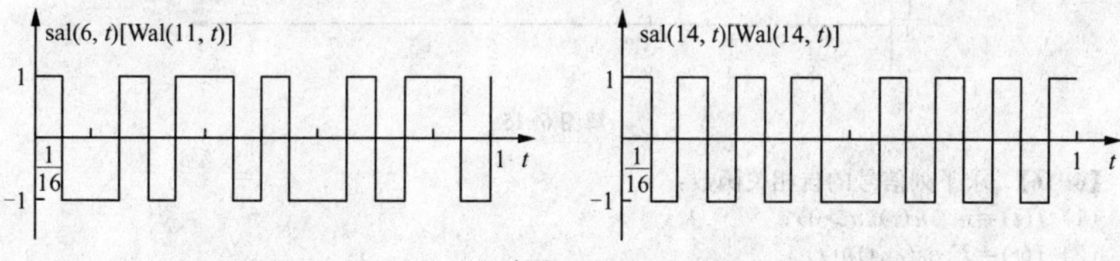

解图 6-13

【6-14】 试证明
$$\text{sal}(i,t)\text{sal}(j,t)=\text{cal}[(i-1)\oplus(j-1),t]$$
$$\text{sal}(i,t)\text{cal}(j,t)=\text{sal}\{[(i-1)\oplus j]+1,t\}$$

【解题思路】 沃尔什函数性质 $\text{Wal}(k,t)\cdot\text{Wal}(h,t)=\text{Wal}(k\oplus h,t)$，$[\text{Wal}(k,t)]^2=1$

【证明】 $\text{Sal}(i,t)\cdot\text{Sal}(j,t)=\text{Wal}[(2i-1),t]\cdot\text{Wal}[(2j-1),t]=\text{Wal}[(2i-1)\oplus(2j-1),t]$

$$=\text{Cal}\left[\frac{(2i-1)\oplus(2j-1)}{2},t\right]=\text{Cal}[(i-1)\oplus(j-1),t]$$

$\text{Sal}(i,t)\cdot\text{Cal}(j,t)=\text{Wal}[(2i-1),t]\cdot\text{Wal}[2j,t]=\text{Wal}[(2i-1)\oplus 2j,t]$

$$=\text{Sal}\left[\frac{(2i-1)\oplus 2j}{2},t\right]=\text{Sal}[(i-1)\oplus j,t]$$

【6-15】 求题图 6-15 所示周期性三角波的沃尔什级数展开系数 c_0,c_1,c_2,c_3 和 s_1,s_2,s_3 各等于多少？画出以上述结果综合逼近此三角波的图形。

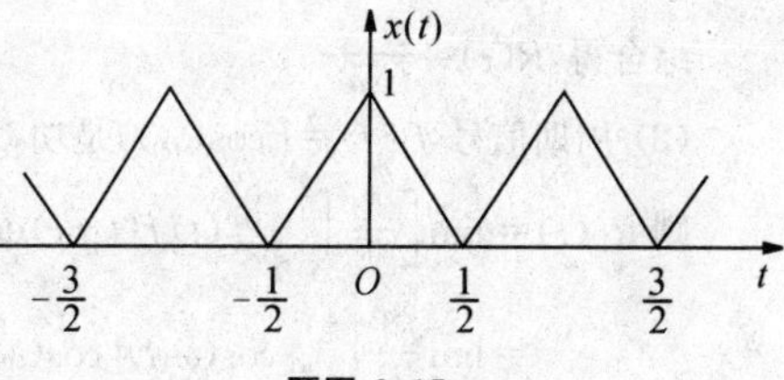

题图 6-15

【解题思路】 设 $x(t)$为周期性函数，应用沃尔什函数的正交展开式可写成 $x(t)=c_0+\sum\limits_{m=1}^{\infty}[c_m\text{Cal}(m,t)+s_m\text{Sal}(m,t)]$，

式中，$c_0=\int_0^1 x(t)\text{Cal}(0,t)\text{d}t=\int_0^1 x(t)\text{d}t$，

$c_m=\int_0^1 x(t)\text{Cal}(m,t)\text{d}t$，$s_m=\int_0^1 x(t)\text{Sal}(m,t)\text{d}t$

或合并为 $a_k=\int_0^1 x(t)\text{Wal}(k,t)\text{d}t$

【解】 由定义有：$c_0=\int_0^1 x(t)\text{d}t=\dfrac{1}{2}$

$$c_1=\int_0^1 x(t)\text{Cal}(1,t)\text{d}t=\int_0^{1/4}x(t)\text{d}t-\int_{1/4}^{3/4}x(t)\text{d}t+\int_{3/4}^1 x(t)\text{d}t=\frac{1}{4}$$

$$c_2=\int_0^1 x(t)\text{Cal}(2,t)\text{d}t=\int_0^{1/8}x(t)\text{d}t-\int_{1/8}^{3/8}x(t)\text{d}t+\int_{3/8}^{5/8}x(t)\text{d}t-\int_{5/8}^{7/8}x(t)\text{d}t+\int_{7/8}^1 x(t)\text{d}t=0$$

$$c_3=\int_0^1 x(t)\text{Cal}(3,t)\text{d}t=\int_0^{1/8}x(t)\text{d}t-\int_{1/8}^{1/4}x(t)\text{d}t+\int_{1/4}^{3/8}x(t)\text{d}t-\int_{3/8}^{5/8}x(t)\text{d}t+\int_{5/8}^{3/4}x(t)\text{d}t$$
$$-\int_{3/4}^{7/8}x(t)\text{d}t+\int_{7/8}^1 x(t)\text{d}t=\frac{1}{8}$$

由于 Sal(m,t)具有奇对称性，$x(t)$在周期内具有偶对称性，故 Sal(m,t)与 $x(t)$的乘积在一个周期

内积分为零，故 $s_1 = s_2 = s_3 = 0$

逼近图形的波形如解图 6-15 所示。

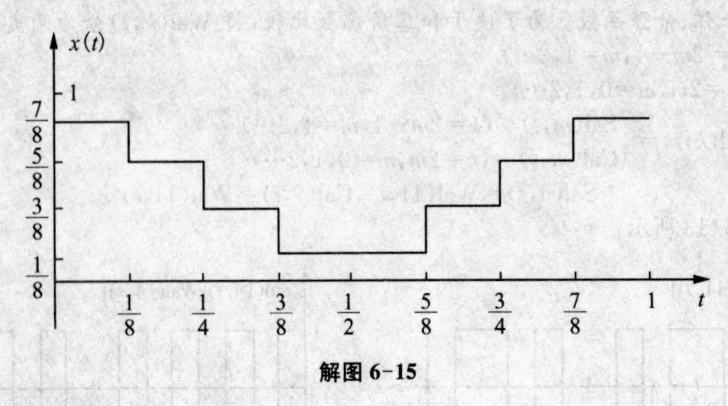

解图 6-15

【6-16】 求下列信号的自相关函数：

(1) $f(t) = e^{-at}u(t)(a>0)$；

(2) $f(t) = E\cos(\omega_0 t)u(t)$。

【解题思路】 若信号 $f(t)$是能量有限信号，且为实函数，其自相关函数定义为 $R(\tau) = \int_{-\infty}^{\infty} f(t)f(t-\tau)\mathrm{d}t$。若信号 $f(t)$是功率有限信号，其自相关函数定义为 $R(\tau) = \lim\limits_{T\to\infty}\left[\frac{1}{T}\int_{-\frac{2}{T}}^{\frac{2}{T}} f(t)f(t-\tau)\mathrm{d}t\right]$。

【解】

(1) $R(\tau) = \int_{-\infty}^{\infty} e^{-at}u(t)e^{-a(t-\tau)}u(t-\tau)\mathrm{d}t$

当 $\tau>0$ 时，$R(\tau) = e^{a\tau}\int_{\tau}^{\infty} e^{-2at}\mathrm{d}t = -\frac{e^{a\tau}}{2a}e^{-2at}\Big|_{\tau}^{\infty} = \frac{e^{-a\tau}}{2a}$

当 $\tau<0$ 时，$R(\tau) = e^{a\tau}\int_{0}^{\infty} e^{-2at}\mathrm{d}t = -\frac{e^{a\tau}}{2a}e^{-2at}\Big|_{0}^{\infty} = \frac{e^{a\tau}}{2a}$

综合得，$R(\tau) = \frac{e^{-a|\tau|}}{2a}$

(2) 周期信号 $f_1(t) = E\cos(\omega_0 t)$是功率有限信号，

则 $R_1(\tau) = \lim\limits_{T\to\infty}\left[\frac{1}{T}\int_{-\frac{2}{T}}^{\frac{2}{T}} f(t)f(t-\tau)\mathrm{d}t\right] = \lim\limits_{T\to\infty}\frac{E^2}{T}\int_{-\frac{2}{T}}^{\frac{2}{T}}\cos(\omega_0 t)\cos[\omega_0(t-\tau)]\mathrm{d}t$

$$= \lim_{T\to\infty}\frac{E^2}{T}\int_{-\frac{2}{T}}^{\frac{2}{T}}\cos(\omega_0 t)[\cos(\omega_0 t)\cos(\omega_0\tau) + \sin(\omega_0 t)\sin(\omega_0\tau)]\mathrm{d}t$$

$$= \lim_{T\to\infty}\frac{E^2}{T}\int_{-\frac{2}{T}}^{\frac{2}{T}}\cos^2(\omega_0 t)\cos(\omega_0 t)\mathrm{d}t = \lim_{T\to\infty}\frac{E^2}{T}\cos(\omega_0\tau)\int_{-\frac{2}{T}}^{\frac{2}{T}}\frac{\cos(2\omega_0 t)+1}{2}\mathrm{d}t = \frac{E^2}{2}\cos(\omega_0\tau)$$

$$f(t) = E\cos(\omega_0 t)u(t) = f_1(t)u(t)$$

则 $R(\tau) = \lim\limits_{T\to\infty}\left[\frac{1}{T}\int_{-\frac{2}{T}}^{\frac{2}{T}} f(t)f(t-\tau)\mathrm{d}t\right] = \lim\limits_{T\to\infty}\left[\frac{1}{T}\int_{-\frac{2}{T}}^{\frac{2}{T}} f(t)f(t+\tau)\mathrm{d}t\right]$

$$= \lim_{T\to\infty}\left[\frac{1}{T}\int_{0}^{\frac{2}{T}} f_1(t)f_1(t-\tau)\mathrm{d}t\right] = \frac{1}{2}R_1(\tau)$$

所以 $R(\tau) = \frac{E^2}{4}\cos(\omega_0\tau)$

【6-17】 试确定下列信号的功率，并画出它们的功率谱：

(1) $A\cos(2\,000\pi t) + B\sin(200\pi t)$；

(2) $[A+\sin(200\pi t)]\cos(2\,000\pi t)$；

(3) $A\cos(200\pi t)\cos(2\,000\pi t)$；

(4) $A\sin(200\pi t)\cos(2\,000\pi t)$；

(5) $A\sin(300\pi t)\cos(2\,000\pi t)$；

(6) $A\sin^2(200\pi t)\cos(2\,000\pi t)$。

【解题思路】 信号 $f(t)$在整个时间轴上的平均功率为

$P=\lim\limits_{T\to\infty}\left[\frac{1}{T}\int_{-T/2}^{T/2}|f(t)|^2\mathrm{d}t\right]=\frac{1}{2\pi}\int_{-\infty}^{\infty}\mathscr{P}(\omega)\mathrm{d}\omega$。$\mathscr{P}(\omega)$为 $f(t)$的功率谱。$\mathscr{P}(\omega)=\mathscr{F}[R(\tau)]$

当 $f(t)=E\cos\omega_1 t$ 时,$R(\tau)=\frac{E^2}{2}\cos\omega_1\tau$,$\mathscr{P}(\omega)=\frac{E^2}{2}\pi[\delta(\omega+\omega_1)+\delta(\omega-\omega_1)]$

当 $f(t)=E\sin\omega_1 t$ 时,$R(\tau)=\frac{E^2}{2}\cos\omega_1\tau$,$\mathscr{P}(\omega)=\frac{E^2}{2}\pi[\delta(\omega+\omega_1)+\delta(\omega-\omega_1)]$

【解】

(1) $f_1(t)=A\cos 2\,000\pi t$,$\mathscr{P}_1(\omega)=\frac{A^2}{2}\pi[\delta(\omega+2\,000\pi)+\delta(\omega-2\,000\pi)]$

$f_2(t)=B\sin 200\pi t$,$\mathscr{P}_1(\omega)=\frac{B^2}{2}\pi[\delta(\omega+200\pi)+\delta(\omega-200\pi)]$

$$P_1=\frac{1}{2\pi}\int_{-\infty}^{\infty}[\mathscr{P}_1(\omega)+\mathscr{P}_2(\omega)]\mathrm{d}\omega=\frac{1}{2\pi}(A^2\pi+B^2\pi)=\frac{A^2+B^2}{2}$$

波形如解图 6-17(1)所示。

(2) $f_1(t)=A\cos(2\,000\pi t)+\sin(200\pi t)\cos(2\,000\pi t)$

$=A\cos(2\,000\pi t)+\frac{1}{2}[\sin(2\,200\pi t)-\sin(1\,800\pi t)]$

$\mathscr{P}_1(\omega)=\frac{A^2}{2}\pi[\delta(\omega+2\,000\pi)+\delta(\omega-2\,000\pi)]$

$\mathscr{P}_2(\omega)=\frac{\pi}{8}[\delta(\omega+2\,200\pi)+\delta(\omega-2\,200\pi)]$

$\mathscr{P}_3(\omega)=\frac{\pi}{8}[\delta(\omega+1\,800\pi)+\delta(\omega-1\,800\pi)]$

$$P_2=\frac{1}{2\pi}\int_{-\infty}^{\infty}[\mathscr{P}_1(\omega)+\mathscr{P}_2(\omega)+\mathscr{P}_3(\omega)]\mathrm{d}\omega=\frac{1}{2\pi}\cdot A^2\pi+2\times\frac{1}{8}=\frac{A^2}{2}+\frac{1}{4}$$

波形如解图 6-17(2)所示。

(3) $f(t)=\frac{A}{2}[\cos(2\,200\pi t)+\cos(1\,800\pi t)]$

$\mathscr{P}(\omega)=\frac{A^2}{8}\pi[\delta(\omega+2\,200\pi)+\delta(\omega-2\,200\pi)]+\frac{A^2}{8}\pi[\delta(\omega+1\,800\pi)+\delta(\omega-1\,800\pi)]$

$$P_3=\frac{1}{2\pi}\int_{-\infty}^{\infty}\mathscr{P}(\omega)\mathrm{d}\omega=\frac{1}{2\pi}\cdot\frac{A^2\pi}{8}\times 4=\frac{A^2}{4}$$

波形如解图 6-17(3)所示。

(4) $f(t)=A\sin(200\pi t)\cos(2\,000\pi t)=\frac{A}{2}[\sin(2\,200\pi t)-\sin(1\,800\pi t)]$

$\mathscr{P}(\omega)=\frac{A^2}{8}\pi[\delta(\omega+2\,200\pi)+\delta(\omega-2\,200\pi)]+\frac{A^2}{8}\pi[\delta(\omega+1\,800\pi)+\delta(\omega-1\,800\pi)]$

$$P=\frac{1}{2\pi}\int_{-\infty}^{\infty}\mathscr{P}(\omega)\mathrm{d}\omega=\frac{1}{2\pi}\cdot\frac{A^2\pi}{8}\times 4=\frac{A^2}{4}$$

波形如解图 6-17(4)所示。

(5) $f(t)=A\sin(300\pi t)\cos(2\,000\pi t)=\frac{A}{2}[\sin(2\,300\pi t)-\sin(1\,700\pi t)]$

$\mathscr{P}(\omega)=\frac{A^2}{8}\pi[\delta(\omega+2\,300\pi)+\delta(\omega-2\,300\pi)]+\frac{A^2}{8}\pi[\delta(\omega+1\,700\pi)+\delta(\omega-1\,700\pi)]$

$$P=\frac{1}{2\pi}\int_{-\infty}^{\infty}\mathscr{P}(\omega)\mathrm{d}\omega=\frac{1}{2\pi}\cdot\frac{A^2\pi}{8}\times 4=\frac{A^2}{4}$$

波形如解图 6-17(5)所示。

(6) $f(t)=A\,\frac{1-\cos(400\pi t)}{2}\cos(2\,000\pi t)$

$=\frac{A}{2}\cos(2\,000\pi t)-\frac{A}{4}[\cos(2\,400\pi t)+\cos(1\,600\pi t)]$

$$\mathscr{P}(\omega)=\frac{A^2}{8}\pi[\delta(\omega+2\,200\pi)+\delta(\omega-2\,200\pi)]$$

$$+\frac{A^2}{32}\pi[\delta(\omega+2\,400\pi)+\delta(\omega-2\,400\pi)+\delta(\omega+1\,600\pi)+\delta(\omega-1\,600\pi)]$$

$$P=\frac{1}{2\pi}\int_{-\infty}^{\infty}\mathscr{P}(\omega)\mathrm{d}\omega=\frac{1}{2\pi}\cdot\left(\frac{A^2\pi}{4}+\frac{A^2\pi}{8}\right)=\frac{3A^2}{16}$$

波形如解图 6-17(6)所示。

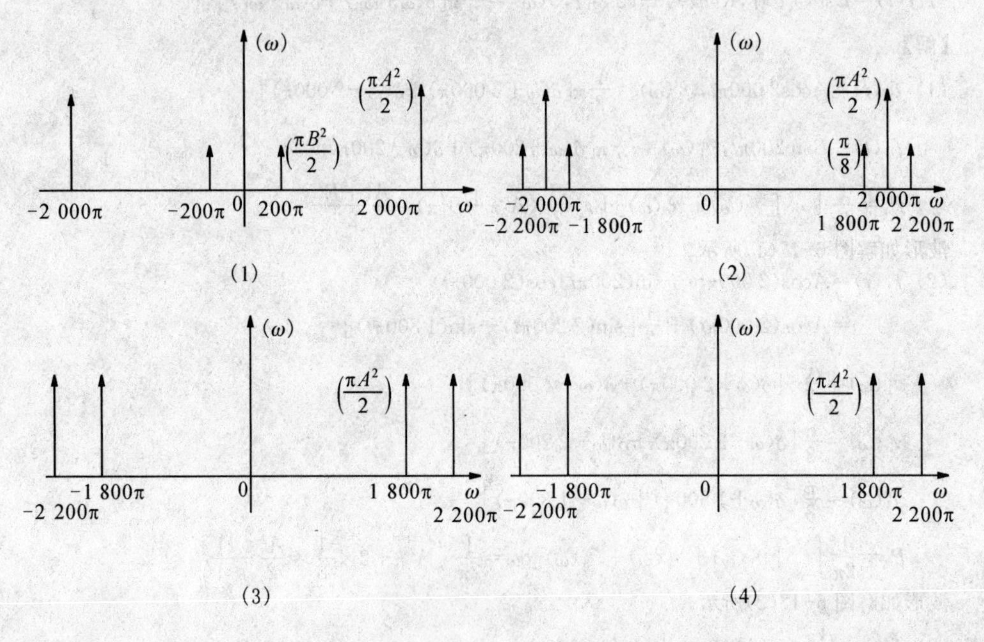

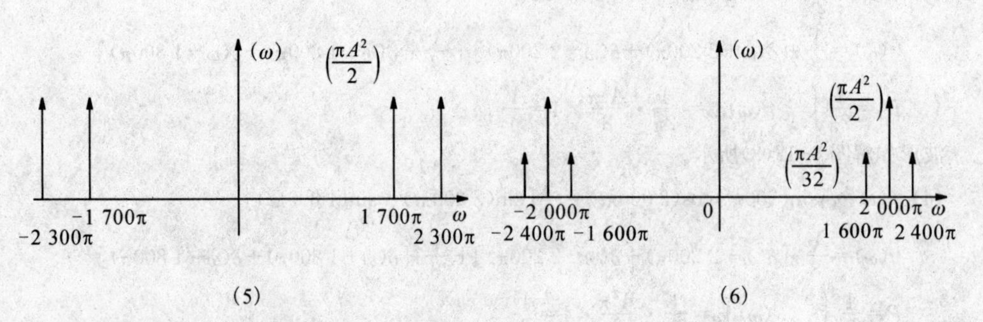

解图 6-17

【6-18】 若信号 $f(t)$的功率谱为 $\mathscr{P}_f(\omega)$，试证明$\dfrac{\mathrm{d}f(t)}{\mathrm{d}t}$信号的功率谱为 $\omega^2\mathscr{P}_f(\omega)$。

【解题思路】 若 $f(t)$是功率有限信号，从 $f(t)$中截取$|t|\leqslant\dfrac{T}{2}$的一段，得到一截尾函数 $f_{\mathrm{T}}(t)$，它可以表示为 $f_{\mathrm{T}}(t)=\begin{cases}f(t) & |t|\leqslant\dfrac{T}{2}\\ 0 & |t|>\dfrac{T}{2}\end{cases}$。令 $f_{\mathrm{T}}(t)\leftrightarrow F_{\mathrm{T}}(\omega)$。则 $f(t)$的功率谱为 $\mathscr{P}(\omega)=\lim\limits_{T\to\infty}\dfrac{|F_{\mathrm{T}}(\omega)|^2}{T}$。

【证明】 取$\frac{d}{dt}f(t)$的截尾函数 $x_T(t)=\begin{cases}\frac{d}{dt}f(t) & |t|\leqslant\frac{T}{2}\\ 0 & |t|>\frac{T}{2}\end{cases}$。

$$\mathscr{F}[x_T(t)]=\mathscr{F}\left[\frac{d}{dt}f_T(t)\right]=j\omega F_T(\omega)$$

则$\frac{d}{dt}f(t)$的功率谱为 $\mathscr{P}_1(\omega)=\lim\limits_{T\to\infty}\frac{|j\omega F_T(\omega)|^2}{T}=\omega^2\mathscr{P}_f(\omega)$

【6-19】 信号 $e(t)=2e^{-t}u(t)$通过截止频率 $\omega_c=1$ 的理想低通滤波器，试求响应的能量谱密度，以图形示出。

【解题思路】 $f(t)$的能量谱记为 $\mathscr{E}(\omega)=|F(\omega)|^2$。信号经过线性系统的能量谱 $\mathscr{E}_r(\omega)=|H(j\omega)|^2\mathscr{E}_e(\omega)$

【解】 $e(t)=2e^{-t}u(t)\leftrightarrow\frac{2}{1+j\omega}$，$\mathscr{E}_e(\omega)=|E(\omega)|^2=\left|\frac{2}{1+j\omega}\right|^2=\frac{4}{1+\omega^2}$

$\because H(j\omega)=\begin{cases}1 & |\omega|\leqslant1\\ 0 & |\omega|>1\end{cases}$，$\therefore\mathscr{E}_r(\omega)=|H(j\omega)|^2\mathscr{E}_e(\omega)=\frac{4}{1+\omega^2}\quad(|\omega|\leqslant1)$

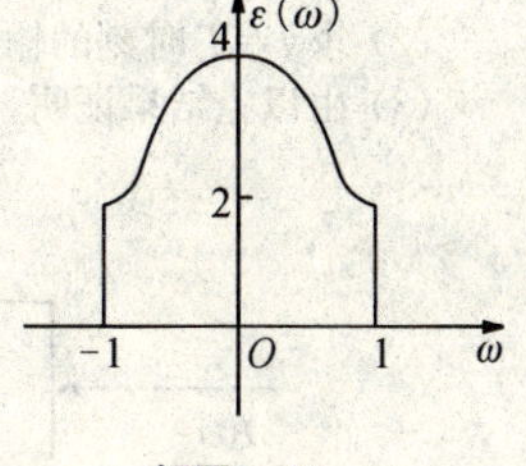

解图 6-19

能量谱如解图 6-19 所示

【6-20】 题图 6-20(a)所示周期信号 $f(t)$通过系统函数为 $H(j\omega)$的系统[见题图 6-20(b)]，试求输出信号的功率谱和功率(方均值)。设 T 为以下两种情况：

(1) $T=\frac{\pi}{3}$；(2) $T=\frac{\pi}{6}$。

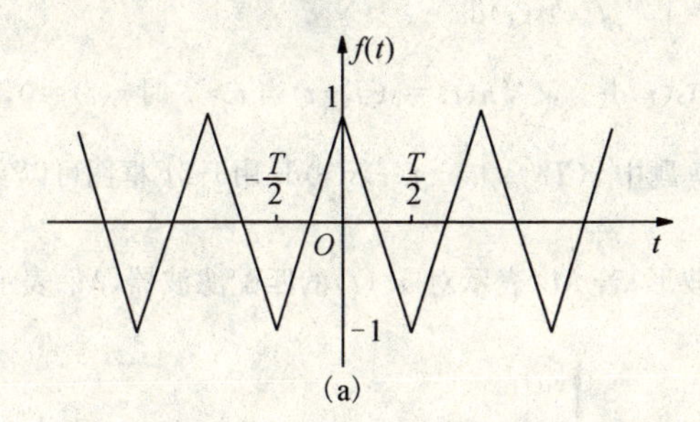

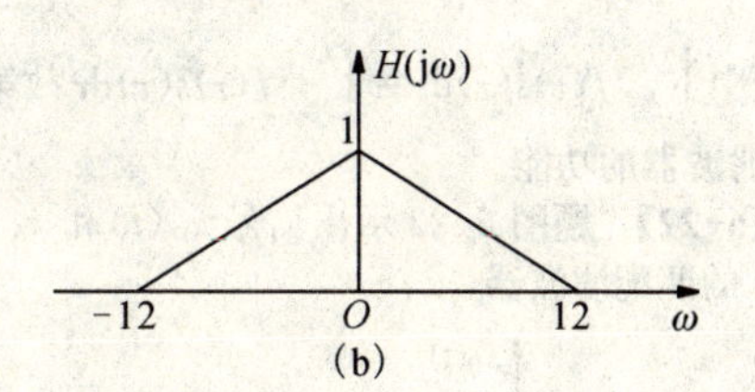

题图 6-20

【解题思路】 将周期信号展开成三角形式傅立叶级数，分析周期信号通过系统函数后输出的频率分量。然后计算每个频率分量的功率和功率谱。

【解】

(1) 将周期信号化为三角形式傅里叶级数

由于周期信号为偶函数，所以 $a_0=0, b_n=0$

$$a_n=\frac{4}{T}\int_0^{\frac{T}{2}}\left(-\frac{4}{T}t+1\right)\cos n\omega t\,dt=\frac{4}{T}\left[\int_0^{\frac{T}{2}}-\frac{4}{T}t\cos n\omega t\,dt+\int_0^{\frac{T}{2}}\cos n\omega t\,dt\right]$$

$$=\frac{4}{T}\left[-\frac{4}{n\omega T}\int_0^{\frac{T}{2}}t\,d\sin n\omega t+\frac{1}{n\omega}\int_0^{\frac{T}{2}}\cos n\omega t\,dt\right]=-\frac{16}{2\pi nT}\left[t\sin n\omega t\,\Big|_0^{T/2}+\frac{1}{n\omega}\cos n\omega t\,\Big|_0^{T/2}\right]+\frac{1}{n\omega}\sin n\omega t\,\Big|_0^{T/2}$$

$$=-\frac{4}{\pi^2n^2}(\cos n\pi-1)=\begin{cases}\frac{8}{\pi^2n^2} & n\text{是奇}\\ 0 & n\text{是偶}\end{cases}$$

$$f(t)=\sum_{n=1,3,5\cdots}^{\infty}\frac{8}{\pi^2n^2}\cos n\omega t$$

当 $T=\frac{\pi}{3}$，$\omega=\frac{2\pi}{T}=6$，则信号经过系统经过滤波后得到的信号 $r(t)=\frac{4}{\pi^2}\cos 6t$。

$$\mathscr{P}_r(\omega)=\frac{8}{\pi^3}[\delta(\omega+6)+\delta(\omega-6)]$$

$$P=\frac{1}{2\pi}\int_{-\infty}^{\infty}\mathscr{P}_r(\omega)\mathrm{d}\omega=\frac{1}{2\pi}\cdot\frac{8}{\pi^3}\times 2=\frac{8}{\pi^4}$$

(2) 当 $T=\frac{\pi}{6}$ 时，$\omega=\frac{2\pi}{T}=12$

则 $f(t)$ 通过系统后所有频率分量皆被滤除，所以 $\mathscr{P}_r(\omega)=0$。

【6-21】 若匹配滤波器输入信号为 $f(t)$，冲激响应为 $h(t)=s(T-t)$，求：

(1) 给出描述输出信号 $r(t)$ 的表达式；

(2) 求 $t=T$ 时刻的输出 $r(t)=r(T)$；

(3) 由以上结果证明，可利用题图 6-21 所示框图来实现匹配滤波器之功能。

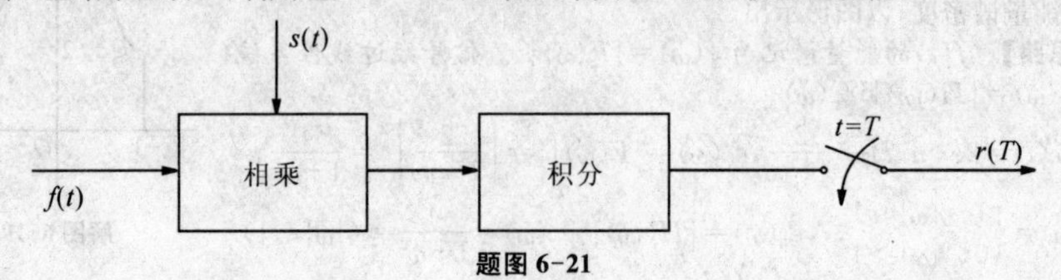

题图 6-21

【解题思路】 匹配滤波器是所需信号 $s(t)$ 对垂直轴镜像并向右平移 T，即 $h(t)=s(T-t)$。

【解】

(1) $r(t)=f(t)*h(t)=\int_{-\infty}^{\infty}f(\tau)h(t-\tau)\mathrm{d}\tau=\int_{-\infty}^{\infty}f(\tau)s(T+\tau-t)\mathrm{d}\tau$

(2) $t=T$ 时，$r(T)=\int_{-\infty}^{\infty}f(\tau)s(T+\tau-T)\mathrm{d}\tau=\int_{-\infty}^{\infty}f(\tau)s(\tau)\mathrm{d}\tau$

(3) 由题图 6-21 的框图可知 $r(T)=\int_{-\infty}^{T}f(\tau)s(\tau)\mathrm{d}\tau$。又∵$h(t)=s(T-t)$ 当 $t>T$ 时 $s(t)=0$ ∴第(2)题中 $\int_{-\infty}^{\infty}f(\tau)s(\tau)\mathrm{d}\tau=\int_{-\infty}^{T}f(\tau)s(\tau)\mathrm{d}\tau$ 故第(2) 题中 $r(T)=\int_{-\infty}^{T}f(\tau)s(\tau)\mathrm{d}\tau$ 用6-21 框图可以实现匹配滤波器的功能。

【6-22】 题图 6-22 示出信号 $x_0(t)$ 和 $x_1(t)$ 波形，若 M_0 表示对 $x_0(t)$ 的匹配滤波器，M_1 表示对 $x_1(t)$ 的匹配滤波器，求：

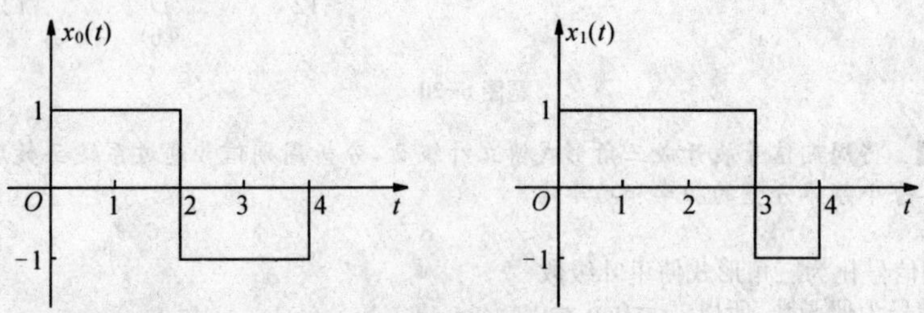

题图 6-22

(1) 分别画出 M_0 和 M_1 的冲激响应 $h_0(t)$ 和 $h_1(t)$ 的波形；

(2) 分别粗略画出 M_0 对 $x_0(t)$ 和 $x_1(t)$ 的响应波形以及 M_1 对 $x_0(t)$ 和 $x_1(t)$ 的响应波形；

(3) 比较这些响应在 $t=4$ 时的值，若保持 $x_1(t)$ 不变，如何修改 $x_0(t)$ 使接收机更容易区分 $x_0(t)$ 和 $x_1(t)$，也即使 M_0 对 $x_1(t)$ 的响应和 M_1 对 $x_0(t)$ 的响应在 $t=4$ 时为零值。

【解题思路】 同题 6-21。

【解】

(1) $h_0(t)=x_0(T-t)$，$h_1(t)=x_1(T-t)$

波形如解图 6-22(1)所示

(2) $M_0(t)$ 对 $x_0(t)$ 的响应

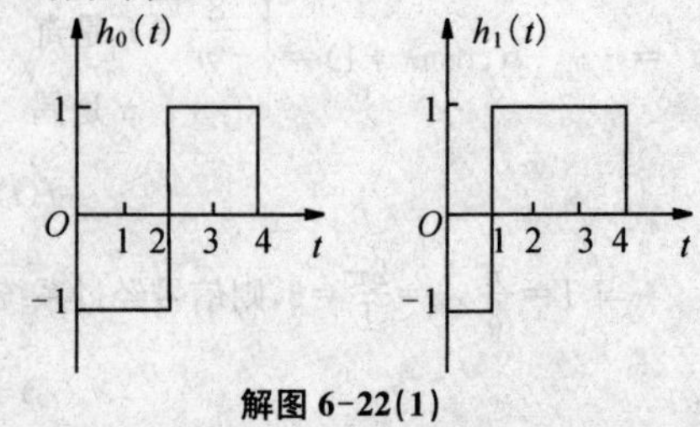

解图 6-22(1)

$$y_1(t)=h_0(t)*x_0(t)=\int_{-\infty}^{\infty}x_0(\tau)h_0(t-\tau)\mathrm{d}\tau=\begin{cases}-t & 0<t<2\\ 3t-8 & 2\leqslant t<4\\ 16-3t & 4\leqslant t<6\\ t-8 & 6\leqslant t<8\end{cases}$$

$M_0(t)$对$x_1(t)$的响应

$$y_2(t)=h_0(t)*x_1(t)=\int_{-\infty}^{\infty}x_1(\tau)h_0(t-\tau)\mathrm{d}\tau=\begin{cases}-t & 0<t<2\\ t-4 & 2\leqslant t<3\\ 3t-10 & 3\leqslant t<4\\ t-2 & 4\leqslant t<5\\ 18-3t & 5\leqslant t<6\\ 6-t & 6\leqslant t<7\\ t-8 & 7\leqslant t<8\end{cases}$$

$M_1(t)$对$x_0(t)$的响应

$$y_3(t)=h_1(t)*x_0(t)=\int_{-\infty}^{\infty}x_0(\tau)h_1(t-\tau)\mathrm{d}\tau=\begin{cases}-t & 0<t<1\\ t-2 & 1\leqslant t<2\\ 3t-6 & 2\leqslant t<3\\ 6-t & 3\leqslant t<4\\ 14-3t & 4\leqslant t<5\\ 4-t & 5\leqslant t<6\\ t-8 & 6\leqslant t<8\end{cases}$$

$M_1(t)$对$x_1(t)$的响应

$$y_4(t)=h_1(t)*x_1(t)=\int_{-\infty}^{\infty}x_1(\tau)h_1(t-\tau)\mathrm{d}\tau=\begin{cases}-t & 0<t<1\\ t-2 & 1\leqslant t<3\\ 3t-8 & 3\leqslant t<4\\ 16-3t & 4\leqslant t<5\\ 6-t & 5\leqslant t<7\\ t-8 & 7\leqslant t<8\end{cases}$$

$M_0(t)$对$x_0(t)$、$x_1(t)$的响应波形以及$M_1(t)$对$x_0(t)$、$x_1(t)$的响应波形如解图6-22(2)所示。

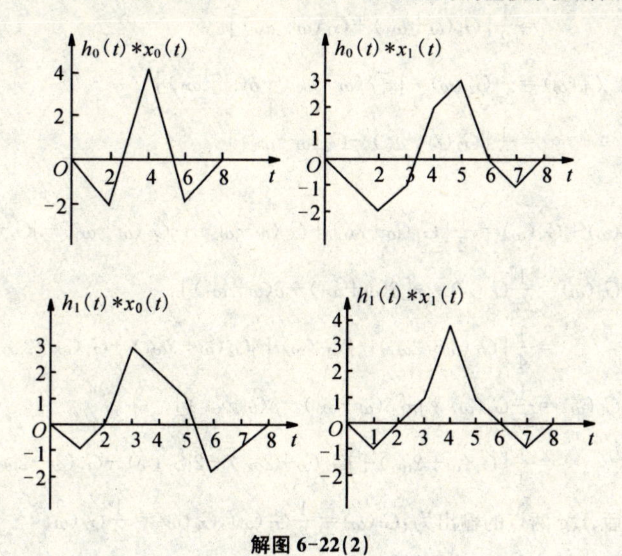

解图6-22(2)

(3)由(2)知$y_1(4)=4, y_2(4)=2, y_3(4)=2, y_4(4)=4$

若使$x_0(t)$与$x_1(t)$正交，$x_0(t)$、$M_0(t)$如解图6-22(3)所示。此时$M_0(t)$对$x_1(t)$的响应和$M_1(t)$对$x_0(t)$的响应均为零。

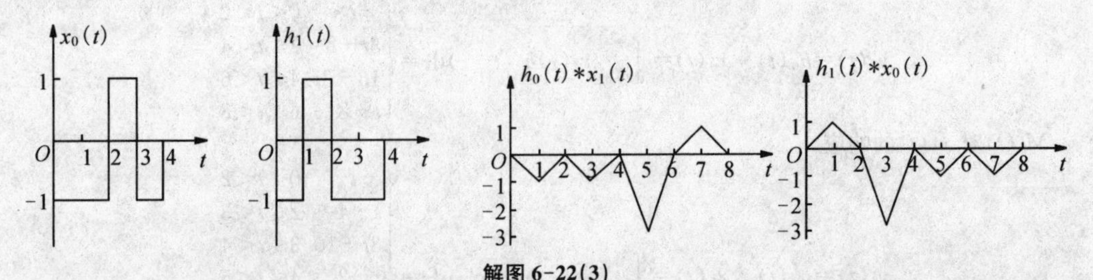

解图 6-22(3)

【6-23】 利用信号的频域表达式(取各信号的傅里叶变换)分析图 6-25 系统码分复用的工作原理。

【解题思路】 码分是指利用一组正交码序列来区分各路信号,它们占用的频带和时间都可重叠。实现码分复用的理论依据是利用自相关函数抑制互相关函数的特性来选取正交信号码组中的所需信号,因此,码分复用也称为正交复用。

【解】 正交复用框图如解图 6-23 所示:

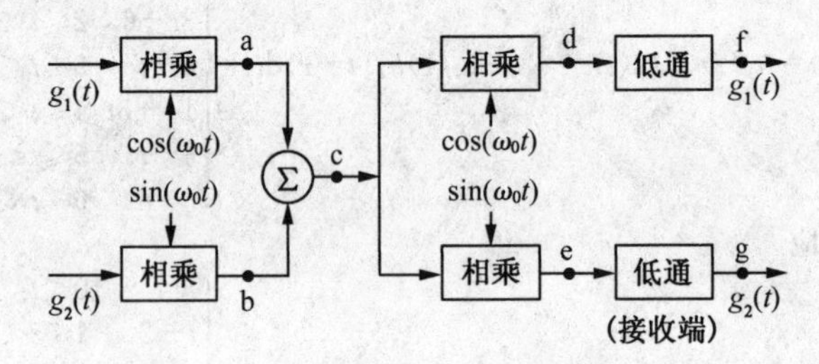

解图 6-23

令 $g_1(t)\leftrightarrow G_1(\omega)$, $g_2(t)\leftrightarrow G_2(\omega)$

则 a、b 两点的输出 $G_a(\omega)=\dfrac{1}{2\pi}G_1(\omega)*\pi[\delta(\omega+\omega_0)+\delta(\omega-\omega_0)]$

$$=\frac{1}{2}[G_1(\omega+\omega_0)+G_1(\omega-\omega_0)]$$

$$G_b(\omega)=\frac{1}{2\pi}G_2(\omega)*\mathrm{j}\pi[\delta(\omega+\omega_0)-\delta(\omega-\omega_0)]$$

$$=\frac{\mathrm{j}}{2}[G_2(\omega+\omega_0)-G_2(\omega-\omega_0)]$$

c 点输出为

$$G_c(\omega)=G_a(\omega)+G_b(\omega)=\frac{1}{2}[G_1(\omega+\omega_0)+G_1(\omega-\omega_0)+\mathrm{j}G_2(\omega+\omega_0)-\mathrm{j}G_2(\omega-\omega_0)]$$

d、e 两点输出为: $G_d(\omega)=\dfrac{1}{2\pi}G_c(\omega)*\pi[\delta(\omega+\omega_0)+\delta(\omega-\omega_0)]$

$$=\frac{1}{4}[G_1(\omega+2\omega_0)+2G_1(\omega)+\mathrm{j}G_2(\omega+2\omega_0)+G_1(\omega-2\omega_0)-\mathrm{j}G_2(\omega-2\omega_0)]$$

$$G_e(\omega)=\frac{1}{2\pi}G_c(\omega)*\mathrm{j}\pi[\delta(\omega+\omega_0)-\delta(\omega-\omega_0)]$$

$$=\frac{\mathrm{j}}{4}[G_1(\omega+2\omega_0)+\mathrm{j}G_2(\omega+2\omega_0)-2\mathrm{j}G_2(\omega)-G_1(\omega-2\omega_0)+\mathrm{j}G_2(\omega-2\omega_0)]$$

经过低通滤波器后,f、g 两点的输出为: $G_f(\omega)=\dfrac{1}{2}G_1(\omega)$, $G_g(\omega)=\dfrac{1}{2}G_2(\omega)$

进而可以恢复出原信号,实现码分复用。

【6-24】 以图 6-7 所示 $k=1,2,3$ 的三个沃尔什函数作为 CDMA 系统的地址码, $c_1(t)=\mathrm{Wal}(1,t)$, $c_2(t)=\mathrm{Wal}(2,t)$, $c_3(t)=\mathrm{Wal}(3,t)$。分别求它们的自相关函数 $R_{11}(\tau)$, $R_{22}(\tau)$, $R_{33}(\tau)$ 以及互相关函数 $R_{12}(\tau)$, $R_{21}(\tau)$, $R_{13}(\tau)$, $R_{31}(\tau)$, $R_{23}(\tau)$, $R_{32}(\tau)$(粗略画图形即可)。由所得结果讨论此码组是否能用作

地址码。

【解题思路】 自相关函数 $R_{11}(\tau)=\int_{-\infty}^{\infty} f_1(t)f_1(t-\tau)\mathrm{d}t=\int_{-\infty}^{\infty} f_1(t+\tau)f_1(t)\mathrm{d}t$，

互相关函数 $R_{12}(\tau)=\int_{-\infty}^{\infty} f_1(t)f_2(t-\tau)\mathrm{d}t=\int_{-\infty}^{\infty} f_1(t+\tau)f_2(t)\mathrm{d}t$

自相关函数性质 $R(\tau)=R(-\tau)$

【解】 $0<\tau<\frac{1}{2}, R_{11}(\tau)=\int_{-\infty}^{\infty} f_1(t)f_1(t-\tau)\mathrm{d}t=\int_{\tau}^{1/2}\mathrm{d}t-\int_{1/2}^{\tau+1/2}\mathrm{d}t+\int_{\tau+1/2}^{1}\mathrm{d}t=1-3\tau$

$\frac{1}{2}\leqslant\tau\leqslant 1, R_{11}(\tau)=\int_{-\infty}^{\infty} f_1(t)f_1(t-\tau)\mathrm{d}t=-\int_{\tau}^{1}\mathrm{d}t=\tau-1$

$R_{11}(\tau)=R_{11}(-\tau)$

$0<\tau<\frac{1}{4}, R_{22}(\tau)=\int_{-\infty}^{\infty} f_2(t)f_2(t-\tau)\mathrm{d}t$

$=\int_{\tau}^{1/4}\mathrm{d}t-\int_{1/4}^{\tau+1/4}\mathrm{d}t+\int_{\tau+1/4}^{3/4}\mathrm{d}t-\int_{3/4}^{\tau+3/4}\mathrm{d}t+\int_{\tau+3/4}^{1}\mathrm{d}t=1-5\tau$

$\frac{1}{4}\leqslant\tau\leqslant\frac{1}{2}, R_{22}(\tau)=\int_{-\infty}^{\infty} f_2(t)f_2(t-\tau)\mathrm{d}t=-\int_{\tau}^{\tau+1/4}\mathrm{d}t+\int_{\tau+1/4}^{3/4}\mathrm{d}t-\int_{3/4}^{1}\mathrm{d}t=-\tau$

$\frac{1}{2}<\tau<\frac{3}{4}, R_{22}(\tau)=\int_{-\infty}^{\infty} f_2(t)f_2(t-\tau)\mathrm{d}t=-\int_{\tau}^{3/4}\mathrm{d}t+\int_{3/4}^{\tau+1/4}\mathrm{d}t-\int_{\tau+1/4}^{1}\mathrm{d}t=3\tau-2$

$\frac{3}{4}\leqslant\tau\leqslant 1, R_{22}(\tau)=\int_{-\infty}^{\infty} f_2(t)f_2(t-\tau)\mathrm{d}t=\int_{\tau}^{1}\mathrm{d}t=1-\tau$

$R_{22}(\tau)=R_{22}(-\tau)$

$0<\tau<\frac{1}{4}, R_{33}(\tau)=\int_{-\infty}^{\infty} f_3(t)f_3(t-\tau)\mathrm{d}t$

$=\int_{\tau}^{1/4}\mathrm{d}t-\int_{1/4}^{\tau+1/4}\mathrm{d}t+\int_{\tau+1/4}^{1/2}\mathrm{d}t-\int_{1/2}^{\tau+1/2}\mathrm{d}t+\int_{\tau+1/2}^{3/4}\mathrm{d}t-\int_{3/4}^{\tau+3/4}\mathrm{d}t+\int_{\tau+3/4}^{1}\mathrm{d}t=1-7\tau$

$\frac{1}{4}\leqslant\tau\leqslant\frac{1}{2}, R_{33}(\tau)=\int_{-\infty}^{\infty} f_3(t)f_3(t-\tau)\mathrm{d}t$

$=-\int_{\tau}^{1/2}\mathrm{d}t+\int_{1/2}^{\tau+1/4}\mathrm{d}t-\int_{\tau+1/4}^{3/4}\mathrm{d}t+\int_{3/4}^{\tau+1/2}\mathrm{d}t-\int_{\tau+1/2}^{1}\mathrm{d}t=5\tau-2$

$\frac{1}{2}<\tau<\frac{3}{4}, R_{33}(\tau)=\int_{-\infty}^{\infty} f_3(t)f_3(t-\tau)\mathrm{d}t=\int_{\tau}^{3/4}\mathrm{d}t-\int_{3/4}^{\tau+1/4}\mathrm{d}t+\int_{\tau+1/4}^{1}\mathrm{d}t=2-3\tau$

$\frac{3}{4}\leqslant\tau\leqslant 1, R_{33}(\tau)=\int_{-\infty}^{\infty} f_3(t)f_3(t-\tau)\mathrm{d}t=-\int_{\tau}^{1}\mathrm{d}t=\tau-1$

$R_{33}(\tau)=R_{33}(-\tau)$

$R_{21}(\tau)=R_{12}(-\tau), R_{31}(\tau)=R_{13}(-\tau), R_{32}(\tau)=R_{23}(-\tau)$

Walsh 函数的自相关函数、互相关函数如解图 6-24 所示。由图可知，自相关函数在零点具有尖锐的峰值，而互相关函数在零点取值均为零，因此 Walsh 函数可作为地址码。

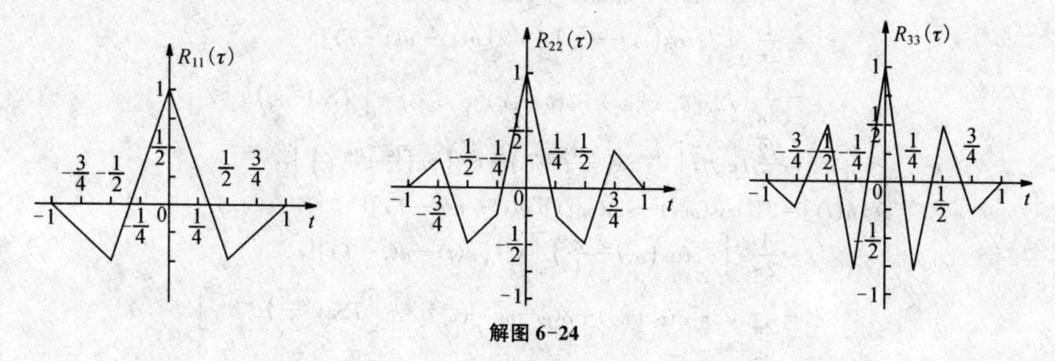

解图 6-24

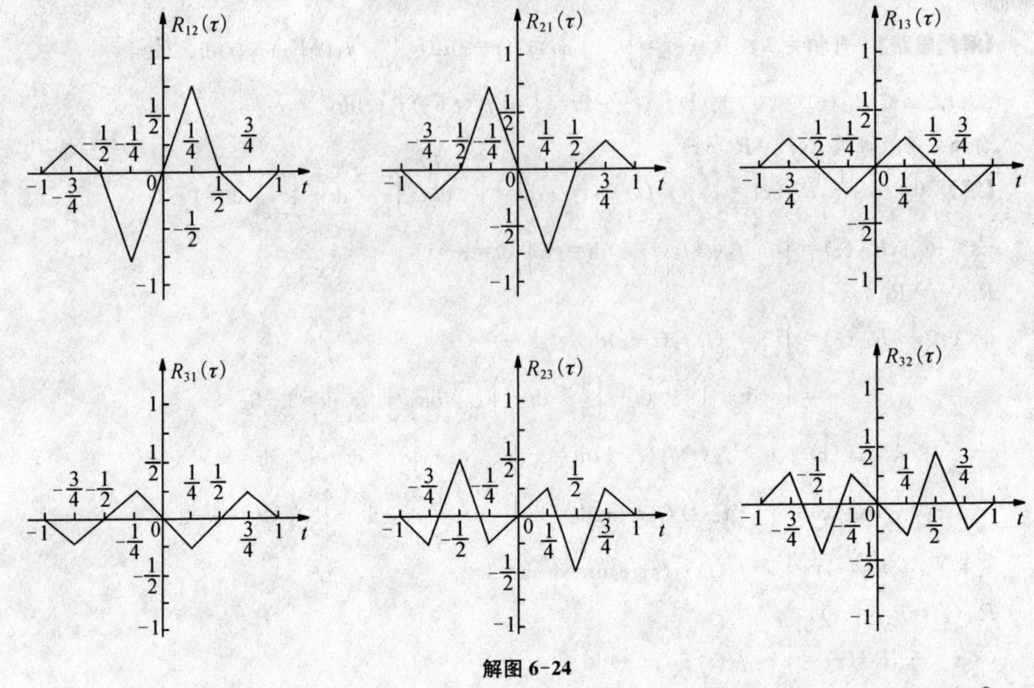

解图 6-24

【6-25】 待传输标准信号表达式为 $e(t)=[\cos(\omega_c t)+\sin(\omega_c t)][u(t)-u(t-T)]$，其中 $T=\dfrac{8\pi}{\omega_c}$，试证明以下结论：

(1) 相应的匹配滤波器之冲激响应 $h(t)=[\cos(\omega_c t)-\sin(\omega_c t)][u(t)-u(t-T)]$

(2) 在匹配条件下加入 $e(t)$，可求得输出信号 $r(t)=t\cos(\omega_c t)[u(t)-u(t-T)]-(t-2T)\cos(\omega_c t)[u(t-T)-u(t-2T)]$

（提示：本题有多种求证方法，如果借助傅里叶变换求证建议参看第三章习题 3-33。）

【解题思路】 匹配滤波器是所需信号 $s(t)$ 对垂直轴镜像并向右平移 T，即 $h(t)=s(T-t)$

【解】

(1) $h(t)=e(T-t)=\{\cos[\omega_c(T-t)]+\sin[\omega_c(T-t)]\}[u(T-t)-u(T-t-T)]$

$\because T=\dfrac{8\pi}{\omega_c}$，$\therefore h(t)=e(T-t)=[\cos(\omega_c t)-\sin(\omega_c t)][u(t)-u(t-T)]$

(2) 傅里叶变换法

$$\begin{aligned}\mathscr{F}[e(t)]&=\mathscr{F}\{[\cos(\omega_c t)+\sin(\omega_c t)][u(t)-u(t-T)]\}\\&=\frac{1}{2\pi}\mathscr{F}\left[\sqrt{2}\cos\left(\omega_c t-\frac{\pi}{4}\right)\right]*\mathscr{F}[u(t)-u(t-T)]\}\\&=\frac{1}{2\pi}\{\sqrt{2}\pi[\delta(\omega+\omega_c)+\delta(\omega-\omega_c)]e^{-j\frac{\omega}{\omega_c}\frac{\pi}{4}}\}*\left[T\mathrm{Sa}\left(\frac{\omega T}{2}\right)e^{-j\omega\frac{T}{2}}\right]\\&=\frac{\sqrt{2}}{2}Te^{-j\omega\frac{T}{2}}\left[e^{j\frac{\pi}{4}}\mathrm{Sa}\left(\frac{\omega+\omega_c}{2}T\right)+e^{-j\frac{\pi}{4}}\mathrm{Sa}\left(\frac{\omega-\omega_c}{2}T\right)\right]\end{aligned}$$

$$\begin{aligned}\mathscr{F}[h(t)]&=\mathscr{F}\{[\cos(\omega_c t)-\sin(\omega_c t)][u(t)-u(t-T)]\}\\&=\frac{1}{2\pi}\mathscr{F}\left[\sqrt{2}\cos\left(\omega_c t+\frac{\pi}{4}\right)\right]*\mathscr{F}[u(t)-u(t-T)]\}\\&=\frac{1}{2\pi}\{\sqrt{2}\pi[\delta(\omega+\omega_c)+\delta(\omega-\omega_c)]e^{j\frac{\omega}{\omega_c}\frac{\pi}{4}}\}*\left[T\mathrm{Sa}\left(\frac{\omega T}{2}\right)e^{-j\omega\frac{T}{2}}\right]\\&=\frac{\sqrt{2}}{2}Te^{-j\omega\frac{T}{2}}\left[e^{-j\frac{\pi}{4}}\mathrm{Sa}\left(\frac{\omega+\omega_c}{2}T\right)+e^{j\frac{\pi}{4}}\mathrm{Sa}\left(\frac{\omega-\omega_c}{2}T\right)\right]\end{aligned}$$

利用卷积定理计算 $r(t)$ 的傅里叶变换：

$$R(\omega)=\mathscr{F}[r(t)]=\mathscr{F}[e(t)]\mathscr{F}[h(t)]$$

$$=\frac{T^2}{2}\mathrm{e}^{-\mathrm{j}\omega T}\left[\mathrm{e}^{\mathrm{j}\frac{\pi}{4}}\mathrm{Sa}\left(\frac{\omega+\omega_c}{2}T\right)+\mathrm{e}^{-\mathrm{j}\frac{\pi}{4}}\mathrm{Sa}\left(\frac{\omega-\omega_c}{2}T\right)\right]\cdot\left[\mathrm{e}^{-\mathrm{j}\frac{\pi}{4}}\mathrm{Sa}\left(\frac{\omega+\omega_c}{2}T\right)+\mathrm{e}^{\mathrm{j}\frac{\pi}{4}}\mathrm{Sa}\left(\frac{\omega-\omega_c}{2}T\right)\right]$$

$$=\frac{T^2}{2}\mathrm{e}^{-\mathrm{j}\omega T}\left[\mathrm{Sa}^2\left(\frac{\omega+\omega_c}{2}T\right)+\mathrm{Sa}^2\left(\frac{\omega-\omega_c}{2}T\right)\right]$$

由三角脉冲调制信号的频谱

$F(\omega)=\frac{E\tau}{4}\mathrm{e}^{-\mathrm{j}\omega\frac{\tau}{2}}\left\{\mathrm{Sa}^2\left[\frac{(\omega+\omega_0)}{4}\tau\right]\mathrm{e}^{-\mathrm{j}\omega_0\frac{\tau}{2}}+\mathrm{Sa}^2\left[\frac{(\omega-\omega_0)}{4}\tau\right]\mathrm{e}^{\mathrm{j}\omega_0\frac{\tau}{2}}\right\}$知：

若 $E=T,\tau=2T,\omega_0=\omega_c$，则响应的频谱与三角脉冲调制信号频谱形式一致。

所以 $r(t)=\{t[u(t)-u(t-T)]-(t-2T)[u(t-T)-u(t-2T)]\}\cos(\omega_c t)$

阶段测试题

1. 试证明$\{\sin t,\cos t\}$是在区间$(0,2\pi)$中的正交函数集。

2. 设 $\xi_i(t)=\begin{cases}1 & (i-1)<t<i\\0 & 其他\end{cases}$，试问函数组$\{\xi_1(t),\xi_2(t),\xi_3(t),\xi_4(t)\}$在$(0,4)$区间上是否为正交函数值，是否为归一化正交函数组，是否为完备正交函数组，并用它们的线性组合精确的表示图 6-1 所示函数 $f(t)$。

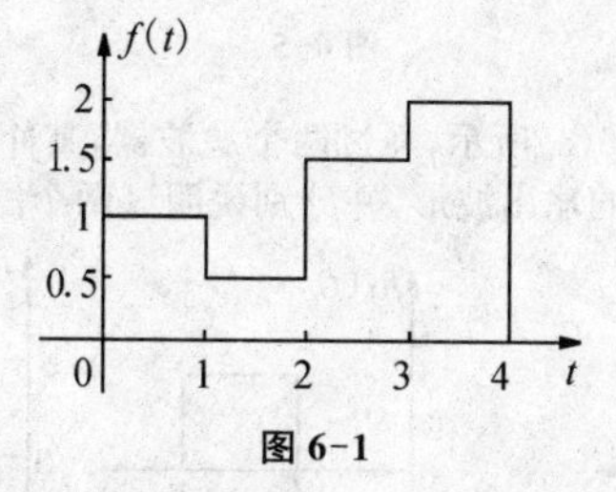

图 6-1

3. 试用正弦函数 $f_1(t)=\sin\left(\frac{\pi t}{3}\right)$在区间$(0,3)$内近似表示 $f_2(t)=\frac{t}{3}$。

4. 如图 6-2 所示矩形波，试将此函数 $f(t)$用下列正弦函数来近似 $f(t)=c_1\sin t+c_2\sin 2t+\cdots+c_n\sin nt$。

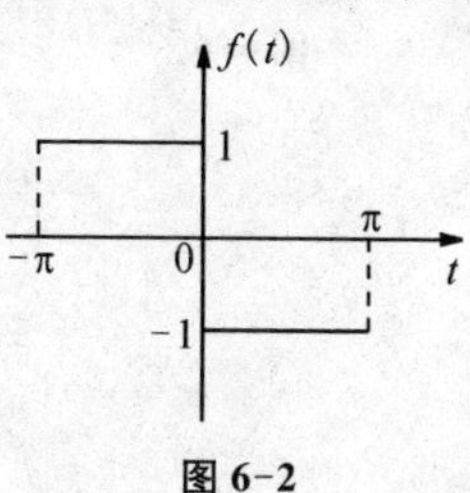

图 6-2

5. 能量信号 $f_1(t)$的自相关函数为 $R_1(\tau)$，信号 $f_2(t)=f_1(t-3)$，信号 $f_2(t)$的自相关函数 $R_2(\tau)$如何用 $R_1(\tau)$来表示。

6. 求 $x(t)=t,y(t)=\mathrm{e}^{-t}$的互相关函数。

7. 信号 $f(t)$如图 6-3 所示，求：

(1) 自相关函数 $R(\tau)$；

(2) 能量谱函数 $E(\omega)$。

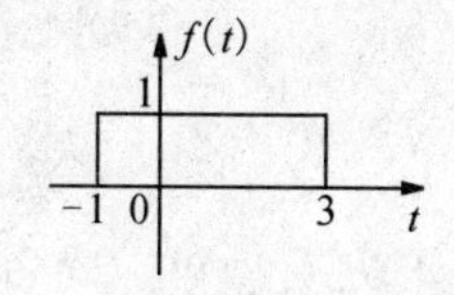

图 6-3

8. 求周期正弦信号 $E\sin(\omega_1 t)$的功率谱和自相关函数。

9. 激励信号 $f(t)=e^{-t}u(t)$作用于 $R=1\,\Omega$，$C=1\,\text{F}$ 的 RC 低通网络，如图 6-4 所示。求响应的能量谱。

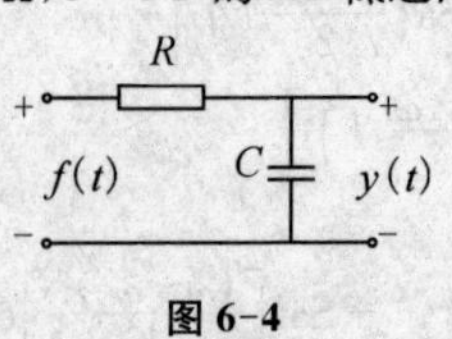

图 6-4

10. 在功率谱密度为$\frac{n_0}{2}$的高斯白噪声下，已知输入波形 $f(t)$如图 6-5 所示，求匹配滤波器的冲激响应波形和输出波形。

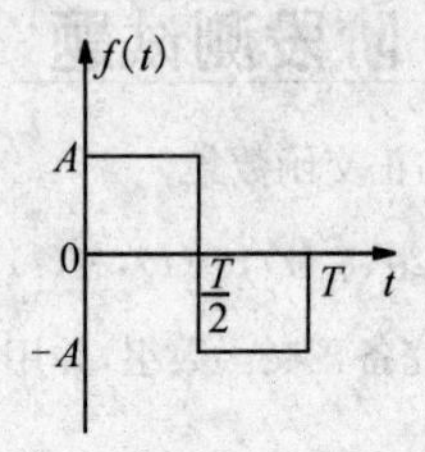

图 6-5

11. 某系统中，发送信号 $s(t)$如图 6-6(a)所示，经过两个滤波器，其冲激响应分别为 $h_1(t)$、$h_2(t)$，波形如图 6-6(b)所示。试画出滤波器的输出波形，并分别说明这两个滤波器是否是 $s(t)$的匹配滤波器。

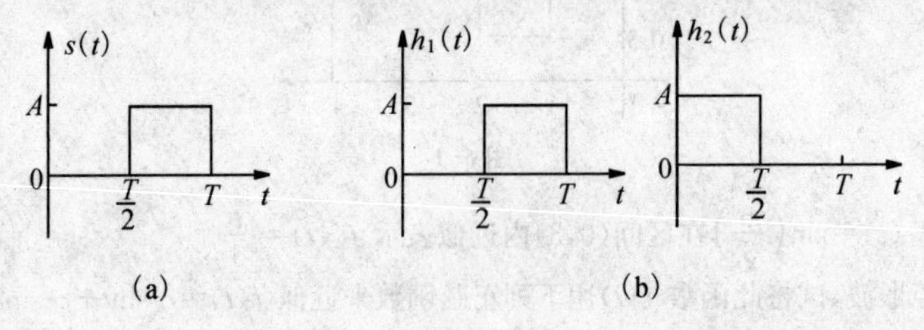

图 6-6

第七章　离散时间系统的时域分析

知识点归纳

一、离散时间信号

1. 定义

只在一系列离散的时间点上有定义，而在其它时间段上无定义的信号。

注意与模拟信号、数字信号的对比及相互转变关系。

2. 序列的表示方法：

解析式、波形、数组

3. 典型序列的定义：

掌握典型序列的波形表示形式，注意与连续时间信号特点相对比。

(1) 单位样值信号 $\delta(n)=\begin{cases}1 & n=0\\0 & n\neq 0\end{cases}$

(2) 单位阶跃序列 $u(n)=\begin{cases}1 & n\geqslant 0\\0 & n<0\end{cases}$

(3) 矩形序列 $R_N(n)=\begin{cases}1 & 0\leqslant n\leqslant N-1\\0 & 其它\end{cases}$

(4) 斜变序列 $x(x)=nu(n)$

(5) 指数序列 $x(n)=a^n u(n)$

(6) 正弦序列 $x(n)=\sin(n\omega_0)$

注意正弦序列周期性的判断：当$\frac{2\pi}{\omega_0}=\frac{N}{P}$，为有理数时（其中 N、P 为整数），序列为周期信号，周期为 N

(7) 复指数序列 $x(n)=e^{j\omega_0 n}=\cos(\omega_0 n)+j\sin(\omega_0 n)$

4. 序列的运算

(1) 相加、相乘 $z(n)=x(n)+y(n)$；$z(n)=x(n)\times y(n)$

(2) 序列移位 $z(n)=x(n-m)$

(3) 序列反褶 $z(n)=x(-n)$

(4) 尺度变换 $x(n)\rightarrow x(an)$，或 $x(n)\rightarrow x\left(\frac{n}{a}\right)$

二、离散时间系统

1. 定义

输入、输出都是离散时间信号的系统

2. 离散时间系统的数字模型

离散时间系统的数字模型用差分方程来描述，方程的阶数由响应序列变量序号的最高与最低值之差决定。

3. 系统的时域模拟

离散时间系统可以用运算单元来模拟。基本的模拟运算单元包括移位器、标量乘法器和加法器。

$x_1(n)$ Σ $x_1(n)+x_2(n)$ $x_2(n)$ 　　$x(n)$ a $ax(n)$ 　　$y(n)$ $\frac{1}{E}$ $y(n-1)$

加法器　　标量乘法器　　移位器

4. 差分方程求解

(1) 迭代法

(2) 经典法

完全解＝齐次解＋特解

齐次解的求解首先列写差分方程的特征方程,特征方程的根 $\alpha_1,\alpha_2,\cdots,\alpha_N$ 称为特征根。

齐次解的形式:

① 若特征方程的特征根为单根,解的形式为 $c_i\alpha_i^n$

② 若特征方程的特征根为 m 重根,解的形式为$(c_1+c_2n+\cdots+c_mn^{m-1})\alpha_i^n$

其中 c_i 为待定系数,由边界条件决定。差分方程的边界条件可以是 $y(0),y(1),\cdots,y(N-1)$,也可以是 $y(-1),y(-2),\cdots,y(-N)$,两组数据分别作为边界条件时,所求得的方程解一致。特解的求解是首先将激励函数带入方程右端,观察右端的函数形式来选择含有待定系数的特解函数式,将此特解函数代入方程后再求待定系数。

(3) 双零法

完全响应 $y(n)=y_{zs}(n)+y_{zi}(n)$

零输入响应求解:解齐次差分方程

零状态响应求解:卷积法 $y_{zs}(n)=x(n)*h(n)$

差分方程的经典法和双零法求解方法与微分方程的求解方法类似,注意对比。

(4) 单位样值响应 $h(n)$求解

利用等效初始条件法,其解的形式与零输入响应形式相同。

(5) 卷积的定义:$y(n)=x_1(n)*x_2(n)=\sum\limits_{m=-\infty}^{\infty}x_1(m)x_2(n-m)$

卷积的性质:

交换律:$x(n)*h(n)=h(n)*x(n)$

结合律:$[x(n)*h_1(n)]*h_2(n)=x(n)*[h_1(n)*h_2(n)]$

分配律:$x(n)*[h_1(n)+h_2(n)]=x(n)*h_1(n)+x(n)*h_2(n)$

重要公式:$x(n)*\delta(n)=x(n),\delta(n-m)*f(n)=f(n-m),x(n)*u(n)=\sum\limits_{k=-\infty}^{n}x(k)$

卷积的求解方法:解析式法、运用性质及重要公式、对位相乘法

三、系统特性

1. 线性

线性系统:指满足叠加性和均匀性的系统。

若 $x_1(n)\rightarrow y_1(n),x_2(n)\rightarrow y_2(n)$,则当激励变为:$c_1x_1(n)+c_2x_2(n)$时,响应相应变为 $c_1y_1(n)+c_2y_2(n)$,即 $c_1x_1(n)+c_2x_2(n)\rightarrow c_1y_1(n)+c_2y_2(n)$

2. 时不变性

时不变系统:在相同起始条件下,系统响应与激励施加于系统的时刻无关。

若 $x(n)\rightarrow y(n)$,则激励 $x(n-N)$产生响应 $y(n-N)$,即 $x(n-N)\rightarrow y(n-N)$

3. 稳定性

稳定系统的充要条件是单位样值响应绝对可和,即:$\sum\limits_{n=-\infty}^{\infty}|h(n)|\leqslant M$

4. 因果性

离散线性时不变系统作为因果系统的充要条件是:当 $n<0$ 时,$h(n)=0$

5. 系统特性判断

系统特性的判断方法抓住特性定义，其中线性和时不变特性判断的关键是清楚什么是激励，什么是响应，系统的作用是什么。判断方法类似于连续时间系统特性的判断方法。

习题解答

【7-1】 分别绘出以下各序列的图形。

(1) $x(n)=\left(\frac{1}{2}\right)^n u(n)$

(2) $x(n)=2^n u(n)$

(3) $x(n)=\left(-\frac{1}{2}\right)^n u(n)$

(4) $x(n)=(-2)^n u(n)$

(5) $x(n)=2^{n-1} u(n-1)$

(6) $x(n)=\left(\frac{1}{2}\right)^{n-1} u(n)$

【解题思路】 典型信号的图形表示。

【解】 各序列的图形如解图所示

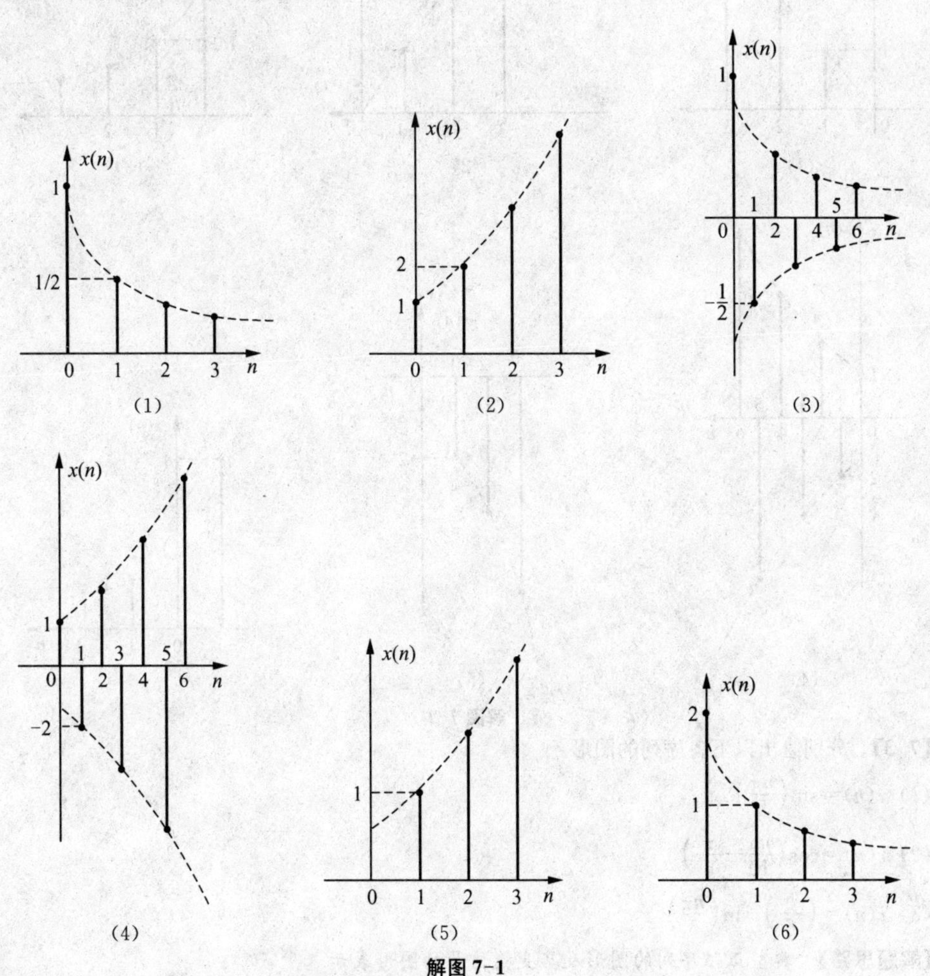

解图 7-1

【7-2】 分别绘出以下各序列的图形。

(1) $x(n)=nu(n)$

(2) $x(n)=-nu(-n)$

(3) $x(n)=2^{-n}u(n)$

(4) $x(n)=\left(-\frac{1}{2}\right)^{-n}u(n)$

(5) $x(n)=-\left(\frac{1}{2}\right)^{n}u(-u)$

(6) $x(n)=\left(\frac{1}{2}\right)^{n+1}u(n+1)$

【解题思路】 在典型信号的图形表示的基础上进行信号变换表示。

【解】 各序列的图形如解图 7-2 所示

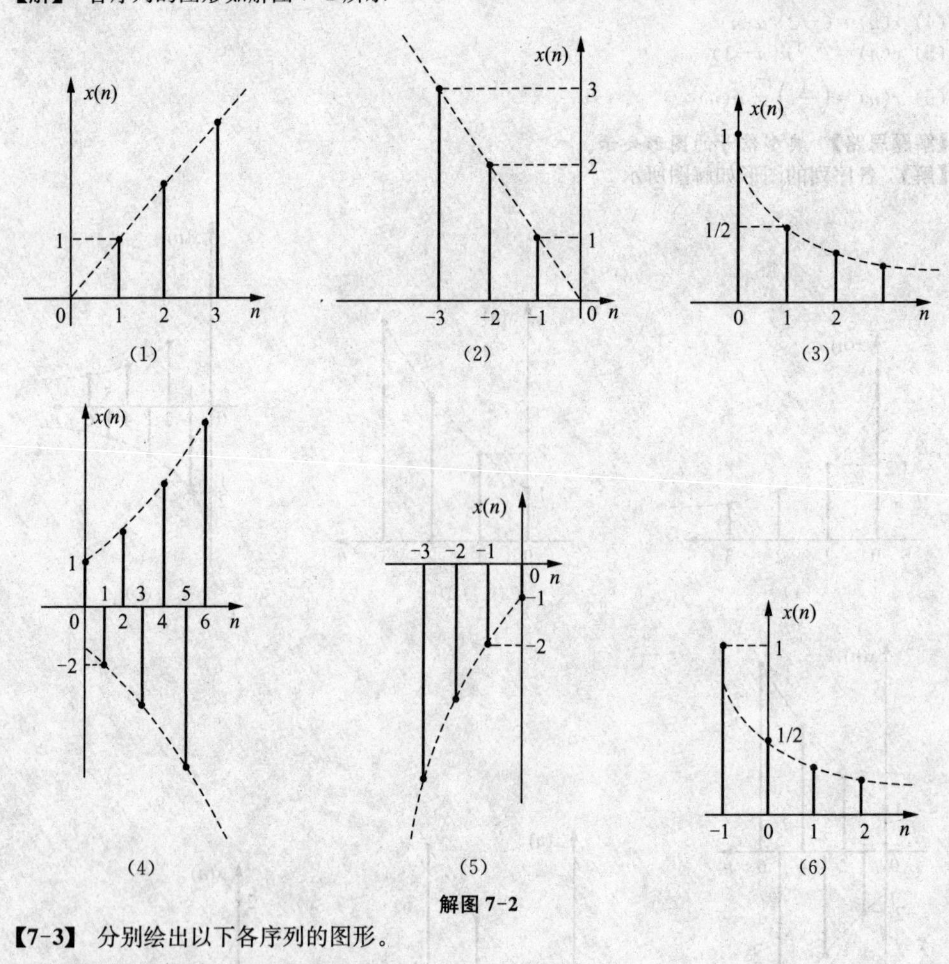

解图 7-2

【7-3】 分别绘出以下各序列的图形。

(1) $x(n)=\sin\left(\frac{n\pi}{5}\right)$

(2) $x(n)=\cos\left(\frac{n\pi}{10}-\frac{\pi}{5}\right)$

(3) $x(n)=\left(\frac{5}{6}\right)^{n}\sin\left(\frac{n\pi}{5}\right)$

【解题思路】 典型正弦序列的图形及其变换信号的图形表示

【解】 各序列的图形如解图 7-3 所示。

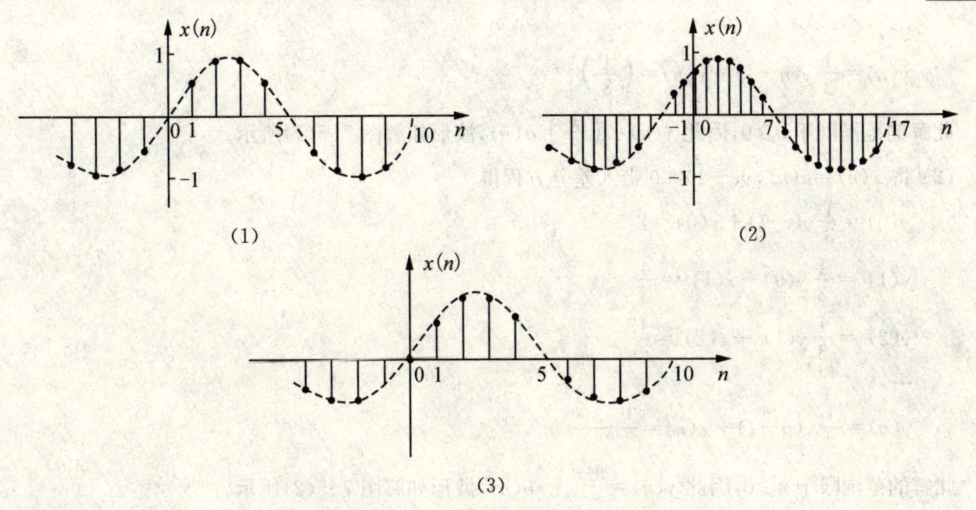

解图 7-3

【7-4】 判断以下各序列是否周期性的，如果是周期性的，试确定其周期。

(1) $x(n)=A\cos\left(\frac{3\pi}{7}n-\frac{\pi}{8}\right)$

(2) $x(n)=\mathrm{e}^{\mathrm{j}\left(\frac{n}{8}-\pi\right)}$

【解题思路】 当$\frac{2\pi}{\omega_0}=\frac{N}{P}=$有理数时，序列为周期信号。周期为 N。

【解】

(1) 周期序列

$$\omega_0=\frac{3\pi}{7},\frac{2\pi}{\omega_0}=\frac{2\pi\times7}{3\pi}=\frac{14}{3},\therefore N=14$$

(2) 非周期序列

$$x(x)=\mathrm{e}^{\mathrm{j}\left(\frac{n}{8}-\pi\right)}=-\mathrm{e}^{\mathrm{j}\frac{n}{8}}=-\cos\frac{n}{8}-\mathrm{j}\sin\frac{n}{8}$$

$\omega_0=\frac{1}{8}$ $\because\frac{2\pi}{\omega_0}$为无理数，$\therefore x(n)$为非周期序列

【7-5】 列出题图 7-5 所示系统的差分方程，已知边界条件 $y(-1)=0$。分别求输入为以下序列时的输出 $y(n)$，并绘出其图形(用逐次迭代方法求)。

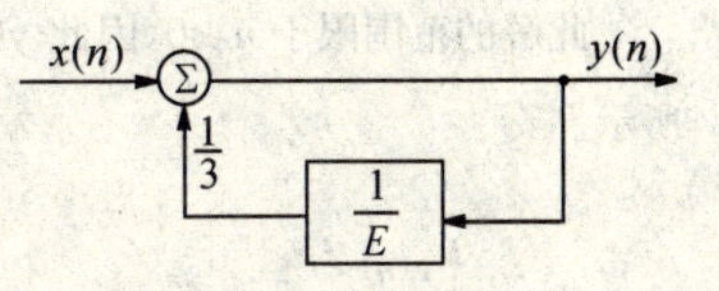

题图 7-5

(1) $x(n)=\delta(n)$

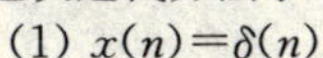

(2) $x(n)=u(n)$

(3) $x(n)=u(n)-u(n-5)$

【解题思路】 已知系统的时域模拟框图写方程，抓住加法器，由输入相加等于输出得差分方程。利用迭代法求输出。

【解】 $y(n)$经单位延时得 $y(n-1)$。围绕图示加法器得 $x(n)+\frac{1}{3}y(n-1)=y(n)$

即 $y(n)-\frac{1}{3}y(n-1)=x(n)$

(1) 将 $x(n)=\delta(n),y(-1)=0$ 带入上式差分方程得

$$y(0)=\frac{1}{3}y(-1)+x(0)=1$$

$$y(1)=\frac{1}{3}y(0)+x(1)=\frac{1}{3}$$

$$y(2)=\frac{1}{3}y(1)+x(2)=\left(\frac{1}{3}\right)^2$$

…

$$y(n)=\frac{1}{3}y(n-1)+x(n)=\left(\frac{1}{3}\right)^n$$

此解的范围限于 $n\geqslant0$，因此 $y(n)=\left(\frac{1}{3}\right)^n u(n)$，波形如解图 7-5(1)所示。

(2) 将 $x(n)=u(n)$，$y(-1)=0$ 带入差分方程得

$$y(0)=\frac{1}{3}y(-1)+x(0)=1$$

$$y(1)=\frac{1}{3}y(0)+x(1)=\frac{4}{3}$$

$$y(2)=\frac{1}{3}y(1)+x(2)=\frac{13}{9}$$

…

$$y(n)=\frac{1}{3}y(n-1)+x(n)=\frac{3-3^{-n}}{2}$$

此解的范围限于 $n\geqslant0$，因此 $y(n)=\frac{3-3^{-n}}{2}u(n)$，波形如解图 7-5(2)所示。

(3) 将 $x(n)=u(n)-u(n-5)$，$y(-1)=0$ 带入差分方程得

$$y(0)=\frac{1}{3}y(-1)+1=1$$

$$y(1)=\frac{1}{3}y(0)+1=\frac{4}{3}$$

$$y(2)=\frac{1}{3}y(1)+1=\frac{13}{9}$$

$$y(3)=\frac{1}{3}y(2)+1=\frac{40}{27}$$

$$y(4)=\frac{1}{3}y(3)+1=\frac{121}{81}$$

$$y(5)=\frac{1}{3}y(4)+0=\frac{121}{3^5}$$

…

$$y(n)=\frac{1}{3}y(n-1)+0=\frac{121}{3^n}$$

此解的范围限于 $n\geqslant0$，因此 $y(n)=\frac{3-3^{-n}}{2}[u(n)-u(n-5)]+\frac{121}{3^n}u(n-5)$，波形如解图 7-5(3)所示。

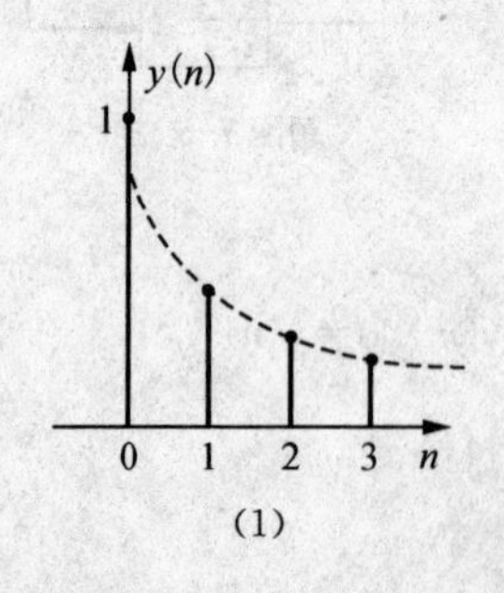

(1)

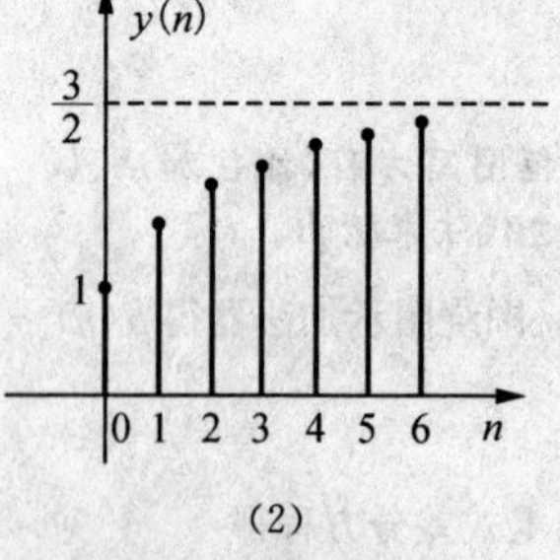

(2)

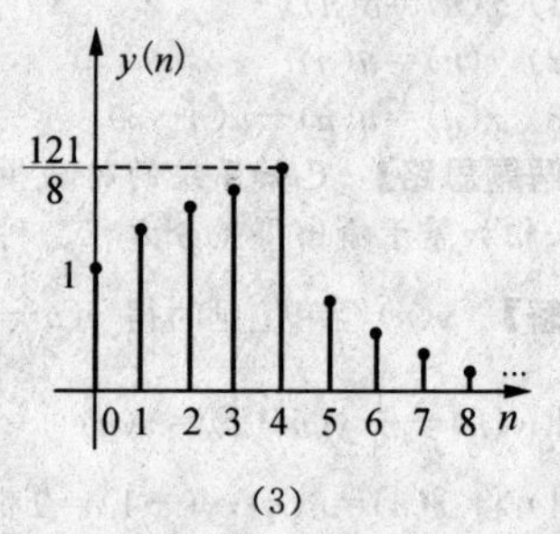

(3)

解图 7-5

【7-6】 列出题图 7-6 所示系统的差分方程，已知边界条件 $y(-1)=0$ 并限定当 $n<0$ 时，全部 $y(n)=0$，若 $x(n)=\delta(n)$，求 $y(n)$。比较本题与习题 7-5 相应的结果。

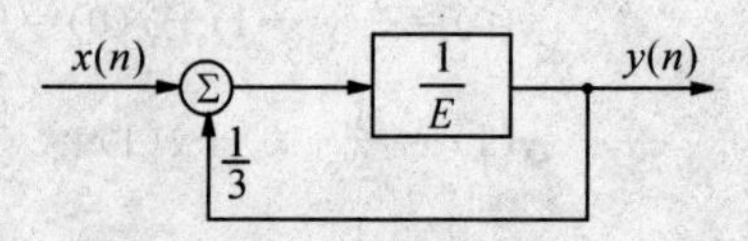

题图 7-6

【解题思路】 同题 7-5。

【解】 加法器输出为 $x(n)+\frac{1}{3}y(n)$，后经单位延时得 $y(n)=x(n-1)+\frac{1}{3}y(n-1)$

该系统的差分方程为 $y(n)-\frac{1}{3}y(n-1)=x(n-1)$

将 $x(n)=\delta(n)$，$y(-1)=0$ 带入差分方程得

$y(0)=\frac{1}{3}y(-1)+0=0$

$y(1)=\frac{1}{3}y(0)+1=1$

$y(2)=\frac{1}{3}y(1)+0=\frac{1}{3}$

…

$y(n)=\frac{1}{3}y(n-1)+0=\left(\frac{1}{3}\right)^{n-1}$

此解的范围限于 $n\geqslant 1$，因此 $y(n)=\left(\frac{1}{3}\right)^{n-1}u(n-1)$

本题结果比较于 7-5(1) 的结果发生了单位延时。

【7-7】 在习题 7-5 中，若限定当 $n>0$ 时，全部 $y(n)=0$，以 $y(1)=0$ 为边界条件，当 $x(n)=\delta(n)$ 时的响应 $y(n)$，这时，可以得到一个左边序列，试解释为什么会出现这种结果。

【解题思路】 利用迭代法求响应。

【解】 系统差分方程由 7-5 知 $y(n)-\frac{1}{3}y(n-1)=x(n)$

将 $x(n)=\delta(n)$，$y(1)=0$ 带入差分方程得

$y(0)=3[y(1)-0]=0$

$y(-1)=3[y(0)-1]=-3$

$y(-2)=3[y(-1)-0]=-3^2$

…

$y(-n)=3[y(-n+1)-0]=-3^{-n}$

此解的范围限于 $n\leqslant -1$，因此 $y(n)=-3^{-n}u(-n-1)$

当 $n\geqslant 2$，$y(n)=\frac{1}{3}y(n-1)+x(n)$，因而 $y(n)=0$；当 $n\leqslant 0$，$y(n-1)=3[y(n)-x(n)]$

因为 $x(n)=\delta(n)$，在 $n=0$ 时有输入，因而形成左边序列。

【7-8】 列出题图 7-8 所示系统的差分方程，指出其阶次。

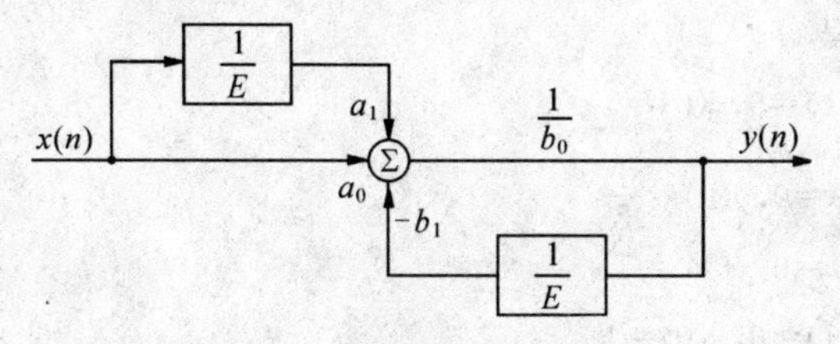

题图 7-8

【解题思路】 同题 7-5。差分方程的阶数由响应序列变量序号的最高与最低值之差决定。

【解】 围绕图示加法器得 $\frac{1}{b_0}[a_1x(n-1)+a_0x(n)-b_1y(n-1)]=y(n)$

整理得 $b_0y(n)+b_1y(n-1)=a_0x(n)+a_1x(n-1)$

由于方程左端未知序列 $y(n)$ 与其移位序列仅相差一个位移序数，因此是一阶差分方程。

【7-9】 列出题图 7-9 所示系统的差分方程，指出其阶次。

【解题思路】 同题 7-8。

【解】 围绕图示加法器得 $a_0x(n)+a_1x(n-1)+b_1y(n-1)+b_2y(n-2)=y(n)$

整理得 $y(n)+b_1y(n-1)+b_2y(n-2)=a_0x(n)+a_1x(n-1)$

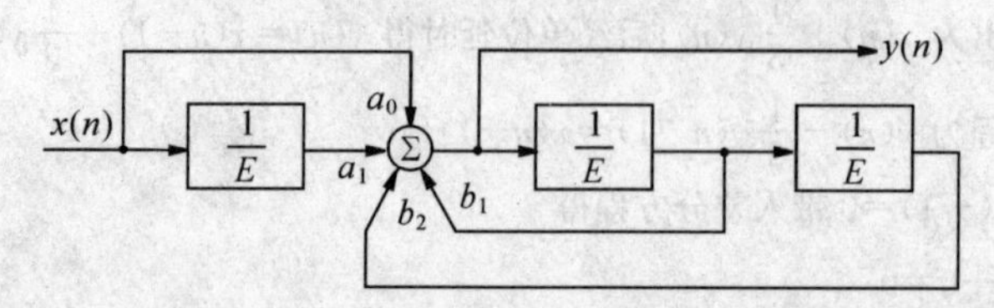

题图 7-9

由于方程左端未知序列 $y(n)$ 与其移位序列相差两个位移序数，因此是二阶差分方程。

【7-10】 已知描述系统的差分方程表示式为 $y(n)=\sum_{r=0}^{7} b_r x(n-r)$ 试绘出此离散系统的方框图。如果 $y(-1)=0, x(n)=\delta(n)$，试求 $y(n)$，指出此时 $y(n)$ 有何特点，这种特点与系统的结构有何关系。

【解题思路】 利用差分方程及输入信号 $x(n)=\delta(n)$ 的特点求响应。

【解】 将 $x(n)=\delta(n)$ 带入差分方程得 $y(n)=\sum_{r=0}^{7} b_r \delta(n-r)$

由于 $\delta(n-r)=\begin{cases}1 & n=r\\ 0 & n\neq r\end{cases}$，所以当 $n=r$ 时，$y(n)=b_r$

即当 $0\leqslant n\leqslant 7$ 时，$y(n)=b_r(n=r)$

当 $n<0$ 或 $n>7$ 时，$y(n)=0$

由差分方程知输出只与输入有关。这是由系统是无反馈结构决定的。

系统的方框图见解图 7-10

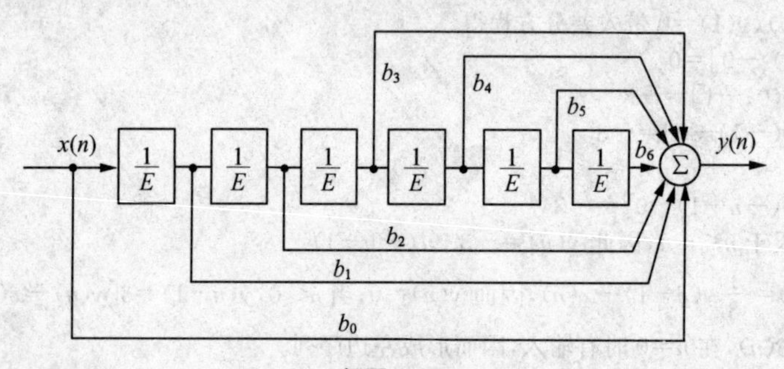

解图 7-10

【7-11】 解差分方程。

(1) $y(n)-\frac{1}{2}y(n-1)=0, y(0)=1$

(2) $y(n)-2y(n-1)=0, y(0)=\frac{1}{2}$

(3) $y(n)+3y(n-1)=0, y(1)=1$

(4) $y(n)+\frac{2}{3}y(n-1)=0, y(0)=1$

【解题思路】 利用经典法中求齐次解的方法。此题为一阶系统无重根的情况。在特征根没有重根的情况下，差分方程的齐次解为：$c\cdot\alpha^n$，再由边界条件决定系统 c

【解】

(1) 特征方程为 $\alpha-\frac{1}{2}=0$，求得特征根为 $\alpha=\frac{1}{2}$

齐次解 $y(n)=c\cdot\left(\frac{1}{2}\right)^n$

将 $y(0)=1$ 代入齐次解，得 $c=1$

因此 $y(n)=\left(\frac{1}{2}\right)^n u(n)$

(2) 特征方程为 $\alpha-2=0$,求得特征根为 $\alpha=2$

齐次解 $y(n)=c\cdot 2^n$

将 $y(0)=\frac{1}{2}$ 代入齐次解,得 $c=\frac{1}{2}$

因此 $y(n)=2^{n-1}u(n)$

(3) 特征方程为 $\alpha+3=0$,求得特征根为 $\alpha=-3$

齐次解 $y(n)=c\cdot(-3)^n$

将 $y(1)=1$ 代入齐次解,得 $c=-\frac{1}{3}$

因此 $y(n)=(-3)^{n-1}u(n)$

(4) 特征方程为 $\alpha+\frac{2}{3}=0$,求得特征根为 $\alpha=-\frac{2}{3}$

齐次解 $y(n)=c\cdot\left(-\frac{2}{3}\right)^n$

将 $y(0)=1$ 代入齐次解,得 $c=1$

因此 $y(n)=\left(-\frac{2}{3}\right)^n u(n)$

【7-12】 解差分方程。

(1) $y(n)+3y(n-1)+2y(n-2)=0, y(-1)=2, y(-2)=1$

(2) $y(n)+2y(n-1)+y(n-2)=0, y(0)=y(-1)=1$

(3) $y(n)+y(n-2)=0, y(0)=1, y(1)=2$

【解题思路】 经典法求齐次解,此题为二阶系统,特征根分别为无重根,有二重根及共轭根的情况。在特征根没有重根的情况下,差分方程的齐次解为:$c_1\alpha_1^n+c_2\alpha_2^n+\cdots+c_n\alpha_n^n$;当特征根有重根,假设 α_1 是特征方程的 K 重根,齐次解中相应于 α_1 的部分有 K 项:$c_1n^{K-1}\alpha_1^n+c_2n^{K-2}\alpha_1^n+\cdots+c_{K-1}n\alpha_1^n+c_K\alpha_1^n$;当特征根为共轭复数时,齐次解的形式可以是等幅、增幅或衰减等形式的正弦序列。

【解】

(1) 特征方程为 $\alpha^2+3\alpha+2=0$,求得特征根为 $\alpha_1=-1, \alpha_2=-2$

齐次解 $y(n)=c_1\cdot(-1)^n+c_2\cdot(-2)^n$

将 $y(-1)=2, y(-2)=1$ 代入齐次解得方程组

$$\begin{cases}-c_1-\dfrac{c_2}{2}=2\\ c_1+\dfrac{c_2}{4}=20\end{cases},解得\begin{cases}c_1=4\\ c_2=-12\end{cases}$$

因此 $y(n)=[4\times(-1)^n-12\times(-2)^n]u(n)$

(2) 特征方程为 $\alpha^2+2\alpha+1=0$,求得特征根为 $\alpha_1=\alpha_2=-1$

齐次解 $y(n)=(c_1n+c_2)\times(-1)^n$

将 $y(0)=y(-1)=1$ 代入齐次解得方程组

$$\begin{cases}c_2=1\\ c_1-c_2=1\end{cases},解得\begin{cases}c_1=2\\ c_2=1\end{cases}$$

因此 $y(n)=[(2n+1)\times(-1)^n]u(n)$

(3) 特征方程为 $\alpha^2+1=0$,求得特征根为 $\alpha_1=\mathrm{j}, \alpha_2=-\mathrm{j}$

$$齐次解\ y(n)=c_1\cdot(\mathrm{j})^n+c_2\cdot(-\mathrm{j})^n=c_1\mathrm{e}^{\mathrm{j}\frac{n\pi}{2}}+c_2\mathrm{e}^{-\mathrm{j}\frac{n\pi}{2}}$$

$$=(c_1+c_2)\cos\left(\frac{n\pi}{2}\right)+\mathrm{j}(c_1-c_2)\sin\left(\frac{n\pi}{2}\right)$$

将初始条件代入得方程组

$$\begin{cases}c_1+c_2=1\\ \mathrm{j}(c_1-c_2)=2\end{cases}$$

因此 $y(n)=\left[\cos\left(\frac{n\pi}{2}\right)+2\sin\left(\frac{n\pi}{2}\right)\right]u(n)$

【7-13】 解差分方程。

$$y(n)-7y(n-1)+16y(n-2)-12y(n-3)=0$$
$$y(1)=-1,y(2)=-3,y(3)=-5$$

【解题思路】 经典法解齐次方程，此题为三阶系统，特征根有重根的情况。

【解】 特征方程为 $\alpha^3-7\alpha^2+16\alpha-12=0$，求得特征根为 $\alpha_1=3,\alpha_2=\alpha_3=2$

齐次解 $y(n)=c_1\times 3^n+(c_2n+c_3)\times 2^n$

将 $y(1)=-1,y(2)=-3,y(3)=-5$ 代入齐次解得方程组

$$\begin{cases}3c_1+2c_2+2c_3=-1\\9c_1+8c_2+4c_3=-3\\27c_1+24c_2+8c_3=-5\end{cases},解得\begin{cases}c_1=1\\c_2=-1\\c_3=-1\end{cases}$$

因此 $y(n)=[3^n-(n+1)\times 2^n]u(n)$

【7-14】 解差分方程 $y(n)=-5y(n-1)+n$。已知边界条件 $y(-1)=0$。

【解题思路】 经典法中，非齐次方程的解＝齐次解＋特解。特解的求解是首先将激励函数带入方程右端，观察右端的函数形式来选择含有待定系数的特解函数式，将此特解函数代入方程后再求待定系数。注意边界条件的应用。

【解】 齐次方程对应特征方程为 $\alpha+5=0$，求得特征根为 $\alpha=-5$

齐次解 $y(n)=c_1\times(-5)^n$

根据方程右端形式，选择特解为 c_2n+c_3

将特解带入方程得：$c_2n+c_3+5[c_2(n-1)+c_3]=n$

解得 $c_2=\frac{1}{6},c_3=\frac{5}{36}$

即完全解 $y(n)=c_1\times(-5)^n+\frac{1}{6}n+\frac{5}{36}$

将 $y(-1)=0$ 代入完全解，得 $c_1=-\frac{5}{36}$

因此 $y(n)=\frac{1}{36}[(-5)^{n+1}+6n+5]u(n)$

【7-15】 解差分方程 $y(n)+2y(n-1)=n-2$，已知 $y(0)=1$。

【解题思路】 同题 7-14。

【解】 齐次方程对应特征方程为 $\alpha+2=0$，求得特征根为 $\alpha=-2$

齐次解 $y(n)=c_1\times(-2)^n$

根据方程右端形式，选择特解为 c_2n+c_3

将特解带入方程得：$c_2n+c_3+2[c_2(n-1)+c_3]=n-2$

解得 $c_2=\frac{1}{3},c_3=-\frac{4}{9}$

即完全解 $y(n)=c_1\times(-2)^n+\frac{1}{3}n-\frac{4}{9}$

将 $y(0)=1$ 代入差分方程，得 $c_1=\frac{13}{9}$

因此 $y(n)=\left[\frac{13}{9}\times(-2)^n+\frac{n}{3}-\frac{4}{9}\right]u(n)$

【7-16】 解差分方程 $y(n)+2y(n-1)+y(n-2)=3^n$，已知 $y(-1)=0,y(0)=0$。

【解题思路】 同题 7-14。

【解】 齐次方程对应特征方程为 $\alpha^2+2\alpha+1=0$，求得特征根为 $\alpha_1=\alpha_2=-1$

齐次解 $y(n)=(c_1n+c_2)\times(-1)^n$

根据方程右端形式，选择特解为 $c_3\times 3^n$

将特解带入方程得：$c_3\cdot 3^n+2c_3 3^{(n-1)}c_3 3^{(n-2)}=3^n$

解得 $c_3=\frac{9}{16}$

即完全解 $y(n)=(c_1n+c_2)\times(-1)^n+\frac{9}{16}\times 3^n$

将 $y(-1)=0,y(0)=0$ 代入齐次解得方程组

$$\begin{cases}c_1-c_2=-\dfrac{3}{16}\\ c_2+\dfrac{9}{16}=0\end{cases}，解得\begin{cases}c_1=-\dfrac{3}{4}\\ c_2=-\dfrac{9}{16}\end{cases}$$

因此 $y(n)=\left[\left(-\frac{3}{4}n-\frac{9}{16}\right)\times(-1)^n+\frac{9}{16}\times3^n\right]u(n)$

【7-17】 解差分方程 $y(n)+y(n-2)=\sin n$，已知 $y(-1)=0$，$y(-2)=0$。

【解题思路】 同题 7-14。

【解】 齐次方程对应特征方程为 $\alpha^2+1=0$，求得特征根为 $\alpha_1=\mathrm{j}$，$\alpha_2=-\mathrm{j}$

齐次解 $y(n)=c_1\mathrm{j}^n+c_2\times(-\mathrm{j})^n=c_1\mathrm{e}^{\mathrm{j}\frac{n\pi}{2}}+c_2\mathrm{e}^{-\mathrm{j}\frac{n\pi}{2}}=P\cos\frac{n\pi}{2}+Q\sin\frac{n\pi}{2}$

其中 $P=c_1+c_2$，$Q=\mathrm{j}(c_1-c_2)$

根据方程右端形式，选择特解为 $D_1\sin n+D_2\cos n$

将特解带入方程得：$D_1=\frac{1}{2}$，$D_2=\frac{1}{2}\tan 1$

即完全解 $y(n)=P\cos\frac{n\pi}{2}+Q\sin\frac{n\pi}{2}+\frac{1}{2}\sin n+\frac{1}{2}\tan 1\cos n$

将 $y(-1)=0$，$y(-2)=0$ 代入差分方程得 $P=-\frac{1}{2}\tan 1$，$Q=0$

因此 $y(n)=\left(-\frac{1}{2}\tan 1\cos\frac{n\pi}{2}+\frac{1}{2}\sin n+\frac{1}{2}\tan 1\cos n\right)u(n)$

【7-18】 解差分方程 $y(n)-y(n-1)=n$，已知 $y(-1)=0$。

(1) 用迭代法逐次求出数值解，归纳一个闭式解答（对于 $n\geqslant0$）。

(2) 分别求齐次解与特解，讨论此题应如何假设特解函数式。

【解题思路】 利用迭代法及经典法求解。

【解】

(1) 当 $n\geqslant0$ 时，$y(0)-y(-1)=0$，$y(0)=0$

$y(1)-y(0)=1$，$y(1)=1$

$y(2)-y(1)=2$，$y(2)=1+2=3$

$y(3)-y(2)=3$，$y(3)=3+3=6$

$\vdots$

$y(n)=y(n-1)+n=\sum\limits_{k=0}^{n}k=\frac{n(n+1)}{2}u(n)$

(2) 齐次方程对应特征方程为 $\alpha-1=0$，求得特征根为 $\alpha=1$

齐次解 $y(n)=c_1\times1^n=c_1$

选择特解为 $c_2n^2+c_3n+c_4$

将特解带入方程得：$c_2n^2+c_3n+c_4-[c_2(n-1)^2+c_3(n-1)+c_4]=n$

解得 $c_2=\frac{1}{2}$，$c_3=-\frac{1}{2}$

即完全解 $y(n)=\frac{1}{2}n^2+\frac{1}{2}n+c$

将 $y(-1)=0$ 代入完全解得 $c=0$

因此 $y(n)=\left(\frac{1}{2}n^2+\frac{1}{2}n\right)u(n)$

【7-19】 如果上题中方程式改为 $y(n)-y(n-1)=n^3$，重复回答上题所问。

【解题思路】 同题 7-18。

【解】

(1) 当 $n\geqslant0$ 时，$y(0)-y(-1)=0$，$y(0)=0$

$y(1)-y(0)=1^3$，$y(1)=1^3$

$y(2)-y(1)=2^3$，$y(2)=1^3+2^3$

$y(3)-y(2)=3^3$，$y(3)=1^3+2^3+3^3$

⋮

$y(n)=y(n-1)+n^3=\sum_{k=0}^{n}k^3=\left[\frac{n(n+1)}{2}\right]^2u(n)$

(2) 齐次方程对应特征方程为 $\alpha-1=0$,求得特征根为 $\alpha=1$

齐次解 $y(n)=c_0\times 1^n=c_0$

选择特解为 $c_1+c_2n+c_3n^2+c_4n^3+c_5n^4$

将特解带入方程得

$c_1+c_2n+c_3n^3+c_4n^3+c_5n^4-[c_1+c_2(n-1)+c_3(n-1)^2+c_4(n-1)^3+c_5(n-1)^4]=n^3$

解得 $c_2=0,c_3=\frac{1}{4},c_4=\frac{1}{2},c_5=\frac{1}{4}$

即完全解 $y(n)=c_0+c_1+\frac{1}{4}n^2+\frac{1}{2}n^3+\frac{1}{4}n^4=c+\frac{1}{4}n^2+\frac{1}{2}n^3+\frac{1}{4}n^4$

将 $y(-1)=0$ 代入完全解得 $c=0$

因此 $y(n)=\frac{1}{4}n^2+\frac{1}{2}n^3+\frac{1}{4}n^4=\left[\frac{1}{2}n(n+1)\right]^2u(n)$

【7-20】 某系统的输入输出关系可由二阶常系数线性差分方程描述,如果相应于输入为 $x(n)=u(n)$ 的响应为 $y(n)=[2^n+3(5^n)+10]u(n)$

(1) 若系统起始为静止的,试决定此二阶差分方程。

(2) 若激励为 $x(n)=2[u(n)-u(n-10)]$,求响应 $y(n)$。

【解题思路】 解的形式与特征根有关。已知特征根可反写出差分方程左端输出的各阶移位项。后利用迭代法求出方程右端输入各项。利用线性时不变系统特性可简便求响应。

【解】

(1) 设二阶差分方程为 $y(n)+a_1y(n-1)+a_2y(n-2)=\sum_{k=0}^{m}b_kx(n-k)$

特征方程为 $\alpha^2+\alpha_1\alpha+\alpha_2=0$

根据响应 $y(n)=[2^n+3\times 5^n+10]u(n)$,得特征根 $\alpha_1=2,\alpha_2=5$

从而得特征方程为 $\alpha^2-7\alpha+10=0$

又∵$x(n)=u(n)$,∴方程可写为 $y(n)-7y(n-1)+10y(n-2)=\sum_{k=0}^{m}b_ku(n-k)$

又∵系统起始为静止,即又 $y(-2)=y(-1)=0$

∴$y(0)-7y(-1)+10y(-2)=b_0$,得 $b_0=14$

$y(1)-7y(0)+10y(-1)=b_0+b_1$,得 $b_1=-85$

$y(2)-7y(1)+10y(0)=b_0+b_1+b_2$,得 $b_2=111$

$y(3)-7y(2)+10y(1)=b_0+b_1+b_2+b_3$,得 $b_3=0$

$y(4)-7y(3)+10y(2)=b_0+b_1+b_2+b_3+b_4$,得 $b_4=0$

当 $n\geqslant 3,b_n=0$

由此方程为 $y(n)-7y(n-1)+10y(n-2)=14x(n)-85x(n-1)+111x(n-3)$

(2) 系统起始为静止,当 $x(n)=u(n),y(n)=[2^n+3\times 5^n+10]u(n)$

由 LTI 系统特性知:当 $x_1(n)=x(n-10),y_1(n)=y(n-10)$

$x_2(n)=2[x(n)+x(n-10)],y_2(n)=2[y(n)+y(n-10)]$

则当激励 $x(n)=2[u(n)+u(n-10)]$,

响应 $y(n)=2\{[2^n+3\times 5^n+10]u(n)-[2^{(n-10)}+3\times 5^{(n-10)}+10]u(n-10)\}$

【7-21】 一个乒乓球从 H 米高度自由下落至地面,每次弹跳起的最高值是前一次最高值的 2/3。若以 $y(n)$ 表示第 n 次跳起的最高值,试列写描述此过程的差分方程式。又若给定 $H=2$ m,解此差分方程。

【解题思路】 利用弹跳起的高度与前一次的高度关系列写方程。后利用经典法求解。

【解】 由题意得差分方程为 $y(n)-\frac{2}{3}y(n-1)=0$

解齐次方程为 $y(n)=c\cdot\left(\frac{2}{3}\right)^n$

已知初始条件 $y(0)=H$，将其带入方程解得 $c=H$

所以 $y(n)=H\cdot\left(\frac{2}{3}\right)^n$

当 $H=2m$ 时，$y(n)=2\times\left(\frac{2}{3}\right)^n$

【7-22】 如果在第 n 个月初向银行存款 $x(n)$ 元，月利率为 a，每月利息不取出，试用差分方程写出第 n 月初的本利和 $y(n)$。设 $x(n)=10$ 元，$a=0.003$，$y(0)=20$ 元，求 $y(n)$，若 $n=12$，$y(12)$ 为多少？

【解题思路】 第 n 个月的本息和由第 $n-1$ 个月的本息加第 n 个月的利息、本金组成，列写差分方程，利用经典法求解。

【解】 第 n 个月的本息和 $y(n)=y(n-1)+ay(n-1)+x(n)$

整理得差分方程 $y(n)-(1+a)y(n-1)=x(n)$

解齐次方程得 $y_h(n)=c\cdot(1+a)^n$

设特解为 D，代入方程得 $D=-\frac{10}{a}$

全解 $y(n)=c\times(1+a)^n-\frac{10}{a}$

由 $y(0)=20$ 得 $c=20+\frac{10}{a}$

所以 $y(n)=\left(20+\frac{10}{a}\right)\times(1+a)^n-\frac{10}{a}$

$y(12)=\left(20+\frac{10}{0.003}\right)\times(1+0.003)^{12}-\frac{10}{0.003}=142.732$(元)

【7-23】 把 $x(n)$ 升的液体 A 和 $[100-x(n)]$ 升的液体 B 都倒入一容器中[限定 $x(n)\leqslant 100$ 升]，该容器内已有 900 升的 A 与 B 之混合液。均匀混合后，再从容器倒出 100 升混合液。如此重复上述过程，在第 n 个循环结束时，若 A 在混合液中所占百分比为 $y(n)$，试列出求 $y(n)$ 的差分方程。如果已知 $x(n)=50$，$y(0)=0$，解 $y(n)$，并指出其中的自由分量与强迫分量，当 $n\to\infty$ 时 $y(n)$ 为多少？再从直觉的概念解释此结果。

【解题思路】 进行 n 个循环后，A 的容量是在经 $n-1$ 个循环后的基础上保留 $\frac{9}{10}$，后加入 $x(n)$ 升，利用这个关系列写方程。采用经典法求解。

【解】 由题意可得差分方程为 $y(n)=\frac{9}{10}y(n-1)+\frac{x(n)}{1\,000}$

整理得差分方程 $y(n)-\frac{9}{10}y(n-1)=\frac{1}{1\,000}x(n)$

解齐次解得 $y_h(n)=c\cdot(0.9)^n$

由 $x(n)=50$，设特解为 D，带入方程得 $D=0.5$

全解 $y(n)=c\times(0.9)^n+0.5$

利用初始条件 $y(0)=0$，得 $c=-0.5$

所以 $y(n)=-0.5\times(0.9)^n+0.5$

当 $n\to\infty$ 时，$y(n)=0.5$

原因是倒入的 100 L 混合物中，A 的比例为 0.5 当 $n\to\infty$ 时，容器混合物不断被稀释，其比例与倒入混合液的比例相等。

【7-24】 “开关电容”是在集成电路中用来替代电阻的一种基本单元。在题图 7-24 中，开关 S_1、S_2（在集成芯片内由两只 MOS 晶体管实现）和电容 C_1 组成开关电容用以传送电荷，它们相当于连续系统中的电阻，再与另一电容 C_2 可构成离散系统中的一阶低通滤波器。

(1) 设 $t=nT$ 时刻输入与输出电压分别为 $x(t)=x(nT)$ 和 $y(t)=y(nT)$。在 $t=nT$ 时 S_1 通、S_2 断，$t=nT+\frac{T}{2}$ 时 S_1 断、S_2 通，利用电荷转移关系求 $y\left(nT+\frac{T}{2}\right)$ 值。

(2) 重复上述动作，当 $t=(n+1)T$ 时 S_1 通，S_2 断，当 $t=(n+1)T+\frac{T}{2}$ 时 S_1 断，S_2 通，…，列写描述 $y(n)$ 与 $x(n)$ 关系的差分方程式(令 $T=1$)。

(3) 若 $x(t)=u(t)$，求系统的零状态响应 $y(n)$ 表达式，并画 $y(t)$ 波形。

【解题思路】 利用开关通断，明确每个电容两端的电压、电荷表达式，列写方程。利用经典法求解。

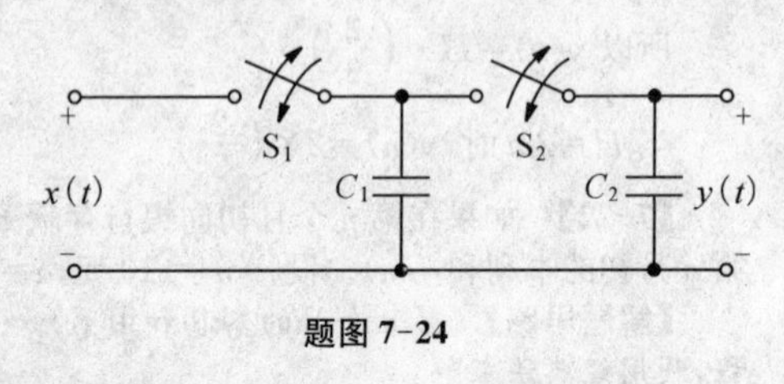

题图 7-24

【解】

(1) 当 $t=nT$ 时，S_1 通、S_2 断，c_1 两端的电压 $U_{c1}=x(nT)$，c_1 上电荷为 $Q_{c1}=c_1U_{c1}$

c_2 两端的电压 $U_{c2}=y(nT)$，c_2 上电荷为 $Q_{c2}=c_2U_{c2}$

当 $t=nT+\dfrac{T}{2}$ 时，S_1 断、S_2 通，总电荷为 $Q=Q_{c1}+Q_{c2}=c_1U_{c1}+c_2U_{c2}$

输出电压 $y\left(nT+\dfrac{T}{2}\right)=\dfrac{Q}{c}=\dfrac{1}{c_1+c_2}[c_1x(nT)+c_2y(nT)]$

(2) 差分方程为：$y(n+1)-\dfrac{c_2}{c_1+c_2}y(n)=\dfrac{c_1}{c_1+c_2}x(n)$

(3) 解方程齐次解为 $y_{\mathrm{h}}(n)=c\cdot\left(\dfrac{c_2}{c_1+c_2}\right)^n$

由 $x(t)=u(t)$，设特解为 D，带入方程解得 $D=1$

零状态响应完全解为：$y(n)=c\cdot\left(\dfrac{c_2}{c_1+c_2}\right)^n+1$

又由 $y(-1)=0$ 代入方程得 $y(0)=0$

将 $y(0)=0$ 代入完全解，得 $c=-1$

则系统的零状态响应为 $y(n)=\left[1-\left(\dfrac{c_2}{c_1+c_2}\right)^n\right]u(n)$

【7-25】 对于例 7-4 的电阻梯形网络，按所列方程式及给定之边界条件 $v(0)=E$，$v(N)=0$，求解 $v(n)$ 表示式（注意：答案中有系数 N）。如果 $N\to\infty$（无限节的梯形网络），试写出 $v(n)$ 的近似式。

【解题思路】 利用经典法求解齐次差分方程。

【解】 运用 KCL 得差分方程 $v(n)-3v(n-1)+v(n-2)=0$

解方程得 $v(n)=c_1\left(\dfrac{3+\sqrt{5}}{2}\right)^n+c_2\left(\dfrac{3-\sqrt{5}}{2}\right)^n$

将初始条件 $v(0)=E$，$v(N)=0$ 代入齐次解得

$$\begin{cases}c_1+c_2=E\\ c_1\left(\dfrac{3+\sqrt{5}}{2}\right)^N+c_2\left(\dfrac{3-\sqrt{5}}{2}\right)^N=0\end{cases}\text{解得}\begin{cases}c_1=\dfrac{E\cdot\left(\dfrac{3-\sqrt{5}}{2}\right)^N}{\left(\dfrac{3+\sqrt{5}}{2}\right)^N-\left(\dfrac{3-\sqrt{5}}{2}\right)^N}\\ c_2=\dfrac{E\cdot\left(\dfrac{3+\sqrt{5}}{2}\right)^N}{\left(\dfrac{3+\sqrt{5}}{2}\right)^N\cdot\left(\dfrac{3-\sqrt{5}}{2}\right)^N}\end{cases}$$

$$\text{所以 } v(n)=\frac{E\cdot\left(\dfrac{3-\sqrt{5}}{2}\right)^N\cdot\left(\dfrac{3+\sqrt{5}}{2}\right)^n}{\left(\dfrac{3+\sqrt{5}}{2}\right)^N-\left(\dfrac{3-\sqrt{5}}{2}\right)^N}+\frac{E\cdot\left(\dfrac{3+\sqrt{5}}{2}\right)^N\cdot\left(\dfrac{3-\sqrt{5}}{2}\right)^n}{\left(\dfrac{3+\sqrt{5}}{2}\right)^N\cdot\left(\dfrac{3-\sqrt{5}}{2}\right)^N}$$

当 $n\to\infty$ 时，$v(n)=E\cdot\left(\dfrac{3-\sqrt{5}}{2}\right)^n u(n)$

【7-26】 对于图 7-15 所示的 RC 低通网络，如果给定 $\dfrac{T}{RC}=0.1$，$x(n)=u(n)$，$y(0)=0$，求解差分方程式(7-28)，画出完全响应 $y(n)$ 图形，描出 10 个样点。如果激励为阶跃信号 $x(t)=u(t)$，解微分方程求 $y(t)$，将 $y(t)$ 波形也画在 $y(n)$ 图形之同一坐标中以便比较。（注意，横坐标可取为 $t'=n\cdot\dfrac{T}{RC}$。）

【解题思路】 用差分方程近似处理微分方程的问题。对信号进行抽样，将微分方程近似表示为差分方程，利用经典法求解。注意对比差分方程和微分方程的求解方法。

【解】 差分方程为 $y(n+1)=\left(1-\dfrac{T}{RC}\right)y(n)+\dfrac{T}{RC}x(n)$

将 $\dfrac{T}{RC}=0.1, x(n)=u(n)$ 代入方程得

$y(n+1)-0.9y(n)=0.1u(n)$

齐次解 $y_h(n)=c\cdot(0.9)^n$

取特解 $y_p(n)=k$ 代入方程得 $k=1$

所以差分方程的解为 $y(n)=[c\cdot(0.9)^n+1]u(n)$

将 $y(0)=0$ 代入得 $c=-1$

所以差分方程的解为 $y(n)=[1-(0.9)^n]u(n)$

当激励为阶跃信号 $x(t)=u(t)$

微分方程为 $\dfrac{dy(t)}{dt}+\dfrac{1}{RC}y(t)=\dfrac{1}{RC}u(t)$

解方程得 $y(t)=(c_1\cdot e^{-\frac{t}{RC}}+1)u(t)$

由 $y(0)=0$ 代入得 $c_1=-1$

$y(t)=(1-e^{-\frac{t}{RC}})u(t)$

令 $t=nT, y(t)|_{t=nT}=(1-e^{-\frac{nT}{RC}})u(n)=(1-e^{-0.1n})u(n)$

【7-27】 本题讨论一个饶有兴趣的“海诺塔”(Tower of Hanoi)问题。有若干个直径逐次增加的中心有孔的圆盘。起初，它们都套在同一个木桩上(见题图 7-27)，尺寸最大的位于最下面，随尺寸减小依次向上排列。现在，将圆盘按下述规则转移到另外两个木桩上：(1) 每次只准传递一个；(2) 在传递过程中，不允许有大盘子位于小盘子之上；(3)可以在三个木桩之间任意传递。为使 n 个盘子转移到另一木桩，而保持其原始的上下相对位置不变，需要传递 $y(n)$ 次，列出求 $y(n)$ 的差分方程式，并求解。

［提示：$y(0)=0, y(1)=1, y(2)=3, y(3)=7,\cdots$。］

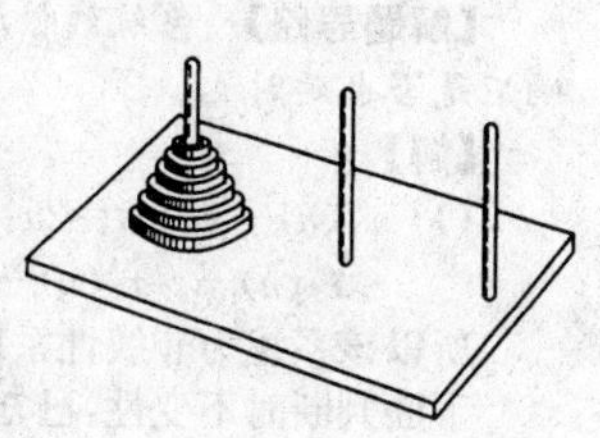

题图 7-27

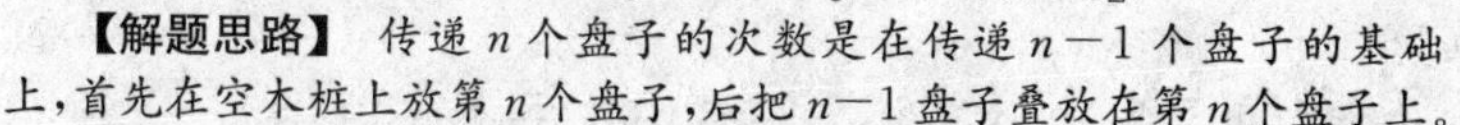

【解题思路】 传递 n 个盘子的次数是在传递 $n-1$ 个盘子的基础上，首先在空木桩上放第 n 个盘子，后把 $n-1$ 盘子叠放在第 n 个盘子上。

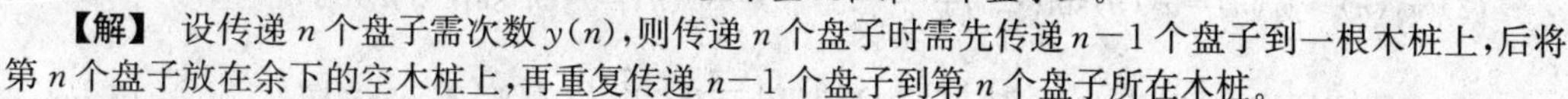

【解】 设传递 n 个盘子需次数 $y(n)$，则传递 n 个盘子时需先传递 $n-1$ 个盘子到一根木桩上，后将第 n 个盘子放在余下的空木桩上，再重复传递 $n-1$ 个盘子到第 n 个盘子所在木桩。

则 $y(n)=2y(n-1)+1$，即 $y(n)-2y(n-1)=1$

特征方程 $\alpha-2=0$ 得 $y_n(n)=C\cdot 2^n$

设特解为 k，代入方程得 $-k=1$　$k=-1$

完全解 $y(n)=C\cdot 2^n-1=1$

将 $y(0)=0$ 代入得 $C=1$ 即 $y(n)=(2^n-1)u(n)$

【7-28】 以下各序列是系统的单位样值响应 $h(n)$，试分别讨论各系统的因果性与稳定性。

(1) $\delta(n)$　　(2) $\delta(n-5)$

(3) $\delta(n+4)$　　(4) $2u(n)$

(5) $u(3-n)$　　(6) $2^n u(n)$

(7) $3^n u(-n)$　　(8) $2^n[u(n)-u(n-5)]$

(9) $0.5^n u(n)$　　(10) $0.5^n u(-n)$

(11) $\dfrac{1}{n}u(n)$　　(12) $\dfrac{1}{n!}u(n)$

【解题思路】 离散线性时不变系统作为因果系统的充要条件是：当 $n<0$ 时，$h(n)=0$ 稳定系统的充要条件是单位样值响应绝对可和，即 $\sum\limits_{n=-\infty}^{\infty}|h(n)|\leqslant M$

【解】

(1) 因果，稳定

(2) 因果,稳定

(3) 非因果,稳定

(4) 因果,不稳定

(5) 非因果,不稳定

(6) 因果,不稳定

(7) 非因果,稳定

(8) 因果,稳定

(9) 因果,稳定

(10) 非因果,不稳定

(11) 因果,不稳定

(12) 因果,稳定

【7-29】 以下每个系统 $x(n)$表示激励,$y(n)$表示响应。判断每个激励与响应的关系是否线性的,是否时不变的。

(1) $y(n)=2x(n)+3$

(2) $y(n)=x(n)\sin\left(\frac{2\pi}{7}n+\frac{\pi}{6}\right)$

(3) $y(n)=[x(n)]^2$

(4) $y(n)=\sum_{m=-\infty}^{n}x(m)$

【解题思路】 系统线性的判断要看系统是否满足叠加性和均匀性,时不变的判断要看激励延时 t_0 响应是否也延时 t_0。

【解】

(1) $x_1(n)\to y_1(n)=2x_1(n)+3,x_2(n)\to y_2(n)=2x_2(n)+3$

$c_1x_1(n)+c_2x_2(n)\to 2[c_1x_1(n)+c_2x_2(n)]+3\neq c_1y_1(n)+c_2y_2(n)$

所以该系统为非线性系统

下面判断时不变性:已知$x(n)\to y(n)=2x(n)+3$

$$x(n-N)\to 2x(n-N)+3=y(n-N)$$

所以该系统为时不变系统

(2) $x_1(n)\to y_1(n)=x_1(n)\sin\left(\frac{2\pi}{7}n+\frac{\pi}{6}\right),x_2(n)\to y_2(n)=x_2(n)\sin\left(\frac{2\pi}{7}n+\frac{\pi}{6}\right)$

$c_1x_1(n)+c_2x_2(n)\to[c_1x_1(n)+c_2x_2(n)]\sin\left(\frac{2\pi}{7}n+\frac{\pi}{6}\right)=c_1y_1(n)+c_2y_2(n)$

所以该系统为线性系统

下面判断时不变性:已知$x(n)\to y(n)=x(n)\sin\left(\frac{2\pi}{7}n+\frac{\pi}{6}\right)$

$$x(n-N)\to x(n-N)\sin\left(\frac{2\pi}{7}n+\frac{\pi}{6}\right)\neq y(n-N)$$

所以该系统为时变系统

(3) $x_1(n)\to y_1(n)=[x_1(n)]^2,x_2(n)\to y_2(n)=[x_2(n)]^2$

$c_1x_1(n)+c_2x_2(n)\to[c_1x_1(n)+c_2x_2(n)]^2\neq c_1y_1(n)+c_2y_2(n)$

所以该系统为非线性系统

下面判断时不变性:已知$x(n)\to y(n)=[x(n)]^2$

$$x(n-N)\to[x(n-N)]^2=y(n-N)$$

所以该系统为时不变系统

(4) $x_1(n)\to y_1(n)=\sum_{m=-\infty}^{\infty}x_1(m),x_2(n)\to y_2(n)=\sum_{m=-\infty}^{\infty}x_2(m)$

$c_1x_1(n)+c_2x_2(n)\to\sum_{m=-\infty}^{\infty}c_1x_1(m)+c_2x_2(m)=c_1y_1(n)+c_2y_2(n)$

所以该系统为线性系统

下面判断时不变性：已知$x(n)\rightarrow y(n)=\sum_{m=-\infty}^{\infty}x(m)$

$$x(n-N)\rightarrow\sum_{m=-\infty}^{\infty}x(m-N)=\sum_{k=-\infty}^{n-N}x(k)=y(n-N)$$

所以该系统为时不变系统

【7-30】 对于线性时不变系统：

(1) 已知激励为单位阶跃信号之零状态响应(阶跃响应)是$g(n)$，试求冲激响应$h(n)$；

(2) 已知冲激响应$h(n)$，试求阶跃响应$g(n)$。

【解题思路】 利用线性时不变系统的线性特性求冲激响应和阶跃响应。

【解】

(1) $u(n)\rightarrow g(n)$

$\delta(n)=u(n)-u(n-1)$，则$u(n)-u(n-1)=\delta(n)\rightarrow h(n)=g(n)-g(n-1)$

(2) $\delta(n)\rightarrow h(n)$

$$\sum_{k=0}^{\infty}\delta(n-k)=u(n)\rightarrow g(n)=\sum_{k=0}^{\infty}h(n-k)$$

【7-31】 以下各序列中，$x(n)$是系统的激励函数，$h(n)$是线性时不变系统的单位样值响应。分别求出各$y(n)$，画$y(n)$图形(用卷积方法)。

(1) $x(n)$，$h(n)$见题图 7-31(a)

(2) $x(n)$，$h(n)$见题图 7-31(b)

(3) $x(n)=\alpha^n u(n)\quad 0<\alpha<1$

$h(n)=\beta^n u(n)\quad 0<\beta<1\quad \beta\neq\alpha$

(4) $x(n)=u(n)$

$h(n)=\delta(n-2)-\delta(n-3)$

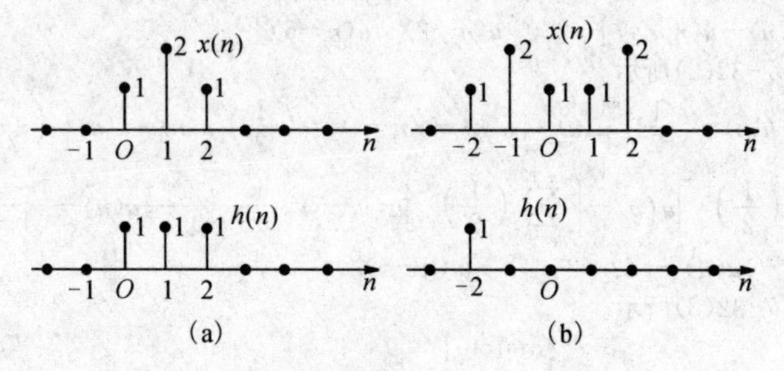

题图 7-31

【解题思路】 采用解析式法或性质求卷积。

【解】

(1) $y(n)=x(n)*h(n)=x(n)*[\delta(n)+\delta(n-1)+\delta(n-2)]$

$=x(n)+x(n-1)+x(n-2)$

$=\delta(n)+3\delta(n-1)+4\delta(n-2)+3\delta(n-3)+\delta(n-4)$

(2) $y(n)=x(n)*h(n)=x(n)*\delta(n+2)=x(n+2)$

(3) $y(n)=x(n)*h(n)=\sum_{m=-\infty}^{\infty}x(m)h(n-m)=\sum_{m=-\infty}^{\infty}\alpha^m u(m)\beta^{n-m}u(n-m)$

$$=\left[\beta^n\sum_{m=0}^{n}\left(\frac{\alpha}{\beta}\right)^m\right]u(n)=\frac{\beta^{n+1}-\alpha^{n+1}}{\beta-\alpha}u(n)$$

(4) $y(n)=x(n)*h(n)=u(n)*[\delta(n-2)-\delta(n-3)]$

$=u(n-2)-u(n-3)=\delta(n-2)$

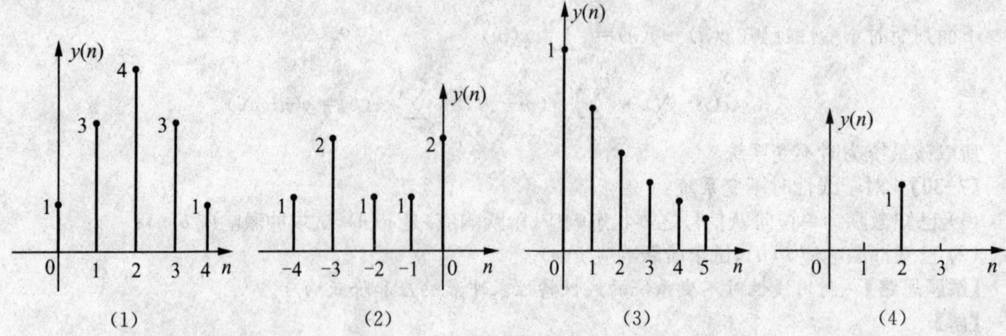

解图 7-31

【7-32】 已知线性时不变系统的单位样值响应 $h(n)$ 以及输入 $x(n)$，求输出 $y(n)$，并绘图示出 $y(n)$。

(1) $h(n)=x(n)=u(n)-u(n-4)$

(2) $h(n)=2^n[u(n)-u(n-4)]$，$x(n)=\delta(n)-\delta(n-2)$

(3) $h(n)=\left(\dfrac{1}{2}\right)^n u(n)$，$x(n)=u(n)-u(n-5)$

【解题思路】 采用解析式法或性质求卷积。

【解】

(1)
$$\begin{aligned}y(n)&=x(n)*h(n)\\&=[\delta(n)+\delta(n-1)+\delta(n-2)+\delta(n-3)]*[\delta(n)+\delta(n-1)+\delta(n-2)+\delta(n-3)]\\&=\delta(n)+\delta(n-1)+\delta(n-2)+\delta(n-3)+\delta(n-1)+\delta(n-2)+\delta(n-3)+\delta(n-4)\\&\quad+\delta(n-2)+\delta(n-3)+\delta(n-4)+\delta(n-5)+\delta(n-3)+\delta(n-4)+\delta(n-5)+\delta(n-6)\\&=\delta(n)+2[\delta(n-1)+\delta(n-5)]+3[\delta(n-2)+\delta(n-4)]+4\delta(n-3)+\delta(n-6)\end{aligned}$$

序列波形如解图 7-32(1)所示。

(2)
$$\begin{aligned}y(n)&=x(n)*h(n)=h(n)*[\delta(n)+\delta(n-2)]=h(n)-h(n-2)\\&=2^n[u(n)-u(n-4)]-2^{n-2}[u(n-2)-u(n-6)]\end{aligned}$$

序列波形如解图 7-32(2)所示。

(3)
$$\begin{aligned}y(n)&=x(n)*h(n)=\left(\frac{1}{2}\right)^n u(n)*[u(n)-u(n-5)]=\left(\frac{1}{2}\right)^n u(n)*u(n)-\left(\frac{1}{2}\right)^n u(n)*u(n-5)\\&=\left[\sum_{m=0}^{n}\left(\frac{1}{2}\right)^m\right]u(n)-\left[\sum_{m=0}^{n-5}\left(\frac{1}{2}\right)^m\right]u(n-5)=\frac{1-0.5^{n+1}}{1-0.5}u(n)-\frac{1-0.5^{n-4}}{1-0.5}u(n-5)\\&=(2-2^{-n})u(n)-[(2-2^{-(n-5)})]u(n-5)\end{aligned}$$

序列波形如解图 7-32(3)所示。

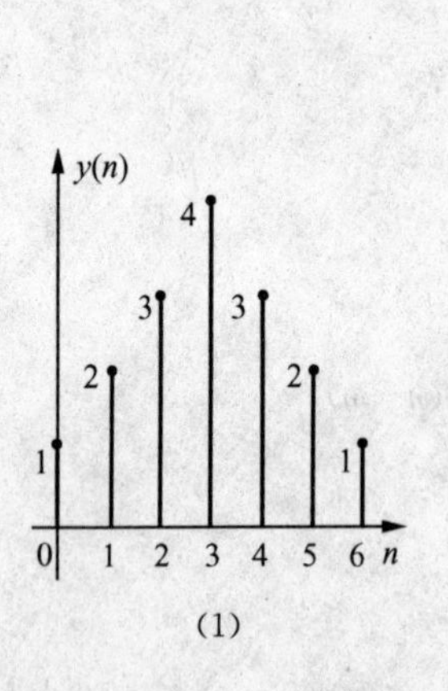

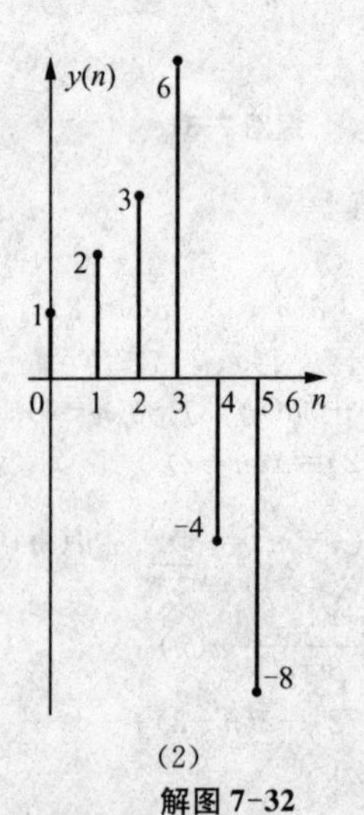

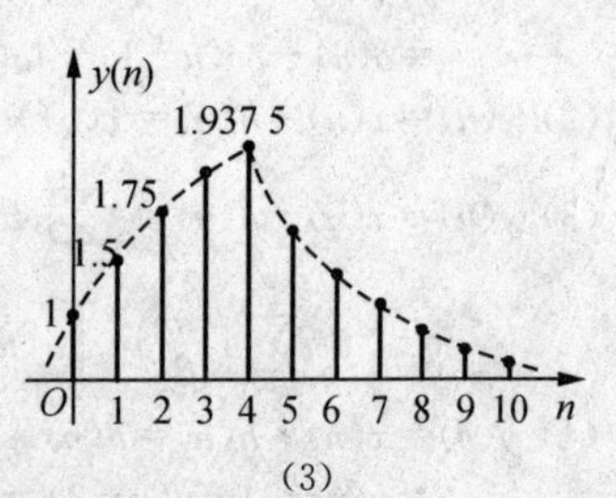

解图 7-32

【7-33】 如题图 7-33 所示的系统包括两个级联的线性时不变系统，它们的单位样值响应分别为 $h_1(n)$ 和 $h_2(n)$。已知 $h_1(n)=\delta(n)-\delta(n-3)$，$h_2(n)=(0.8)^n u(n)$。令 $x(n)=u(n)$。

(1) 按下式求 $y(n)$

$$y(n)=[x(n)*h_1(n)]*h_2(n)$$

(2) 按下式求 $y(n)$

$$y(n)=x(n)*[h_1(n)*h_2(n)]$$

两种方法的结果应当是一样的(卷积结合律)。

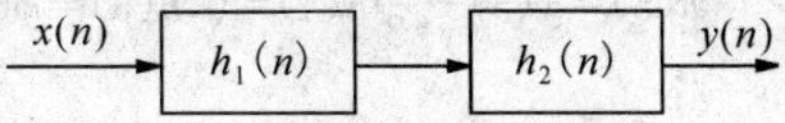

$x(n)$ → $h_1(n)$ → $h_2(n)$ → $y(n)$

题图 7-33

【解题思路】 利用卷积的性质及解析式法求解。

【解】

(1)
$$\begin{aligned}y(n)&=[x(n)*h_1(n)]*h_2(n)\\&=u(n)*[\delta(n)-\delta(n-3)]*(0.8)^n u(n)=[u(n)-u(n-3)]*(0.8)^n u(n)\\&=\left[\sum_{m=0}^{n}(0.8)^m\right]u(n)-\left[\sum_{m=0}^{n-3}(0.8)^m\right]u(n-3)\\&=\frac{1-(0.8)^{n+1}}{1-0.8}u(n)-\frac{1-(0.8)^{n-2}}{1-0.8}u(n-3)\end{aligned}$$

(2)
$$\begin{aligned}y(n)&=x(n)*[h_1(n)*h_2(n)]=u(n)*[(0.8)^n u(n)-(0.8)^{n-3}u(n-3)]\\&=\left[\sum_{m=0}^{n}(0.8)^m\right]u(n)-\left[\sum_{m=3}^{n}(0.8)^{m-3}\right]u(n-3)\\&=\frac{1-(0.8)^{n+1}}{1-0.8}u(n)-\frac{1-(0.8)^{n-2}}{1-0.8}u(n-3)\end{aligned}$$

【7-34】 已知一线性时不变系统的单位样值响应 $h(n)$，除在 $N_0\leqslant n\leqslant N_1$ 区间之外都为零。而输入 $x(n)$ 除在 $N_2\leqslant n\leqslant N_3$ 区间之外均为零。这样，响应 $y(n)$ 除在 $N_4\leqslant n\leqslant N_5$ 之外均被限制为零。试用 N_0,N_1,N_2,N_3 来表示 N_4 与 N_5。

【解题思路】 7-31(1)(2) 都是有限长序列，从其计算结果可总结卷积区间规律：

设 $x_1(n)$ 在 $n_1\leqslant n\leqslant n_2$ 区间内不为零，$x_2(n)$ 在 $n_3\leqslant n\leqslant n_4$ 区间内不为零，则 $x_1(n)*x_2(n)$ 在 $n_1+n_3\leqslant n\leqslant n_2+n_4$ 区间内不为零。

【解】 $N_4=N_0+N_2$，$N_5=N_1+N_3$

【7-35】 某地质勘探测试设备给出的发射信号 $x(n)=\delta(n)+\frac{1}{2}\delta(n-1)$，接收回波信号 $y(n)=\left(\frac{1}{2}\right)^n u(n)$，若地层反射特性的系统函数以 $h(n)$ 表示，且满足 $y(n)=h(n)*x(n)$。

(1) 求 $h(n)$；

(2) 以延时、相加、倍乘运算为基本单元，试画出系统方框图。

【解题思路】 利用卷积的定义式求出 $h(n)$ 的表达式，后利用迭代法归纳总结。

【解】

(1) $y(n)=h(n)*x(n)=\sum\limits_{m=0}^{n}h(m)x(n-m)=\sum\limits_{m=0}^{n-1}h(m)x(n-m)+h(n)x(0)$

$$h(n)=\frac{y(n)-\sum\limits_{m=0}^{n-1}h(m)x(n-m)}{x(0)}$$

$\because x(n)=\delta(n)+\frac{1}{2}\delta(n-1)$

$\therefore x(0)=1$，

$$\begin{aligned}\therefore h(n)&=y(n)-\sum_{m=0}^{n-1}h(m)x(n-m)\\&=y(n)-\sum_{m=0}^{n-1}h(m)\left[\delta(n-m)+\frac{1}{2}\delta(n-m-1)\right]=y(n)-\frac{1}{2}h(n-1)\end{aligned}$$

$h(0)=y(0)=1$

$h(1)=y(1)-\frac{1}{2}h(0)=0$，$h(2)=y(2)-\frac{1}{2}h(1)=\left(\frac{1}{2}\right)^2$

$h(3)=y(3)-\frac{1}{2}h(2)=0, h(4)=y(4)-\frac{1}{2}h(3)=\left(\frac{1}{2}\right)^4$

$h(5)=y(5)-\frac{1}{2}h(4)=0, h(6)=y(6)-\frac{1}{2}h(5)=\left(\frac{1}{2}\right)^6$

⋮

$$h(n)=\begin{cases}\left(\frac{1}{2}\right)^n & n\text{ 为偶}\\ 0 & n\text{ 为奇}\end{cases}$$

(2) $h(n)=\left(\frac{1}{2}\right)^{n+1}[1+(-1)^n]$

单位冲激响应是激励为$\delta(n)$的零状态响应，但其解的形式与系统零输入响应形式一致。

由 $h(n)=\frac{1}{2}\cdot\left(\frac{1}{2}\right)^n+\frac{1}{2}\cdot\left(-\frac{1}{2}\right)^n$ 知系统特征根$\alpha_1=\frac{1}{2}$，$\alpha_2=-\frac{1}{2}$

对应齐次方程为：$y(n)-\frac{1}{4}y(n-2)=0$

系统差分方程为：$y(n)-\frac{1}{4}y(n-2)=x(n)$

系统方框图见解图 7-35 所示。

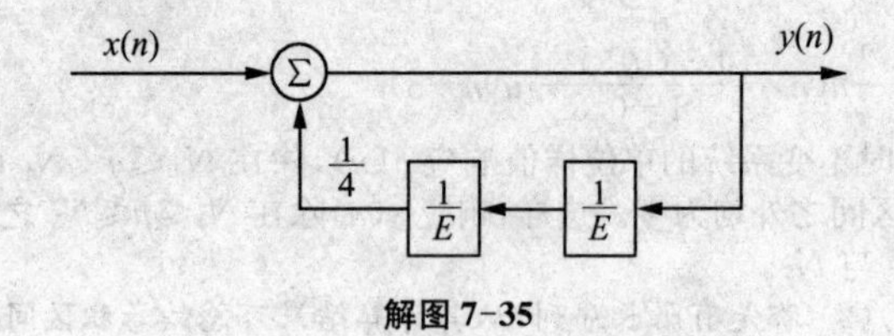

解图 7-35

阶段测试题

一、选择题

1. 判断序列 $x(n)=A\cos\left(\frac{3\pi}{7}n-\frac{\pi}{8}\right)$，$x(n)=e^{j\left(\frac{n}{6}-\pi\right)}$ 周期性（　　）。

A. 周期，周期　　B. 周期，非周期　　C. 非周期，周期　　D. 非周期，非周期

2. 下列四个等式中，只有（　　）是正确的。

A. $u(-n)=\sum_{m=-\infty}^{0}\delta(n+m)$　　B. $\delta(n)=u(-n)-u(-n-1)$

C. $u(n)=n\sum_{m=-\infty}^{\infty}\delta(n-m)$　　D. $\delta(n)=u(-n)-u(-n+1)$

3. 试判断下列四个信号中，与 $f(n)=\sum_{m=-2}^{2}\delta(n-m)$ 相同的信号是（　　）。

A. $f(n)=u(2-n)-u(-3-n)$　　B. $f(n)=u(n-2)-u(n-3)$

C. $f(n)=u(n+2)-u(n-3)$　　D. $f(n)=u(n+2)-u(n-2)$

4. 试求差分方程 $y(n)=\sum_{m=0}^{\infty}x(n-m)$所描述系统的单位冲激响应是（　　）。

A. $u(n)$　　B. $\delta(n)$　　C. 不存在　　D. $a^n u(n)$

5. 离散系统阶跃响应 $s(n)=(0.5)^n u(n)$，则单位响应 $h(n)$为（　　）。

A. $(0.5)^n u(n-1)$　　B. $(0.5)^n u(n)-(0.5)^{n-1}u(n-1)$

C. $(0.5)^{n-1}u(n-1)$　　D. $(0.5)^n+(0.5)^{n-1}$

二、填空题

1. 计算 $\sum_{n=-\infty}^{\infty}\sin\left(\frac{n\pi}{4}\right)\delta(n-2)=$________。

2. 序列 $x(n)$ 如图 7-1 所示，把 $x(n)$ 表示为 $\delta(n)$ 的加权与延迟之线性组合________。

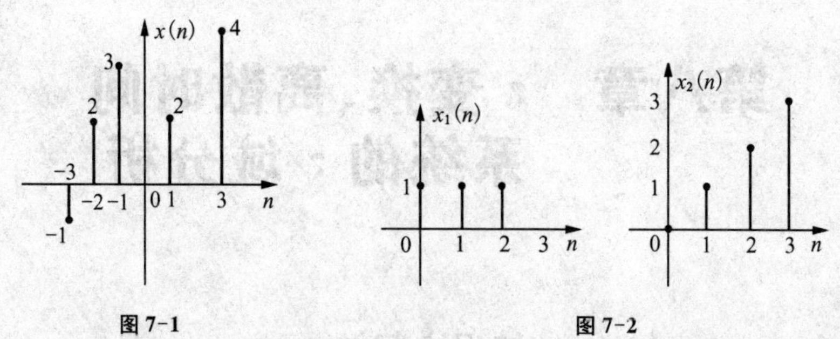

图 7-1　　图 7-2

3. $x_1(n)$ 与 $x_2(n)$ 如图所示，$y(n)=x_1(n)*x_2(n)$，则 $y(4)=$________

4. 已知序列 $x_1(n)$ 是 M 点序列，$x_2(n)$ 是 N 点序列($M>N$)，则卷积和 $y_1(n)=x_1(n)*x_2(n)$ 是________点序列。

5. 已知系统单位样值响应 $h(n)=3^n u(n)$，试说明该系统的因果性和稳定性________。

三、计算题

1. 设有序列 $x(n)=\begin{cases}0 & n<-2\\ n+2 & -2\leqslant n\leqslant -3\\ 0 & n>3\end{cases}$，画出下列序列的波形图。

(1) $x(1-n)$　(2) $x(n)\cdot x(1-n)$

2. 已知某系统的差分方程以及初始条件，求系统的零输入响应。

$y(n)-7y(n-1)+16y(n-2)-12y(n-3)=0$，$y(1)=-1$，$y(2)=-3$，$y(3)=-5$

3. 某离散时间系统如下图 7-3 所示，求系统单位样值响应。

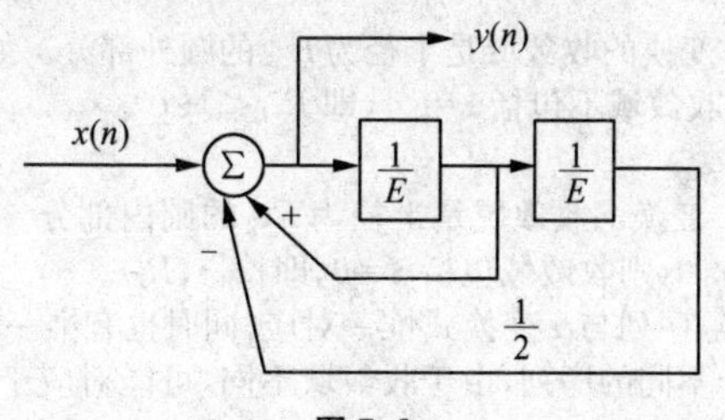

图 7-3

4. 已知某线性离散系统的单位响应 $h(n)=\left(\frac{1}{2}\right)^n u(n)$，试求其单位阶跃响应 $s(n)$。

5. 如图 7-4 所示系统中，已知 $h_1(n)=\delta(n)-\delta(n-2)$，$h_2(n)=\delta(n)-\delta(n-1)$。试求此级联系统的单位冲激响应 $h(n)$，又当 $x(n)=u(n)$ 时，计算 $y(n)$。

x(n) → h₁(n) → h₂(n) → y(n)

图 7-4

6. 设有离散系统的差分方程为 $y(n)+4y(n-1)+3y(n-2)=4x(n)+x(n-1)$，试画出其时域模拟图。

7. 设某线性时不变离散系统具有一定初始状态 $x(0)$，已知当激励为 $f(n)$ 时，响应 $y_1(n)=\left[\left(\frac{1}{2}\right)^n+1\right]u(n)$；若初始状态不变，当激励为 $-f(n)$ 时，响应 $y_2(n)=\left[\left(-\frac{1}{2}\right)^n-1\right]u(n)$；求当初始状态增大一倍为 $2x(0)$，激励为 $4f(n)$ 时，系统的响应 $y_3(n)$。

第八章　z 变换、离散时间系统的 z 域分析

知识点归纳

一、z 变换的定义、收敛域,典型信号的 z 变换

1. z 变换的定义

单边 z 变换定义为 $X(z)=Z[x(n)]=\sum\limits_{n=0}^{\infty}x(n)z^{-n}$

双边 z 变换定义为 $X(z)=Z[x(n)]=\sum\limits_{n=-\infty}^{\infty}x(n)z^{-n}$

2. 序列 z 变换收敛域

(1) 有限长序列

收敛域至少为 $0<|z|<\infty$,且可能还包括 $z=0$ 或 $z=\infty$,由序列 $x(n)$ 的形式所决定。

(2) 右边序列

当 $n<n_1$ 时 $x(n)=0$,其 z 变换的收敛域是半径为 R_{x1} 的圆外部分。如果 $n_1\geqslant0$,则收敛域包括 $z=\infty$,即 $|z|>R_{x1}$;如果 $n_1<0$,则收敛域不包括 $z=\infty$,即 $R_{x1}<|z|<\infty$。

(3) 左边序列

当 $n>n_2$ 时,$x(n)=0$,其 z 变换的收敛域是半径为 R_{x2} 的圆内部分。如果 $n_2>0$,则收敛域不包括 $z=0$,即 $0<|z|<R_{x2}$;如果 $n_2\leqslant0$,则收敛域包括 $z=0$,即 $|z|<R_{x2}$。

注意:(1) 对于单边 z 变换,序列与 z 变换式惟一对应,同时也有惟一的收敛域;

(2) 对于双边 z 变换,两个不同的序列,由于收敛域不同,可能对应于相同的 z 变换式,故在确定 z 变换时,必须指明其相应收敛域。

二、典型信号的 z 变换

单位样值序列 $\delta(n)\leftrightarrow1$

单位阶跃序列 $u(n)\leftrightarrow\dfrac{z}{z-1}\quad |z|>1$

斜变序列 $nu(n)\leftrightarrow\dfrac{z}{(z-1)^2}\quad |z|>1$

指数序列 $a^nu(n)\leftrightarrow\dfrac{z}{z-a}\quad |z|>|a|$

正弦与余弦序列 $\cos(\omega_0n)u(n)\leftrightarrow\dfrac{z(z-\cos\omega_0)}{z^2-2z\cos\omega_0+1}$

$$\sin(\omega_0n)u(n)\leftrightarrow\frac{z\sin\omega_0}{z^2-2z\cos\omega_0+1}$$

三、逆 z 变换的计算

$x(n)=\dfrac{1}{2\pi\mathrm{j}}\oint_C X(z)z^{n-1}\mathrm{d}z$,$C$ 是包含 $X(z)z^{n-1}$ 所有极点之逆时针闭合积分路线。

求逆z变换的方法有：围线积分法（留数法）、幂级数展开法（长除法）、部分分式展开法。

1. 围线积分法

$$x(n)=\frac{1}{2\pi j}\oint_C X(z)z^{n-1}dz=\sum_m \mathrm{Re}\,s[X(z)z^{n-1}]=z_m$$

其中，Re s表示极点的留数，m是$X(z)z^{n-1}$的极点。

2. 幂级数展开法

$$X(z)=\frac{N(z)}{D(z)}=\frac{b_0+b_1z+b_2z^2+\cdots+b_{r-1}z^{r-1}+b_rz^r}{a_0+a_1z+a_2z^2+\cdots+a_{k-1}z^{k-1}+a_kz^k}$$

直接用长除法可以将$X(z)$写成z的幂级数形式。

注意：首先根据收敛域判断序列类型。若$x(n)$是左边序列，将$N(z)$按照降幂排列；若$x(n)$是右边序列，将$N(z)$按照升幂排列。

3. 部分分式展开法

将$X(z)$展开成简单分式之和，分别找到各分式的逆变换相加即可得到$x(n)$。

z变换式一般是z的有理函数，可表示为：

$$X(z)=\frac{N(z)}{D(z)}=\frac{b_0+b_1z+b_2z^2+\cdots+b_{r-1}z^{r-1}+b_rz^r}{a_0+a_1z+a_2z^2+\cdots+a_{k-1}z^{k-1}+a_kz^k}$$

方法：先将$\frac{X(z)}{z}$按部分分式展开，然后再乘以z，最后求逆变换。

1. $X(z)$中只含一阶极点

$$\frac{X(z)}{z}=\frac{A_0}{z}+\sum_{m=1}^{N}\frac{A_m}{z-z_m}=\frac{A_0}{z}+\frac{A_1}{z-z_1}+\frac{A_2}{z-z_2}+\cdots+\frac{A_N}{z-z_N}$$

所以　$X(z)=A_0+\frac{A_1z}{z-z_1}+\frac{A_2z}{z-z_2}+\cdots+\frac{A_Nz}{z-z_N}$

$$x(n)=A_0\delta(n)+A_1(z_1)^n+A_2(z_2)^n+\cdots+A_N(z_N)^n,n\geqslant 0$$

2. $X(z)$中含有高阶极点

设$X(z)$在$z=z_i$有s阶极点，$X(z)$可展开为

$$\frac{X(z)}{z}=\frac{B_1}{z-z_i}+\frac{B_2}{(z-z_i)^2}+\cdots+\frac{B_s}{(z-z_i)^s}+X_1(z)$$

高阶极点对应的部分分式展开式的系数计算公式：

$$B_j=\frac{1}{(s-j)!}\left[\frac{d^{s-j}}{dz^{s-j}}(z-z_i)^s\frac{X(z)}{z}\right]_{z=z_i}\qquad z=z_i\text{ 为 }s\text{ 阶极点},j=1,2,\cdots,s$$

根据教材P_{61}表8-2，可求得对应的逆变换。

四、z变换的基本性质

1. 线性性质

$$ax(n)+by(n)\leftrightarrow aX(z)+bY(z)\quad(R_1<|z|<R_2)$$

2. 位移性

(1) 双边z变换　$x(n-m)\leftrightarrow z^{-m}X(z)$

(2) 单边z变换　若$x(n)u(n)\leftrightarrow X(z)$，则

序列左移后，其单边z变换为$x(n+m)u(n)\leftrightarrow z^m\left[X(z)-\sum_{k=0}^{m-1}x(k)z^{-k}\right]$

序列右移后，其单边z变换为$x(n-m)u(n)\leftrightarrow z^{-m}\left[X(z)+\sum_{k=-m}^{-1}x(k)z^{-k}\right]$

注意：此时序列在左移或右移时，序列长度可能会发生改变，在求z变换时，需要将多余的部分减去或将缺少的部分补齐。

3. 序列线性加权（z域微分）

若$x(n)\leftrightarrow X(z)$，则$nx(n)\leftrightarrow -z\frac{d}{dz}X(z)$

注意：该公式右侧符号是负的。

4. 序列指数加权(z 域尺度变换)

若 $x(n)\leftrightarrow X(z)\quad R_{x_-}<|z|<R_{x_+}$,

则 $a^n x(n)\leftrightarrow X\left(\dfrac{z}{a}\right)\quad R_{x_-}<\left|\dfrac{z}{a}\right|<R_{x_+}\quad a$ 为非零常数

5. 初、终值定理

若 $x(n)$是因果序列,有 $x(0)=\lim\limits_{z\to\infty}X(z)$

若 $x(n)$是因果序列,且 $X(z)$的极点处在单位圆内($X(z)$可有在 $z=1$ 处的一阶极点),则 $x(\infty)=\lim\limits_{z\to1}(z-1)X(z)$

注意:使用条件,与拉普拉氏变换的初终值定理条件区别。

6. 时域卷积定理

若 $x(n)\leftrightarrow X(z)\quad(R_{x_-}<|z|<R_{x_+}),y(n)\leftrightarrow Y(z)(R_{y_-}<|z|<R_{y_+})$

则 $x(n)*y(n)\leftrightarrow X(z)\times Y(z)\quad(\max(R_{x_-},R_{y_-})<|z|<\min(R_{x_+},R_{y_+}))$

7. 序列相乘(z 域卷积定理)

若 $x(n)\leftrightarrow X(z)(R_{x1}<|z|<R_{x2}),h(n)\leftrightarrow H(z)(R_{h1}<|z|<R_{h2})$

则 $x(n)h(n)\leftrightarrow\dfrac{1}{2\pi \mathrm{j}}\oint_{C_1}X\left(\dfrac{z}{v}\right)H(v)v^{-1}\mathrm{d}v=\dfrac{1}{2\pi \mathrm{j}}\oint_{C_2}X(v)H\left(\dfrac{z}{v}\right)v^{-1}\mathrm{d}v\quad R_{x1}R_{h1}<|z|<R_{x2}R_{h2}$

五、z 变换与拉氏变换的关系

1. s 平面和 z 平面的映射关系

s 平面上的虚轴映射到 z 平面是单位圆,其右半平面映射到 z 平面是单位圆的圆外,左半平面映射到 z 平面是单位圆的圆内。

s 平面的实轴映射到 z 平面是正实轴,平行于实轴的直线映射到 z 平面是始于原点的幅射线,通过 $\mathrm{j}\dfrac{k\omega_s}{2}(k=\pm1,\pm3,\cdots)$而平行于实轴的直线映射到 z 平面是负实轴。

2. z 变换与拉氏变换表达式对应

$$x(nT)\leftrightarrow X(z)\Big|_{z=e^{sT}}\triangleq X(x)\leftrightarrow x(t)\delta_T(t)$$

$$X(z)=\sum_m \mathrm{Re}\,s\left[\frac{zX(s)}{z-e^{sT}}\right]\Bigg|_{s_m\text{为}X(s)\text{的极点}}$$

六、利用 z 变换分析求解离散系统

1. 求解离散系统的差分方程的步骤

(1) 对差分方程取单边 z 变换,并代入初始条件;

(2) 由 z 域代数方程求出 $Y(z)$,再求反变换得到 $y(n)$。

2. 系统函数 $H(z)$的定义和求解

离散系统的系统函数 $H(z)=\dfrac{Y_{zs}(z)}{X(z)}$

$H(z)$只与系统差分方程的系数、结构有关,描述了离散系统的特性。

$H(z)$的求解方法:

(1) $h(n)$的 z 变换;

(2) 零状态条件下,对差分方程两边取单边 z 变换;

(3) 根据系统框图,列写输入输出之间的关系式。

$H(z)$与单位样值响应 $h(n)$是一对 z 变换,只要知道 $H(z)$在 z 平面上的零、极点分布情况,就可以分析出系统单位样值响应 $h(n)$的变化规律。

3. 根据 $H(z)$分析离散系统的稳定性和因果性

系统稳定的充要条件:系统单位样值响应 $h(n)$绝对可和,即 $\sum\limits_{n=-\infty}^{\infty}|h(n)|<\infty$。从变换域分析,$H(z)$ 的收敛域包含单位圆。

系统因果的充要条件:系统单位样值响应为因果序列,即 $h(n)=0,n<0$。从变换域分析,$H(z)$的

收敛域为某圆以外的所有区域，即 $a<|z|\leqslant\infty$，包括∞点。

七、序列的傅里叶变换，分析离散系统的频率响应特性

1. 序列的傅里叶变换

正变换 $DTFT[x(n)]=X(e^{j\omega})=\sum\limits_{n=-\infty}^{\infty}x(n)e^{-j\omega}$

反变换 $IDTFT[x(e^{j\omega})]=x(n)=\frac{1}{2\pi}\int_{-\pi}^{\pi}X(e^{j\omega})e^{j\omega n}d\omega$

2. 系统的频率响应

$H(e^{j\omega})=\sum\limits_{n=-\infty}^{\infty}h(n)e^{-jn\omega}$ 称为离散系统的频率响应，其与单位样值响应 $h(n)$ 是一对傅里叶变换对。其中，$|H(e^{j\omega})|$ 为幅度响应，$\varphi(\omega)$ 为相位响应。

利用系统函数 $H(z)$ 在 z 平面上零极点分布，通过几何方法可方便求出离散系统的频率响应。

习题解答

【8-1】 求下列序列的 z 变换 $X(z)$，并标明收敛域，绘出 $X(z)$ 的零、极点分布图。

(1) $\left(\frac{1}{2}\right)^n u(n)$

(2) $\left(-\frac{1}{4}\right)^n u(n)$

(3) $\left(\frac{1}{3}\right)^{-n} u(n)$

(4) $\left(\frac{1}{3}\right)^n u(-n)$

(5) $-\left(\frac{1}{2}\right)^n u(-n-1)$

(6) $\delta(n+1)$

(7) $\left(\frac{1}{2}\right)^n [u(n)-u(n-10)]$

(8) $\left(\frac{1}{2}\right)^n u(n)+\left(\frac{1}{3}\right)^n u(n)$

(9) $\delta(n)-\frac{1}{8}\delta(n-3)$

【解题思路】 利用 z 变换的公式进行求解，注意不同序列的收敛区域。

【解】

(1) $X(z)=\sum\limits_{n=-\infty}^{+\infty}x(n)z^{-n}=\sum\limits_{n=0}^{+\infty}\left(\frac{1}{2}\right)^n z^{-n}=\sum\limits_{n=0}^{+\infty}\left(\frac{1}{2z}\right)^n=\frac{2z}{2z-1}\quad |z|>\frac{1}{2}$

零、极点分布如解图 8-1(a)所示。

(2) $X(z)=\sum\limits_{n=-\infty}^{+\infty}x(n)z^{-n}=\sum\limits_{n=0}^{+\infty}\left(-\frac{1}{4}\right)^n z^{-n}=\sum\limits_{n=0}^{+\infty}\left(-\frac{1}{4z}\right)^n=\frac{4z}{4z+1}\quad |z|>\frac{1}{4}$

零、极点分布如解图 8-1(b)所示。

(3) $X(z)=\sum\limits_{n=-\infty}^{+\infty}x(n)z^{-n}=\sum\limits_{n=0}^{+\infty}\left(\frac{1}{3}\right)^{-n} z^{-n}=\sum\limits_{n=0}^{+\infty}\left(\frac{3}{z}\right)^n=\frac{z}{z-3}\quad |z|>3$

零、极点分布如解图 8-1(c)所示。

(4) $X(z)=\sum\limits_{n=-\infty}^{+\infty}x(n)z^{-n}=\sum\limits_{n=-\infty}^{0}\left(\frac{1}{3}\right)^n z^{-n}=\sum\limits_{n=0}^{+\infty}(3z)^n=\frac{1}{1-3z}\quad |z|<\frac{1}{3}$

零、极点分布如解图 8-1(d)所示。

(5) $X(z)=\sum\limits_{n=-\infty}^{+\infty}x(n)z^{-n}=\sum\limits_{n=-\infty}^{-1}-\left(\frac{1}{2}\right)^n z^{-n}=-\sum\limits_{n=1}^{\infty}(2z)^n=\frac{2z}{2z-1}\quad |z|<\frac{1}{2}$

零、极点分布如解图 8-1(e)所示。

(6) $X(z)=\sum\limits_{n=-\infty}^{+\infty}x(n)z^{-n}=\sum\limits_{n=-\infty}^{\infty}\delta(n+1)z^{-n}=z \quad |z|<\infty$

零、极点分布如解图 8-1(f)所示。

(7) $X(z)=\sum\limits_{n=-\infty}^{+\infty}x(n)z^{-n}=\sum\limits_{n=0}^{9}\left(\frac{1}{2}\right)^{n}z^{-n}=\dfrac{1-\left(\frac{1}{2z}\right)^{10}}{1-\frac{1}{2z}}=\dfrac{(2z)^{10}-1}{(2z)^{10}-(2z)^{9}} \quad |z|>0$

零、极点分布如解图 8-1(g)所示。

(8) $X(z)=\sum\limits_{n=-\infty}^{+\infty}x(n)z^{-n}=\sum\limits_{n=0}^{\infty}\left(\frac{1}{2}\right)^{n}z^{-n}+\sum\limits_{n=0}^{\infty}\left(\frac{1}{3}\right)^{n}z^{-n}=\dfrac{2z}{2z-1}+\dfrac{3z}{3z-1} \quad |z|>\dfrac{1}{2}$

零、极点分布如解图 8-1(h)所示。

(9) $X(z)=\sum\limits_{n=-\infty}^{+\infty}x(n)z^{-n}=\sum\limits_{n=-\infty}^{\infty}\delta(n)z^{-n}-\dfrac{1}{8}\sum\limits_{n=-\infty}^{\infty}\delta(n-3)z^{-n}=1-\dfrac{1}{8}z^{-3} \quad |z|>0$

零、极点分布如解图 8-1(i)所示。

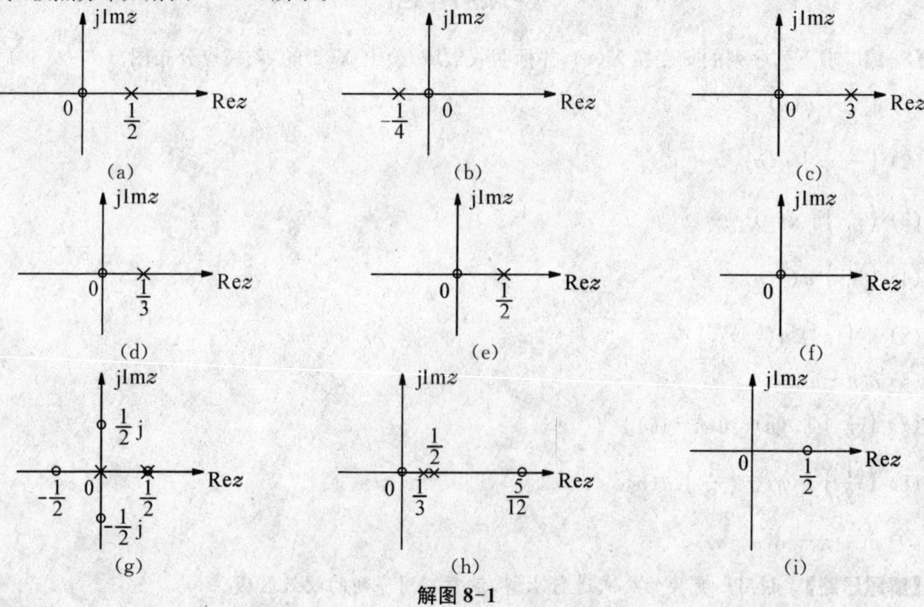

解图 8-1

【8-2】 求双边序列 $x(n)=\left(\frac{1}{2}\right)^{|n|}$ 的 z 变换，并标明收敛域及绘出零、极点分布图。

【解题思路】 利用双边 z 变换公式直接求解，查表确定收敛域。

【解】 $X(z)=\sum\limits_{n=-\infty}^{+\infty}x(n)z^{-n}=\sum\limits_{n=-\infty}^{\infty}\left(\frac{1}{2}\right)^{|n|}z^{-n}=\sum\limits_{n=-\infty}^{0}\left(\frac{1}{2}\right)^{-n}z^{-n}+\sum\limits_{n=1}^{\infty}\left(\frac{1}{2}\right)^{n}z^{-n}$

$X_1(z)=\sum\limits_{n=-\infty}^{0}\left(\frac{1}{2}\right)^{-n}z^{-n}=\sum\limits_{n=-\infty}^{0}\left(\frac{z}{2}\right)^{-n}=\dfrac{2}{2-z} \quad |z|<2$

$X_2(z)=\sum\limits_{n=1}^{\infty}\left(\frac{1}{2}\right)^{n}z^{-n}=\sum\limits_{n=1}^{\infty}\left(\frac{1}{2z}\right)^{n}=\dfrac{1}{2z-1} \quad |z|>\dfrac{1}{2}$

$X(z)=\dfrac{2}{2-z}+\dfrac{1}{2z-1}=\dfrac{3z}{(2-z)(2z-1)} \quad \dfrac{1}{2}<|z|<2$

零、极点分布如解图 8-2 所示。

解图 8-2

【8-3】 求下列序列的 z 变换，并标明收敛域，绘出零、极点分布图。

(1) $x(n)=Ar^{n}\cos(n\omega_0+\phi)\cdot u(n) \quad (0<r<1)$

(2) $x(n)=R_N(n)=u(n)-u(n-N)$

【解题思路】 序列中含有余弦，直接用公式求解运算比较复杂，可以利用欧拉公式将余弦转化为指数信号。

【解】 (1) $x(n)=Ar^n\cos(n\omega_0+\phi)\cdot u(n)=Ar^n\cdot\dfrac{e^{j(n\omega_0+\phi)}+e^{-j(n\omega_0+\phi)}}{2}\cdot u(n)$

$$=\frac{A}{2}e^{j\phi}\cdot(re^{j\omega_0})^n\cdot u(n)+\frac{A}{2}e^{-j\phi}\cdot(re^{-j\omega_0})^n\cdot u(n)$$

$$X(z)=\sum_{n=-\infty}^{\infty}x(n)z^{-n}=\sum_{n=0}^{\infty}\frac{A}{2}e^{j\phi}\cdot(re^{j\omega_0})^nz^{-n}+\sum_{n=0}^{\infty}\frac{A}{2}e^{-j\phi}\cdot(re^{-j\omega_0})^nz^{-n}$$

$$=\frac{A}{2}e^{j\phi}\cdot\frac{z}{z-re^{j\omega_0}}+\frac{A}{2}e^{-j\phi}\cdot\frac{z}{z-re^{-j\omega_0}}$$

$$=\frac{Az^2\cos\phi-Azr\cos(\omega_0-\phi)}{z^2-2zr\cos\omega_0+r^2}\quad |z|>r$$

零、极点分布如解图 8－3(a)所示。

(2) $X(z)=\sum_{n=-\infty}^{\infty}x(n)z^{-n}=\sum_{n=0}^{N-1}z^{-n}=\dfrac{1-z^{-N}}{1-z^{-1}}\quad |z|>0$

零、极点分布如解图 8－3(b)所示。

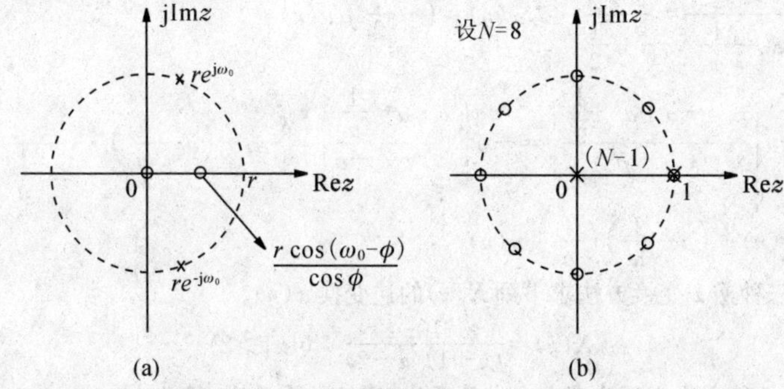

解图 8-3

【8-4】 直接从下列 z 变换看出它们所对应的序列。

(1) $X(z)=1$　　$(|z|\leqslant\infty)$

(2) $X(z)=z^3$　　$(|z|<\infty)$

(3) $X(z)=z^{-1}$　　$(0<|z|\leqslant\infty)$

(4) $X(z)=-2z^{-2}+2z+1$　　$(0<|z|<\infty)$

(5) $X(z)=\dfrac{1}{1-az^{-1}}$　　$(|z|>a)$

(6) $X(z)=\dfrac{1}{1-az^{-1}}$　　$(|z|<a)$

【解题思路】 根据典型序列的 z 变换来判断序列，通过收敛区域判断序列类型。

【解】

(1) $x(n)=\delta(n)$

(2) $x(n)=\delta(n+3)$

(3) $x(n)=\delta(n-1)$

(4) $x(n)=-2\delta(n-2)+\delta(n)+2\delta(n)$

(5) $x(n)=a^nu(n)$

(6) $x(n)=-a^nu(-n-1)$

【8-5】 求下列 $X(z)$ 的逆变换 $x(n)$。

(1) $X(z)=\dfrac{1}{1+0.5z^{-1}}\quad(|z|>0.5)$

(2) $X(z)=\dfrac{1-0.5z^{-1}}{1+\frac{3}{4}z^{-1}+\frac{1}{8}z^{-2}}\quad\left(|z|>\dfrac{1}{2}\right)$

(3) $X(z)=\dfrac{1-\frac{1}{2}z^{-1}}{1-\frac{1}{4}z^{-2}} \quad \left(|z|>\frac{1}{2}\right)$

(4) $X(z)=\dfrac{1-az^{-1}}{z^{-1}-a} \quad \left(|z|>\left|\frac{1}{a}\right|\right)$

【解题思路】 利用典型序列的 z 变换和部分分式展开法求解。

【解】

(1) $X(z)=\dfrac{z}{z-(-0.5)} \quad \therefore x(n)=(-0.5)^n u(n)$

(2) $\dfrac{X(z)}{z}=\dfrac{z-0.5}{\left(Z+\frac{1}{2}\right)\left(z+\frac{1}{4}\right)}=\dfrac{4}{z+\frac{1}{2}}+\dfrac{-3}{z+\frac{1}{4}}$

$X(z)=\dfrac{4z}{z+\frac{1}{2}}+\dfrac{-3z}{z+\frac{1}{4}} \quad \therefore x(n)=\left[4\left(-\frac{1}{2}\right)^n-3\left(-\frac{1}{4}\right)^n\right]\cdot u(n)$

(3) $X(z)=\dfrac{z\left(z-\frac{1}{2}\right)}{z^2-\frac{1}{4}}=\dfrac{z}{z+\frac{1}{2}} \quad \therefore x(n)=\left(-\frac{1}{2}\right)^n u(n)$

(4) $X(z)=-a\left(\dfrac{z^{-1}-a+a-\frac{1}{a}}{z^{-1}-a}\right)=-a\left(1+\dfrac{a-\frac{1}{a}}{z^{-1}-a}\right)=-a+\left(a-\frac{1}{a}\right)\cdot\dfrac{z}{z-\frac{1}{a}}$

$\therefore x(n)=-a\delta(n)+\left(a-\frac{1}{a}\right)\left(\frac{1}{a}\right)^n u(n)$

【8-6】 利用三种逆 z 变换方法求下列 $X(z)$ 的逆变换 $x(n)$。

$$X(z)=\frac{10z}{(z-1)(z-2)} \quad (|z|>2)$$

【解题思路】 三种方法分别为部分分式展开法、幂级数展开法、留数法。

【解】 法一：部分分式展开法

$$\frac{X(z)}{z}=\frac{10}{(z-1)(z-2)}=\frac{-10}{z-1}+\frac{10}{z-2} \quad \therefore X(z)=\frac{-10z}{z-1}+\frac{10z}{z-2}$$

$$x(n)=10(2^n-1)u(n)$$

法二：幂级数展开法

根据收敛域 $|z|>2$，可知序列为右边序列，将 $X(z)$ 按降幂排列

$X(z)=\dfrac{10z}{z^2-3z+2}$

$$\begin{array}{r|l}
 & 10z^{-1}+30z^{-2}+70z^{-3}+150z^{-4}+\cdots \\
z^2-3z+2 & 10z \\
 & \underline{10z-30+20z^{-1}} \\
 & 30-20z^{-1} \\
 & \underline{30-90z^{-1}+60z^{-2}} \\
 & 70z^{-1}-60z^{-2} \\
 & \underline{70z^{-1}-210z^{-2}+140z^{-3}} \\
 & 150z^{-2}-140z^{-3} \\
 & \vdots
\end{array}$$

$X(z)=10z^{-1}+30z^{-2}+70z^{-3}+\cdots=\displaystyle\sum_{n=0}^{\infty}10(2^n-1)z^{-n}$

$\therefore x(n)=10(2^n-1)u(n)$

法三：留数法

$$x(n)=\sum_m \mathrm{Re}\,s\left[\frac{10z^n}{(z-1)(z-2)}\right]_{z=z_m}$$

$n\geqslant 0$ 时，$\frac{10z^n}{(z-1)(z-2)}$ 的极点为 $z=1,z=2$，均为一阶级点

$$\mathrm{Re}\,s\left[\frac{10z^n}{(z-1)(2-z)}\right]_{z=z_1}=\frac{10}{-1}=-10$$

$$\mathrm{Re}\,s\left[\frac{10z^n}{(z-1)(z-2)}\right]_{z=z_2}=\frac{10\cdot 2^n}{1}=10\cdot 2^n$$

$n<0$ 时，有一阶极点 $z=0$，该点的留数与前两个极点处的留数和为 0，所以 $x(n)=10(2^n-1)u(n)$

【8-7】 已知 $x(n)$ 的 z 变换为 $X(z)$，试证明下列关系。

(1) $\mathscr{Z}[a^n x(n)]=X\left(\frac{z}{a}\right)$

(2) $\mathscr{Z}[\mathrm{e}^{-an}x(n)]=X(\mathrm{e}^a z)$

(3) $\mathscr{Z}[nx(n)]=-z\frac{\mathrm{d}X(z)}{\mathrm{d}z}$

(4) $\mathscr{Z}[x^*(n)]=X^*(z^*)$

(对于以上各式可为单边，也可为双边 z 变换。)

【解题思路】 利用 z 变换的定义式。

【解】

(1) $\mathscr{Z}[a^n x(n)]=\sum_{n=-\infty}^{\infty}a^n x(n)z^{-n}=\sum_{n=-\infty}^{\infty}x(n)\left(\frac{z}{a}\right)^{-n}=X\left(\frac{z}{a}\right)$

(2) $\mathscr{Z}[\mathrm{e}^{-an}x(n)]=\sum_{n=-\infty}^{\infty}\mathrm{e}^{-an}x(n)z^{-n}=\sum_{n=-\infty}^{\infty}x(n)(\mathrm{e}^a z)^{-n}=X(\mathrm{e}^a z)$

(3) $-z\frac{\mathrm{d}X(z)}{\mathrm{d}z}=-z\frac{\mathrm{d}}{\mathrm{d}z}\left[\sum_{n=-\infty}^{\infty}x(n)z^{-n}\right]=-z\cdot\sum_{n=-\infty}^{\infty}x(n)(-n)z^{-n-1}=\sum_{n=-\infty}^{\infty}nx(n)z^{-n}=\mathscr{Z}[nx(n)]$

(4) $\mathscr{Z}[x^*(n)]=\sum_{n=-\infty}^{\infty}x^*(n)z^{-n}=\sum_{n=-\infty}^{\infty}x^*(n)[(z^*)^{-n}]^*=\sum_{n=-\infty}^{\infty}[x(n)(z^*)^{-n}]^*=X^*(z^*)$

【8-8】 已知 $x(n)$ 的双边 z 变换为 $X(z)$，证明

$$\mathscr{Z}[x(-n)]=X(z^{-1})$$

【解题思路】 利用双边 z 变换的公式和变量代换求解。

【解】 $\mathscr{Z}[x(n)]=\sum_{n=-\infty}^{\infty}x(n)z^{-n}$

$$\mathscr{Z}[x(-n)]=\sum_{n=-\infty}^{\infty}x(-n)z^{-n}=\sum_{n=-\infty}^{\infty}x(n)z^{n}=\sum_{n=-\infty}^{\infty}x(n)\left(\frac{1}{z}\right)^{-n}=X(z^{-1})$$

【8-9】 利用幂级数展开法求 $X(z)=\mathrm{e}^z$，$(|z|<\infty)$ 所对应的序列 $x(n)$。

【解题思路】 利用泰勒级数展开式

【解】 $\mathrm{e}^z=\sum_{n=0}^{\infty}\frac{z^n}{n!}=\sum_{n=-\infty}^{0}\frac{1}{(-n)!}\cdot z^{-n}$

序列 z 变换公式为 $X(z)=\sum_{n=-\infty}^{\infty}x(n)z^{-n}$

比较得：$x(n)=\frac{1}{(-n)!}u(-n)$

【8-10】 求下列 $X(z)$ 的逆变换 $x(n)$。

(1) $X(z)=\frac{10}{(1-0.5z^{-1})(1-0.25z^{-1})}$　　$(|z|>0.5)$

(2) $X(z)=\frac{10z^2}{(z-1)(z+1)}$　　$(|z|>1)$

(3) $X(z)=\frac{1+z^{-1}}{1-2z^{-1}\cos\omega+z^{-2}}$　　$(|z|>1)$

【解题思路】 将 $X(z)$进行部分分式展开，根据收敛域写出对应序列。

【解】

(1) $\frac{X(z)}{z}=\frac{10z}{\left(z-\frac{1}{2}\right)\left(z-\frac{1}{4}\right)}=\frac{20}{z-\frac{1}{2}}+\frac{-10}{z-\frac{1}{4}}$

$X(z)=\frac{20z}{z-\frac{1}{2}}+\frac{-10z}{z-\frac{1}{4}}$ $\therefore x(n)=\left[20\left(\frac{1}{2}\right)^n-10\left(\frac{1}{4}\right)^n\right]u(n)$

(2) $\frac{X(z)}{z}=\frac{10z}{(z-1)(z+1)}=\frac{5}{z+1}+\frac{5}{z-1}$ $X(z)=\frac{5z}{z+1}+\frac{5z}{z-1}$

$\therefore x(n)=5[(-1)^n+1]u(n)$

(3) $\frac{X(z)}{z}=\frac{z+1}{z^2-2z\cos\omega+1}=\frac{z-\cos+1+\cos\omega}{z^2-2z\cos\omega+1}=\frac{z-\cos\omega}{z^2-2z\cos\omega+1}+\frac{1+\cos\omega}{\sin\omega}\cdot\frac{\sin\omega}{z^2-2z\cos\omega+1}$

$X(z)=\frac{z-\cos\omega}{z^2-2z\cos\omega+1}+\frac{1+\cos\omega}{\sin\omega}\cdot\frac{\sin\omega}{z^2-2z\cos\omega+1}$

$x(n)=\left[\cos n\omega+\frac{1+\cos\omega}{\sin\omega}\cdot\sin n\omega\right]\cdot u(n)=\frac{\sin(n+1)\omega+\sin n\omega}{\sin\omega}\cdot u(n)$

【8-11】 求下列 $X(z)$的逆变换 $x(n)$。

(1) $X(z)=\frac{z^{-1}}{(1-6z^{-1})^2}$ $(|z|>6)$

(2) $X(z)=\frac{z^{-2}}{1+z^{-2}}$ $(|z|>1)$

【解题思路】 利用性质和典型信号的 z 变换对进行求解。

【解】

(1) $X(z)=\frac{z}{(z-6)^2}$

$X_1(z)=\frac{z}{z-6}$ $x_1(n)=6^n u(n)$

$\therefore x(n)=n6^{n-1}u(n)$

(2) $X(z)=1-\frac{1}{1+z^{-2}}=1-\frac{z^2}{z^2+1}=1-\frac{z\left(z-\cos\frac{\pi}{2}\right)}{z^2-2z\cos\frac{\pi}{2}+1}$

$x(n)=\delta(n)-\cos\frac{n\pi}{2}\cdot u(n)$

【8-12】 画出 $X(z)=\frac{-3z^{-1}}{2-5z^{-1}+2z^{-2}}$的零、极点分布图，在下列三种收敛域下，哪种情况对应左边序列，右边序列，双边序列？并求各对应序列。

(1) $|z|>2$

(2) $|z|<0.5$

(3) $0.5<|z|<2$

【解题思路】 用部分分式展开法求逆 z 变换，并根据收敛域写出具体表达式。

【解】 $X(z)=\frac{-3z}{2z^2-5z+2}=\frac{-3z}{(2z-1)(z-2)}=\frac{2z}{2z-1}+\frac{-z}{z-2}=\frac{z}{z-\frac{1}{2}}+\frac{-z}{z-2}$

零、极点分布如图 8-12 所示。

(1) 右边序列 $x(n)=\left[\left(\frac{1}{2}\right)^n-2^n\right]u(n)$

(2) 左边序列 $x(n)=\left[2^n-\left(\frac{1}{2}\right)^n\right]u(-n-1)$

(3) 双边序列 $x(n)=\left(\frac{1}{2}\right)^n u(n)+2^n u(-n-1)$

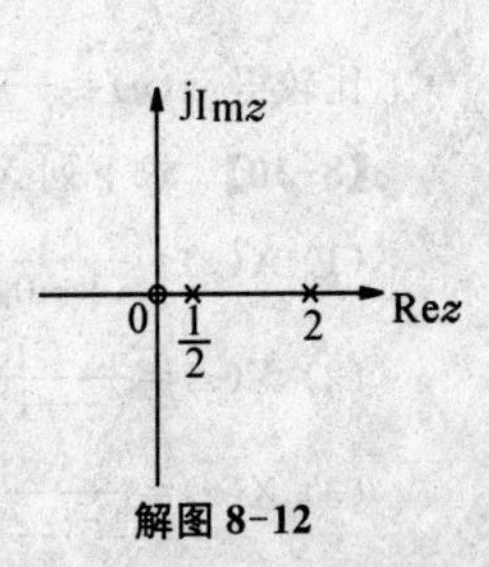

解图 8-12

【8-13】 已知因果序列的 z 变换 $X(z)$，求序列的初值 $x(0)$ 与终值 $x(\infty)$。

(1) $X(z)=\dfrac{1+z^{-1}+z^{-2}}{(1-z^{-1})(1-2z^{-1})}$

(2) $X(z)=\dfrac{1}{(1-0.5z^{-1})(1+0.5z^{-1})}$

(3) $X(z)=\dfrac{z^{-1}}{1-1.5z^{-1}+0.5z^{-2}}$

【解题思路】 根据初终值定理求解，注意定理条件。

【解】

(1) $X(z)=\dfrac{z^2+z+1}{(z-1)(z-2)}$

$$x(0)=\lim_{z\to\infty}X(z)=\lim_{z\to\infty}\frac{z^2+z+1}{(z-1)(z-2)}=1$$

由于极点 $z=1,z=2$，有一个在单位圆外，∴终值不存在

(2) $X(z)=\dfrac{z^2}{(z-0.5)(z+0.5)}$

$$x(0)=\lim_{z\to\infty}X(z)=1$$

极点 $z=0.5,z=-0.5$ 均在单位圆内，终值存在 $x(\infty)=\lim\limits_{z\to1}(z-1)X(z)=0$

(3) $X(z)=\dfrac{z}{z^2-1.5z+0.5}=\dfrac{z}{(z-1)\left(z-\dfrac{1}{2}\right)}$

$$x(0)=\lim_{z\to\infty}X(z)=0$$

极点 $z=1,z=\dfrac{1}{2}$ 满足条件，终值存在 $x(\infty)=\lim\limits_{z\to1}(z-1)X(z)=2$

【8-14】 已知 $X(z)=\ln\left(1+\dfrac{a}{z}\right)$，$(|z|>|a|)$，求对应的序列 $x(n)$。

$\left[\text{提示：利用级数展开式 } \ln(1+y)=\sum\limits_{n=1}^{\infty}(-1)^{n+1}\dfrac{y^n}{n},y<1。\right]$

【解题思路】 将 $X(z)$ 利用幂级数展开求解。

【解】 $X(z)=\sum\limits_{n=1}^{\infty}(-1)^{n+1}\dfrac{\left(\dfrac{a}{z}\right)^n}{n}=\sum\limits_{n=1}^{\infty}(-1)^{n+1}\dfrac{1}{n}a^n\cdot z^{-n}$

收敛域 $|z|>|a|$ 序列为右边序列

$\therefore x(n)=\dfrac{(-1)^{n+1}}{n}a^n u(n-1)$

【8-15】 证明表 8-5 中所列的和函数 z 变换公式，即：

已知　$\mathscr{Z}[x(n)]=X(z)$，则

$$\mathscr{Z}\left[\sum_{k=0}^{n}x(k)\right]=\frac{z}{z-1}X(z)$$

【解题思路】 对序列进行相邻间相减操作，可以得到差分方程，利用 z 变换对差分方程进行处理求解。

【解】 $\sum\limits_{k=0}^{n+1}x(k)-\sum\limits_{k=0}^{n}x(k)=x(n+1)$

令 $\sum\limits_{k=0}^{n}x(k)=f(n)$，且 $f(-1)=0$

则有 $f(n+1)-f(n)=x(n+1)$

两边同时进行 z 变换有，$zF(z)-F(z)=zX(z)$

$\therefore F(z)=\dfrac{z}{z-1}X(z)$

也即 $\mathscr{Z}\left[\sum_{k=0}^{n}x(k)\right]=\dfrac{z}{z-1}X(z)$

【8-16】 试证明实序列的相关定理。

$$\mathscr{Z}\left[\sum_{m=-\infty}^{\infty}h(m)x(m-n)\right]=H(z)X\left(\frac{1}{z}\right)$$

其中：$H(z)=\mathscr{Z}[h(n)]$

$X(z)=\mathscr{Z}[x(n)]$

【解题思路】 利用卷积定理和典型信号的 z 变换求解。

【解】 $\sum_{m=-\infty}^{\infty}h(m)x(m-n)=\sum_{m=-\infty}^{\infty}h(m)x[-(n-m)]=h(n)*x(-n)$

由卷积定理：

$$\mathscr{Z}\left[\sum_{m=-\infty}^{\infty}h(m)x(m-n)\right]=\mathscr{Z}[h(n)*x(-n)]=H(z)X\left(\frac{1}{z}\right)$$

【8-17】 利用卷积定理求 $y(n)=x(n)*h(n)$，已知

(1) $x(n)=a^nu(n)\quad h(n)=b^nu(-n)$

(2) $x(n)=a^nu(n)\quad h(n)=\delta(n-2)$

(3) $x(n)=a^nu(n)\quad h(n)=u(n-1)$

【解题思路】 利用卷积定理求解。

【解】

(1) $X(z)=\dfrac{z}{z-a}\quad H(z)=\dfrac{b}{b-z}\quad$ 收敛域$|a|<|z|<|b|$

$$Y(z)=X(z)\cdot H(z)=\frac{z}{z-a}\cdot\frac{b}{b-z}=\frac{-b}{a-b}\cdot\frac{z}{z-a}+\frac{-b}{b-a}\cdot\frac{z}{z-b}$$

$$y(n)=\frac{b}{b-a}[a^nu(n)+b^nu(-n-1)]$$

(2) $X(z)=\dfrac{z}{z-a}\quad H(z)=z^{-2}\quad$ 收敛域$|z|>|a|$

$$Y(z)=X(x)\cdot H(z)=\frac{z}{z-a}\cdot z^{-2}=\frac{1}{z(z-a)}$$

$$\frac{Y(z)}{z}=-\frac{1}{z^2(z-a)}=-\frac{1}{a}\cdot\frac{1}{z^2}-\frac{1}{a^2}\cdot\frac{1}{z}+\frac{1}{a^2}\cdot\frac{1}{z-a}$$

$$Y(z)=-\frac{1}{a}\cdot z^{-1}-\frac{1}{a^2}+\frac{1}{a^2}\cdot\frac{z}{z-a}$$

$\therefore y(n)=\dfrac{1}{a^2}\cdot a^nu(n)-\dfrac{1}{a^2}\delta(n)-\dfrac{1}{a}\delta(n-1)=a^{n-2}u(n-2)$

(3) $X(z)=\dfrac{z}{z-a}\quad H(z)=\dfrac{1}{z-1}\quad$ 收敛域$|z|>\max(|a|,1)$

$$Y(z)=X(x)\cdot H(z)=\frac{z}{z-a}\cdot\frac{1}{z-1}=\frac{1}{a-1}\cdot\frac{z}{z-a}+\frac{1}{1-a}\cdot\frac{z}{z-1}$$

$$y(n)=\frac{1}{a-1}\cdot a^nu(n)-\frac{1}{a-1}u(n)=\frac{a^n-1}{a-1}u(n)$$

【8-18】 利用 z 变换求例 7-15 中给出的两序列的卷积，即求

$$y(n)=x(n)*h(n)$$

其中：$h(n)=a^nu(n)\quad(0<a<1)$

$x(n)=R_N(n)=u(n)-u(n-N)$

【解题思路】 利用卷积定理、部分分式展开求解。

【解】 $y(n)=x(n)*h(n)=a^nu(n)*[u(n)-u(n-N)]=a^nu(n)*u(n)-a^nu(n)*u(n-N)$

$y_1(n)=a^nu(n)*u(n)\quad Y_1(z)=\dfrac{z}{z-a}\cdot\dfrac{z}{z-1}=\dfrac{a}{a-1}\cdot\dfrac{z}{z-a}+\dfrac{1}{1-a}\cdot\dfrac{z}{z-1}\quad |z|>1$

$\therefore y_1(n)=\dfrac{a}{a-1}a^nu(n)+\dfrac{1}{1-a}u(n)=\dfrac{1}{a-1}(a^{n+1}-1)u(n)$

$y_2(n)=a^n u(n)*u(n-N)$

$Y_2(z)=\frac{z}{z-a}\cdot\frac{z^{1-N}}{z-1}=\frac{z^2}{(z-a)(z-1)}z^{-N}=\left(\frac{a}{a-1}\cdot\frac{z}{z-a}+\frac{1}{1-a}\cdot\frac{z}{z-1}\right)\cdot z^{-N}\quad |z|>1$

$\therefore y_2(n)=\frac{1}{a-1}(a^{n+1-N}-1)u(n-N)$

$y(n)=y_1(n)-y_2(n)=\frac{1}{a-1}[a^{n+1}u(n)-a^{n+1-N}u(n-N)]+\frac{1}{a-1}[u(n)-u(n-N)]$

【8-19】 已知下列z变换式$X(z)$和$Y(z)$，利用z域卷积定理求$x(n)$与$y(n)$乘积的z变换。

(1) $X(z)=\frac{1}{1-0.5z^{-1}}\quad(|z|>0.5)$

$Y(z)=\frac{1}{1-2z}\quad(|z|<0.5)$

(2) $X(z)=\frac{0.99}{(1-0.1z^{-1})(1-0.1z)}\quad(0.1<|z|<10)$

$Y(z)=\frac{1}{1-10z}\quad(|z|>0.1)$

(3) $X(z)=\frac{z}{z-e^{-b}}\quad(|z|>e^{-b})$

$Y(z)=\frac{z\sin\omega_0}{z^2-2z\cos\omega_0+1}\quad(|z|>1)$

【解题思路】 利用z域卷积定理直接计算。

【解】

(1) $\mathscr{Z}[x(n)y(n)]=\frac{1}{2\pi j}\oint_C X\left(\frac{z}{v}\right)Y(v)v^{-1}dv=\frac{1}{2\pi j}\oint_C\frac{\frac{z}{v}}{\frac{z}{v}-\frac{1}{2}}\cdot\frac{1}{1-2z}\cdot v^{-1}dv$

$=\frac{1}{2\pi j}\oint_C\frac{v}{v-0.5}\cdot\frac{1}{v-2z}dv$

收敛域为$|v|>\max(0.5,|2z|)$，围线包含了两个一阶极点

$\therefore P(z)=\mathrm{Re}\,s\left[\frac{v}{(v-0.5)(v-2z)}\right]_{v=0.5}+\mathrm{Re}\,s\left[\frac{v}{(v-0.5)(v-2z)}\right]_{v=2z}$

$=\frac{0.5}{0.5-2z}+\frac{2z}{2z-0.5}=1$

(2) $P(z)=\mathscr{Z}[x(n)\cdot y(n)]=\frac{1}{2\pi j}\oint_C X(v)Y\left(\frac{z}{v}\right)v^{-1}dv$

$=\frac{1}{2\pi j}\oint_C\frac{0.99}{(1-0.1v^{-1})(1-0.1v)}\frac{1}{1-\frac{10z}{v}}v^{-1}dv=\frac{1}{2\pi j}\oint_C\frac{-9.9v}{(v-0.1)(v-10)(v-10z)}dv$

收敛域为$0.1<|v|<\min(10,10|z|)$，围线内只包含一个一阶极点0.1

$\therefore P(z)=\mathrm{Re}\,s\left[\frac{-9.9v}{(v-0.1)(v-10)(v-10z)}\right]_{v=0.1}=\frac{0.1}{0.1-10z}=\frac{1}{1-100z}\quad|z|>0.01$

(3) $P(z)=\frac{1}{2\pi j}\oint_C Y(v)X\left(\frac{z}{v}\right)v^{-1}dv=\frac{1}{2\pi j}\oint_C\frac{v\sin\omega_0}{v^2-2v\cos\omega_0+1}\cdot\frac{\frac{z}{v}}{\frac{z}{v}-e^{-b}}v^{-1}dv$

$=\frac{1}{2\pi j}\oint_C\frac{\sin\omega_0}{(v-\cos\omega_0)^2-(j\sin\omega_0)^2}\cdot\frac{z}{z-ve^{-b}}dv$

$=\frac{1}{2\pi j}\oint_C\frac{\sin\omega_0}{(v-e^{-j\omega_0})(v-e^{-j\omega_0})}\cdot\frac{z}{z-ve^{-b}}dv$

收敛域为$1<|v|<|z|e^b$，围线内包含了两个一阶极点$e^{j\omega_0}$，$e^{-j\omega_0}$

$\therefore P(z)=\mathrm{Res}\left[\frac{\sin\omega_0}{(v-e^{j\omega_0})(v-e^{-j\omega_0})}\cdot\frac{z}{z-ve^{-b}}\right]_{v=e^{j\omega_0}}+\mathrm{Res}\left[\frac{\sin\omega_0}{(v-e^{j\omega_0})(v-e^{-j\omega_0})}\cdot\frac{z}{z-ve^{-b}}\right]_{v=e^{-j\omega_0}}$

$$=\frac{z}{2\mathrm{j}(z-\mathrm{e}^{\mathrm{j}\omega_0}\mathrm{e}^{-b})}-\frac{z}{2\mathrm{j}(z-\mathrm{e}^{-\mathrm{j}\omega_0}\mathrm{e}^{-b})}=\frac{\mathrm{e}^{-b}z\sin\omega_0}{z^2-2\mathrm{e}^{-b}z\cos\omega_0+\mathrm{e}^{-2b}}\quad |z|>\mathrm{e}^{-b}$$

【8-20】 在第七章7.7节曾介绍利用时域特性的解卷积方法，实际问题中，往往也利用变换域方法计算解卷积。本题研究一种称为"同态滤波"的解卷积算法原理。在此，需要用到 z 变换性质和对数计算。设 $x(n)=x_1(n)*x_2(n)$，若要直接把相互卷积的信号 $x_1(n)$ 与 $x_2(n)$ 分开将遇到困难。但是，对于两个相加的信号往往容易借助某种线性滤波方法使二者分离。题图8-20示出用同态滤波解卷积的原理框图，其中各部分作用如下：

(1) D 运算表示将 $x(n)$ 取 z 变换、取对数和逆 z 变换，得到包含 $x_1(n)$ 和 $x_2(n)$ 信息的相加形式。

(2) L 为线性滤波器，容易将两个相加项分离，取出所需信号。

(3) D^{-1} 相当于 D 的逆运算，也即取 z 变换、指数以及逆 z 变换，至此，可从 $x(n)$ 中按需要分离出 $x_1(n)$ 或 $x_2(n)$，完成解卷积运算。

试写出以上各步运算的表达式。

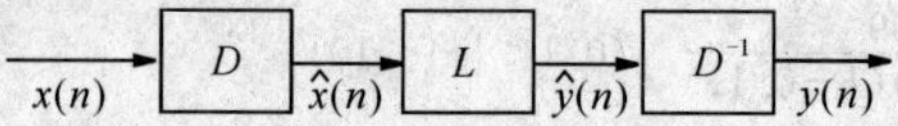

$x(n)$ → D → $\hat{x}(n)$ → L → $\hat{y}(n)$ → D^{-1} → $y(n)$

题图 8-20

【解题思路】 根据题图的运算步骤求解。

【解】 $x(n)=x_1(n)*x_2(n)$

D 运算包含三个步骤：

$$X(z)=X_1(z)\cdot X_2(z)$$
$$\ln[X(z)]=\ln[X_1(z)\cdot X_2(z)]=\ln[X_1(z)]+\ln[X_2(z)]$$
$$\hat{x}(n)=\hat{x}_1(n)+\hat{x}_2(n)$$

L 运算中，设要保留的信号为 $x_1(n)$，则经过 L 运算后

$$\hat{y}(n)=\hat{x}_1(n)$$

D^{-1} 运算也包含三个步骤：

$$\mathscr{Z}[\hat{y}(n)]=\mathscr{Z}[\hat{x}_1(n)]=\hat{X}_1(z)$$
$$\exp[\hat{X}_1(z)]=X_1(z)$$
$$\mathscr{Z}^{-1}[X_1(z)]=x_1(n)$$
$$\therefore y(n)=x_1(n)$$

【8-21】 用单边 z 变换解下列差分方程。

(1) $y(n+2)+y(n+1)+y(n)=u(n)$

$y(0)=1, y(1)=2$

(2) $y(n)+0.1y(n-1)-0.02y(n-2)=10u(n)$

$y(-1)=4, y(-2)=6$

(3) $y(n)-0.9y(n-1)=0.05u(n)$

$y(-1)=0$

(4) $y(n)-0.9y(n-1)=0.05u(n)$

$y(-1)=1$

(5) $y(n)=-5y(n-1)+nu(n)$

$y(-1)=0$

(6) $y(n)+2y(n-1)=(n-2)u(n)$

$y(0)=1$

【解题思路】 利用 z 变换求解差分方程。

【解】

(1) $z^2[Y(z)-y(0)-y(1)z^{-1}]+z[Y(z)-y(0)]+Y(z)=\frac{z}{z-1}$

整理得：$Y(z)=\dfrac{\frac{z}{z-1}+z^2+3z}{z^2+z+1}=\dfrac{z^3+2z^2-2z}{(z-1)(z^2+z+1)}$

$$\frac{Y(z)}{z}=\frac{z^2+2z-2}{(z-1)(z^2+z+1)}=\frac{\frac{1}{3}}{z-1}+\frac{\frac{2}{3}z+\frac{7}{3}}{z^2+z+1}$$

$$Y(z)=\frac{\frac{1}{3}z}{z-1}+\frac{2}{3}\cdot\frac{z\left(z+\frac{7}{2}\right)}{z^2+z+1}=\frac{1}{3}\cdot\frac{z}{z-1}+\frac{2}{3}\cdot\frac{z\left(z+\frac{1}{2}\right)+3z}{z^2-2z\cos\frac{2\pi}{3}+1}$$

$$=\frac{1}{3}\cdot\frac{z}{z-1}+\frac{2}{3}\cdot\frac{z\left(z+\frac{1}{2}\right)}{z^2-2z\cos\frac{2\pi}{3}+1}+\frac{4}{\sqrt{3}}\frac{\frac{\sqrt{3}}{2}z}{z^2-2z\cos\frac{2\pi}{3}+1}$$

$\therefore y(n)=\left[\frac{1}{3}+\frac{2}{3}\cos\frac{2n\pi}{3}+\frac{4}{\sqrt{3}}\sin\frac{2n\pi}{3}\right]u(n)$

(2) $Y(z)+0.1[z^{-1}Y(z)+y(-1)]-0.02[z^{-2}Y(z)+z^{-1}y(-1)+y(-2)]=10\cdot\frac{z}{z-1}$

整理得：

$$Y(z)=\frac{10\cdot\frac{z}{z-1}-0.1y(-1)+0.02z^{-1}y(-1)+0.02y(-2)}{1+0.1z^{-1}-0.02z^{-2}}=\frac{z(9.72z^2+0.36z-0.08)}{(z-1)(z^2+0.1z-0.02)}$$

$$=\frac{z(9.72z^2+0.36z-0.08)}{(z-1)(z-0.1)(z+0.2)}\approx 9.26\cdot\frac{z}{z-1}-0.2\cdot\frac{z}{z-0.1}+0.66\frac{z}{z+0.2}$$

$\therefore y(n)=[9.26-0.2(0.1)^n+0.66(0.2)^n]u(n)$

(3) $Y(z)-0.9[z^{-1}Y(z)y(-1)]=0.05\cdot\frac{z}{z-1}$

整理得：$Y(z)=\dfrac{0.05\cdot\frac{z}{z-1}}{1-0.9z^{-1}}=\dfrac{0.05z^2}{(z-1)(z-0.9)}=\dfrac{0.5z}{z-1}-\dfrac{0.45z}{z-0.9}$

$\therefore y(n)=[0.5-0.45(0.9)^n]u(n)$

(4) $Y(z)-0.9[z^{-1}Y(z)+y(-1)]=0.05\cdot\frac{z}{z-1}$

整理得：$Y(z)=\dfrac{0.05\cdot\frac{z}{z-1}+0.9y(-1)}{1-0.9z^{-1}}=\dfrac{0.95z^2-0.9z}{(z-1)(z-0.9)}=\dfrac{0.5z}{z-1}+\dfrac{0.45z}{z-0.9}$

$\therefore y(n)=[0.5+0.45(0.9)^n]u(n)$

(5) $Y(z)+5[z^{-1}Y(z)+y(-1)]=\frac{z}{(z-1)^2}$

整理得：$Y(z)=\dfrac{\frac{z}{(z-1)^2}}{1+5z^{-1}}=\dfrac{z^2}{(z-1)^2(z+5)}=-\dfrac{5}{36}\cdot\dfrac{z}{z+5}+\dfrac{1}{6}\cdot\dfrac{z}{(z-1)^2}+\dfrac{5}{36}\cdot\dfrac{z}{z-1}$

$\therefore y(n)=\left[\frac{5}{36}+\frac{1}{6}n-\frac{5}{36}(-5)^n\right]u(n)$

(6) $Y(z)+2[z^{-1}Y(z)+y(-1)]=\frac{z}{(z-1)^2}-\frac{2z}{z-1}$

将 $y(0)$ 带入差分方程推导出 $y(-1)$，$y(0)+2y(1)=-2$，$\therefore y(-1)=-\frac{3}{2}$

整理得：$Y(z)=\dfrac{\frac{z}{(z-1)^2}-\frac{2z}{z-1}+3}{1+2z^{-1}}=\dfrac{z(z^2-3z+3)}{(z-1)^2(z+2)}=\dfrac{13}{9}\cdot\dfrac{z}{z+2}+\dfrac{1}{3}\cdot\dfrac{z}{(z-1)^2}-\dfrac{4}{9}\cdot\dfrac{z}{z-1}$

$\therefore y(n)=\left[\frac{13}{9}(-2)^n+\frac{1}{3}n-\frac{4}{9}\right]u(n)$

【8-22】 用 z 变换求解习题 7-25 电阻梯形网络结点电压的差分方程

$$v(n+2)-3v(n+1)+v(n)=0$$

其中　$v(0)=E$

　　　$v(N)=0$　（当 $N\to\infty$）

　　　$n=0,1,2,\cdots,N$

【解题思路】 利用 z 变换求解差分方程，先确定初始条件，再带入求解。

【解】 $z^2[V(z)-v(0)-z^{-1}v(1)]-3z[V(z)-v(0)]+V(z)=0$

整理得：$V(z)=\dfrac{Ez^2-3Ez+v(1)z}{z^2-3z+1}=\dfrac{Ez^2+zv(1)-3Ez}{\left(z-\frac{3-\sqrt{5}}{2}\right)\left(z-\frac{3+\sqrt{5}}{2}\right)}$

$\because N\to\infty, v(N)=0$，且 $V(z)$ 有一个极点 $\dfrac{3+\sqrt{5}}{2}>1$

$\therefore V(z)$ 必定在 $\dfrac{3+\sqrt{5}}{2}$ 处有零点。

$\therefore Ez^2+zv(1)-3Ez=Ez\left(z-\dfrac{3+\sqrt{5}}{2}\right)$，$\therefore v(1)=\dfrac{3-\sqrt{5}}{2}E$

则：$V(z)=\dfrac{Ez}{z-\frac{3-\sqrt{5}}{2}}$，$\therefore v(n)=E\left(\dfrac{3-\sqrt{5}}{2}\right)^n$

【8-23】 因果系统的系统函数 $H(z)$ 如下所示，试说明这些系统是否稳定。

(1) $\dfrac{z+2}{8z^2-2z-3}$　　(2) $\dfrac{8(1-z^{-1}-z^{-2})}{2+5z^{-1}+2z^{-2}}$

(3) $\dfrac{2z-4}{2z^2+z-1}$　　(4) $\dfrac{1+z^{-1}}{1-z^{-1}+z^{-2}}$

【解题思路】 系统稳定的条件是系统函数 $H(z)$ 的收敛域应包含单位圆。

【解】

(1) $H(z)=\dfrac{z+2}{8z^2-2z-3}=\dfrac{z+2}{(4z-3)(2z+1)}$

极点 $z=\dfrac{3}{4}, z=-\dfrac{1}{2}$ 均在单位圆内　收敛域 $|z|>\dfrac{3}{4}$　系统稳定

(2) $H(z)=\dfrac{8(z^2-z-1)}{2z^2+5z+2}=\dfrac{8(z^2-z-1)}{(2z+1)(z+2)}$

极点　$z=-\dfrac{1}{2}, z=-2$　收敛域 $|z|>2$ 不包括单位圆　系统不稳定

(3) $H(z)=\dfrac{2z-4}{2z^2+z-1}=\dfrac{2z-4}{(2z-1)(z+1)}$

极点 $z=\dfrac{1}{2}, z=1$　收敛域 $|z|>1$　系统不稳定(或是临界稳定)

(4) $H(z)=\dfrac{z^2+z}{z^2-z+1}=\dfrac{z^2+z}{\left(z-\frac{-1+\mathrm{j}\sqrt{3}}{2}\right)\left(z-\frac{-1-\mathrm{j}\sqrt{3}}{2}\right)}$

极点 $z=\dfrac{-1\pm \mathrm{j}\sqrt{3}}{2}$　收敛域 $|z|>\left|\dfrac{-1\pm \mathrm{j}\sqrt{3}}{2}\right|=1$　系统不稳定(或是临界稳定)

【8-24】 已知一阶因果离散系统的差分方程为

$$y(n)+3y(n-1)=x(n)$$

试求：

(1) 系统的单位样值响应 $h(n)$；

(2) 若 $x(n)=(n+n^2)u(n)$，求响应 $y(n)$。

【解题思路】 利用 z 变换求解。

【解】

(1) 零状态条件下，差分方程左右两边同时进行单边 z 变换

$$Y(z)+3z^{-1}Y(z)=X(z)$$

$$H(z)=\frac{Y(z)}{X(z)}=\frac{1}{1+3z^{-1}}=\frac{z}{z+3}\quad \therefore h(n)=(-3)^n u(n)$$

(2) $X(z)=\dfrac{z}{(z-1)^2}+\dfrac{z(z+1)}{(z-1)^3}=\dfrac{2z^2}{(z-1)^3}$

$$Y(z)=X(z)\cdot H(z)=\frac{2z^2}{(z-1)^3}\cdot\frac{z}{z+3}=\frac{\frac{1}{2}z}{(z-1)^3}+\frac{\frac{7}{8}z}{(z-1)^2}+\frac{\frac{9}{32}z}{z-1}+\frac{-\frac{9}{32}z}{z+3}$$

$$\therefore y(n)=\left[\frac{1}{4}n^2+\frac{7}{8}n+\frac{9}{32}-\frac{9}{32}(-3)^n\right]u(n)$$

【8-25】 写出题图 8-25 所示离散系统的差分方程,并求系统函数 $H(z)$ 及单位样值响应 $h(n)$。

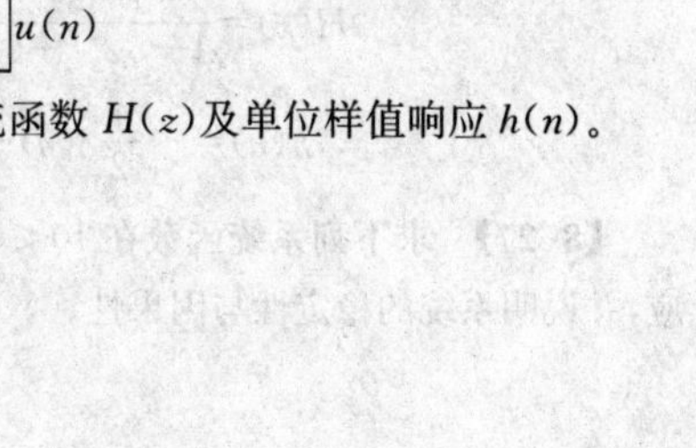

题图 8-25

【解题思路】 根据加法器的输入输出关系列写方程。

【解】 由题图可知,

$$x(n)+\frac{b_1}{a}y(n)+\frac{b_2}{a}y(n-1)=y(n+1)$$

整理得:$y(n)-b_1y(n-1)-b_2y(n-2)=ax(n-1)$

零状态条件下,方程两边同时进行 z 变换

$$Y(z)-b_1z^{-1}Y(z)-b_2z^{-2}Y(z)=az^{-1}X(z)$$

$$H(z)=\frac{Y(z)}{X(z)}=\frac{az^{-1}}{1-b_1z^{-1}-b_2z^{-2}}=\frac{az}{z^2-b_1z-b_2}$$

$$=\frac{a}{\sqrt{b_1^2+4b_2}}\cdot\frac{z}{z-\frac{b_1+\sqrt{b_1^2+4b_2}}{2}}-\frac{a}{\sqrt{b_1^2+4b_2}}\cdot\frac{z}{z-\frac{b_1-\sqrt{b_1^2+4b_2}}{2}}$$

$$h(n)=\frac{a}{\sqrt{b_1^2+4b_2}}\left[\left(\frac{b_1+\sqrt{b_1^2+4b_2}}{2}\right)^n-\left(\frac{b_1-\sqrt{b_1^2+4b_2}}{2}\right)^n\right]u(n)$$

【8-26】 由下列差分方程画出离散系统的结构图,并求系统函数 $H(z)$ 及单位样值响应 $h(n)$。

(1) $3y(n)-6y(n-1)=x(n)$

(2) $y(n)=x(n)-5x(n-1)+8x(n-3)$

(3) $y(n)-\frac{1}{2}y(n-1)=x(n)$

(4) $y(n)-3y(n-1)+3y(n-2)-y(n-3)=x(n)$

(5) $y(n)-5y(n-1)+6y(n-2)=x(n)-3x(n-2)$

【解题思路】 根据差分方程利用加法器、延时器画出系统框图,利用 z 变换求解系统函数,然后反变换可求得单位样值响应。

【解】

(1) 离散系统结构如解图 8-26(1)所示。

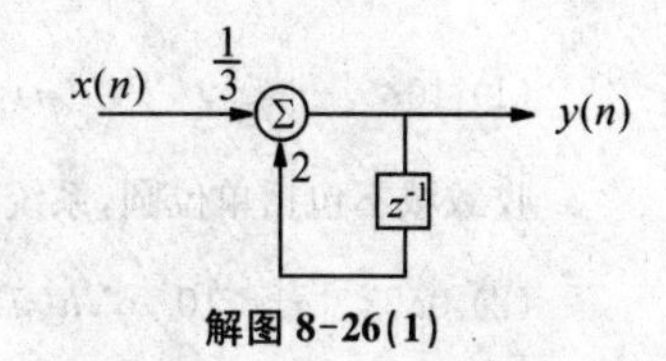

解图 8-26(1)

$$3Y(z)-6z^{-1}Y(z)=X(z)$$

$$H(z)=\frac{Y(z)}{X(z)}=\frac{1}{3-6z^{-1}}=\frac{1}{3}\cdot\frac{z}{z-2}$$

$$\therefore h(n)=\frac{1}{3}2^nu(n)$$

(2) 离散系统结构如解图 8-26(2)所示。

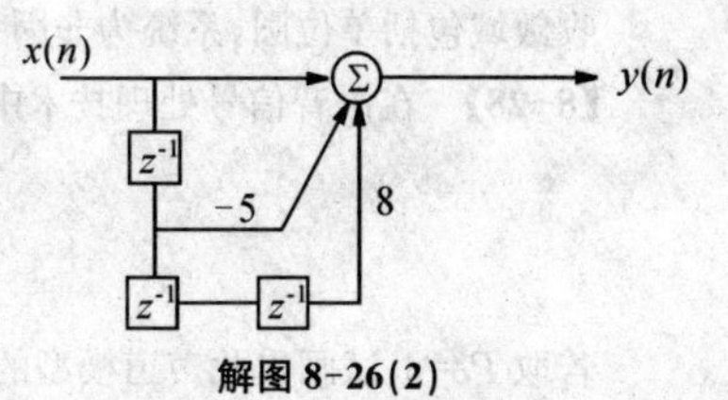

解图 8-26(2)

$$Y(z)=X(z)-5z^{-1}X(z)+8z^{-3}X(z)$$

$$H(z)=\frac{Y(z)}{X(z)}=1-5z^{-1}+8z^{-3}$$

$$\therefore h(n)=\delta(n)-5\delta(n-1)+8\delta(n-3)$$

(3) 离散系统结构如解图 8-26(3)所示。

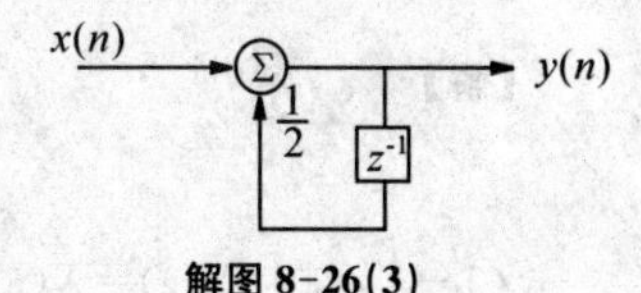

解图 8-26(3)

$$Y(z)-\frac{1}{2}z^{-1}Y(z)=X(z)$$

$$H(z)=\frac{Y(z)}{X(z)}=\frac{1}{1-\frac{1}{2}z^{-1}}=\frac{z}{z-\frac{1}{2}}$$

$$\therefore h(n)=\left(\frac{1}{2}\right)^nu(n)$$

(4) 离散系统结构如解图 8-26(4)所示。

$$Y(z)-3z^{-1}Y(z)+3z^{-2}Y(z)-z^{-3}Y(z)=X(z)$$

$$H(z)=\frac{1}{1-3z^{-1}+3z^{-2}-z^{-3}}=\frac{z^3}{z^3-3z^2+3z-1}=\frac{z^3}{(z-1)^3}$$

$$\therefore h(n)=\frac{(n+1)(n+2)}{2}u(n)$$

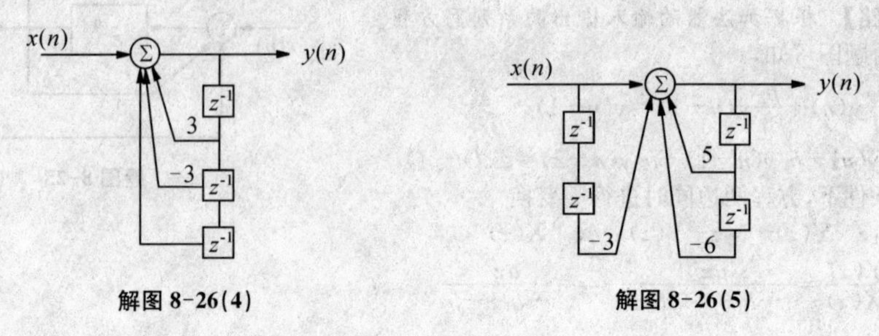

解图 8-26(4)　　解图 8-26(5)

(5) 离散系统结构如解图 8-26(5)所示。

$$Y(z)-5z^{-1}Y(z)+6z^{-2}Y(z)=X(z)-3z^{-2}X(z)$$

$$H(z)=\frac{1-3z^{-2}}{1-5z^{-1}+6z^{-2}}=\frac{z^2-3}{(z-2)(z-3)}=-\frac{1}{2}-\frac{1}{2}\cdot\frac{z}{z-2}+2\cdot\frac{z}{z-3}$$

$$\therefore h(n)=-\frac{1}{2}\delta(n)+\left[2\cdot 3^n-\frac{1}{2}\cdot 2^n\right]u(n)$$

【8-27】 求下列系统函数在 $10<|z|\leqslant\infty$ 及 $0.5<|z|<10$ 两种收敛域情况下系统的单位样值响应,并说明系统的稳定性与因果性。

$$H(z)=\frac{9.5z}{(z-0.5)(10-z)}$$

【解题思路】 利用系统函数的零极点位置、收敛域判断系统的稳定性,根据收敛域判断因果性。

【解】

$$H(z)=\frac{z}{z-0.5}-\frac{z}{z-10}$$

(1) $10<|z|\leqslant\infty$　$\therefore h(n)=\left[\left(\frac{1}{2}\right)^n-10^n\right]u(n)$

收敛域不包括单位圆,系统为因果不稳定系统。

(2) $0.5<|z|<10$　$\therefore h(n)=\left(\frac{1}{2}\right)^n u(n)+10^n u(-n-1)$

收敛域包括单位圆,系统为非因果稳定系统。

【8-28】 在语音信号处理技术中,一种描述声道模型的系统函数具有如下形式

$$H(z)=\frac{1}{1-\sum_{i=1}^{P}a_i z^{-i}}$$

若取 $P=8$,试画出此声道模型的结构图。

【解题思路】 首先根据系统函数写出系统的差分方程,画出系统结构图。

【解】

$$H(z)=\frac{1}{1-\sum_{i=1}^{P}a_i z^{-i}}=\frac{Y(z)}{X(z)}$$

$(1-\sum_{i=1}^{P}a_i z^{-i})Y(z)=X(z)$　当 $P=8$ 时,系统的差分方程为:

$y(n)-a_1y(n-1)-a_2y(n-2)-a_3y(n-3)-a_4y(n-4)-a_5y(n-5)-a_6y(n-6)-a_7y(n-7)-a_8y(n-8)=x(n)$

差分系统的结构如解图 8-28 所示。

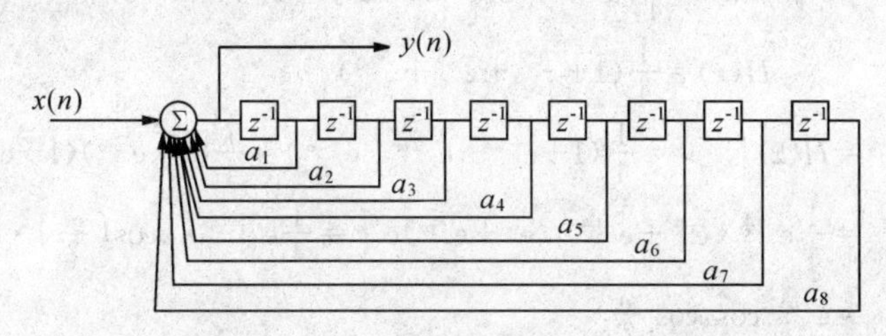

解图 8-28

【8-29】 对于下列差分方程所表示的离散系统

$$y(n)+y(n-1)=x(n)$$

(1) 求系统函数 $H(z)$及单位样值响应 $h(n)$，并说明系统的稳定性。

(2) 若系统起始状态为零，如果 $x(n)=10u(n)$，求系统的响应。

【解题思路】 利用 z 变换可求系统函数，再根据系统函数的零极点位置、收敛域判断稳定性。

【解】

$$Y(z)+z^{-1}Y(z)=X(z)$$

(1) $H(z)=\dfrac{1}{1+z^{-1}}=\dfrac{z}{z+1}\quad |z|>1\quad \therefore h(n)=(-1)^n u(n)$

收敛域不包括单位圆，系统不稳定。

(2) $X(z)=\dfrac{10z}{z-1}$

$$Y(z)=X(z)\cdot H(z)=\frac{10z}{z-1}\cdot\frac{z}{z+1}=\frac{5z}{z-1}+\frac{-5z}{z+1}$$

$$\therefore y(n)=5[1-(-1)^n]\cdot u(n)$$

【8-30】 对于题图 3-30 所示的一阶离散系统($0<a<1$)，求该系统在单位阶跃序列 $u(n)$或复指数序列 $e^{jn\omega}u(n)$激励下的响应、瞬态响应及稳态响应。

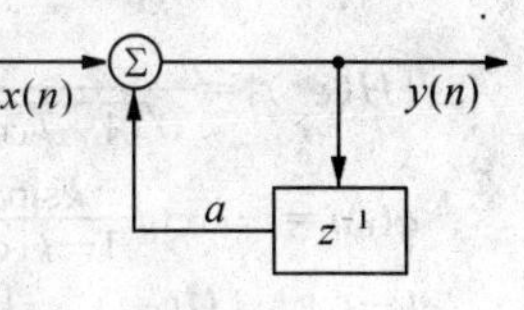

题图 8-30

【解题思路】 根据框图写出查分呢方程，利用 Z 变换求出系统函数，得到输出的 Z 变换，利用反变换求得系统输出。

【解】 系统差分方程为，$y(n)-ay(n-1)=x(n)$

系统函数 $\quad H(z)=\dfrac{z}{z-a}$

$$Y(z)=H(z)\cdot X(z)$$

当系统输入为单位阶跃序列 $u(n)$时，系统的输出

$$Y(z)=\frac{z}{z-a}\cdot\frac{z}{z-1}=\frac{a}{a-1}\cdot\frac{z}{z-a}-\frac{1}{a-1}\cdot\frac{z}{z-1}$$

$$\therefore y(n)=\frac{1}{a-1}[a\cdot a^n-1]\cdot u(n)$$

瞬态响应为$\dfrac{a}{a-1}a^n u(n)$，稳态响应为$\dfrac{1}{a-1}u(n)$

当系统输入为复指数序列 $e^{jn\omega}u(n)$时，系统的输出

$$Y(z)=\frac{z}{z-a}\cdot\frac{z}{z-e^{j\omega}}=\frac{a}{a-e^{j\omega}}\cdot\frac{z}{z-a}-\frac{e^{j\omega}}{a-e^{j\omega}}\frac{z}{z-e^{j\omega}}$$

$$\therefore y(n)=\left(\frac{a}{a-e^{j\omega}}a^n-\frac{e^{j\omega}}{a-e^{j\omega}}e^{jn\omega}\right)u(n)$$

暂态响应为$\dfrac{a}{a-e^{j\omega}}a^n u(n)$，稳态响应为$\dfrac{e^{j\omega}}{a-e^{j\omega}}e^{jn\omega}u(n)$

【8-31】 用计算机对测量的随机数据 $x(n)$进行平均处理，当收到一个测量数据后，计算机就把这

一次输入数据与前三次输入数据进行平均。试求这一运算过程的频率响应。

【解题思路】 先建立系统的差分方程，对方程进行离散傅里叶变化可求得频率响应。

【解】

$$y(n)=\frac{1}{4}[x(n)+x(n-1)+x(n-2)+x(n-3)]$$

$$H(z)=\frac{1}{4}(1+z^{-1}+z^{-2}+z^{-3})$$

$$H(\mathrm{j}\omega)=H(z)|_{z=\mathrm{e}^{\mathrm{j}\omega}}=\frac{1}{4}(1+\mathrm{e}^{-\mathrm{j}\omega}+\mathrm{e}^{-2\mathrm{j}\omega}+\mathrm{e}^{-3\mathrm{j}\omega})=\frac{1}{4}(1+\mathrm{e}^{-\mathrm{j}\omega})(1+\mathrm{e}^{-2\mathrm{j}\omega})$$

$$=\frac{1}{4}\mathrm{e}^{-\mathrm{j}\frac{\omega}{2}}(\mathrm{e}^{\mathrm{j}\frac{\omega}{2}}+\mathrm{e}^{-\mathrm{j}\frac{\omega}{2}})(\mathrm{e}^{\mathrm{j}\omega}+\mathrm{e}^{-\mathrm{j}\omega})\mathrm{e}^{-\mathrm{j}\omega}=\frac{1}{4}\mathrm{e}^{-\mathrm{j}\frac{3}{2}\omega}\cdot 2\cos\left(\frac{\omega}{2}\right)\cdot 2\cos\omega$$

$$=\mathrm{e}^{-\mathrm{j}\frac{3}{2}\omega}\cos\omega\cos\frac{\omega}{2}$$

【8-32】 已知系统函数

$$H(z)=\frac{z}{z-k}\quad(k\text{ 为常数})$$

(1) 写出对应的差分方程；

(2) 画出该系统的结构图；

(3) 求系统的频率响应，并画出 $k=0,0.5,1$ 三种情况下系统的幅度响应和相位响应。

【解题思路】 根据系统函数写出差分方程，画出系统框图。

【解】

$$H(z)=\frac{1}{1-kz^{-1}}$$

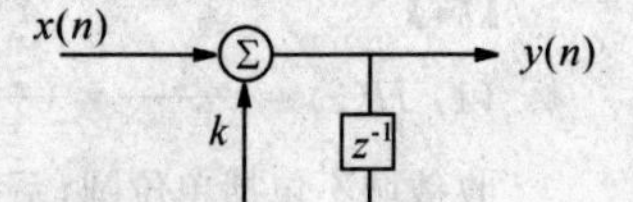

解图 8-32(1)

(1) 系统的差分方程为：$y(n)-ky(n-1)=x(n)$

(2) 系统结构如图 8-32(1)所示。

(3) 系统的频率响应为

$$H(\mathrm{e}^{\mathrm{j}\omega})=\frac{\mathrm{e}^{\mathrm{j}\omega}}{\mathrm{e}^{\mathrm{j}\omega}-k}$$

$$H(\mathrm{e}^{\mathrm{j}\omega})=\frac{1}{1-k\mathrm{e}^{-\mathrm{j}\omega}}=\frac{1}{1-k(\cos\omega-\mathrm{j}\sin\omega)}=\frac{1}{1-k\cos\omega+\mathrm{j}k\sin\omega}$$

$$|H(\mathrm{e}^{\mathrm{j}\omega})|=\frac{1}{\sqrt{(1-k\cos\omega)^2+(k\sin\omega)^2}}=\frac{1}{\sqrt{1+k^2-2k\cos\omega}}$$

$$\varphi(\omega)=-\mathrm{arctg}\,\frac{k\sin\omega}{1-k\cos\omega}$$

$k=0$ 时，$|H(\mathrm{e}^{\mathrm{j}\omega})|=1,\varphi(\omega)=0$

系统的幅频响应如图 8-32(2)所示。

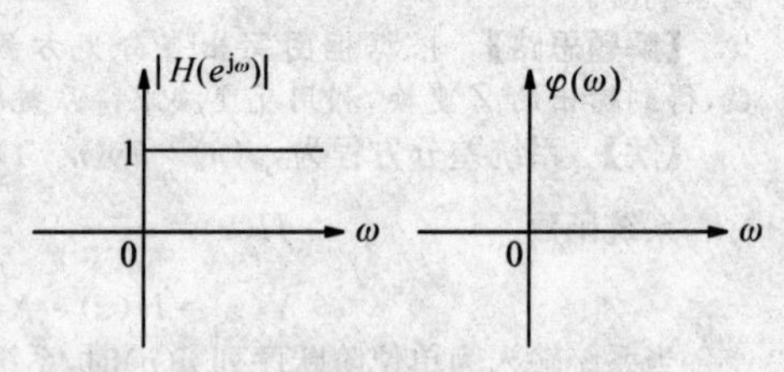

解图 8-32(2)

$k=0.5$ 时，$|H(\mathrm{e}^{\mathrm{j}\omega})|=\dfrac{1}{\sqrt{\frac{5}{4}-\cos\omega}}$，

$$\varphi(\omega)=-\mathrm{arctg}\,\frac{\sin\omega}{2-\cos\omega}$$

系统的幅频响应如图 8-32(3)所示。

$k=1$ 时，$|H(\mathrm{e}^{\mathrm{j}\omega})|=\dfrac{1}{\sqrt{2-2\cos\omega}}$，$\varphi(\omega)=-\mathrm{arctg}\,\dfrac{\sin\omega}{1-\cos\omega}$

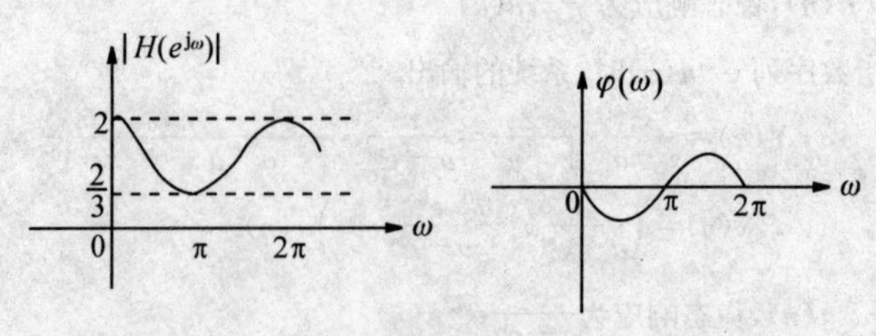

解图 8-32(3)

系统的幅频响应如图 8-32(4)所示。

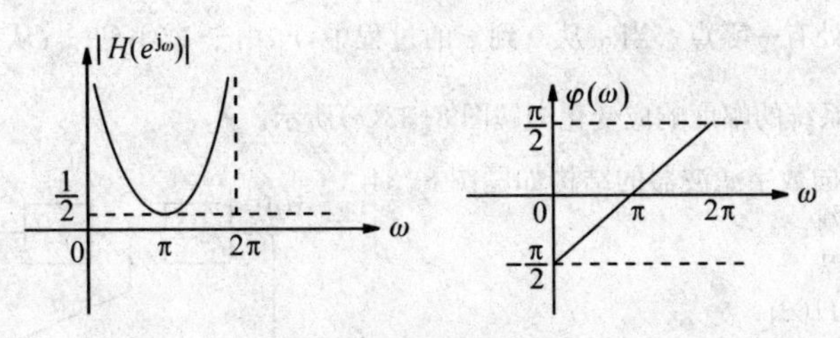

解图 8-32(4)

【8-33】 利用 z 平面零极点矢量作图方法大致画出下列系统函数所对应的系统幅度响应。

(1) $H(z)=\dfrac{1}{z-0.5}$

(2) $H(z)=\dfrac{z}{z-0.5}$

(3) $H(z)=\dfrac{z+0.5}{z}$

【解题思路】 先确定零极点，由极点矢量在 ω 从 0 到 2π 的旋转变换观察系统幅度响应的变化规律。

【解】 零、极点分布如解图 8-33(a)所示。

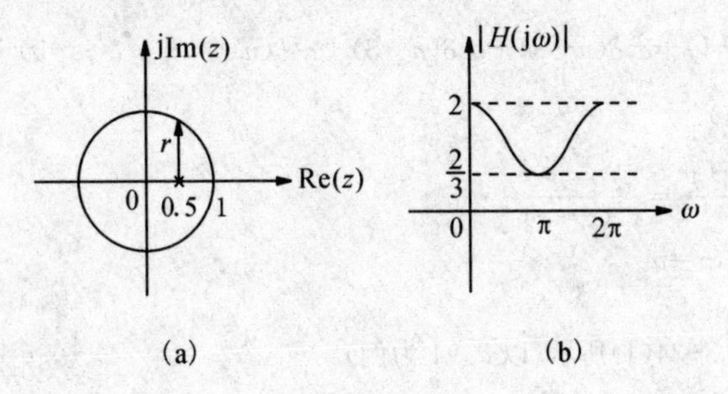

解图 8-33

当 ω 从 0 到 π 的过程中，r 由 $\dfrac{1}{2}$ 增大到 $\dfrac{3}{2}$；从 π 到 2π 的过程中，r 由 $\dfrac{3}{2}$ 减小到 $\dfrac{1}{2}$，所以系统的幅度响应变化如解图 8-33(b)所示。

零、极点分布如解图 8-33(c)所示。

与题(1) 相比，题(2) 极点相同，只是多了 $z=0$ 处的零点。但此零点不影响幅度响应。所以其幅度响应也同图解图 8-33(b)。

零、极点分布如解图 8-33(d)所示

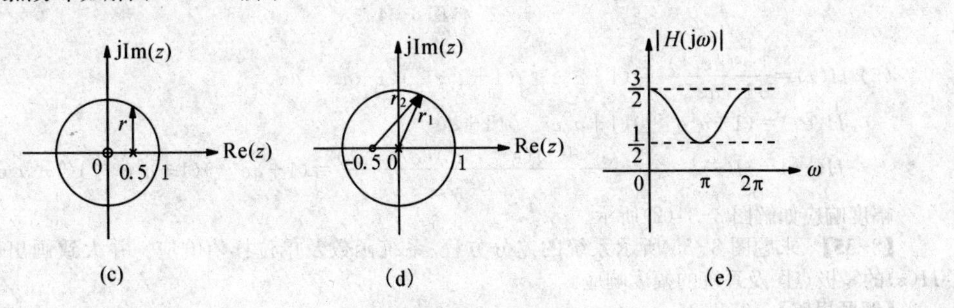

解图 8-33

$z=0$ 处的极点不影响系统的幅度响应。

系统在 $z=-\frac{1}{2}$ 处有一零点。当 ω 从 0 到 π 的过程中，r_2 由 $\frac{3}{2}$ 减小到 $\frac{1}{2}$；从 π 到 2π 的过程中，r_2 由 $\frac{1}{2}$ 增大到 $\frac{3}{2}$，所以系统的幅度响应变化如解图 8-33(e)所示。

【8-34】 已知横向数字滤波器的结构如题图 8-34 所示。试以 $M=8$ 为例

(1) 写出差分方程。

(2) 求系统函数 $H(z)$；

(3) 求单位样值响应 $h(n)$；

(4) 画出 $H(z)$ 的零极点图；

(5) 粗略画出系统的幅度响应。

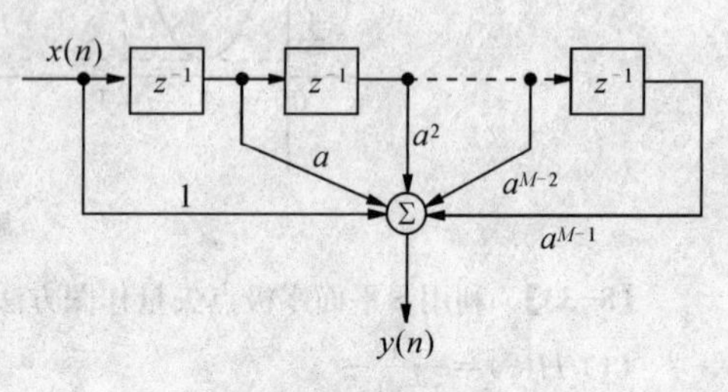

题图 8-34

【解题思路】 根据框图写出差分方程，由 z 变换法求解。

【解】

(1) 系统的差分方程为：

$$y(n)=x(n)+ax(n-1)+a^2x(n-2)+a^3x(n-3)+a^4x(n-4)+a^5x(n-5)+a^6x(n-6)+a^7x(n-7)$$

$$=\sum_{i=0}^{7}a^ix(n-i)$$

(2) 系统函数 $H(z)=1+az^{-1}+a^2z^{-2}+a^3z^{-3}+a^4z^{-4}+a^5z^{-5}+a^6z^{-6}+a^7z^{-7}$

(3) 单位样值响应：

$$h(n)=\delta(n)+a\delta(n-1)+a^2\delta(n-3)+a^3\delta(n-3)+a^4\delta(n-4)+a^5\delta(n-5)+a^6\delta(n-6)+a^7\delta(n-7)$$

$$=\sum_{i=0}^{7}a^i\delta(n-i)$$

(4) $H(z)=\frac{1-(az^{-1})^8}{1-az^{-1}}=\frac{z^8-a^8}{z^7(z-a)}$

极点为：$z=0$(七重)，$z=a$

零点为：$z=|a|e^{j\frac{2k\pi}{8}}$

零、极点分布如解图 8-34(1)所示(以 $a>1$ 为例)

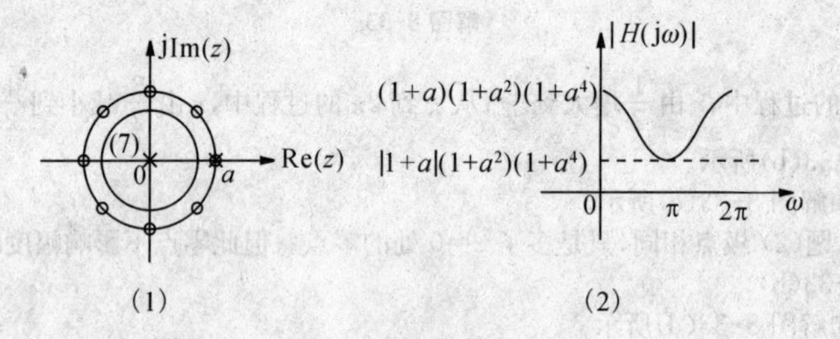

解图 8-34

(5) $H(z)=\frac{1-(az^{-1})^8}{1-az^{-1}}=(1+a^4z^{-4})(1+a^2z^{-2})(1+az^{-1})$

$H(e^{j\omega})=(1+a^4e^{-4j\omega})(1+a^2e^{-2j\omega})(1+ae^{-j\omega})$

$H(e^{j\omega})=H(z)\big|_{z=e^{j\omega}}=\frac{(e^{j\omega}+a)(e^{2j\omega}+a^2)(e^{4j\omega}+a^4)}{e^{7j\omega}}=(1+ae^{-j\omega})(1+a^2e^{-2j\omega})(1+a^4e^{-4j\omega})$

幅度响应如解图 8-34(2)所示。

【8-35】 求题图 8-35 所示系统的差分方程、系统函数及单位样值响应。并大致画出系统函数 $H(z)$ 的零极点图及系统的幅度响应。

【解题思路】 同 8-34。

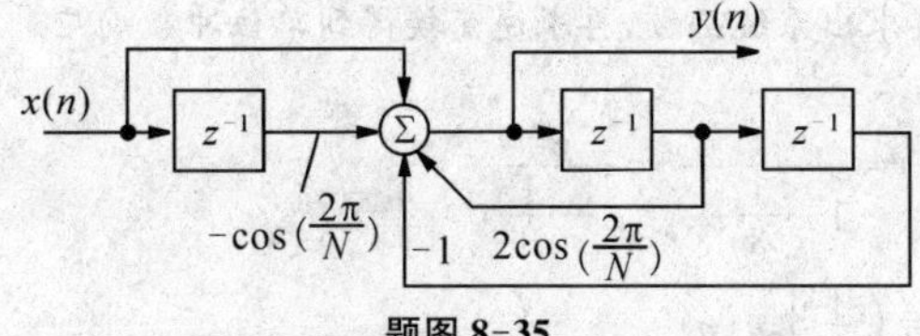

题图 8-35

【解】 $y(n)=x(n)-\cos\left(\frac{2\pi}{N}\right)x(n-1)+2\cos\left(\frac{2\pi}{N}\right)y(n-1)-y(n-2)$

(1) 系统差分方程为：

$$y(n)-2\cos\left(\frac{2\pi}{N}\right)y(n-1)+y(n-2)=x(n)-\cos\left(\frac{2\pi}{N}\right)x(n-1)$$

(2) 系统函数 $H(z)=\dfrac{1-\cos\left(\frac{2\pi}{N}\right)z^{-1}}{z^{-2}-2\cos\left(\frac{2\pi}{N}\right)z^{-1}+1}=\dfrac{z^2-\cos\left(\frac{2\pi}{N}\right)z}{1-2\cos\left(\frac{2\pi}{N}\right)z+z^2}$

(3) $h(n)=\cos\left(\frac{2n\pi}{N}\right)u(n)$

(4) 零点为：$z_1=0,z_2=\cos\frac{2\pi}{N}$

极点为：$p_{1,2}=\cos\frac{2\pi}{N}\pm \mathrm{j}\sin\frac{2\pi}{N}$

零、极点如解图 8-35(a)所示

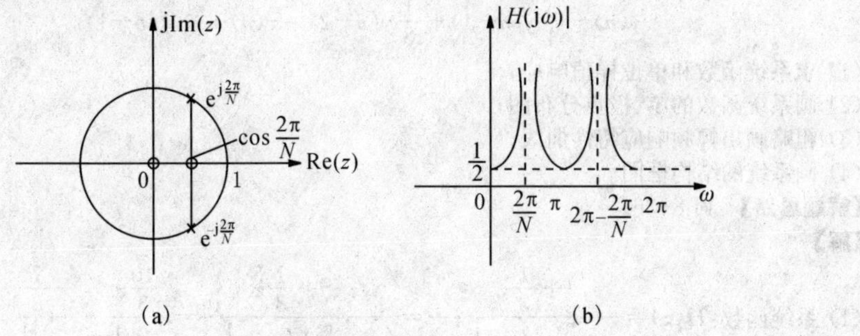

解图 8-35

系统的频率响应 $H(\mathrm{e}^{\mathrm{j}\omega})=\dfrac{1-\mathrm{e}^{-\mathrm{j}\omega}\cos\frac{2\pi}{N}}{1-2\mathrm{e}^{-\mathrm{j}\omega}\cos\frac{2\pi}{N}+\mathrm{e}^{-2\mathrm{j}\omega}}$

当 $\omega=0,\omega=\pi$ 时，$|H(\mathrm{e}^{\mathrm{j}\omega})|=\frac{1}{2}$

当 $\omega=\frac{2\pi}{N},\omega=2\pi-\frac{2\pi}{N}$ 时，$|H(\mathrm{e}^{\mathrm{j}\omega})|\to\infty$

系统的幅度响应如解图 8-35(b)所示。

【8-36】 已知离散系统差分方程表示式

$$y(n)-\frac{1}{3}y(n-1)=x(n)$$

(1) 求系统函数和单位样值响应；

(2) 若系统的零状态响应为 $y(n)=3\left[\left(\frac{1}{2}\right)^n-\left(\frac{1}{3}\right)^n\right]u(n)$，求激励信号 $x(n)$；

(3) 画系统函数的零、极点分布图；

(4) 粗略画出幅频响应特性曲线；

(5) 画系统的结构框图。

【解题思路】 用 z 变换求出系统函数，再求逆变换得到单位冲激响应。

【解】

(1) 系统函数为 $H(z)=\dfrac{1}{1-\dfrac{1}{3}z^{-1}}=\dfrac{z}{z-\dfrac{1}{3}}$

单位样值响应为 $h(n)=\left(\dfrac{1}{3}\right)^n u(n)$

(2) $Y(z)=3\left(\dfrac{z}{z-\dfrac{1}{2}}-\dfrac{z}{z-\dfrac{1}{3}}\right)$

$$X(z)=\frac{Y(z)}{H(z)}=\frac{\frac{1}{2}}{z-\frac{1}{2}}=-1+\frac{z}{z-\frac{1}{2}}$$

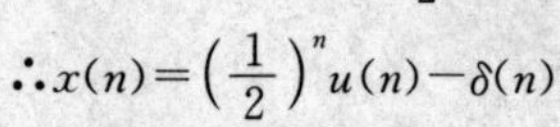

$\therefore x(n)=\left(\dfrac{1}{2}\right)^n u(n)-\delta(n)$

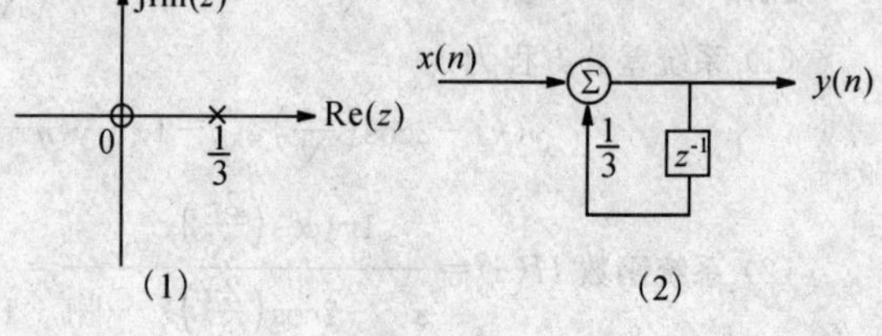

解图 8-36

(3) 零、极点分布如解图 8-36(1)所示。

(4) $H(e^{j\omega})=H(z)\big|_{z=e^{j\omega}}=\dfrac{e^{j\omega}}{e^{j\omega}-\dfrac{1}{3}}$

(5) 系统结构如解图 8-36(2)所示。

【8-37】 已知离散系统差分方程表示式

$$y(n)-\frac{3}{4}y(n-1)+\frac{1}{8}y(n-2)=x(n)+\frac{1}{3}x(n-1)$$

(1) 求系统函数和单位样值响应；

(2) 画系统函数的零、极点分布图；

(3) 粗略画出幅频响应特性曲线；

(4) 画系统的结构框图。

【解题思路】 同 8-36。

【解】

(1) 系统函数：$H(z)=\dfrac{1+\dfrac{1}{3}z^{-1}}{1-\dfrac{3}{4}z^{-1}+\dfrac{1}{8}z^{-2}}=\dfrac{z^2+\dfrac{1}{3}z}{\left(z-\dfrac{1}{2}\right)\left(z-\dfrac{1}{4}\right)}=\dfrac{\dfrac{10}{3}z}{z-\dfrac{1}{2}}+\dfrac{-\dfrac{7}{3}z}{z-\dfrac{1}{4}}$

单位样值响应为 $h(n)=\left[\dfrac{10}{3}\left(\dfrac{1}{2}\right)^n-\dfrac{7}{3}\left(\dfrac{1}{4}\right)^n\right]u(n)$

(2) 零、极点分布如解图 8-37(1)所示。

(3) $H(e^{j\omega})=H(z)\Big|_{z=e^{j\omega}}=\dfrac{e^{j\omega}\left(e^{j\omega}+\dfrac{1}{3}\right)}{\left(e^{j\omega}-\dfrac{1}{2}\right)\left(e^{j\omega}-\dfrac{1}{4}\right)}$

(4) 系统结构如解图 8-37(2)所示。

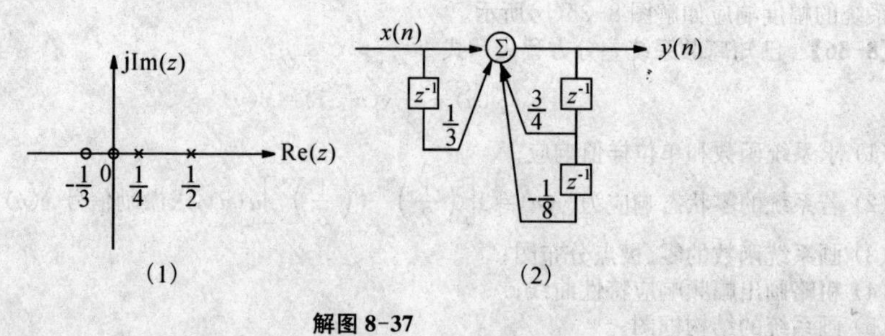

解图 8-37

【8-38】 已知系统函数

$$H(z)=\frac{z^2-(2a\cos\omega_0)z+a^2}{z^2-(2a^{-1}\cos\omega_0)z+a^{-2}},(a>1)$$

(1) 画出 $H(z)$ 在 z 平面的零、极点分布图；

(2) 借助 $s\sim z$ 平面的映射规律，利用 $H(s)$ 的零、极点分布特性说明此系统具有全通特性。

【解题思路】 首先求出系统的零极点，利用复变量 z 和 s 之间的映射关系，可求出 $H(s)$ 的零极点，根据镜像对称可证明。

【解】 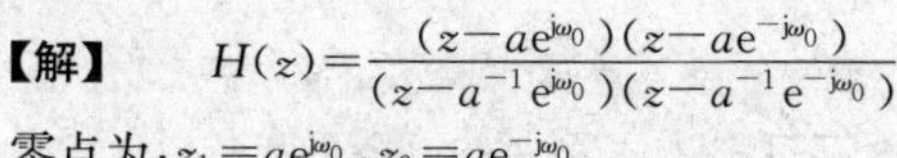

$$H(z)=\frac{(z-a\mathrm{e}^{\mathrm{j}\omega_0})(z-a\mathrm{e}^{-\mathrm{j}\omega_0})}{(z-a^{-1}\mathrm{e}^{\mathrm{j}\omega_0})(z-a^{-1}\mathrm{e}^{-\mathrm{j}\omega_0})}$$

零点为：$z_1=a\mathrm{e}^{\mathrm{j}\omega_0}$，$z_2=a\mathrm{e}^{-\mathrm{j}\omega_0}$

极点为：$p_1=a^{-1}\mathrm{e}^{\mathrm{j}\omega_0}$，$p_2=a^{-1}\mathrm{e}^{-\mathrm{j}\omega_0}$

零极点分布如解图 8-38 所示。

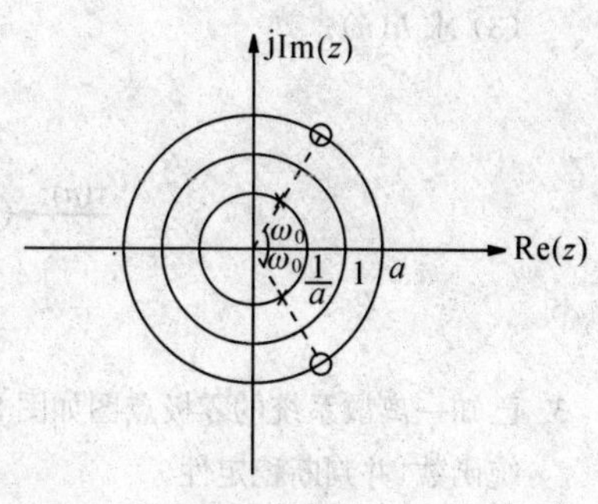

解图 8-38

复变量 s 和 z 之间满足关系 $s=\frac{1}{T}\ln z$

令 $T=1$，则 $s=\ln z$

在 s 平面上的零极点为

$s_{1,2}=\ln(z_{1,2})=\ln(a\mathrm{e}^{\pm\mathrm{j}\omega_0})=\ln a\pm\mathrm{j}\omega_0$

$q_{1,2}=\ln(p_{1,2})=\ln(a^{-1}\mathrm{e}^{\pm\mathrm{j}\omega_0})=-\ln a\pm\mathrm{j}\omega_0$

s 平面上的零极点关于 $\mathrm{j}\omega$ 轴互为镜像对称，因此系统具有全通特性。

阶段测试题

一、选择题

1. $nu(n)-(n-1)u(n-1)$ 的 z 变换为(　　)。

A. $\frac{1}{z-1}$　　B. $\frac{1}{z(z-1)}$　　C. $\frac{z}{z-1}$　　D. $\frac{z^2}{z-1}$

2. 序列 $n2^{n-1}u(n)$ 的 z 变换 $F(z)$ 等于(　　)。

A. $\frac{1}{(z-2)^2}$　　B. $\frac{z}{(z-2)^2}$　　C. $\frac{z^2}{(z-2)^2}$　　D. $\frac{z}{z^2-4}$

3. 已知 $x(n)$ 的 Z 变换 $X(z)=\frac{1}{\left(z+\frac{1}{2}\right)(z+2)}$，$X(z)$ 的收敛域为(　　)时，$x(n)$ 是因果序列。

A. $|z|>\frac{1}{2}$　　B. $|z|<\frac{1}{2}$　　C. $|z|>2$　　D. $|z|<2$

4. 若序列 $x(n)$ 的 z 变换为 $X(z)$，则 $(-0.5)^n x(n)$ 的 z 变换为(　　)。

A. $2X(2z)$　　B. $2X(-2z)$　　C. $X(z)$　　D. $X(-2z)$

5. 序列 $f(n)=\sum\limits_{k=0}^{\infty}(-2)^k u(n-k)$ 的单边 z 变换 $F(z)$ 等于(　　)。

A. $\frac{z}{z-2}$　　B. $\frac{z}{z+2}$　　C. $\frac{z}{(z-1)(z-2)}$　　D. $\frac{z^2}{(z-1)(z-2)}$

二、填空题

1. $F(z)=\frac{1}{z^2-5z+6}$ 的原序列 $f(n)$ 为________。

2. 利用 Z 变换可把描述离散时间系统的________转化为简单的代数方程，使其求解大大的简化。

3. 右边序列 z 变换的收敛域为________。

4. 已知离散信号 $f(n)=(n+3)u(n)$，则其 z 变换 $F(z)=\frac{3z^2-2z}{(z-1)^2}$；其收敛域为________。

5. 描述某离散系统的差分方程为 $y(n)-y(n-1)-2y(n-2)=f(n-1)-4f(n-2)$，该系统的单位序列响应 $h(n)=$________。

三、计算题

1. 对于下列差分方程所表示的离散系统 $y(n)+y(n-1)=x(n)$

(1) 求系统函数 $H(z)$及单位样值响应 $h(n)$，并说明系统的稳定性；

(2) 若系统起始状态为零，如果 $x(n)=10u(n)$，求系统的响应。

2. 某系统如下图 8-1 所示

(1) 写出系统的差分方程；

(2) 指出系统的阶次；

(3) 求 $h(n)$；

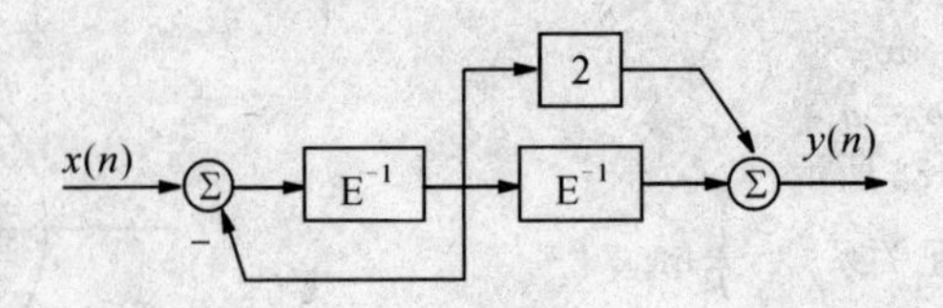

图 8-1

3. 已知一离散系统的零极点图如图 8-2 所示，且单位样值响应的极限值为 $\lim\limits_{n\to\infty}h(n)=3$，求该系统的系统函数，并判断稳定性。

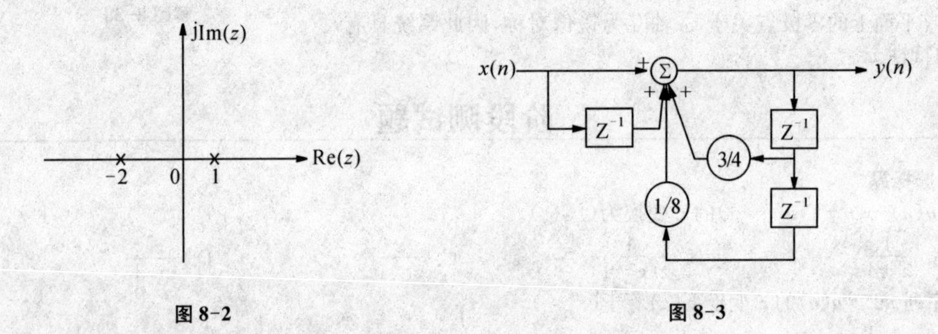

图 8-2 **图 8-3**

4. 如图 8-3 所示因果离散系统的框图

(1) 求系统函数 $H(z)$，并写出描述该系统的差分方程。

(2) 求该系统的单位样值响应。

(3) 该系统稳定吗？为什么？

5. 求系统函数 $H(z)=\dfrac{9.5z}{(z-0.5)(10-z)}$，在 $10<|z|\leqslant\infty$ 及 $0.5<|z|<10$ 两种情况下系统的单位样值响应，并说明系统的稳定性与因果性。

6. 已知离散系统的差分方程为 $y(n)-y(n-1)-2y(n-2)=f(n)+2f(n-2)$，系统的初始状态为 $y(-1)=2, y(-2)=-\dfrac{1}{2}$；激励 $f(n)=u(n)$。求系统的零输入响应 $y_{zi}(n)$，零状态响应 $y_{zs}(n)$，全响应 $y(n)$。

7. 已知描述某一离散系统的差分方程 $y(n)-ky(n-1)=f(n)$，k 为实数，系统为因果系统。

(1) 写出系统函数 $H(z)$和单位样值响应 $h(n)$；

(2) 确定 k 值范围，使系统稳定；

(3) 当 $k=\dfrac{1}{2}$，$y(-1)=4$，$f(n)=0$，求系统响应($n\geqslant0$)。

第十二章　系统的状态变量分析

知识点归纳

一、状态变量分析法中的基本概念

状态：对于一个动态系统的状态是表示系统的一组最少变量。

状态变量：能够表示系统状态的变量。

状态矢量：能够完全描述一个系统行为的 k 个状态变量，可以看作矢量 $\lambda(t)$ 的各个分量的坐标。

状态空间：状态矢量 $\lambda(t)$ 所在的空间。

状态方程：将状态变量与输入联系起来，是由 n 个状态变量的 n 个联立的一阶微分方程组。

输出方程：将输出与状态变量和输入联系起来，是一组代数方程。

二、建立连续时间系统的状态方程和输出方程

一般有直接法和间接法两种。直接法主要应用于电路分析、电网络的计算机辅助设计，间接法常见于控制系统研究。

对于一般电路系统，直观列写状态方程的步骤如下：

第一步，选择独立的电容上电压和电感中电流为状态变量。

第二步，对与电容相连的节点列写 KCL 方程，对包含电感的回路列写 KVL 方程。

第三步，消去非状态变量，整理成标准形式的状态方程 $x=Ax(t)+Bf(t)$。

三、掌握状态方程的基本求解方法

1. 拉普拉斯变换法

给定方程 $\begin{cases}\dfrac{\mathrm{d}}{\mathrm{d}t}\boldsymbol{\lambda}(t)=\boldsymbol{A\lambda}(t)+\boldsymbol{Be}(t)\\ \boldsymbol{r}(t)=\boldsymbol{C\lambda}(t)+\boldsymbol{De}(t)\end{cases}$

对方程两边求拉普拉斯变换，带入初始条件可求得结果为

$$\begin{cases}\boldsymbol{\lambda}(t)=\mathscr{L}^{-1}\left[(s\boldsymbol{I}-\boldsymbol{A})^{-1}\boldsymbol{\lambda}(0_-)\right]+\mathscr{L}^{-1}\left[(s\boldsymbol{I}-\boldsymbol{A})^{-1}\boldsymbol{B}\right]*\mathscr{L}^{-1}\left[\boldsymbol{E}(s)\right]\\ \boldsymbol{r}(t)=\underbrace{\boldsymbol{C}\mathscr{L}^{-1}\left[(s\boldsymbol{I}-\boldsymbol{A})^{-1}\boldsymbol{\lambda}(0_-)\right]}_{\text{零输入群}}+\underbrace{\left\{\boldsymbol{C}\mathscr{L}^{-1}\left[(s\boldsymbol{I}-\boldsymbol{A})^{-1}\boldsymbol{B}\right]+\boldsymbol{D}\delta(t)\right\}*\mathscr{L}^{-1}\left[\boldsymbol{E}(s)\right]}_{\text{零状态解}}\end{cases}$$

2. 时域法

矩阵指数 $\mathrm{e}^{\boldsymbol{A}t}=\mathscr{L}^{-1}\left[(s\boldsymbol{I}-\boldsymbol{A})^{-1}\right]$

则 $\boldsymbol{\lambda}(t)=\mathrm{e}^{\boldsymbol{A}t}\boldsymbol{\lambda}(0_-)+\mathrm{e}^{\boldsymbol{A}t}\boldsymbol{B}*\boldsymbol{e}(t)$

$$r(t)=\underbrace{\boldsymbol{C}\mathrm{e}^{\boldsymbol{A}t}\lambda(0_-)}_{\text{零输入解}}+\underbrace{\left[\boldsymbol{C}\mathrm{e}^{\boldsymbol{A}t}\boldsymbol{B}+\boldsymbol{D}\delta(t)\right]*e(t)}_{\text{零状态解}}$$

四、由连续时间系统状态方程确定系统函数 $H(s)$，求解系统状态转移矩阵

给定方程 $\begin{cases}\boldsymbol{\lambda}(t)=\boldsymbol{A\lambda}(t)+\boldsymbol{Be}(t)\\ \boldsymbol{r}(t)=\boldsymbol{C\lambda}(t)+\boldsymbol{De}(t)\end{cases}$

系统函数 $H(s)=\boldsymbol{C}(s\boldsymbol{I}-\boldsymbol{A})^{-1}\boldsymbol{B}+\boldsymbol{D}$

系统单位冲激响应 $h(t)=\boldsymbol{C}e^{\boldsymbol{A}t}\boldsymbol{B}+\boldsymbol{D}\delta(t)$

五、离散时间系统状态方程的建立和求解

1. 状态方程的一般形式

$$\begin{cases}状态方程 & \boldsymbol{\lambda}_{k\times1}(n+1)=\boldsymbol{A}_{k\times k}\boldsymbol{\lambda}_{k\times1}(n)+\boldsymbol{B}_{k\times m}x_{m\times1}(n)\\ 输出方程 & Y_{r\times1}(n+1)=\boldsymbol{C}_{r\times k}\lambda_{k\times1}(n)+\boldsymbol{D}_{r\times m}x_{m\times1}(n)\end{cases}$$

2. 状态方程的建立

(1) 由系统的差分方程建立:与连续系统一致

(2) 由系统方框图建立:选择延时单元的输出为状态变量

3. 状态方程的求解

离散系统的状态方程为 $\begin{cases}\boldsymbol{\lambda}(n+1)=\boldsymbol{A\lambda}(n)+\boldsymbol{B}x(n)\\ y(n)=\boldsymbol{C\lambda}(n)+\boldsymbol{D}x(n)\end{cases}$

(1) 时域法

采用迭代法,可求得

$$\boldsymbol{\lambda}(n)=\underbrace{\boldsymbol{A}^n\boldsymbol{\lambda}(0)u(n)}_{零输入解}+\underbrace{\left[\sum_{i=0}^{n-1}\boldsymbol{A}^{n-1-i}\boldsymbol{B}x(i)\right]u(n-1)}_{零状态解}$$

$$y(n)=\underbrace{\boldsymbol{CA}^n\boldsymbol{\lambda}(0)u(n)}_{零输入解}+\underbrace{\left[\sum_{i=0}^{n-1}\boldsymbol{CA}^{n-1-i}\boldsymbol{B}x(i)\right]u(n-1)+\boldsymbol{D}x(n)u(n)}_{零状态解}$$

(2) z 变换法

$$\begin{cases}\boldsymbol{\lambda}(n)=\mathscr{Z}^{-1}[(z\boldsymbol{I}-\boldsymbol{A})^{-1}z]\boldsymbol{\lambda}(0)+\mathscr{Z}^{-1}[(z\boldsymbol{I}-\boldsymbol{A})^{-1}\mathrm{B}]*\mathscr{Z}^{-1}[X(z)]\\ y(n)=\mathscr{Z}^{-1}[\boldsymbol{C}(z\boldsymbol{I}-\boldsymbol{A})^{-1}z]\boldsymbol{\lambda}(0)+\mathscr{Z}^{-1}[\boldsymbol{C}(z\boldsymbol{I}-\boldsymbol{A})^{-1}+\boldsymbol{B}+\boldsymbol{D}]*\mathscr{Z}^{-1}[X(z)]\end{cases}$$

4. 系统状态转移矩阵

$$\boldsymbol{A}^n=\mathscr{Z}^{-1}[(z\boldsymbol{I}-\boldsymbol{A})^{-1}z]$$

5. 系统转移函数

$$H(z)=\boldsymbol{C}(z\boldsymbol{I}-\boldsymbol{A})^{-1}\boldsymbol{B}+\boldsymbol{D}$$

注意:采用状态变量分析连续时间系统和离散时间系统时,两者方法基本一致,注意联系比较,利用状态变量分析法可以较方便的求解系统。

六、状态矢量的线性变换

对同一系统而言,可选择不同的状态变量,且不同状态变量之间存在线性变换关系。

若一组状态变量 λ 和另一组状态变量 γ 之间有 $\gamma=P\lambda$,

原状态方程 $\frac{\mathrm{d}}{\mathrm{d}t}\boldsymbol{\lambda}(t)=\boldsymbol{A\lambda}(t)+\boldsymbol{B}e(t)$ 经过变换后可得

$$\begin{cases}\frac{\mathrm{d}}{\mathrm{d}t}\boldsymbol{\gamma}(t)=\boldsymbol{PAP}^{-1}\gamma(t)+\boldsymbol{PB}e(t)=\hat{\boldsymbol{A}}\,\gamma(t)+\hat{\boldsymbol{B}}\,e(t)\\ y(t)=\boldsymbol{CP}^{-1}\gamma(t)+\boldsymbol{D}e(t)=\hat{\boldsymbol{C}}\,\gamma(t)+\hat{\boldsymbol{D}}\,e(t)\end{cases}$$

系数之间满足关系 $\begin{cases}\hat{\boldsymbol{A}}=\boldsymbol{PAP}^{-1}\\ \hat{\boldsymbol{B}}=\boldsymbol{PB}\\ \hat{\boldsymbol{C}}=\boldsymbol{CP}^{-1}\\ \hat{\boldsymbol{D}}=\boldsymbol{D}\end{cases}$

而系统转移函数是不变的。

七、系统可控性和可观性的判断

1. 系统可控性

当系统用状态方程描述时,给定系统的任意初始状态,可以找到容许的输入量(即控制矢量),在有限时间之内把系统的所有状态引向状态空间的原点(即零状态),如果可以做到这一点,则系统是完全可控制的。如果只对部分状态变量可以做到这一点,则系统是不完全可控制的。

判据一:系统的可控性判别矩阵 $\boldsymbol{M}=[\boldsymbol{B}\ \vdots\ \boldsymbol{AB}\ \vdots\ \boldsymbol{A}^2\boldsymbol{B}\ \vdots\ \cdots\ \vdots\ \boldsymbol{A}^{k-1}\boldsymbol{B}]$,只要 $\boldsymbol{M}$ 阵满秩,系统为完全

可控。

判据二：系统经非奇异变换后成为 **A** 的对角化形式，此形式中 **B** 不包含零元素。

2. 系统可观性

如果系统用状态方程来描述，在给定控制后，能在有限时间间隔内（$0<t<t_1$）根据系统输出惟一地确定系统地所有起始状态，则系统完全可观；若只能确定部分起始状态，则系统不完全可观。

判据一：系统的可观性判别矩阵 $\boldsymbol{N}=\begin{bmatrix}\boldsymbol{C}\\ \cdots\\ \boldsymbol{CA}\\ \cdots\\ \vdots\\ \cdots\\ \boldsymbol{CA}^{k-1}\end{bmatrix}$，只要 N 满秩，系统即为完全可观系统。

判据二：系统经非奇异变换后成为 **A** 的对角化形式，此形式中 **C** 不包含零元素。

注意：系统可控性和可观性判断中，重点掌握判据一。

习题解答

【12-1】　如题图 12-1 所示电路，输出量取 $r(t)=v_{C2}(t)$，状态变量取 C_1 和 C_2 上的电压 $\lambda_1(t)=v_{C1}(t)$ 和 $\lambda_2(t)=v_{C2}(t)$，且有 $C_1=C_2=1\ \mathrm{F}$，$R_0=R_1=R_2=1\ \Omega$。列写系统的状态方程和输出方程。

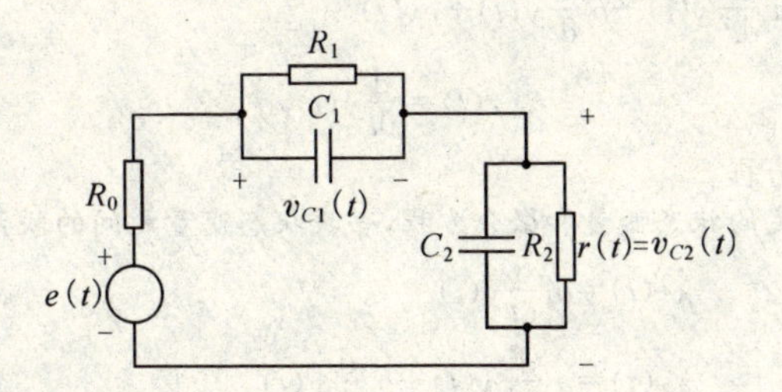

题图 12-1

【解题思路】　根据电路列写系统方程，由状态变量和输出变量整理得系统的状态方程和输出方程。

【解】　设电路中的电流为 $i(t)$：$\begin{cases} i(t)=\dfrac{v_{C1}(t)}{R_1}+C_1\dfrac{\mathrm{d}v_{C1}(t)}{\mathrm{d}t}\\ i(t)=\dfrac{v_{C2}(t)}{R_2}+C_2\dfrac{\mathrm{d}v_{C2}(t)}{\mathrm{d}t}\end{cases}$

列写系统的方程为：$R_0 i(t)+v_{C1}(t)+v_{C2}(t)=e(t)$

整理：$\begin{cases}\lambda_{C1}(t)+\dfrac{\mathrm{d}}{\mathrm{d}t}\lambda_{C1}(t)+\lambda_{C1}(t)+\lambda_{C2}(t)=e(t)\\ \lambda_{C2}(t)+\dfrac{\mathrm{d}}{\mathrm{d}t}\lambda_{C2}(t)+\lambda_{C1}(t)+\lambda_{C2}(t)=e(t)\end{cases}$

$\begin{cases}\dot{\lambda}_1=-2\lambda_1-\lambda_2+e(t)\\ \dot{\lambda}_2=-\lambda_1-2\lambda_2+e(t)\end{cases}$

系统的状态方程为：$\begin{bmatrix}\dot{\lambda}_1\\ \dot{\lambda}_2\end{bmatrix}=\begin{bmatrix}-2 & -1\\ -1 & -2\end{bmatrix}\begin{bmatrix}\lambda_1\\ \lambda_2\end{bmatrix}+\begin{bmatrix}1\\ 1\end{bmatrix}e(t)$

系统输出 $r(t)=\lambda_2(t)$，系统的输出方程为：$r(t)=[0\quad 1]\cdot\begin{bmatrix}\lambda_1\\ \lambda_2\end{bmatrix}$

【12-2】　已知系统的传输算子表达式为

$$H(p)=\frac{1}{(p+1)(p+2)}$$

试建立一个二阶状态方程，使其 **A** 矩阵具有对角阵形式并画出系统的流图。

【解题思路】　将系统的传输算子展开成一阶形式，选取状态变量，列写状态方程。

【解】

$$H(p)=\frac{1}{p+1}+\frac{-1}{p+2}$$

$$\begin{cases}\dot{\lambda}_1=-\lambda_1+e(t)\\ \dot{\lambda}_2=-2\lambda_2-e(t)\end{cases}$$

状态方程为 $\begin{bmatrix}\dot{\lambda}_1\\ \dot{\lambda}_2\end{bmatrix}=\begin{bmatrix}-1 & 0\\ 0 & -2\end{bmatrix}\begin{bmatrix}\lambda_1\\ \lambda_2\end{bmatrix}+\begin{bmatrix}1\\ -1\end{bmatrix}e(t)$

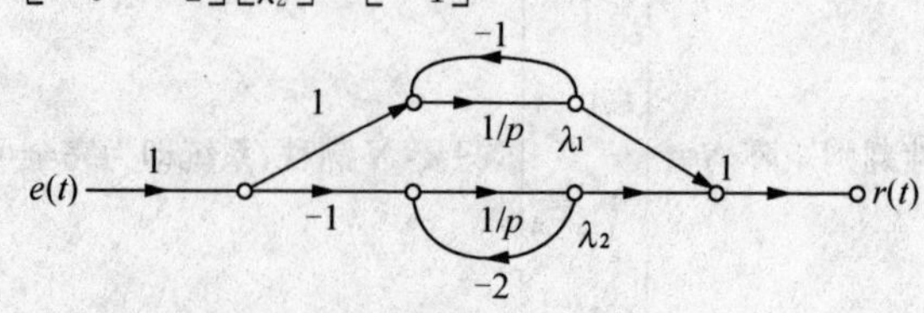

解图 12-2

【12-3】 给定系统微分方程表达式如下：

$$a\frac{\mathrm{d}^3}{\mathrm{d}t^3}y(t)+b\frac{\mathrm{d}^2}{\mathrm{d}t^2}y(t)+c\frac{\mathrm{d}}{\mathrm{d}t}y(t)+\mathrm{d}y(t)=0$$

选状态变量为 $\lambda_1(t)=ay(t)$

$$\lambda_2(t)=a\frac{\mathrm{d}}{\mathrm{d}t}y(t)+by(t)$$

$$\lambda_3(t)=a\frac{\mathrm{d}^2}{\mathrm{d}t^2}y(t)+b\frac{\mathrm{d}}{\mathrm{d}t}y(t)+cy(t)$$

输出量取

$$r(t)=\frac{\mathrm{d}}{\mathrm{d}t}y(t)$$

列写状态方程和输出方程。

【解题思路】 根据确定的状态变量和微分方程，寻找状态变量之间的联系，写出系统的状态方程。

【解】

$$\dot{\lambda}_1(t)=a\frac{\mathrm{d}}{\mathrm{d}t}y(t)$$

$$\dot{\lambda}_2(t)=a\frac{\mathrm{d}^2}{\mathrm{d}t^2}y(t)+b\frac{\mathrm{d}}{\mathrm{d}t}y(t)$$

$$\dot{\lambda}_3(t)=a\frac{\mathrm{d}^3}{\mathrm{d}t^3}y(t)+b\frac{\mathrm{d}^2}{\mathrm{d}t^2}y(t)+c\frac{\mathrm{d}}{\mathrm{d}t}y(t)=-\mathrm{d}y(t)$$

整理可得系统的状态方程为：

$$\begin{aligned}\dot{\lambda}_1(t)&=-\frac{b}{a}\lambda_1+\lambda_2\\ \dot{\lambda}_2(t)&=-\frac{c}{a}\lambda_1+\lambda_3\\ \dot{\lambda}_3(t)&=-\frac{d}{a}\lambda_1\end{aligned}\quad\Rightarrow\begin{bmatrix}\dot{\lambda}_1\\ \dot{\lambda}_2\\ \dot{\lambda}_3\end{bmatrix}=\begin{bmatrix}-\frac{b}{a} & 1 & 0\\ -\frac{c}{a} & 0 & 1\\ -\frac{d}{a} & 0 & 0\end{bmatrix}\begin{bmatrix}\lambda_1\\ \lambda_2\\ \lambda_3\end{bmatrix}$$

$$r(t)=\frac{\mathrm{d}}{\mathrm{d}t}y(t)=\frac{1}{a}[\lambda_2(t)-by(t)]=\frac{1}{a}\left[\lambda_2(t)-\frac{b}{a}\lambda_1(t)\right]$$

系统的输出方程为：

$$r(t)=\begin{bmatrix}-\frac{b}{a^2} & \frac{1}{a} & 0\end{bmatrix}\begin{bmatrix}\lambda_1\\ \lambda_2\\ \lambda_3\end{bmatrix}$$

【12-4】 给定系统流图如题图 12-4 所示，列写状态方程和输出方程。

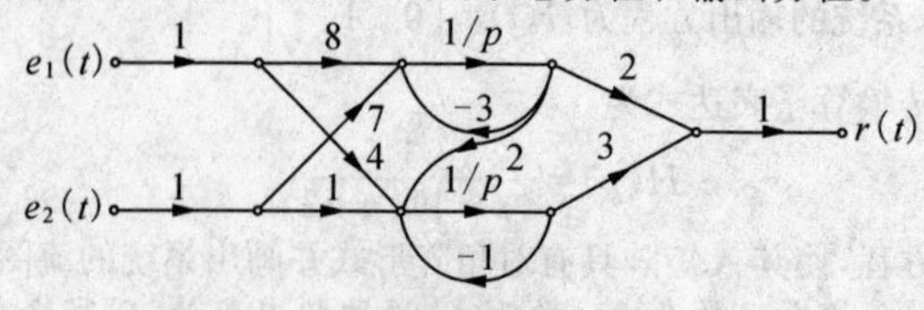

题图 12-4

【解题思路】 一般选择积分器的输出为状态变量，根据流图列写状态方程和输出方程。

【解】 取积分器的输出为状态变量 λ_1, λ_2

$$\begin{cases}\dot{\lambda}_1=-3\lambda_1+8e_1(t)+7e_2(t)\\ \dot{\lambda}_2=2\lambda_1-\lambda_2+4e_1(t)+e_2(t)\end{cases}$$

状态方程为：$\begin{bmatrix}\dot{\lambda}_1\\ \dot{\lambda}_2\end{bmatrix}=\begin{bmatrix}-3 & 0\\ 2 & -1\end{bmatrix}\begin{bmatrix}\lambda_1\\ \lambda_2\end{bmatrix}+\begin{bmatrix}8 & 7\\ 4 & 1\end{bmatrix}\begin{bmatrix}e_1(t)\\ e_2(t)\end{bmatrix}$

输出 $r(t)=2\lambda_1(t)+3\lambda_2(t)$

输出方程为：$r(t)=\begin{bmatrix}2 & 0\\ 0 & 3\end{bmatrix}\begin{bmatrix}e_1(t)\\ e_2(t)\end{bmatrix}$

【12-5】 给定离散时间系统框图如题图 12-5 所示，列写状态方程和输出方程。

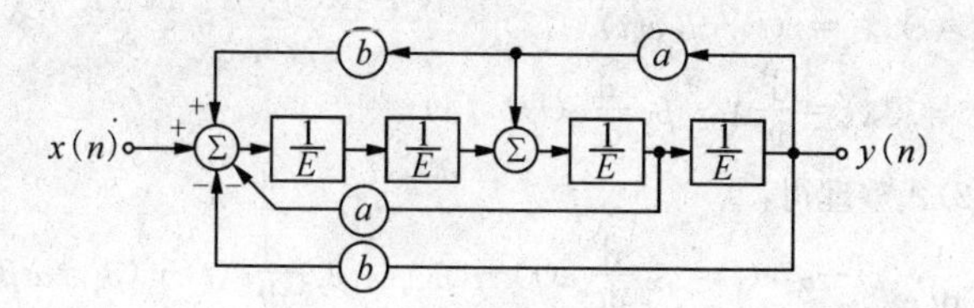

题图 12-5

【解题思路】 可以先将系统框图转化为流图，选择延时器的输出为状态变量，列写系统的状态方程和输出方程。

【解】 取延时器的输出为状态变量 $\lambda_1, \lambda_2, \lambda_3, \lambda_4$

根据系统框图得

$$\begin{cases}\lambda_1(n+1)=\lambda_2(n)\\ \lambda_2(n+1)=a\lambda_1(n)+\lambda_3(n)\\ \lambda_3(n+1)=\lambda_4(n)\\ \lambda_4(n+1)=ab\lambda_1(n)-b\lambda_1(n)-a\lambda_2(n)+x(n)\end{cases}$$

系统的状态方程为：

$$\begin{bmatrix}\dot{\lambda}_1\\ \dot{\lambda}_2\\ \dot{\lambda}_3\\ \dot{\lambda}_4\end{bmatrix}=\begin{bmatrix}0 & 1 & 0 & 0\\ a & 0 & 1 & 0\\ 0 & 0 & 0 & 1\\ ab-b & -a & 0 & 0\end{bmatrix}\begin{bmatrix}\lambda_1\\ \lambda_2\\ \lambda_3\\ \lambda_4\end{bmatrix}+\begin{bmatrix}0\\ 0\\ 0\\ 1\end{bmatrix}x(n)$$

输出 $y(n)=\lambda_1(n)$

输出方程为：$y(n)=\begin{bmatrix}1 & 0 & 0 & 0\end{bmatrix}\begin{bmatrix}\lambda_1\\ \lambda_2\\ \lambda_3\\ \lambda_4\end{bmatrix}$

【12-6】 (1) 给定系统用微分方程描述为

$$\frac{d^2}{dt^2}r(t)+a_1\frac{d}{dt}r(t)+a_2r(t)=b_0\frac{d^2}{dt^2}e(t)+b_1\frac{d}{dt}e(t)+b_2e(t)$$

用题图 12-6 的流图形式模拟该系统，列写对应于题图 12-6 形式的状态方程，并求 $\alpha_1, \alpha_2, \beta_0, \beta_1, \beta_2$ 与原方程系数之间的关系。

(2) 给定系统用微分方程描述为

$$\frac{d^2}{dt^2}r(t)+4\frac{d}{dt}r(t)+3r(t)=\frac{d^2}{dt^2}e(t)+6\frac{d}{dt}e(t)+8e(t)$$

求对应于(1) 问所示状态方程的各系数。

【解题思路】 由流图列写出系统的状态方程和输出方程，根据微分方程比较确定系数。

【解】 根据流图写出系统的方程

$$\begin{cases}\dot{\lambda}_1=\lambda_2+\beta_1e(t) & (1)\\ \dot{\lambda}_2=\alpha_2\lambda_1+\alpha_1\lambda_2+\beta_2e(t) & (2)\end{cases}$$

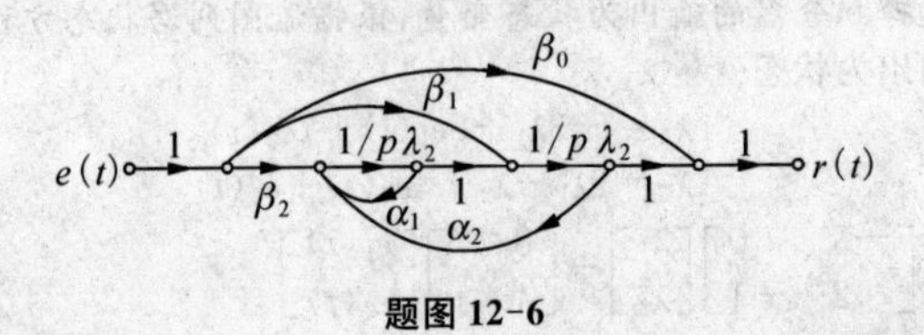

题图 12-6

系统的状态方程为：

$$\begin{bmatrix}\dot{\lambda}_1\\ \dot{\lambda}_2\end{bmatrix}=\begin{bmatrix}0 & 1\\ \alpha_2 & \alpha_1\end{bmatrix}\begin{bmatrix}\lambda_1\\ \lambda_2\end{bmatrix}+\begin{bmatrix}\beta_1\\ \beta_2\end{bmatrix}e(t)$$

输出 $r(t)=\lambda_1+\beta_0 e(t),\lambda_1=r(t)-\beta_0 e(t)$ (3)

$\lambda_2=\dot{\lambda}_1-\beta_1 e(t)$，求导得$\dot{\lambda}_2=\frac{\mathrm{d}^2}{\mathrm{d}t^2}\lambda_1-\beta_1\frac{\mathrm{d}}{\mathrm{d}t}e(t)$ (4)

将(3)(4)式带入(2)式整理得：

$$\frac{\mathrm{d}^2}{\mathrm{d}t^2}r(t)-\alpha_1\frac{\mathrm{d}}{\mathrm{d}t}r(t)-\alpha_2 r(t)=\beta_0\frac{\mathrm{d}^2}{\mathrm{d}t^2}e(t)+(\beta_1-\alpha_1\beta_0)\frac{\mathrm{d}}{\mathrm{d}t}e(t)+(\beta_2-\alpha_1\beta_1-\alpha_2\beta_0)e(t)$$

与(1) 中微分方程比较得：

$$\begin{cases}\alpha_1=-a_1\\ \alpha_2=-a_2\\ \beta_0=b_0\\ \beta_1-\alpha_1\beta_0=b_1\\ \beta_2-\alpha_1\beta_1-\alpha_2\beta_0=b_2\end{cases}\quad\therefore\begin{cases}\alpha_1=-a_1\\ \alpha_2=-a_2\\ \beta_0=b_0\\ \beta_1=b_1-a_1 b_0\\ \beta_2=b_2-a_1 b_1+a_1^2 b_0-a_2 b_0\end{cases}$$

将(2) 中系数带入同理求得$\begin{cases}\alpha_1=-4\\ \alpha_2=-3\\ \beta_0=1\\ \beta_1=2\\ \beta_2=-3\end{cases}$

【12-7】 试将题图 12-7(a)和(b)分别改画为以一阶流图组合的形式，一阶流图的结构如题图 12-7(c)所示，并列写系统的状态方程和输出方程。在图(c)中传输算子为 $H(p)=\dfrac{b_1+\frac{b_0}{p}}{1+\frac{a_0}{p}}$。考虑图中结点 λ 之后增益为 1 的通路在本题中能否省去？

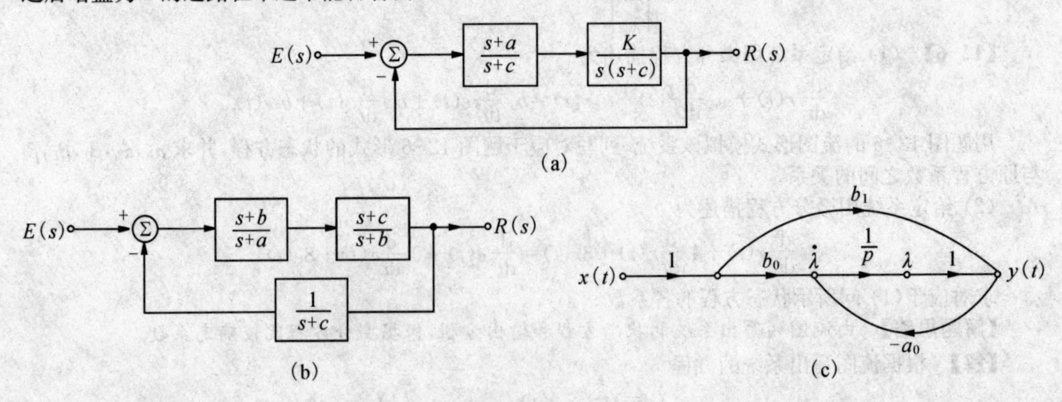

题图 12-7

【解题思路】 先确定一阶系统的一般形式，与图(c)比较，获得对应的各参数值，然后将框图改画成一阶系统流图的组合形式。

【解】 由图(c)知系统函数 $H(s)=\dfrac{b_1 s+b_0}{s+a_0}$

将图(a)和图(b)与(c)进行比较得结果，分别如解图 12-7(1)(2)所示。

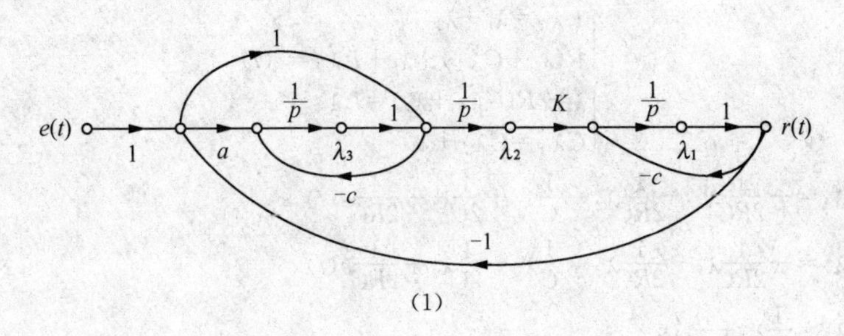

(1)

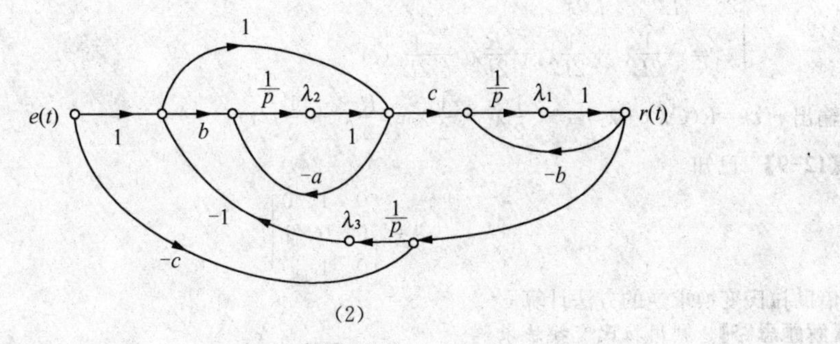

(2)

解图 12-7

(a) 状态方程和输出方程为

$$\begin{cases}\dot{\lambda}_1(t)=-a\lambda_1(t)+k\lambda_2(t)\\ \dot{\lambda}_2(t)=\lambda_3(t)+e(t)-\lambda_1(t)\\ \dot{\lambda}_3(t)=(-a+c)\lambda_1(t)-(\lambda_3 H)+(a-c)e(t)\end{cases}$$

$$r(t)=\lambda_1(t)$$

(b) 状态方程和输出方程为

$$\begin{cases}\dot{\lambda}_1(t)=-b\lambda_1(t)+(c-b)\lambda_2(t)+(b-c)\lambda_3(t)+(c-b)e(t)\\ \dot{\lambda}_2(t)=-a\lambda_2(t)+(a-b)\lambda_3(t)+(b-a)e(t)\\ \dot{\lambda}_3(t)=\lambda_1(t)+\lambda_2(t)-(c+1)\lambda_3(t)+e(t)\end{cases}$$

$$r(t)==\lambda_1(t)+\lambda_2(t)-\lambda_3(t)+e(t)$$

【12-8】 列写题图 12-8 所示网络的状态方程和输出方程表示。

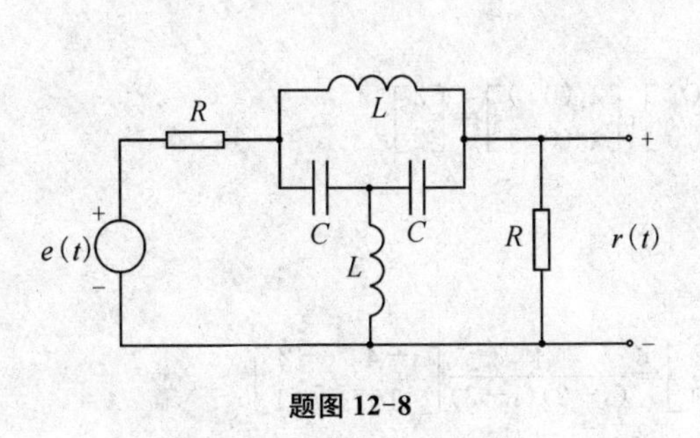

题图 12-8

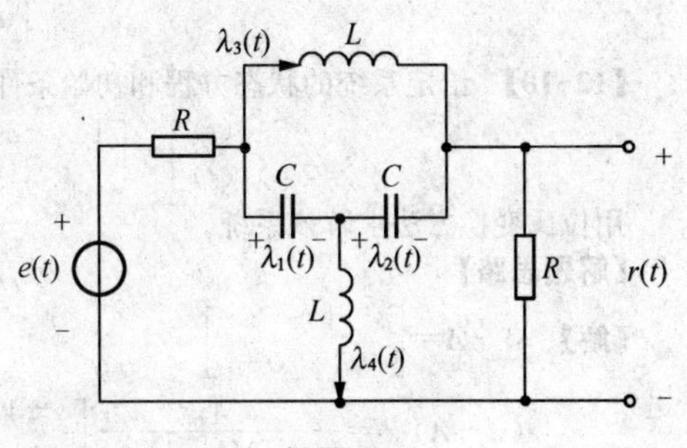

解图 12-8

【解题思路】 通常情况在电路中选取电容电压、电感电流作为状态变量。

【解】 分别选取电容电压、电感电流作为状态变量，如解图 12-8 所示。

电容电流 $i_C(t)=\frac{dv_C(t)}{dt}$，电感电压 $v_L(t)=L\frac{di_L(t)}{dt}$

列写系统方程：

$$\begin{cases}L\dot{\lambda}_3=\lambda_1+\lambda_2\\ R(\lambda_3+C\dot{\lambda}_1)+\lambda_1+L\dot{\lambda}_4=e(t)\\ \lambda_2+R(C\dot{\lambda}_2+\lambda_3)=L\dot{\lambda}_4\\ C\dot{\lambda}_1=C\dot{\lambda}_2+\lambda_4\end{cases}$$

整理得：
$$\begin{cases}\dot{\lambda}_1=-\frac{1}{2RC}\lambda_1-\frac{1}{2RC}\lambda_2-\frac{1}{C}\lambda_3+\frac{1}{2C}\lambda_4+\frac{1}{2RC}e(t)\\ \dot{\lambda}_2=-\frac{1}{2RC}\lambda_1-\frac{1}{2RC}\lambda_2-\frac{1}{C}\lambda_3-\frac{1}{2C}\lambda_4+\frac{1}{2RC}e(t)\\ \dot{\lambda}_3=\frac{1}{L}\lambda_1+\frac{1}{L}\lambda_2\\ \dot{\lambda}_4=-\frac{1}{2L}\lambda_1+\frac{1}{2L}\lambda_2-\frac{R}{2L}\lambda_4+\frac{1}{2L}e(t)\end{cases}$$

输出 $r(t)=R(C\dot{\lambda}_2+\lambda_3)=-\frac{1}{2}\lambda_1-\frac{1}{2}\lambda_2-\frac{R}{2}\lambda_4+\frac{1}{2}e(t)$

【12-9】 已知

$$\boldsymbol{A}=\begin{bmatrix}0&1&0\\0&0&1\\0&1&0\end{bmatrix}$$

借助拉氏变换求逆的方法计算 $e^{\boldsymbol{A}t}$。

【解题思路】 利用拉氏变换法求解。

【解】
$$s\boldsymbol{I}-\boldsymbol{A}=\begin{bmatrix}s&-1&0\\0&s&-1\\0&-1&s\end{bmatrix}$$

$$(s\boldsymbol{I}-\boldsymbol{A})^{-1}=\frac{1}{s(s^2-1)}\begin{bmatrix}s^2-1&s&1\\0&s^2&s\\0&s&s^2\end{bmatrix}=\begin{bmatrix}\frac{1}{s}&\frac{1}{s^2-1}&\frac{1}{s(s^2-1)}\\0&\frac{s}{s^2-1}&\frac{1}{s^2-1}\\0&\frac{1}{s^2-1}&\frac{s}{s^2-1}\end{bmatrix}$$

由教材 P_{342} 页(12-53)式知，

$$e^{\boldsymbol{A}t}=\mathscr{L}^{-1}[(s\boldsymbol{I}-\boldsymbol{A})^{-1}]=\begin{bmatrix}1&\frac{1}{2}(e^t-e^{-t})&\frac{1}{2}(e^t+e^{-t})-1\\0&\frac{1}{2}(e^t+e^{-t})&\frac{1}{2}(e^t-e^{-t})\\0&\frac{1}{2}(e^t-e^{-t})&\frac{1}{2}(e^t+e^{-t})\end{bmatrix}$$

【12-10】 给定系统的状态方程和初始条件为

$$\begin{bmatrix}\dot{\lambda}_1(t)\\ \dot{\lambda}_2(t)\end{bmatrix}=\begin{bmatrix}1&-2\\1&4\end{bmatrix}\begin{bmatrix}\lambda_1(t)\\ \lambda_2(t)\end{bmatrix};\begin{bmatrix}\lambda_1(0_-)\\ \lambda_2(0_-)\end{bmatrix}=\begin{bmatrix}3\\2\end{bmatrix}$$

用拉氏变换方法求解该系统。

【解题思路】

【解】 $s\boldsymbol{I}-\boldsymbol{A}=\begin{bmatrix}s-1&2\\-1&s-4\end{bmatrix}$

$$(s\boldsymbol{I}-\boldsymbol{A})^{-1}=\frac{1}{(s-1)(s-4)+2}\begin{bmatrix}s-4&-2\\1&s-1\end{bmatrix}=\frac{1}{(s-2)(s-3)}\begin{bmatrix}s-4&-2\\1&s-1\end{bmatrix}$$

$$R(s)=(s\boldsymbol{I}-\boldsymbol{A})^{-1}\boldsymbol{\lambda}(0_-)=\frac{1}{(s-2)(s-3)}\begin{bmatrix}3s-16\\2s+1\end{bmatrix}=\begin{bmatrix}\dfrac{3s-16}{(s-2)(s-3)}\\\dfrac{2s+1}{(s-2)(s-3)}\end{bmatrix}=\begin{bmatrix}\dfrac{10}{s-2}+\dfrac{-7}{s-3}\\\dfrac{-5}{s-2}+\dfrac{7}{s-3}\end{bmatrix}$$

$$\boldsymbol{\lambda}(t)=\mathscr{L}^{-1}[(s\boldsymbol{I}-\boldsymbol{A})^{-1}]=\begin{bmatrix}10e^{2t}-7e^{3t}\\-5e^{2t}+7e^{3t}\end{bmatrix}$$

【12-11】 若每年从外地进入某城市的人口是上一年外地人口的α倍，而离开该市人口是上一年该市人口的β倍，全国每年人口的自然增长率为γ倍(α,β,γ都以百分比表示)。试建立一个离散时间系统的状态方程，描述该城市和外地人口的动态发展规律。为了预测未来若干年后的人口数量，还需要知道哪些数据？

【解题思路】 首先要确定状态变量，然后列写状态方程。

【解】 设第n年某城市的人口为$\lambda_1(n)$，外地人口为$\lambda_2(n)$，则有：

$$\begin{cases}\lambda_1(n+1)=(1+\gamma)[\lambda_1(n)+\alpha\lambda_2(n)-\beta\lambda_1(n)]\\\lambda_2(n+1)=(1+\gamma)[\lambda_2(n)-\alpha\lambda_2(n)+\beta\lambda_1(n)]\end{cases}$$

若要预测未来人口，还需要知道起始年份的人口数量$\lambda_1(0)$和$\lambda_2(0)$。

【12-12】 一离散系统如题图 12-12 所示。

(1) 当输入$x(n)=\delta(n)$时，求$\lambda_1(n)$和$\lambda_2(n)$及$y(n)=h(n)$；

(2) 列出系统的差分方程。

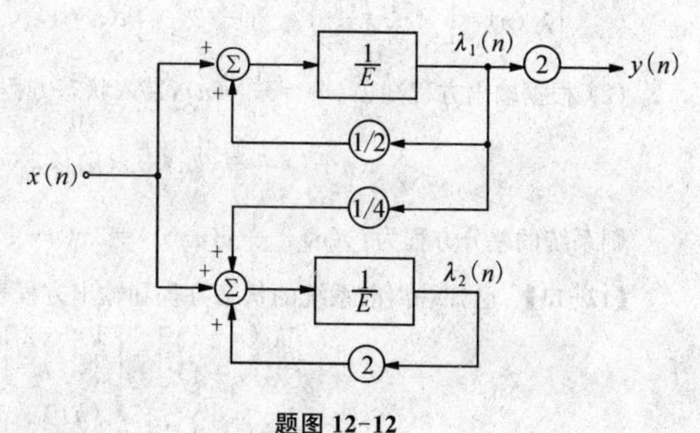

题图 12-12

【解题思路】 根据框图列写状态方程和输出方程，由此确定系统的状态转移矩阵，求解出系统的状态变量和输出变量。

【解】

(1) 系统的状态方程为：

$$\begin{cases}\lambda_1(n+1)=\dfrac{1}{2}\lambda_1(n)+x(n)\\\lambda_2(n+1)=\dfrac{1}{4}\lambda_1(n)+2\lambda_2(n)+x(n)\end{cases}$$

系统的输出方程为：$y(n)=2\lambda_1(n)$

$$\boldsymbol{A}=\begin{bmatrix}\dfrac{1}{2}&0\\\dfrac{1}{4}&2\end{bmatrix},\boldsymbol{B}=\begin{bmatrix}1\\1\end{bmatrix},\boldsymbol{C}=[2\quad 0],\boldsymbol{D}=0$$

利用教材 P_{355} 页(12-95)式可进行求解

$$z\boldsymbol{I}-\boldsymbol{A}=\begin{bmatrix}z-\dfrac{1}{2}&0\\-\dfrac{1}{4}&z-2\end{bmatrix},(z\boldsymbol{I}-\boldsymbol{A})^{-1}=\frac{1}{\left(z-\dfrac{1}{2}\right)(z-2)}\begin{bmatrix}z-2&0\\\dfrac{1}{4}&z-\dfrac{1}{2}\end{bmatrix}$$

$$\boldsymbol{H}(z)=\boldsymbol{C}(z\boldsymbol{I}-\boldsymbol{A})^{-1}\boldsymbol{B}+\boldsymbol{D}=[2\quad 0]\begin{bmatrix}\dfrac{1}{z-\dfrac{1}{2}}&0\\\dfrac{\dfrac{1}{4}}{\left(z-\dfrac{1}{2}\right)(z-2)}&\dfrac{1}{z-2}\end{bmatrix}\begin{bmatrix}1\\1\end{bmatrix}=\frac{2}{z-\dfrac{1}{2}}$$

$$y(n)=h(n)=2\cdot\left(\frac{1}{2}\right)^{n-1}u(n-1)$$

$$\boldsymbol{\Lambda}(z)=(z\boldsymbol{I}-\boldsymbol{A})^{-1}\boldsymbol{BX}(z)=\begin{bmatrix}\frac{1}{z-\frac{1}{2}} & 0\\ \frac{\frac{1}{4}}{\left(z-\frac{1}{2}\right)(z-2)} & \frac{1}{z-2}\end{bmatrix}\cdot\begin{bmatrix}1\\1\end{bmatrix}\cdot 1=\begin{bmatrix}\frac{1}{z-\frac{1}{2}}\\ \frac{z-\frac{1}{4}}{\left(z-\frac{1}{2}\right)(z-2)}\end{bmatrix}$$

$$=\begin{bmatrix}\frac{1}{z-\frac{1}{2}}\\ \frac{-\frac{1}{6}}{z-\frac{1}{2}}+\frac{\frac{7}{6}}{z-2}\end{bmatrix}$$

$$\begin{cases}\lambda_1(n)=\left(\frac{1}{2}\right)^{n-1}u(n-1)\\ \lambda_2(n)=\left[-\frac{1}{6}\left(\frac{1}{2}\right)^{n-1}+\frac{7}{6}2^{n-1}\right]u(n-1)\end{cases}$$

(2) 根据输出方程知 $\lambda_1(n)=\frac{1}{2}y(n)$，带入状态方程得

$$\frac{1}{2}y(n+1)=\frac{1}{4}y(n)+x(n),\therefore\ y(n+1)-\frac{1}{2}y(n)=2x(n)$$

则系统的差分方程为：$y(n)-\frac{1}{2}y(n-1)=2x(n-1)$

【12-13】 已知一离散系统的状态方程和输出方程表示为

$$\begin{bmatrix}\lambda_1(n+1)\\ \lambda_2(n+1)\end{bmatrix}=\begin{bmatrix}1 & -2\\ a & b\end{bmatrix}\begin{bmatrix}\lambda_1(n)\\ \lambda_2(n)\end{bmatrix}+\begin{bmatrix}1\\0\end{bmatrix}x(n)$$

$$y(n)=[1,1]\begin{bmatrix}\lambda_1(n)\\ \lambda_2(n)\end{bmatrix}$$

给定当 $n\geqslant 0$ 时，$x(n)=0$ 和 $y(n)=8(-1)^n-5(-2)^n$，求：

(1) 常数 a,b；

(2) $\lambda_1(n)$ 和 $\lambda_2(n)$ 的闭式解。

【解题思路】 利用离散系统状态方程的变换域求解。

【解】

(1) $\boldsymbol{A}=\begin{bmatrix}1 & -2\\ a & b\end{bmatrix}$，$\boldsymbol{B}=\begin{bmatrix}1\\0\end{bmatrix}$，$\boldsymbol{C}=[1\quad 1]$，$\boldsymbol{D}=0$

$$z\boldsymbol{I}-\boldsymbol{A}=\begin{bmatrix}z-1 & 2\\ -a & z-b\end{bmatrix},(z\boldsymbol{I}-\boldsymbol{A})^{-1}=\frac{1}{(z-1)(z-b)+2a}\begin{bmatrix}z-b & -2\\ a & z-1\end{bmatrix}$$

$$\boldsymbol{Y}(z)=8\cdot\frac{z}{z+1}-5\cdot\frac{z}{z+2}=\frac{z(3z+11)}{(z+1)(z+2)}\quad(1)$$

当 $x(n)=0$ 时，系统输出即为零输入响应，则

$$\boldsymbol{Y}(z)=\boldsymbol{C}(z\boldsymbol{I}-\boldsymbol{A})^{-1}z\boldsymbol{\lambda}(0)=[1\quad 1]\frac{1}{(z-1)(z-b)+2a}\begin{bmatrix}z-b & -2\\ a & z-1\end{bmatrix}z\begin{bmatrix}\lambda_1(0)\\ \lambda_2(0)\end{bmatrix}$$

$$=\frac{z[(z+a-b)\lambda_1(0)+(z-3)\lambda_2(0)]}{z^2-(1+b)z+b+2a}\quad(2)$$

比较(1)式、(2)式可得

$$\begin{cases}-(1+b)=3\\ b+2a=2\\ \lambda_1(0)+\lambda_2(0)=3\\ (a-b)\lambda_1(0)-3\lambda_2(0)=11\end{cases}\Rightarrow\begin{cases}a=3\\ b=-4\\ \lambda_1(0)=2\\ \lambda_2(0)=1\end{cases}$$

(2) 将(1) 中求得的数值带入得

$$\boldsymbol{A}=\begin{bmatrix}1 & -2\\3 & -4\end{bmatrix},(z\boldsymbol{I}-\boldsymbol{A})^{-1}=\frac{1}{(z+1)(z+2)}\begin{bmatrix}z+4 & -2\\3 & z-1\end{bmatrix}$$

$$\boldsymbol{\lambda}(n)=\mathscr{Z}^{-1}[(z\boldsymbol{I}-\boldsymbol{A})^{-1}z\boldsymbol{\lambda}(0)]=\mathscr{Z}^{-1}\left[\frac{1}{(z+1)(z+2)}\begin{bmatrix}z+4 & -2\\3 & z-1\end{bmatrix}\cdot z\cdot\begin{bmatrix}2\\1\end{bmatrix}\right]$$

$$=\mathscr{Z}^{-1}\begin{bmatrix}\dfrac{z(2z+6)}{z^2+3z+2}\\ \dfrac{z(z+5)}{z^2+3z+2}\end{bmatrix}$$

$$\begin{cases}\lambda_1(n)=[4(-1)^n-2(-2)^n]u(n)\\ \lambda_2(n)=[4(-1)^n-3(-2)^n]u(n)\end{cases}$$

【12-14】 已知一离散系统的状态方程和输出方程表示为

$$\begin{cases}\lambda_1(n+1)=\lambda_1(n)-\lambda_2(n)\\ \lambda_2(n+1)=-\lambda_1(n)-\lambda_2(n)\end{cases}$$

$$y(n)=\lambda_1(n)\lambda_2(n)+x(n)$$

(1) 给定 $\lambda_1(0)=2,\lambda_2(0)=2$，求状态方程的零输入解；

(2) 求系统的差分方程表示式；

(3) 给定(1) 的起始条件，且给定 $x(n)=2^n,n\geqslant 0$。求输出响应 $y(n)$，并求(2) 中差分方程的特解。

【解题思路】 *利用离散系统状态方程的变换域方法求解零输入解。*

【解】

(1) $\boldsymbol{A}=\begin{bmatrix}1 & -1\\-1 & -1\end{bmatrix}$

$$(z\boldsymbol{I}-\boldsymbol{A})^{-1}=\begin{bmatrix}z-1 & 1\\1 & z+1\end{bmatrix}^{-1}=\frac{1}{z^2-2}\begin{bmatrix}z+1 & -1\\-1 & z-1\end{bmatrix}$$

$$\boldsymbol{\Lambda}(z)=(z\boldsymbol{I}-\boldsymbol{A})^{-1}z\boldsymbol{\lambda}(0)=\frac{1}{z^2-2}\begin{bmatrix}z+1 & -1\\-1 & z-1\end{bmatrix}\cdot z\cdot\begin{bmatrix}2\\2\end{bmatrix}=\begin{bmatrix}\dfrac{2z^2}{z^2-2}\\ \dfrac{z(2z-4)}{z^2-2}\end{bmatrix}$$

$$=\begin{bmatrix}\dfrac{z}{z+\sqrt{2}}+\dfrac{z}{z-\sqrt{2}}\\ \dfrac{(1+\sqrt{2})z}{z+\sqrt{2}}+\dfrac{(1-\sqrt{2})z}{z-\sqrt{2}}\end{bmatrix}$$

零输入解为：$\begin{cases}\lambda_1(n)=(\sqrt{2})^n+(-\sqrt{2})^n\\ \lambda_2(n)=(1-\sqrt{2})(\sqrt{2})^n+(1+\sqrt{2})(-\sqrt{2})^n\end{cases}$

(2)
$$\begin{aligned}y(n+1)&=\lambda_1(n+1)\lambda_2(n+1)+x(n+1)=[\lambda_1(n)-\lambda_2(n)][-\lambda_1(n)-\lambda_2(n)]+x(n+1)\\&=-\lambda_1^2(n)+\lambda_2^2(n)+x(n+1)\end{aligned}$$
$$\begin{aligned}y(n+2)&=\lambda_1(n+2)\lambda_2(n+2)+x(n+2)=-\lambda_1^2(n+1)+\lambda_2^2(n+1)+x(n+2)\\&=-[\lambda_1(n)-\lambda_2(n)]^2+[-\lambda_1(n)-\lambda_2(n)]^2+x(n+2)=4\lambda_1(n)\lambda_2(n)+x(n+2)\\&=4[y(n)-x(n)]+x(n+2)\end{aligned}$$

系统差分方程为：$y(n)-4y(n-2)=x(n)-4x(n-2)$

(3) 将输入 $x(n)$ 带入方程，可化简为：$y(n)-4y(n-2)=0$

则方程的特解为 0。

差分方程的特征根为 $\alpha_1=2,\alpha_2=-2$

输出 $y(n)=c_1 2^n+c_2(-2)^n$，

根据初始条件可求得 $y(0)=5,y(1)=2$，求出待定系数 c_1,c_2

则得到系统的输出 $y(n)=3\cdot 2^n+2\cdot(-2)^n$

【12-15】 已知两个系统有这样的关系

$$\begin{cases}\dot{\boldsymbol{\lambda}}(t)=\boldsymbol{A\lambda}(t)+\boldsymbol{B}e(t)\\ r_1(t)=\boldsymbol{C\lambda}(t)\end{cases}$$

$$\begin{cases}\dot{\boldsymbol{\gamma}}(t)=-\boldsymbol{A}^{\mathrm{T}}\boldsymbol{\gamma}(t)+\boldsymbol{C}^{\mathrm{T}}e(t)\\ r_2(t)=\boldsymbol{B}^{\mathrm{T}}\boldsymbol{\gamma}(t)\end{cases}$$

证明：如果系统起始是静止的，则这两个系统的输出冲激响应有下列关系

$$h_1(t)=h_2(-t)$$

【解题思路】 根据状态方程分别求出两个系统的冲激响应，利用矩阵运算即可证明。

【证明】 $h_1(t)$，$h_2(t)$均为标量

$$h_1(t)=\int_0^t C\mathrm{e}^{A(t-\tau)}Be(\tau)\mathrm{d}\tau\Big|_{e(\tau)=\delta(\tau)}=C\mathrm{e}^{At}$$

$$h_2(t)=\int_0^t B^{\mathrm{T}}\mathrm{e}^{-A^{\mathrm{T}}(t-\tau)}C^{\mathrm{T}}e(\tau)\mathrm{d}\tau\Big|_{e(\tau)=\delta(\tau)}=B^{\mathrm{T}}\mathrm{e}^{-A^{\mathrm{T}}t}C^{\mathrm{T}}$$

由标量运算性质可知，

$$h_2(t)=[h_2(t)]^{\mathrm{T}}=[B^{\mathrm{T}}\mathrm{e}^{-A^{\mathrm{T}}t}C^{\mathrm{T}}]^{\mathrm{T}}=C\mathrm{e}^{-At}B=h_1(-t)$$

【12-16】 给定线性时不变系统的状态方程和输出方程

$$\begin{cases}\dot{\boldsymbol{\lambda}}(t)=\boldsymbol{A\lambda}(t)+\boldsymbol{B}e(t)\\ r(t)=\boldsymbol{C\lambda}(t)\end{cases}$$

其中

$$\boldsymbol{A}=\begin{bmatrix}-2&2&-1\\0&-2&0\\1&-4&0\end{bmatrix}\quad \boldsymbol{B}=\begin{bmatrix}0\\1\\1\end{bmatrix}\quad \boldsymbol{C}=[1,0,0]$$

(1) 检查该系统的可控性和可观性；

(2) 求系统的转移函数。

【解题思路】 只要判断 $\boldsymbol{M},\boldsymbol{N}$ 矩阵是否满秩即可。

【解】

$$\boldsymbol{AB}=\begin{bmatrix}-2&2&-1\\0&-2&0\\1&-4&0\end{bmatrix}\begin{bmatrix}0\\1\\1\end{bmatrix}=\begin{bmatrix}1\\-2\\-4\end{bmatrix}$$

$$\boldsymbol{A}^2\boldsymbol{B}=\begin{bmatrix}-2&2&-1\\0&-2&0\\1&-4&0\end{bmatrix}^2\begin{bmatrix}0\\1\\1\end{bmatrix}=\begin{bmatrix}-2\\4\\9\end{bmatrix}$$

$$\boldsymbol{M}=[\boldsymbol{B}\vdots\boldsymbol{AB}\vdots\boldsymbol{A}^2\boldsymbol{B}]=\left[\begin{bmatrix}0\\1\\1\end{bmatrix}\begin{bmatrix}1\\-2\\-4\end{bmatrix}\begin{bmatrix}-2\\4\\9\end{bmatrix}\right]=\begin{bmatrix}0&1&-2\\1&-2&4\\1&-4&9\end{bmatrix}$$

rak($\boldsymbol{M}$)=3，满秩，系统完全可控。

$$\boldsymbol{CA}=[-2\quad 2\quad 1],\boldsymbol{CA}^2=[3\quad -4\quad 2]$$

$$\boldsymbol{N}=\begin{bmatrix}\boldsymbol{C}\\\cdots\\\boldsymbol{CA}\\\cdots\\\boldsymbol{CA}^2\end{bmatrix}=\begin{bmatrix}1&0&0\\-2&2&1\\3&-4&2\end{bmatrix}$$

rak($\boldsymbol{N}$)<3，非满秩，系统不完全可观。

系统转移函数

$$H(s)=\boldsymbol{C}(s\boldsymbol{I}-\boldsymbol{A})^{-1}\boldsymbol{B}=[1\quad 0\quad 0]\begin{bmatrix}s+2&-2&1\\0&s+2&0\\-1&4&s\end{bmatrix}^{-1}\begin{bmatrix}0\\1\\1\end{bmatrix}$$

$$=\frac{1}{(s+2)[s(s+2)+1]}[s(s+2)\quad 2(s+2)\quad -(s+2)]\begin{bmatrix}0\\1\\1\end{bmatrix}=\frac{1}{(s+2)^2}$$

【12-17】 判断习题 12-1 的可控性与可观性，并求系统函数。

【解题思路】 根据12-11求出**M**,**N**,判断其是否满秩,再利用公式求系统函数。

【解】 题12-11中

$$\boldsymbol{A}=\begin{bmatrix}-2 & -1\\-1 & -2\end{bmatrix},\boldsymbol{B}=\begin{bmatrix}1\\1\end{bmatrix},\boldsymbol{C}=[0\quad 1]$$

$$\boldsymbol{M}=[\boldsymbol{B}\vdots\boldsymbol{AB}]=\begin{bmatrix}1 & -3\\1 & -3\end{bmatrix}$$

$\mathrm{rak}(\boldsymbol{M})=1<2$,非满秩,系统不完全可控。

$$\boldsymbol{N}=\begin{bmatrix}\boldsymbol{C}\\\cdots\\\boldsymbol{CA}\end{bmatrix}=\begin{bmatrix}0 & 1\\-1 & -2\end{bmatrix}$$

$\mathrm{rak}(\boldsymbol{N})=2$,满秩,系统完全可观。

$$H(s)=\boldsymbol{C}(s\boldsymbol{I}-\boldsymbol{A})^{-1}\boldsymbol{B}=[0\quad 1]\cdot\begin{bmatrix}s+2 & 1\\1 & s+2\end{bmatrix}^{-1}\cdot\begin{bmatrix}1\\1\end{bmatrix}=\frac{1}{s+3}$$

【12-18】 已知线性时不变系统状态方程的参数矩阵为

$$\boldsymbol{A}=\begin{bmatrix}1 & 0 & 0 & 0\\0 & 2 & 0 & 0\\-6 & -2 & 3 & 0\\-3 & -2 & 0 & 4\end{bmatrix}\quad\boldsymbol{B}=\begin{bmatrix}1\\0\\3\\2\end{bmatrix}\quad\boldsymbol{C}=[-4,-3,1,1]$$

求:(1) 将参数矩阵化为**A**对角线形式;

(2) 判断系统可控性与可观性;

(3) 系统函数$H(s)$。

【解题思路】 根据教材中提供可控性和可观性的另一个判断依据,将矩阵**A**对角化后得$\hat{\boldsymbol{A}}$,计算$\hat{\boldsymbol{B}}$,$\hat{\boldsymbol{C}}$,根据矩阵中是否包含零元素来判断可控性和可观性。

【解】

(1) $$|\alpha\boldsymbol{I}-\boldsymbol{A}|=\begin{bmatrix}\alpha-1 & 0 & 0 & 0\\0 & \alpha-2 & 0 & 0\\6 & 2 & \alpha-3 & 0\\3 & 2 & 0 & \alpha-4\end{bmatrix}=(\alpha-1)(\alpha-2)(\alpha-3)(\alpha-4)=0$$

特征值为$\alpha_1=1,\alpha_2=2,\alpha_3=3,\alpha_4=4$

令属于$\alpha_1=1$的特征向量为$\boldsymbol{\xi}_1=\begin{bmatrix}x_1\\x_2\\x_3\\x_4\end{bmatrix}$

则有$$\begin{bmatrix}0 & 0 & 0 & 0\\0 & -1 & 0 & 0\\6 & 2 & -2 & 0\\3 & 2 & 0 & -3\end{bmatrix}\begin{bmatrix}x_1\\x_2\\x_3\\x_4\end{bmatrix}=0\Rightarrow x_2=0,x_3=3x_1,x_4=x_1$$

可取$$\begin{bmatrix}x_1\\x_2\\x_3\\x_4\end{bmatrix}=\begin{bmatrix}1\\0\\3\\1\end{bmatrix}$$

同理可求得,$\alpha_2,\alpha_3,\alpha_4$的特征向量分别为$\begin{bmatrix}0\\1\\2\\1\end{bmatrix},\begin{bmatrix}0\\0\\1\\0\end{bmatrix},\begin{bmatrix}0\\0\\0\\1\end{bmatrix}$

变换阵$$\boldsymbol{P}^{-1}=\begin{bmatrix}1 & 0 & 0 & 0\\0 & 1 & 0 & 0\\3 & 2 & 1 & 0\\1 & 1 & 0 & 1\end{bmatrix},\boldsymbol{P}=\begin{bmatrix}1 & 0 & 0 & 0\\0 & 1 & 0 & 0\\3 & 2 & 1 & 0\\1 & 1 & 0 & 1\end{bmatrix}^{-1}=\begin{bmatrix}1 & 0 & 0 & 0\\0 & 1 & 0 & 0\\-3 & -2 & 1 & 0\\-1 & -1 & 0 & 1\end{bmatrix}$$

$$\hat{A}=PAP^{-1}=\begin{bmatrix}1&0&0&0\\0&2&0&0\\0&0&3&0\\0&0&0&4\end{bmatrix}$$

(2) 由教材 P_{358} 式(12-105),可求得状态方程的系数矩阵。

$$\hat{B}=PB=\begin{bmatrix}1\\0\\0\\1\end{bmatrix},\hat{C}=CP^{-1}=[0\quad 0\quad 1\quad 1]$$

根据可控性和可观性的判断依据:$\hat{B}$,$\hat{C}$ 中有无零元素

可知,系统不完全可控,也不完全可观。

(3) 由式(12-124)可知

$$H(s)=C(sI-A)^{-1}B=\hat{C}(sI-\hat{A})^{-1}\hat{B}=[0\quad 0\quad 1\quad 1]\cdot\begin{bmatrix}s-1&0&0&0\\0&s-2&0&0\\0&0&s-3&0\\0&0&0&s-4\end{bmatrix}^{-1}\cdot\begin{bmatrix}1\\0\\0\\1\end{bmatrix}=\frac{1}{s-4}$$

【12-19】 考虑可控且可观的两个单输入-单输出系统 S_1 和 S_2,它们的状态方程和输出方程分别为

S_1:$\lambda_1(t)=\boldsymbol{A}\lambda_1(t)+\boldsymbol{B}_1e_1(t)$

$r_1(t)=\boldsymbol{C}_1\lambda_1(t)$

其中 $\boldsymbol{A}_1=\begin{bmatrix}0&1\\-3&-4\end{bmatrix}$,$\boldsymbol{B}_1=\begin{bmatrix}0\\1\end{bmatrix}$,$\boldsymbol{C}_1=[2,1]$。

S_2:$\dot{\lambda}_2(t)=A_2\lambda_2(t)+B_2e_2(t)$

$r_2(t)=C_2\lambda_2(t)$

其中 $A_2=-2,B_2=1,C_2=1$。

现在考虑串联系统如题图 12-19 所示。

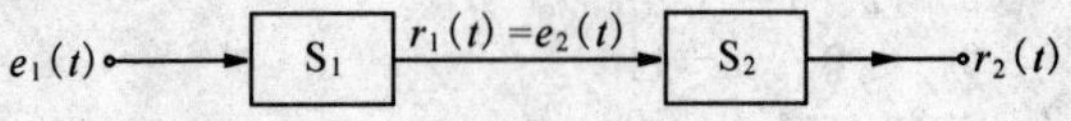

题图 12-19

(1) 求串联系统的状态方程和输出方程,令

$$\boldsymbol{\lambda}(t)=\begin{bmatrix}\lambda_1(t)\\\lambda_2(t)\end{bmatrix}$$

(2) 检查串联系统的可控性和可观性;

(3) 求系统 S_1 和 S_2 分别的转移函数及串联系统的转移函数;串联系统转移函数有无零极点相消现象?(2) 的结果说明什么?

【解题思路】 结合子系统得状态变量和输出方程即可得到总系统的状态方程,考察 $\boldsymbol{M},\boldsymbol{N}$ 是否满秩判断可控性和可观性,利用公式求解 $H(s)$。

【解】

(1) $\dot{\lambda}_2(t)=A_2\lambda_2(t)+B_2e_2(t)=A_2\lambda_2(t)+B_2\boldsymbol{C}_1\lambda_1(t)$

则系统的状态方程为:$\begin{cases}\dot{\lambda}_1(t)=\boldsymbol{A}_1\lambda_1(t)+\boldsymbol{B}_1e_1(t)\\\dot{\lambda}_2(t)=A_2\lambda_2(t)+B_2\boldsymbol{C}_1\lambda_1(t)\end{cases}$

将系统带入得到:$\begin{cases}\dot{\lambda}_1(t)=\begin{bmatrix}0&1\\-3&-4\end{bmatrix}\lambda_1(t)+\begin{bmatrix}0\\1\end{bmatrix}e_1(t)\\\dot{\lambda}_2(t)=[2\quad 1]\lambda_1(t)-2\lambda_2(t)\end{cases}$

整理得:$\dot{\lambda}(t)=\begin{bmatrix}\dot{\lambda}_1(t)\\\dot{\lambda}_2(t)\end{bmatrix}=\left[\begin{array}{cc:c}0&1&0\\-3&-4&0\\\hdashline 2&1&-2\end{array}\right]\begin{bmatrix}\lambda_1(t)\\\lambda_2(t)\end{bmatrix}+\left[\begin{array}{c}0\\1\\\hdashline 0\end{array}\right]e(t)$

输出方程为：$r_2(t)=C_2\lambda_2(t)=[0 \mid 0\quad 1]\cdot\begin{bmatrix}\lambda_1(t)\\ \lambda_2(t)\end{bmatrix}$

(2) $\boldsymbol{A}=\begin{bmatrix}0&1&0\\-3&-4&0\\2&1&-2\end{bmatrix},\boldsymbol{B}=\begin{bmatrix}0\\1\\0\end{bmatrix},\boldsymbol{C}=[0\quad 0\quad 1]$

$\boldsymbol{M}=(\boldsymbol{B}\mid \boldsymbol{AB}\mid \boldsymbol{A}^2\boldsymbol{B})=\begin{bmatrix}0&1&-4\\1&-4&13\\0&1&-4\end{bmatrix}$

rak($\boldsymbol{M}$)=2<3，不满秩，∴ 系统不完全可控。

$$\boldsymbol{N}=\begin{pmatrix}\boldsymbol{C}\\ \text{----}\\ \boldsymbol{CA}\\ \text{----}\\ \boldsymbol{CA}^2\end{pmatrix}=\begin{bmatrix}0&0&1\\2&1&-2\\-7&-4&-4\end{bmatrix}$$

rak($\boldsymbol{N}$)=3，满秩，∴ 系统完全可观。

(3) $H_1(s)=\boldsymbol{C}_1(s\boldsymbol{I}-\boldsymbol{A}_1)^{-1}\boldsymbol{B}_1=[2\quad 1]\cdot\begin{bmatrix}s&-1\\3&s+4\end{bmatrix}^{-1}\cdot\begin{bmatrix}0\\1\end{bmatrix}$

$=\dfrac{1}{(s+1)(s+3)}[2\quad 1]\cdot\begin{bmatrix}s+4&1\\-3&s\end{bmatrix}\cdot\begin{bmatrix}0\\1\end{bmatrix}=\dfrac{s+2}{(s+1)(s+3)}$

$H_2(s)=C_2(s\boldsymbol{I}-A_2)^{-1}B=\dfrac{1}{s+2}$

串联系统的转移函数 $H(s)=H_1(s)\cdot H_2(s)=\dfrac{1}{(s+1)(s+3)}$

出现了零极点相消的现象

结合(2)的结果说明，当系统不完全可控或者不完全可观时，在 s 域中表现为系统转移函数 $H(s)$ 的零极点相消。

【12-20】 已知线性时不变系统的状态方程和输出方程表示为

$$\dot{\boldsymbol{\lambda}}_{k\times1}(t)=\boldsymbol{A}_{k\times k}\boldsymbol{\lambda}_{k\times1}(t)+\boldsymbol{B}_{k\times1}e(t)$$
$$r(t)=\boldsymbol{C}_{1\times k}\boldsymbol{\lambda}_{k\times1}+\boldsymbol{D}e(t)$$

且有 $\boldsymbol{CB}=0,\boldsymbol{CAB}=0,\cdots,\boldsymbol{CA}^{k-1}\boldsymbol{B}=0$。

证明：该系统不可能同时完全可控和完全可观。

【解题思路】 分别写出矩阵 $\boldsymbol{M},\boldsymbol{N}$，通过计算其乘积结果来判断 $\boldsymbol{M},\boldsymbol{N}$ 是否同时满秩。

【解】 可控性判断矩阵：$\boldsymbol{M}=(\boldsymbol{B}\mid \boldsymbol{AB}\mid \boldsymbol{A}^2\boldsymbol{B}\mid\cdots\mid \boldsymbol{A}^{k-1}\boldsymbol{B})$

可观性判断矩阵：$\boldsymbol{N}=\begin{pmatrix}\boldsymbol{C}\\ \text{----}\\ \boldsymbol{CA}\\ \text{----}\\ \vdots\\ \text{----}\\ \boldsymbol{CA}^{k-1}\end{pmatrix}$

$$\boldsymbol{NM}=\begin{pmatrix}\boldsymbol{CB}&\boldsymbol{CAB}&\cdots&\boldsymbol{CA}^{k-1}\boldsymbol{B}\\ \boldsymbol{CAB}&\boldsymbol{CA}^2\boldsymbol{B}&\cdots&\boldsymbol{CA}^k\boldsymbol{B}\\ \vdots&\vdots&&\vdots\\ \boldsymbol{CA}^{k-1}\boldsymbol{B}&\boldsymbol{CA}^k\boldsymbol{B}&\cdots&\boldsymbol{CA}^{2(k-1)}\boldsymbol{B}\end{pmatrix}$$

由题目已知条件，$\boldsymbol{CB}=0,\boldsymbol{CAB}=0,\cdots,\boldsymbol{CA}^{k-1}\boldsymbol{B}=0$ 可知：

$$\boldsymbol{NM}=\begin{pmatrix}0&0&\cdots&0&0\\0&0&\cdots&0&\boldsymbol{CA}^k\boldsymbol{B}\\ \vdots&\vdots&&\vdots&\vdots\\0&\boldsymbol{CA}^k\boldsymbol{B}&\cdots&\boldsymbol{CA}^{2k-3}\boldsymbol{B}&\boldsymbol{CA}^{2(k-1)}\boldsymbol{B}\end{pmatrix}$$

行列式 $\det(\boldsymbol{NM})=0$，则 $\boldsymbol{M},\boldsymbol{N}$ 不可能同时满秩，所以系统不可能同时完全可控和完全可观。

【12-21】 利用状态变量方法分析前文习题 11-11(题图 11-11)所示倒立摆系统之稳定性(采用比例-微分反馈控制)：

(1) 建立该系统的状态方程，建议选状态变量 $\lambda_1=\theta,\lambda_2=\frac{\mathrm{d}\theta}{\mathrm{d}t}$；

(2) 利用 $\boldsymbol{A}$ 矩阵求特征矢量和特征值 α_1、α_2；

(3) 为使系统稳定，K_1、K_2 应满足什么条件？(其结果应与习题 11-11 之答案相同。)

【解题思路】 首先确定系统方程，根据状态变量写出系统状态方程，利用矩阵计算判断系统特征根的分布确定系统稳定性。

【解】 比例-微分反馈控制中，$a(t)=K_1\theta(t)+K_2\frac{\mathrm{d}}{\mathrm{d}t}\theta(t)$，带入系统方程得到：

$$L\frac{\mathrm{d}^2}{\mathrm{d}t^2}\theta(t)=g[\theta(t)]-K_1\theta(t)-K_2\frac{\mathrm{d}}{\mathrm{d}t}\theta(t)+Lx(t)$$

$$\begin{bmatrix}\dot{\lambda}_1\\ \dot{\lambda}_2\end{bmatrix}=\begin{bmatrix}0 & 1\\ \frac{g-K_1}{L} & -\frac{K_2}{L}\end{bmatrix}\begin{bmatrix}\lambda_1\\ \lambda_2\end{bmatrix}$$

$$(\alpha\boldsymbol{I}-\boldsymbol{A})=\begin{bmatrix}\alpha & -1\\ -\frac{g-K_1}{L} & \alpha+\frac{K_2}{L}\end{bmatrix},|\alpha\boldsymbol{I}-\boldsymbol{A}|=\alpha^2+\frac{K_2}{L}\alpha-\frac{g-K_1}{L}$$

特征值 $\alpha_{1,2}=\frac{-K_2\pm\sqrt{K_2^2+4(g-K_1)}}{2L}$

当特征值都位于左半平面时，系统稳定，所以 $K_2>0,K_1>g$

阶段测试题

1. 列写出下图 12-1 所示电路的状态方程。

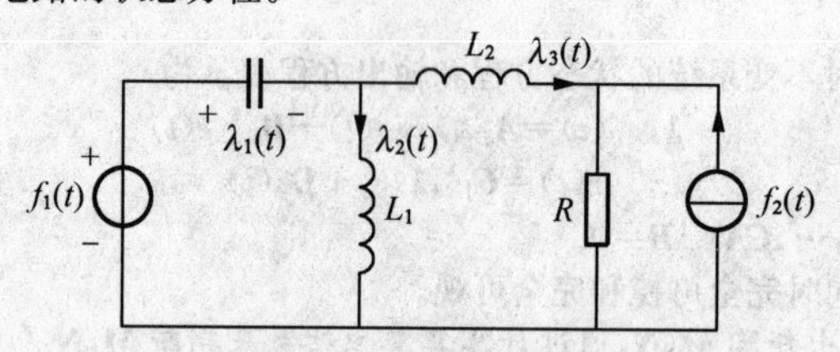

图 12-1

2. 连续系统状态方程中的系统矩阵 $\boldsymbol{A}$ 如下，求其状态转移矩阵 $\mathrm{e}^{-\boldsymbol{A}t}$。

(1) $\boldsymbol{A}=\begin{bmatrix}-2 & 0\\ 0 & -3\end{bmatrix}$ (2) $\boldsymbol{A}=\begin{bmatrix}1 & 2\\ 0 & -2\end{bmatrix}$

3. 描述离散系统的状态方程为 $\begin{bmatrix}\lambda_1(n+1)\\ \lambda_2(n+1)\end{bmatrix}=\begin{bmatrix}\frac{1}{2} & \frac{1}{6}\\ 0 & \frac{1}{3}\end{bmatrix}\begin{bmatrix}\lambda_1(n)\\ \lambda_2(n)\end{bmatrix}+\begin{bmatrix}0\\ 1\end{bmatrix}x(n)$，初始状态 $\lambda_1(0)=\lambda_2(0)=1$，输入 $x(n)=0$，求系统输出。

4. 某连续系统的状态方程和输出方程为：

$$\dot{\lambda}(t)=\begin{bmatrix}-1 & 2\\ -1 & 1\end{bmatrix}\lambda(t)+\begin{bmatrix}0\\ 1\end{bmatrix}e(t)\quad y(t)=\begin{bmatrix}2 & 1\end{bmatrix}\lambda(t)+e(t)$$

写出描述该系统的微分方程。

5. 某离散系统的状态方程和输出方程分别为：

$$x(n+1)=\begin{bmatrix}0 & -\frac{1}{2}\\ \frac{1}{2} & 0\end{bmatrix}x(n)+\begin{bmatrix}1 & 0\\ 0 & -1\end{bmatrix}f(n)\quad y(n)=\begin{bmatrix}1 & 0\\ 1 & -1\\ 2 & -1\end{bmatrix}x(n)$$

求该系统的系统函数矩阵 $H(z)$

6. 下图 12-2 所示为因果系统。$x_1(t),x_2(t),x_3(t)$为状态变量,$y(t)$为响应。

(1) 列出系统的状态方程和输出方程;

(2) 为使系统稳定,求 k 的取值范围。

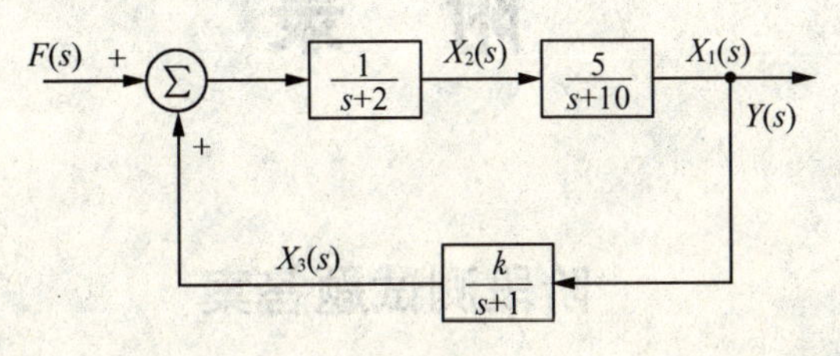

图 12-2

7. 已知系统的状态方程和输出方程为:

$$\begin{bmatrix}\dot{\lambda}_1(t)\\ \dot{\lambda}_2(t)\end{bmatrix}=\begin{bmatrix}-2 & 1\\ 0 & -1\end{bmatrix}\begin{bmatrix}\lambda_1(t)\\ \lambda_2(t)\end{bmatrix}+\begin{bmatrix}1\\ 0\end{bmatrix}e(t)$$

$$r(t)=\begin{bmatrix}1 & 0\end{bmatrix}\begin{bmatrix}\lambda_1(t)\\ \lambda_2(t)\end{bmatrix}$$

求系统的单位冲激响应 $h(t)$。

8. 下图 12-3 所示系统,请

(1) 列写系统的状态方程与输出方程;

(2) 求系统的微分方程。

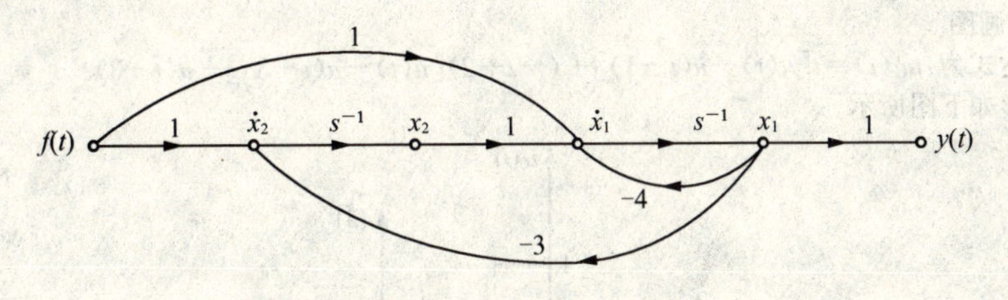

图 12-3

9. 已知系统的状态方程为$\begin{bmatrix}\lambda_1(n+1)\\ \lambda_2(n+1)\end{bmatrix}=\begin{bmatrix}-5 & -4\\ 0 & 1\end{bmatrix}\begin{bmatrix}\lambda_1(n)\\ \lambda_2(n)\end{bmatrix}+\begin{bmatrix}3\\ 0\end{bmatrix}x(n)$,试判断系统的可控性。

10. 已知某 LTI 连续系统的状态方程参数如下,试判断系统的可观性和可控性。

$$\boldsymbol{A}=\begin{bmatrix}1 & 3 & 2\\ 0 & 2 & 0\\ 0 & 1 & 3\end{bmatrix},\boldsymbol{B}=\begin{bmatrix}2\\ 1\\ -1\end{bmatrix},\boldsymbol{C}=\begin{bmatrix}1 & 0 & 0\end{bmatrix},\boldsymbol{D}=0$$

11. 已知离散系统的状态方程与输出方程为

$$\begin{bmatrix}x_1(n+1)\\ x_2(n+1)\end{bmatrix}=\begin{bmatrix}-5 & -1\\ 3 & -1\end{bmatrix}\begin{bmatrix}x_1(n)\\ x_2(n)\end{bmatrix}+\begin{bmatrix}2\\ 5\end{bmatrix}f(n)$$

$$y(n)=\begin{bmatrix}1 & 2\end{bmatrix}\begin{bmatrix}x_1(n)\\ x_2(n)\end{bmatrix}+f(n)$$

(1) 求系统的差分方程;

(2) 判断系统的可控性与可观测性。

附　录

阶段测试题答案

第一章

一、选择题

1. B　**2.** B　**3.** A　**4.** C　**5.** A

二、填空题

1. $\delta\left(t-\frac{\pi}{2}\right)$

2. 线性,时变

3. $\delta(t)-3e^{-3t}u(t)$

4. $f(3t+5),f(-3t-3)$

5. 因果,非因果

三、计算及画图

1. (1) 表达式为:$u_C(t)=t[u(t)-u(t-1)]+(-t+2)[u(t)-u(t-3)]+u(t-3)$

(2) 波形如下图所示。

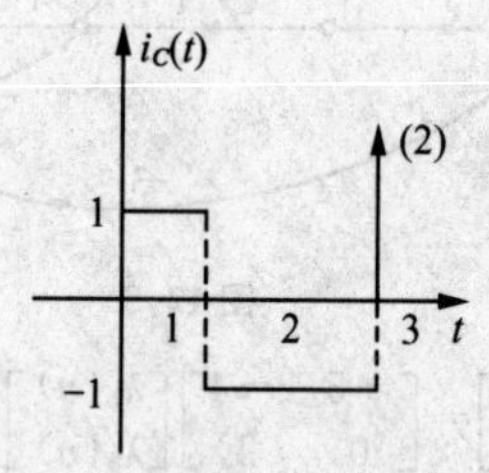

2. $y_2(t)=(2t+2)[u(t+1)-u(t)]+2[u(t)-u(t-2)]+(4-2t)[u(t-1)-u(t-2)]$

波形如下图所示。

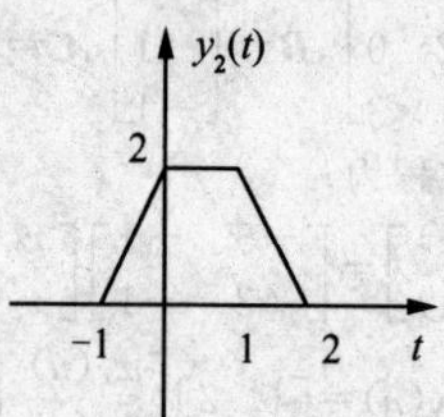

3. $f(-2t+2)$的波形如下图所示。

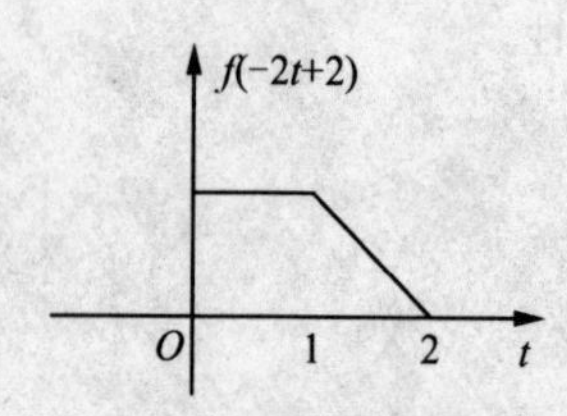

表达式为 $u(t)-u(t-1)+(2-t)[u(t-1)-u(t-2)]$

4. (1) $f(t)=u(t+2)-u(t+1)-[u(t-1)-u(t-2)]$

(2) $f_1(t)$和 $f_2(t)$的波形如下图所示。

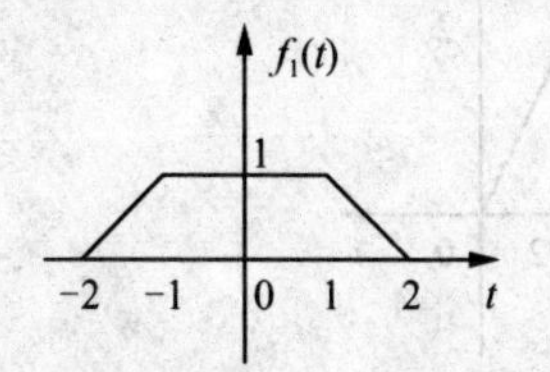

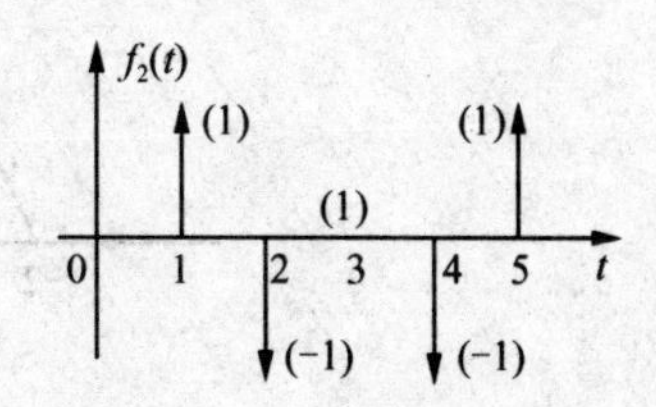

(3) $\int_0^2 f_1(t)f_2(t)\mathrm{d}t=1$

5. 微分方程为：$\dfrac{\mathrm{d}^2r(t)}{\mathrm{d}t^2}+5\dfrac{\mathrm{d}r(t)}{\mathrm{d}t}+4r(t)=e(t)$

6. (1) 非线性时不变系统

(2) 非线性时不变系统

(3) 线性时变系统

7. $f(t)$的波形如下图所示。

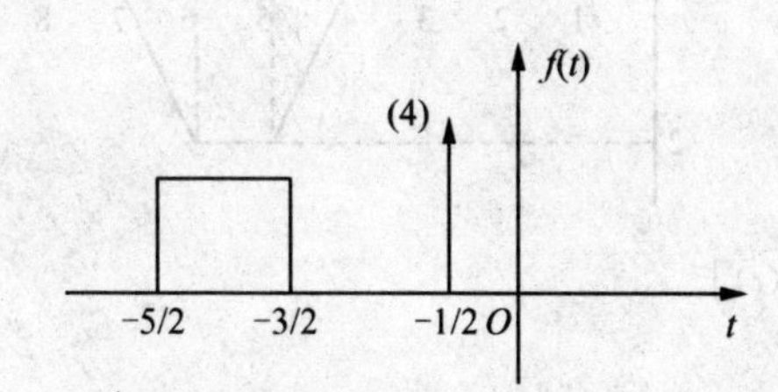

第二章

一、选择题

1. B　**2.** C　**3.** C　**4.** A　**5.** C

二、填空题

1. $tu(t)$

2. $y''(t)+6y'(t)+8y(t)=3f'(t)+9f(t)$

3. $h_2(t)+h_1(t)*h_2(t)$

4. $(-1,1)$

5. $(\mathrm{e}^{-t}+3\mathrm{e}^{-3t})u(t),\dfrac{1}{2}u(t)$

三、计算及画图

1. (1) $f'(t)$的波形如下图所示。

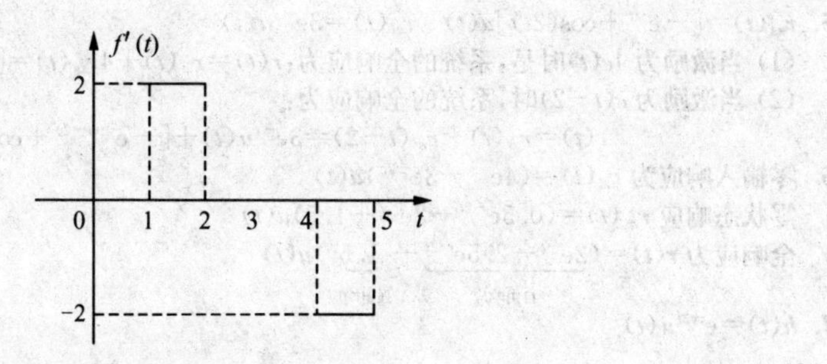

表达式为：$f'(t)=[u(t-1)-u(t-2)]-[u(t-4)-u(t-5)]$

(2) $f_1(-2t+1)$的波形如下图所示。

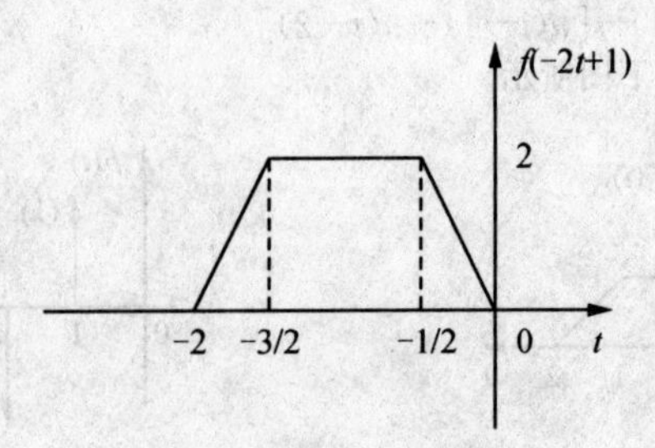

(3) 设 $f_3(t)=f_1(t)*f_2(t)*\frac{d\delta(t)}{dt}$,则 $f_3(t)$的波形如下图所示。

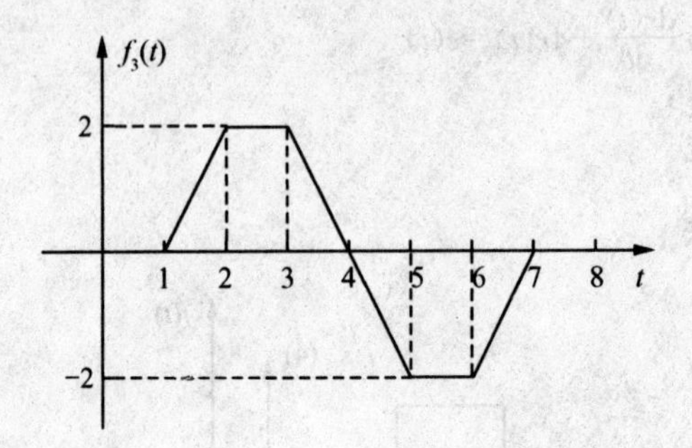

2. $h(t)=h_1(t)*[h_1(t)+h_2(t)]$

波形如下图所示。

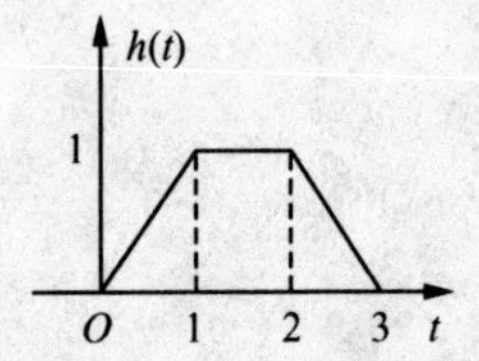

3. (1) $f_1(t)*f_2(t)=\int_{t-1}^{t+1/2}\frac{1}{2}A\tau d\tau \quad 1\leqslant t\leqslant 1.5$

(2) $f_1(t)*f_2(t)=\int_{0}^{t+1/2}\frac{1}{2}A\tau d\tau \quad \underline{-1/2}<t\leqslant\underline{1}$

4. 单位冲激响应为:$h(t)=\left(\frac{1}{2}e^{-t}+\frac{1}{2}e^{-3t}\right)u(t)$

单位阶跃响应为:$g(t)=\left(\frac{2}{3}-\frac{1}{2}e^{-t}-\frac{1}{6}e^{-3t}\right)u(t)$

5. $r_{zs}(t)=[-e^{-t}+\cos(2t)]u(t) \quad r_{zi}(t)=3e^{-t}u(t)$

(1) 当激励为 $4e(t)$时是,系统的全响应为:$r(t)=r_{zi}(t)+4r_{zs}(t)=[-e^{-t}+4\cos(2t)]u(t)$

(2) 当激励为 $e(t-2)$时,系统的全响应为:

$$r(t)=r_{zi}(t)+r_{zs}(t-2)=3e^{-t}u(t)+[-e^{-(t-2)}+\cos(2t-4)]u(t-2)$$

6. 零输入响应为 $r_{zi}(t)=(4e^{-t}-3e^{-2t})u(t)$

零状态响应 $r_{zs}(t)=(0.5e^{-2t}-2e^{-t}+1.5)u(t)$

全响应为 $r(t)=(\underbrace{2e^{-t}-2.5e^{-2t}}_{\text{自由响应}}+\underbrace{1.5}_{\text{强迫响应}})u(t)$

7. $h(t)=e^{-2t}u(t)$

$v_C(t)=\frac{1}{2}(1-e^{-2t})u(t)$

$v_C(t)$波形如下图所示。

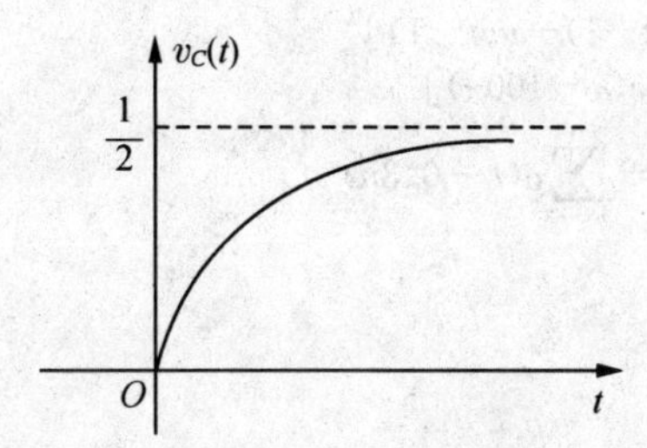

第三章

一、选择题

1. A　**2.** A　**3.** D　**4.** B　**5.** C

二、填空题

1. $4\mathrm{Sa}(2\omega)-4\mathrm{Sa}(\omega)$

2. $\dfrac{2}{(\mathrm{j}\omega+3)(\mathrm{j}\omega+4)}$

3. $2F(\mathrm{j}2\omega)\mathrm{e}^{-\mathrm{j}4\omega}$

4. 16.5

5. $\geqslant 130$ Hz

三、计算及画图

1. (1) 三角形式幅度谱和相位谱如下图所示。

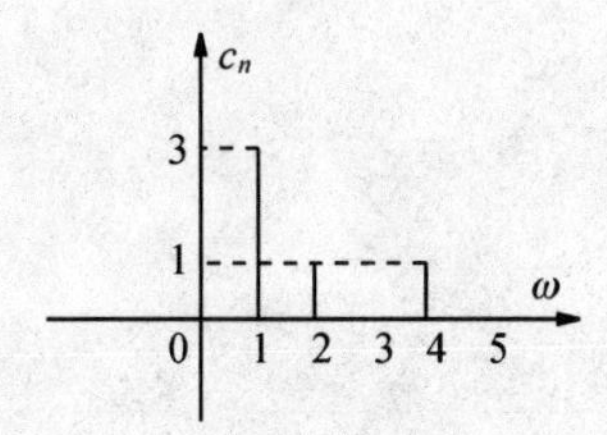

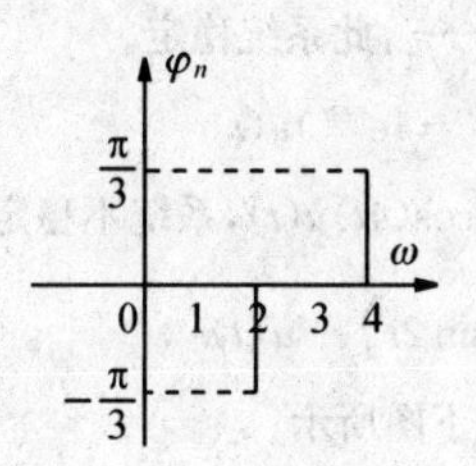

(2) 指数形式幅度谱和相位谱如下图所示。

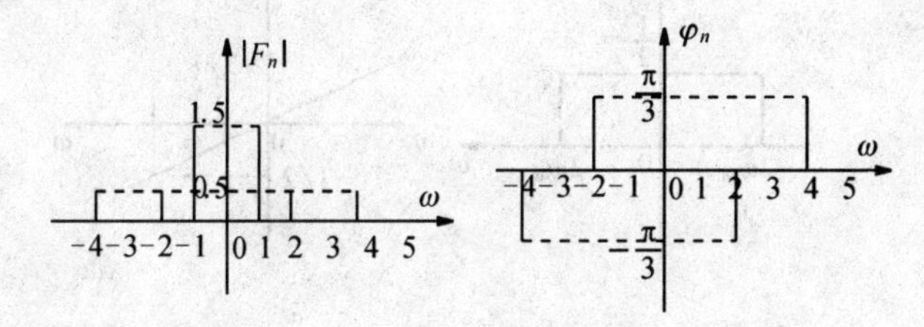

2. (1) 直流 $C_0=0$,基频 $f_1=\dfrac{1}{T}=250$ Hz

(2) 从 $f(t)$里只能选出频率为 250 Hz,750 Hz 的余弦信号。

3. $H(\mathrm{j}\omega)=\dfrac{Y(\mathrm{j}\omega)}{F(\mathrm{j}\omega)}=\dfrac{1}{\mathrm{j}\omega T}(1-\mathrm{e}^{-\mathrm{j}\omega T})=\mathrm{Sa}\left(\dfrac{\omega T}{2}\right)\mathrm{e}^{-\mathrm{j}\frac{\omega T}{2}}$

4. $R(\omega)=\dfrac{1}{2}F\left(\dfrac{\omega}{2}\right)\mathrm{e}^{-\mathrm{j}\frac{\omega}{2}}$

5. $y(t)=f(t+1)+f(-t+1)$
$Y(\omega)=2R(\omega)\cos\omega-2X(\omega)\sin\omega$

6. (1) $f(t)=1+2\cos\left(t-\dfrac{\pi}{2}\right)+\cos 3t$

(2) $F(\omega)=2\pi\delta(\omega)-2j\pi[\delta(\omega+1)+\delta(\omega-1)]+\pi[\delta(\omega+3)+\delta(\omega-3)]$

7. (1) $y_1(t)=E\cos(100\pi t)[u(t+1)-u(t-1)]$

$Y_1(j\omega)=E[\mathrm{Sa}(\omega+100\pi)+\mathrm{Sa}(\omega-100\pi)]$

(2) $y_2(t)=\sum_{n=-3}^{3}\delta(t-nT_s)=\sum_{n=-3}^{3}\delta(t-0.3n)$

$Y_2(j\omega)=\sum_{n=-3}^{3}e^{-j0.3n\omega}$

第四章

一、选择题

1. C **2.** A **3.** B **4.** B **5.** D

二、填空题

1. $0.5(1-e^{-2t})u(t)$

2. $3\frac{s+2}{s+3}$

3. $1+\frac{1}{s}-\frac{e^{-st_0}}{s}$

4. $(e^{-t}+e^{-2t})u(t)$

5. $\frac{s+1}{(s+1)^2+\omega_0^2}$

三、计算题

1. $y_{zs}(t)=(3\sin t-\cos t)e^{-t}u(t)$

2. $H(s)=\frac{25}{8}\frac{s+2}{s^2+2s+5/4}$,此系统稳定。

3. $y(t)=(2e^{-t}+4e^{-2t}-4e^{-3t})u(t)$

4. $h(t)=\frac{1}{4}u(t)+\frac{3}{4}\cos(4t)u(t)$,系统不稳定。

5. $i(t)=\left(\cos 2t-\frac{1}{2}\sin 2t\right)e^{-t}u(t)$

幅度谱和相位谱如下图所示

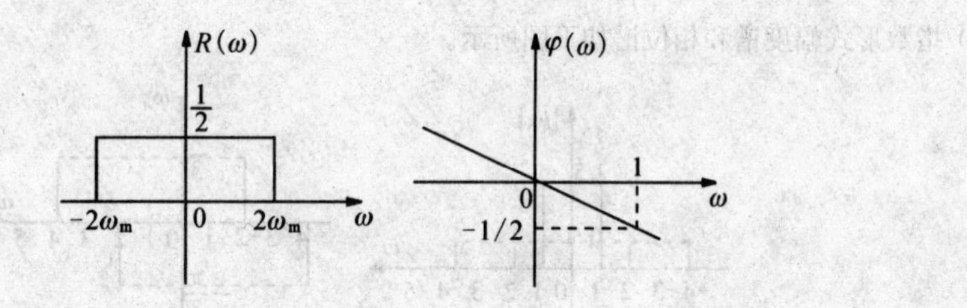

第五章

一、选择题

1. D **2.** D **3.** B

二、填空题

1. $\omega_s \geqslant 2\omega_1$

2. 非线性失真

3. $2\omega_m$

4. $f_s \geqslant 80$ Hz

5. 极点

三、计算题

1. $y(t)=(-2\omega_0\cos\omega_0 t)u(t)$

2. $y_1(t)=2[2\cos 10\pi(t-t_0)+\sin 12\pi(t-t_0)]=4\cos(10\pi t-\pi/6)+2\sin(12\pi t-\pi/5)$

$y_2(t)=4\cos(10\pi t-\pi/6)+\sin(26\pi t-13\pi/30)$

$y_1(t)$无失真，$y_2(t)$有幅度失真。

3. (1) $(\omega_s-\omega_m)\geqslant\omega_c\geqslant\omega_m,\omega_s=\dfrac{2\pi}{T}$

(2) $R(\omega)=\dfrac{1}{2}F\left(\dfrac{\omega}{2}\right)e^{-j\frac{\omega}{2}}$

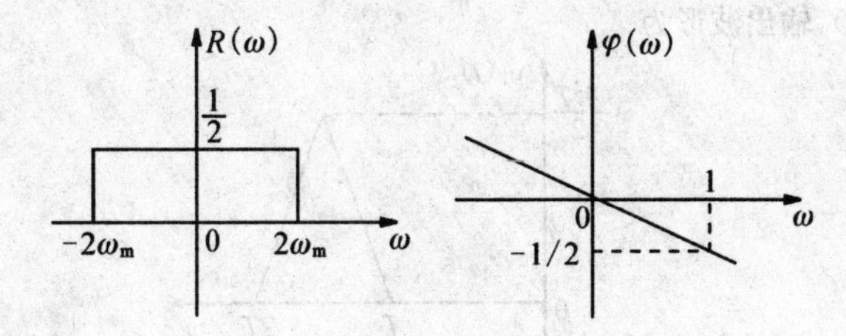

4. (1) $y(t)=0.2\cos[120\pi(t-t_0)]$

(2) 系统失真，且为幅度失真。

5.

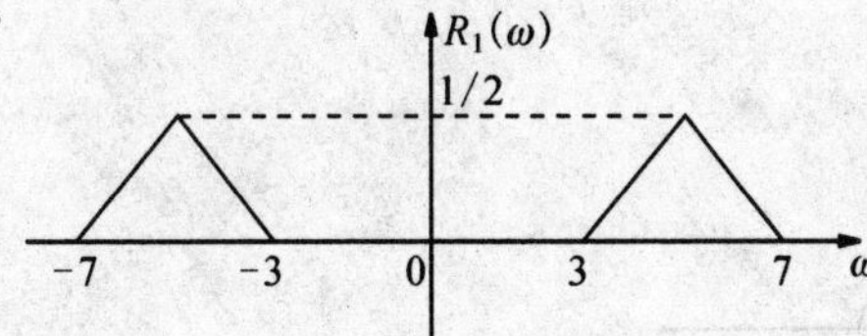

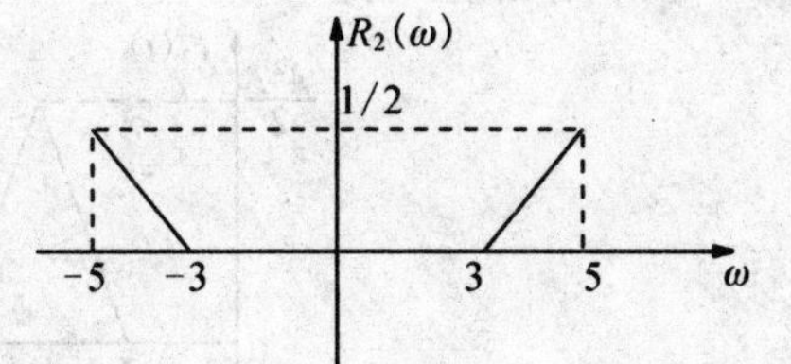

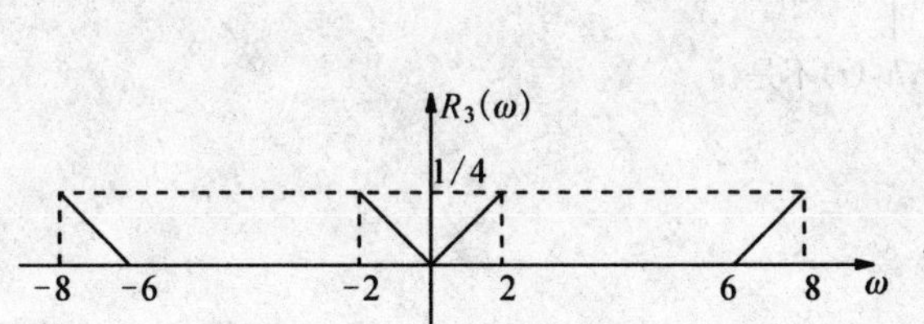

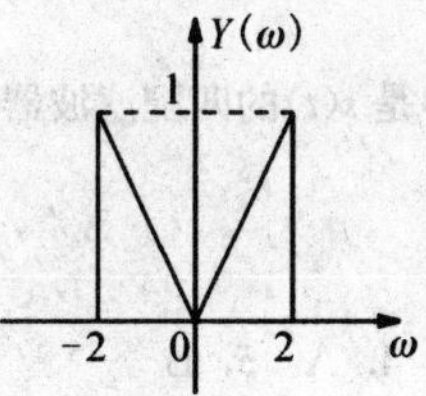

第六章

1. 证明：$\int_0^{2\pi}\cos t\sin t\mathrm{d}t=0,\int_0^{2\pi}\cos^2 t\mathrm{d}t=\pi,\int_0^{2\pi}\sin^2 t\mathrm{d}t=\pi$

则$\{\sin t,\cos t\}$是在区间$(0,2\pi)$中的正交函数集。

2. 是归一化正交函数组，非完备正交函数组，且有 $f(t)=\xi_1(t)+0.5\xi_2(t)+1.5\xi_3(t)+2\xi_4(t)$

3. $f_2(t)=\dfrac{2}{\pi}f_1(t)\quad(0,3)$

4. $c_n=\dfrac{2}{n\pi}[(-1)^n-1]$

即 $c_1=-\dfrac{4}{\pi},c_2=0,c_3=-\dfrac{4}{3\pi},c_4=0,\cdots$

5. $R_2(\tau)=R_1(\tau)$

6. $R_{XY}(\tau)=0$

7. (1) $R(\tau)=(4-|\tau|)\times[u(\tau+4)-u(\tau-4)]$

(2) $\mathscr{E}(\omega)=16\mathrm{Sa}^2(2\omega)$

8. $R(\tau)=\dfrac{E^2}{2}\cos(\omega_1\tau),(\omega)=\dfrac{E^2\pi}{2}[\delta(\omega-\omega_1)+\delta(\omega+\omega_1)]$

9. $\mathscr{E}(\omega)=\dfrac{1}{1+2\omega^2+\omega^4}$

10.

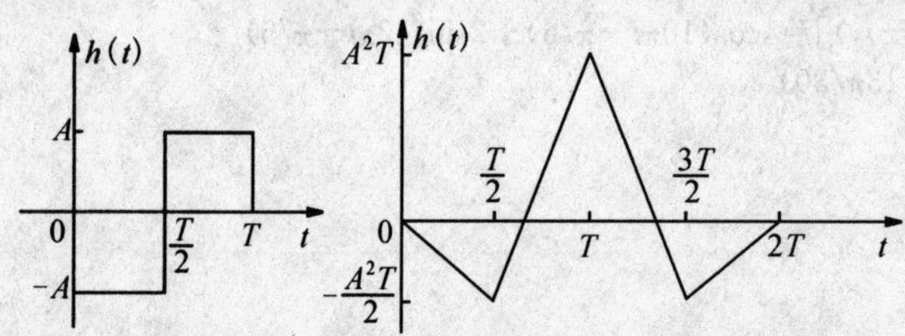

11. $y_1(t)=s(t)*h_1(t)$,输出波形为

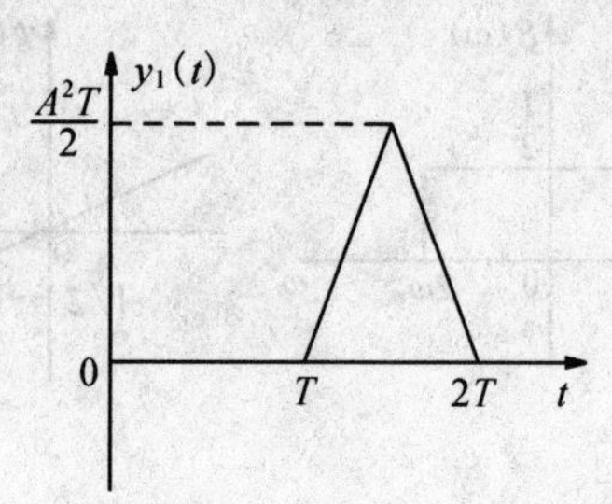

$y_2(t)=s(t)*h_2(t)$,输出波形为

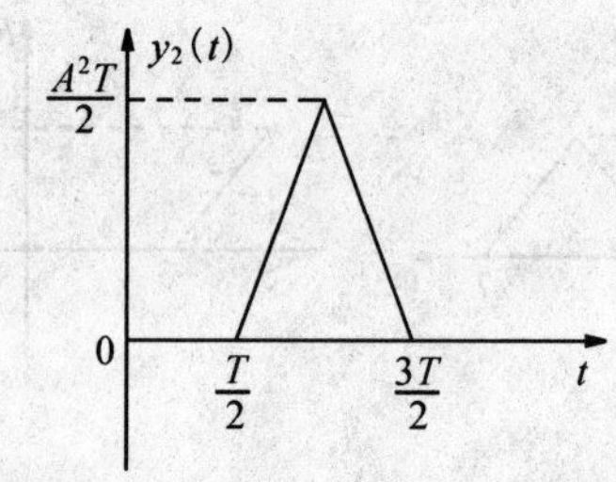

由图可知,$h_2(t)$是 $s(t)$的匹配滤波器,$h_1(t)$不是。

第七章

一、选择题

1. B **2.** D **3.** C **4.** A **5.** B

二、填空题

1. 1

2. $-\delta(n+3)+2\delta(n+2)+3\delta(n+3)+2\delta(n-1)+4\delta(n-3)$

3. 5

4. $M+N-1$

5. 因果,不稳定

三、计算题

1.

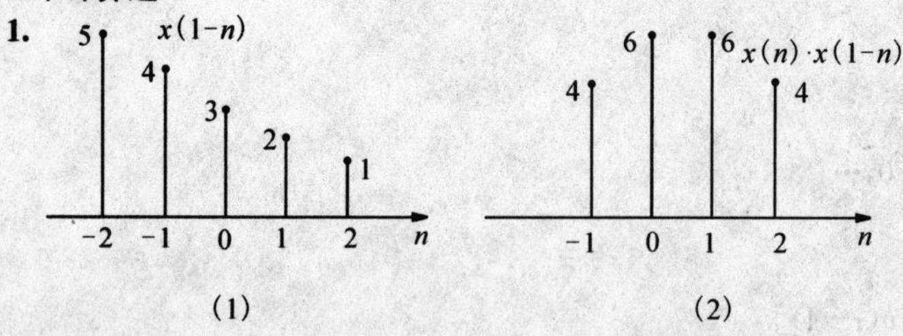

2. $y(n)=3^n-(n+1)2^n$

3. $h(n)=\left(\frac{\sqrt{2}}{2}\right)^{n+1}\left[\mathrm{e}^{\mathrm{j}(n-1)\pi/4}+\mathrm{e}^{-\mathrm{j}(n-1)\pi/4}\right]=\left[2\left(\frac{\sqrt{2}}{2}\right)^{n+1}\cos\frac{(n-1)\pi}{4}\right]u(n)$

4. $s(n)=\left[2-\left(\frac{1}{2}\right)^n\right]u(n)$

5. $h(n)=\delta(n)-\delta(n-1)-\delta(n-2)+\delta(n-3)$

$y(n)=u(n)-u(n-1)-u(n-2)+u(n-3)$

6.

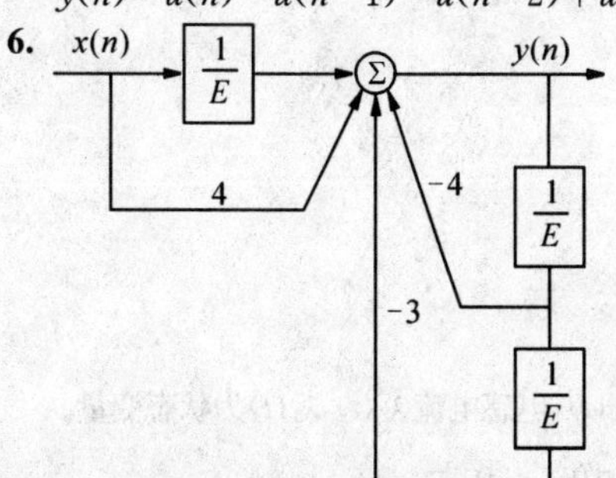

7. $y_3(n)=\left[3\left(\frac{1}{2}\right)^n-\left(-\frac{1}{2}\right)^n+4\right]u(n)$

第八章

一、选择题

1. A　**2.** B　**3.** C　**4.** D　**5.** D

二、填空题

1. $[3^{n-1}-2^{n-1}]u(n-1)$

2. 差分方程

3. $R_{x_}<|z|<\infty$或收敛半径圆外部分

4. $1<|z|\leqslant\infty$

5. $-\frac{1}{3}(2)^n u(n)+\frac{5}{3}(-1)^n u(n)+2\delta(n)$

三、计算题

1. $h(n)=(-1)^n u(n)$

$H(z)$只有一阶极点在单位圆上，所以为临界稳定。

$y_{zs}(n)=5u(n)+5(-1)^n u(n)$

2. (1) $y(n)+y(n-1)=2x(n-1)+x(n-2)$

(2) 一阶

(3) $h(n)=2\delta(n-1)-(-1)^n u(n-2)$

3. $H(z)=\frac{9z}{(z+2)(z-1)}$ 系统不稳定

4. $y(n)-\frac{3}{4}y(n-1)+\frac{1}{8}y(n-2)=x(n)+x(n-1)$

$H(z)=\frac{-5z}{z-\frac{1}{4}}+\frac{6z}{z-\frac{1}{2}}, h(n)=\left[6\left(\frac{1}{2}\right)^n-5\left(\frac{1}{4}\right)^n\right]u(n)$

系统稳定，单位样值响应序列绝对可和(或系统函数极点位于单位圆内)

5. $H(z)=\frac{z}{z-0.5}-\frac{z}{z-10}$

当$|z|>10$时，收敛域不含单位圆，则系统为非稳定系统；由于收敛区为某圆以外的所有区域，含∞点，则为因果系统。

此时 $h(n)=0.5^n u(n)-10^n u(n)$

当$0.5<|z|<10$时，收敛域含单位圆，则系统为稳定系统；由于收敛区为环形，而非某圆以外的所有区域，则为非因果系统。

此时，$h(n)=0.5^n u(n)+10^n u(-n-1)$

6. 零输入响应：$y_{zi}(n)=[2(2)^n-(-1)^n]u(n)$

零状态响应：$y_{zs}(n)=\left[2(2)^n+\frac{1}{2}(-1)^n-\frac{3}{2}\right]u(n)$

全响应：$y(n)=y_{zi}(n)+y_{zs}(n)=\left[4(2)^n-\frac{1}{2}(-1)^n-\frac{3}{2}\right]u(n)$

7. (1) $H(z)=\frac{1}{1-kz^{-1}}\quad h(n)=k^n u(n)$

(2) 极点 $z=k$，$|k|<1$，系统稳定

(3) $Y(z)=\frac{2}{1-\frac{1}{2}z^{-1}}\quad y(n)=2\left(\frac{1}{2}\right)^n u(n)$

第十二章

1. 该电路中的三个动态元件 C,L_1,L_2 都是独立的，故选电容电压 $\lambda_1(t)$，电感电流 $\lambda_2(t)$，$\lambda_3(t)$为状态变量。

$$\begin{bmatrix}\dot{\lambda}_1(t)\\ \dot{\lambda}_2(t)\\ \dot{\lambda}_3(t)\end{bmatrix}=\begin{bmatrix}0 & \frac{1}{C} & \frac{1}{C}\\ -\frac{1}{L_1} & 0 & 0\\ -\frac{1}{L_2} & 0 & -\frac{R}{L_2}\end{bmatrix}\begin{bmatrix}\lambda_1(t)\\ \lambda_2(t)\\ \lambda_3(t)\end{bmatrix}+\begin{bmatrix}0 & 0\\ \frac{1}{L_1} & 0\\ \frac{1}{L_2} & -\frac{R}{L_2}\end{bmatrix}\begin{bmatrix}f_1(t)\\ f_2(t)\end{bmatrix}$$

2. (1) $\begin{bmatrix}e^{-2t} & 0\\ 0 & e^{-3t}\end{bmatrix},t\geqslant 0$

(2) $\begin{bmatrix}e^{t} & \frac{2}{3}(e^{t}-e^{-2t})\\ 0 & e^{-2t}\end{bmatrix},t\geqslant 0$

3. $\begin{bmatrix}2\left(\frac{1}{2}\right)^n-\left(\frac{1}{3}\right)^n\\ \left(\frac{1}{3}\right)^n\end{bmatrix}u(n)$

4. $y''(t)+y(t)=e''(t)+e'(t)+6e(t)$

5. $H(z)=\frac{1}{z^2+\frac{1}{4}}\begin{bmatrix}z & \frac{1}{2}\\ z-\frac{1}{2} & z+\frac{1}{2}\\ 2z-\frac{1}{2} & z+1\end{bmatrix}$

6. (1) $\begin{bmatrix}\dot{x}_1(t)\\ \dot{x}_2(t)\\ \dot{x}_3(t)\end{bmatrix}=\begin{bmatrix}-10 & 5 & 0\\ 0 & -2 & 1\\ k & 0 & -1\end{bmatrix}\begin{bmatrix}x_1(t)\\ x_2(t)\\ x_3(t)\end{bmatrix}+\begin{bmatrix}0\\ 1\\ 0\end{bmatrix}f(k)$

$y(t)=[1\quad 0\quad 0]\begin{bmatrix}x_1(t)\\ x_2(t)\\ x_3(t)\end{bmatrix}$；

(2) $k<-79.2$

7. $h(t)=e^{-2t}u(t)$

8. (1) 系统的状态方程为：$\begin{bmatrix}\dot{x}_1(t)\\ \dot{x}_2(t)\end{bmatrix}=\begin{bmatrix}-4 & 1\\ -3 & 0\end{bmatrix}\begin{bmatrix}x_1(t)\\ x_2(t)\end{bmatrix}+\begin{bmatrix}1\\ 1\end{bmatrix}f(t)$

输出方程为 $y(t)=x_1(t)=[1\quad 0]\begin{bmatrix}x_1(t)\\ x_2(t)\end{bmatrix}$

(2) $y''(t)+4y'(t)+3y(t)=f'(t)+f(t)$

9. 系统不完全可控。

10. 系统完全可控，完全可观。

11. (1) 差分方程：$y(k+2)+6y(n+1)+8y(n)=f(n+2)+18f(n+1)+67f(n)$

(2) 系统是完全可控的，完全可观的。